普通高等教育"十一五"国家级规划教材
高等院校石油天然气类规划教材

油气储层地质学基础

(第三版)

李胜利　于兴河　主编

石油工业出版社

内 容 提 要

本书系统阐述了油气储层地质学的发展、油气储层的基本特征与研究方法、储集体形成与分布、储层孔隙结构、成岩作用、非均质性、敏感性、储量评价与计算、地质建模及储层综合评价，书中借鉴与融汇了近年来油气储层地质学的新进展以及科研和教学成果。

本书可作为石油地质、油气田开发地质、石油工程等相关专业本科生的专业教材，也可作为地质类高等院校研究生的教学参考书，还可供广大从事油气储层地质研究、油气勘探与开发工作的人员学习使用。

图书在版编目（CIP）数据

油气储层地质学基础/李胜利，于兴河主编．—3版．
—北京：石油工业出版社，2023.6
高等院校石油天然气类规划教材
ISBN 978-7-5183-5992-9

Ⅰ.①油… Ⅱ.①李… ②于… Ⅲ.①储集层－石油天然气地质－高等学校－教材 Ⅳ.①P618.130.2

中国国家版本馆 CIP 数据核字（2023）第 080575 号

出版发行：石油工业出版社
　　　　　（北京市朝阳区安华里二区1号　100011）
　　　　　网　　址：www.petropub.com
　　　　　编辑部：（010）64523697　图书营销中心：（010）64523633
经　　销：全国新华书店
排　　版：三河市聚拓图文制作有限公司
印　　刷：北京中石油彩色印刷有限责任公司

2023年6月第3版　2023年6月第1次印刷
787毫米×1092毫米　开本：1/16　印张：25
字数：633千字

定价：59.90元
（如发现印装质量问题，我社图书营销中心负责调换）
版权所有，翻印必究

第三版前言

党的二十大报告明确指出要"深入推进能源革命，加强煤炭清洁高效利用，加大油气资源勘探开发和增储上产力度"。《油气储层地质学基础》着眼于油气勘探开发中的储层地质问题，培养学生掌握油气储层地质学的基本理论与工作方法。该教材第二版于2014年出版至今已历近9年，经过这些年的教学实践，我们发现该教材中还存在一些问题需要及时修改，同时也需要根据教学过程中反映的实际需求增删一些内容。鉴于这些原因，笔者深感很有必要适时出版第三版教材。

本教材的第一版与第二版均由石油工业出版社组织，联合了中国地质大学（北京）、中国石油大学（北京）、中国石油大学（华东）、东北石油大学、西南石油大学、西安石油大学、长江大学等高等院校进行编写与修改。本次修编以李胜利、于兴河为主编，修编时仍遵照第一版的主导思想："建立扎实基础，拓展专业知识，了解学科前缘，提高理论水平，增强实际能力，强化素质教育。"

第三版教材内容在篇章结构安排上与第二版略有不同，把第二版第十章中的第二节内容与新增的"容积法储量计算"整合成新的第九章，这是为了补充前两版中没有涉及储量计算的缺憾。鉴于此，第二版中的第九章与第十章顺延为现在的第十章与第十一章。在修编内容上，根据教学实际使用情况并借鉴相关学科的新成果，为使学生更集中于核心内容的学习，除着重对文字增删、查错外，还对相关图件做了增删与修改，去掉了一些相对复杂的图表，增加了较为明了的简化图表。本书的内容总体基于前两版中各位专家与学者的素材进行统一修编，全书最终由李胜利定稿。根据最新本科教学的课时要求与本教材所涵盖的实际内容，建议授课课时为32学时或48学时。

本次教材的修编也得到一些博士、硕士生们的协助，他们参与了部分章节文字的校对与查错及修改，并完成了部分图表的增删与绘制工作，主要人员包括魏泽德、赵一波、李宁、娄群、刘士博、田振宇、李航、李雨馨、程熙，等等，在此一并表示感谢！

鉴于近些年来相关学科的发展迅速，而且目前国内外相关教材与专著推新不少，相关知识与技术更新更是日新月异，本教材未必能全面反映这些新变化，因此难免会出现挂一漏万的问题，书中的错误或纰漏也在所难免，还望各位读者、专家与学者们不吝批评指正，特在此深表谢意！

编 者
2023年2月23日

第二版前言

《油气储层地质学基础》于2009年4月第一次出版，为普通高等教育"十一五"国家级规划教材。经过这几年的实际教学与科研应用，编者深感有必要对该教材内容进行一次系统修编。作为高等院校储层地质学的适用教材，近年来各相关高校一直采用本教材进行教学，在实际教学中发现：由于各高校教学课时普遍为32学时，加之有些内容对本科生阶段来讲不太适合，这样就需要对一些内容进行精减；第一版中有些内容的章节安排不尽合理，导致学生使用时不够便利；随着油气储层地质学在实际科研与生产中的发展，一些新方法与新成果需要及时引进，这样非常有必要对这些新成果进行适当介绍。当然第一版中仍然有些文字描述与图件编排方面的错误，因此也急需进行修订。

基于上述原因，2013年由石油工业出版社组织，中国地质大学（北京）、中国石油大学（北京）、中国石油大学（华东）、东北石油大学、西南石油大学、西安石油大学、长江大学等高等院校的相关教授与专家对本教材进行了一次系统修订。本教材仍由于兴河教授任主编，遵照第一版教材编写的指导思想："建立扎实基础，拓展专业知识，了解学科前缘，提高理论水平，增强实际能力，强化素质教育。"

本书内容涉及油气储层地质研究的多个方面。编者以第一版中各院校的教授与专家分别编写的各章节内容为蓝本，结合国内外该学科的研究前缘、实际教学与科研成果对蓝本进行修编，几经修改，最终确定了本书的主要内容，包括：储层地质学的形成与发展历程概况、储层的基本物理特性与岩石学特征、储层地质学的研究思路与方法、不同类型储层的形成与分布、储层孔隙结构与评价、成岩作用的分析方法与孔隙演化、不同层次储层的非均质性、储层敏感性的机理与评价、储层地质建模方法原理与建模步骤、勘探开发不同阶段储层综合评价与储量分级。本版主要修编内容如下：鉴于非常规储层研究方兴未艾，因此在第一章中增加并简要介绍了非常规储层相关内容，但并没有进一步展开，目的在于开拓学生眼界；第三章主要介绍了储层地质学的相关研究方法与实用技术，但有些方法在第一版的第五章与第六章进行了介绍，结构上不太合理，故把成岩作用与孔隙结构的相关研究方法调整到第三章之中，而删除了上述两章的相关内容；第四章第三节调整为碳酸盐岩沉积作用及与储层的关系，因为这是当前储层地质学研究的一个重要方面；第五章中孔隙结构应用与第七章中储层非均质涉及油气采收率的相关性，第七章流动单元、第八章开发过程中的储层动态变化等部分内容不太适合本科阶段，加之实际教学课时的限制，因此本次修编不再编入；在第十章中新增了储量分级的内容，并对储层综合评价方法进行了扩充，目的是让学生开阔视野，以适应走向国际石油勘探开发的需求；另外，对各章中一些文字与图件的错误也进行了审核。

参与该教材修编的人员有中国地质大学（北京）的于兴河、李胜利、康志宏，中国石油大学（北京）的吴胜和、侯加根，中国石油大学（华东）的林承焰、李红南，西南石油大学的王兴志、廖明光，东北石油大学的马世忠，长江大学的陈恭洋，西安石油大学的王宝清、曹青。各章节编写安排如下：第一章储层地质学的形成、发展与趋势由于兴河编写；第二章油气储层的基本特征由于兴河编写第一、二节，李胜利编写第三节；第三章油气储层地质研究方法由陈恭洋编写第一、二节，于兴河、李胜利编写第三、四节，马世忠、廖明光编写第五节；第四章储集体的形成与分布由于兴河编写第一、二节，王兴志、康志宏编写第三节，李胜利编写第四节；第五章储层孔隙结构由马世忠、康志宏、廖明光编写；第六章储层成岩作用由于兴河、王宝清、曹青编写；第七章储层非均质性由于兴河编写第一、二、三节，林承焰、李红南编写第四节；第八章储层敏感性分析由侯加根、吴胜和编写；第九章储层地质建模由于兴河编写第一、二节，吴胜和编写第三、四、五节；第十章储层综合评价由李胜利、于兴河编写；全书最后由于兴河教授全面统编定稿，建议课时为 32 学时。

  本教材的修编一直得到参编人员的大力支持，在编写过程中，一些博士研究生与硕士研究生协助进行了相关章节的资料查寻、文字修改与查错等工作，主要人员有万力、李晓路、苗亚男、高照普、姜国平、苏东旭、鲍琪凤、王龙等，在此一并表示感谢。

  在修编过程中，虽然编者尽可能考虑知识的系统性与完整性，但鉴于储层地质学发展十分迅速，并且由于篇幅与时间关系，难免挂一漏万，错误与纰漏也在所难免，望各位专家与同仁不吝批评和指正。

编　者
2014 年 2 月

第一版前言

油气储层地质学是石油地质学领域中一个十分重要的分支学科，由于储层是构成油气藏的核心要素，因而，储层地质学的基础理论与方法对油气勘探与开发具有重要的指导作用。油气储层地质学是高等院校地质专业，尤其是石油地质与油藏工程专业本科教育的必修课程，相关高校均开设了此课程。在多年的教学与科研中，各位参编者均感到相关专业的学生对此课程学习的积极性较高，同时在科研与生产实践中该课程的内容也使用较广，许多科研工作者认为油气储层地质学是进行油气勘探与开发研究的基础课程。本书的各位参编者也都曾使用过此类参考书，并且均认为经过这些年的教学与科研积累，应编写一本更具有综合性的油气储层地质学教材，它应该既有基本油气储层地质学理论，又涵盖相关基本研究方法；既包括传统储层地质学内容，又应采纳一些新的研究方法与成果。在收集整理一些相关教学笔记、科研成果及同仁提出的一些问题的基础上，编者一直酝酿编写这样的一本教材，但苦于一个人的精力有限，同时也深感一家之言难含众家之所长，故迟迟未能动笔。本教材的编写契机最初源于中国地质大学（北京）于兴河教授申请并获准的教育部高等教育司教材编写课题，即普通高等教育"十一五"国家级规划教材《油气储层地质学基础》。与此同时，相关高校的许多同仁也正准备编写这样一部本科教材，为了避免重复，融合各家所长，统编《油气储层地质学基础》变得十分必要。

2007年6月，由石油工业出版社组织，中国地质大学（北京）、中国石油大学（北京）、中国石油大学（华东）、西南石油大学、西安石油大学、长江大学、大庆石油学院（现改名为东北石油大学）等院校在北京召开了储层地质学教材编写研讨会。与会专家一致认为应对该教材进行统编，并由于兴河教授任主编，拟定了本教材编写的指导思想："建立扎实基础，拓展专业知识，了解学科前缘，提高理论水平，增强实际能力，强化素质教育。"该教材编委会的组成人员如下：于兴河、吴胜和、林承焰、王兴志、马世忠、侯加根、陈恭洋、李胜利、王宝清、廖明光、李红南、曹青等。

本书内容涉及（油气）储层地质研究的多个方面，各院校的教授与专家分别编写各章节内容初稿，以初稿为蓝本，于兴河教授结合国内外该学科的研究前缘、实际教学与科研成果对蓝本进行统修统编，几经修改，最终确定了本书的主要内容，包括：储层地质学的形成与发展历程概况、储层的基本物理特性与岩石学特征、储层地质的研究思路与方法、不同类型储层的形成与分布、储层孔隙结构与评价、成岩作用的分析方法与孔隙演化、不同层次储层的非均质性与流动单元划分、储层敏感性的机理与评价、储层地质建模方法原理与建模步骤、勘探与开发不同阶段储层的综合评价。各章节编写安排如下：第一章储层地质学的形成、发展与趋势（于兴河）；第二章油气储层的基本特征（于兴河第一、二节，李胜利第三节）；第三章油气储层地质研究方法（陈恭洋第一、二节，于兴河第三节）；第四章储集体的形成与分布（于兴河第一、二节，王兴志第三节，李胜利第四节）；第五章储层孔隙结构（马世忠、廖明光）；第六章储层成岩作用（于兴河、王宝清、曹青）；第七章储层非均质性（于兴河第一、二、三、六节，林承焰、李红南第四、五节）；第八章储层敏感性分析（侯加根、吴胜和）；第九章储层地质建模（于兴河第一、二节，吴胜和第三、

四、五节）；第十章储层综合评价（李胜利、于兴河）；全书最后由于兴河教授全面统编定稿，建议课时为60学时。

  本教材从统编开始就进行了广泛的学术交流，并一直得到参编人员的大力支持，在编写过程中，一些博士生与硕士生协助进行了相关章节的资料查寻、文字修改与查错等工作，主要人员有杨帆（第六章、第七章、第八章），邹德江（第四章、第十章），刘玉梅（第二章），李东梅（第三章），陈建阳、邓燕、高栋臣、苑坤（第九章），詹路峰（第一章、第五章）等，在此一并表示感谢。

  特别值得一提的是参加本书编写的全体人员的家属，在本书漫长而繁忙的编写和修改的过程中，表现出极大的耐心、热情及全身心的支持，在此由衷地表示感谢！

  鉴于国内外的相关书籍很多，加上知识更新又十分迅速，并且由于篇幅与时间关系，难免挂一漏万，错误与纰漏也在所难免，望各位专家与同仁不吝批评和指正。

编 者
2008年11月30日

目　录

第一章　绪　论 (1)
- 第一节　油气储层地质学的概念与研究内容 (1)
- 第二节　油气储层地质学研究的动态与趋势 (4)
- 第三节　国内外油气储层研究方向 (9)
- 思考题 (16)

第二章　油气储层的基本特征 (17)
- 第一节　储层的物理特性 (17)
- 第二节　储层的几何特性与连续性 (27)
- 第三节　储层的岩石学特征 (34)
- 思考题 (42)

第三章　油气储层地质研究方法 (43)
- 第一节　储层沉积相的地质研究方法 (43)
- 第二节　储层的测井研究方法 (57)
- 第三节　储层的地震研究方法 (76)
- 第四节　成岩作用分析测试方法与内容 (93)
- 第五节　孔隙结构的研究方法 (102)
- 思考题 (113)

第四章　储集体的形成与分布 (114)
- 第一节　储层形成的沉积作用 (114)
- 第二节　碎屑岩储层特征及其分布规律 (119)
- 第三节　碳酸盐岩沉积作用及与储层的关系 (143)
- 第四节　其他岩类储层特征及其分布 (160)
- 思考题 (168)

第五章　储层孔隙结构 (169)
- 第一节　储集岩的孔隙和喉道类型 (169)
- 第二节　储层孔隙结构参数的定量表征 (183)
- 第三节　孔隙结构的分类 (189)
- 思考题 (197)

第六章　储层成岩作用 (198)
- 第一节　碎屑岩成岩作用和孔隙演化 (198)
- 第二节　碳酸盐岩成岩作用及孔隙演化 (219)
- 第三节　成岩序列与演化模式 (233)
- 思考题 (242)

第七章　储层非均质性 (244)
- 第一节　概念与主要影响因素 (244)
- 第二节　储层非均质性的分类 (246)
- 第三节　宏观非均质性的研究 (251)
- 第四节　微观非均质性的研究 (263)
- 思考题 (266)

第八章　储层敏感性分析 (267)
- 第一节　储层敏感性机理 (267)
- 第二节　储层敏感性评价 (276)
- 思考题 (287)

第九章　油气储量评价标准与容积法储量计算 (288)
- 第一节　油气储量评价标准简介 (288)
- 第二节　容积法储量计算 (292)

第十章　储层地质建模 (315)
- 第一节　基本概念与模型类别 (315)
- 第二节　储层建模的数理基础 (322)
- 第三节　储层建模方法 (334)
- 第四节　储层建模的程序与具体步骤 (345)
- 第五节　储层建模的策略 (349)
- 思考题 (351)

第十一章　储层综合评价 (352)
- 第一节　不同勘探与开发阶段储层综合评价的内容 (352)
- 第二节　储层综合评价的资料基础与方法 (365)
- 思考题 (376)

参考文献 (377)

第一章 绪 论

  油气储层地质学是一门从地质学角度对油气储层的主要特征（几何特性和物理特征）进行描述、评价及预测的综合性学科。它从20世纪中期形成以来，经历了快速的发展，最初以油藏描述为基础，运用地质统计学随机建模技术进行储层非均质性研究，随后发展起来的储层表征技术，运用定量的方法和随机建模技术建立储层的预测模型，使储层地质学成为石油地质工作的热门研究领域。目前，随着国内外油气勘探和开发的不断深入，储层地质学的研究正日益从宏观向微观、定性向定量、单学科向多学科方向发展，同时也面临储层内部结构分析、井间储层物性预测、储层连续性确定等科学难题。

第一节 油气储层地质学的概念与研究内容

  油气储层地质学作为石油地质学中的一个核心分支学科，在石油工业的迅速发展中占有举足轻重的地位。当前油气勘探、开发的需求与瓶颈问题已为其发展提出了许多科学问题与挑战，这也成为新一代石油地质学家和油藏工程师奋斗的目标。

一、油气储层地质学的兴起

  现代石油工业形成之始，人们就有了"油藏（储层）"的初步概念，其标志是1859年Edwin Drake在美国宾夕法尼亚所钻的第一口工业油井。20世纪之前，西方国家刚经历了第一次产业革命，对能源的需求有明显增长，那时对油气藏还没有形成一个十分明确的认识。20世纪之初，人们对油气分布规律的认识仅限于背斜说，这个时期的石油工业以勘探为主体，油气田发现后交由石油工程技术人员管理开采，地质学家并不参与石油的开采活动。1917年美国石油地质学家协会（AAPG）成立和 *AAPG Bulletin* 的出版，为石油地质学的诞生起到了重要的促进作用。1921年，第一本《石油地质学》（Emmons）问世，这时已对油气藏（储层）有了一个初步的认识。20世纪30年代之前，石油勘探的核心主要是寻找含油构造，油田发现后，石油公司抢占油区，进行盲目性开采，并没有对储层进行详细而系统的研究。20世纪30—40年代，当时的主要石油输出国美国、苏联、墨西哥及委内瑞拉等采用较为保守的开采方法，限制井距与单井产量以保护油田的生产，地质学家对造成井间干扰的油层物理、渗流力学、油藏工程等问题，以及对制约油田开采的开发地质问题已有初步认识，但没有进行系统性研究。

  20世纪40年代，主要产油国已开始采用污水回注开发方法，这是油田开发的一次历史性革命，即二次采油。1949年美国成立了石油工程师协会（SPE），这可以说是地质学进入油藏工程研究阶段的开始，也标志着开发地质学开始形成。20世纪50年代，二次采油成为油田开发的主体，这为开发地质走向成熟及全面发展创造了契机，人们从这个时期开始认识到小层对比和测井参数解释图版是研究含油砂体连续性的核心，其结果直接影响油田开发的井网布置。

  1946年苏联专家 M. Ф. 钦克编著的《油矿地质学》出版，1949年美国 J. D. Haun 和 L. W. Leroy 编著的《石油勘探地下地质学》出版，这两本书在当时具有明显的代表性。前者可以说是创立开发地质学的代表作，着重从注水开发的角度论述了油田开发早期的一系列基础地质问题；后者更多地侧重于录取和建立钻井地质剖面的方法。这些研究成果代表油气储层地质学已初见端倪。

20世纪50年代，随着我国大庆油田的发现，我国学者裘怿楠先生就开始深入研究油层的基本单元——油砂体，并在1964年发表的《油田地质研究的几个基本问题》中，明确提出了油砂体的概念及研究方法，这是我国最早提及"开发地质"概念的文章。油砂体的描述实际上就是后期油藏描述的初级阶段。另外，由于此时沉积学已基本成熟，加上沉积学理论的不断提高与深化，国内外学者已将沉积相的概念引入储层的研究之中。20世纪60年代后期，随着油田生产实际的需要，运用沉积学的理论和方法来解决石油勘探开发中的储层特征描述及分布问题，引起石油地质学家和油藏工程师们的高度重视。他们将油层物理与油矿地质学相结合，尤其是将储层沉积学的研究方法融汇到油矿地质学中，这就形成了油气储层地质学。油气储层地质学在发展过程中，由于研究对象与研究方法的深入发展，还形成了碳酸盐岩储层地质学（如，强子同，1998）、火山岩储层地质学（如，陈建文，2002；朱如凯等，2010）、定量储层地质学（如，罗明高，1998）等细分学科。

二、定义及相关概念

（一）油气储层地质学

油气储层地质学又名油藏地质学（hydrocarbon reservoir geology），指应用地质与地球物理以及各种分析化验资料，研究和解释油气储集地质体的成因、演化及分布，描述并表征储层的主要特征（几何特性和物理特征）与信息，应用定性与定量方法来分析和评价储层不同层次的非均质性在油气勘探与开发中的影响，采用先进的建模技术预测其空间展布的一门综合性应用学科。因此，油气储层地质学是连接石油地质学与油气田开发地质学的一个重要桥梁，是在油气田勘探与开发长期实践中逐渐兴起并完善的一门综合性和实践性较强的前缘性学科。

（二）油藏描述

油藏描述的概念是20世纪70年代由斯伦贝谢公司提出的，当时该公司以测井为主推出了一个油藏描述服务系统软件（reservoir description services，RDS）。20世纪80年代以来，各石油公司与研究者将其扩展为利用地震、测井、地质等多学科来研究油气藏的特征，目前已形成一套综合的油气藏研究方法。

油藏描述是以沉积学、构造地质学和石油地质学的理论为指导，用地质、地震、测井及计算机手段，定性分析和定量描述油藏在三维空间中特征的一种综合研究方法。它的内容包括油藏的类型、储层内部结构、外部几何形态、沉积与油藏规模大小、储层参数变化和流体分布状况，储层沉积学与储层地质学是其研究的核心内容。油藏描述的目的是对油藏各种特征（圈闭、储层、流体）进行三维定量描述和预测。由于油气藏的勘探与开发具有明显的阶段性，因而，油藏描述在不同的勘探开发阶段也具有不同的研究目的与内容（表1-1）。

（三）储层表征

1986年，L. W. Lake将储层表征定义为"定量地确定储层的性质、识别地质信息及空间变化的不确定过程"。这一地质信息包含两个要素或内容：(1)储层的物理特性，主要是指某一储集体内部物理特征（孔隙度、渗透率、含油饱和度）的不均一性——非均质性；(2)储层的空间特性，即储层在空间上的外观形体特征——三维空间上岩性的变化或延伸范围，故也称构型，在进行储层建模过程中多是指其各向异性。前者的核心主要是分析其内部

表 1-1　不同阶段油藏描述的目的与研究内容（据于兴河，2002）

阶段	勘探阶段		开发阶段	
	勘探早期	勘探中后期	开发早期	开发中后期
资料状况	一口发现井	评价井为基础	第一批开发井网	生产动态
研究目的	探明油气藏	评价油气藏	优化开发方案，提高开发效率	调整开发方案，加密钻井，提高采收率
研究内容	利用地震信息，研究油气藏类型、储集体规模、油气层分布等	发挥多井综合评价的优势，对油气藏结构和参数的三维分布进行描述	利用已有的开发井网开展油层的精细划分与对比、沉积微相研究，进行综合测井解释与评价，分析储层的渗流地质特征	结合动态资料开展井间储层表征，分析流体属性参数变化的规律，预测剩余油的分布
最终成果	提交控制储量，提出评价井位，优化勘探部署	建立油藏概念模型，提交探明储量	建立静态地质模型	建立储层预测模型，提交加密钻井的井位与层位

物性，尤其是孔隙度、渗透率、含油饱和度在储层内部、层间及平面上的分布特点，而后者的重点是研究储层的岩性特征（沉积微相）及其在空间上的展布。就沉积储层而言，控制和影响储层这两大特性的因素，首先是形成时的沉积作用，其次是成岩作用，即沉积格局或沉积作用的多样性与成岩作用的复杂性是影响储层的重要因素（Mojtaba 等，1986）。

因此，储层表征的目的是提供一个储层构型格架，即具有上述两大信息的储层地质模型。从某种意义上讲，储层地质模型是决定油藏模拟或储层建模结果的主要因素。

（四）异同点

从定义上来看，油藏描述与储层表征两者之间具有明显的差异，但是在实际工作中，人们有时又将它们作为同义语来使用。大多数人认为油藏描述的重点是使用地球物理的方法对实际油藏各种特征的具体描述，其描述内容除了储层本身外，还包括流体的特征与油藏类型等。而储层表征的重点则是定性研究和定量表征储层本身的两大地质特性。前者以油藏的地质特征描述为主，强调静态研究与所采用的技术方法，以建立油藏的静态模型为目的；而后者则以储层两大特性的研究和成因解释为主，强调定量与形成的动态过程，以建立预测模型为宗旨。

油气储层地质学则是两者的核心内容或基础。它是以油气储层的物理特性和几何特征研究为中心，以地质和地球物理资料的使用与解释为手段进行各种分析与研究，以解决油气储层的各向异性和非均质性为目的，最终建立储层的各种地质模型。

三、研究内容及其意义

油气储层地质是油气勘探开发过程中的一项系统工程，致力于解决储层的连续性（continuity）与连通性（connectivity）这两个世界性难题。在区域勘探阶段，需研究储层层位、成因类型、岩石学特征、沉积环境、构造作用、物性、孔隙结构特征、含油性、储集岩体几何形态、储集体分布规律，以及对有利储层分布区的预测。这些都属于油气储层地质学的重要研究内容，其核心内容是储层的非均质性与各向异性（表 1-2）。

表 1-2 油气储层地质学的任务、内容及学科基础

任务与问题	核心内容	学科基础
对储集体的外观形体与内部属性的空间展布进行预测，两个关键问题是储层的连续性与连通性	物理特性——非均质性 几何特性——各向异性	沉积岩石学、岩石学、古生物和古生态学、构造地质学、石油地质学、有机地球化学、油层物理学、层序地层学和地震地层学、矿场地球物理学、岩石力学、渗流力学、钻井工程和采油工程等

在油气田开发阶段，开发井网布置和开发方案的制订、油层保护和改造、开发过程中剩余油分布的分析和油田调整方案的制订、提高采收率优化方案的设计和实施，都要求对储层进行综合研究。此外，在分级储层评价中，探明地质储量和预测可采储量，建立储层模型以及油藏描述等工作都是建立在储层地质研究基础上的。

油气储层地质学是一门多学科、多技术的综合性学科，涉及内容有沉积岩石学、岩石学、古生物和古生态学、构造地质学、石油地质学、有机地球化学、油层物理学、层序地层学和地震地层学、矿场地球物理学、岩石力学、渗流力学、钻井工程和采油工程等学科。它需要多学科的协同配合，同时，又促进了上述学科的发展。

第二节 油气储层地质学研究的动态与趋势

一、储层研究的地位与面临的挑战

截至 2018 年底，全球油气经济剩余可采储量 2202.94 亿吨油当量，技术剩余可采储量 3929.80 亿吨油当量；其中，原油经济剩余可采储量 1291.64 亿吨，技术剩余可采储量 262.84 亿吨；天然气经济剩余可采储量 107.92 万亿立方米，技术剩余可采储量 197.41 万亿立方米（中国石油勘探开发研究院，2009）。截至 2021 年底，我国石油、天然气剩余探明技术可采储量已达 36.89 亿吨、63392.67 亿立方米，油气地质勘查在鄂尔多斯、准噶尔、塔里木、四川和渤海湾等多个盆地新层系、新类型、新区勘探取得突破（中国矿产资源报告，2022）。而 2022 年，我国新增石油探明地质储量超过 14 亿吨，新增天然气探明地质储量超过 1.2 万亿立方米；原油产量 2.05 亿吨，同比增长 2.9%，重回 2 亿吨"安全线"；天然气产量 2201 亿立方米，同比增速 6.07%，连续 5 年增产超百亿立方米（王志刚等，2023）。但 2022 年，我国原油对外依存度依然超过 70%，天然气对外依存度也超过 40%，这也说明国内的油气勘探开发任重而道远。

全世界各大石油公司的状况都是如此。例如：在 1981—1990 年的十年间，皇家壳牌石油公司经营的油田（除北美以外）可采储量增长了 36 亿标准桶，在油田扩边后，还将增加 10 亿标准桶的可采石油储量（Michael，1993）。这是由于储层表征（50%）和地质学、地震学及岩石物理学资料的修正（30%），以及钻井结果的重新评价与开发（20%）使可采储量得以显著增加。

2010 年以来，全球石油和天然气储量基本呈稳定态势，虽然此阶段美国页岩油气技术突破带来该国油气储量快速增长。但从全球范围来看，油气储量后劲不足，主要是勘

探发现逐年减少，多个地区处于开发中后期，滚动增储难度大，2014年以来低油价下，经济可采储量萎缩。总体判断，虽然全球待发现油气较丰富，但主要是深水、极地和非常规资源，可动用性差，在经济杠杆的调节下，全球油气储量将稳定在当前水平，储量大幅增长难度较大（童晓光等，2018；姜向强等，2018；张抗等，2022）。挪威油气咨询公司Rystad Energy报告称，2017年全球新发现油气小于$70×10^8$bbl（约$67×10^8$t），创10年来的最低水平。新探明石油储量重要发现主要来自非洲、拉美和亚太地区的海上项目（王彧嫣等，2017）。2020年受新冠肺炎疫情大暴发等影响，世界石油市场受到巨大冲击，石油供需降幅和库存创历史之最，国际油价首现负值；天然气市场量价齐跌，项目投资和贸易均受冲击；油气发现储量大幅减少，勘探开发投资大幅下降。2020年，全球共获得179个油气发现，主要来自中东、非洲和拉美地区，新发现油气储量$19.5×10^8$t，同比大幅下降30%。其中，石油新增探明储量同比下降11%，天然气新增储量同比下降43%（刘朝全等，2020）。

目前在全世界范围内大约有20%的可动用石油储量，因储层在垂向上和平面上的各种非均质性隔挡和界面条件被滞于地下而无法采出。同时，目前我国70%以上的油田与世界上许多油气田一样，都已进入了高含水期的开采阶段，地下油气水的分布极为复杂，各种非均质性隔挡使剩余油呈分散状分布。进行精细的定量储层描述或储层表征研究，是解决这一问题的重要途径。因而建立准确的储层地质模型（概念、静态和预测模型）是储层研究中极为重要的一个课题。

二、油气储层地质学研究的历史与展望

（一）油气储层地质学的形成与发展阶段（1966—1983年）

1971年美国的MacKenzie首次明确提出了"油气储层地质学"的概念，着重从储层的沉积特征、油层的对比以及砂体的连通性等方面进行了论述。随着油田勘探与开发的不断进行，寻找优质储层和提高采收率已成为石油界两个极为关注的问题。这个时期是多学科、多方位相互交叉开始进行储层研究并形成专业分支的核心时期。

1．油藏描述的提出与形成

1966年Jahns等在SPE上发表了《应用井底压力响应资料快速获取二维油藏描述的方法》，可以说它是最早用到"油藏描述"一词的文章。随后Coats于1970年又在SPE上发表了《用油田生产动态资料来确定油藏描述的新技术》。

油藏描述最初形成时的代表技术应是由斯伦贝谢公司在20世纪70年代提出的以测井为主体的油藏描述技术。70年代末至80年代初，斯伦贝谢公司首先研制了油藏描述服务系统，并在阿尔及利亚等地区进行应用，取得了明显的效果。应当说这个时期是油藏描述的图件表达阶段，并没有以建立地质模型作为核心内容，其基本方法是以测井为主体的模式化技术、多学科的协同研究。因此，当代油藏描述的核心是采用各种资料，运用地质统计学的确定性建模方法来建立油藏的静态地质模型。

2．储层沉积学的形成

20世纪60年代世界上发现了一系列大油气田，勘探家与油藏工程师们希望以较少的钻井资料，对油气储层的特征与分布作出较为正确的评价与预测，并在勘探开发中取得较好的经济效益。这就要求对油气藏，关键是储层的空间展布与内部物性的变化规律作出科学的预测和描述。由于这些生产实际的需要，20世纪60年代后期，出现了应用沉积学的

理论和方法来解决石油勘探开发中的储层特征描述及分布问题,而且立即引起石油地质学家和油藏工程师们的高度重视,储层沉积学也随之而诞生。20世纪70年代以后,随着石油工业的迅速发展与各种测试手段的涌现,储层沉积学逐步走向成熟,目前在油气勘探和开发的实践中得到了许多成功应用。

3. 储层非均质性概念的形成

无论是常规储层还是特殊储层,其四性(岩性、物性、电性及含油性)在三维空间上都是变化的,储层各种属性在空间上的变化就是储层的非均质性。非均质性对油气田的开发效果影响很大,尤其是对地下油气水的运动、提高油田采收率影响深远。

4. 随机建模技术

1963年马特隆提出了"地质统计学"(geostatistics)的概念:"随机函数形式体系对于自然现象调查与估计的应用",是以研究各种地质变量的空间相关性为基础,由变量的空间相关性分析、克里金估值及随机模拟三大部分组成。克里金法是一个计算插值函数方差最小的估值法,是确定性建模的数学理论基础。20世纪70年代初期,马特隆的学生儒尔奈耳(1974,1978)在其发表的论著中讨论了随机模拟在矿业中的应用,文中称随机模拟为条件模拟,并创造性地将地质统计学应用到了石油勘探开发领域,形成了石油地质统计学,随后得到了十分广泛的应用与发展。

克里金方法与以概率统计为基础的蒙特卡洛法(Monte Carlo)相结合形成了随机模拟的数学理论基础。随机模拟在油藏(储层)描述中的应用,在20世纪80年代后期被世界各国的同行称为随机建模。

早在1966年,Bennion等就在SPE上发表了《用随机模型来预测储层物性》,这是最早公开发表的关于随机建模的文章。1982年,挪威Hydro石油公司的哈得逊(Haldorsen)博士和他的老师莱克(Lake)教授共同发表了一篇关于利用统计学方法对油田尺度模拟模型中泥岩空间分布进行管理的论文,文章的内容是应用储层建模的思想来解决油气储层的空间预测问题,它标志着储层随机建模技术的形成。

(二)储层表征的形成与发展阶段(1984年至今)

进入20世纪八九十年代,国内外在五六十年代开发的油气田此时大多已进入高含水期,其剩余油气的评价与预测就显得十分重要,这就要求人们分单元对储层内剩余油气进行预测,随之出现了流动单元的概念。然而随着油田勘探与开发的不断深入,多学科的渗透,尤其是地质统计学的引入,储层地质学在油藏描述的基础上更趋于量化。为满足储层预测模型建立的目的,诞生了储层表征的概念。

在此期间我国出版了多本以储层地质学为题的教科书:1996年8月戴启德、纪友亮主编的《油气储层地质学》,1996年吴元燕编写的《油气储层地质》,1998年12月罗明高编写的《定量储层地质学》,1998年方少仙、侯方浩主编的《石油天然气储层地质学》,1998年吴胜和、熊琦华编写的《油气储层地质学》,1998年强子同编写的《碳酸盐岩储层地质学》,2005年11月姚光庆、蔡忠贤编写的《油气储层地质学原理与方法》等。它们均是为满足各石油与地质院校储层地质学课程用书而编写的教材。

1. 流动单元的提出

1984年,Hearn等在对美国怀俄明州Hartzog Draw油田的Shannon砂岩储层进行研究时,首次提出了"岩石物理流动单元"的概念。1988年,Rodriguez等用渗透率、孔隙度、粒度中值的多坐标交汇法划分流动单元,提出了两种划分流动单元的方法。1993

年，Amaefule 等提出的"流动单元"的概念比 Hearn 等提出的更具体。1995 年，Ti Guangming 等在研究阿拉斯加北斜坡 Endicott 油田的储层时，对流动单元做了真正意义上的定量研究。1997 年 Alden 等提出，压汞曲线上进汞饱和度大于 35% 时的孔隙半径 R_{35} 的大小可以反映岩石中的流体流动和开发动态，因此可用 R_{35} 值来划分流动单元，并认为流动单元是孔隙半径 R_{35} 均匀分布的、具有相似的岩石物理性质并使流体连续流动的储集层段。

裘怿楠教授认为流动单元是砂体内部建筑结构的一部分，同时还指出流动单元是一个相对概念，应根据油田的地质、开发条件而定。1996 年，裘怿楠和穆龙新教授等进一步阐述了这一思想，认为储层的非均质性具有层次性，油田处在一定阶段，由某一层次非均质性引起的矛盾为主要矛盾，此时可以把下一层次的非均质性看成是均质的，即作为油水运动的基本单元。目前的"流动单元"应指一个油砂体及其内部因受边界限制的不连续薄隔挡层，各种沉积微界面、小断层及渗透率差异等造成的渗流特征一致的储层单元。

2. 储层表征的形成

储层表征的概念最早是由美国能源部研究院提出的。由美国俄克拉何马州巴特列斯维尔国家和能源部研究所（NIPER）主办，于 1985 年 4 月 29 日至 5 月 1 日在美国得克萨斯州 Galleria 召开的"第一届国际储层表征会议"上，经大会组织委员会第一次会议讨论，由大会主席 Larry W. Lake 陈述为定量地确定储层的性质（特征）、识别地质信息及空间变化的不确定性过程。其地质信息应包含两个要素或内容。它们为：(1) 储层的物理特性，主要是指某一储集体内部物理特征（孔隙度、渗透率、含油性）的不均一性——非均质性；(2) 储层的空间特性，即储层在空间上的外观形态特征。

于兴河（2008）认为，定义中的"不确定性过程"是指所建立的模型是多个而不只是一个，多个模型之间的差别正说明了其不确定性，对多个模型采用各种方法进行优选，选出相对确定的一个或几个模型。因此，储层表征的核心就是运用各种资料、采用定量的方法与随机技术建立储层的预测模型。

1990 年 12 月的 SPE 丛书 No. 27 对储层表征进行了较为详细的解释：储层表征是一个油藏（储层）地质学与数学相结合的科学，它寻求定量地确定油藏渗透介质中预测流体流动所需的各种参数。虽然预测方法可以各种各样，但是油藏数值模拟是现在最重要的一种。确定油藏数值模拟所需的地质输入数据主要包括地质、岩石物理、地质统计、拟函数及地震成像数据。然而，在 2001 年，由 AAPG 出版的《储层表征新进展》一书中，作者（Schatzinger 和 Jordan）将其目的解释为四个方面：(1) 保证高驱替效率；(2) 最优化扫油效率；(3) 提供可靠的油藏动态预测；(4) 降低风险及效率最大化。

需要说明的是，油藏描述与储层表征有着较为明显的差异，前者的核心重在用各种地质与地球物理资料（地震与测井）对油藏进行细致的描述，主要以建立油藏的静态地质模型为目的。而后者主要是应用地质统计学的方法对各种资料（地质、测井及地震）进行分析，以建立储层（油藏）的预测模型为目的。因此前者多是确定性建模，而后者则多是随机建模。当然国内外也有很多学者将两者看作同义词，因为两者之间并没有截然的界线（图 1-1）。

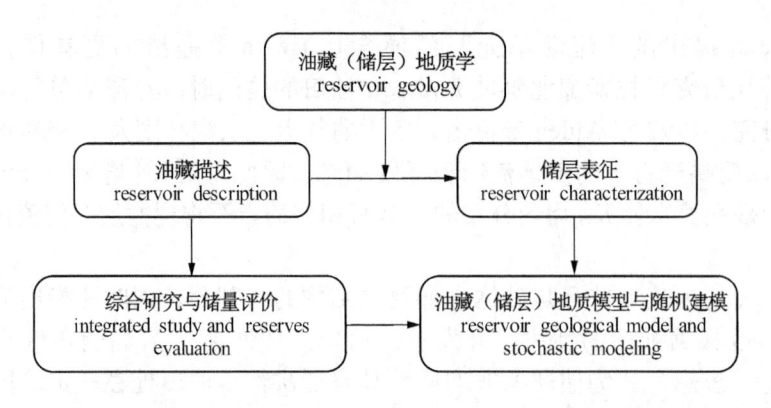

图 1-1 储层地质学、油藏描述及储层表征三者之间的相互关系（据于兴河，2002）

3．储层非均质性的专业化

1986 年 Weber 在对油田进行定量评价和开发方案的设计中，根据 Pettijohn 的分类思路，着重从封存箱的角度来考虑油藏的分隔性，提出了一个更为全面的分类体系，主要是增加了构造特征、隔夹层分布及原油性质对储层非均质性的影响。

我国学者裘怿楠（1985，1987，1992）根据多年的工作经验和 Pettijohn 的思路，结合我国陆相储层的特点，既考虑了非均质性的规模，也考虑了开发生产的实际，分层次将碎屑岩储层的非均质性由大到小分成五类：(1) 微观非均质性；(2) 基本岩性物性；(3) 层内非均匀质性；(4) 平面非均质性；(5) 层间非均质性。这个分类适合我国的国情，也便于操作，在我国得到了广泛应用。

4．随机建模方法与软件

20 世纪 90 年代由于计算机技术的迅速发展，尤其是图形工作站的出现和计算机容量的扩大，加上井间砂体的预测和砂体规模的确定已成为油田开发地质亟待解决的问题，这些为储层预测和油田开发服务的各种储层建模方法与软件不断涌现奠定了基础，并逐渐形成了三大学派：(1) 以 Journel 和他的学生为首的北美（美国斯坦福大学和加拿大艾伯塔大学）学派，以序贯指示模拟（SIS）和序贯高斯模拟（SGS）方法为主；(2) 以法国 Matheron 和他的学生 M．Armstrong、A．Galli 为首的法国地质统计中心学派，以截断高斯模拟方法（TGS）为主；(3) 以 Haldorsen 和 H．Omre 为首的挪威学派，以示性点过程模拟方法为主。

这个时期是储层建模软件发展最快的时期，随机建模方法作为国际上众多石油公司、研究所和大学竞相发展的一门技术，每年有大量的论文和研究报告问世。常见的软件有：美国新墨西哥矿业技术学院开发的 TUBA 软件、美国地层模型公司（Strata Model）研制的 SGM 软件、荷兰 Jason 公司推出的 StatMod 模块、美国 Dynamic Graphic 公司开发的 EarthVision 软件、美国德士古石油公司推出的 Gridstat 软件、挪威 Smedvig Technologies 公司研制开发的 STORM 软件（后发展为 RMS 软件）、斯伦贝谢公司推出的 Petrel 软件、法国国家科学研究中心研制开发 GOCAD 软件、英国 VoluMetrix 公司开发的 FastTracker 软件、Landmark 公司推出的 PowerModel 软件、美国储层表征研究与咨询公司推出的 RC^2 软件、加拿大 Hampson-Russell 公司推出的 Geostat 模块、俄罗斯 Geovariances 公司研发的 Isatis 软件以及美国 Prism Seismic 公司的 CRYSTAL 软件等。这些软件可以说全部是在以上三大学派研究的基础上应用与开发出来的，包括 Deutsch 和 Journel 开发的 GSLIB。因此，这些软件大多都提供了

SIS 和 SGS 这两种经典的方法。这些是国外产学研相结合、企业重视将科学理论发展成技术并形成产业化推向市场的具体体现。而我国在此方面的起步较晚，关键是还没有形成产学研相结合的路子，大多只是高校与科研机构进行一些应用方面的研究，编制一些小程序，没有形成良好的软件系统。

5．非常规油气储层表征

进入 21 世纪以来，随着高油价与非常规油气勘探开发的兴起，油气储层地质学也向非常规油气储层表征延伸。近些年来，有关非常规油气储层表征主要集中在储集空间的微观结构研究方面，研究尺度已从微米级扩展到纳米级，以页岩的 3 种纳米级孔隙（有机质孔、粒间孔及粒内孔）研究最令人关注（邹才能等，2011）。而"十三五"期间，以非常规油气为代表的低品位资源逐渐成为中国石油勘探开发的主体（李国欣等，2022），非常规油气储层表征已经并正在发挥其应有的作用。

（三）油气储层地质学展望

目前国际上对油气地质勘探与开发的研究进展很快，新方法、新理论的不断出现，使油气储层地质学从单一性学科向多学科协同发展，现已成为石油地质学的三大研究领域（沉积盆地分析、层序地层学研究和储层表征或建模）之一。从研究对象看，已经逐渐从常规油气储层表征，向非常规油气储层表征深度延伸。另外，随着油气田开发方式与开发进程的发展，油气储层地质学已经向储层内部构型精细表征方面发展。但无论怎样发展，油气储层地质学的根本研究任务仍是主要解决地下油气储层的规模与非均质性问题。

同时储层地质学与沉积学相结合，已经延伸衍生出了油气储层沉积学（于兴河、李胜利，2009）、非常规油气地质学（邹才能等，2019）、非常规油气沉积学（邱振、邹才能，2020；邹才能、邱振，2021），在研究理念上，除了深化传统研究技术方法，在非常规油气领域也将更加注重结合全球性或区域性重大地质环境的变化，如火山活动、气候突变、水体缺氧、生物灭绝与辐射、重力流等多种地质事件与沉积耦合关系（邱振、邹才能，2020）。同时，在油气勘探开发上，也越来越重视常规与非常规油气的"共生富集"特征（杨智、邹才能，2022），尤其是非常规油气储层非均质性与甜点评价正在成为油气储层地质学的重要研究内容，从而实现对不同类型油气资源的合理与高效勘探开发。

第三节　国内外油气储层研究方向

一、油气储层地质学的研究日益从宏观向微观方向发展

近年来，随着碎屑岩系油气藏开发与岩性隐蔽油气藏勘探的深入，要求掌握各种不同沉积环境下所形成砂体在时空上的展布规律及几何学特征（Ravenne，1989；Dreyer，1993），同时为了更好地进行油气勘探与开发，要求储层的研究必须掌握单个砂体的几何学特征和连续性，即宏观非均质性的研究。为此，开展储层沉积学的研究和建立储层地质模型越来越受到人们的重视。然而，储层的微观孔隙结构、孔隙中的黏土杂基及自生黏土矿物不仅对驱油效率有明显的影响，还对储层产生不同程度的伤害。这就要求研究储层的微观非均质性，采取合理的措施为储层保护提供可靠的地质依据。

一般来说是将储层细分成多个流动单元来挖掘二次采油未波及部分的可动油。可动剩余油分布的预测则是目前攻关的难点。控制剩余可动油的地质因素很多，主要包

括不同层次的非均质性及断层等遮挡引起的井网控制程度问题等。目前宏观非均质性的描述技术已经过关，主要难点是层内规模的更细、更微观一级非均质性的深入研究，以及一些地质现象的三维空间描述，即井间预测问题。

二、储层的描述和预测日益从定性向定量方向发展

为了对地下储集砂体的孔隙度、渗透率进行计算和预测，以满足油气生产的实际需要，不少学者进行了大量的研究工作（M. Scherer, 1987；Schmoher, 1989；Robert, 1991；D. P. Edward, 1992；Dutton, 1992），并提出了一些经验公式或数学模型，但这些公式中的一些参数在实际应用中往往难以或无法确定，这就给这些公式或定量模型的推广及验证带来了许多困难或局限性。

随着油田勘探与开发的不断深入，人们越来越期望对地下碎屑岩储集体的物理特性——孔隙度、渗透率、含油饱和度等做到定量而准确的预测。因此，储层建模（尤其是随机建模）与模拟成为预测储层物性和非均质性的主要方法。另外，随着地质认识的不断深入与计算机技术的高速发展，定性与定量地球科学结合的分析方法越来越受到重视，各类数学地质方法，如地质统计学、神经网络学习等在储层表征中日益得到广泛应用。

目前，人们已经认识到对这些储层物理特性的预测应充分考虑其形成时的沉积环境、盆地的演化及成岩机理等重大地质条件的制约，只有在对第一手资料研究时就进行细致的定量研究，找出其形成机理并进行详细的数理统计分析，才能尽可能地做到有效预测。

定量描述和预测砂体在横向上的连续性或空间展布特征，即开展储层随机建模或模拟研究已成为储层地质学家近年来的重点攻关内容，这也正是为满足油田开发、钻加密井和扩边井的迫切需要。储层沉积学是这一研究的基础，计算机技术是实现其目的的重要手段。随机建模技术的关键是发展地质统计技术和各种条件模拟、非条件模拟技术，加上地质约束及物性的统计规律限制，求出各储层参数空间分布的非均质性面貌，即逼近地质真实的一种或多种可能的实现。

三、储层表征从单学科向多学科协同研究发展

目前储层地质学和储层沉积学的研究已不再是过去的只研究储层的岩石物理学性质和沉积环境，而是从多学科（地质、地球物理——测井和地震、数理统计及计算机等）的角度来开展储层的各种特性研究，因而也就促进了其他地质学科的迅猛发展。从目前国际上对储层的研究来看，主要有三个研究角度，其目的是从不同的侧面对油气储层的二性，即物理特性和空间特性进行综合分析与研究。

（一）露头储层和井下地质研究

为建立储层地质模型而大力开展露头储层和井下地质研究，已成为储层地质学新的研究范畴。它的出发点是以储层沉积学为理论，以作用沉积学与非均质性响应为重点，结合成岩作用的演变规律或多样性来描述储层的物理特性。然而，对空间特性的定量描述还局限于典型砂体的原型模型内，其规律性或数学化程度还不够理想。另外，在层次或沉积规模的概念引入以后，储层地质学近几年有了很大的突破。通过划分成因单元和界面分级系列来分层次或分单元研究储层，得出了不少有益而又可借鉴的认识。同样，它也存在着一些问题，主要是在井下或测井曲线中如何识别这些界面系列，这是当前一个时期的攻关内容。

（二）测井资料数字处理技术

测井资料数字处理技术的发展为精细油藏描述和储层模拟与验证提供了基础。它是以测井资料为主，并把地质、钻井、地震、测试等资料综合在一起，采用一套大型的软件包系统，来分析储层的岩性、物性参数，油气水以及构造形态的平面与空间分布规律。这就使油藏描述走向数字化、自动化和科学化。

（三）高分辨率三维地震采集、处理和解释技术

随着计算机技术的迅猛发展，储层地震勘探和模拟预测技术得到了进一步发展与革新。由于三维地震勘探和各种提高地震分辨率的采集、处理和解释技术的不断出现，人们开始把地震勘探资料，尤其是高分辨率地震对比引入到解决油气田开发问题的油藏描述和砂体的横向预测中，这就形成了开发地球物理和储层地球物理等新技术。在今后的一段时期内，地震模拟预测技术和（或）井间地震技术将作为开发地震技术和开发地质的重要组成部分或首要研究内容，广泛用于储层特征描述和生产动态监测以及有效储层的预测等领域。总而言之，要为油田开发中后期和提高采收率阶段服务而开展储层表征研究和（或）精细油藏描述，就必须要综合各学科和各专业知识，并在实际工作中依据其研究目的和要解决的关键问题，以某一项技术为主线来开展工作。

（四）地质统计学分析方法

地质统计学分析方法在地质学很多领域都有应用，在油气储层地质学中，特别是储层地质建模中应用更广泛。随着油气田开发的发展转变，出现了更多的水平井信息，有些区块加密井距很小，有些油田区块还采用了开发地震或四维地震采集信息，这既提供了储层横向变化的更多信息，也在数据采集与地质统计学方面提出了更多挑战。海量数据与数据分布不均，更多水平井信息主要反映较优质储层的信息（为达到生产目的主要钻遇有利储层段），这样就会造成大数据使用误区（黄文松等，2017；Shengli Li 等，2018），这些都为地质统计学在油气储层地质学中的应用提出了新课题。

（五）生产动态信息的利用

动、静结合的常规思路是先进行静态描述，再进行动态校验，这样的研究思路往往事倍功半，甚至动、静态矛盾重重。越来越多的储层表征实践表明，若要更好地反映储层的连通性，可以把动态参数作为先期约束条件，这样不仅使动、静态两者达到互为验证，更能体现生产动态响应对储层表征的作用。

四、各种模拟方法与软件的不断涌现

各种模拟方法和软件的不断涌现使储层的研究进一步计算机化。由于 20 世纪 90 年代计算机技术的迅速发展，尤其是图形工作站的出现和计算机容量的扩大，加上井间砂体的预测和砂体规模的确定已成为油田开发地质亟待解决的问题，因而为储层预测和油田开发服务的各种储层模拟（或建模）方法与软件不断涌现。

（一）主要的储层模拟或随机建模（stochastic modeling）方法

主要的储层模拟或随机建模方法有转带法（turning bands method）、布尔模拟（boolen simulation）、示性点过程模拟（marked point process simulation）、增强截断高斯法（enhance truncated Gauss）、序贯高斯模拟法（sequential Gauss simulation）、序贯指示模拟法（sequential indicator simulation）、分形几何法（fractal geometry）、模拟退火法（simulated annealing）。

（二）主要的储层建模软件

模拟软件的种类繁多，下面是一些比较好的软件：

（1）TUBA软件：该软件由美国新墨西哥矿业技术学院开发，是以转带法和指示克里格法相结合所设计的用于储层垂向和横向对比的软件系统，其数学基础是贝塞耳函数（Bessel Function）和指数相关函数。

（2）SGM软件：该软件由美国地层模型公司（Strata Model）研制，是主要用在SGI图形工作站上运行的地质模型计算机系统软件。该软件的特色是采用任意切片法来展现孔隙度、渗透率及砂体在连续断面或切片上的展布特征，其数理基础是随机模拟。

（3）"君主"（monarch）软件：该软件由壳牌石油公司推出，是以条件概率法为基础设计的，主要用于模拟砂岩油藏中的三维连通性和构型。

（4）StatMod软件：该软件由荷兰Jason公司推出，是应用bp（英国石油公司）的技术开发出的，依据地质统计学和地震特征反演进行的随机模拟软件。

（5）GEOSTAT软件：该软件是由加拿大GEOSTAT系统国际公司和McGill大学联合推出的智能模拟或专家系统软件，具有两大特色：一是储层地质特性模拟及立体化定量显示；二是具有地质解释中的专家经验和知识。

（6）STORM软件：该软件由挪威Smedvig Technologies公司研制开发，是目前将随机模拟方法与地质条件结合最紧密的软件，突出的特点是将储层岩性的空间展布特性和物理特性（孔隙度、渗透率）结合起来实现在三维空间的立体显示和（或）任意切片。

（7）R^2软件：是一套集成化随机建模商业软件包，软件功能包括10大模块。

（8）GOCAD软件：由美国T-SURF公司开发，是目前中国市场较好的随机建模软件之一。

（9）Petrel软件：该软件由法国斯伦贝谢公司研制开发，是一套目前在国际上占主导地位的基于Windows平台的三维可视化建模软件，它集地震解释、构造建模、岩相建模、储层属性建模、油藏数值模拟显示及虚拟现实于一体，为地质学家、地球物理学家、岩石物理学家和油藏工程师提供了一个共享的信息平台。该软件具有强大的构造建模、高精度三维网格化、确定性和随机性储层骨架属性建模技术。

纵观这些软件的功能和效果，可以发现它们各有所长，其共同突出的特点是将储层岩性的空间展布特性和物理特性（孔隙度、渗透率、饱和度）结合起来，实现在三维空间的立体显示和（或）任意切片。运行这些软件的计算机须内存容量大，速度快，这是由于储层模拟数据大的原因，加上高分辨率彩色图形显示，需要图形卡配置，故这些软件大多是在图形工作站上实现的。笔者认为这些软件对于我国目前的经济状况来说十分昂贵。另外，它们在模拟非均质性不太严重的海相地层中的效果较为理想，但对我国以陆相断陷含油气盆地为主的非均质性严重的储层来说，则需要开发适合我国实际状况的储层模拟软件，这也是历史赋予我们这一代储层地质工作者的使命。

五、当前油气储层研究攻关的热点问题

随着国内油气勘探与开发的不断深入，油气储层的常规研究方法与测试技术已逐渐成熟，针对不同的储层特征和生产中的不同问题，出现了一些新的研究思路与技术，这一切使人们对油气储层的地质特征有了一些共识。但也存在着一些难于攻克的问题，这些问题集中在以下七个方面。

（一）砂体内部建筑结构或构型特征分析

自从 1985 年 A. D. Miall 提出构型的概念以来，各国地质学家对地质体的三维属性特征给予了极大的重视，主要是由于三维储层的地质特征是建立储层地质模型的基础，加上现代计算机技术，尤其是可视化技术的发展使人们更容易从不同的角度来展现其三维空间的变化。就其地质研究内容而言，主要有以下四个方面。

1．确定流体流动单元

在油气田进入开发阶段后，尤其是经过一段时间的开发，人们为了提高采收率而进行剩余油的研究与预测，这就希望对地下储层的流动单元进行分类与研究。流动单元（Flow unit）的概念是由 C. L. Hearn 等在 1984 年提出的，也是目前人们的一致性认识：流动单元就是"横向和垂向上连续的，具有相似渗透率、孔隙度及流动特征的储集带"。流动单元的确定不仅取决于其在垂向层序中的地质特征和位置，也取决于其岩石物理特征，尤其是孔隙度和渗透率，因此如何划分流动单元就成为油气开发后期的核心地质研究内容。常见的主要有四种划分方法：（1）依据沉积微相的空间展布进行划分；（2）根据夹层的展布与特征进行分类；（3）依据储层的孔隙结构特征参数进行定量区分和研究；（4）根据流体的特征与压力状况进行确定。可以说流动单元是砂体内部建筑结构的最基本单元。

2．分析不连续薄层的展布及规律

不连续薄层的空间展布研究就是对隔、夹层的精细分析，尤其是对相对低渗透夹层的评价，这是进行储层非均质性研究的核心内容之一。不连续薄层的定性分析与评价直接关系对地下储层中油气分析的认识与综合评价，因此在研究其展布之前，核心任务是对其成因进行科学的分析，只有充分了解了它的成因后才能正确地得出其空间展布的规律。

另外，在相对低渗透隔、夹层的研究中，主要是如何界定其渗透率的上限。而不同盆地、不同沉积体系以及不同时代的储层特征不同，油气性质对储层的要求也不同，必须依据具体油气田情况来进行科学的定量研究。不连续薄层的空间展布规律则主要受沉积相和成岩作用的制约。

3．界面分级与划分

地质学的主要特色之一便是层次问题，如何划分不同的层次一直是地质学研究的核心内容。层序地层学就是层次分析的一个主要方面。A. D. Miall 在提出建筑结构或构型概念的同时就对各级界面的划分与识别提出了详细方法，同时界面划分的正确性也是保证地层或沉积层等时性对比的关键所在。

4．纹层的识别

纹层可以说是沉积体的最小沉积构造单位，它的识别不仅可以对其成因进行探讨，而且对分析储层的构型具有十分重要的意义。主要是它能够反映沉积体的能量单元，尤其是岩相单元，而岩相的分析又可以帮助人们认识储层的形成过程与空间展布规律。

（二）井间储层物性预测

在油气田建立井网并经过一段时间的开发后，井与井之间储层的特征，尤其是储层物性（孔隙度、渗透率、饱和度）的变化规律成为油藏工程师十分关注的内容。不同的储层特征与井网，通常采用不同的方法来评价其特征的变化，最为常用的方法仍旧是确定性建模。在井稀疏的情况下如何建模则是关键，尤其是随机建模中，如何确定变差函数的特征值已成为稀井网下的难点。

（三）砂体或储层连续性的确定

无论是勘探阶段还是开发阶段，地质学家都十分想确定储层的连续性和有效范围，尤其是在资料较少的情况下。但是不同盆地、不同沉积相的储层连续性存在着很大的差别。裘怿楠（1995）提出的建立定量地质知识库就是解决这种问题的方法之一。

1．成因单元几何尺寸的确定与测量

成因单元几何尺寸的确定与测量主要有两种方法：

（1）依据现有资料对成因单元进行划分与对比研究，确定它们的空间分布，并在此基础上统计其几何尺寸，建立经验公式并进行预测或计算。

（2）依据野外露头的研究，建立定量知识库，如宽厚比，依据其大小进行类比和计算。

2．砂体连续程度的分析

除上述方法外，还可以依据生产动态分析、RFT、压力测试及示踪剂跟踪来分析砂体在空间上的连续性，但其首要问题是要保证砂体（小层）对比的可靠性与等时性。分级控制、逐层对比、反映空间演变与叠置、确保相控的等时性则是其关键。

（四）有利孔隙度、渗透率带分布的预测

众所周知，孔隙度存在着明显的平面分区与垂向分带性，但是如何定量评价这两方面的特征与规律则是当前研究的难点之一。

1．孔隙的分带性

通常进行成岩作用的研究就可对孔隙度的垂向分带性得出一些规律性的总结，但当在一个地区中出现了几个不同的孔隙带时，就难以评价了。如何应用孔隙度以外的指标进行定量研究与评价则成为一大难点，尤其是次生孔隙较为发育时更是如此。

2．低渗透带的预测

低渗透带的预测一直是石油地质研究领域的一大难点，尤其是对气藏或气田而言，可以说目前尚无十分有效的方法。目前测井解释是主要研究手段之一。

3．深层次生孔隙的发育机理

深层油气勘探可以说是21世纪油气勘探一个十分重要的方面，尽管成岩作用的研究方法早已成熟，加上新的测试手段不断出现，使人们对储层成岩演化规律的认识走向新的阶段。应用封闭性水循环，有机酸对硅酸盐岩易溶的理论，或许不能全面解释深层砂岩次生孔隙的发育机理。

（五）储层的伤害与保护

在油气田的开发中采用何种工艺措施和工程用液直接影响着储层的伤害与保护，不同的储层性质，尤其是岩性与物性，将直接关系到开采中的配液与工艺，也直接影响着后期油气的采油效率，尤其是深层和低渗透储层。

1．敏感性分析

敏感性分析主要指四敏分析，包括酸敏、盐敏、水敏及速敏，通常前三者更为关键。敏感性分析是提出具体配液方案与工艺的科学基础，实验分析方法则是其核心手段，主要目的是了解储层的岩性特征及填隙物的成分。

2．储层流体间的相互作用

不同储层流体与不同的岩性具有不同的作用与化学反应。在一定的温度、压力条件下，不同流体之间也会发生不同的相互作用，这会直接或间接地影响到最终的采收率。计算机模拟与室内实验分析是其主要研究方法。外来颗粒的侵入、外来流体与岩石的相互作用都

会造成储层的伤害，其中工程用液是外来流体进入的主要方式之一。

（六）裂缝与原地应力分析

裂缝性储层的定量评价与综合研究可以说是当前油气储层研究中的重大难点。主要问题是裂缝的形成受原地应力的制约，而油气储层在其形成的地质历史中，经历了多次构造运动，古应力场的恢复本身就存在许多难点，加上不同的岩性、不同的构造部位裂缝发育的程度不同、方向各异，大小差别就更难以研究。此外，地下储层裂缝的识别主要是取心和井下电视，但是它们都存在着严重的局限性。

1．裂缝地层学

目前国外正在兴起裂缝地层学，主要针对某一地层内裂缝的特点进行成因分析，主要资料来源是钻井，即将应力场恢复与裂缝发育状况结合起来研究，并加以统计，进而研究储层裂缝的展布。

2．裂缝间距

通过实际裂缝间距的测量与统计可以推测井下储层中裂缝的变化规律，但如何预测井间储层裂缝的发育与分布，目前主要是采用随机建模的方法。

（七）非常规油气与储层

非常规油气是相对于常规油气而提出来的。非常规油气存在以下三个范畴的概念。

1．经济概念

在20世纪70年代早中期，美国大多数勘探地质学家将次经济和经济边缘的煤层气、页岩气、致密（低渗透）气看作非常规天然气。后来由于气价上升及联邦政府对这类油气资源研究的投资，上述天然气已变为经济上可行的资源，因而，经济上的概念就是"在当前的油气价格与经济政策下，难以获得巨大经济效益的油气"称作非常规油气。

2．开发概念

Etherington等（2005）指出，非常规油气藏是指未经大型增产措施或特殊开采过程而不能获得经济产量的油气藏。Holditch等（2007）将非常规天然气定义为"除非采用大型压裂、水平井或多分支井或其他一些使储层能够更多暴露于井筒的技术，否则不能获得经济产量或经济数量的天然气"，即"采用传统的常规开采手段难以或无法获得巨大经济效益的油气藏"称作非常规油气藏。

3．地质概念

Law等（2002）认为，常规天然气与非常规天然气在地质上存在根本性差异：常规天然气是浮力驱动形成的矿藏，其分布表现为受构造圈闭或岩性圈闭控制的不连续分布形式；而非常规天然气则是非浮力驱动形成的矿藏，其分布表现为不受构造圈闭或岩性圈闭控制的区域性连续分布形式，即"不符合或违反油气浮力驱动运聚理论（背斜或圈闭找油论）与重力差异分布规律的油气藏"称作非常规油气藏。

从类型上讲，人们将其分为非常规石油和非常规天然气两大资源。前者主要指重（稠）油、超重油、深层致密石油等；后者主要指致密砂岩气、页岩（油）气、煤层气、天然气水合物、浅层生物气、深层天然气及无机成因油气。有时从储层条件的角度，也将火山岩、变质岩等非碎屑岩储层中的油气归为非常规油气。

以碎屑岩为例，作为非常规油气的储集空间——非常规储层，常具备以下几个特点：（1）岩性大多较为致密，而且脆性矿物含量较高；（2）物性低（差）—特低（差），通常孔隙度小于12%，渗透率很小；（3）大多粒度较细；（4）有效储层厚度通常较薄；（5）储层大多与烃源岩共生。

　　从目前国内外的相关研究来看，非常规油气资源巨大，但是实际勘探开发中，因非常规储层理论研究不够成熟，且技术欠缺，因此存在较大难度。一方面需明确其与常规油气储层的核心差异，区别研究；另一方面在勘探上应针对非常规储层的地质特征寻找或开发出一套相应的非常规储层勘探技术，即应用非常规的思路与方法技术来进行研究。而开发上则应首先建立不同非常规储层的渗流模型，提出非常规储层的孔、渗级别划分标准，以便地质上建立针对性的地质模型，针对不同的地质模型采用相应的开发方式与开采工艺。

思 考 题

1．什么是油气储层地质学？它研究的核心内容是什么？
2．油气储层地质学是如何兴起的？
3．油气储层地质学未来的发展趋势如何？
4．试述油气储层地质学与油藏描述、储层表征的关系。
5．油气储层地质学当前所面临的难点问题有哪些？
6．试述非常规油气藏不同范畴的概念。

第二章 油气储层的基本特征

油气储层的基本特征（外观形体与内部属性）研究是油气储层评价与预测、油田开发与调整等工作的基础。本章从储层的物理特性、几何特性和岩石学特征三个方面论述油气储层的基本特征，重点对孔隙度、渗透率、饱和度三大物理特性的定义、分类、基本特征及影响因素进行介绍；对储集体的大小、形态、叠置关系分别从平面、剖面、三维空间进行详细的归类描述，并对各种几何形态储集体的成因条件或沉积环境进行简述；针对主要油气储集岩，从岩石类型、组构特征及各种成因的构造特征方面进行论述，并对岩浆岩、变质岩及泥质岩等特殊储集岩的岩石学特点与储集特征进行了相关介绍。

全球的石油和天然气勘探实践表明，三大岩类［沉积岩、岩浆岩（火成岩）、变质岩］中均发现油气田，但99%以上的油气储量都储集在沉积岩中，并以碎屑岩和碳酸盐岩为主。尤其是我国，90%以上的油气储量分布在碎屑岩地层中。这就使油气储层的沉积环境、古地理条件、沉积体的空间展布特征及各个沉积相带的相互配置关系等方面的研究至关重要。建立储层的沉积模式和地质模型，以便全面而准确地评价和预测储层的空间分布、形态特征及纵横向上的物性变化规律，来满足油气勘探与开发对储层的范围（外延井的确定）和井间特性（物理特性和空间特性）资料的需要。

随着油气勘探开发程度的加深，一些特殊岩性也被证实能够成为油气的有效储集体，因而储层地质学的发展也已深入到这些新的领域。但对储集体，人们更多关注的是其储集性能与储集规模，这些直接影响储集体的油气储量与开发过程中的产能。

第一节 储层的物理特性

油气储层的物理特性主要是指其孔隙度、渗透率、饱和度等。它们不仅是储层研究的基本对象，而且是储层评价和预测的核心内容，同时也是进行定量储层表征的最基本参数。

一、储集岩的孔隙性

（一）孔隙

1. 定义

岩石的孔隙广义上是指岩石中未被固体物质所充填的空间部分，也称储集空间或空隙，包括粒间孔、粒内孔、裂缝、溶洞等。狭义的孔隙则是指岩石中颗粒间、颗粒内和填隙物内的空隙。

2. 分类

根据不同的研究内容和目的，孔隙可按不同的方法进行分类，如按孔隙成因、孔隙大小及对流体的作用、孔隙与颗粒的接触关系、孔隙对流体的渗流情况等，因此得出的分类结果有所不同（表2-1）。

表 2-1 碎屑岩的常见孔隙分类方案

分 类 方 法	分 类 标 准	分 类 结 果
按孔隙成因	成岩作用前或同时	原生孔隙
	成岩作用后	次生孔隙
按孔隙大小及对流体的作用	孔径 > 0.5mm	超毛细管孔隙
	0.5mm ≥ 孔径 > 0.0002mm	毛细管孔隙
	孔径 ≤ 0.0002mm	微毛细管孔隙
按孔隙与颗粒的接触关系	孔隙在岩石中分布的位置	粒间孔隙
		粒内孔隙
		填隙物内孔隙
按孔隙对流体的渗流情况	孔隙连通	有效孔隙
	孔隙孤立	无效孔隙

1）按孔隙成因分类

严格来讲，地壳上的各类岩石或多或少都存在着孔隙，只不过是孔隙大小、结构和多少不同。按孔隙成因可将孔隙分为两大类。

（1）原生孔隙：指沉积物沉积后、成岩作用之前或同时所形成的孔隙。

（2）次生孔隙：指在成岩作用之后，由于溶解、重结晶和白云岩化作用等产生的孔隙。

2）按孔隙大小及对流体的作用分类

依据孔隙直径或裂缝宽度以及对流体的作用，可将孔隙划分为三种类型。

（1）超毛细管孔隙：孔隙直径大于 0.5mm、裂缝宽度大于 0.25mm 的孔隙。在自然条件下，流体在重力作用下可在其中自由流动。胶结疏松的砂体大多属于超毛细管孔隙。在这种孔隙中，流体的流动遵循静水力学的一般性规律。

（2）毛细管孔隙：孔隙直径在 0.0002～0.5mm、裂缝宽度在 0.0001～0.25mm 之间的孔隙。在这种孔隙中，无论是流体质点间，还是流体和孔隙壁间均处于分子引力的作用之下。由于毛细管压力的作用，流体不能自由流动，只有在外力大于本身的毛细管压力时，流体才能在其中流动，一般的砂岩孔隙多属于此类孔隙。

（3）微毛细管孔隙：孔隙直径小于 0.0002mm、裂缝宽度小于 0.0001mm 的孔隙。在此类孔隙中，分子间的引力很大，要使液体在孔隙中流动需要非常高的压力梯度。因而，在正常地层条件下流体不易流动，这就是人们常将孔道半径大于或小于 $0.1\mu m$ 作为流体能否在其中流动的分界线的原因。黏土岩和致密页岩孔隙一般属于此类孔隙。

3）按孔隙与颗粒的接触关系分类

按孔隙与颗粒的接触关系可将孔隙分为三类，即粒间孔隙（岩石颗粒之间的孔隙）、粒内孔隙（岩石颗粒内的溶孔）及填隙物内孔隙。当岩石中存在裂缝与溶洞时，总孔隙一般也包括这两类空间。

4）按孔隙对流体的渗流情况分类

（1）有效孔隙：孔隙间互相连通、流体在自然条件下可在其中流动的孔隙空间。

（2）无效孔隙：指岩石中那些孤立而互不连通的孔隙及微毛细管孔隙。

在油气田开采中，只有那些相互连通的孔隙才具有实际意义，因为它们不仅能储存油气，而且允许油气在其中渗滤。而那些孤立的互不连通的孔隙和微毛细管孔隙，即使其中储存油气，在现代工艺条件下，也不能被开采出来，所以这类孔隙是没有实际意义的。

（二）孔隙度

为了衡量岩石中孔隙总体积的大小，反映岩石孔隙的发育程度，就产生了孔隙度的概念。

1．定义

孔隙度是指岩石中孔隙体积占岩石总体积的百分数，它是控制油气储量及储能的重要物理参数。在对储层进行研究、评价及预测的过程中，孔隙度是人们不可回避的研究对象。由于它没有明显的方向性，故它是储层研究的最基本标量。

2．分类

通常依据孔隙的大小、连通状况以及对流体的有效性，孔隙度可分为绝对孔隙度、有效孔隙度和流动孔隙度。

1) 绝对孔隙度

岩样中所有孔隙空间体积之和与该岩样总体积的比值称为绝对孔隙度或总孔隙度，可用式（2-1）表示：

$$\phi_t = \frac{\sum V_p}{V_r} \times 100\% \qquad (2-1)$$

式中　ϕ_t——绝对孔隙度；

$\sum V_p$——岩样中全部孔隙体积之和，cm^3；

V_r——岩样总体积，cm^3。

2) 有效孔隙度

有效孔隙度是指那些互相连通的，且在一定压差下（大于常压）允许流体在其中流动的孔隙总体积（即有效孔隙体积）与岩石总体积的比值，可用式（2-2）表示：

$$\phi_e = \frac{\sum V_e}{V_r} \times 100\% \qquad (2-2)$$

式中　ϕ_e——有效孔隙度；

$\sum V_e$——有效孔隙体积之和，cm^3。

显然，同一岩样的有效孔隙度小于其绝对孔隙度，储层的有效孔隙度一般在5%～30%之间，最常见的为10%～25%。

根据储层绝对孔隙度或有效孔隙度的大小，可以粗略地评价储层性能的好坏。

3) 流动孔隙度

岩石中有些孔隙，由于喉道半径很小，在通常的开采压差下，液体仍然难以通过。另外，亲水的岩石孔壁表面常存在水膜，相应地缩小了孔隙通道。为此，从油田开发实践出发，提出流动孔隙度的概念。流动孔隙度是指在油田开发中，在一定压差下，流体可以在其中流动的孔隙总体积与岩石总体积的比值，可用式（2-3）表示：

$$\phi_f = \frac{\sum V_f}{V_r} \times 100\% \qquad (2-3)$$

式中　ϕ_f——流动孔隙度；

$\sum V_f$——液体可流动的孔隙体积之和，cm^3。

流动孔隙度不考虑无效孔隙，不考虑被毛细管所滞留或束缚的液体所占据的毛细管孔隙，也不考虑岩石颗粒表面上液体薄膜的体积。流动孔隙度随地层中的压力梯度和液体的物理、化学性质变化而变化。

有效（连通）孔隙是总孔隙减去死孔隙的含量，而流动孔隙一般表示总孔隙减去死孔隙和微毛细管孔隙的含量，因此，绝对孔隙度＞有效孔隙度＞流动孔隙度。对于较疏松的砂岩，其有效孔隙度接近于绝对孔隙度；胶结致密的储层，有效孔隙度和绝对孔隙度相差甚大。通常科技文献中所提到的孔隙度一般是指绝对孔隙度。

（三）孔隙度的测定

岩石孔隙度的测定一般有两种方法：直接法（薄片、压汞及实验测试法）和间接法（地震与测井的解释计算方法）。用岩石薄片进行镜下统计求取面孔率来代替孔隙度的方法属直接法。在对油田井下储层，尤其是没有取心的层段进行孔隙度测定和预测时，多采用间接的地球物理方法求取，包括测井方法和地震方法，还可用试井方法来求取孔隙度。采用何种方法主要取决于研究区的资料情况、研究目的及研究者所从事的学科领域。以上测试方法的精度一般来说相差很大，其中岩样测试精度最高，地震法的精度最低。而测井计算法是油田开发中使用最多的方法，其精度取决于孔隙度解释模板或岩心直接测定孔隙度对测井孔隙度解释的标定。因此，在采用低精度方法进行孔隙度预测和评价时，最好用高精度的方法进行一定的标定，以提高孔隙度解释结果的可靠性。

（四）影响孔隙度的因素

对于一般碎屑岩而言，由于它是由母岩经破碎、搬运、胶结和压实而成，因此碎屑颗粒的类型、数量以及成岩后的压实作用强弱就成为影响这类岩石孔隙度的主要因素。

1. 岩石矿物成分的影响

在其他条件相同时，一般石英砂岩储油物性好，这主要是因为长石的亲油、亲水性比石英强。当被油、水润湿时，长石表面所形成的液膜一般是不移动的，它在一定程度上减少了孔隙的流动截面和储集体积。

此外，矿物颗粒上的差别反映在其形态（如石英为粒状，而云母则为片状）可以影响岩石的孔隙度，黏土矿物遇水发生膨胀也对孔隙度、渗透率等造成较大的影响。

2. 颗粒排列方式及分选性的影响

不同的颗粒排列方式对孔隙空间的形态和大小有着很大的影响。C. S. Slichte（1899）、H. J. Fraser 和 Graton（1935）等人先后对等径球形颗粒进行了研究，在颗粒排列最疏松与最紧密的两种端元形式时（图2-1），得到最大、最小孔隙度分别为47.64%、25.96%。他们认为，理想土壤的孔隙度大小与组成它的颗粒粒径大小无关，仅取决于排列方式（即 θ 角）。当 $\theta=90°$ 时，$\phi \approx 47.64\%$；而当 $\theta=60°$ 时，$\phi \approx 25.96\%$。然而，孔隙度与粒径无关的结论并不适用于真实岩石。根据上千个砂岩样品的统计的结论，孔隙度与粒径有关。孔隙度随着粒径增大而减小，这是因为细粒碎屑磨圆度差，呈棱角状，颗粒

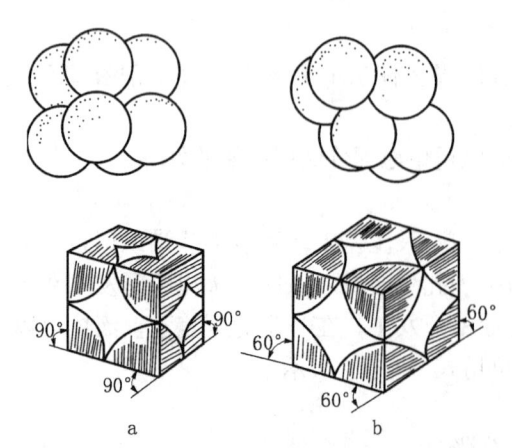

图2-1 典型的有序多孔介质结构及相应的孔隙度（据 H.J.Fraser 和 Graton，1935）
a—等大圆球的立方体排列，$\phi \approx 47.64\%$；
b—等大圆球的斜方六面体排列，$\phi \approx 25.96\%$

支撑比较松散，因此，它比磨圆度好的较粗砂粒有更好的孔隙度（何更生，1994）。

除了粒径及排列方式外，颗粒的分选程度对孔隙度影响很大。分选差时，小颗粒碎屑充填了颗粒间的孔隙和喉道，会降低岩石的孔隙度和渗透率（图2-2）。

M. Scherer（1987）在假定天然砂层碎屑颗粒的堆积方式是随机的基础上，根据Baerd和Weyl（1973）的资料，推算出粒度的特拉斯克分选系数（S_o）与原生孔隙度之间存在着下列关系式，它可用来计算潮湿地表环境下砂体的孔隙度：

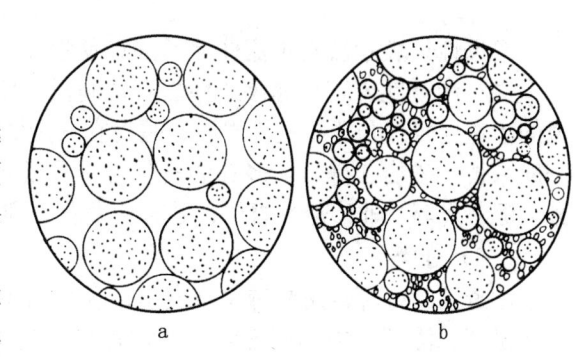

图2-2 分选程度对孔隙度的影响
（据 H. J. Fraser 和 Graton，1935）
a—分选好的物质，$\phi \approx 32\%$；
b—分选差的物质，$\phi \approx 17\%$

$$\phi_{原生}=20.91+(22.9/S_o) \tag{2-4}$$

$$S_o = \sqrt{Q_1/Q_3} \tag{2-5}$$

式中　S_o——特拉斯克分选系数；
　　　Q_1——第一四分位数，相当于颗粒累计重量达25%处的粒径值；
　　　Q_3——第三四分位数，相当于颗粒累计重量达75%处的粒径值。

3. 埋藏深度的影响

沉积岩随着上覆岩层的加厚、埋藏深度的加大，地层静压力和温度也随之增大，使得岩石排列更加紧密，颗粒间发生非弹性的、不可逆的移动，使孔隙度迅速下降（图2-3）。当紧密排列达到最大限度时，上覆地层压力进一步增加，就会促使颗粒在接触点上出现局部溶解，溶解的矿物（如石英）则在孔隙空间形成新的结晶或矿物，进一步导致孔隙度降低，严重时可导致孔隙消失，成为不渗透层。因此，在通常情况下，孔隙度尤其是原生孔隙度随着埋藏深度的增加而减小。

4. 成岩作用的影响

由于地下通常存在着一定的水溶液，在一定温度、压力条件下，不同的水溶液对岩石矿物具有选择性溶解的特点，从而形成次生孔隙。一般而言，硅酸盐矿物易溶于有机酸水溶液，而碳酸盐矿物难溶于有机酸水溶液；在无机酸水溶液中的情况则正好相反。

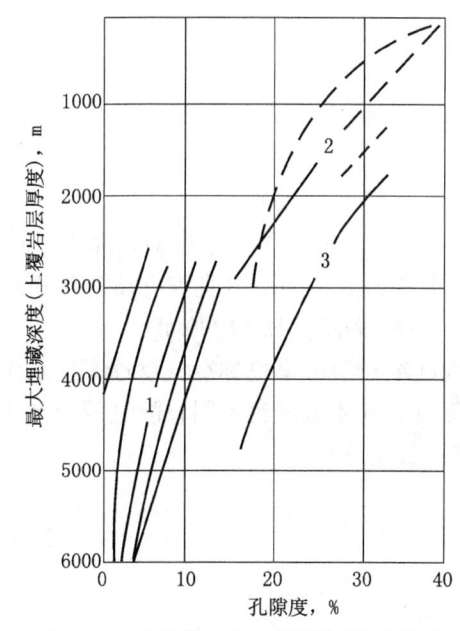

图2-3 孔隙度与最大埋藏深度关系图
（据 Mayer Curr，1978）
1—泥质砂岩（含云母）；2—侏罗—白垩系石英砂岩；3—古近—新近系石英砂岩

二、储集岩的渗透性

（一）定义

储集岩的渗透性是指在一定的压差下，岩石本身允许流体通过的性能。同孔隙性一样，它是储层研究的最重要参数之一，不但影响油气的储能，而且能够控制产能。

渗透性只表示岩石中流体流动的难易程度，而与其中流体的实际含量无关。从绝对意义上讲，渗透性岩石与非渗透性岩石之间没有明显的界线，只是一个相对的概念。通常所说的渗透性岩石与非渗透性岩石，是对在一定的地层压力条件下流体能否通过岩石而言的。一般来说，砂岩、砾岩、多孔的石灰岩、白云岩等储层为渗透性岩层；泥岩、石膏、硬石膏、泥灰岩等为非渗透性岩层，若裂缝发育，则可以变成渗透性岩层。

（二）分类

渗透性的好坏常用渗透率来表示，具有明显的方向性，故它不同于孔隙度，应为矢量。这就是说，渗透率在不同方向上存在着较大差异，通常可分为水平渗透率（K_h）和垂直渗透率（K_v）。下面介绍三种渗透率。

1．绝对渗透率

如果岩石孔隙中只有一种流体存在，而且这种流体不与岩石起任何物理、化学反应，在这种条件下所测得的渗透率为岩石的绝对渗透率。大量试验表明，单相流体通过介质呈层状流动时，服从达西直线渗流定律，计算公式为：

$$K = \frac{Q\mu L}{(p_1 - p_2)Ft} \tag{2-6}$$

式中　K——岩样的绝对渗透率，D；

　　　Q——液体在 t 秒内通过岩样的体积，cm³；

　　　p_1——岩样前端压力，atm❶；

　　　p_2——岩样后端压力，atm；

　　　F——岩样的截面积，cm²；

　　　L——岩样的长度，cm；

　　　μ——液体的黏度，cP❷；

　　　t——液体通过岩样的时间，s。

渗透率的单位为达西（D），并规定，当黏度为 1cP 的 1cm³ 流体，通过横截面为 1cm² 的孔隙介质，在压力差为 1atm 时，1s 内流体流过的距离为 1cm 时，该孔隙介质的渗透率为 1D。在实际应用中，这个单位太大，常用毫达西（mD）表示，1D=1000mD。

在实际工作中，常用气体来测定绝对渗透率，因此绝对渗透率也称空气渗透率。对于气体来说，由于岩样中每一点的压力不同，则通过各点的气体流量也不同，故达西公式中的体积流量需用平均气体体积流量表示。因此，渗透率公式可写成：

$$K = \frac{\overline{Q}\mu_s L}{(p_1 - p_2)Ft} \tag{2-7}$$

式中　$\overline{Q}$——t 秒内通过岩样中的平均气体体积流量，cm³；

　　　μ_s——气体的黏度，cP。

绝对渗透率是与流体性质无关而仅与岩石本身孔隙结构有关的物理参数。目前，生产上使用的绝对渗透率一般是用空气测定的空气渗透率。

2．有效渗透率

当有两种以上流体存在于岩石中时，对其中一种流体所测得的渗透率为有效渗透率，也称

---

❶ 1atm=101.325kPa。

❷ 1cP=1mPa·s。

相渗透率。它表示岩石在其他流体存在的条件下，传导某一种流体的能力，不但与岩石的孔隙结构有关，而且与流体的饱和度有关，通常用 K_o、K_g、K_w 分别表示油、气、水的有效渗透率。

3. 相对渗透率

各流体在岩石中的有效渗透率与该岩石的绝对渗透率的比值称为相对渗透率，它是衡量某一种流体通过岩石能力大小的直接指标。分别用符号 K_{ro}、K_{rg}、K_{rw} 来表示油、气、水的相对渗透率。

大量实践和室内实验证明，有效渗透率和相对渗透率不仅与岩石性质有关，而且与流体的性质及其饱和度有关。随着该相饱和度的增加，其有效渗透率随之增加，直到岩石全部被该单相流体所饱和，这时，其有效渗透率等于绝对渗透率（图2-4）。

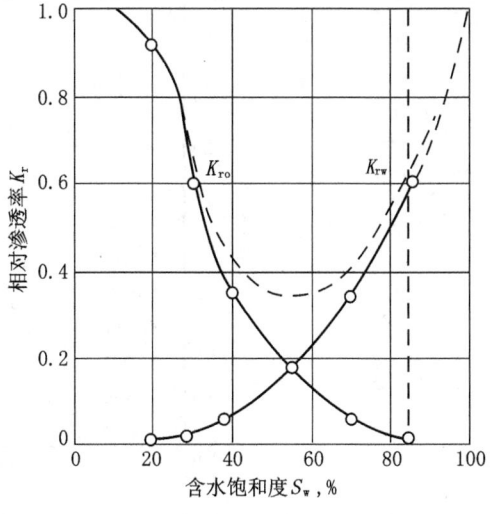

图2-4 油水相对渗透率曲线（据何更生，1994）

（三）影响渗透率的因素

根据绝对渗透率和相对渗透率的概念不难看出，绝对渗透率仅与岩石本身的孔隙结构有关，与流体性质无关，而相对渗透率则与两者均有密切关系。

1. 影响绝对渗透率的因素

影响岩石渗透率的因素很多，其中主要包括以下三个方面。

1）岩石特征的影响

岩石特征的影响主要指岩石的粒度、分选、胶结物及层理等对渗透率的影响。疏松砂的粒度越细，分选越差，渗透率越低；在具正韵律的沉积储层中，粒度向上逐渐变细，渗透率也相应降低，以致在注水时，油层下部会出现过早水淹的情况。

2）孔隙的影响

岩石的孔隙度和渗透率之间有一定的内在联系，且两者通常呈现正相关关系（图2-5），但也可能不存在严格的函数关系，尤其在存在裂缝和溶洞时。实际上，孔隙度和渗透率的关系在很大程度上取决于孔隙结构，凡影响岩石孔隙结构的因素都影响渗透率。

在有效孔隙度相同的情况下，孔隙喉道小的岩石比喉道大的岩石渗透率低，孔喉形状复杂的岩石比孔喉形状简单的岩石渗透率低。另外，孔喉的配置关系不同，储层呈现不同的孔隙度和渗透率。如孔隙大、喉道粗，表现为孔隙度大、渗透率高；孔隙大而喉道细，表现为孔隙度大而渗透率低；孔隙和喉道均细小的储集岩表现为孔隙度和渗透率均较低。一般来说，岩石渗透率与孔隙喉道大小的平方成正比，而与喉道形状复杂程度成反比。

此外，孔隙的连通性、迂曲度、内壁粗糙度等对绝对渗透率也有影响。一般来说，孔隙直径小的比直径大的渗透率低，孔隙形状复杂的比形状简单的渗透率低。这是因为孔隙直径越小，形状越复杂，单位面积孔隙空间的表面积越大，对流体的吸附力、毛细管阻力和流动摩擦阻力也越大，而孔道的复杂和弯曲程度使流体在流动过程中产生局部的方向变化和速度变异，消耗流体的动能，从而降低岩石的渗透率。

3）压力和温度的影响

温度不变时，渗透率随静压力的增大而相应减小，当压力超过某一数值时，渗透率就急剧下降，这时泥质砂岩比砂岩渗透率减小得更快。

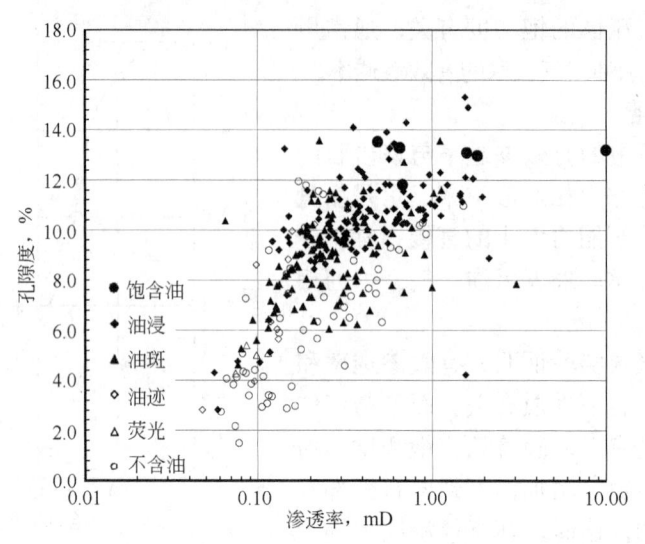

图 2-5　鄂尔多斯盆地某区块孔隙度与渗透率的关系图（据 Shengli Li 等，2017，有修改）

随温度升高，压力对渗透率的影响将减小，特别是在压力较小的情况下。这是由于温度升高，能够引起岩石骨架和孔隙中流体发生膨胀，阻碍了压实，这样绝对渗透率随着压力升高而降低的程度自然减弱。

2．影响相对渗透率的因素

1）润湿性的影响

岩石润湿性对相对渗透率影响的总趋势是随着岩心由强亲水转化为强亲油，油的相对渗透率将趋于降低。对于亲水岩石，水常分布在细小孔隙、死孔隙中或颗粒表面上，这种分布方式使水对油的渗透率影响很小；而亲油岩石在同样的饱和度条件下，水既不在死孔隙中，也不以水膜形式分布，而是以水滴、连续水流的形式分布在孔道中，阻碍着油的渗流。油本身以油膜形式附着于颗粒表面或小孔隙中，因而在相同的含油饱和度下，油的相对渗透率会降低。

2）孔隙结构的影响

流体饱和度分布及流体流动的渠道直接与孔隙大小和分布有关，因而反映岩石中各相流动阻力大小的相对渗透率曲线也必然受其影响。高孔、高渗砂岩的两相共渗区的范围大，束缚水饱和度低；而低孔、低渗砂岩则与此正好相反，这是因为大孔隙具有比小孔隙更大的渗流通道。

3）温度的影响

温度对油水相对渗透率的影响对研究热力采油的渗流和驱替过程至关重要。束缚水饱和度随温度发生变化是温度对相对渗透率影响的重要特征。此外，温度升高会导致岩石热膨胀，使孔隙结构发生变化，渗透率也会随之改变。

除上述因素外，还有很多其他因素影响相对渗透率，如流体黏度等。当非润湿相黏度很高，且远高于润湿相时，非润湿相的相对渗透率随两相黏度比增加而增加，而润湿相的相对渗透率与黏度比无关。

三、流体饱和度

（一）定义

通常油气储层中的孔隙为油、气、水三相所饱和，压力高于饱和压力的油藏则为油、水两相所饱和。所饱和的油、气、水含量分别占总孔隙体积的百分数称为油、气、水的饱和度。

倘若储层中含油、气、水三相，则：

$$S_o = \frac{V_o}{V_p} = \frac{V_o}{\phi V_f} \times 100\% \qquad (2-8)$$

$$S_g = \frac{V_g}{V_p} = \frac{V_g}{\phi V_f} \times 100\% \qquad (2-9)$$

$$S_w = \frac{V_w}{V_p} = \frac{V_w}{\phi V_f} \times 100\% \qquad (2-10)$$

$$S_o + S_g + S_w = 1 \qquad (2-11)$$

式中　S_o——含油饱和度；

　　　S_g——含气饱和度；

　　　S_w——含水饱和度；

　　　V_o——油在孔隙中体积，cm³；

　　　V_g——气在孔隙中体积，cm³；

　　　V_w——水在孔隙中体积，cm³；

　　　V_p——孔隙体积，cm³；

　　　V_f——岩石体积，cm³；

　　　ϕ——孔隙度。

（二）特征

众所周知，绝大部分储层属于沉积岩，它们最初完全被水所饱和。油气是后期才从侧面或底部向其中运移并聚集，油气向上运移并逐步排驱原来饱和在孔隙中的水。这个过程受油气水—孔隙系统控制。油气向上移动并排驱水时所能排出的水量取决于油与水的性质、岩石的孔隙大小与分布，以及地层压力。

（三）分类

1．原始流体饱和度

在勘探阶段测得的流体饱和度称为原始流体饱和度，它包括原始含油饱和度、原始含水饱和度和原始含气饱和度。

2．束缚水饱和度

大量的岩心分析资料证明，无论是处于油气藏何种部位的油层，都含有一定量的不可动水，即通常所称的束缚水或共存水。储层岩石孔隙中束缚水的体积与孔隙体积的比值称为束缚水饱和度。

对于不同的油层，由于岩石和流体性质不同，油气运移时水动力条件不一样，所以束缚水饱和度差别很大，一般为10%～15%。油层的泥质含量越高，渗透性越差；微毛细管孔隙越发育，水对岩石的润湿性越好；油水界面张力越大，则油层中束缚水的含量就越高。束缚水饱和度是体积法计算油藏储量的重要参数之一。若束缚水饱和度为 S_{wc}，油藏的原始含油饱和度 $S_{oi}=1-S_{wc}$。

必须指出的是，油层中岩石含水饱和度的数值与石油在原始含水层中的集聚过程、石油的黏度、油水分界面上的表面张力、岩石中的颗粒分布、油水接触面与取心位置的接近程度、岩石中黏土含量，特别是岩石孔隙大小和分布等有关。单靠渗透率不能决定油层的含水饱和度。

3．残余油饱和度

残余油是指被工作剂驱洗过的地层中被滞留或闭锁在岩石孔隙中的油。地层岩石孔隙中残余油的体积与孔隙体积的比值称为残余油饱和度。

含油饱和度是油气勘探与开发阶段很重要的参数，确定原始含油饱和度，才能准确地进行储量计算。中、晚期的含油饱和度可以帮助人们了解油田开发动态，做到动态检测、计算剩余储量和掌握剩余油的分布情况等。因此，流体饱和度自始至终是油田研究的重要参数，它既不是标量，也不是矢量，而是一个难以算准的变量。

四、储层的概念与分类

（一）定义

凡是能够储存油气并在其中渗滤流体的岩石称为储集岩。储存流体主要是由岩石的孔隙性决定的，而渗滤流体则是由岩石的渗透性所决定，两者缺一不可。这就是说储集岩必须具备两个基本要素：孔隙度和渗透率。由储集岩所构成的地层称为储层。孔隙度是控制油气层储能（孔隙度×储层厚度）的核心参数；渗透率是控制油气层产能（渗透率×储层厚度）的核心参数。当储层中含有具工业价值的油气流时，人们通常称它为油层、气层或油气层。

（二）分类

为更好地评价各类储层的基本特征，以反映储层的质量和特性，首先要对储层进行分类。其分类标准的确定除了因研究目的的不同而有较大的区别外，还要求反映储层的特色和各类储集体之间的差异。通常从岩性、物性、储集空间类型及所储存的油气性质对储层进行分类（表2–2），同时分类标准还应具有一定的代表性，尤其是具有沉积单元（成因单元或能量单元）的整体代表性，以便满足油藏数值模拟和各种储层建模的要求。

表2–2　常见储层分类方案（据于兴河，2022）

分类标准		分类结果	分类标准	分类结果
岩　性		碎屑岩储层（含火山碎屑岩）	储集空间	孔隙型储层
		碳酸盐岩储层		洞穴型储层
		其他岩类储层		裂缝型储层
物性	孔隙度	高孔储层		孔洞型储层
		中孔储层		缝洞型储层
		低孔储层	油气性质	稀油储层
	渗透率	高渗储层		稠油（高凝油）储层
		中渗储层		凝析油（气）储层
				天然气储层
		低渗储层		煤成油（气）储层

1. 储层的岩性分类

从岩性的角度，储层一般分为碎屑岩储层（含火山碎屑岩）、碳酸盐岩储层及其他岩类储层（一般为岩浆岩、变质岩及泥质岩等）。

2. 储层的物性分类

从物性角度对储层进行分类时，通常将孔隙度、渗透率及喉道半径一起考虑，如常见的我国东部油田的孔隙度（ϕ）、渗透率（K）分类方案（表 2-3）。

表 2-3 我国东部油田常见的储层分类方案

类 型	孔隙度，%	渗透率，mD
高孔高渗型储层	> 30	> 500
中孔中渗型储层	30～20	500～100
中孔低渗型储层	20～15	100～10
低孔低渗型储层	15～10	10～1.0
致密型储层	10～5	1.0～0.02
超致密型储层	< 5	< 0.02

由于喉道半径与排驱压力有着较好的定量关系，因此，该方法不仅克服了其他分类方案的不足，而且能够更好地体现出孔隙结构的物性特征与孔隙度、渗透率的对应关系。

3. 储层的储集空间分类

从储层空间角度可将储层分为孔隙型储层、洞穴型储层、裂缝型储层、孔洞型储层、缝洞型储层。其中碎屑岩储层通常以孔隙型储层为主，但在致密碎屑岩中也存在裂缝型储层；碳酸盐岩储层一般可分为洞穴型储层、裂缝型储层、孔洞型储层、缝洞型储层；其他岩类储层多以裂缝性储层为主。

4. 储层的油气性质分类

从储层储存的油气性质角度可以把储层分为稀油储层、稠油（高凝油）储层、凝析油（气）储层、天然气储层、煤成油（气）储层等类型。

以上的储层分类方法在实际油气田勘探开发应用中都得到了采用，只不过不同的研究角度采用的分类方案有所不同而已，但在进行储层或油藏评价时这几个方面都要涉及。

第二节 储层的几何特性与连续性

油气储层的几何特性对研究与预测油气储层十分重要，尤其是碎屑岩系油气储层的几何特性，其研究不仅对油气储层规模（储层连续性）预测具有至关重要的作用，而且也是确定油层连通性、油水界面位置的重要地质依据。同时，单油层或成因单元的空间几何特征还是确定油气储层的沉积环境、预测砂体展布规律不可忽视的内容。

砂体几何形态是判断沉积环境的重要标志，这是因为砂体的几何形态和分布通常是对形成环境与沉积作用的反映，与沉积环境有着直接的关系，因而砂体几何形态已成为地震相识别与沉积（微）相类型研究的重要依据。砂体的几何形态包括形状和大小两方面的内容，其形状既有平面形状，又有剖面形状。另外，大小的概念只是相对和定性的，较难规定出一个具体的定量标准或范围。此外，砂体的几何形态特征是建立储层地质模型，尤其是砂体中骨架模型的主要依据之一。在进行随机模拟时，它是确定变差函数主要结构参数的判别依据，其中长宽比、宽厚比等是储层建模的重要参数。

一、砂体的剖面几何特征

研究砂体的剖面几何特征不仅可以帮助人们识别其沉积环境，同时在进行井间砂体对比时，尤其是在研究不同的几何特征砂体空间叠置时，是研究者应遵循的依据和研究重点。因此，研究储集单砂体剖面的几何特征可起到五个作用：(1) 确立井间对比的原则；(2) 确保砂体的连通形式，即叠置关系；(3) 推测砂体延伸范围；(4) 分析沉积（微）相的空间展布；(5) 建立储层骨架模型的依据。

依据储集砂体在剖面上的几何特征进行如下分类（表2-4）。

表2-4 砂体剖面几何形态分类特征表

类别	沉积砂体及沉积作用	沉积特征	测井曲线特征	宽厚比	示意图
顶平底凹型透镜体	各种水道沉积砂体，各种充填沉积	正韵律，底部常具有冲刷面	多为钟形，个别为箱形	取决于不同的水道或河流性质，通常为1:175～1:125	
底平顶凸型透镜体	三角洲河口坝、沿岸坝、远沙坝、障壁岛，前积作用	反韵律	漏斗形	取决于物源供给和地形坡度的陡缓，通常为1:500～1:200	
顶凸底凹型透镜体	三角洲前缘的指状沙坝	正韵律与反韵律	钟形与漏斗形的组合	较小	
楔形	平行于流水方向的各类扇和三角洲			厚度向盆地方向逐渐变薄	
板状	河道砂体的纵剖面和滩砂沉积横向剖面	粒度无明显的粗细变化	多为箱形	大于3，小于20	
条带状	三角洲前缘席状砂和河道堤岸砂沉积	厚度较小，粒度偏细，无明显的韵律性	指状或小型舌状	大于20	

（一）顶平底凹型透镜体

此种砂体的剖面形态通常为各种水道沉积砂体横剖面的主要特征和各种河道充填沉积的结果。在垂向上，多表现为向上变细的正韵律结构，其底部常具有冲刷面；测井曲线上多表现为钟形或低幅锯齿状钟形，也可以为箱形（辫状河）。此类砂体的宽厚比大小取决于不同的水道或河流性质。

（二）底平顶凸型透镜体

这种形态的砂体主要是由前积作用或波浪的选积作用形成的，如三角洲河口坝沉积的产物，另外，沿岸坝、远沙坝以及障壁岛的剖面形态也属此类。在垂向上为向上变粗的反韵律结构，测井曲线上则多表现为漏斗形，其宽厚比的大小主要取决于物源供给和地形坡度的陡缓。

（三）顶凸底凹型透镜体

此种类型的单个砂体并不多见，通常是一些小规模沉积砂体，砂体的宽厚比一般较小，如三角洲前缘的指状沙坝、远缘的浊积沙坝以及河道中的各种沙坝。

（四）楔形

平行于流水方向的各类扇和三角洲，通常冲积扇或盆底扇砂体的横剖面形态常为楔形，其砂体厚度向盆地方向逐渐变薄。

（五）板状

这种剖面形态通常没有固定的沉积砂体类型，一般河道砂体的纵剖面和滩砂沉积横向剖面可为这种形态，在垂向剖面上粒度无明显的粗细变化，测井曲线上多为箱形，其宽厚比通常大于3，小于20。

（六）条带状

这种剖面形态多为三角洲前缘席状砂、河道堤岸砂沉积的产物，砂体通常厚度较小，宽厚比大于20，粒度偏细，内部无明显的韵律变化。

二、砂体的平面几何形态

砂体的平面几何形态通常是用砂岩的厚度等值线图来表示。为了更好地反映砂体的平面形态特征，最好是在对砂体进行科学对比的前提下，结合含砂率等值线的总体规律进行编制，以反映砂体的真实形态与沉积格局。

（一）分类

对砂体平面几何形态的地质描述，一般按长宽比分为四大类（表2-5）。

表2-5 砂体平面几何形态分类特征表

类别		长宽比	砂体特征	常见砂体类型	示意图
席状		$L/W \approx 1$	等轴状，厚度薄而稳定	陆棚砂、海滩砂	
扇形	扇状	$L/W \leq 3$	向盆地方向增厚并呈扇形散开，至前端厚度逐渐变薄	冲积扇、海底扇、扇三角洲砂体、陡坡三角洲、湖盆长轴河控三角洲	
	朵状				
	朵叶状				
	鸟足状				

续表

类别		长宽比	砂体特征	常见砂体类型	示意图
长形状	条带状	$20 \geqslant L/W > 3$	厚度不稳定	沿岸沙坝、障壁岛、河流、三角洲、潮汐水道	
	树枝状				
	带状				
	鞋带状	$L/W > 20$			
透镜状		$L/W < 3$	分布面积特别小	浊积透镜体,废弃河道	

注：L 为长度，W 为宽度。

1．席状

席状砂体的平面面积较大，$L/W \approx 1$，平面上呈等轴状，厚度薄而稳定，如陆棚砂或海滩砂可为席状。

2．扇形

扇形砂体可以分为扇状、朵状、朵叶状和鸟足状，$L/W \leqslant 3$。砂体向盆地方向增厚并呈扇形散开，呈朵叶状，如冲积扇、海底扇或扇三角洲砂体。通常情况下，冲积扇为厚层扇状，浊积扇为层状朵体，而三角洲则为前积朵叶状。但有时要视具体沉积条件和背景，如陡坡三角洲以朵状为主，湖盆长轴方向的河控三角洲则多为鸟足状。

3．长形状

长形状砂体的厚度不稳定，可进一步划分为下面四种类型。

(1) 条带状：$L/W > 3$，有时可高达 20 或更大；

(2) 树枝状：一般比较弯曲，并具有分支或分叉；

(3) 带状：由于侧向移动，条带状砂体与树枝状砂体结合起来可形成带状，如沿岸沙坝、障壁岛、河流、三角洲及潮汐水道均可形成长形状砂体；

(4) 鞋带状：$L/W > 20$，如高弯度曲流河。

4．透镜状

透镜状砂体也称豆荚状或鸡窝状砂体，分布面积特别小，$L/W < 3$，如扇端滑塌的浊积透镜体。

为了更好地反映砂体在三维空间的形态变化及展布特征，可采用长、宽、厚度的比值来加以描述（Robert，1986），它们分别用 L、W、T 来代表（图 2-6）。

(1) 席状：$L=W>100T$；

(2) 朵（叶）状：$L=W>100T$；

(3) 椭圆状：$L>W>100T$；

(4) 线状：$L>10W>300T$；

(5) 指状：$L>10W>100T$；

(6) 蛇状：长、宽、厚度的比值与线状类似，但在平面上呈明显的弯曲状，根据弯曲度可分为低弯曲与高弯曲两种类型。

席状与朵状的主要区别是前者在平面上呈等轴状；后者向一个方向散开，向另一个方向收敛。指状与线状则主要是展布方向与变化趋势不同，前者是向单方向变薄并尖灭；后者则是向两端变薄、尖灭或平行。

（二）控制储层平面分布形态的机制

沉积体系的平面展布特征主要与可容纳空间 A 和沉积物供给量 S 之间的比值有关。可容纳空间的大

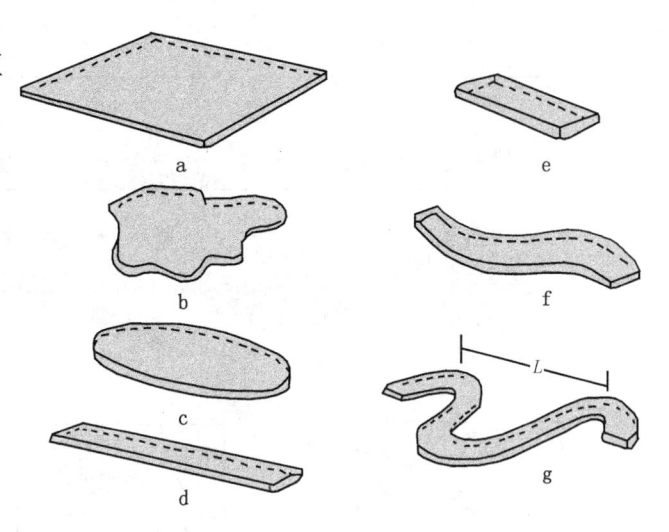

图 2-6　砂质沉积组合体的空间形态类型
（据 R. B. Robert，1986）
a—席状；b—朵状；c—椭圆状；d—线状；e—指状；
f—低弯曲蛇状；g—高弯曲蛇状

小反映着地层基准面上升与下降所形成的沉积物可以堆积的能力，它受控于构造运动、沉积物的压实作用、分异作用以及水平面的变化等。当地表相对于基准面向下运动，即基准面上升时，沉积物沉积的潜能增大，即可容纳空间变大；当地表在地层基准面之上向上运动时，剥蚀潜能增大。沉积物的供给量控制着沉积的作用、产物及其再分布，通过增加和减少沉积物，使地表向上或向下、靠近或远离地层基准面运动。制约沉积物供给量的因素主要有气候、地形坡降、地貌高程、植被的发育状况、源区的岩石类型、营养供应、生物富集程度及生产能力、风化剥蚀速度以及水动力能量。

A/S 值的增大或减小趋势与侧向上相关的沉积环境沿斜坡的上下迁移是一致的。以海岸不同三角洲类型的变化为例，随 A/S 值的变化产生了不同类型的三角洲沉积体（图 2-7）。基准面下降期间，向陆方向可容纳空间减小，盆地高部位沉积物的沉积或堆积的能力降低，多数沉积物路过海岸平原而被搬运到滨面陆架上沉积。基准面上升期间，向陆方向的可容纳空间增大，高部位沉积物的沉积能力增加，沉积物大多发生沉积，而搬运至滨面的沉积物较少（Cotton，1918；Cross 等，1993；邓宏文等，2002）。

三、砂体的空间叠置与成因

砂体的空间叠置主要受沉积作用的控制并影响连通性。以河流为例，其叠置方式通常有以下几种形式：单边式或多边式（侧向上以相互连通为主）、多层式（或称叠加式，垂向上以相互连通为主）、孤立式（未与其他砂体连通）。它们主要受控于沉积环境、水流能量、地形及物源供给量（图 2-8）。

砂体的空间叠置形式同样受控于 A/S 值或基准面变化的影响。当 A/S 值较低时，河道砂体在垂向上相互叠置的程度明显增加，使沉积作用以垂向加积为主，侧向加积为辅，这就减少了沉积微相的多样性，使砂体以多层式或多边式为主，增加了砂体的连通性；反之，当 A/S 值较高时，原始地貌要素保存程度的增强导致河道砂体以侧向加积和填积为主，使沉积微相的多样性增加，砂体以单边式至孤立式为特征（图 2-9）。

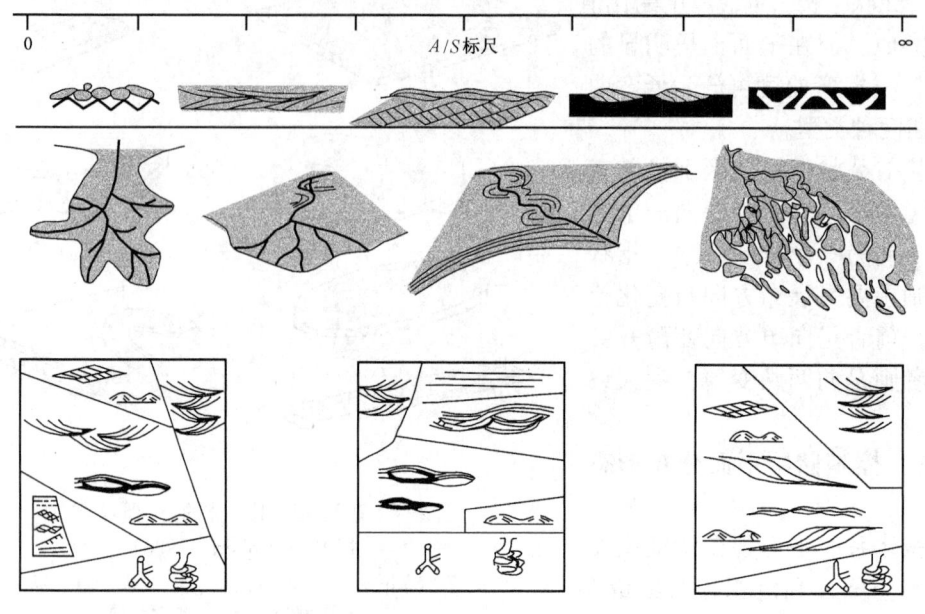

图 2-7 随 A/S 值变化的不同三角洲类型及其相组成的变化（据 T. A. Cross，1999）

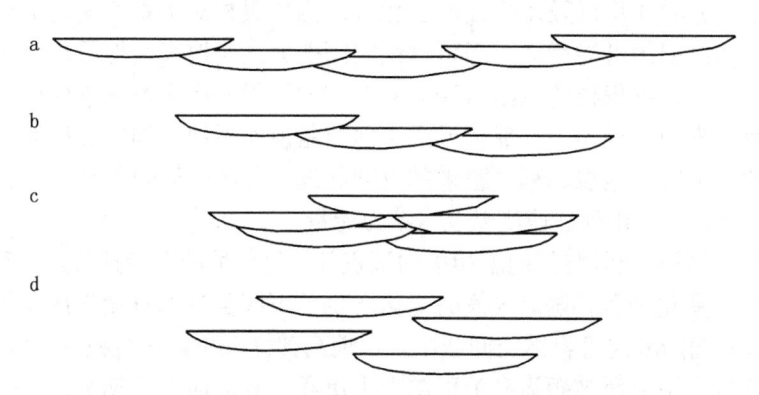

图 2-8 砂体的垂向叠置方式或连通形式与沉积作用的关系（据于兴河，2002）
a—河道分叉与迁移所造成的多边式；b—河道单向迁移所造成的单边式；
c—河道摆动与合并所造成的多层式；d—河道的泛滥与河道分叉所造成的孤立式

四、储层结构形态

皇家壳牌石油公司的 K. J. Webert 和 L. C. van Geuns（1989）认为，实际上所有的储层模型都可看作多个均质层在空间上的重叠组合，因而，为了更好地描述和简化砂体几何特征，将砂体在空间的叠置形式与展布特征综合成储层的空间结构形体，将其分为三种：拼块状、迷宫状和千层饼状。以上三种基本结构主要是对海相碎屑岩储层的总结，考虑到陆相碎屑岩的沉积特点，于兴河（1997）提出了第四种基本结构，即馅饼状或夹心状（表 2-6）。

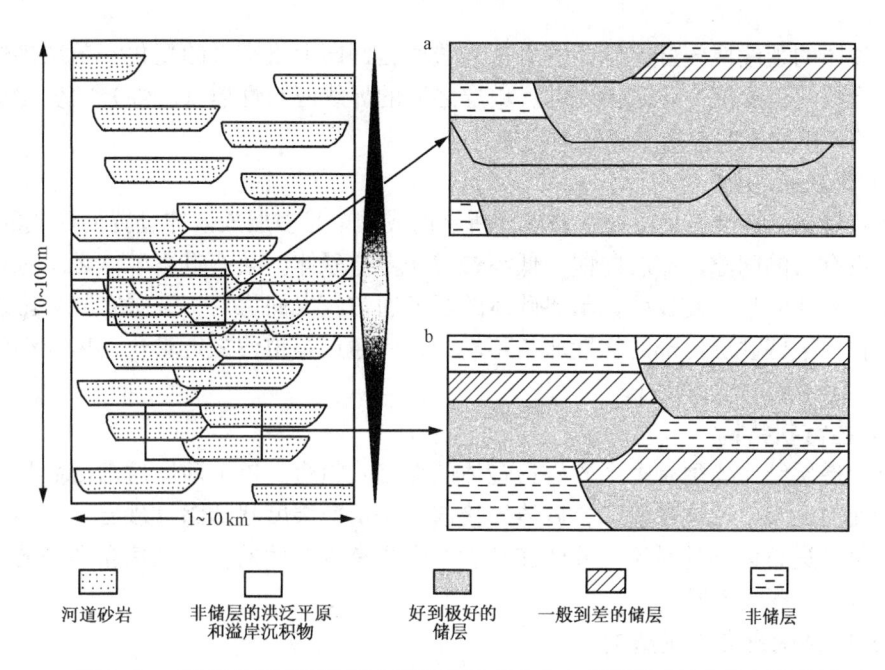

图 2-9　A/S 值与基准面旋回内河道砂体在垂向上叠置形式的变化与连通
（据 T. A. Cross，1998）

表 2-6　储层空间结构形体类型特征表

类　型	砂体组合方式	砂体间特征	岩石物性	单砂体特征	示意图（■泥，□砂）
拼块状结构	砂体多层式叠置	砂体间没有大的孔隙，偶有非渗透隔层	砂体间岩石物性变化大	连续性好，厚度大而稳定	
迷宫状结构	多个砂岩透镜体孤立组合	砂体间由薄层席状低渗透砂岩连接	砂体间岩石物性变化大	小而连续性差	
千层饼状结构	单边式或多边式砂体的叠置	砂体间界线与性质的变化或阻流界线一致	水平渗透率稳定连续，垂向渗透率渐变	水平连续性好，厚度渐变	
馅饼状或夹心状结构	孤立式砂体叠置	连通性较差	变化大	连续性中等至偏差，厚度变化中等	

（一）千层饼状结构

千层饼状储层结构模型由非常宽广的砂体组合而成，也可以由单边式或多边式砂体叠置而成，砂体的连续性较好。砂体的水平渗透率在侧向上没有大的变化，单层砂体厚度不一定是一致的，但厚度变化是渐变的。单层之间的界线应与性质（岩性）的变化或阻流界线是一致的，单层垂向渗透率应是渐变的。

（二）拼块状结构

拼块状储层结构模型是由一系列砂体拼合而成的，是多层式砂体叠置而形成的储集体，单元之间没有大的间隙，储层内偶夹低渗透或非渗透砂体。某些重叠砂体之间也存在非渗透的隔层。砂体的连续性较好，单层砂体的厚度通常较大而稳定。砂层之间会出现岩石物性的大变化，某些砂层内部的物性非常不均匀，应通过模拟使之定量化，用详细的栅状图可很好地确定储层的结构特征。

（三）迷宫状结构

迷宫状储层结构模型是多个砂岩透镜体的孤立式组合。单个砂体通常小而且连续性不好，在剖面上经常出现这种情况。砂体连接部分是由薄层席状低渗透砂岩组成的，在井距小的地方可以进行详细的对比，砂体连续性经常是有方向性的。很难建立准确的三维储层模型，但可建立概率模型。

（四）馅饼状或夹心状结构

馅饼状储层结构主要是由孤立式砂体叠置而形成，砂体的连续性中等至偏差，厚度变化中等，砂体与砂体之间的连通性较差，在河流与河口坝发育的横向剖面上多表现为此特征，前三角洲部位发育的滑塌重力流多为此类型，横剖面上为大套泥包砂的结构特征。

以粗粒三角洲为例，上三角洲平原由于砾石质沙坝的叠置与洪水的平面射流作用明显，多形成多层式拼块状和千层饼状的结构；下三角洲平原由于河道开始发生分流与迁移，则形成多边式拼块向迷宫状过渡的结构；三角洲前缘由于河口坝的形成与席状砂的发育，则形成孤立的馅饼状和千层饼状的结构特征；前三角洲中所夹的砂体，其成因可以是滑塌和波浪改造，多形成馅饼状结构。

第三节　储层的岩石学特征

一、碎屑岩储层的岩石学特征

（一）岩石类型

碎屑岩按粒度可分为砾岩、砂岩、粉砂岩和泥岩，其形成的沉积环境与沉积相带主要为陆相、海相与过渡相，不同成因砂体的结构模型也有所不同（表 2-7）。由火山碎屑物质组成的岩石称为火山碎屑岩（为非正常碎屑岩）。

1922 年，Wentworth 提出了以 2 的次幂作为划分碎屑沉积颗粒的粒级标准（表 2-8），国外又称温特伍斯（Wentworth）标准，并以 2mm 作为划分砂的粒级上限，从而使碎屑岩的分类走向了科学量化的阶段。另外，可以看出国外将粉砂划归为泥岩的范畴，主要原因是因为粉砂不能反映沉积环境或格局。但就储层而言，粉砂可以作为储层，因此，我国大多数研究人员还是将粉砂岩作为砂岩来考虑。

砾岩主要由粒度大于 2mm（ϕ 值小于 -1）的粗碎屑颗粒组成。粗碎屑颗粒按其磨圆程度分为砾石和角砾。相应地，按砾石（角砾）的大小可将砾岩（或角砾岩）分为巨（角）

表2-7 碎屑岩不同沉积环境中砂体的结构模型（据K.J.Webert等，1990；于兴河等，1997，修改）

陆 相	过 渡 相	海 相	结构模型
湖泊席状砂 三角洲前缘席状砂 风成沙丘	障壁坝 海岸沙脊沉积物 海侵砂	浅海席状砂 滨外沙坝 外扇浊积砂	以千层饼状为主
辫状河沉积物 曲流河点沙坝 湖泊/冲积混合沉积 风成/干谷混合沉积	沉积相复合体，如 障壁坝与潮道充填复合体 高净毛比的分流河道与 河口坝复合体	风暴砂透镜体 中扇的浊积水道 与浊积砂的复合体	以拼块状为主
低净毛比的 冰水沉积物、低 弯曲度河道	低弯度三角洲分流 河道充填沉积物	内扇浊积水道砂 滑塌岩，低净毛 比的风暴沉积物	以迷宫状为主
网状河充填沉积物 高弯度曲流河砂体 决口扇砂体	沿岸沙坝 三角洲前缘的远沙坝 三角洲前缘决口砂体	滨外沙坝或沙嘴 外扇浊积砂朵体 滨外沙脊	以馅饼状为主

表2-8 碎屑沉积物的粒度划分标准（据Wentworth，1922）

名　　称	粒度名称	粒径，mm	ϕ值	沉降速率，cm/s
砾 (gravel)	巨砾	>256	<-8	>4.29×10^6
	粗砾	64～256	-8～-6	2.68×10^5～4.29×10^6
	中砾	4～64	-6～-2	1.05×10^5～2.68×10^5
	细砾	2～4	-2～-1	262～1.05×10^5
砂 (sand)	极粗砂	1～2	-1～0	65.5～262
	粗砂	0.5～1	0～1	16.4～65.5
	中砂	0.25～0.5	1～2	4.09～16.4
	细砂	0.125～0.25	2～3	1.02～4.09
	极细砂	0.0625～0.125	3～4	0.256～1.02
泥 (mud)	粉砂	0.0039～0.0625	4～8	9.96×10^{-4}～0.256
	黏土	<0.0039	>8	<9.96×10^{-4}

注：$\phi=-\log_2 D$（D为粒径）。

砾岩、粗（角）砾岩、中（角）砾岩和细（角）砾岩。砾石和角砾主要由岩屑组成，按其碎屑成分的复杂性又可分为单成分砾岩和复成分砾岩。尽管砾岩储层不多，但其类型丰富，孔隙结构复杂，尤其是砾石成分和支撑形式复杂。

砂岩为粒度在0.0625～2mm（ϕ值为-1～4）之间的碎屑岩。按粒度可分为极粗砂岩、粗砂岩、中砂岩和细砂岩；按杂基含量可分为净砂岩和杂砂岩（杂基含量大于15%）。砂岩储层分布较广，储油物性较好，我国油气储层80%以上由砂岩组成。

粉砂岩的粒度介于0.0039～0.0625mm（ϕ值为4～8），主要由粉砂级碎屑组成，据其粒度可分为粗粉砂岩和细粉砂岩。粗粉砂岩可成为良好的油气储层。粉、细砂岩储层，由于颗粒细，其物性普遍较差。

泥岩是主要由黏土级矿物组成的岩石，粒度小于0.0039mm（ϕ值大于8）。在泥岩与粉砂岩之间有许多过渡类型，如泥质粉砂岩、粉砂质泥岩等。泥岩一般不成为储层，但在裂缝发育时，可形成裂缝型储层。

（二）组构特征

碎屑岩包括三种基本组成部分，即碎屑颗粒、填隙物和孔隙，其中碎屑颗粒占岩石总体积的 50% 以上。

1. 碎屑组成与砂岩分类

碎屑成分主要为石英（Q）、长石（F）和岩屑（R）。石英为稳定组分，长石和岩屑为不稳定组分。通常，应用稳定组分与不稳定组分的相对含量 [$Q/(F+R)$] 来表示岩石的成分成熟度。

目前国内外碎屑岩分类主要采用三角形图解，也有用表格形式的，但都是按成分进行分类。一般采用三组分与四组分分类法，即根据岩石中三种碎屑成分及黏土杂基的相对含量对碎屑岩进行分类，通常以杂基含量大于或小于 15% 将其分为杂砂岩或净砂岩。三组分法是以岩石的碎屑成分含量为基础，即以碎屑颗粒的百分含量进行划分；而四组分法是以全岩成分含量为基础，先考虑全岩中杂基的百分含量，再考虑岩石的碎屑颗粒的百分含量进行作图分类，这种划分方法在欧美比较流行。

因此，按碎屑颗粒成分一般可将砂岩分为三大类，即石英砂岩类、长石砂岩类和岩屑砂岩类，不同分类方案采用的成分含量标准有所不同，同时，根据三个端元的含量变化还可细分出一些类型，如长石石英砂岩、长石岩屑砂岩等。

2. 填隙物

1）杂基

杂基是碎屑岩中细小的机械成因组分，由粒度一般小于 0.0315mm（ϕ 值大于 5）的细粉砂与泥质黏土组成。杂基的成分最常见的是高岭石、水云母、蒙脱石等黏土矿物，有时可见灰泥和云泥。各种细粉砂级碎屑（绢云母、绿泥石、石英、长石、隐晶结构的岩石碎屑）也属于杂基范围。碎屑岩中杂基含量高，表明其沉积环境的分选作用不强或水动力条件较弱，是不成熟砂岩的特征。

2）胶结物

胶结物是指直接从粒间溶液中沉淀出来的化学沉淀物，主要有碳酸盐矿物（方解石、白云石、铁方解石、铁白云石和菱铁矿）、硅质矿物（石英、玉髓和蛋白石）、黏土矿物（高岭石、蒙脱石、伊利石、绿泥石和伊/蒙混层矿物等）、硫酸盐矿物（石膏、硬石膏、天青石和重晶石等）、沸石类矿物（方沸石、浊沸石、柱沸石、杆沸石、丝光沸石和光沸石等），以及铁质矿物（赤铁矿、褐铁矿和黄铁矿）等。

3. 碎屑岩结构

碎屑岩结构包括碎屑颗粒本身的特征（粒度、形状、球度、圆度和颗粒表面特征）、颗粒的分选性、胶结物特征以及碎屑与填隙物之间的关系（胶结类型）。结构成熟度是指碎屑物质在风化、搬运和沉积作用的改造下接近终极结构特征的程度，其主要标志是杂基含量、分选性及磨圆度。

（三）支撑形式

碎屑岩的支撑形式一般分为颗粒支撑和杂基支撑两种类型。但依据其颗粒大小、分布特征和杂基的含量等可分为下面五类（图 2-10）：

(1) 同级颗粒支撑：基本上由同一粒级的砾石或砂所组成的岩石颗粒支撑格架。

(2) 多级颗粒支撑：多种粒级的颗粒依级依次构成岩石的支撑格架。"依级依次"指上一级颗粒的支撑格架空隙内，由次一级的颗粒构成第二级支撑格架，顺次组成多级颗粒支撑。

(3) 局部杂基支撑：砾岩中相当大的部分为细杂基支撑。

(4) 杂基支撑：颗粒呈游离状分布在基质中。

(5) 混合颗粒支撑：同级颗粒支撑，多级颗粒支撑和少量的杂基支撑组合搭配构成的支撑格架。

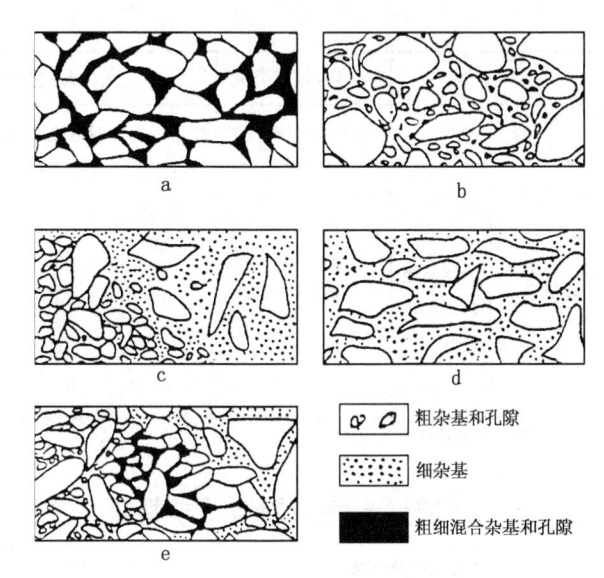

图 2-10 碎屑岩的支撑形式（据戴启德、纪友亮，1996）
a—同级颗粒支撑；b—多级颗粒支撑；c—局部杂基支撑；
d—杂基支撑；e—混合颗粒支撑

（四）碎屑岩储层沉积构造

沉积构造是指沉积物沉积时或之后由于物理作用、化学作用和生物作用形成的形迹。依据成因可将其分为物理成因构造、化学成因构造和生物成因构造。各类成因构造又分为许多小类。碎屑岩沉积构造的分类及特征在《沉积岩石学（第五版）》中有详细论述，在此不再赘述。

二、火山碎屑岩储层的岩石学特征

火山碎屑岩是主要由火山碎屑物质（岩屑、晶屑和玻屑）组成的一种特殊碎屑岩类，具有火山岩和碎屑岩的双重特点，主要岩石类型有集块岩、火山角砾岩、凝灰岩、熔结凝灰岩和沉凝灰岩等（表 2-9）。

表 2-9 火山碎屑岩分类表（据冯增昭，1993）

类型		向熔岩过渡类型	火山碎屑岩类型*		向沉积岩过渡类型	
岩类		火山碎屑熔岩类	熔结火山碎屑岩类	火山碎屑岩类	沉火山碎屑岩类	火山碎屑沉积岩类
成岩方式		熔浆粘结	熔结和压溶	压积	压积和水化学物胶结	
碎屑相对含量		熔岩基质中分布有10%~90%的火山碎屑物质	火山碎屑物质大于90%，其中以塑变碎屑为主	火山碎屑物质大于90%，无或很少塑变碎屑	火山碎屑物质占90%~50%，其他为正常沉积物质	火山碎屑物质占50%~10%，其他为正常沉积物质
碎屑粒度	主要粒级大于100mm	集块熔岩	熔结集块岩	集块岩	沉集块岩	凝灰质巨砾岩
	主要粒级2~100mm	角砾熔岩	熔结角砾岩	火山角砾岩	沉火山角砾岩	凝灰质砾岩

续表

类 型	向熔岩过渡类型		火山碎屑岩类型*	向沉积岩过渡类型		
岩 类	火山碎屑熔岩类	熔结火山碎屑岩类	火山碎屑岩类	沉火山碎屑岩类	火山碎屑沉积岩类	
碎屑粒度	主要粒级小于2mm	凝灰熔岩	熔结凝灰岩	凝灰岩	沉凝灰岩	0.1~2mm	凝灰质砂岩
						0.01~0.1mm	凝灰质粉砂岩
						<0.01mm	凝灰质泥岩

* 即狭义的火山碎屑岩类。

三、碳酸盐岩储层的岩石学特征

(一) 岩石类型

碳酸盐岩储层岩性主要为石灰岩、白云岩及其过渡类型。

1. 石灰岩

从结构组分来看，石灰岩主要分为颗粒—灰泥石灰岩、粘结岩（生物岩或礁石灰岩）、结晶岩三大类。颗粒—灰泥石灰岩是分布最广、成因最复杂的岩石类型，包括颗粒石灰岩、颗粒质灰泥石灰岩、含颗粒灰泥石灰岩和灰泥石灰岩。其中颗粒石灰岩又包括砾屑石灰岩、砂屑石灰岩、粉屑石灰岩、生屑石灰岩、鲕粒石灰岩、藻粒石灰岩等。这些岩石可在原地—准原地形成，也可由风暴流、重力流、等深流搬运沉积而成。颗粒岩是高能环境的产物，泥岩是低能环境的产物，颗粒质泥岩和泥质颗粒岩介于这两者之间。

石灰岩的分类方法与方案很多，国外以邓哈姆（表2-10）分类方法为代表，国内学者多借鉴国外形成了一些不同的分类方法，目前比较通用的是冯增昭（1993）主编的《沉积岩石学》中的分类方法。

表2-10 石灰岩的结构分类（据邓哈姆，1962）

沉积时原始组分中无生物粘结作用				原始组分被粘结在一起	沉积结构不可识别的结晶碳酸盐	原始组分未被有机质粘结		当沉积时原始成分中有生物粘结作用		
含灰泥(泥晶)			无泥晶			颗粒>10%粒径>2mm				
泥支撑		颗粒支撑				基质支撑	颗粒支撑,>2mm	生物起障积作用	生物结壳和粘结作用	生物建造坚固的格架
颗粒少于10%	颗粒多于10%									
(灰)泥岩	粒泥岩	泥粒岩	颗粒岩	粘结岩	结晶岩	漂浮岩	灰砾岩	障积岩	粘结岩	格架岩

2. 白云岩

根据白云岩的生成机理，可把白云岩划分为原生白云岩和次生白云岩两大类。
原生白云岩是指由化学沉淀方式从水体中直接沉淀出白云石所组成的白云岩。由地下水的沉淀作用所形成的白云石，是名副其实的原生白云石，但是，这种原生的白云石不能形成一定的地层单位。

次生白云岩是指一切非原生沉淀作用生成的白云岩，即一切由交代作用或白云化作用生成的白云岩。进一步分为同生白云岩、准同生白云岩、成岩白云岩、后生白云岩、准同生后白云岩等类型。

（二）结构组分

碳酸盐岩的结构组分包括颗粒、泥、胶结物、晶粒、生物格架、孔隙等。常见的颗粒类型有内碎屑、鲕粒、生物颗粒、球粒、藻粒、盆外颗粒等；泥则包括灰泥、云泥、黏土泥等；胶结物类型有文石、高镁方解石、低镁方解石、蒸发岩、石膏等；晶粒是组成白云岩的主要结构组分，也是结晶石灰岩的结构组分；生物格架主要是由造礁生物胶结的结构组分。

（三）沉积构造

碳酸盐岩的沉积构造除具有碎屑岩沉积构造的所有类型之外，还有其特有的构造，如叠层石构造、示顶底构造、鸟眼构造、缝合线构造、虫孔及虫迹构造等。

四、其他岩类储层的岩石学特征

（一）岩浆岩储层的岩石学特征

1. 定义

岩浆岩是岩浆侵入地壳或喷出地表经冷却固结而成的岩石，又称火成岩。

2. 分类

岩浆岩储层的岩石类型比较多，既有喷出岩，又有侵入岩，侵入岩又分深成岩与浅成岩。储层岩类以熔岩（火山岩）为主，最多的为玄武岩和安山岩，其次为流纹岩、次火山岩。

岩浆岩主要根据化学成分、矿物成分及岩石的产状、结构和构造进行分类的（表2—11）。

从超基性岩到酸性岩，暗色矿物含量逐渐减少，浅色矿物逐渐增多，故岩石颜色逐渐由深变浅，岩石密度逐渐由大变小。

1）喷出岩

常见的可作为储层的喷出岩包括玄武岩、安山岩、流纹岩、粗面岩等。

玄武岩为基性喷出岩，是我国分布最广的火山熔岩储层岩，一般呈灰色、灰黑色、灰绿色等。矿物成分主要为基性斜长石和辉石，其次为橄榄石和磁铁矿，次生矿物有伊丁石、绿泥石、沸石、蛋白石等。多具气孔—杏仁构造，一般为斑状结构，基质为间粒结构、间隐结构、玻晶结构等。岩石一般致密坚硬，可见原生和次生孔隙，另外还有冷凝收缩缝和构造裂缝等。

安山岩为中性喷出岩，是我国仅次于玄武岩的火成岩储层岩性，呈深灰色、灰绿色、灰褐色、棕红色等。矿物成分有中性斜长石、磁铁矿、玻璃质及辉石等。呈微晶、细晶、玻晶交织结构，常见气孔—杏仁构造、块状构造，可发育裂缝。气孔中常被绿泥石、沸石、方解石充填；裂缝常被方解石、沸石、玉髓充填。

流纹岩呈浅灰色，多具流纹构造、球状构造，基质为玻璃质结构、隐晶结构，斑晶为透长石、石英等，基质由长石、石英、玻璃质等组成。

在岩浆喷溢出火山口时，可形成岩流自碎角砾状熔岩，角砾间具"复原性"，砾间缝发育。

表 2-11 主要岩浆岩分类表（据沈明道，1996）

		长石的有无及类型						
		极少或无长石，无副长石	斜长石为主		中性斜长石，少或无钾长石	有斜长石和钾长石		有副长石，碱性副长石
			基性斜长石			斜长石(中性)>钾长石	斜长石(酸性)<钾长石	钾长石为主，斜长石(中性)少	
酸度指示矿物		橄榄石	有或无橄榄石		有或无石英	有大量石英类	有大量石英	少或无石英类	有副长石
暗色矿物		橄榄石、辉石、角闪石，含量90%以上	辉石、角闪石、黑云母，含量45%～60%		角闪石、辉石、黑云母，含量30%左右	黑云母、角闪石、辉石，含量10%～15%	黑云母、辉石、角闪石，含量10%～15%	角闪石、黑云母，含量20%左右	碱性辉石、角闪石、黑云母，含量20%左右
喷出岩	斑状结构为主，部分为隐晶质结构或玻璃质结构，气孔—杏仁构造	新相岩	苦橄岩	玄武岩		安山岩	英安岩	流纹岩	粗面岩	响岩
		古相岩	苦橄玢岩	辉绿岩		(安山)玢岩	石英玢岩	石英斑岩	(正长)斑岩	霞石斑岩
浅成岩	斑状结构			辉绿玢岩		闪长玢岩	花岗闪长玢岩	花岗斑岩	正长斑岩	霞石正长斑岩
	微粒结构—细粒结构			显微辉长岩		显微闪长岩	显微花岗闪长岩	显微花岗岩	显微正长岩	显微霞石正长岩
深成岩	粗—中粒等粒结构块状构造		橄榄岩 辉石岩 (角闪岩)	辉长岩		闪长岩	花岗闪长岩	花岗岩	正长石	霞石正长岩
岩石大类		超基性岩类	基性岩类		中性岩类	中酸性岩类	酸性岩类	碱性岩类	
SiO_2 含量		<45%	45%～52%		52%～65%	65%～65%	65%～75%	65%	

注：1. 新相岩是指未发生次生变化或次生变化极微弱的喷出岩，其特点是岩石较新鲜，长石未生变化或变化轻微，玻璃质去玻璃化不强烈，手标本上，长石因次生变化而变暗，以斜长石作斑晶者称"玢岩"，以钾长石作斑晶者称"斑岩"。
2. 古相岩是指矿物成分发生强烈次生变化的喷出岩，其特征是玻璃质去玻璃化强烈，原生铁镁矿物次生变化为绿泥石等，使岩石呈绿色。
3. 玢岩和斑岩：斑状结构的岩中以斜长石作斑晶者称"玢岩"，以钾长石作斑晶者称"斑岩"。

2）侵入岩

侵入岩是岩浆侵入地壳内冷凝而成的火成岩，由于冷却速度较慢，常为结晶质岩石。按照侵入岩侵入地壳中的部位深浅，分为深成岩（大于3km）、浅成岩（1.5～3km）和超浅成岩（0.5～1.5km），如灰绿岩、煌斑岩、细晶岩、花岗岩等都属于侵入岩。这类岩石的原始孔渗性极差，岩石很致密。岩石内钾长石和斜长石的溶解可产生次生孔隙，特别是当构造裂缝和风化裂缝发育时，这类岩石可成为储层。

（二）变质岩储层的岩石学特征

1. 定义

在变质作用条件下，使地壳中已经存在的岩石（可以是火成岩、沉积岩及早已形成的变质岩）变成具有新的矿物组合及结构、构造等特征的岩石，称为变质岩。

2. 分类

因变质作用的因素和方式不同，可以有不同的变质类型和形成不同的岩石。根据成因可将变质岩分为五种类型：动力变质岩类、接触变质岩类、区域变质岩类、混合变质岩类和交代变质岩类。每一种岩类又可以根据原岩成分或变质后的成分含量进行细分（表2-12）。

表2-12 主要变质岩分类表（据陈世悦，2002，略有修改）

成因类型			主要岩类
动力变质	脆性变形	碎裂的	构造角砾岩、碎裂岩、碎斑岩、碎粒岩
	塑性变形	糜棱的	糜棱岩、超糜棱岩、千枚糜棱岩、糜棱千枚岩、糜棱片岩、片岩
		次显微颗粒或玻璃	玻状岩、假熔岩
接触变质	长英质变质岩类		长英质角岩、石英岩、长石石英岩
	泥质变质岩类		斑点板岩、云母角岩、片岩
	碳酸盐变质岩类		大理岩、钙质角岩
	基性、钙质变质岩类		基性角岩、镁质角岩
区域变质	斜长片麻岩—变粒岩—石英岩类（长英质变质岩）		变质砂岩、变质粉砂岩、砂质板岩、片理化硬砂岩、变质流纹岩、英安岩及凝灰岩、石英片岩、片麻岩、石英岩、长石石英岩、浅粒岩、变粒岩
	千枚岩—云母片岩类（泥质变质岩）		板岩、千枚岩、云母片岩
	大理石—钙镁硅酸盐岩类（钙镁质变质岩）		大理岩、钙质千枚岩、钙镁硅酸盐变粒岩、钙质片麻岩、辉闪斜长变粒岩
	绿片岩—斜长角闪岩类（基性变质岩）		绿泥石片岩、阳起石片岩、角闪岩、角闪变粒岩、角闪石英片岩、角闪片岩、紫苏麻粒岩、角闪二辉麻粒岩、榴辉岩、榴闪岩
	滑石—蛇纹石片岩类（镁质变质岩）		蛇纹石片岩、滑石片岩、滑菱片岩、直闪绿泥片岩、角闪石岩、直闪片岩、榴闪片岩、辉石岩、角闪石岩、橄榄石岩
混合变质	脉体含量小于15%		混合岩化的变质岩
	脉体含量15%～50%		混合片岩
	脉体含量50%～85%		混合片麻岩
	脉体含量大于85%		混合花岗岩

续表

成因类型		主 要 岩 类
交代变质	超基性岩的交代变质岩	蛇纹岩
	中基性岩的交代变质岩	青磐岩
	中酸性岩的交代变质岩	云英岩、黄铁绢英岩、次生石英岩
	碳酸盐岩的交代变质岩	夕卡岩

我国变质岩储层的岩石类型以混合变质岩类为主，其次为区域变质岩和碎裂变质岩。

1）混合变质岩类

混合变质岩类是在大规模的区域性混合岩化作用下形成的，属于区域变质作用向岩浆混合作用转化而形成的岩石。混合岩类主要由脉体和基体混合而成。根据脉体和基体的数量比，混合岩可分为混合片岩、混合片麻岩和混合花岗岩等。

2）区域变质岩

区域变质岩是区域变质作用带中常见的岩石类型，根据变质程度可分为板岩、千枚岩、片岩、片麻岩、变粒岩、大理岩和变质石英砂岩等。储层岩性主要为片岩、片麻岩、变质石英砂岩等。

3）碎裂变质岩

由于应力作用使原岩破碎成大小不一的角砾或碎屑，并且被更细的碎屑所充填，形成具有复杂碎屑结构的浅变质岩类，称为碎裂变质岩，属动力变质岩类。常见的储层岩性有构造角砾岩、碎裂岩、碎斑岩和碎粒岩。

（三）泥质岩储层的岩石学特征

泥岩的孔隙很小，属微毛细管孔隙，有效孔隙几乎为零，故常作为油气盖层。但比较致密、性脆的泥质岩（如页岩、钙质泥岩、硅质泥岩），在构造应力作用下可形成裂缝。另外，若泥质岩中含可溶性物质，经地下水溶蚀还可形成溶孔、溶洞，因此泥质岩也可形成储层。

思 考 题

1. 试述储层基本要素及其核心内涵。
2. 试述储层的孔隙度、渗透率、饱和度的概念以及三者之间的关系。
3. 影响储层渗透率的因素有哪些？
4. 试述砂体的平面几何形态和空间叠置方式以及所反映的沉积环境。
5. 试述碎屑岩及碳酸盐岩的岩石类型及特征。
6. 试述碎屑岩的岩石结构对储层物性的影响。
7. 试述火山岩储层的岩石类型及特征。
8. 试述变质岩储层的岩石类型及特征。

第三章 油气储层地质研究方法

油气储层地质学研究是多学科的综合研究。本章从地质、测井、地震等方面阐述了对储层岩石学特征、储层对比、储层沉积相、测井相、地震相、储层物性、储层成岩作用及孔隙结构等方面的主要研究方法。在多学科日益融合与共同发展的形势下，储层研究方法也在不断发展。无论是地质方法、测井方法还是地震方法都有各自的优势，同时也存在一定的局限性，只有将地质、测井和地震有机结合起来，通过综合研究，取长补短，才能既满足提高储层研究纵向分辨率的要求，又能够获得较好的横向预测性，更好地反映储层纵横向分布的变化规律，为油气勘探开发提供更符合地质规律的储层预测结果。

现阶段储层研究不再是地质学科的单独研究，而是需要地质、测井、地震、岩石物理、地球化学、油气开发工程、油藏监测等多学科的综合研究，可以说储层研究是在多学科综合基础上的系统研究。同时，不同的勘探与开发阶段、不同类型储层研究的重点不同，运用的方法和手段也有区别。在区域勘探阶段，以储层构造、成因、沉积环境、储层特征及其空间展布、岩石学特征等为主进行研究，目的是了解和认识储层特征及发育状况的主控因素，预测有利储层。在开发阶段，以开发井网的优化布置、开发方案的制订、储层保护和改造、开发过程中剩余油分布的分析、油田开发调整方案的优化、提高油气最终采收率以及优化方案的设计与实施等为重点进行研究，目的是深化对储层认识，提高油气开采效率和最终采收率。不同学科的储层研究方法和技术都在发展，除了传统的地质学研究方法外，根据岩石物理性质响应特征的测井储层和地震储层研究方法以及其他新技术在储层研究中发挥着日益重要的作用。

第一节 储层沉积相的地质研究方法

油田储层沉积相的地质研究主要是根据露头与岩心描述资料，结合测井资料建立完整的垂向（单井）与横向（连井）综合沉积相剖面，从而形成储层在研究区域内纵向上和横向上发育、分布的基本格架，并在沉积模式的指导下进行平面沉积相分布研究，即遵循"点→线→面"的研究流程。

一、储层沉积相研究的资料准备

储层沉积相研究的基础资料主要包括岩心描述资料与相关的实验室分析测试资料两大类。

（一）岩心描述资料

岩心是井下最直观、最可靠地反映地下地质特征的第一性资料。钻井过程中的岩心录井资料与岩心描述是进行储层沉积相研究的重要基础工作，对岩心的描述要求全面并突出重点。

通过对岩心的观察描述，对于认识储层的"四性"（岩性、物性、电性、含油性）关系、确定地层年代、进行地层对比、判断沉积环境、了解地质构造等都有很重要的意义。

（二）实验室分析测试资料

储层分析测试技术常被分为常规分析、仪器分析、选择性分析三大类（图3-1）。根据研究目的的不同，还有一些其他相关的测试分析项目，如重矿物分析、微量元素分析、稳定同位素分析、沉积岩中黏土矿物绝对含量测定、黏土矿物膨胀性测定、储层敏感性研究、储层高压物性测定，以及各种储层地球化学测试与油层物性分析等。其中，重矿物分析（用于分析物源方向）和粒度分析（用于分析水动力条件）对储层沉积相研究具有重要作用。

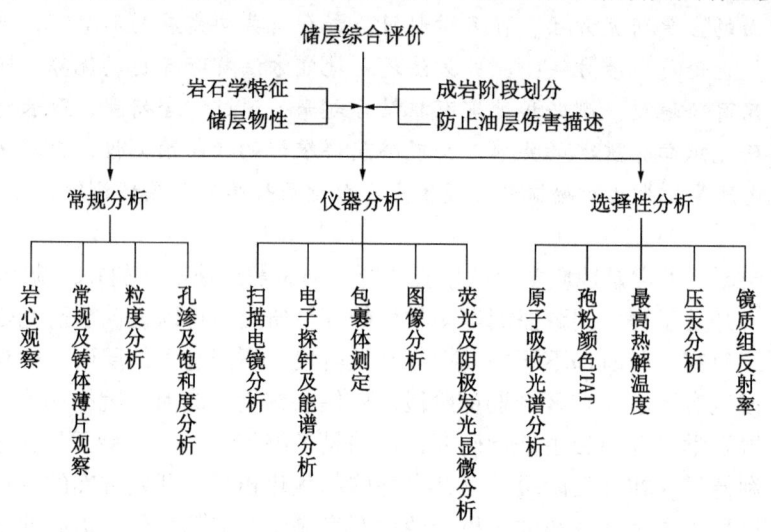

图3-1 储层分析测试技术方法图

1. 实验室分析测试技术

1) 孔隙度测定

通过实验测定的岩石孔隙度可分为有效孔隙度和绝对孔隙度。概括起来，测定岩石孔隙度需要先测定岩心外表体积、岩心的有效孔隙体积和岩石的颗粒体积。

（1）测定岩心的外表体积常先用浮力法测定岩样总体积，再将岩样抽真空并饱和煤油，将饱和煤油的岩样在煤油中称出质量，然后在空气中称出质量，二者质量差除以煤油密度即得出岩样的外表体积。此外还有水银泵法，精度较高。

（2）测定有效孔隙体积的方法有两种。

① 饱和煤油法，是将岩样洗油、烘干、抽真空，用煤油饱和，岩样在饱和煤油前后的质量差除以煤油的密度，即得到煤油所占据的有效孔隙体积。

② 氦气法，是以一定压力向原来处于一个大气压条件下的岩石压入一定体积的氦气，测出的孔隙度比煤油法准确。

（3）岩石颗粒体积的测定是将岩石样品粉碎成颗粒后浸在已知密度的水中达到一定容积，利用浸有颗粒的容器中水的体积与未浸颗粒的容器中同等容积水的质量差得到的颗粒体积，结合颗粒质量计算出颗粒密度，进而得到整个岩石的颗粒体积。

2) 渗透率测定

渗透率对于评估储层油气产能十分重要，渗透率大小还与流体进入岩石的方向有关。当流体平行岩石层面方向线性流动时，岩石的渗透率称为水平渗透率；当流体垂直岩石层面方向线性流动时，岩石的渗透率称为垂直渗透率。当流体径向流入岩心时，岩石的渗透率称为径向渗透率。测定渗透率的方法很多，可以归为两大类：稳态法（或称常规方法）、非稳态法（或称非常规方法）。目前使用最多的是稳态法，其基本原理是：让流体在压差作用下通过岩心，在流动稳定的情况下，测量岩心两端的压力和通过岩心的流量，然后按达西公式进行计算即得岩石渗透率。

3）饱和度测定

采用蒸馏法测定饱和度，用沸腾溶剂（甲苯或煤油）将岩心中的水分蒸出，并凝入承受管中，读出水的体积，再将岩心洗油、烘干、称出质量后，用差减法得到油的质量，然后除以原油的密度可得油的体积。这样可以分别用水体积、油体积除以孔隙体积，得到含水饱和度和残余油饱和度。油基钻井液取心测得的水量可以代表地层原始含水饱和度。另外也可通过实验室测定毛细管压力（半渗透隔板法、压汞法、离心法）得到的资料计算原始含油饱和度。

4）粒度分析

粒度分析方法包括：(1) 筛析法，用不同孔径的筛网将颗粒逐级分离，求得质量百分比；(2) 沉降法，利用颗粒在水中的沉降速度划分粒级；(3) 对于固结紧密、难于疏散的岩性，只能用薄片粒度分析，测得一定粒度的颗粒百分数。

粒度分析结束后需要整理以下资料：(1) 编制粒度分析数据表；(2) 将数据绘制成直方图、频率曲线图、累计曲线图、概率曲线图、C-M图等；(3) 整理粒度平均值、中值、众数、标准偏差、偏度、峰度等粒度参数。

5）重矿物分析

将砂岩中密度大于 2.86g/cm³ 的矿物分离出来进行专门研究的方法称重矿物分析。重矿物分析的主要分析方法为分离法，它利用重液（密度大于 2.86g/cm³）和矿物的密度差，使矿物沉浮而分离。

重矿物分析的目的在于：分析母岩性质；推测物源方向；确定母岩侵蚀顺序；进行地层划分和对比。

以上各种参数测定方法汇总见表3-1。

表3-1　常规储层物性参数测定方法

物性参数		方　　法	物性参数	方　　法
孔隙度	外表体积	浮力法	饱和度	蒸馏法
		水银泵法		应用毛细管压力资料计算
	有效孔隙体积	饱和煤油法	粒度分析	筛析法
		氦气法		沉降法
	颗粒体积	用颗粒密度求取		薄片粒度分析
渗透率		稳态法与非稳态法	重矿物分析	分离法

2．利用实验分析结果研究储层的"四性关系"

"四性关系"即储层的岩性、电性、物性及含油性四方面性质之间的内在联系，是岩石物理研究的基础。

1）确定岩石类型的物性界限

通过化验取得各项物性数据，并以直方图形式统计各类岩石相的渗透率、孔隙度分布特征,确定各类岩石相的物性范围和平均代表值。用同样方法研究各岩石类型的泥质含量、碳酸盐含量以及胶结物的分布,在物性交会图上标明各种岩石类型的分布,以确定岩石类型的物性界限。

2) 确定各类岩石含油性、含油级别及其所对应的物性

一般首先统计各类岩石中不同含油级别出现的概率,或者统计各种含油级别中各类岩石出现的概率,以此来分析本区哪些岩石类型为非储集岩,哪些岩石类型为储集岩,进一步划分出主力与非主力储层。通过各类岩石出现概率的大小,判别储层与非储层、主力与非主力储层的物性界限,最后达到岩性、物性和含油性相对应。

3) 确定储层测井判别标准

在岩心柱状图上划分储层(渗透层)和非储层后,进而确定测井判别储层标准。一般碎屑岩剖面常用自然伽马(或自然电位)曲线和相对自然伽马比值判别,通常以纯净泥岩和净砂岩为上、下界限值。实际工作中,尤其是储层早期评价阶段,在测试资料较少,储层物性、含油性界限不甚明确时,经常把相对泥质含量50%作为界限,划分储层与非储层。

4) 利用岩心化验物性数据建立测井解释模型

在弄清楚影响储层孔隙度、渗透率、含油饱和度等因素的基础上,利用岩心化验分析物性数据建立储层测井解释模型。对孔隙度、渗透率、原始含油饱和度、原始含气饱和度、原始含水饱和度作定量解释;对渗透性砂岩、有效厚度和隔层进行定性判别;对产油层、产气层、产水层进行定性识别。

(三) 储层岩石学研究成果与资料

对储层的地质研究常常要综合各方面资料,采用综合分析的方法,不同类型的储层研究成果不同,目前储层岩石学能够取得的主要成果如下:

(1) 岩心素描记录(按井号分别记录成册)主要以岩心录井资料为重点,由浅至深进行连续素描,对重要的沉积现象和含油产状等进行放大素描,并对重点内容进行拍照。

(2) 取心段内岩心综合描述与分析柱状图。

(3) 岩石三角形分类图,包括成分分类与结构分类两种。

(4) 岩心照相图(版)册(按井或按岩性及储集特征分别装册)。

(5) 显微照相图(版)册(普通显微片、阴极发光片、铸体片、荧光片分别装册)。

(6) 岩矿薄片鉴定原始记录报告(附单井小结)。

(7) 粒度参数、概率图、C-M图、散点图等原始数据、图件及文字小结。

(8) 其他测试鉴定资料及图表、数据分类装册并附文字说明。

(9) 单井储层岩性、电性综合解释柱状图,并对单井剖面的储层岩性进行综述。

二、储层划分和对比

沉积岩储层层组划分和对比是根据沉积岩性组合的旋回性和地层沉积的等时性(地层接触关系)等特性,把储层剖面细分成不同级次的层组,建立井点和区块间各级层组的等时对应关系,在油田范围(或开发区块)内实现统一分层(裘怿楠,1994)。在这一过程中,综合利用地质录井、岩样分析、测井曲线(顶部和底部梯度电极、微电极、选择性自然电位),以及地层测试资料进行储层层组划分,并在水平对比基线的控制下逐井对比,用对比线连接相当的储集单元,利用原始地层压力、流体性质、油—水或气—水界面位置等资料对储集单元进行验证,确保划分的准确性。储层层组划分及对比是研究

储层形态特征和分布状况的基本手段，也是整个储层地质工作的基础。碎屑岩储层与碳酸盐岩储层的层组划分不同，下面分别以碎屑岩储层和碳酸盐岩储层为例，介绍储层层组划分与对比技术。

（一）碎屑岩储层划分和对比

1. 储层层组划分

储层层组划分的基本依据是沉积旋回性，旋回性是沉积岩的基本特性。沉积旋回是不同类型的岩石按一定顺序在剖面上反复出现的现象。储层层组对比中沉积旋回级次划分是区域地层对比的发展与深化，区域地层对比与储层层组对比旋回级次存在一定的对应关系（表3–2）。

表3–2 沉积旋回级次对照表（据裴悌楠，1994）

区域地层对比		储层对比	
沉积旋回级次	地层单元	沉积旋回级次	储层单元
一	系	一	含油层系
二	组	二	油层组
三	段	三	砂层组/小层
四	砂层组	四	单油/砂层

（1）一级旋回：受区域性构造运动所控制，包含整个含油层系在内的旋回性沉积，在全区稳定分布。它相当于区域性生、储组合或储、盖组合。

（2）二级旋回：为一级旋回中不同岩相段组成的旋回性沉积，在二级构造范围内可以对比。二级旋回代表湖盆水域的扩张与收缩。不同二级旋回之间地层是连续的，常有湖侵层分隔。

（3）三级旋回：根据二级旋回中同一岩相段内几种不同类型岩石组成的旋回性沉积，在三级构造范围内稳定分布。

（4）四级旋回：是同一沉积条件下的微相单元在三级构造内部某些局部地段稳定分布，如三角洲前缘的一次水下分流河道沉积（正韵律）或一次河口沙坝沉积（反韵律）。

储层层组划分与沉积旋回相对应，由大到小划分为四级：含油层系、油层组、砂层组/小层和单油/砂层。

（1）含油层系：是若干油层组的组合，同一含油层系内的储层，其沉积成因、岩石类型相近，油水特征基本一致。含油层系的顶、底界面与地层时代界线具一致性。

（2）油层组：由若干储层特性相近的砂层组组合而成。油层组之间以较厚的非渗透性泥岩作为盖、底层，且分布于同一岩相段之内。岩相段的分界面即为其顶、底界线。

（3）砂层组/小层：由若干相互邻近的单砂层组合而成。同一砂层组内储层的岩性特征基本一致，砂层组之间均有较为稳定的隔层分隔。

（4）单油/砂层：是组合含油层系的最小单元，相当于沉积韵律中的较粗粒部分。同一油田范围内的单油层具有厚度、分布范围、岩性和储油物性基本一致的特征。单油层间应有隔层分隔，分隔面积应大于其连通面积。

油田开发中储层组划分主要是油层组、砂层组、单油层。储层单元级次越小，储层特性一致性越高，垂向连通性越好。

2. 储层层组对比

储层层组划分和对比是相辅相成的，合理的层组划分是正确对比的基础。只有通过反复对比，才能在一定范围内实现统一分层。在一个油田上进行储层层组对比时，首先初步了解储层在油田范围内的特征和横向变化，以便划分对比区，掌握分区对比标志，统一对比方法，做到点、线、面结合；其次，在纵向上按旋回级次，由大到小逐级对比，即"旋回对比，分级控制"。进行储层层组对比时，要结合不同沉积相的沉积特点与测井曲线响应特征，如河流与三角洲应采用不同的对比策略与思路（图3-2）。

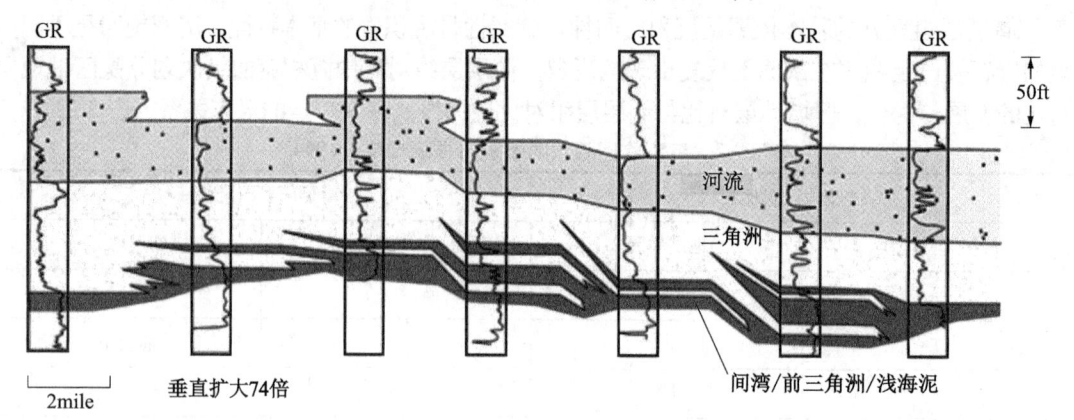

图3-2 河流与三角洲对比示意图（据Tye等，1999）

1）建立标准剖面

陆相盆地储层发育的特点是岩性、厚度变化大。一个油田往往跨越不同断块和不同沉积相带，因此，应根据不同沉积类型分区建立标准剖面。这些标准剖面均匀地分布于油田各个地方，构成了储层层组划分和对比的骨架网。通过这一骨架网的反复对比，合理调整层组界线，统一层组划分，这一骨架网就可作为控制全油田对比的标准。

标准剖面应选在适当位置，一般要求此处的录井、分析化验、测井资料比较齐全，地层层序完整。标准剖面可以作为分区对比的标准。在断层发育地区，一个标准剖面可由多口井的不同层段的剖面组成。

2）确定标准层

标准层是标志明显、分布稳定的时间地层单元。储层对比的准确性在很大程度上取决于该套储层是否有一定数量标志明显并且分布稳定的标准层。在研究旋回特性的基础上注意标准层的研究和应用，有助于识别各个沉积旋回，划分层段，提高对比精度。

标准层在测井曲线上应当有明确响应，具有明显特征，包括单项测井曲线响应和多项测井曲线组合特征。根据标准层的稳定性及控制范围可以将其分为两级：一级标准层为控制油田范围对比的时间地层单元；二级标准层为局部范围内可用的对比标志，或称辅助标准层。在沉积岩对比时，泥岩通常是最常见的对比标准层（图3-3），因其分布相对稳定，也易于对比（李胜利等，2022）。

3）在标准层控制下的旋回和厚度对比

由于标准层常常处于不同岩相段或二级沉积旋回的顶、底部，因此可以利用标准层对比油层组。在油层组内，根据岩性组合特征，可以进一步将其划分为若干三级旋回，每个三级旋回相当于一个砂层组。在局部范围内，同一时期形成的单油层的岩性和厚度是相似的。因此，在每个三级旋回内，应进一步分析其岩性组合规律，把每个三级旋回再细分成若干韵律（四级旋回），每个韵律中的砂层就是一个单油层，再按岩性、厚度相似的原则对比各单油层（图3-3）。

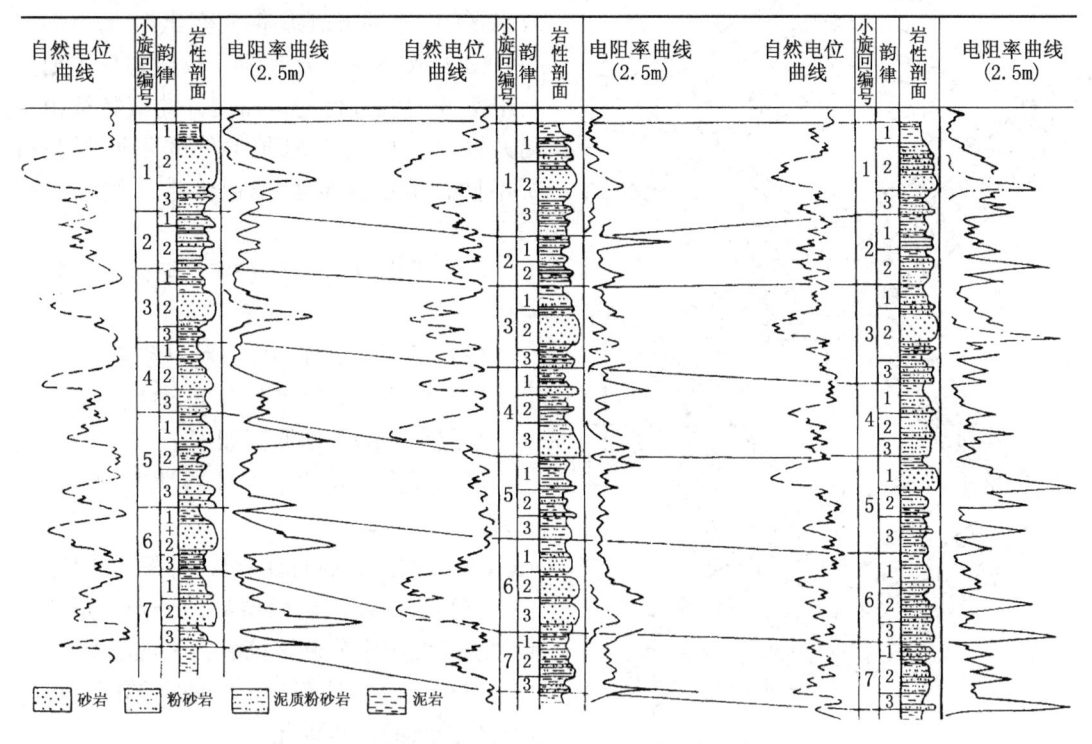

图 3-3　油层组与砂层组对比示意图（据戴启德，2006）

4）储层层组划分对比的主要成果

储层层组划分对比的主要成果包括文字报告和基本图件。文字报告包括：层组划分的依据及结果；各类标准剖面的沉积特征及对比原则；储层砂体的几何形态及平面分布特征；层组划分对比中存在的问题。基本图件包括：储层单井对比资料图；储层对比剖面图与油层连通图（图3-4）；各类标准剖面图；油田综合柱状图；单井单层数据表。

3. 小层划分与对比

1）小层划分与对比依据

小层划分与对比是相辅相成的，合理的小层划分是正确对比的基础。小层划分的基本原则是沉积层序旋回性与储层非均质性相结合，应体现储层开发地质特征的相对近似性、小层间的差异性和相对稳定性。在油田开发中后期，随着开发的深入和井点的增加，测井曲线对比在小层对比中占有绝对优势。测井曲线的形态特征是岩性、物性和所含流体的综合反映，而岩性剖面上相序和岩相组合的变化是高分辨率地层对比的基础。因此，利用测井曲线及岩性剖面，可以在一定程度上进行精细的小层划分与对比。

2）小层划分对比原则

小层划分对比需要考虑以下因素：

（1）以沉积微相导向为主，反映沉积微相几何形态；

（2）单砂体与多砂体对比时应充分考虑垂向序列特征；

（3）明确可容纳空间与物源供给之间的关系；

（4）砂体延伸受控于沉积相合理的平面范围；

（5）砂体叠置关系反映沉积作用与沉积微相变迁；

(6) 无论砂岩还是泥岩都不是绝对稳定的或水平的，需明确地层横向变化规律。

由于取心井十分有限，小层划分主要是利用测井曲线进行的，而测井曲线特征由于测井系列、时间、地质条件的不同都会有所不同，故必须对其进行优选。优选原则如下：

(1) 垂向具有高分辨率，细微对比特征明显；

(2) 不同批次井网曲线特征稳定；

(3) 曲线在研究区具有普遍性。

小层划分的基本原则如下：

(1) 以高分辨率层序地层学等时对比理论为指导；

(2) 小层旋回特征明显，易于划分对比；

(3) 小层间泥岩隔层稳定分布，适应中高含水期油田细分调整挖潜的客观需要；

(4) 小层应具有一定的地层厚度，可作为调整挖潜的基本单元；

(5) 小层有利于沉积微相及剩余油定量研究；

(6) 小层单元应与目前的采油工艺相结合。

(二) 碳酸盐岩储层划分和对比

相比于碎屑岩储层，碳酸盐岩储层孔隙、裂缝、溶洞等多种储集空间的存在，使得储层的各项研究要复杂得多，在储层对比方面同样如此。对于碳酸盐岩地层划分及对比要依靠化石，根据化石组合、岩性特征及其成因、沉积间断和不整合等综合判断，才能得出正确的结论。下面以中国石油西南油气田公司总结的方法为例介绍碳酸盐岩储层划分和对比方法。

1. 储集单元的划分

储集单元是指在纵向地层剖面中能形成油气封闭的基本岩性组合。它是碳酸盐岩储层对比的基础。单个储集单元由储、产、盖、底层组成。

储集单元的划分在单井剖面上应考虑两条原则：

(1) 需要有储、产、盖、底层的岩性组合。在碳酸盐岩剖面中，可塑性大且渗透性极差的石膏、盐岩及泥质岩类可以作为盖、底层；缝洞发育的白云岩、石灰岩是良好的储层；储层中具有工业产能的渗透层段则为产层。

(2) 需要有独立的水动力系统。对以岩性组合划分的储集单元，要通过原始压力、流体性质等资料按照以上原则进行验证，确保水动力系统独立。

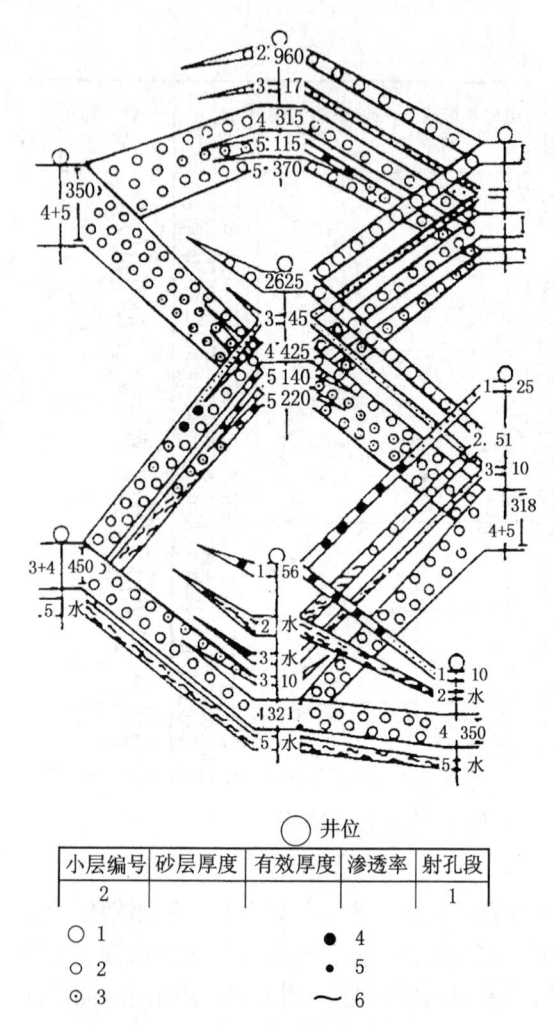

图 3-4 油层连通图（据杨寿山，1978）

1—渗透率大于 500mD；2—渗透率为 300～500mD；3—渗透率为 100～300mD；4—渗透率为 50～100mD；5—渗透率小于 50mD；6—水层

对于石膏质白云岩（或石膏质石灰岩）及泥质白云岩（或泥质石灰岩）等过渡性岩类，它们既不是良好盖、底层，也不是良好的储、产层。在划分储集单元时一般的处理原则是：当它们以薄层夹于石灰岩或白云岩中时，可以纳入储层中；当厚度较大时，则应视它们的封隔能力而定。每个储集单元可以不受地层界线的限制。

2．储集单元的对比

碳酸盐岩储集单元的对比方法与碎屑岩油层对比方法基本一致，分为以下几步：

（1）建立油气田的标准剖面，在单井剖面对比的基础上，根据储、盖、底层岩性组合、油气水分布和原始地层压力资料划分该剖面储集单元；

（2）以标准层或油气层顶或底界面作为水平基线；

（3）把单井剖面排列在水平对比基线的相应位置上，标上各井岩性、电性资料，划分各井的储集单元；

（4）用对比线将相应的储集单元及底层连接起来，逐井进行储、盖、底层的对比，指出它们的变化规律。

总之，碳酸盐岩储集单元的对比主要是储、盖层（包括隔、底层）岩性组合对比。

3．储集单元中产层的划分和对比

产层是指储集单元中具有产出工业性油气流能力的层段，它是储集单元中的高渗透层段。从生产意义上来说，研究产层的目的是了解产层储渗空间类型、物性、产层形成条件以及控制因素，从而进行产层的评价对比，寻找油气井高产的规律。

1）产层的划分

碳酸盐岩的渗滤空间多数是由裂缝组成，裂缝的发育受岩性和构造作用控制。对产层进行划分可以进一步了解储集单元的产层岩性、厚度、岩类组合关系、特征及其变化情况。现场一般将产层划分为产层段、产层组、产层带等产层单位。对于产层的划分，各地区应根据地质条件的具体情况进行划分。

2）产层对比

产层对比是在地层对比和储集单元对比的基础上进行的。由于碳酸盐岩裂缝性产层并不像碎屑岩裂缝储层那样较规则地沿地层横向延伸和变化，在垂向出现的部位往往也不一致，解决这一问题的关键是储集单元对比的可靠性，以及储层内要有一定数量的对比标志层。产层对比的方法与储集单元的对比相同，考虑的原则如下：

（1）在标准层控制下，岩性相同的层段逐井逐层地连接对比线。具有产能的小层相当于 1 个产层组，一般厚度为 40～60m。

（2）各井层位相当，即使岩性不同或渗透层段出现的部位不同，若有试采资料证明两井相连通，也可以连对比线。若两井不连通，只能将两井之间暂作尖灭或断层处理，待进一步取得资料之后，予以修正补充。

三、沉积相的地质研究方法

岩心（钻井取心）是油气田地下沉积相分析最直接的资料，传统的地质研究方法是通过对岩心的岩性、古生物及地球化学等方面相标志的研究，恢复地质时期的沉积环境，揭示其演变规律。主要包括岩心沉积相标志研究、单井剖面相分析、连井剖面相（砂体）对比和平面相分析四种方法。

（一）岩心沉积相标志研究

1．相标志定义
相标志是指通过对岩心研究获得的最能反映沉积相的一些标志。

2．研究岩心沉积相标志的目的
通过研究岩心沉积相标志可以恢复地质时期的沉积环境并揭示其演变规律。

3．岩心沉积相标志分类
对岩心沉积相标志的研究是以岩石学研究为基础的。岩心沉积相标志可归纳为三类：岩性标志、古生物标志和地球化学标志（表3-3）。

表3-3　不同岩心沉积相标志在储层研究中的作用

沉积相标志		作　用
岩性标志	颜色	恢复古沉积环境水介质氧化还原程度； 红色：氧化环境；绿色：弱氧化环境；灰色：弱还原环境；灰黑色：还原环境
	岩石类型	判别各类岩石成因类型
	自生矿物	锰结核：海洋底环境；海绿石：浅海陆棚环境； 自生磷灰石或隐晶质胶磷矿：海相标志；自生长石和自生沸石：湖相标志； 天青石、萤石和重晶石：咸化潟湖标志
	碎屑颗粒结构与沉积构造	判别沉积相类型
古生物标志		利用有孔虫、介形虫、软体动物、藻类、海绿石划分海相、陆相或过渡相
地球化学标志	微量元素	利用微量元素硼、Sr/Ba、Sr/Ca、Th/U、Mn/Fe值划分海相、陆相或过渡相
	稳定元素	根据 $^{13}C/^{12}C$ 值区分海相、陆相、过渡相地层； 根据 $^{18}O/^{16}O$ 值恢复古海洋温度和古气候变化

（二）单井剖面相分析

单井剖面相分析是根据所研究地层的露头和岩心剖面，以单井为对象，通过观察、描述岩石的矿物成分、结构、沉积构造以及古生物等一系列特征，建立垂向层序，分析形成因素，了解邻相的相互关系，利用相模式与分析剖面的垂向层序进行对比分析，确定沉积相类型，最后绘出单井剖面相分析图。

1．单井剖面相分析基本内容
单井剖面相分析的基本内容包括划相精度的确定、相类型的重新认识、建立（标准）相模式、相分析要点（表3-4）。

表3-4　相分析基本内容和步骤

相分析基本内容	相分析步骤
划相精度的确定	做最完整的岩心剖面描述
相类型的重新认识	确定和建立可能的沉积层序
建立（标准）相模式	做观察特征的对比
相分析要点	编制单井剖面或单井相分析图

1）划相精度的确定

油区碎屑岩沉积相可划分为相组（如陆相）、相（如三角洲相）、亚相（如三角洲平原）、微相（如河口坝）、细分微相或五级相（根据砂泥百分比对一个砂体微相细分）。预探阶段一般划分到相组至相；详探阶段应划分到相至亚相，部分划分到微相；进入开发阶段应划分到微相至五级相。不同类型井有不同要求，如科学试验井至少应划分到亚相至微相。

2）相类型的重新认识

随着沉积学的发展，新的相类型不断为人们所识别。即使过去已划的相类型，根据新的相标志也有重新认识的必要。例如，陆源碎屑湖泊相中除正常的滨湖、浅湖、半深湖、深湖亚相和三角洲亚相，还陆续确定出扇三角洲、近岸水下扇、非扇重力流水道以及风暴沉积等相类型。

3）建立（标准）相模式

相模式是指对某一类或某一沉积相组合的全面概括，主要有立体相模式和垂向相模式。相模式的建立和使用是当前沉积学中最活跃的研究领域，目前较为典型的相模式有冲积扇、辫状河、曲流河、三角洲、扇三角洲、滨岸沉积、风暴沉积、近岸水下扇、湖底扇等。在油气田开发过程中，储层沉积学所建立的储层地质模式包括地质模式（其中又有沉积模式、成岩模式、构造模式和地球化学模式）、渗流层模式和流动单元模式。

标准相模式是在对比研究现代和古代沉积环境与沉积作用基础上建立起来的，在相分析中可以起到下述四方面作用（Walker，1976；于兴河，2002）：

（1）在对比中起一个标准作用；

（2）在观察中起到提纲与指导的作用；

（3）在新区起到预测的作用；

（4）在对所代表的沉积环境和体系的水动力进行解释时，起到一个基础作用。

4）相分析要点

相分析概括起来应注意下述四点：

（1）在进行系统岩性描述、收集各种相标志时，要特别重视垂向沉积序列的观察和研究，应用相序递变法则（瓦尔特，1894），同时注意区分正常沉积作用和事件沉积作用；

（2）注意应用典型相标志和标准相模式，它们是相分析的依据；

（3）重视宏观观察，结合研究目的重点取样进行室内鉴定测试，可以事半功倍，提高研究效率和质量；

（4）每个剖面都会出现特殊的沉积现象，要反复观察、对比，注意与相邻剖面和标准相模式对比，在资料少的情况下，有助于对相类型尽早做出预测。

2．单井剖面相分析步骤

遵循上述基本要点，按下述步骤进行单井剖面相分析：

（1）从最完整的岩心描述入手；

（2）确定和建立可能的沉积层序；

（3）作观察特征的对比；

（4）收集其他资料；

（5）编制柱状剖面或单井相分析图。

成因单元岩相柱状剖面图（图3-5）与典型大比例尺单井相分析剖面图（图3-6）可以反映出许多储层沉积学的特征。

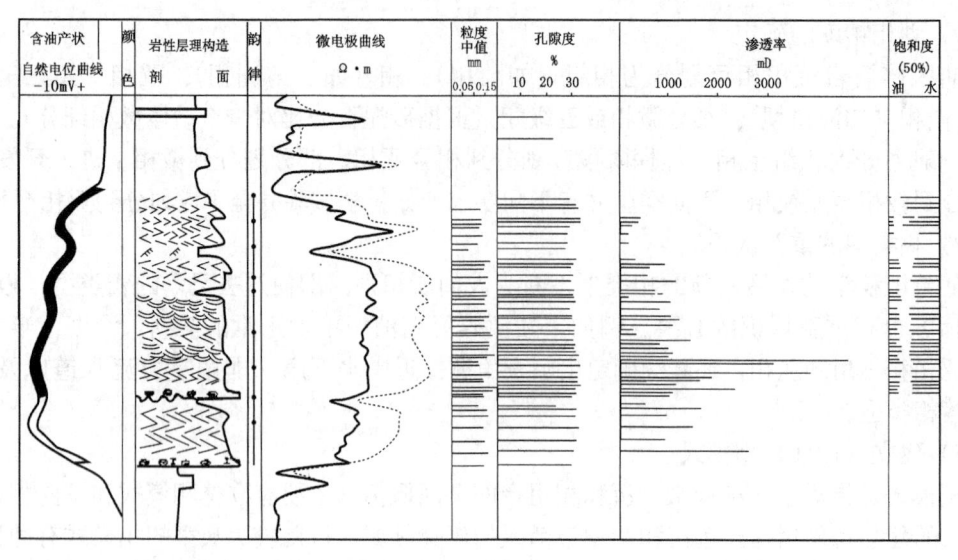

图 3-5 中弯度曲流河砂体岩相柱状剖面图（港 222 井，Nm Ⅲ 8）（据裘怿楠等，1994）

（三）连井剖面相（砂体）对比

连井剖面相对比分析主要表示同一时期不同井（地区）之间沉积相的变化。基础工作包括地层划分、对比及单井剖面相分析，主要成果是编制剖面对比相分析图。编图要点如下。

1. 定时问题

利用标准化石的"科""属"可划分到"系"或"统"，"种"的变化可以划分到"组"或"段"。在化石资料不完善时，要结合岩性、电性特征、沉积旋回、接触关系等标志定时。陆源碎屑含油气盆地多采用岩性、电性、微古生物综合对比。按岩性—时间—厚度建立地层单元时，"系"和"统"主要考虑时间因素，"组"主要考虑时间—岩性因素，"段"和"亚段"主要考虑岩性—时间因素。

2. 穿时问题

传统的油区地层划分和对比主要注重相似或相同岩性的等时性，而忽视了等时界面和岩性界面的不一致性，即穿时现象。因此利用岩石地层单位进行剖面对比相分析，一般情况下，只能说同一群、组或段所代表的时间单元基本上是等时的，而亚段乃至砂层组大量存在穿时问题。随着近代沉积学、地震地层学、超微化石学、古地磁学，尤其是层序地层学的发展，正在逐步解决准确定时问题。应用新的储层沉积学原理——垂向加积作用和侧向加积作用所建立的大量动态模式与静态模式，为剖面对比相分析奠定了良好的成因对比依据。老的地层应用古地磁资料，新的地层应用碳同位素定时有较好效果。

3. 相变问题

在准确定时的基础上，相对比剖面中要注意区分"同期异相"和"同相异期"两种相变类型。前者为同一沉积期不同地区相类型有异，即所谓横向相变化，其研究成果也表现在静态相模式图（立体图或模块图）上；后者为同一种相类型出现在不同时期，即所谓纵向相变化，其研究成果主要表现在动态相模式图（相剖面图或相层序图）上。正确判定纵横向相带变化规律，是研究油气生、储、盖发育与分布的基础。

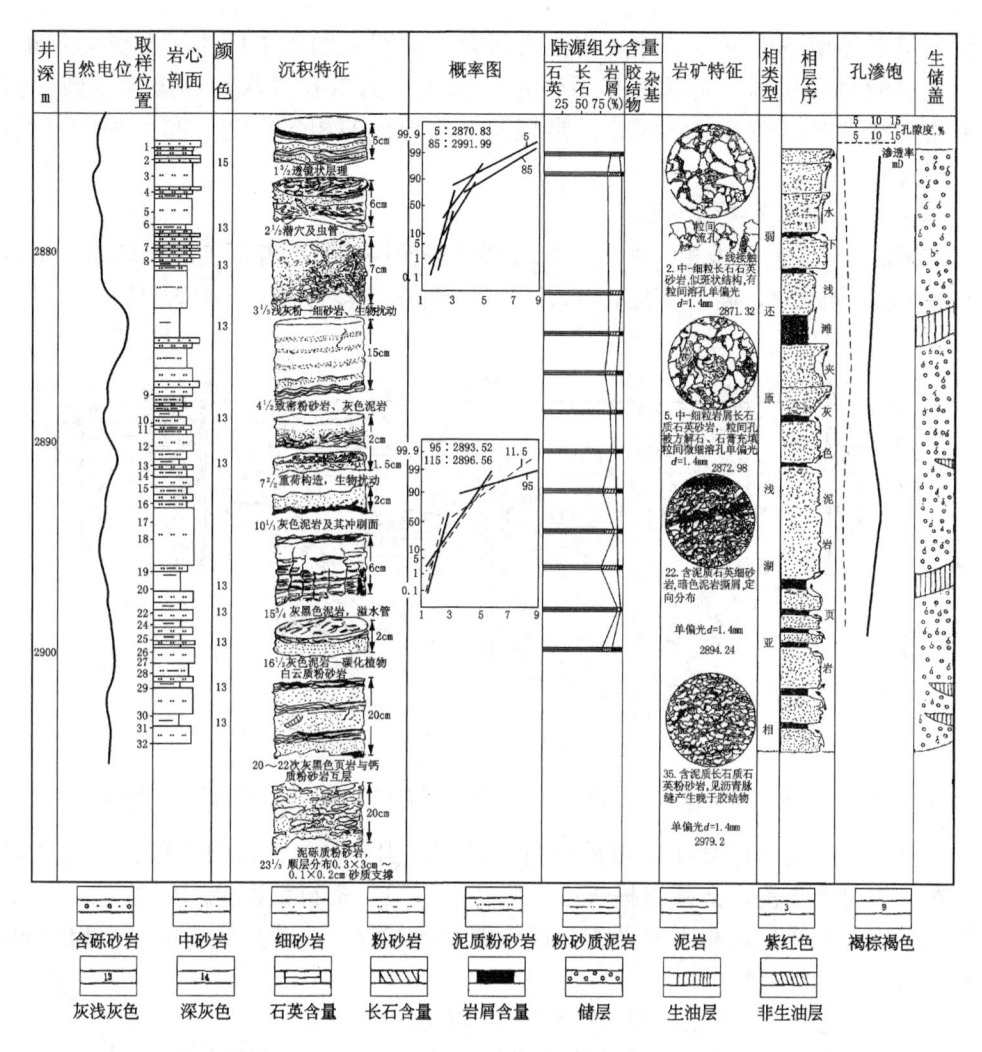

图 3-6 文留地区文 106 井沙四段单井相分析剖面图（据裘怿楠等，1994）

4．正确使用相变法则

多年来，研究沉积相变化和建立静态及动态相模式图时主要以沃尔索（1894）相变法则为依据，即"只有没有沉积间断的、现在能看到相邻接的相和相区，才能重叠在一起"。今天看来，这一原则对分析稳定构造单元以正常沉积作用为主的情况下可能是正确的，但对活动构造单元，如我国广泛发育的中—新生代断陷盆地，并不完全正确。因为在这类地区事件性沉积作用十分发育，如由于洪水、重力滑塌、风暴、火山喷发所引起的岩性岩相不连续普遍存在。

5．正常沉积作用和事件沉积作用

正常沉积作用是指由于地壳稳定升降，导致沉积区水体深浅和物理化学条件缓慢变化的沉积作用，符合沉积分异作用原理和相变法则。事件沉积作用是灾难性的、阵发性的，几乎是瞬间发生的，作用过程是短暂的，但其经常具有比正常沉积作用大几个的能量级，所形成的沉积物是丰富的、罕见的或是独特的。因此，用传统概念所建立的正旋回（正韵律）或反旋回（反韵律）都有重新认识和解释的必要。例如，浊积岩（相）中的一个正旋回（向上变细层序），并不是深水环境和浅水环境的交替沉积，而是恒定深水环境条件下突发性浊流注入所致；冲积扇的正旋回也不单纯是河道迁移所致，也可能是冲积扇—辫状河体系恒定情况下，偶尔有洪水片流漫溢所致。因此，在应用相变法则时，必须注意区分正常沉积作用形成的相连续变化和由事件沉积作用导致的相突变。

6．连井相（砂体）对比方法

连井剖面相（尤其是微相）对比，核心要体现储层相带的井间变化与相带（或砂体）的垂向叠置和横向变化，同时反映主要储集相带分布的层段与井区（图3-7）。

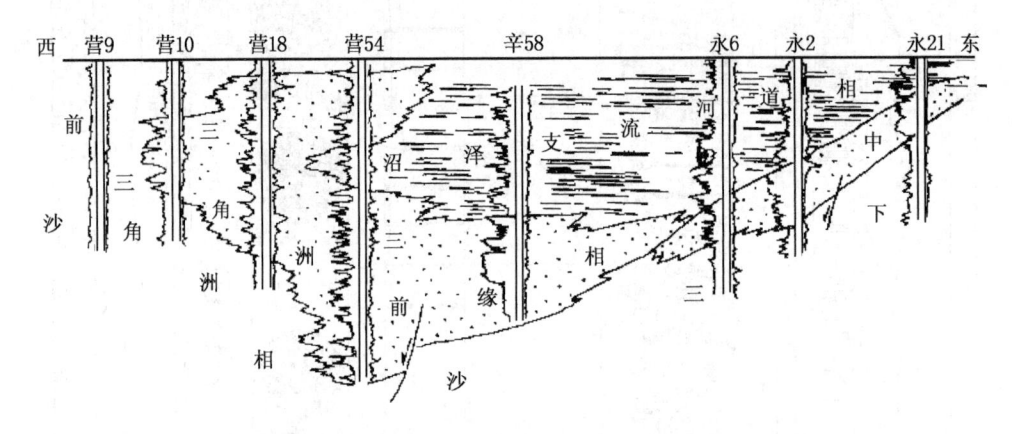

图3-7 东营凹陷沙三上亚段三角洲沉积相剖面对比图（据裴怿楠等，1994）

沉积模式主要用于指导小层或砂体对比过程。因为砂体空间分布受沉积相的控制，所以，在砂体对比之前，必须根据岩心、测井甚至地震资料识别沉积相类型，建立研究区的沉积模式，并应用沉积学原理指导砂体的对比过程，这就形成了沉积微相导向的对比技术。

在砂体对比过程中，应充分利用以下资料、方法和技术：

（1）应用定量地质知识库指导砂体对比。地质知识库主要包括砂体几何形态（砂体宽厚比、长宽比、砂泥比、隔夹层密度及频率等），以及砂体连通关系（垂向叠置、侧向叠置、孤立状等）的统计知识。这一统计知识来源于与研究区沉积特征相似的露头、现代沉积环境或开发成熟油田的密井网区。

（2）通过三维地震资料的精细解释或井间地震资料分析，获取砂体几何形态及连续性的宏观信息。在缺乏井间地震资料的情况下，三维地震资料的测井约束反演能提供高分辨率的砂体连续性信息。

（3）通过地层倾角测井沉积学解释，获取砂体定向信息。

（4）通过地层测试（RFT、脉冲试井、示踪剂试井）及开发动态分析，获取砂体连通性信息。

（5）应用古地形资料，帮助进行砂体对比。

（四）平面相分析

平面相分析是综合应用剖面相分析结果进行区域岩相古地理研究的方法。视资料丰富程度、研究目的、比例尺大小的差异，图件形式也不尽相同。沉积相平面图应反映最主要的储层发育区、相带变化带及典型砂体的分布范围。

第二节 储层的测井研究方法

目前测井资料已经在岩石学、沉积学、地层学、构造地质学、油气储层评价、生油岩及油气盖层的评价等地质学领域中得到广泛应用（表3-5）。其中岩性分析、储层参数分析、断层分析都已经较为成熟，并且开发出一些较实用的计算机辅助解释程序。在储层研究中选用测井资料的标准为：(1) 能反映油层的岩性、物性、电性、含油性特征；(2) 能反映油层岩性组合的旋回特征；(3) 能反映岩性上各标准层特征；(4) 能反映各类岩层的分界面；(5) 测井技术成熟，能够大量获取，测井精度高。

表3-5 不同测井曲线在油气储层研究中的作用（据于兴河，2002）

测井系列	直接作用	间接的辅助作用
自然电位（SP）	计算地层水电阻率及指示渗透性	估算泥质含量，指示相及地层对比
自然伽马（GR）	定量计算泥质含量及地层对比	指示相、岩性以及矿物识别和不整合识别
声波（AC）	定量计算孔隙度、地震层速度及声阻抗	地层对比，岩性识别，生油层评价，岩石结构分析，裂缝识别，压实程度和异常压力分析
密度（DEN）	计算孔隙度，间接计算烃密度以及波阻抗	岩性识别，矿物识别，生油层评价，地层异常压力带识别
中子（CNL）	计算岩层的孔隙度	气层、岩性及火山岩识别
电阻率（感应）	计算流体饱和度，岩性识别	岩石结构分析，地层对比，相分析与识别，压实作用分析与超压带识别，生油层识别

一、利用常规测井资料研究储层

常规的测井资料包括自然电位、自然伽马、电阻率、声波、密度、中子等。这些测井资料可以从不同角度不同程度地反映储层的岩性、物性及所含流体的性质（表3-6）。

表3-6 测井响应反映储层性能的能力（据戴启德，2006）

测井方法	自然电位（SP）	电阻率（RT）	自然伽马（GR）	声波时差（Δt）	高分辨率地层倾角（HDT）	自然伽马能谱（NGS）	体积密度（DEN）	中子密度（Pe）
矿物成分	弱	中	中	中	弱	强	强	强
结构	中	强	中	强	中	弱	中	弱
构造	中	中	弱	弱	强	弱	弱	弱
流体	强	强	弱	中	弱	弱	强	弱

（一）岩性研究

测井曲线中包含丰富的岩性信息，不同的测井曲线对于岩性的区分程度不同

（表3-7）。利用测井曲线形态特征和值相对大小，从长期生产实践中积累划分岩性的规律性认识。在岩性划分时，解释人员首先要掌握岩性区域地质特点，如井剖面岩性特征、特殊岩性特征、层系和岩性组合特征及标准层特征等；其次通过钻井取心和岩屑录井资料与测井资料作对比分析，建立各类岩性的典型曲线，总结出用测井资料划分岩性的地区规律，以便对非取心井进行岩性解释。

表3-7　反映岩性特征的测井曲线

曲线名称	岩性划分方法原理
自然电位	根据离子在岩石中的扩散吸附作用与岩性的关系，可以划分出泥岩、砂岩、泥质灰岩
自然伽马	根据测量的地层放射性强度，计算地层中泥质含量的变化
自然伽马能谱	根据测量地层中不同放射性元素的射线谱，识别岩性
声波及声波全波列	根据声速及横波时差与纵波时差的比值确定岩性
补偿中子、地层密度	根据中子与密度交会图识别岩性
岩性密度	根据有效光电截面吸收指数识别岩性

其中，声波全波列测井可以测量声源发射后反射回来的多种界面波。根据有关实验及实际全波列测井资料表明，横波时差与纵波时差的比值与岩性密切相关（表3-8），因此可以作纵波时差与横波时差的交会图，根据图上不同岩性的分布范围确定岩性。

表3-8　常见造岩矿物和岩石的横波时差与纵波时差的比值（Δt_R）（据王贵文，2000）

矿物、岩石	Δt_R	矿物、岩石	Δt_R
方解石	1.931	石英	1.487
白云石	1.800	石英岩	1.67～1.78
石灰岩	1.67～2.08	黏土	1.936
白云岩	1.77～2.15	石膏	2.49
砂岩	1.58～2.05		

再如，利用补偿中子测井、声波测井、密度测井曲线上的读数，根据中子与声波或者中子与密度的交会图上的交会点的位置，即可得到相应的岩性和孔隙度（图3-8）。

不同测井曲线对不同的岩性有不同的测井响应（表3-9），应综合分析测井曲线的岩性反映，并结合岩屑录井或岩心描述资料来确定不同井段的岩性。

（二）储层物理特性研究

评价一个储层所需要的岩石物理参数主要包括储层的孔隙度、渗透率及含油饱和度。在用这些参数进行评价时，必须充分利用地质、测井、试油、实验室分析化验资料，进行详细分析和筛选以及必要的校正，实现不同数据系列的标准化、归一化。然后依据岩性和测井曲线合理分层，读取标准层位的物性、电性和含油性数值，实现岩心归位，建立"四性关系"研究数据库。以数据库为基础，以计算机为手段，采用理论模型、经验模型和统计模型相结合的方法，对储层的岩性、物性、电性、含油性进行详细的研究，建立各种岩性、物性及含油饱和度测井解释模型，以达到储层参数与测井信息的最佳转换。

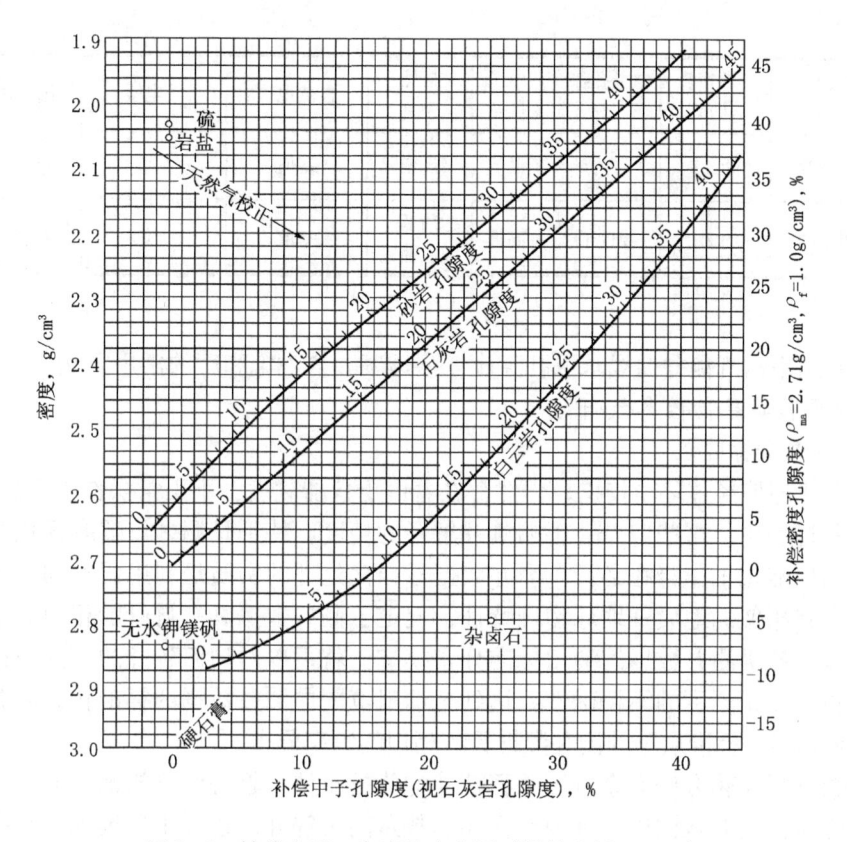

图 3-8 补偿中子—密度的交会图（据杜奉屏，1984）

表 3-9 各种岩性的常规测井特征（据戴启德，2006）

岩性	声波时差 μs/m	体积密度 g/cm³	中子孔隙度 %	中子伽马	自然伽马	自然电位	微电极	电阻率	井径
泥岩	>300	2.2～2.65	高值	低值	高值	基值	低值、平直	低值	大于钻头
煤	350～450	1.3～1.5	$\phi_{SNP}>40$ $\phi_{CNL}>70$	低值	低值	异常不明显或很大正异常（无烟煤）	高值或低值	高值，无烟煤最低	接近钻头
砂岩	250～380	2.1～2.5	中等	中等	低值	明显异常	中等明显正差异	低到中等	略小于钻头
生物灰岩	200～300	比砂岩略高	较低	较高	比砂岩还低	明显异常	较高明显正差异	较高	略小于钻头
石灰岩	265～250	2.4～2.7	低值	高值	比砂岩还低	大片异常	高值锯齿状正负差异	高值	小于或等于钻头
白云岩	155～250	2.5～2.85	低值	高值	比砂岩还低	大片异常	高值锯齿状正负差异	高值	小于或等于钻头
硬石膏	约164	约3.0	接近于0	高值	最低	基值	高值	高值	接近钻头

续表

岩性	声波时差 μs/m	体积密度 g/cm³	中子孔隙度 %	中子伽马	自然伽马	自然电位	微电极	电阻率	井径
石膏	约171	约2.3	约50	低值	最低	基值	高值	高值	接近钻头
盐岩	约220	约2.1	接近于0	高值	最低 钾盐最高	基值	极低	高值	大于钻头

下面介绍用常规测井曲线求取孔隙度、渗透率和含油饱和度的常用方法。

1. 碎屑岩储层物性参数研究

1) 测井数据标准化

测井曲线即使经过环境校正，仍然存在着由于仪器刻度、不正常操作引起的系统偏差。在多井解释过程中，这些偏差会影响测井解释的精度。特别是测井仪器多样化的地区，测井资料数据标准化工作势在必行。测井数据标准化处理的实质是利用同一油田或地区的同一层段，具有相似的地质—地球物理特性，规定了测井数据具有自身的相似分布规律。因此，一旦建立各类测井数据的油田标准分布模式，就可以对油田各井的测井数据进行整体的综合分析，校正刻度的不精确性，达到全油田范围内测井数据的标准化。测井数据标准化的客观依据是"标准层"的测井数据具有相似的频率分布。

测井数据标准化方法有直方图平移法、均值校正法、趋势面分析法、变异函数分析法等。这些方法都需要在油田范围内选择相当数量的关键井，达到正确地揭示和描述油田地质特征的目的。测井数据经过标准化处理以后，就可以用来进行储层参数计算。

2) 孔隙度计算

通常利用补偿密度、中子及声波测井确定孔隙度。这些测井方法除了与孔隙度有关外，也与岩性及孔隙中流体性质有关。对于单矿物岩性、孔隙完全含水的纯地层，利用中子或密度测井就能求出孔隙度；如果无次生孔隙，声波测井也可以准确求取孔隙度。因此在实际孔隙度解释中，普遍采用两到三种孔隙度测井组合来求取孔隙度，即利用两种或三种孔隙度测井，通过作相应的交会图确定储层孔隙度，即所谓的双孔隙度和三孔隙度解释技术。有关这方面的内容，在此不赘述。砂岩储层测井方法求孔隙度的方法很多（表3-10），通常要根据实际情况来选用。

表3-10 砂岩孔隙度计算表（据裴怿楠，1994）

岩层	声波孔隙度公式	密度孔隙度公式	中子孔隙度公式
含水纯砂岩	$\phi = \phi_s = \dfrac{\Delta t - \Delta t_{ma}}{\Delta t_f - \Delta t_{ma}}$	$\phi = \phi_D = \dfrac{\rho_{ma} - \rho_b}{\rho_{ma} - \rho_f}$	$\phi = \phi_N = \dfrac{\phi_N - \phi_{Nma}}{\phi_{Nf} - \phi_{Nma}}$
含油气纯砂岩	$\phi = \dfrac{\Delta t - \Delta t_{ma}}{\Delta t_f - \Delta t_{ma}} - \phi S_{or} \dfrac{\Delta t - \Delta t_{tf}}{\Delta t_f - \Delta t_{ma}}$ $\phi = \dfrac{\phi_s}{1 + S_{or}(\phi_{shf} - 1)}$	$\phi = \dfrac{\rho_{ma} - \rho_b}{\rho_{ma} - \rho_f} - \phi S_{or} \dfrac{\rho_f - \rho_{ht}}{\rho_{ma} - \rho_f}$ $\phi = \dfrac{\phi_D}{1 + S_{or}(\phi_{Dts} - 1)}$	$\phi = \dfrac{\phi_N - \phi_{Nma}}{\phi_{Nf} - \phi_{Nma}} + \phi S_{or} \dfrac{\phi_{Nf} - \phi_{Nhr}}{\phi_{Nf} - \phi_{Nma}}$ $\phi = \dfrac{\phi_N}{1 - S_{or}(1 - \phi_{Nhr})}$

续表

岩 层	声波孔隙度公式	密度孔隙度公式	中子孔隙度公式
含水泥质砂岩	$\phi = \dfrac{\Delta t - \Delta t_{ma}}{\Delta t_f - \Delta t_{ma}} - V_{sh}\dfrac{\Delta t_{sh} - \Delta t_{ma}}{\Delta t_f - \Delta t_{ma}}$ $\phi = \phi_s - V_{sh}\phi_{Ssh}$	$\phi = \dfrac{\rho_{ma} - \rho_b}{\rho_{ma} - \rho_f} - V_{SH}\dfrac{\rho_{ma} - \rho_{sh}}{\rho_{ma} - \rho_f}$ $\phi = \phi_D - V_{sh}\phi_{Dsh}$ $\phi = \phi_D - V_{clay}\phi_{Dclay}$	$\phi = \dfrac{\phi_N - \phi_{Nma}}{\phi_{Nf} - \phi_{Nma}} - V_{sh}\dfrac{\phi_{Nsh} - \phi_{Nma}}{\phi_{Nf} - \phi_{Nma}}$ $\phi = \phi_N - V_{sh}\phi_{Nsh}$ $\phi = \phi_N - V_{clay}\phi_{Nclay}$
含油气泥质砂岩	$\phi = \dfrac{\Delta t - \Delta t_{ma}}{\Delta t_f - \Delta t_{ma}} - V_{sh}\dfrac{\Delta t_{sh} - \Delta t_{ma}}{\Delta t_f - \Delta t_{ma}}$ $- \phi S_{or}\dfrac{\Delta t_{hr} - \Delta t_f}{\Delta t_f - \Delta t_{ma}}$ $\phi = \dfrac{\phi_s - V_{sh}\cdot\phi_{Ssh}}{1+S_{or}(\phi_{shr}-1)}$ $\phi = \dfrac{\phi_s - V_{sh}}{1+S_{or}(\phi_{shr}-1)}$ （对分散泥质）	$\phi = \dfrac{\rho_{ma} - \rho_b}{\rho_{ma} - \rho_f} - V_{sh}\dfrac{\rho_{ma} - \rho_{sh}}{\rho_{ma} - \rho_f}$ $- \phi S_{or}\dfrac{\rho_f - \rho_{hr}}{\rho_{ma} - \rho_f}$ $\phi = \dfrac{\phi_D - V_{sh}\phi_{Dsh}}{1+S_{or}(\phi_{Dhr}-1)}$ $\phi = \dfrac{\phi_D - V_{clay}\phi_{Dclay}}{1+S_{or}(\phi_{Dhr}-1)}$	$\phi = \dfrac{\phi_N - \phi_{Nma}}{\phi_{Nf} - \phi_{Nma}} - V_{sh}\dfrac{\phi_{Nsh} - \phi_{Nma}}{\phi_{Nf} - \phi_{Nma}}$ $+ \phi S_{or}\dfrac{\phi_{Nf} - \phi_{Nhr}}{\phi_{Nf} - \phi_{Nma}}$ $\phi = \dfrac{\phi_N - V_{sh}\phi_{Nsh}}{1-S_{or}(1-\phi_{Nhr})}$ $\phi = \dfrac{\phi_N - V_{clay}\phi_{Nclay}}{1-S_{or}(1-\phi_{Nhr})}$ $\phi = \phi_N - V_{clay}\phi_{Nclay} - \phi S_{or}(1+2\phi S_{xo})(\phi_{Nhr}-1)$ （考虑挖掘效应）

注：ϕ—孔隙度；ϕ_s—视中子孔隙度；ϕ_D—视密度孔隙度；ϕ_N—补偿中子测井值；ϕ_{Nsh}—泥质中子测井值；ϕ_{Dsh}—泥质视密度孔隙度；ϕ_{Dhr}—油气视密度孔隙度；ϕ_{Nma}—岩石视中子孔隙度；ϕ_{Nma}—岩石骨架的含氢指数；ϕ_{Nf}—流体含氢指数；ϕ_{Nhr}—残余油气含氢指数；ϕ_{Nsh}—泥质的视中子孔隙度；Δt—声波时差；Δt_{ma}—骨架声波时差；Δt_f—流体声波时差；Δt_{sh}—泥质声波时差；Δt_{hr}—残余油气声波时差；ρ_{ma}—骨架密度；ρ_f—流体密度；ρ_b—体积密度；ρ_{sh}—泥质砂岩的泥质密度；ρ_{hr}—残余油气密度；V_{sh}—泥质含量；S_{xo}—冲洗带含水饱和度。其余字母含义请参考专业测井书籍。

3）渗透率计算

渗透率测井解释模型的建立一直是一个非常棘手的问题，也是国内外几代测井地质解释家共同为之奋斗的目标。目前，用油井资料求取渗透率有五种方法：

（1）根据渗透率与孔隙度及颗粒表面积的经验关系；
（2）用核磁共振测井（NML）计算地层流体生产能力；
（3）用地球化学测井（GLT）估算矿物含量；
（4）用声波测井测得斯通利波波速与渗透率的关系；
（5）用RFT方法计算地层流体的压力与时间的关系。

但迄今为止，还没有一种被各家认同的方法，应用最广泛的还是针对不同油田或地区建立经验公式的方法。欧阳健（1989年）利用3口井的岩心分析资料，求出以孔隙度ϕ、泥质含量V_{sh}为变量的经验公式：

$$K = 0.1699\phi^{3.120}/V_{sh}^{1.7252} \tag{3-1}$$

胜利油田曾文冲（1979）根据我国东部油田大量岩心的实测数据资料建立了以下经验关系式：

$$\lg K = D_1 + 1.7\lg M_d + 7.1\lg\phi \tag{3-2}$$

式中　D_1——根据地区经验而选的系数；
　　　M_d——粒度中值。

由于渗透率为动态参数，不仅受沉积因素的影响，而且受成岩后生作用的改造，使其与反映地层特征的测井响应值关系极为复杂，导致定量描述异常困难，因此熊琦华等提出采用分段统计法计算渗透率的解释模型，根据孔隙度变化范围分段建立渗透率计算公式。近年来，利用声波多极子成像及核磁共振成像测井计算渗透率也得到了较为广泛的应用。

4）饱和度计算

饱和度是油藏描述中计算储量的重要参数，同时也是判断油水层、研究有效厚度的重要指标之一。应用测井方法确定油藏含油饱和度通常采用阿尔奇公式及其派生公式。目前常用的计算公式有：适用于纯砂岩地层的阿尔奇公式；适用于混合泥质砂岩的西门杜公式；基于阳离子交换能力建立的 Waxman–Smits 方程；适用于散泥质砂岩的印度尼西亚方程、双水模型等。

阿尔奇公式如下：

$$\begin{cases} S_w = \left(\dfrac{abR_w}{R_t \phi^m}\right)^{\frac{1}{n}} \\ S_o = 1 - S_w \end{cases} \quad (3-3)$$

式中　S_w——地层含水饱和度；

R_w——地层水电阻率，$\Omega \cdot m$；

S_o——地层含油饱和度，%；

R_t——地层真电阻率，$\Omega \cdot m$；

a，b——与岩性有关的常数；

ϕ——孔隙度；

m——胶结指数（通常等于2）；

n——饱和度指数（通常等于2）。

储层中含水饱和度在电阻率上的反映一般利用感应测井、侧向测井和双侧向测井等资料计算，孔隙度可根据实测资料取得或根据前述的一种孔隙度测井方法确定，也可用补偿密度测井、井眼补偿声波测井、井壁中子测井或补偿中子测井进行组合来确定。在很多地区，地层水电阻率是已知的，或者可用自然电位曲线估算，或者通过已测定的孔隙度及电阻率来确定相邻和下伏水层的地层水电阻率。对感应测井可用双感应—聚焦测井的读数来确定。

2. 碳酸盐岩储层物性参数研究

对碳酸盐岩储层进行物性评价的一般流程是首先鉴别岩性，除去非储集层段（致密层、泥质层、碳质层），寻找电阻率相对低，具有一定孔隙、裂缝的地层，然后计算碳酸盐岩储层参数。在裂缝型碳酸盐岩地层，另一种储层物性评价方法是利用综合概率法，其基本思路是：根据钻井取心和经过试油的关键层的测井响应，统计各种测井信息反映裂缝的能力，确定权系数，然后按照反映裂缝发育程度的测井异常的大小，对各种测井信息进行统计分析，确定权系数，计算出综合概率，从而达到评价裂缝储层的目的。这里仅就前一种方法进行简单介绍。

1）孔隙度计算

孔隙度计算方法包括：中子密度声波交会图技术或者三矿物分析技术图版、多矿物解释方法、中子伽马孔隙度图版等。碳酸盐的孔隙度计算一般采用双重孔隙解释方法，例如适用于苏桥地区奥陶系地层的双重孔隙解释方法，将孔隙度分为两部分：岩块孔隙度和裂缝孔隙度（曹嘉猷，2002）。

当深浅侧向为正异常时裂缝孔隙度：

$$\phi_f = \{(1/R_{LLS} - 1/R_{LLD}) \cdot [R_m M/(m-1)]\}^{1/m} \tag{3-4}$$

当深浅侧向为负异常时裂缝孔隙度：

$$\phi_f = [R_m R_w (1/R_{LLS} - 1/R_{LLD}) / (R_m - R_w)]^{1/m} \tag{3-5}$$

式中　R_m，R_{LLS}，R_{LLD}，R_w——钻井液电阻率、浅侧向电阻率、深侧向电阻率、地层水电阻率，$\Omega \cdot m$；

　　　　M——仪器结构、裂缝导电性等有关的系数；

　　　　m——胶结指数；

　　　　ϕ_f——裂缝孔隙度。

2）渗透率计算

碳酸盐岩地层储集空间具有双重介质特性，因此将渗透率分为两部分：裂缝渗透率和岩块渗透率，两者差别很大。裂缝渗透率与裂缝张开度有关，也和孔隙有关。

裂缝固有渗透率为：

$$K_{if} = 0.833 b^2 \tag{3-6}$$

式中　K_{if}——裂缝固有渗透率，mD；

　　　　b——裂缝张开度，μm。

裂缝张开度由双侧向计算：

$$b = 2500 R_m \cdot (1/R_{LLS} - 1/R_{LLD}) \tag{3-7}$$

式中　R_m，R_{LLS}，R_{LLD}——钻井液电阻率、浅侧向电阻率、深侧向电阻率，$\Omega \cdot m$。

裂缝渗透率为：

$$K_f = \phi_f K_{if} \tag{3-8}$$

式中　ϕ_f——裂缝孔隙度。

岩块渗透率：

$$K_b = e^{747} \phi_s + 0.506 \tag{3-9}$$

式中　ϕ_s——声波孔隙度。

地层总渗透率为：

$$K = K_b + K_f \tag{3-10}$$

3）饱和度计算

在电阻率高和孔隙度很低的碳酸盐岩储层中，阿尔奇公式有时给出的含水饱和度太低，这主要是由于地层胶结指数随孔隙度减小而增大引起的。此时可用 Shell 公式，该公式使用了地层胶结指数 m 随孔隙度而变的阿尔奇公式，m 与孔隙度的关系为：

$$m = 1.87 + 0.019/\phi \tag{3-11}$$

火成岩地层同样属于双重孔隙介质，因此其储层物性的求取方法与碳酸盐岩类似，这里不再介绍。

(三) 测井沉积相分析

测井相是由法国地质学家 O.Serra 于 1975 年提出来的，他认为，测井相是"表征地层特征，并且可以使该地层与其他地层区别开来的一组测井响应特征集"。测井相分析的基本原理就是从一组能反映地层特征的测井响应中，提取测井曲线的变化特征，包括幅度特征、形态特征等，以及其他测井解释结论（如沉积构造、古水流方向等），将地层剖面划分为有限个测井相。用岩心分析等地质资料对这些测井相进行刻度，用数学方法及知识推理确定各个测井相到地质相的映射转换关系，最终达到利用测井资料来描述、研究地层的沉积相的目的。

目前应用常规测井资料进行测井相分析主要包括以下几种方法：

（1）应用常规测井曲线中的自然电位和自然伽马曲线，有时也配合电阻率曲线（一般用微电极曲线），分析碎屑岩储层测井曲线的组合形态、幅度、顶底接触关系、光滑程度、齿中线等基本要素（图 3-9），区分岩性及其垂向变化并结合地质标志，可建立不同类型碎屑岩沉积的测井曲线识别标准（图 3-10）。

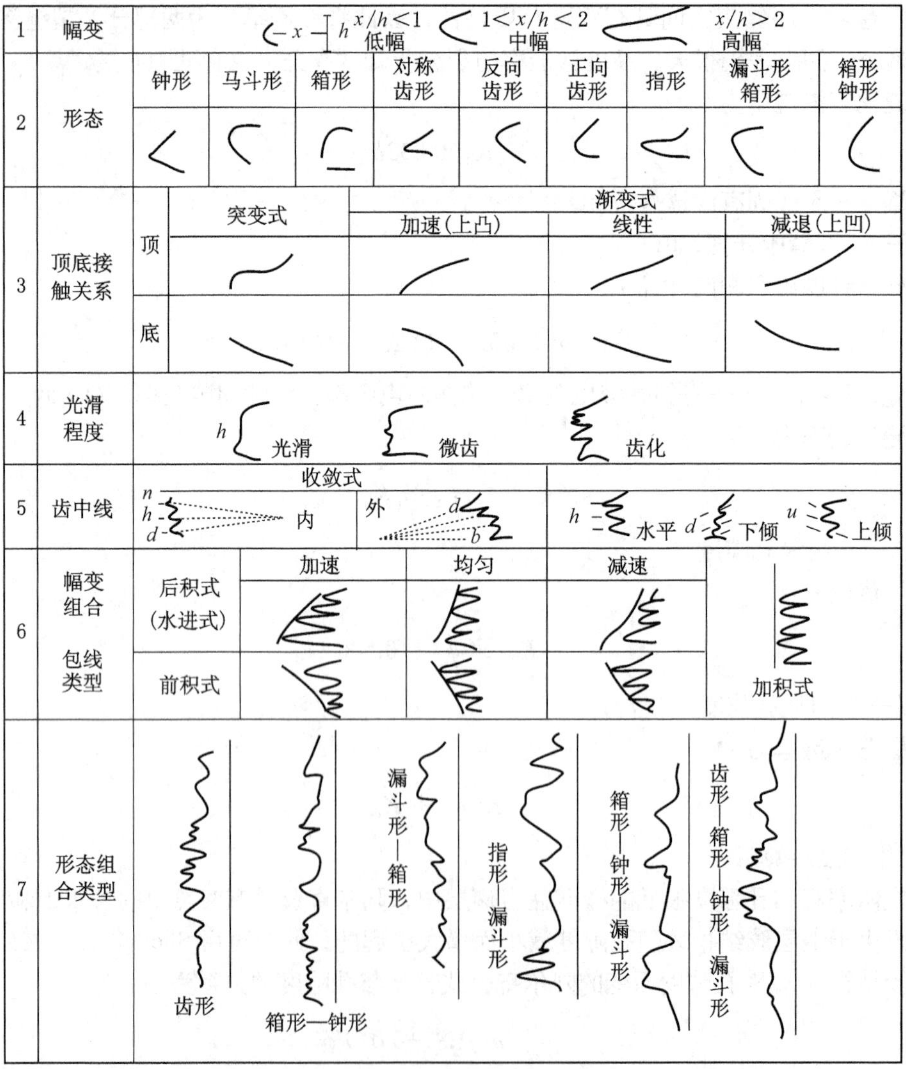

图 3-9 自然电位曲线要素图（据马正，1981）

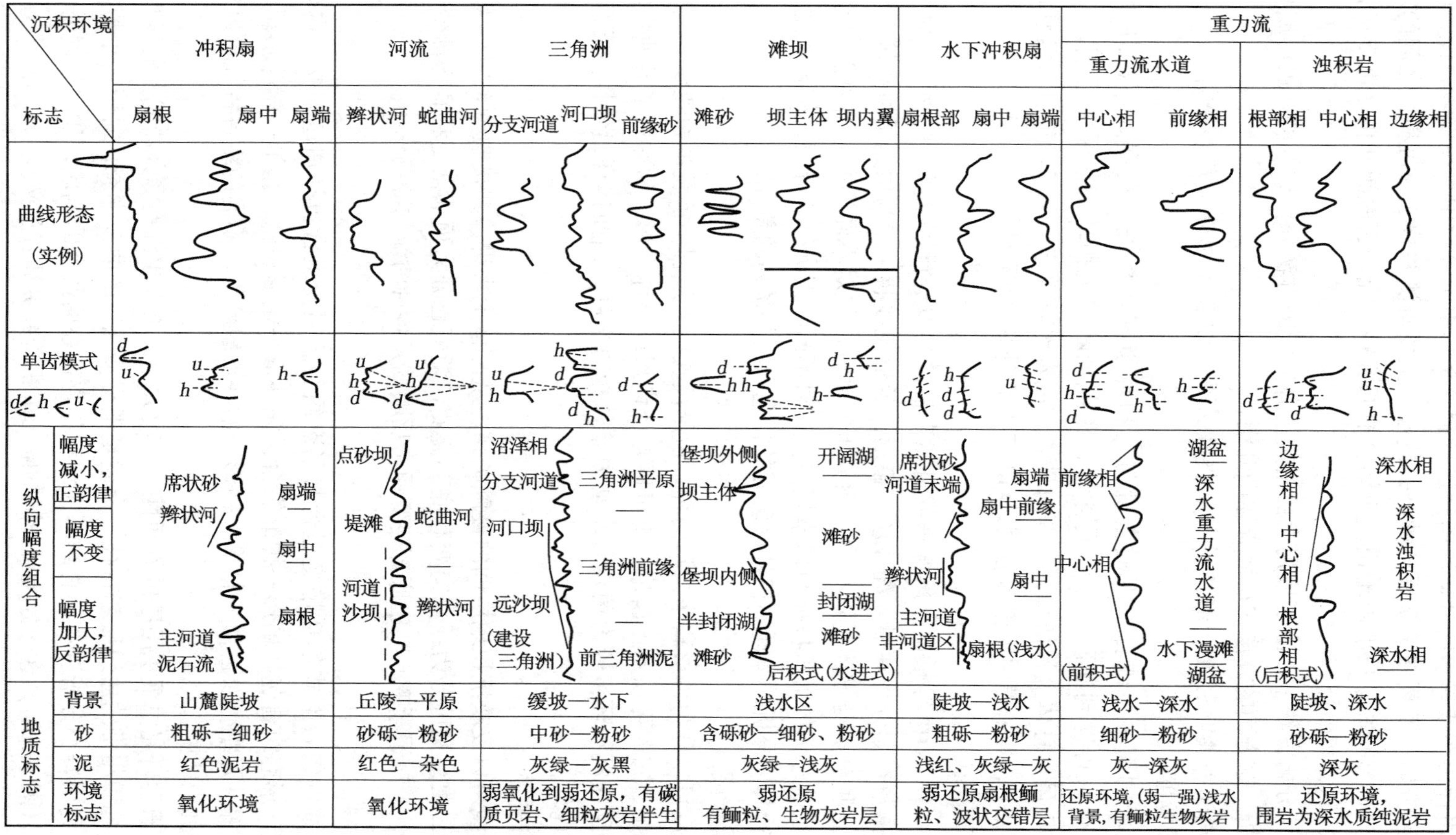

图 3-10 各类沉积环境自然电位曲线形态组合图
(据陈立官, 1983)

(2) 采用数理统计的方法建立碳酸盐岩测井沉积相模式。

(3) 利用梯形图或星形图（蛛网图）进行相分析。由于分析中存在着多解性，因此在进行测井相研究时，既要熟练掌握各种测井响应，又要对测井响应与沉积相之间的对应关系有深入的分析与研究；更准确地说，应结合取心资料研究，应用测井相分析方法，建立适合研究区的测井相模板。

在测井相分析方法中，除了应用上面常规测井曲线的方法外，成像测井也已成功应用于测井相分析，这方面的方法在后面有详细介绍。

1. 利用测井曲线幅度、形态特征、接触关系、组合类型等进行相分析

1) 曲线幅度

在砂泥岩剖面中，砂岩中泥质含量与沉积环境密切相关，根据 SP 或 GR 曲线幅度的相对高低，可以判断砂岩中泥质含量，由此推断出沉积环境能量的强弱。

SP 和 GR 虽然总体上特征相似，即对砂岩、泥岩比较敏感，但二者也有所区别，在一些特殊的情况下，如薄层和致密砂岩层，GR 可以弥补 SP 的不足。

2) 形态特征

1975 年，O. Serra 等根据自然伽马或自然电位的曲线进行了分类，归纳了两种分类方法：一为依据形态划分为钟形、漏斗形、箱形、舌形及线状；二为根据平滑程度分为齿型和平滑型。这种分类与描述是进行测井相分析的基础，但对不同测井系列可能存在差异，因而它可以反映总体的沉积特征与韵律规律。在对不同油田进行研究时，需要依据这些规律和特征进行具体分析，体现油田储层研究的特色和测井系列的差异。

3) 光滑程度

光滑程度可以分为齿形和平滑形两种，齿形反映沉积过程中能量的快速变化或水动力环境的不稳定，它既可以是正齿形，也可以是反齿形或对称齿形，为冲积扇或浊积扇所具有。平滑形反映沉积环境较为稳定且水动力条件相对平静，因而体现出岩性的稳定变化，无砂泥间互现象。

4) 接触关系

测井曲线可以反映沉积地层间的接触关系，从总体上来讲，其接触关系主要为两类：突变和渐变。突变又可分为顶部突变和底部突变，渐变也分为顶部渐变和底部渐变，其中有加速、线性、减退渐变，其中底部突变通常反映的是各种河流的冲刷作用。

5) 组合类型

测井曲线的组合形式包括幅变组合与形态组合。幅变组合包括加速幅变、均匀幅变和减速幅变，形态组合包括箱形—钟形组合、漏斗形—箱形组合、指形—漏斗形组合、箱形—钟形—漏斗形组合及齿形—箱形—钟形—漏斗形组合等，不同的组合特征可以更好地反映地层的沉积环境。

根据沉积学研究中沉积层序的旋回性、颗粒大小、岩性粗细在测井曲线上的表现形式，总结出不同沉积相带的曲线形态特征。上述是理想情况下的曲线形态，对于一个特定的地区，应充分利用岩心分析资料，总结不同沉积相特征在曲线上的响应，建立不同研究区的测井相模式（图 3-10），这一分类对我国的陆相沉积研究更具有意义。

2. 利用数理统计方法建立碳酸盐岩储层沉积相模型

由于碳酸盐岩没有明显的层理，而且往往呈块状连续沉积，因而其沉积相不能与地层

倾角测井研究古水流的砂岩沉积相模式相同，它主要是根据岩性、岩相等岩石矿物组成及物理性质差别来判断，所以它的测井沉积相模式多采用数理统计方法来建立。主要采用的方法有主因子分析、模糊聚类、最佳有序分割、非线性映射及人工神经网络等。根据地质资料建立的沉积相模式，将各种测井信息采用上述数理统计技术进行聚类，建立统计数学模型，通过这种方法建立测井沉积相模式（图3-11）。

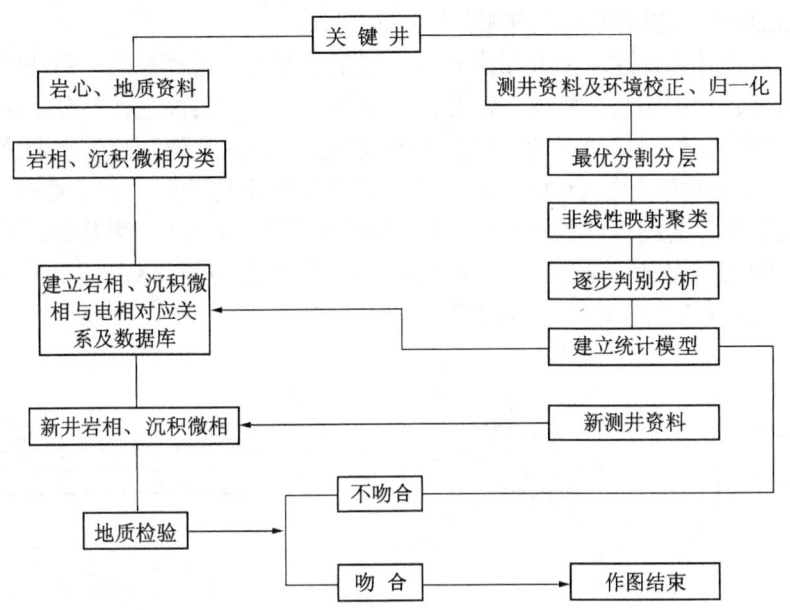

图3-11 碳酸盐岩测井研究岩相、沉积微相流程图

潮上蒸发盆地石膏的相模式：

$$F_1=a_1DT+b_1CNL+c_1DEN+d_1LLD+e_1CGR+f_1Th+g_1U+h_1K \tag{3-12}$$

潮上云坪的相模式：

$$F_2=a_2DT+b_2CNL+c_2DEN+d_2LLD+e_2CGR+f_2Th+g_2U+h_2K \tag{3-13}$$

潮间藻坪的相模式：

$$F_3=a_3DT+b_3CNL+c_3DEN+d_3LLD+e_3CGR+f_3Th+g_3U+h_3K \tag{3-14}$$

潮下浅滩的相模式：

$$F_4=a_4DT+b_4CNL+c_4DEN+d_4LLD+e_4CGR+f_4Th+g_4U+h_4K \tag{3-15}$$

潮下深水灰岩的相模式：

$$F_5=a_5DT+b_5CNL+c_5DEN+d_5LLD+e_5CGR+f_5Th+g_5U+h_5K \tag{3-16}$$

式中　DT——声波测井值；
　　　CNL——中子测井值；
　　　DEN——密度测井值；
　　　LLD——侧向电阻率值；
　　　CGR——自然伽马值；
　　　Th——钍测井值；

U——铀测井值；

K——钾测井值。

3. 利用梯形图或星形图进行相分析

我们可以用岩性、结构、沉积构造及古生物等一组相标志来识别和确定沉积相。同样可利用同一深度的一组测井参数来确定测井相，并进一步判断沉积相。梯形图或星形图正是在这种思想指导下发展起来的一种相分析方法。

绘制这些图件并依此建立测井相模式的方法是：首先将选择好的一组测井曲线（如自然电位、电阻率、自然伽马、声波、密度、中子等）在目的层段进行预分层；然后在放射状或平行状坐标上，标上任一层的各种测井参数数据；将这些值顶点连接起来，就构成了星形图或梯形图（图3—12）。对所有预分层后岩层均作出这种图，然后比较它们的形状，将具有相同或很相近的图形（各轴上数值相同或很相近）归为同一测井相，并将归纳出的测井相与相应的沉积相进行对比，用岩心资料对这些测井相进行标定。在一个地区应选择几口取心井进行上述分析，建立起区域性测井相模式。

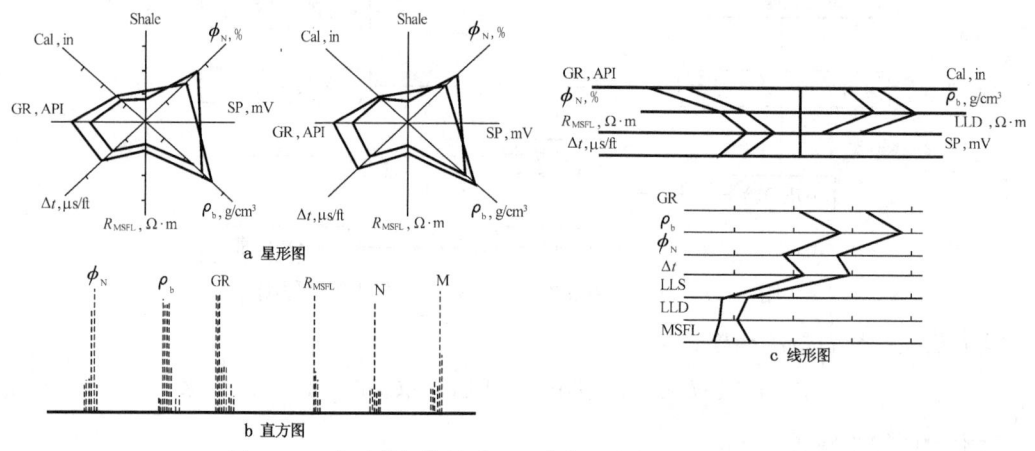

图3—12 表示井相的星形图、直方图和梯形图（线形图）
（据斯伦贝谢，1979；O.Serra，1980）

4. 自动识别测井相

自动确定电相的方法是在人工确定电相基础上发展起来的。测井相自动分析主要包括深度及环境校正、自动分层、主成分分析、聚类分析、岩相—电相库、判别分析等几个部分（图3—13），通过最终建立的测井相的判别模型可以连续逐层地对岩性进行判别，得到井的岩性柱状剖面图及测井相剖面图。

二、利用特殊测井资料研究储层

（一）地层倾角测井

地层倾角测井主要测量地层的倾角和倾斜方位角。地层倾角测井资料在地质上有着广泛的用途，采用相关对比或模式识别的交互处理技术，对地层倾角测井资料进行处理。根据地层倾角和倾向随深度变化的规律，可以划分出四种模式：绿模式、红模式、蓝模式和杂乱模式（图3—14）。根据处理成果对应的矢量图模式和方位频率图，可以用来识别地层褶曲、断层、不整合面、裂缝等构造变化，还可以用来探测地层圈闭，研究沉积地层的层理构造、沉积盆地的古水流方向和沉积环境的水动力特征等，为绘制地质构造图提供井斜资料。近年来，发展并逐步完善的高分辨率地层倾角测井（SHDT）也为更好地研究沉积环境提供了有效的手段。

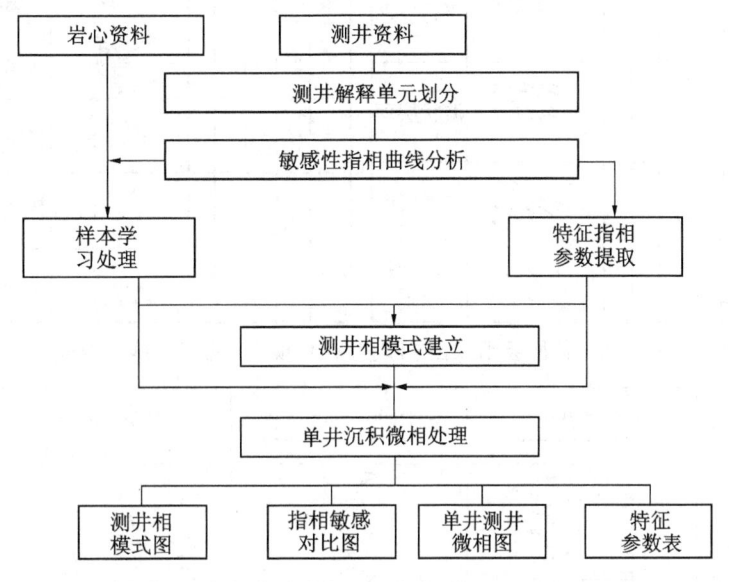

图 3-13 测井相自动分析流程图（据焦翠华，1995）

1. **沉积构造测井分析**

通过地层倾角测井可以对砂岩层理、产状、沉积构造几何形态、界面特征、沉积构造物理特点建立起各种沉积模式，进行沉积构造分析。结合各种测井响应随深度变化序列更有助于分析沉积结构，可以建立各种沉积构造、层理的倾角模式（图 3-15）。

2. **古水流与搬运方向测井分析**

地层倾角测井随深度变化序列仍是砂岩古水流及搬运方向研究的主要资料。在单层砂体内部的小蓝模式及小绿模式的倾角矢量方向都代表古水流方向，也可用矢量方位频率图来确定古水流方向。方位频率图是在某个给定井段内优选倾斜方位的统计图，针对单一砂层层面、层理进行方位频率统计，可判断古水流方向；而频率集中的方向表示这段砂岩的主要古水流方向。具体要根据水流层理特征（类型、角度、分布）和方位（定向模式、发散程度与砂体几何走向）来进行分析（图 3-16）。

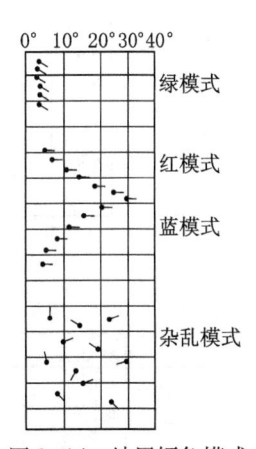

图 3-14 地层倾角模式

3. **裂缝识别**

地层倾角测井是研究沉积层理及结构的重要手段，但对于碳酸盐岩和火成岩储层，由于层理不明显及连续的块状沉积，地层倾角可用来评价储层裂缝发育情况，这种技术称为裂缝识别测井（简称 FIL），可以通过电导率异常检测程序（DCA）专门搜索那些非地层因素所引起的电导率异常，并将这种异常作为可能的裂缝带，在图形上对应电导率异常的地方涂上黑色。这种表示方法可以揭示裂缝引起的电导率异常，裂缝引起的井眼不规则和椭圆井长轴方向，以及裂缝引起的仪器旋转速度的变化（图 3-17）。

图 3-15 各种层理、结构的地层倾角模式（据吴元燕，1996）

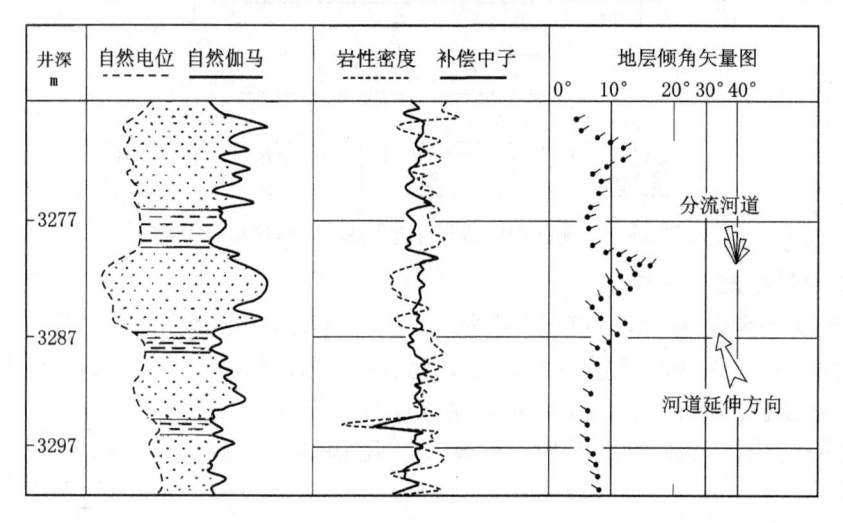

图 3-16 三角洲分流河道倾角对古水流方向分析图

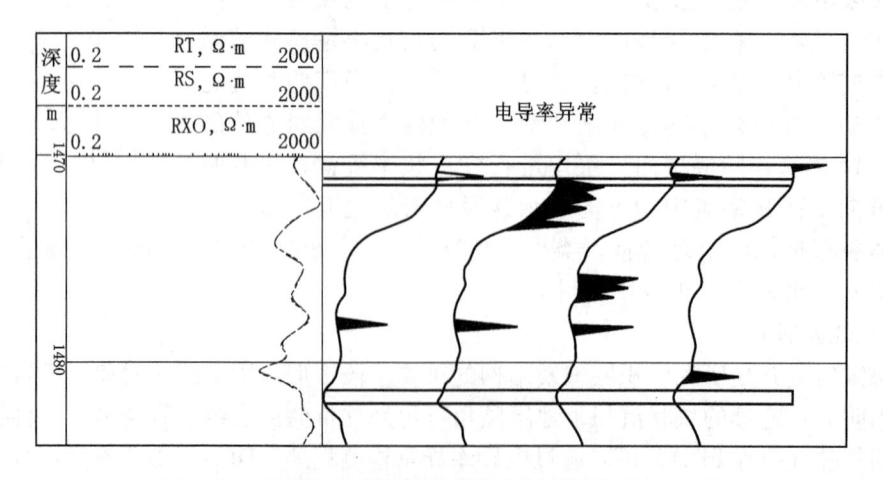

图 3-17 储层高角度缝测井响应特征（据傅强，2002）

4．几种典型沉积相在地层倾角测井中的特征反映

不同沉积环境下沉积物的特点在地层倾角测井中都会有所反映。以曲流河点沙坝、三角洲河口坝、浊积水道等几种典型环境为例，处于沉积微相不同位置的地层倾角响应模式不同（表 3-11）。

表 3-11　几种典型沉积相在地层倾角测井中的响应特征（转引自于兴河，2002，修改）

沉积相	地层倾角测井响应特征	典型模式图（据马正，1994）
曲流河点沙坝	内部为蓝模式，上部为红模式，其倾向特征与井所在部位有关。点沙坝近上游处红、蓝方位角相差大于90°，中段90°，尾端相差小于90°	
三角洲河口坝	一般为蓝模式，顶部矢量分散。在砂层内部，由多个蓝模式组合而成。当倾角大于10°时，说明堆积作用为主，水动力能量弱；当倾角小于10°时，说明水体动力强，在前缘砂背景上呈红模式矢量	
浊积水道	浊流供应水道下部为红模式，上部为蓝模式，蓝模式倾向指向水流方向，红蓝方位相差90°，中扇水道出口处，为蓝模式矢量外扇席状砂具加积特征，成低角度绿模式矢量	

（二）成像测井

成像测井是 20 世纪 80 年代中后期到 90 年代初期陆续走向商业化的测井技术，主要包括声、电成像两大类，以扫描或阵列的方式测量岩石的某个物理量（如电阻率、声阻抗等），形成井剖面的二维或三维数字图像，间接显示出裂缝、层理、孔洞等地质现象。其中电成像由于有较强的聚焦能力，贴井壁测量，受井眼影响小，能够清晰地显示出井壁附近的一些地层岩性、岩石结构、沉积构造及裂缝、孔洞等情况，目前已经在裂缝识别、岩相分析、储层划分等诸方面得到了良好的地质效果。

电成像的图像颜色分类由浅—深采用 RGB0～16 颜色编码，根据形态可分为块状、条带状、线状、斑状等。一般浅颜色在微电阻率扫描成像图上表示为高阻层；深颜色在微电阻率扫描成像图上表示为低阻层；杂色表示非均质性地层。根据成像图的颜色、深浅及图案特征，一般可分为 10 种模式（表 3-12），不同的模式具有不同的地质解释。

1. 分析岩性及岩石内部结构

在地层微电阻率扫描成像图上可以容易地识别砂岩、泥岩、砾岩等不同岩性（表 3-13），而且可以反映粒度变化，甚至连砾石的大小、形态及排列方向都可以清晰地反映。

2．识别沉积构造、沉积韵律及沉积环境

无论是碎屑岩还是碳酸盐岩地层都广泛发育反映其水动力条件、岩石成分的各种沉积构造，如冲刷面、交错层理、纹层、韵律层（正韵律、反韵律、复合韵律），这些都在地层微电阻率扫描成像图上有不同的响应特征（表3-14）。

从成像图上可见一些典型的沉积构造，苏里格庙地区盒8、山1主力气层砂岩发育波状交错层理、块状层理、前积层理、槽状交错层理，砂岩底多见砾石和冲刷面，反映主力气层以河道沉积为主，南部山1、盒8见反韵律沉积，有明显的三角洲沉积特征。

3．沉积相成像测井模式分析

确定沉积相以后，在成像测井资料的基础上，结合岩心、录井和常规测井资料进行沉积微相的分析。思路是首先将成像测井图像特征和岩心相结合分析，建立沉积微相的模式，然后找出其他测井曲线对应的特征，根据这种特征将微相推广到其他没有成像资料的井中。

表3-12 成像测井地质解释特征模式分类（据Schlumberger）

成像测井模式		成像图像特征	地质成因解释
块、段状模式	亮段		致密砂岩、钙质砂岩致密火成岩、致密碳酸岩盐等高阻高密度地层段
	暗段		泥岩、多孔缝碳酸盐岩、多孔隙火成岩等相对疏松的低阻低密度段
	亮暗段截切		相对低阻低密度段与高阻高密度段截切，可能有断层等突变接触
条带状模式	连续的明暗条带		砂泥岩互层、条带状碳酸盐岩、泥质条带灰岩
	不连续的明暗条带		砂岩成分非均质变化
线状模式	单—亮线		充填高阻高密度物质的裂缝、缝合线、断层面等，不整合面、冲刷面
	单—暗线		高导裂缝，由相对低阻、低密度物质构成的线状地质现象
	组合线状		岩层面、层理、火成岩流线构造等
	断续线状		断续状层理及其他非连续成因事件
斑状模式	暗斑		孔洞，低阻物质充填的孔洞，低阻砾石、结核、黄铁矿等斑块，岩石透镜体、断层角砾等
	亮斑		高阻物质充填的孔洞，高阻砾石、化石、结核等
杂乱模式	杂乱		变形、扰动、滑塌等地质现象
递变模式	色级逐渐递变		递变层理及密度递变层
对称沟槽模式	竖形对称条带		椭圆井眼崩落(CBLL多见)
空白模式	无图像		测井仪器失控，工作不正常或遇卡
规则条纹模式	斜列等距		钻具刮削痕
不规则条纹模式	不规则		测井仪器扰动异常图像

表 3-13　成像测井岩性识别特征表

岩性名称	成 像 特 征
泥岩	电成像图上显示为黑色特征，常见水平层理、块状层理及生物扰动构造
粉砂岩	微电阻率成像静态图像多为褐色，含钙高时为黄色；粉砂岩主要有两种产出状态，一种为纹层状，另一种为条带状或薄层状，水平层理发育，较厚粉砂岩中可见块状层理
砂岩	在成像图上，砂岩显示为浅色甚至白色微小的点状特征；胶结物不同，在图像上的颜色深浅不同，快速沉积或重力流沉积常显示为块状特征，在牵引流下形成的砂岩多发育交错层理
砾岩	在成像图上为不规则的高阻白色（砾岩）与不规则的低阻（胶结物和充填物）特征相混杂，成像资料可反映砾石的分选磨圆情况及砾石的排列规律，进而可推断沉积特征
藻灰岩	成像图中显示为拱丘状、絮状和云朵状，个别表现为粗粒状，电阻率较高，层理不明显或无层理，边缘较乱，图像呈亮黄色、灰白色显示，图像上呈现藻类的浸润生长特征
石灰岩	图像中电阻率值高，颜色呈灰白色、亮白色显示，且边界清楚，指示石灰岩特征

表 3-14　不同沉积构造在成像测井上的响应（据欧阳建，1999，整理）

序号	沉积构造	FMI 测井响应	成 像 特 征
1	冲刷面	图像上有一个凹凸不平、起伏的界面，冲刷面上暗色泥砾呈扁平状，略显定向排列	冲刷充填构造／泛滥平原
2	平行层理	成像图上表现为一组与层面基本平行的正弦曲线，正弦曲线的产状基本一致，当构造倾角为零时，表现为一组水平线条；倾角矢量图上表现为绿模式	
3	波状层理	成像图上表现为一组总体上与层面基本平行的正弦曲线，正弦曲线之间近于平行，幅度差别不大，但方位变化多端	
4	槽状交错层理	图像上有一套不同角度的正弦曲线显示的层系界面，两层系界面间上弧形的截切纹层由明暗相间的条纹组成，其厚度规模随岩心的规模而变	
5	板状交错层理	图像往往识别出几个平直的层系界面，每个层系内纹层显示底部收敛顶部截切的明暗条纹	板状交错层理

续表

序号	沉积构造	FMI测井响应	成像特征
6	包卷层理	图像中可明显看出纹层扭曲成圆形、半圆形、椭圆形或不规则的似圆形特征	
7	楔状交错层理	成像图上表现为几组与层面斜交的正弦曲线，组内曲线产状基本一致，幅度逐渐变化，各组间正弦曲线产状不同	
8	递变层理	粗岩性（如砾岩）在图像上表现为亮色，细岩性（如泥岩）表现为暗色，总体呈现由亮色至暗色的颜色递变	
9	韵律层理	由砂泥岩间互形成的韵律层在图像上表现为平行的明暗条纹	

4. 复杂岩性储层成像测井评价

碳酸盐岩和火成岩储层孔隙类型复杂，储层中裂缝与孔洞并存，利用常规测井资料很难得到准确的储层评价参数，而电阻率成像测井在这方面有得天独厚的优势。在火成岩地层可以根据成像图上图像显示判定储层岩性，进而分析火成岩岩相分布，同时电阻率成像也是分析井壁缝洞发育情况，定量计算缝洞参数（裂缝参数：开度、密度、孔隙度、发育长度、倾向、倾角、走向等；孔洞参数：尺寸、密度、面孔率、次生孔隙度、原生孔隙度等）的理想工具。

在低阻钻井液中，溶蚀孔洞发育的层段，图像中显示为黑色斑点，可以定性地分析溶蚀孔洞发育情况和尺寸大小等；裂缝在图上表现为低电阻率的深色曲线，根据图上显示的正弦曲线的特征可以得到每条裂缝的倾角、倾向及裂缝的走向。

三、利用监测测井资料研究储层动态

在油田开发过程中，需要运用各种监测方法采集大量第一性资料，进行深入分析，不断认识地下储层内油水运动规律及其发展变化，及时发现和提出解决各种问题的办法。每年进行的改善油田开发效果的各类措施，比如开发调整（钻新井、层系、井网、开发方式）、"稳油控水"综合治理的重要基础之一就是油藏动态分析。油田储层动态分析包括生产动态分析、油井井筒内升举条件分析和油层（藏）动态分析三个方面的内容。监测测井是油田储层动态研究中的重要资料，发挥着重要作用。

应用监测测井资料对评价油层动用程度和注采效果，对储层研究水淹程度、剩余油分布和制定挖潜增产措施都有重要意义，同时，利用监测测井资料可以研究储层连通关系，确定渗流单元对应关系等。

在油田开发过程中,研究储层动态变化的测井资料包括完井测井(裸眼测井等)资料和生产监测测井(套管井测井等)资料。这些测井类型可以细分为生产动态测井、产层评价测井、工程技术测井(表3-15)。这些资料主要用于油田动态分析和开发研究,以便及时发现开发过程中的问题并采取相应措施对油田开发进行管理控制,使油田开发向理想的方向进行和发展,同时还可以通过对油藏地质问题的综合研究,深入认识储层纵、横方向上的连通、渗流特征和储层内部详细的非均质性特征,以便深化和修正前期的油藏描述认识。

表3-15 开发测井系列及应用

测井系列		测井项目	测量对象	目的
生产动态测井	产出剖面	井温测井、流量测井、流体密度测井、压力测井、持水率测井等	井内流体	划分井筒注入剖面和产出剖面,评价地层的吸入或产出特性,找出射开层的水淹段和水源,研究油井产状和油层动态
	注入剖面	同位素测井、流量测井、氧活化测井、示踪测井等		
产层评价测井		自然电位测井、声波测井、电阻率测井、中子寿命测井、过套管电阻率测井、碳氧比测井、介电测井、电磁波传播测井、井间测井等	油气产层	划分水淹层,监视水油和油气界面的浮动,确定地层压力和温度,评价地层含油或含气饱和度的变化情况
工程技术测井		声幅测井、变密度测井、扇区水泥胶结测井、超声成像测井、噪声测井、磁测井、井径测井等	井身结构	检查水泥胶结质量,监视套管技术状况,确定井下水动力的完整性,评价酸化、压裂、封堵等地层作业效果

四、产层剩余油研究

剩余油是已开发油藏(或油层)中尚未采出的油气,它既包括此前认为的剩余可采储量,也包括此前认为的不可采出的油气储量(这部分储量中的相当部分将成为提高采收率阶段剩余油研究的主要目标)(伍友佳,2004)。剩余油分布是油田开发地质研究的核心问题。直接检测剩余油的测井方法近年发展较快,主要有碳氧比能谱测井、碳氢比能谱测井、相位介电测井、示踪剂测井和硼中子测—注—测技术、过套管电阻率测井等。以上测井以检测油层剩余油为目的,可以定量求出剩余油在井筒剖面上的分布。只有准确掌握油藏剩余油的分布状况,才能采取正确的对策与措施将其有效地采出,从而获取油田开发的最佳效果。剩余油的分布在各具体油藏各有特点、千差万别,在一些孔隙结构复杂、油藏的储集空间与渗流通道原本就不十分清楚的油藏中,比如裂缝型油藏、溶蚀缝洞型油藏等,其剩余油分布的细节至今仍不甚清楚。虽然如此,但就一般孔隙性砂岩油藏来说,其剩余油分布仍具有一定的规律性。剩余油的剖面分布可以根据注水井吸水剖面测试资料、采油井出液剖面测试资料、水淹层测井解释资料、剩余油测井资料,来判定油层剖面动用情况和动用程度。

第三节 储层的地震研究方法

地震勘探应用于储层研究的过程就是利用人工激发的地震波在地下地层中的传播、反射、折射，由地面仪器接收，并根据地震波传播的运动学特征和动力学特征来研究接收到的地震数据认识地下地质规律的过程。地震资料在储层研究中的主要作用是以地震信息为主，综合测井、地质、分析化验等各方面资料研究储集体的几何形态、分布特征、物性特征及所含流体的情况。地震资料主要用于勘探阶段的储层研究，但近年来开发地震的迅速发展，使得它贯穿了储层研究的始终。由于地震技术在储层研究中的应用仍处于发展阶段，所用的方法繁多，本节只介绍目前应用较广泛的一些方法。

一、储层横向预测的地震技术

地震资料具有纵向分辨率差、横向分辨率较高的特点，因此被普遍用于储集岩体的横向预测，并已取得许多成功的实例。下面简要介绍几种基本方法。

（一）波阻抗反演法（合成声波测井法）

波阻抗反演法是将野外所观测到的每道地震记录都转换成类似于井下测得的声波测井曲线。它的基本原理是从地震道记录反褶积消除子波影响，得到反射系数序列，进而导出波阻抗曲线，并以时差—深度或时差—旅行时表示。如对测区内每条地震测线按此方法进行声速合成测井剖面的制作与解释，则可预测整个测区储层岩性、物性、孔隙流体性质。具体方法是在剖面上标定出储层位置，沿剖面分析速度（伪时差）的横向变化规律，确定储层的横向变化及尖灭位置。可以通过该井实测声波曲线与过井合成声波曲线对比分析提高解释精度。在火成岩地层可以通过波阻抗反演得到的合成记录判断火山岩发育层位的顶底深度。

（二）波形振幅分析法

地震属性包括速度、振幅、相位、频率及能量等，通常速度可以反映岩性的变化，振幅可以反映储层流体分布，频率与相位对岩性粗细有良好的相关性，而能量对油气水的检测有重要作用。波形振幅分析法是在二维或三维地震剖面上，利用储层反射波的波形变化特征和振幅大小来预测储层的横向展布及变化。下面以高速楔形体模型为例介绍波形振幅分析法。

（1）当高速楔形体被厚层低速围岩包围时，其顶、底界面各自产生极性相反的反射波，反射特征随楔形体厚度而变化。

（2）当楔形体地层厚度大于半个子波波长时，顶、底反射清晰，波峰至波谷的视时差即为地层真厚度，属厚层砂岩区。

（3）当地层厚度小于 1/4 波长时，顶、底反射波相干涉，形成复合反射波，振幅增大，峰谷时差略小于地层真厚度，为复波过渡区。

（4）当地层厚度小于 1/4 波长时，复合反射波振幅近似单波状，峰谷时差为常数，不反映地层厚度。反射波振幅由 1/4 波长处的最大值开始随地层减薄，面线性减小，为薄层（砂岩）区。

这种方法要求首先按研究区地质情况制作各种厚度和形态的储集体的理论地震模型，

总结识别特定储层反射模式,要准确标定层位。定量追踪时,在厚层区利用峰谷时差计算储层厚度;在薄层区需提取子波,制作振幅—厚度标定图版,用以固定储集体的分布范围,确定几何形态,绘制等厚图、等深图。

(三)三维地震技术

相对于二维地震,三维地震更能反映地层构造形态,搞清复杂的断层、断块,并预测含油气层的分布,三维垂直剖面横向追踪储层的原理和方法类同于波形振幅分析法,但比其更方便,效果更佳,此处不再赘述。

(四)VSP技术

VSP叠加剖面不仅可直接取得储层反射信息,而且储层的地震响应还可以向外扩展,达到井周围数公里的范围。一般使用多偏移距VSP法和斜井VSP法作储层横向追踪。VSP法可准确地标定层位和判断岩性,但有VSP记录的井在探区或油田一般较少,通常需要与其他方法配合使用。

(五)一维和二维地震模型技术

模型技术是将地震道上的波形与岩性二者对应,以确定储层的响应,便于横向追踪储层。一维模型追踪储层应从已知井开始制作合成声波记录,在地震剖面上确定储层位置,然后逐步改变储层模型,模拟储层的横向变化,逐步修正一维模型与地震剖面的对应与对比,横向追踪储层至邻井并确定尖灭处。用二维模型追踪储层时,要对研究区储层的分布规律、空间变化及形态有详细的了解。

该法不仅能检验岩性、岩相的横向变化趋势,还可以定量追踪储层,但薄层上、下围岩的反射干扰,选取的理论地震模型参数和理论子波频率不合适等都会极大地影响此法的精度与使用。

(六)频率分析技术

频率分析技术可以对目的层段的地震波特征进行精细刻画,通过钻遇砂体确定可以分辨的频谱宽度,并结合属性与地震反演的结果,落实有利储集砂体的分布,进而分析平面上砂体的分布。频率分析技术的基本原理如下:在入射子波已知的情况下,影响薄层反射波谱的主要因素是地层厚度。

在二维平面上,以主频值为纵坐标,地层厚度或反射记录道为横坐标,以积分能谱百分率为参数绘制等值线,根据其形态特征可预测储层的存在并估计其横向上厚度的变化。

由于反射波频谱峰值频率与地层厚度成反比关系,因此反射波谱峰值频率取决于地层厚度,可用类似于复合波振幅求薄层厚度的方法,绘制峰值频率与地层厚度的标定曲线,利用峰值频率值计算地层厚度。

综合以上六种横向追踪储层的地震技术,根据不同地区、不同时代、不同类型储层的具体情况,确定使用哪一种或应综合使用哪几种地震技术,有针对性地研究地震模型及方法,可以极大地提高储层横向预测的可靠性。

二、地震相分析

沉积环境传统上是通过研究岩心或露头确定的,然而在广大的无岩心或无露头地区,利用地震剖面上的反射特征来识别沉积相,预测有利相带在国内外已经取得了良好效果和经验。

（一）基本概念

1．定义

地震相一词来源于沉积相，可以理解为沉积相在地震剖面上表现的总和。Sheriff（1982）将地震相定义为：由沉积环境（如海相或陆相）所形成的地震特征。于兴河（2002）将地震相定义为："不同沉积体系的各级界面、岩性及几何特征在地震剖面上的综合表现。"地震相分析则是"根据地震资料解释其环境背景和岩相"（Vail，1977）。

地震相分析就是识别每个层序内独特的地震反射波组特征及其形态组合，并将其赋予一定的地质含义，进而进行沉积相的解释。因此对有利层序内地震相的研究，可以确定砂岩储集体的沉积相及横向的分布范围，从而为有利储层的综合预测奠定了基础。

2．识别标志

区别这些地震波组形态的主要依据是地震反射参数或要素，从沉积学的角度而言，将其称为地震相识别标志。地震相识别标志是地震相分析的基础，它必须在一定的地震地层单元内部进行。最重要的地震地层单元是层序或年代地层单元。依据层序地层学的观点，在三级层序内可进一步划分体系域，不同准层序组之间存在着沉积体系域的显著差别，因此，通常应以准层序组作为地震相分析的最基本地震地层单元。

地震相标志是"准层序组内部那些对地震剖面的面貌有重要影响，并且具有重要沉积相意义的地震反射特征"。识别地震相的标志很多，概括而言主要有：（1）地震反射基本属性与结构；（2）内部反射构造；（3）外部几何形态；（4）边界关系（包括反射终止型和横向变化型）；（5）层速度等。最常用的是前三种标志，它们也是从三个不同的层次上进行研究的核心。

3．描述原则

地震内部反射构造是指地震地层单元内部多个同相轴的形态组合，而外部几何形态则是地震地层单元的外观形体特征，反映上、下两个同相轴所构成的几何形态。前者属于地震相的内部属性，而后者则为地震相的外观形态，因此在描述的语言上应有明显的区别。然而，在地震相的描述中形态的用法极为混乱，笔者在此建议应遵循中文的习惯以"外部为状，内部为形（型）"来描述。地震相单元外形，则应用"状"；内部排列与组合形式，则应用"形"的原则。

（二）地震相标志及其主要特征

1．地震反射基本属性与结构

地震反射属性（seismic reflection attribute）是指地震剖面各组成部分（即同相轴）的物理地震学特征，其基本属性包括振幅、视频率、连续性三个要素（表3-16）。

1）基本属性

（1）振幅（amplitude）。

振幅是质点离开其平衡位置的位移量。视振幅反映相应地震界面反射系数的大小。对于相同的入射波而言，界面的反射系数越大则所产生的反射波振幅越强。反射系数的大小由界面上下岩层的波阻抗差决定，波阻抗差越大则反射系数就越大。波阻抗与岩性有着密切的关系，一般说来泥岩的波阻抗较低，砂岩的波阻抗中等，而碳酸盐岩的波阻抗较高。因此，视振幅的大小最终可归结为界面上、下岩性差别大小。

表 3-16　地震反射基本属性分类及其特征（据于兴河，2002）

地震反射基本属性	地质意义	分类	分类标准	分类模式	实例
振幅	反映反射系数大小	强	振幅超过1个地震道	强振幅　中振幅　弱振幅	
		中	振幅在2个地震道之间		
		弱	振幅小于1/3地震道间距		
视频率	反映相邻反射界面间距大小	高	相邻同相轴紧密排列	高频　中频　低频	
		中	相邻同相轴间距中等		
		低	相邻同相轴间距稀疏		
连续性	反映界面间距在横向上的稳定程度	好	连续长度大于叠加段	① 高连续　② 中连续　③ 低连续	
		中	连续长度接近1/2叠加段		
		差	连续长度小于1/3叠加段		

(2) 视频率（frequency）。

视频率反映了相邻反射界面间距的大小。间距越大，上、下界面处产生的反射波之间的时间间隔就越大，即视频率越小；反之，间距越小则视频率越大。当界面间距小于入射地震波的1/4主波长时，两个界面形成的反射波将相互叠加成为一个复合波，从而无法将两个界面区分开，这就是所谓的地震波垂向分辨率（能确定出两个独立界面而不是一个界面所需的最小反射面间距，这里为1/4主波长）。

(3) 连续性（continuity）。

连续性是指同相轴的视振幅与视频率在横向上的延伸状况，反映界面上、下岩性差别或界面间距在横向上的稳定程度。

2）反射结构

地震反射结构（seismic reflection texture）与后叙的地震反射构造明显不同，反射结构主要是指地震单元内部多个同相轴的振幅、频率及连续性三者或者是振幅本身在剖面所表现出的强弱、好坏之差异，它代表着岩性的差异、沉积时水动力条件的强弱与稳定性；而反射构造则是指地震单元内部多个同相轴在剖面上的排列与组合方式，它是沉积作用和过程的响应结果。

在地震相的标志中，反射结构通常有两种描述和命名方法：(1) 当地层单元内部上述三个方面的上、下界面特征都比较均匀时，可直接按"视振幅＋视频率＋连续性"的顺序进行描述和命名，例如"强振幅、高频、高连续性地震反射结构"。(2) 当以上特征在上、下界面不均匀时，则可根据其在垂向上的变化特点进行描述和命名，例如"向上增强反射结构"等。常见的典型地震反射结构见表3–17。

（1）杂乱反射结构（高振幅低连续性结构）。

杂乱（chaotic）反射结构的基本特征就是振幅很强，但又不连续，波形显得杂乱无章，无规律可循。振幅强意味着界面上、下岩性差异大。不连续则意味着岩性或岩层厚度横向变化快，从而反射系数横向上变化很大。这种反射结构代表其是水动力条件动荡不定，且能量相对较高环境下形成的产物，也可能是原生连续地层遭受后期改造变形后的结果，往往发育于冲积扇、陡崖浊积扇、海底扇等扇体中，或者由于重力滑动或构造变动而发生强烈变形的地层。

（2）空白反射结构（极低振幅结构）。

空白反射的基本特征就是振幅极低，几乎看不出同相轴的存在。导致无反射结构的根本原因是岩性均一、难以形成反射界面，此时代表能量相对稳定的沉积环境。可能是巨厚的砂岩、泥岩或石灰岩，也可能是生物扰动改造后的似均匀沉积层。从沉积学角度上来说，它可以是薄层细粒沉积，也可以是厚层粗粒沉积。深湖相泥岩、滨海相砂岩、陆棚相灰岩以及泥质沉积很贫乏的辫状河砂岩中都可发育这种反射结构，它们的岩性差别很大但其内部相对较为均一。空白反射的形成与单元顶部的波阻抗差也有关系，当顶界面反射系数很大时，透射能量较低，可以屏蔽下伏地层的地震反射，使得反射振幅极弱，甚至变成空白相。

表 3–17 地震反射结构分类

反射结构	振幅	频率	连续性	模式图解	实 例
杂乱	高	—	不连续		
空白	极低	可高可低	中连续		
三高	高	高	高		
向上增强	向上增强	可高可低	可好可差		

（3）三高反射结构（高幅高频连续性好结构）。

三高反射结构是指高振幅、高频及连续性好的三高反射特征。振幅高意味着界面上、下岩性差异大；频率高意味着层厚较小且岩性交替变化频繁；连续性好或高则意味着岩性和岩层厚度在横向上十分稳定。三高组合通常是浊积砂发育的深水相或薄煤层稳定发育的滨湖沼泽相的典型地震反射特征。

（4）向上增强或减弱反射结构。

向上增强反射结构的基本特征是振幅在下部较弱，而向上显著增强。这表明在下部岩性较均一，而向上岩性差别增大。这种反射结构通常发育在下降半旋回（即高位体系域）的沉积相组合中，三角洲、海退型进积海岸或陆棚沉积等常常形成这种组合特征。同样也可出现

— 80 —

与此正好相反的反射结构，即向上减弱的反射结构，它通常发育在上升半旋回（即水进体系域）的沉积相组合中，三角洲、海进型退积海岸或陆棚沉积等常常形成这种组合特征。

由此可见，通常振幅强弱与界面上、下岩性差别大小相对应；频率高低与岩层厚薄相对应；连续性好坏与岩层的横向稳定性相对应。抓住这些特点，再通过对不同沉积相单元中的岩性差异特点、横向变化规律和旋回性的分析，就可进一步对沉积相加以分析和解释。

2. 地震内部反射构造

内部反射构造的英文是 internal reflection configuration，有些学者将其翻译为内部反射结构。在沉积相标志中，沉积构造是指沉积岩各个组成部分的空间排列方式，与之类似，地震反射构造是指地震剖面中的各个组成部分（即同相轴）的空间排列方式，这在形态上与层理构造十分相似（王英民，1991）。另外，就 configuration 一词的含义而言，本书将其译成构造。

地震内部反射构造是指地震剖面中的各个组成部分（即同相轴）在空间上的排列与组合方式，是岩层叠加形式的直接体现，反映沉积作用的性质和沉积补偿状况等。地震反射构造讨论的是地震地层单元内部同相轴间的几何形态与相互关系，属于形态或几何地震学范畴。

R. M. Mitchum 等（1977）根据内部反射构造的形态，将其划分为平行或亚平行形、波形、发散形、前积形、乱岗形、双向下超形及眼球形 7 种类型，但其中最后两种，笔者认为不应属于反射构造，这是由于这两种没有同相轴的排列与组合，也不能说明沉积作用，故笔者将其归为反射结构之列。不同的反射构造特征都具有明显的沉积作用意义（表3–18）。

表3–18 地震内部反射构造分类及其特征（据于兴河，2008）

内部反射构造	特点	沉积作用	模式图解	实例
平行或亚平行形	同相轴平行或亚平行	均匀垂向加积		
波形	同相轴波状起伏	不均匀垂向加积		
发散形	同相轴间距向一方逐渐减小	负载沉降		
前积形	同相轴相对倾斜并朝一方加积	侧向加积		
乱岗形	形态不规则、连续性很差	弱水流沉积		
双向下超形	底平顶凸	顺流加积		
眼球形	双向外凸	不均匀沉积		

1）平行或亚平行形（parallel or subparallel）

平行或亚平行形反射构造以同相轴彼此平行或微有起伏为特征。它是沉积速率在横向上大体相等的均匀垂向加积作用的产物，在陆棚、深海盆地、深湖或浅湖、沼泽等许多相带中都可发育。此反射构造中的连续性一般较好，振幅和频率则可以视情况不同而有所差异。

2）波形（wavy）

波形反射构造的特征是各同相轴之间在总体趋势上相互平行，但在细微结构上有一定程度的波状起伏。它是不均匀垂向加积作用的产物，也就是说从准层序或成因层序这一地层单元的级别上来看，总体上表现为垂向加积作用，从而同相轴之间在总体上相互平行。但从更细的级别上看沉积速率在横向上并不相同，甚至还存在次级的侧向加积作用。通常在冲积平原、浅海至半深海（湖）以及总的沉积速率相对比较缓慢的扇体等相带中容易产生这种构造。另外，等深流也可形成此种反射特征。

3）发散形（divergent）

发散形反射构造表现为同相轴之间的间距朝着一边逐渐减小，其中一些同相轴逐渐消失，从而使同相轴的个数也朝一边减少，与之对应的地层单元厚度相应减薄，形似楔状。这种地层厚度减薄并不是由于在地层单元顶、底界发生削蚀或上超所造成的，而是由于各同相轴的间距向一边减小所致。它是在差异沉降的背景下，由于沉积速率在横向上递减，导致岩层厚度向一方变薄。

4）前积形（prograding clinoforms or forset）

若以准层序组的顶、底界为参照平面，则其间的同相轴相对倾斜并朝一方侧向加积。标准的前积构造具有顶积层、前积层和底积层。根据其内部反射构造差异、前积层的形态特点以及顶积层、底积层的发育程度，可进一步将前积形构造细分为 S 型、顶超型、下超型、斜交型和叠瓦型（表 3-19、图 3-18）。虽然它们之间有着种种差别，但都具有前积层，都是沉积物顺流加积的产物，反映了古水流方向。前积构造是三角洲、扇三角洲、各种扇体以及坡折转化的典型标志（图 3-19）。

表 3-19 前积反射构造对比

前积反射构造	前积层	顶积层	底积层	水平面变化	坡度	形 成 环 境
S 型	✓	✓	✓	相对上升	—	大陆坡和泥质丰富的三角洲
顶超型	✓	×	✓	相对静止	—	泥质丰富的三角洲
下超型	✓	✓	×	相对上升	—	冲积扇、陡崖浊积扇和扇三角洲
斜交型	✓	×	×	相对静止	大	三角洲或扇三角洲
叠瓦型	✓	×	×	相对静止	小	河控三角洲、坳陷湖盆三角洲

（1）S 型（sigmoid）。

S 型是标准的前积构造，具有顶积层、前积层和底积层。内部发育一组相互叠置的反 S 型反射同相轴，在反 S 型的上端为近水平的顶积层，中部为倾斜的前积层，向下同相轴逐渐变得平缓，形成底积层。顶积层发育表明当时该地区的水平面处于相对上升状态，可容纳空间增大，从而陆源物质得以向上垂向加积。底积层发育表明在沉积体的前方也沉积了大量物质，而根据沉积分异原理，较粗的碎屑物质应在前积层及顶积层的部位上卸载，在与底积层对应的地区则主要为细粒沉积物。因此，可以把底积层发育看作陆源物质粒度较细、泥质沉积特别丰富的表现。通常在大陆坡和泥质丰富的三角洲中容易发育这种反射构造。

(2) 顶超型 (tangential)。

顶超型又译为切线斜交型，其特征是缺失顶积层，前积层向上方以顶超方式终止于地层单元的顶界上。顶超型的存在表明，顶积层不是因后期构造侵蚀缺失的，

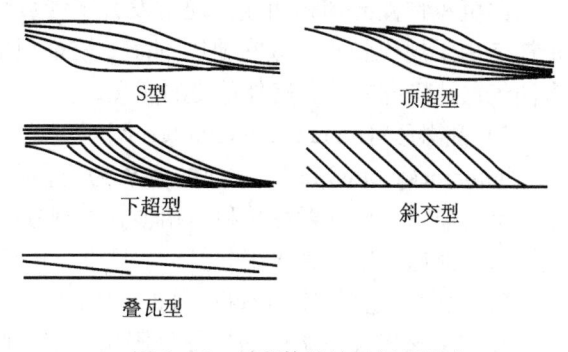

图 3-18 前积构造地震解释模式
（据 Berg，1977，修改）

而是由于在水平面相对静止时期可容纳空间保持不变，使水平面以上无法发生垂向加积作用，路过的沉积物只能在沉积体前缘带加积，从而缺失顶积层，其底积层发育的地质意义同 S 型前积构造相同。通常在水平面相对静止时期泥质丰富的三角洲中容易发育这种反射构造。

(3) 下超型 (complex sigmoid-oblique)。

下超型又称为 S-斜交复合型，其特征是缺失底积层，前积层向下方以下超的方式终止于地层单元底界上。顶积层发育表明它是在水平面相对上升时期形成的，而缺失底积层则表明陆源碎屑物质粒度较粗，缺乏细粒沉积物。一般在冲积扇、陡崖浊积扇和扇三角洲上容易发育该构造。

(4) 斜交型 (parallel)。

从英文而言应译成平行型，但从中文上很容易混淆，故多数人将其译成斜交型。它的特征是顶积层和底积层均不存在，由一组相对陡倾的反射同相轴组成，在其上倾方向表现为顶超，而在其下倾方向出现下超。它是在水平面相对静止时期由较粗的碎屑物质侧向加积造成的，其前积方向一般与断陷盆地的长轴方向大体一致，通常解释为三角洲或扇三角洲环境的产物。

(5) 叠瓦型 (shingled)。

叠瓦型反射构造在形态上如叠在一起的瓦片一样，其特征与斜交型相似，但前

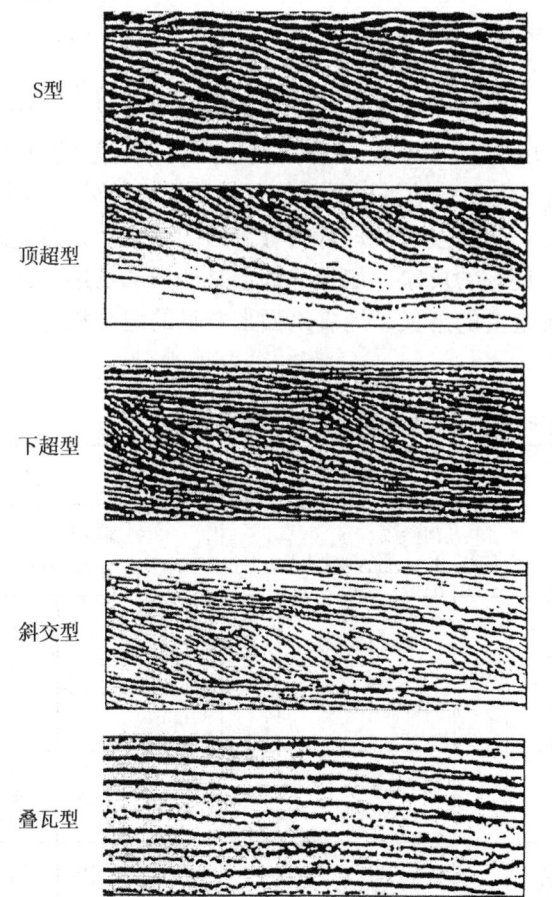

图 3-19 三角洲的典型反射模式（据 Berg，1982）积层倾角十分平缓，所对应的地层较薄，

— 83 —

通常仅相当于1～2个同相轴的间距。它是在水体相对静止、水深较浅、坡度较缓的背景下，由沉积物侧向加积而成，通常发育于缓坡河控三角洲、坳陷湖盆三角洲中。叠瓦型前积构造由于规模较小，故在地震剖面上较难识别，但在湖盆中最为常见，因此在我国陆相含油气盆地研究中具有格外重要的意义。

5）乱岗形（hummocky clinoforms）

hummocky clinoforms 一词的本意为丘型斜交，主要由不规则、连续性差的反射段组成，常有非系统性反射终止和同相轴分叉现象，波动起伏幅度小，接近地震分辨率的极限。乱岗形反射构造反映弱水流沉积，常见于三角洲、扇三角洲沉积中。

6）双向下超形（bidirectional downlap）

双向下超形反射构造的特征是同相轴在中间向上凸起，其两侧依次下超于地层单元的底界上，表现为双向的侧向加积。这与前述朝着一个方向的侧向加积在外观上有着截然的不同，实际上与那些无底积层前积构造沉积体的横切面地质意义相同。

7）眼球形（eyeball）

眼球形反射构造的规模较小，一般发育于准层序组内部。特征是同相轴上凸下凹，形如眼球，厚度多为几个同相轴左右。一些规模不大的河道砂体、沿岸沙坝和叠置扇朵叶等容易形成这种反射构造。

综上所述，各种反射构造特征明显，易于识别，与沉积相大多有密切的对应关系。因此，在地震相分析结合其构造背景和区域沉积特征，可进行沉积体的识别和判断。

3．地震相外部几何形态

地震相单元外部几何形态简称单元外形，是指在三维上具有相同反射结构或反射构造的地震相单元的外部轮廓或形体特征，它和地震反射构造一样都属于几何地震学的范畴。但在实际的操作过程中，主要是指地震剖面上由某种地震反射结构或构造组成的外部形态，它可以提供有关沉积体的几何形态、水动力、物源及古地理背景等方面的信息。大多数地震相外部几何形态都是沉积体外形直接的、良好的反映，如丘状外形是沙坝或三角洲横剖面的反映等。显然，它对沉积相的解释有着重要的意义。地震剖面上常见的地震相外部几何形态有以下几种类型（表3-20）。

表3-20 地震相的划分与表示方法一览表（据于兴河，2008）

层序顶、底接触关系 contact relationship of sequence top or bottom				地震相识别标志					
^	^	^	^	几何参数 geometric parameter				物理参数 physical parameter	
顶部接触 top contact	TC	底部接触 bottom contact	BC	外部几何形态 external form	EF	内部反射构造 internal reflection configuration	IRC	反射属性 reflection attribute	RA
平行 parallel	P	平行 parallel	P	席状 sheet	S	平行（亚平行）形 parallel	P	振幅 amplitude	强 H
顶超 top lap	T	上超 on lap	O	披覆状 sheet drape	D	发散形 divergent	D	^	中 M
^	^	^	^	^	^	^	^	^	弱 L

续表

层序顶、底接触关系 contact relationship of sequence top or bottom				地震相识别标志					
				几何参数 geometric parameter				物理参数 physical parameter	
削截 truncation	Tr	下超 downlap	D	楔状 wedge	W	波形 wavy	W	连续性 continuity	好	G
表示方法：如地震相单元编码为 P—D/WF—MMM， 表示地震相特征是： P—顶界面平行接触； D—底界面为下超； WF—楔状前积反射构造； MMM—中振幅、中连续、中频率				滩状 bank	B	前积形 forset	F		中	M
								差	B
				丘状 mound	M	乱岗形 hummocky clinoform	Hc		高	H
				透镜状 lens	L	双向下超形 bidirectional downlap	Bd	频率 frequency	中	M
				充填状 channel-fill	F	眼球形 eyeball	E		低	L

1) 席状（sheet）

席状是分布最为广泛的一种外形。地震相单元的厚度相对稳定，上、下界面与其间的同相轴平行或亚平行，其横向范围比地层厚度大得多，剖面上一般与平行（亚平行）构造或波状构造相对应。它是以垂向加积为主所形成的产物。平行席状外形一般代表深海（湖）、半深海（湖）等稳定沉积环境，亚平行席状外形一般代表滨浅海（湖）、冲积平原、三角洲平原等不稳定环境。

2) 披覆状（sheet drape）

披覆状的特征与席状相似，但弯曲地盖在下伏的不整合地形之上。它的形态与不整合地形的形态完全一致，且其间无上超关系存在。它是在深水环境中由悬浮沉积物均匀地垂向加积所致，否则将出现上超关系。因此，这是深水，尤其是远洋沉积的显著标志。

3) 楔状（wedge）

楔状的特征是地震相单元沿倾向上厚度增大，具发散反射构造，反映沉积时基底的差异沉降作用或沉积速率的横向变化。走向上厚度变化不大，具平行（亚平行）构造或波状构造。它的地质意义与发散反射构造相同，代表沉积体常发育于盆地或凹陷边缘斜坡地带。

4) 滩状（bank）

滩状地震相单元沿倾向上厚度减小，具前积构造，或以杂乱构造、无反射为特征。在走向方向上中间厚、两边薄，具双向前积构造或丘状构造，平面上呈扇状。它是扇体、三角洲等沉积体的典型标志。

5) 丘状（mound）

以"底平顶凸"的外形为特征，底部的同相轴连续平缓，顶部的同相轴上凸，形成沙丘状。通常解释为高能沉积作用的产物，代表沉积物搬运过程中的快速卸载。大型的二维丘状内部常有双向下超反射，通常为三角洲横向剖面的特征；当其规模较小时，结合构造部位常可解释为近岸水下扇、冲积扇等；湖盆内部的中小型三维丘状体，特别是在其顶面有披盖反射时，是浊积扇发育的极好反映。另外，当丘状反射的角度较大时，则通常是由于生物礁或各种刺穿构造作用造成，一般发育于水体较深的环境中。

6）透镜状（lens）

在剖面上以"双向外凸"的眼球形为其基本特征，总体上为中间厚、两边薄的透镜状。这种外部形态所代表的沉积体可以产生于多种沉积环境中，一是中间沉降速率和沉积速率大，两边小所造成，即原生成因；二是中间砂岩发育、两边泥岩发育，成岩过程中由于差异压实作用而形成，即次生成因，这两种原因通常共生。这种构造具有重要的指相意义，大型的透镜状反射往往是三角洲前积作用或继承性主河道的表现，而小型透镜状反射所代表的沉积体几乎可以在每一种沉积环境中都可出现。

7）充填状（channel-fill/trough-fill）

在剖面上以"顶平底凹"的下凹形为特征，地层局部突然增厚，向下侵蚀充填于下伏地层之中，与丘状形成镜向对称关系。通常在盆地凹陷轴的横切面上容易形成这种反射构造，它是局部性的水下侵蚀河道的典型标志，通常指示海底峡谷或浊流水道冲刷，形成于海平面相对下降时期，其内部有六种充填模式（图3-20）。

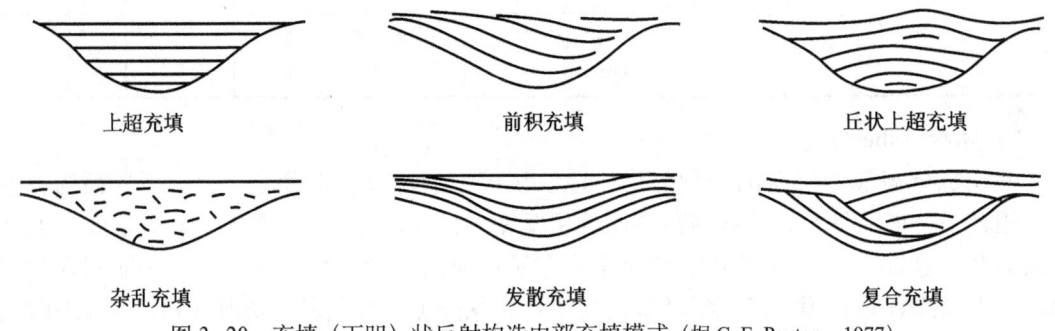

图3-20 充填（下凹）状反射构造内部充填模式（据C. E. Payton, 1977）

（三）地震相的沉积解释

地震相划分是在地震地层单元内部，根据地震相标志划分出不同的地震相单元，即根据地震相特征进行沉积相的解释推断。

不同的地震相标志在平面分布范围上以及所对应的沉积相单元级别上均有很大差别，因此在划分地震相时不应把它们等同看待，而应根据它们之间的层次关系采用三级划分的方法。首先根据地震相单元外部几何形态划分一级地震相单元，进而根据地震内部反射构造划分二级地震相单元，最后根据地震反射参数划分三级地震相单元。对所划分出的地震相单元可根据地震相单元外形＋地震反射构造＋地震反射属性（视振幅、视频率、连续性）的顺序来命名（表3-20），这样就实现了从地震剖面上识别和划分地震相，并将其代码标定在平面上得到地震相的平面图（图3-21）。

地震相分析就是根据地震相进行沉积相的解释推断，要实现这目标，就必须搞清地震相的特点，进而建立一个正确的研究方法。

1. 地震相分析的特点

地震相是沉积体外形、岩层叠置形式以及岩性差异在空间上组合的综合反映，它们分别与地震外部几何形态、地震内部反射构造相对应。

多解性是地质研究中的一个普遍问题，在地震相分析中表现得尤为明显。一方面，截然不同的沉积相单元可能产生相同的地震相特征，如冲积扇与盆缘浊积扇的地震相特征十分相似，都是滩状外形、前积形或波形、杂乱形；浊积砂发育的深海盆地相与内陆淤积湖泊含煤沼泽相都表现为席状外形、平行形。这是由于地震相只是沉积体外形、岩层叠加形式和岩性差异组合的物理响应，不同沉积相单元在以上三个方面有可能恰好相似，这时只有根据岩相、生物相和测井相特征才能将它们区分开，而地震相却不能反映出这些特征。另一方面，完全相同的沉积相单元可能产生出不同的地震相特征，其根本原因在于地震相特征不仅与沉积相背景有关，还要受到地震资料采集、处理效果的影响。为此，必须保持地震资料的一致性。

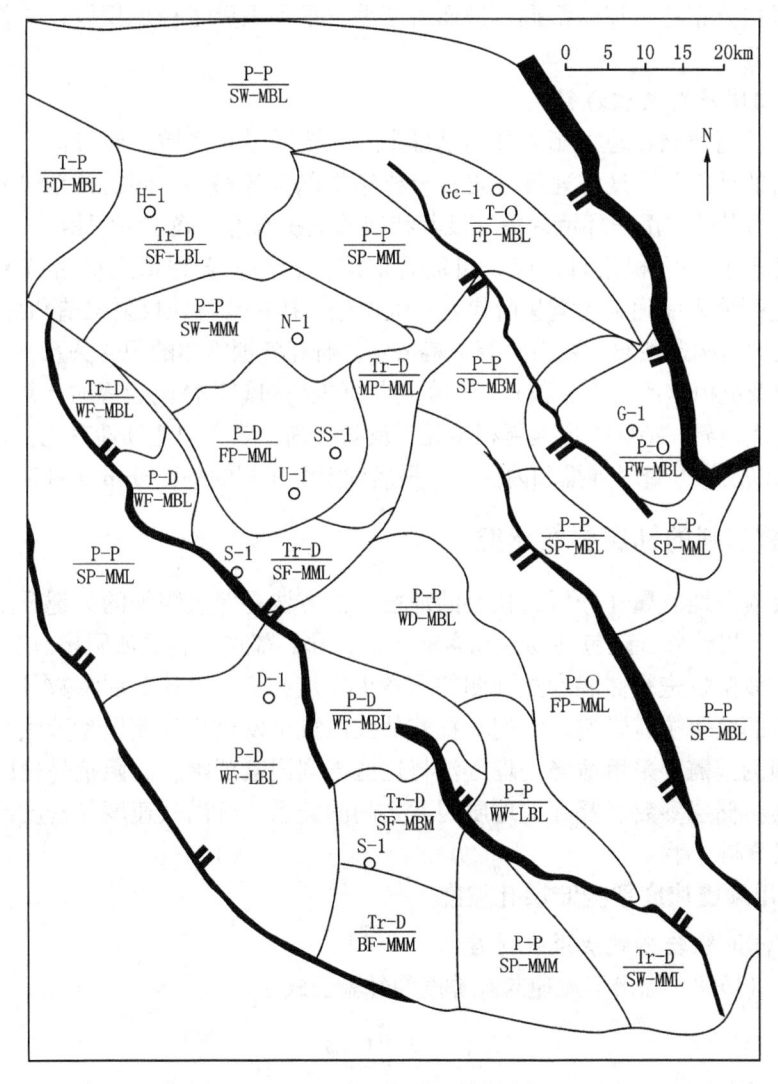

图 3-21 某坳陷某组 S2 层序地震相平面图（据于兴河，2008）

2. 地震相分析的思路

由以上分析可知，地震相分析应从沉积体（骨架相）识别着手，以建立盆地的沉积模式为目的，以钻井作为控制点，与岩性地震技术相结合，由此搞清盆地的沉积体系和沉积体系域的空间展布规律。

沉积体的识别是地震相分析的核心和精髓，首先从沉积学上看，沉积体是水流体系和物源供给的最直接的体现，它们构成了沉积体系域中最重要的组成部分——骨架相。根据骨架相的性质和展布规律可分析充填于其间的其他沉积相单元。盆地沉积模式是对沉积盆地的构造背景、气候背景、沉积体系的展布，以及它们的时空发育演化规律的全面深入概括和总结。以钻井作为控制点的作用在于确定该处这种地震相应当属于什么沉积相，至于其他地区相同地震相应当作何解释，应当根据该区与骨架相的相互关系、与控制井点的相互关系以及盆地沉积模式加以推断。最后，与岩性地震技术相结合的意义在于可以由此对研究层段的岩性分布特点加以把握，进而可帮助发现和识别各种沉积体，并确定地震相单元的沉积相意义。

3. 地震相图及地质相解释

沉积相分析是建立在地震相划分的基础上，主要通过对区域地质特征、海平面变化特征以及各层序的地震相、地震速度—岩性分析结果以及各相序之间的关系研究，综合分析其形成的水动力条件、沉积环境的差异及其特定的沉积作用，确定沉积相。

将地震相转换为沉积相时，应尽可能将地震、岩性等多种信息综合解释，优先对重点构造剖面进行分析以确定地震相所代表的沉积相。抓住具特殊反射构造和外形的地震相，从已有的盆地大地构造性质、岩石学等资料出发，研究各地震相的组合关系，以确定各类沉积体、沉积相及沉积体系的轮廓和分布。在划分沉积相和储集体的边界时，常用方法包括利用地震反射构造边界，特殊外形地震相单元，反射振幅、频率和连续性变化，含砂率等值线图等图件形态以及钻井资料外推和内插等，最后确定沉积相的平面分布（图 3-22）。

三、地震资料的储层参数研究

以地震反演及地震属性分析为核心的地震预测方法是储层表征的关键及主要方法。储层地质参数除了岩性外，还包括物性和含油气性，它们都对岩石的波阻抗有着显著的影响，这也正是通过波阻抗进行储层参数预测的根本出发点。除了上述储层参数外，还有许多地质因素对岩石的波阻抗有影响，它们干扰着从波阻抗出发进行的储层参数预测，因此在进行储层参数预测前需要采用适当处理方法将这些不利因素消除。波阻抗是速度与密度的乘积，要分析其与储层参数以及其他地质因素之间的关系，应当从速度与密度这两个基本要素的影响因素分析入手。

（一）利用地震速度预测储层孔隙度

1. 用 Wyllie 经验公式法求孔隙度

Wyllie 等（1958）提出了波速与孔隙度的经验公式：

$$\frac{1}{v_P} = \frac{\phi}{v_f} + \frac{1-\phi}{v_{Pm}} \tag{3-17}$$

式中　v_P, v_f, v_{Pm}——岩石、流体及岩石骨架的 P 波速度；
　　　ϕ——孔隙度，%。

Wyllie 公式源自饱和流体状态下固结良好的纯砂岩，因此，在实际应用中往往由于泥质含量、流体性质与岩石的固结程度等因素导致计算误差较大，所以常用一些变换的经验公式，如考虑压差的公式：

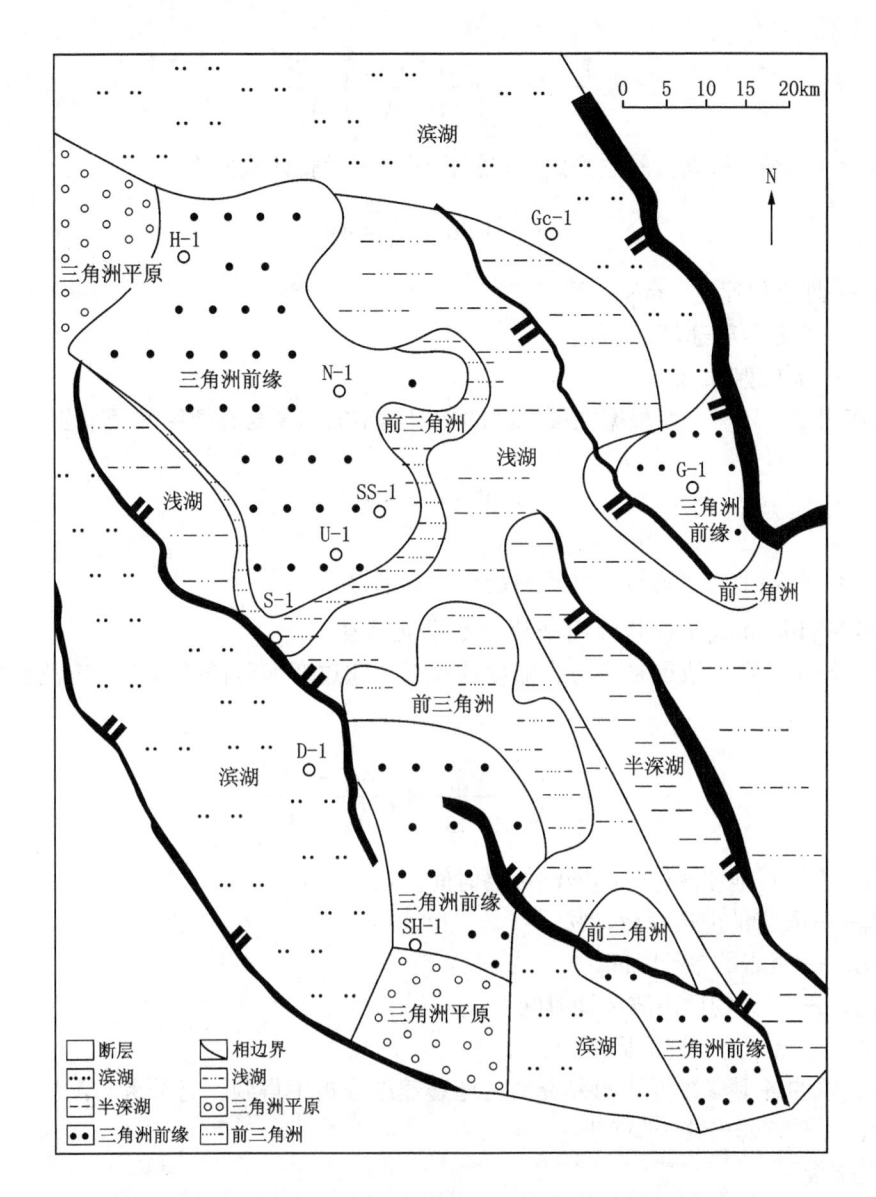

图 3-22 某坳陷某组 S2 层序沉积相平面图（据于兴河，2008）

$$\frac{1}{v_\mathrm{P}} = \frac{c\phi}{v_\mathrm{f}} + \frac{1-c\phi}{v_\mathrm{Pm}} \tag{3-18}$$

式中　c——压差调整系数。

Angelei（1982）提出了去除泥质含量影响的修正公式：

$$\frac{1}{v_\mathrm{P}} = \frac{\phi}{v_\mathrm{f}} + \frac{1-\phi}{v_\mathrm{Pm}} + R\left(\frac{1}{v_\mathrm{sh}} - \frac{1}{v_\mathrm{Pm}}\right) \tag{3-19}$$

式中　R——泥质含量，%；
　　　v_sh——泥岩的声波速度，μs/m。

王思朴（1989）提出了考虑孔隙中流体与岩石固结程度的修正公式：

$$\frac{1}{v_{\mathrm{P}}} = (1-R)\left(\frac{\phi}{v_{\mathrm{f}}} + \frac{1-\phi}{v_{\mathrm{Pm}}}\right) + \frac{R}{v_{\mathrm{sh}}} \tag{3-20}$$

Paymer（1980）根据实验室测定，也提出了一个经验计算公式：

$$v = (1-\phi^2)/v_{\mathrm{m}} + \phi v_{\mathrm{f}} \tag{3-21}$$

式中　v——地震层速度，m/s；

　　　v_{m}——岩石骨架速度，m/s；

　　　v_{f}——流体速度，m/s。

实际应用中，还有一些根据实际地区的情况提出的速度与孔隙度的经验公式：

$$\phi = A\frac{1}{v_{\mathrm{P}}} + B \tag{3-22}$$

式中　A，B——常数，可通过测井资料统计计算求得。

2. 用 Wyllie 公式导出的时间平均方程求孔隙度

Wyllie 公式提供了地震波速与孔隙度的关系，通过变换可得孔隙度与声波传播时间的关系：

$$\phi = \frac{\Delta t - \Delta t_{\mathrm{ma}}}{\Delta t_{\mathrm{f}} - \Delta t_{\mathrm{ma}}} - V_{\mathrm{sh}}\frac{\Delta t_{\mathrm{ah}} - \Delta t_{\mathrm{ma}}}{\Delta t_{\mathrm{f}} - \Delta t_{\mathrm{ma}}} \tag{3-23}$$

式中　Δt——岩石饱和液体时的声波传播时间，s；

　　　V_{sh}——页岩的泥质含量，%；

　　　Δt_{ah}——页岩的旅行时间，s；

　　　Δt_{ma}——骨架物质声波传播时间，s；

　　　Δt_{f}——流体的声波传播时间，s。

该公式中的各项参数可从测井资料与地震速度分析中得到，另外考虑泥质、压实、流体校正后，可对该公式做一些变形。

1）泥质校正

当泥质以孔间充填物或胶结物形式存在于岩层中（即令 $\Delta t_{\mathrm{ah}} = \Delta t_{\mathrm{f}}$）时，孔隙度可用如下公式计算：

$$\phi = \frac{\Delta t - \Delta t_{\mathrm{ma}}}{\Delta t_{\mathrm{f}} - \Delta t_{\mathrm{ma}}} - V_{\mathrm{sh}} \tag{3-24}$$

2）压实校正

未充分考虑岩石压实与固结程度，会使孔隙度计算值偏大，这时需做压实校正，校正后孔隙度可用如下公式计算：

$$\phi' = \phi / C_{\mathrm{p}} \tag{3-25}$$

式中　ϕ'——压实校正后孔隙度，%；

　　　C_{p}——压实校正系数，通常用统计实测孔隙度与理论孔隙度之间的相对误差来求得。

3）流体校正

由于 Wyllie 公式源自饱含水的岩层模型，若岩石中含有油气时，时差将增大，层速度会降低，孔隙度也会变大，因此需做流体校正。目前流体校正采用经验系数法，一般气层流体校正系数为 0.7，油层的校正系数为 0.7～0.8。

另外，对于含流体的储层，孔隙度计算公式有以下三种情况。

（1）对于含油气的纯砂岩：

$$\phi' = \phi / \left(1 + S_h \cdot \frac{\Delta t_h - \Delta t_f}{\Delta t_f - \Delta t_{ma}}\right) \tag{3-26}$$

式中　ϕ'——校正后孔隙度，%；

　　　S_h——油气饱和度，%；

　　　Δt_h——油气的声波传播时间，μs/m。

（2）对于含泥质水层：

$$\phi' = \phi - P_{dis} - P_{lam+str} \frac{\Delta t_{ah} - \Delta t_{ma}}{\Delta t_f - \Delta t_{ma}} \tag{3-27}$$

式中　P——岩性组分含量，其下标 dis 表示分散泥质，lam 表示层状泥质，str 表示结构泥质。

设 $P_{lam+str}=0$，则：

$$\phi' = \phi - P_{dis} \tag{3-28}$$

（3）对于含泥质油气层：

$$\phi'' = \phi' / \left(1 + S_{ah} \cdot \frac{\Delta t_{ah} - \Delta t_{ma}}{\Delta t_f - \Delta t_{ma}}\right) \tag{3-29}$$

式中，S_{ah} 为含泥质油气层的含油饱和度。

3．用横波与纵波速度预测孔隙度

Han 和 Nur（1986）在 40MPa 和 1MPa 孔隙压力条件下，纯砂岩速度和岩石孔隙度的经验公式为：

$$v_P = 6.08 - 8.6\phi \tag{3-30}$$

$$v_S = 4.06 - 6.28\phi \tag{3-31}$$

式中　v_P——纵波速度，km/s；

　　　v_S——横波速度，km/s。

通过联合使用纵、横波速度也可估算孔隙度，朱广生（1991）总结 Tossaya、Castagna 等人的资料提出下面的孔隙度计算公式：

$$\phi = m_1 + m_2 v_P + m_3 v_S \tag{3-32}$$

$$m_1 = \frac{a_1 b_3 - b_1 a_3}{a_2 b_3 - b_2 a_3} \tag{3-33}$$

$$m_2 = \frac{-b}{a_2b_3 - b_2a_3} \tag{3-34}$$

$$m_3 = \frac{-a_3}{a_2b_3 - b_2a_3} \tag{3-35}$$

式中　a_i，b_i——大于零的常数（i=1，2，3）。

实际预测孔隙度时，根据测井资料，用回归方法确定系数 m_1、m_2、m_3，分层建立经验公式，然后根据 v_P、v_S 值计算孔隙度。此方法的优点是避开了时间平均方程法中难以解决的泥质含量 R 和泥岩速度 v_{sh} 的确定问题。

（二）利用密度预测储层孔隙度

密度与孔隙度一般呈线性关系。由于岩石密度受含气影响较小，因此气层的孔隙度最好用密度计算。根据密度平均方程：

$$\rho = (1-\phi)\rho_m + \phi\rho_f \tag{3-36}$$

导出计算孔隙度的公式如下：

$$\phi = \frac{\rho - \rho_m}{\rho_f - \rho_m} \tag{3-37}$$

式中　ρ——观测密度，g/cm³；
　　　ρ_m——岩石基质密度，g/cm³；
　　　ρ_f——所含流体密度，g/cm³。

一般砂岩 ρ_m=2.65g/cm³，石灰岩 ρ_m=2.71g/cm³，白云岩 ρ_m=2.87g/cm³；水 ρ_f=1.07g/cm³，油 ρ_f=0.85g/cm³，气 ρ_f=0.00072g/cm³。

利用密度计算孔隙度与时间平均方程类似，遇到含泥质的情况，也需要进行泥岩校正，具有泥岩校正的密度平均方程为：

$$\rho = (1 - \phi - M)\rho_m + L\rho_f + M\rho_{sh} \tag{3-38}$$

由此导出的孔隙度计算公式为：

$$\phi = \frac{\rho - \rho_m}{\rho_f - \rho_m} - M\frac{\rho_{sh} - \rho_m}{\rho_f - \rho_m} \tag{3-39}$$

式中　ρ_{sh}——根据密度测井求取，g/cm³，西方公司给出的 ρ_{sh}=2.6g/cm³；
　　　M——泥质校正系数。

通常密度可以从地震反演的波阻抗中分离出来。这种分离由于依赖密度与速度之间的关系，因此密度不是独立测量的量，利用密度估算孔隙度的精度不会高于利用速度估算孔隙度的精度。密度的另一种来源是利用 AVO 反演技术从叠前道集记录反射振幅随炮检距的变化中提取，但这种方法还没有被广泛应用。

（三）利用波阻抗预测储层孔隙度

由于速度与密度之间的关系取决于岩性、沉积物年代、孔隙流体的性质、孔隙压力及埋藏深度等因素，因此计算孔隙度时，地震剖面或研究区不可能有一个统一的速度—密度关系，而时间平均方程也没有考虑速度—密度关系在纵向与横向的变化，若用波阻抗直接来求孔隙度可弥补这一缺陷。波阻抗剖面是常规地震资料的反演，利用波阻抗资料预测孔隙度的原理与利用地震速度计算孔隙度大致相同。在实际工作中，波阻抗计算孔隙度应首先根据取心井分析孔隙度与相应地震道的波阻抗关系，得到孔隙度—波阻抗关系式，然后根据地震波阻抗剖面计算出孔隙度剖面。

第四节 成岩作用分析测试方法与内容

储层的成岩作用研究在地质学的许多学科中都有涉及，但大多是针对某一个方面的研究或单项因素的分析。然而，石油地质学与储层地质学的发展要求成岩作用的研究应该从多学科的角度出发，进行全面的综合分析，从宏观到微观，从现象分析到成因解释，从总结认识到预测，对储层成岩作用所引起的孔隙度、渗透率变化进行多学科的一体化研究。

就成岩作用本身而言，首先应从其产物——岩石入手进行研究，系统地对储层岩心进行详细观察（宏观描述和薄片观察两方面）和分析测试，特别注意储层孔隙在时间和空间上的变化，以获得较准确的岩石学资料、各种成岩现象和孔隙变化的特征，进而推测可能经历的成岩作用和过程。其次，根据孔隙流体温度和压力等成岩参数，从物理化学和热化学等角度探讨成岩反应的机理与条件。最后，结合盆地构造演化规律、沉积相展布特征等，建立储层的成岩演化模式，寻找出孔隙的演化规律，进而对孔隙的发育带进行评价和预测。

储层成岩作用研究需要应用各种手段进行综合分析，除了岩石学中详细论述过的常规研究方法外，还涉及许多先进的测试技术。可以说，成岩作用的研究方法随着先进技术的出现而不断更新。常用的研究方法和手段可分为岩石矿物学分析方法和实验测试分析方法（非岩石学方法）两类。

一、岩石矿物学分析方法

岩石矿物学分析方法是在对露头或岩心进行详细观察的基础上，通过取样进行的各种分析、镜下观察及鉴定方法（表3-21）。主要目的是获得岩性参数和温度参数，观察发生过的各种成岩现象。不同的研究目的和方法，通常要制备不同的薄片或样品。

表3-21 岩石矿物学分析方法

分析项目	分析仪器	分析内容	分析结果
常规岩石薄片	偏光显微镜	岩石成分、结构、构造、成岩及孔隙特征	成岩程度及孔隙发育程度
铸体薄片	扫描电镜、偏光显微镜	观察铸体薄片中孔喉与喉道类型、分布、配位数等	孔隙结构
荧光薄片	荧光检测	储集体矿物的荧光性	含油性及碳酸盐岩识别等
阴极发光薄片	阴极发光显微镜	碎屑岩胶结物成分、岩石结构、重结晶等	胶结现象及孔隙类型确定等

续表

分析项目	分析仪器	分析内容	分析结果
扫描电镜	扫描电子显微镜	孔隙形态、充填物、内衬物、矿物结构等	胶结物及孔喉分析
X射线衍射	X射线探针	矿物晶体结构	黏土矿物定量分析和鉴定等
电子探针及能谱	电子探针	矿物的X射线能谱	确定矿物化学成分
流体包裹体	显微镜、荧光、探针等	包裹体内流体均一温度、冷冻温度、成分等	成岩环境、油气演化阶段等

（一）常规岩石薄片研究

常规岩石薄片研究是最基本、最常用、必不可少的实验室研究方法。通过偏光显微镜观察，描述岩石的成分、结构、构造、成岩变化及孔隙特征，并对岩石进行定名。为便于成岩和孔隙研究，可制作染色铸体薄片，更为有效的是制作多用片，其目的是用同一薄片进行多项分析。岩石薄片一般分为两个系列，即荧光系列薄片（观察油的分布和油质）和阴极发光系列薄片。常规岩石薄片分析一般需要取得以下资料，以便于进行基本的成岩与孔隙演化序列分析。

(1) 矿物成分：颗粒、填隙物、交代物成分。
(2) 结构特征：颗粒大小、形状、圆球度、分选性。
(3) 压实特征：颗粒接触关系、压实率计算。
(4) 胶结特征：胶结类型、胶结物成分、产状、分布、顺序及胶结率计算。
(5) 溶解特征：被溶解矿物类型、产状、程度、期次、次生孔隙类型、大小、含量及分布。

（二）铸体薄片研究

铸体薄片研究是研究储集岩孔隙结构的一种直观方法，通过扫描电镜和偏光显微镜来观察碎屑岩孔隙空间的几何形态、分布及连通情况：一是将孔隙结构的复制品——孔隙铸体在扫描电镜下进行直接观察；二是将铸体的岩样切成薄片，在偏光显微镜下进行观察。此类薄片不仅可起到常规岩石薄片的作用，更主要的是可以进行孔隙结构的分析与研究，主要包括：孔隙和喉道的类型、大小、形状、分布、面孔率、孔喉配位数等。

（三）荧光薄片研究

荧光是光子激发所引起的一种发光的形式，即代表物质受到可见光或紫外线辐射的刺激作用激发光的性质。荧光光谱仪通常配有两个激发滤光块，即紫外光和蓝色光滤光块。紫外光滤光块能够观察蓝色和绿色光，蓝色光滤光块能够观察绿色、黄色和橙黄色光。

矿物荧光显示通常是由于微量元素的活化引起的，但如果矿物中含有机质，则也具荧光显示。如果阴极发光和荧光均有显示，表明两种因素都存在；如果矿物只具有阴极发光显示，表明它是由微量元素造成的，反之则是含有机质。荧光显微分析主要应用于白云岩化碳酸盐岩的识别、区别胶结物和新生变形的亮晶、分析碳酸盐岩孔隙演化和检测烃类包裹体，还可以通过对岩石薄片照射荧光来鉴定岩样中是否含油及油质的轻重。荧光系列薄片分析的流程为：偏光分析→荧光分析→X射线衍射分析→能谱分析→电子探针分析。

（四）阴极发光薄片研究

阴极发光薄片研究是研究碎屑与胶结物成分、胶结世代、岩石结构和沉积构造的主要手段，特别是对于一般显微镜难以解决的钙质及硅质胶结现象和某些重结晶现象，以及孔隙类型的鉴定等，应用该技术可以取得较好的效果。

阴极发光是由电子束轰击样品时产生的可见光。不同矿物由于含有不同的激活剂元素，因而产生不同的阴极发光。基于这一原理所设计与制造的阴极发光装置，把它安装在显微镜上便构成了阴极发光显微镜。这是对偏光显微镜的重要补充，是进行成岩作用研究的重要手段。阴极发光系列薄片研究流程为：偏光铸体分析→阴极发光分析→X射线衍射分析→能谱分析→电子探针分析。

1. 影响矿物发光的因素

（1）矿物发不发光与激活剂和猝灭剂的含量有关。猝灭剂是阻止矿物发光的元素，如铁、钴、镍，矿物含一定量猝灭剂就不发光（消光），如有的白云石。激活剂是指能引起矿物发光的元素，如锰、钛及其他稀土元素。不含激活剂，矿物也就不发光，如自生矿物。

（2）矿物发什么颜色的光与含何种激活剂或与同一激活剂的不同化合价有关，如含Ti^{4+}的长石发蓝光，含Fe^{3+}的长石发红色光。不同的微量元素具有不同的发光颜色。

（3）矿物发光强度与激活剂及猝灭剂的相对含量有关。激活剂所占比例越大，发光强度越大。

2. 矿物的发光特点

应用不同成因矿物的发光特征可对其进行鉴定，尤其对碳酸盐类矿物及不同成因的石英、长石的鉴定十分有效。方解石发橙黄色、深红色光，少数发蓝色光；含铁方解石则在方解石发光基础上发光较暗，可到近于不发光的程度；白云石发光为橙红色、黄色；铁白云石不发光（表3-22）。

表3-22 碳酸盐类矿物的元素组成与阴极发光（据陈丽华，1990）

矿物	阴极发光颜色	薄片染色	X射线衍射 Å	$FeCO_3$ %	$MgCO_3$ %	$CaCO_3$ %	Ca/Mg	Fe/Mn	Mn/Fe	Fe/(Fe+Mn)
方解石	橙黄—深红	红	3.035	0.05~0.1	0.4~0.5	99	165~195	0.6~1.4	0.7~1.5	—
含铁方解石	橙—褐	紫红	3.02	2.5~2.9	1.2	94	66	0.8~1.4	0.7~1.2	—
白云石	橙红—黄	不染色	2.332~2.338	0.05~1.2	3.96~54	51~58	0.9~1.26	0.13~6.5	0.16~1	0.004~0.04
含铁白云石	褐—暗褐	淡蓝	2.895	3~11.8	34.6~43	51~56	1~1.5	2.4~10.7	0.89~1.41	0.05~0.37
铁白云石	不发光	蓝	2.907~2.194	14~26	21~30.5	54~57	1.5~2.2	13~93	0.01~0.074	0.48~0.62
高钙铁白云石	不发光	蓝	—	14~20	19~25.5	57.5~61.6	2~2.6	13~126	0.008~0.074	0.48~0.64

3. 在成岩研究中的作用

1) 胶结物的世代分析

石英加大、碳酸盐矿物胶结及其他胶结物可呈世代现象，在偏光显微镜下通常较难区分，而在阴极发光下则十分明显。晶体生长时，孔隙流体中存在着离子差异，在胶结物形成过程中所产生的这种世代，就形成了发光颜色不同的环带。

通过对胶结物世代的研究，可了解晶体生长的历史，还可了解岩石在成岩过程中流体化学性质的变化，并由此推断其成岩环境。

2) 原始组构的恢复

岩石经过成岩作用影响后，原始结构可能变得面目全非，如强烈硅质胶结的石英砂岩或岩石经过强烈的交代作用、重结晶作用、破裂—充填作用后，岩石原始结构在偏光显微镜下可能难以辨认，而借助于阴极发光显微镜，可恢复原始结构，从而为判断沉积时的形成条件提供了真实依据。在普通镜下所观察到的结构歪曲或假象通常有：(1) 粒度比原始的大；(2) 圆度比原始的降低；(3) 分选比原始的变好；(4) 接触关系比原始的显得更紧密。

3) 推断成岩顺序

胶结物形成顺序与成岩演变有着密切关系。当存在石英次生加大时，可用阴极发光推断成岩顺序：

(1) 当石英在与碎屑接触处没有加大，而在与胶结物接触处有明显加大时，说明岩石首先经受了压实或压溶作用，其后当有硅质来源时，使未接触的孔隙处产生自生加大，后又被其他化学胶结作用再次胶结。这说明石英自生加大早于晚期胶结作用，晚于机械压实作用。

(2) 当石英的自生加大在其四周均有发育，即碎屑石英与其他颗粒和胶结物之间都有加大，这表明石英自生加大早于机械压实作用或同时进行。

4) 识别次生孔隙

由碳酸盐胶结物溶解形成的次生孔隙，可以通过阴极发光显微镜加以识别。因为已溶解的碳酸盐胶结物只要还有少量的残余物，在阴极发光下都可以有所显示。残余碳酸盐矿物在孔隙中的分布大体有两种情况：一是颗粒边部有少量残余部分；另一种情况是在孔隙中有少量残留的星点状碳酸盐矿物分布。这些特征在偏光显微镜下往往难以辨认。

(五) 扫描电镜分析

扫描电子显微镜（简称扫描电镜）可以观察孔隙几何形态、充填物、内衬物、桥塞物和多种矿物结构的立体图像，以及普通显微镜下观察不到的东西，如黏土矿物、微孔隙等。扫描电镜鉴定矿物的基本原理是不同矿物在扫描电镜中会出现其特征的形貌和晶形，对于形貌和晶形相似的矿物效果较差。现在普遍将扫描电镜配上能谱仪，这就把形貌分析和成分分析结合在一起。扫描电镜能为储层特征、成岩作用、物性评价等提供微观依据，而在成岩和孔隙演化研究中，扫描电镜主要用于以下方面的分析研究。

(1) 胶结物类型：鉴定孔隙和喉道中自生胶结物的类型，特别是细小的黏土类矿物及不同类型的沸石类矿物（表3-23）。

表 3-23　常见黏土矿物特征表（据陈丽华，1990，有修改）

黏土矿物	化学分子式	X射线衍射图谱特征，Å	扫描电镜下单体形态	扫描电镜下集合体形态	在孔隙中的主要分布方式（产状）
高岭石	$Al_4[Si_4O_{20}](OH)_8$	7.1~7.2	假六方板片状	书页状、蠕虫状、手风琴状	分散质点（孔隙充填）
蒙脱石	$(1/2Ca, Na)_{0.7}$ $(Al, Me, Fe)_4$ $[(Si, Al)_8O_{20}]·nH_2O$	Na—12.99 Ca—11.50	絮状、片状、蜂窝状	花瓣状、蜂窝状、絮状	孔隙衬边 孔隙桥塞 孔隙充填
伊利石	$K_{1~1.5}, Al_4$ $[Si_{7~6.5}, Al_{1~1.5}O_{20}](OH)_4$	10	片状、蜂窝状、丝缕状	鳞片状、板片状、羽毛状	孔隙衬边 孔隙桥塞 孔隙充填
绿泥石	$[Me, Al, Fe]_{12}$ $[(Si, Al)_8O_{20}](OH)_{16}$	14、7.14 3.5、4.72	针叶状、玫瑰花朵状、绒球状	薄片、鳞片状	孔隙衬边 孔隙充填

注：$1Å=10^{-10}m$。

（2）胶结产状：识别自生黏土胶结物的胶结产状（孔隙充填、孔隙衬边和孔隙桥塞）和石英、长石次生加大的级别。

（3）溶解、交代作用：长石蚀变、矿物的溶解、交代、再生长，自生矿物组合及形成顺序。

（4）孔隙类型（尤其是微孔隙）：孔隙的形态、数量。

（5）喉道类型：喉道的大小与形态。

（6）孔喉连通情况。

（六）X射线衍射分析

砂岩中黏土矿物及有些自生矿物在偏光显微镜下难以辨认，在扫描电镜下那些形貌相似的矿物也难以区分，更不能确定其相对含量，而X射线衍射分析能揭示矿物晶体结构，对鉴定黏土矿物及某些自生矿物起到特殊作用，尤其是对黏土矿物的研究最有效。可根据X射线衍射图谱上峰值的大小来确定矿物类别，根据峰高、峰面积确定衍射强度，进行矿物定量研究。峰形函数，即同一类矿物的峰形变化，可以反映矿物本身的某种变化。因此，X射线衍射分析所能解决的问题主要有：(1) 黏土矿物的定量分析；(2) 混层黏土矿物鉴定与混层比计算；(3) 自生矿物的分析与鉴定。

（七）电子探针及能谱分析

扫描电镜只能根据矿物的形态鉴定自生矿物，这有很大的欠缺，如结晶形态不同或异质同相矿物在扫描电镜下就不能区分。阴极发光显微镜下的矿物发光元素，以及薄片下许多难以鉴定的矿物，需要用电子探针及能谱仪进行元素成分分析才能得以鉴定。电子束打在样品上会产生不同的信息。不同元素产生的X射线的波长和能量不同。测量X射线波长的谱仪为电子探针，测定X射线能量的谱仪是能谱仪。测量X射线波长或能量，可以高灵敏度地测定矿物的化学成分，特别是对一些细小的疑难矿物如沸石类、黏土类矿物进行鉴定。这是一种重要的微观成分分析手段。若将扫描电镜、阴极发光与电子探针和能谱仪配合使用，可进一步提高矿物鉴定的能力和精度。

（1）与扫描电镜配合使用，测定矿物（黏土类矿物或沸石类矿物等）的化学成分，精细地确定矿物类型,提高矿物鉴定的可靠性。

(2) 与阴极发光显微镜配合使用,研究胶结物的元素组成,了解矿物发光颜色与微量元素的关系(表3-22),为成岩过程中孔隙水的性质变化作出判断,对成岩环境进行解释。

(3) 测定黏土矿物的 K_2O 含量,区分蒙脱石、伊利石/蒙脱石混层和伊利石,并根据伊利石/蒙脱石混层中 K_2O 的含量确定伊利石/蒙脱石混层类型(表3-24)。

表3-24 伊利石/蒙脱石混层中 K_2O 含量(据陈丽华,1990)

混层类型	蒙脱石层含量,%	K_2O含量,%
蒙脱石	—	<1
无序混层	>70	<2.2
	50~70	2.2~3.7
部分有序混层	35~50	3.7~50
有序混层	15~35	5.0~7.0
卡尔克博格式	<15	7~8.5

电子探针分析的特点是灵敏度高、不破坏样品、分析元素范围大,主要用于对岩石和矿物进行化学成分分析。

(八)流体包裹体分析

流体包裹体是矿物生长时所捕获的成岩介质溶液,它记录了矿物形成时的条件及流体的性质。含有包裹体的自生矿物可以是方解石、白云石、石英、沸石、石膏、石盐等。

1. 分类

流体包裹体按其物理形态分为:(1) 纯液态包裹体(测定盐度及成分);(2) 气液包裹体(测定均一温度和盐度);(3) 多相包裹体(指气、液、固等三相以上的包裹体);(4) 有机包裹体(有机液体如石油,气体如甲烷、乙烷,固体如沥青);(5) 继承包裹体(碎屑矿物中的包裹体),可判断母岩性质及物源方向。

2. 假设条件

研究包裹体有三个假设:(1) 包裹体是在均匀体系中捕获的,捕获时充满了空间;(2) 包裹体圈闭以后空间大小没有明显变化;(3) 包裹体捕获后没有外来物质加入及流出。

3. 研究方法

1) 均一法

将含有包裹体的薄片放在冷热台上加热,气液两相均一化为一相时的温度为包裹体恢复到形成时的温度,即均一温度,反映矿物的成岩温度。

2) 冰点法

测定包裹体在冷冻的盐水溶液中最后一个冰晶消失(或出现第一个冰晶)时的温度(冰点),通过冰点即冷冻温度就可以确定包裹体盐水溶液的浓度,再依据盐度与均一温度又可求出该流体包裹体的密度。

3) 显微压碎法

在显微镜下找到包裹体后,用特别的精密取样器取出包裹体进行微量分析,确定其成分及性质。

4）荧光显微镜法

荧光显微镜法主要用于研究有机包裹体中烃类的成分。

4．研究内容与作用

1）成岩温度与成岩史研究

测定自生矿物中包裹体的温度，可了解当时的成岩温度。若对不同世代胶结物（或加大边）中包裹体的均一温度进行测定，可判断不同成岩阶段的成岩温度，结合现今地温资料，便可恢复成岩史。

包裹体测温可用于油气侵位对成岩作用的影响以及预测油气侵位的时间。如钾长石的钠长石化就明显受到油气侵位的抑制，因为这个过程不仅要求 K^+ 的去除，而且要求 Na^+ 的提供，储层与围岩的离子交换显然受到油气侵位的抑制。因此，钠长石化形成的最高温度便可作为油气侵位时的地层温度，再结合埋藏曲线或伊利石 K—Ar 同位素定年便可推断油气侵位的时间。

2）成岩流体性质的研究

通过测定矿物包裹体内流体的盐度、密度、pH、Eh，可以了解自生矿物形成时的条件、古地温及古盐度参数，从而恢复当时的成岩环境。另外，从包裹体中提取 CH_4、H_2O、CO_2，可进行 C、H、O 的稳定同位素分析，以判断成岩流体的成因及来源。

3）在油气勘探中的应用

对各期裂缝及自生矿物中有机包裹体内的有机质进行类型、丰度、成分等对比研究，可以了解油气运移的大致方向及相对时间，并可用于确定油气演化的程度和阶段。

二、实验测试分析方法

实验室的各种分析与测试是获取地下第一手资料最直接、最可靠的手段，就成岩研究而言，主要是获取流体、古地温资料及孔隙度、渗透率资料，常用的方法如下。

（一）毛细管压力分析

毛细管压力分析在研究储层成岩作用时主要采用的方法见表 3-25。

表 3-25　毛细管压力分析方法的比较

研究方法	测试内容	优点	缺点
半渗透隔板法	测试毛细管压力与饱和度曲线，判断岩样孔隙度发育情况	适用范围广，测量精度高	时间长，速度慢，不适合低渗透层
压汞法		速度快，对岩样要求不严	—
离心法		测试方便	计算繁琐，设备复杂

毛细管压力曲线的分析方法主要是采用一系列的相关参数来代表其定量特征（表 3-26）。

表 3-26　毛细管压力评价参数

参数	评价范围	评价结果
排驱压力 p_d	评价储集性能和岩石渗透性	渗透性好，排驱压力低
饱和中值压力 p_{c50}	评价储油性和产油能力	值越小，r_{50} 越大，岩石储油性和产油能力越好
最小润湿饱和度 S_{min}	评价孔隙结构与渗透率	岩石物性越好，值越低

（二）有机质成熟度分析

在成岩作用研究中，有机质成熟度分析主要用于成岩阶段的划分，通过对有机质成熟度的分析，可以判断储层所处的成岩阶段和水介质环境，进而判断次生孔隙的发育情况，确定储集体岩石的物性。有机质成熟度分析通常应用三个指标：干酪根的镜质组反射率（R_o）、孢粉颜色及热变指数（TAI）和最大热解峰温（T_{max}，℃）。

1. 镜质组反射率（R_o）

镜质组是由高等植物木质素经生物化学降解、凝胶化作用而形成的凝胶体，再经煤化作用转变而成的一种特定的显微组分，具镜煤的特征。它在煤和碳质泥岩中含量最高，而在海相碳酸盐岩中含量最低。与其他显微组分（壳质组和惰性组）相比，镜质组在整个煤化作用过程中能够保持最好的热演化特征，所以镜质组反射率是一个很好的成熟度指标。

镜质组反射率与成岩作用关系密切。热变质作用越深，镜质组反射率越大（表3-27）。

表3-27 镜质组反射率与地温及有机质成熟度的关系（据 Hunt 和 Demaison，修改）

镜质组反射率 R_o, %	古地温, ℃	煤级	成熟度	油气生成	成岩阶段
<0.35	<50	烟煤	未成熟	少量液烃	早成岩阶段
0.7	60~80	高挥发烟煤	成熟	液态烃	中成岩阶段
0.9	90~100	高挥发烟煤	成熟	液态烃	中成岩阶段
1.10	100~120	中挥发烟煤	成熟	液态烃	中成岩阶段
1.5~1.9	140~160	低挥发烟煤	成熟	液态烃	中成岩阶段
>2	160~200	半—无烟煤	过成熟	甲烷	晚成岩阶段

2. 孢粉颜色及热变指数（TAI）

孢子、花粉化石的颜色变化与热变质作用有很大关系。孢粉外壁是由碳、氢、氧等元素组成的复杂有机物，它的颜色变化主要受温度控制。随着埋藏深度增加，孢粉化石的颜色变化为：浅黄色—橘黄色—浅棕色—棕黑色。根据干酪根热降解生油理论，生油岩中孢粉化石在热演化中的颜色变化程度，直接反映了生油岩有机质成熟度和油气生成阶段。

同时，孢粉含量变化可作为搬运距离的标志，从而可以判断岩石分选与磨圆等性质，最终为评价储层物性提供依据。同种孢粉等值线与沉积走向一致，其含量递减方向即为古斜坡方向。这种方法对于缺乏水流标志的泥质沉积物通常更有意义。

3. 最大热解峰温（T_{max}）

T_{max} 随着生油岩埋藏深度的增大和地层时代的变老而增高，是有机质成熟度的重要参数之一，它与 R_o、TAI 之间通常具有良好的对应关系（表3-28）。

表3-28 我国陆相生油岩的 T_{max} 范围（据吴胜和等，1998）

成熟度指标	未成熟	生油	凝析油	湿气	干气
镜质组反射率, %	<0.5	0.5~1.3	1.0~1.5	1.3~2	>2

续表

成熟度指标		未成熟	生油	凝析油	湿气	干气
热变指数 TAI		<2.5	2.5~4.5	4.5~5	4.5	>5
T_{max} ℃	Ⅰ类	<437	437~460	450~465	460~490	>490
	Ⅱ类	<435	435~455	447~460	455~490	>490
	Ⅲ类	<432	432~460	445~470	460~505	>505

（三）有机酸分析

烃源岩热演化过程中形成的有机酸是形成次生孔隙的重要物质。有机酸可以溶解储层中的酸性不稳定组分，如长石、碳酸盐岩屑、黏土矿物、沸石等，从而形成次生孔隙，改善储层物性。

（四）稳定同位素分析

氢、氧、碳和硫的同位素通常称为轻稳定同位素，锶、铷和铅的同位素称为重稳定同位素，这两类同位素在形成机理和组成变化机理方面存在明显差异，地质应用也略有不同。轻稳定同位素质量相对差别较大，其物理化学条件和热力学性质差别明显；在演化过程中，会发生明显的同位素分馏效应，并引起同位素丰度的变化。重稳定同位素主要是放射成因，其质量相对差别较小，不受温度、压力和埋藏深度等因素的控制。

关于碎屑岩（砂岩和泥岩）的同位素研究成果明显少于碳酸盐岩，其原因是多方面的，主要有：(1) 碎屑岩的岩性非均质程度明显大于碳酸盐岩，全岩分析意义不大；(2) 分析方法既费时又容易出错，限制了其发展；(3) 碎屑岩的同位素分馏机理还处在探索阶段。尽管如此，同位素在成岩作用方面的研究还是积累了不少的资料（郑浚茂等，1989）。稳定同位素分析主要用于获取古地温、自生矿物形成顺序等资料。

1. 水的同位素变化

孔隙水或地层水是矿物发生压溶、溶解、交代及重结晶等作用并产生次孔隙的介质。它能将某些特征的同位素信息传递给沉淀和发生反应的固相矿物。

正常海水的 $\delta^{18}O$ 和 δD（平均海水标准）均为 0，在某些地区，由于淡水的稀释或强烈的蒸发，这些数值有所变化。淡水的同位素组成因地而异，变化较大，$\delta^{18}O$ 在 -50‰~0 之间变化。

2. 沉积岩（氧）的同位素特征

沉积岩 $\delta^{18}O$ 普遍较高。碎屑岩的同位素组成受其母岩成分控制，在某种意义上，不存在同位素平衡，因此，其同位素组成具有非均质性，然而在一些过程中，如（浅变质）成岩作用、地层流体的交换反应等，可以达到同位素平衡。碎屑颗粒石英和长石等，难以与海水达到同位素平衡，其同位素组成具有继承性。一般来说，海相碳酸盐较淡水相碳酸盐有较高的 $\delta^{18}O$，随着埋藏加深、介质温度的升高，$\delta^{18}O$ 降低，地质时代越老，$\delta^{18}O$ 越低。淡水相碳酸盐方解石的 $\delta^{18}O$ 一般较海相的低，其原因是淡水的同位素值一般比海水轻，与地质年代之间的关系也没有明显的规律性。随着淡水淋滤作用的加强、埋藏作用的加深，碳酸盐矿物的 $\delta^{18}O$ 值降低。

第五节 孔隙结构的研究方法

储层孔隙结构研究属于以岩石样本为基础的微观分析。在此情况下，岩石样本的宏观特征对确定取样位置，了解岩石样本的背景、特征、代表性或特殊性是有必要的。为此，需要直接详细观察和描述岩心的岩性、颗粒、基质与胶结物、层理特征、可能的孔隙和喉道的类型与分布（有时难以实现）、裂缝类型及特征等，特别是储层的上述总体特征及取样部分的微细变化。

由于肉眼很难直接观察岩石的微观结构，因此储层孔隙结构研究主要依靠实验室仪器设备来实现。目前研究孔隙结构的实验室方法很多，发展较快，总体上分为三大类。第一类为间接测定法，如毛细管压力法，包括压汞法、半渗透隔板法、离心法、动力驱替法、蒸气压力法等。第二类为直接观测法，包括铸体薄片法、图像分析法、各种荧光显示剂注入法、扫描电镜法等。第三类为数字岩心法，包括铸体模型法、孔隙结构三维模型重构技术，这是当前及今后的发展方向（表3-29）。压汞法、铸体薄片法及扫描电镜法是目前孔隙结构研究的常用方法。

表3-29 孔隙结构研究方法分类

分　类	方　　法
间接测定法	毛细管压力法，包括压汞法、半渗透隔板法、离心法、动力驱替法、蒸气压力法等
直接观测法	铸体薄片法、图像分析法、各种荧光显示剂注入法、扫描电镜法等
数字岩心法	铸体模型法、孔隙结构三维模型重构技术

一、压汞法

测定毛细管压力曲线的方法主要有压汞法、半渗透隔板法、离心法、动力驱替法、蒸气压力法等，常用的是前三种方法。

半渗透隔板法：把实验岩心装在半渗透隔板上，在其上施以适当压力并周期增加一定的数值。每次加压后要保持较长时间，使其达到静平衡状态。在每个压力下测定岩心的饱和度，得到毛细管压力—饱和度关系曲线。该法适用于气—水、水—油或油—水毛细管压力测定。但该方法因受隔板承压的限制，常压测试压力范围小，测试时间长，不适合低渗透储层。

离心法：是依靠离心机高速旋转所产生的离心力测定毛细管压力曲线的方法，主要设备是任意调速的高速离心机和岩样盒。将饱和液体（如油）的岩样置于离心机的岩样盒中，外部充填驱动液体（如水）。离心机在一定速度下旋转，油水由于密度不同而受到不同的离心力，这个离心力的差值与孔隙介质内流体相间毛细管压力相平衡，岩样中液体在该离心力下被驱替出来，记录平衡时驱出的液体体积，计算该离心力下的饱和度。由低向高不断改变离心转速，与之平衡的毛细管压力不断增加，记录驱出的液体体积，得到毛细管压力与饱和度的关系曲线。

在毛细管压力曲线研究储层孔隙结构的方法中，压汞法是使用较早且至今最常用的经典方法。在20世纪40年代后期,珀塞尔首先将压汞法引入到石油地质研究工作中,多次测得毛细管压力曲线,并以毛管束理论为依据来研究渗透率的计算方法,这也成为了以后使用压汞资料研究孔隙结构的基础。

(一)原理

压汞法又称水银注入法,用该法测定储层孔隙结构的基本原理如下。

对岩石而言,汞是非润湿相流体。若将汞注入被抽空的岩石孔隙系统内,则必须克服岩石孔隙喉道所造成的毛细管阻力。因此,当某一注汞压力与岩样孔隙喉道的毛细管阻力达到平衡时,便可测得该注汞压力及在该压力条件下进入岩样内的汞体积。在对同一岩样注汞过程中,可在一系列测点上测得注汞压力及其相应压力下的进汞体积,即可得到注汞压力—汞注入量曲线,简称压汞曲线。

因为注汞压力在数值上和岩石孔隙喉道毛细管压力相等,或二者等效,故注汞压力又称毛细管压力,用 p_c 表示。又因毛细管压力 $\left(p_c = \dfrac{2\sigma\cos\theta}{R}\right)$ 与孔隙喉道半径 R 成反比,因此根据注入汞的毛细管压力就可计算出相应的孔隙喉道半径。进汞体积就是相应孔隙与喉道的容积值,据此可求得汞饱和度,用 S_{Hg} 表示。因此,压汞曲线又称毛细管压力(汞饱和度)曲线。

由此可见,压汞法可测得岩石孔隙结构的两个基本参数,即各种孔隙喉道的半径及相应的孔隙容积。

(二)计算孔隙结构参数的基本公式

1. 计算孔隙喉道半径的公式

孔隙喉道的阻力基本为毛细管压力,大小为:

$$p_c = \frac{2\sigma\cos\theta}{R} \tag{3-40}$$

式中 p_c——毛细管压力,dyn/cm²[❶];

σ——水银的表面张力,dyn/cm²;

θ——水银的润湿接触角,(°);

R——孔隙喉道半径,cm。

若 p_c 以 kg/cm² 为单位、R 以 μm 为单位,而水银润湿接触角 $\theta=146°$,水银的表面张力 $\sigma=480$ dyn/cm²,则:

$$p_c = 7.5/R \tag{3-41}$$

式(3-41)为压汞法计算孔隙喉道半径的基本公式。由式(3-41)可得如下认识:

(1)当给一定的外加压力将水银注入岩样,则可根据平衡压力计算出相应的孔隙喉道半径值。

(2)在这个平衡压力下,进入岩样孔隙系统中的水银体积,应是这个压力下的相应孔隙喉道的孔隙容积。

(3)孔隙喉道越大,毛细管阻力将越小,注入水银的压力也越小。因此,在注入水银时,随注入压力的增高,水银将由大到小逐次进入其相应喉道的孔隙系统中去。

---

❶ 1dyn/cm²=0.1Pa。

2. 计算含水银饱和度的基本公式

由流体饱和度概念可知：

$$S_{Hg} = \frac{V_{Hg}}{\phi V_f} \tag{3-42}$$

式中　S_{Hg}——水银饱和度；

　　　V_{Hg}——孔隙系统中所含水银的体积，cm^3；

　　　V_f——岩样的外表体积，cm^3；

　　　ϕ——岩样的孔隙度。

由于沉积岩大都憎油亲水，故原油进入储层中的排驱机理类似于水银，因此，在计算储层的含油饱和度时，可以近似应用含水银饱和度的测定值。

（三）毛细管压力曲线及其形态分析

根据实测的水银注入压力与相应的岩样含水银体积，经计算求得水银饱和度和孔隙喉道半径后，就可绘制毛细管压力、孔隙喉道半径与水银饱和度的关系曲线，即毛细管压力曲线（图3-23）。

毛细管压力曲线反映了在一定驱替压力下水银可能进入的孔隙喉道的大小及这种喉道的孔隙容积，因此应用毛细管压力曲线可以对储层的孔隙结构进行研究。影响毛细管压力曲线形态特征的主要因素是孔隙喉道的集中分布趋势、孔隙喉道的分布均匀性。这两个性质可以用孔隙喉道歪度和分选系数来表征。

分选好、粗歪度的储层应具较好的储渗能力。分选好、细歪度的储层虽具较均匀的孔隙结构系统，但因孔隙喉道太小，其渗透性可能是很差的（图3-24）。因此，根据实测毛细管压力曲线的形态特征，可以对储层的储渗性能作出定性的判别。

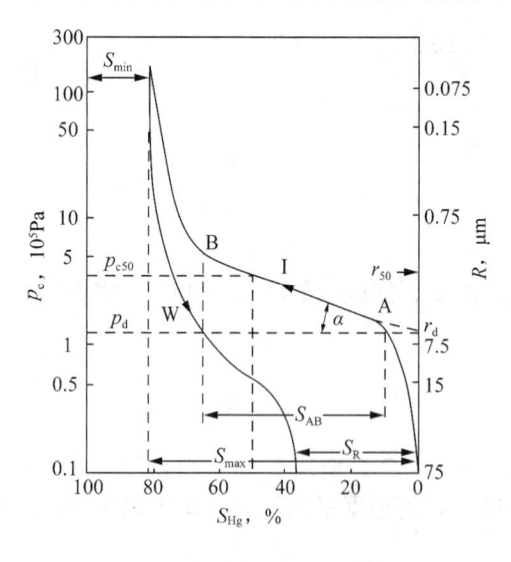

图3-23　毛细管压力曲线
（据罗蛰潭和王允诚，1986）
I—注入曲线；W—退出曲线；p_d—阈压、门限压力；p_{c50}—饱和度中值压力；r_d—最大喉道半径；r_{50}—饱和度中值喉道半径，简称中值半径；S_{min}—最小湿相饱和度；S_{max}—最大含汞饱和度；S_R—最小含汞饱和度

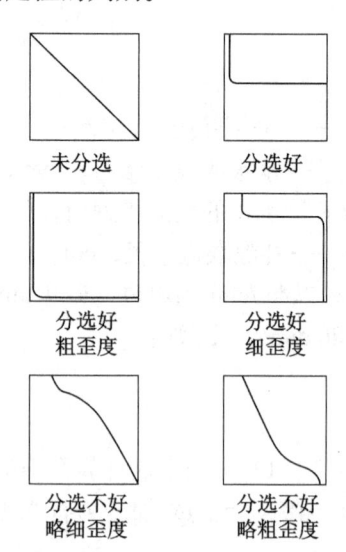

图3-24　典型的理论毛细管压力曲线形态示意图（据Chilingar等，1972）

在研究储层孔隙结构时，除应用毛细管压力曲线形态外，还应根据其衍生图件，如孔隙喉道频率分布直方图、孔隙喉道累积频率分布图等，研究储层的微观孔隙结构（图3—25）。

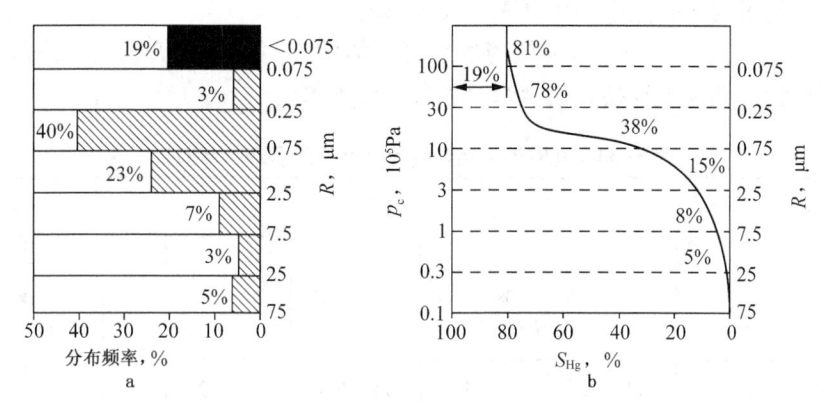

图3—25 孔隙喉道半径频率的柱状分布图（据罗蛰潭和王允诚，1986）
b横坐标为各等级孔喉体积占总孔隙体积的百分数

二、薄片法

压汞法测得的毛细管压力曲线很好地揭示了岩样孔隙系统整体、三维流动特性、孔隙结构系统中喉道及与其相连通的孔隙容积的定量分布特征，但不能直观地显示、测定具体孔隙和喉道的大小、形状、分布及配置关系，而这些正是岩石薄片镜下观测所能实现的。

薄片法研究孔隙结构包括铸体薄片法、图像分析法、各种荧光显示剂注入法等，其中铸体薄片法最为常见。

（一）铸体薄片的制备

铸体薄片通常是采用带色的单体或树脂经真空与高压灌注，再经过聚合处理后磨制而成的。制备的基本要求是必须保持样品的原始结构状态，在处理中不能产生人工破碎或裂纹等。制备步骤为：(1) 弱固结或松散岩石的再胶结；(2) 清洗原油、沥青和有机物；(3) 灌注岩石孔隙空间，制成铸体岩样；(4) 制成铸体薄片。

（二）铸体薄片的孔隙结构测量及参数

在铸体薄片中，孔隙中灌注有染色充填剂因而极易识别。铸体薄片法能直接观察孔隙的几何特征，测量孔径大小，是研究孔隙结构的直观方法。通过观测铸体薄片，能够获得面孔率、孔隙配合数、喉道连通系数、孔径分布参数、孔隙形状、孔隙类型等数据。铸体薄片法常用的方法是面积测定法和直线测定法（陈碧珏，1987）。

1．面积测定法

所谓面积测定法，是指在显微镜下测定岩石孔隙结构系统时，不仅测量孔隙的直径，同时也测量其所占面积的一种统计分析研究方法。测量步骤包含以下四个方面。

1) 选择适宜的观测系统

应根据储层的岩性及孔隙特点，以能观测清楚绝大多数孔隙和合适的视域面积为原则，选择倍数适宜的物镜和目镜系统。经验证明，在测量相当于粗粉砂至粗砂这些粒级范围内的孔隙时，以一百倍放大倍数为宜。由于孔隙较小，在计量时，载物台微尺长度应转换成微米表示。

2）选择合适的孔隙半径组间距

在测量前，应在普查研究区储层孔隙大小的分布基础上，选择合适的孔隙大小分组间距。分组间距最好是等值的，一般采用25μm，若孔隙太小，可以采用10μm作间距。确定分组间距后，便可制作孔隙半径统计表（表3–30）。

但必须注意，由于不同型号显微镜的目镜和物镜不同，放大倍数也有差别，所以在将以方格长度计量的孔隙直径换算成微米时应各自作换算。

表3–30 孔隙半径测量统计表（据陈碧珏，1987）

__区___井___层___号

孔隙直径（方格长度）mm		0~0.53	0.53~1.08	1.08~1.59	1.59~2.12	2.12~2.66	…	总计	岩性和孔隙特征简述及其他计算
孔隙半径，μm		0~25	25~50	50~75	75~100	100~125	…		
各视域中各类孔隙面积（方格数）	1								主次粒级；胶结物成分、含量、类型；排列与接触；分选形状；层理；孔隙形状；孔隙连通程度；孔隙分布状况；其他
	2								
	3								
	4								
	5								
	6								
各类孔隙面积累计									孔隙度
各类孔隙百分比，%									中值
各类孔隙累计百分比，%									分数系数
鉴定人					日期				
检查人					日期				

3）孔隙直径和孔隙面积的测量

储层中的孔隙形状、大小的变化是十分复杂的，故测量孔隙直径时应注意测量方向的位置选择，圆形孔隙一般用内切圆直径表示，椭圆形孔隙选短轴距离加以量度。在测量孔隙直径的同时，应将其所占面积即所占方格微尺的格数填入统计表中，所统计的视域应视孔隙大小和分布均匀性而定，一般孔隙较细而又均匀的薄片可以比孔隙变化大且分布不匀的薄片多统计些视域。

4) 计算孔隙参数

根据孔隙半径测量统计表中所提供的数据，可以绘制孔隙直方图和累积频率曲线图，并以此为基础，求出表征孔隙分布特征的一些参数。

(1) 最大与最小孔径值：这组参数可直接从孔隙直方图或孔隙半径统计表中求得。

(2) 孔径中值：累积频率曲线上50%处的孔径即为该值。

(3) 孔径平均值可根据计算求得：

$$R_s = \frac{\sum R_i b_i}{100} \tag{3-43}$$

式中 R_s——孔径平均值，μm；
R_i——孔径分类组中值，μm；
b_i——对应于 R_i 的各类孔隙百分比。

(4) 孔径分散率的计算公式为：

$$D = \frac{\sum (R_i - R_s)^2}{100} \tag{3-44}$$

式中 D——孔径分散率；
R_i——孔径分类组中值，μm；
R_s——孔径平均值，μm。

(5) 面孔率，即薄片中孔隙喉道面积占薄片总面积的百分数，可以用目估法确定，也可以用显微测量法测量。面孔率和孔隙度相当，但两者数值并不相等，也不能进行简单的换算，这是因为孔隙空间的形状复杂、分布极不均匀。从测量方法来看，实际工作中多用点计法、线计法和方格网法。面积测定法计算公式为：

$$m = \frac{S_k}{S_s} \tag{3-45}$$

式中 m——面孔率；
S_k——薄片观测的孔隙总面积，mm²；
S_s——薄片观测视域总面积，mm²。

2．直线测定法

直线测定法是在载物台上安装机械台，以使薄片沿测线而移动，在移动过程中，用目镜微尺测量测线通过每个孔隙的交切点的长度（截距）来测量孔径大小的（图3-26）。

直线测定法具体测量方法与面积测定法相似，所不同的是面积测定法统计的是各类孔径孔隙所占的面积，直线测定法统计的是各类孔径孔隙所出现的频次。

在统计各类孔径的孔隙出现的频次时，可以将数据记录于孔隙统计记录表中（表3-31）或次数组织图中（图3-27）。

在实际测量时，并不需要对每个测点读出精确的数值，只需确定孔径所处的级序位置就行了。

根据孔隙统计记录表中的数据，可绘制截距频率分布直方图和频率累计曲线图（图3-28），并以这些图件为基础，求得孔隙结构特征参数。

图 3-26 孔隙截距测量示意图（据陈碧珏，1987）

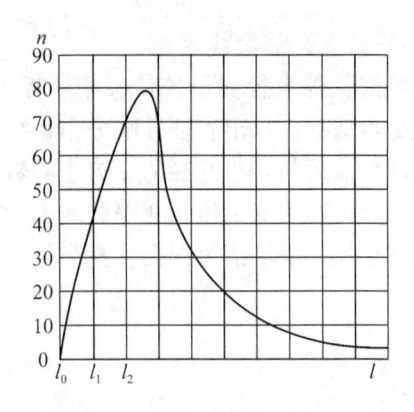

图 3-27 次数组织图（据陈碧珏，1987）
l 为线长

表3-31 6-64号样薄片孔隙结构统计记录表（据陈碧珏，1987，有修改）

级序	l_1	l_2	l_3	l_4	l_5	l_6
组段*	<0.5	0.5~1	1~2	2~3	3~4	4~5
组中值	0.25	0.75	1.5	2.5	3.5	4.5
频数	n_1=398	n_2=291	n_3=129	n_4=50	n_5=5	n_6=2
频率，%	45.49	33.26	14.74	5.71	0.57	0.23
累计频率，%	100.00	54.51	21.25	6.51	0.80	0.23
级序	l_7	l_8	l_9	l_{10}	l_{11}	l_{12}
组段*	5~6	6~7	7~8	8~9	9~10	>10
组中值	5.5	6.5	7.5	8.5	9.5	
频数	n_7=0	n_8=0	n_9=0	n_{10}=0	n_{11}=0	n_{12}=0	总计875
频率，%	0	0	0	0	0	0	总计100%
累计频率，%	0	0	0	0	0	0

*为测量方便，采用目镜刻度尺的格数做间隔单位，计算时可按放大率换算成微米。

直线测定法研究孔隙结构常用的参数如下。

（1）最大截距与频率分布最大值可在截距分布直方图上直接求得。

（2）孔隙线密度的计算公式为：

$$m_s = \frac{N}{L} \tag{3-46}$$

式中 m_s——孔隙线密度，μm^{-1}；
   N——累计频数；
   L——测线总长度，μm。

（3）孔隙截距平均宽度的计算公式为：

$$\bar{e} = \frac{\sum n_i l_i}{N} \tag{3-47}$$

式中　$\bar{e}$——孔隙截距平均宽度，μm；
　　　n_i——各级级序对应的组中值；
　　　I_i——各级级序对应的频数。

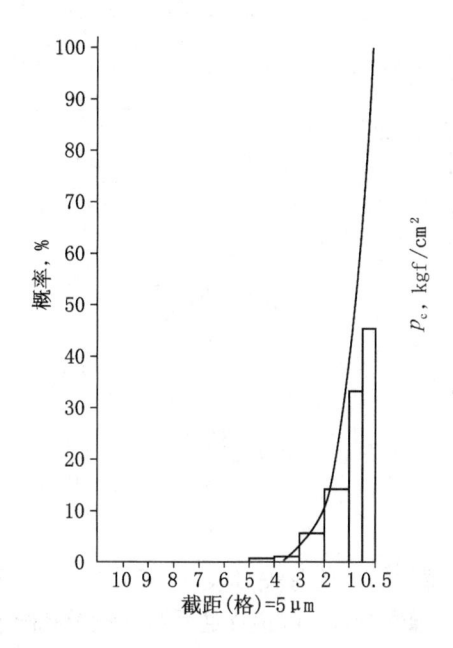

图 3-28　6-64 号岩样截距频率分布直方图和频率累计曲线图（据西北大学，1974）

（4）分散率的计算公式为：

$$\sigma = \sqrt{\frac{\sum n_i(I_i - \bar{e})}{N-1}} \tag{3-48}$$

（5）变异系数的计算公式为：

$$C = \frac{\sigma}{\bar{e}} \tag{3-49}$$

（6）孔隙度的计算公式为：

$$m_r = \frac{\sum n_i I_i}{L} \tag{3-50}$$

3．裂缝的测定

在储层的孔隙系统中，裂缝所占储集空间的总容积的比例是很小的。与孔隙相比，裂缝所能提供流体储存的空间是极其有限的。但从流体在孔隙系统中的渗滤特征考虑，裂缝却对改善储层特别是极低渗透性的储层的渗透能力具有极其重要的作用。正如人们对裂缝性碳酸盐岩油气层所描述的那样：孔隙是油气储存的主要空间，裂缝是油气渗滤的主要通道。

通过薄片观察裂缝，不仅可以了解岩石成分与结构、裂缝的分布与数量、裂缝的张开度与充填状况，以及成岩后各种作用的影响，而且可以求得描述裂缝特征的结构参数。这些资料无疑对于油气田的开发具有一定作用。

根据薄片观察获得的裂缝结构参数如下。

（1）裂缝率（m_r）：

$$m_r = \frac{bL}{S} \tag{3-51}$$

式中　b——裂缝宽度，μm；
　　　L——薄片中裂缝长度，μm；
　　　S——薄片面积，μm^2。

（2）裂缝体积密度（T）：

$$T = 1.57\frac{L}{S} \tag{3-52}$$

（3）裂缝渗透率（K_r）：

$$K_r = \frac{Ab^3L}{S} \tag{3-53}$$

式中　A——裂缝系数。

裂缝系数与裂缝和所切薄片的夹角有关（表3-32）。

此外，薄片法还可进行孔隙配合数、喉道连通系数测量及孔隙形态描述和孔隙类型鉴定。

薄片人工观测是薄片法孔隙结构研究的基础，但其测量、统计较慢，工作量很大。为此，显微图像自动识别技术的研发很有必要，也是该领域的发展方向。

表3-32　常见裂缝系统的 A 系数值（据陈碧钰，1987）

裂缝系统的几何形态	A
只有一组平行（对层面而言）裂缝系统	3.42×10^{-6}
两组相互垂直正交的裂缝系统	1.71×10^{-6}
三组互相垂直的裂缝系统	2.28×10^{-6}
杂乱分布的裂缝系统	1.71×10^{-6}

三、扫描电镜法

电子显微镜的分辨能力比光学显微镜提高了约1000倍，使微观研究进入一个新的领域。光学显微镜自16世纪发明以来，使人们对微观世界的认识取得了突破性进展。20世纪30年代，德国科学家M.Knoll提出了扫描电子显微镜的设计思想，直到1959年才由英国剑桥大学C.W.Oatley教授试制成第一台有实用价值的扫描电镜，1965年英国剑桥科学仪器公司第一次制成商品。我国在20世纪50年代初开始引进透射电镜，1974年开始引进扫描电镜并进行研制。冶金和化工部门在我国最早引进和使用电子显微镜，石油地质部门也相继引进并开始使用。

电子显微镜系列是用高速定向运动的电子流形成的电子束作为"光源"，通过电磁场使电子束折射并聚焦后直接轰击样品，产生电子信号，通过各类检测器接收放大处理后成像显示记录的显微镜。按工作方式和功能不同，电子显微镜主要分为以下四种：透射电子显微镜（TEM）、扫描电子显微镜（简称扫描电镜 SEM）、分析电子显微镜（AEM）、电子探针（EPM）。

（一）扫描电镜原理

电子束直接轰击样品表面，接收从样品表面激发反射出的二次电子、背散射电子等信息，并通过逐点扫描的信息经探测、放大及处理在荧光屏上同步成像。

导电的样品不需制样即可直接分析，不导电的样品（如沉积岩样品）一般需真空喷镀金膜（碳膜、铝膜效果较差）后方可得到良好的图像，并可对具代表性的图像进行显微摄影（黑白照片），通常拍摄的是二次电子像。二次电子像主要反映样品表面的形貌，可获得很柔和的立体图像。它的分辨率一般可达到小于 100 Å，工作距离 15mm 时为 60 Å，工作距 59mm 时为 50 Å。

扫描电镜配上接收 X 射线检测装置——能谱仪或分光谱仪，还可对电子束轰击，对不同元素产生的特征 X 射线进行检测。根据 X 射线的波长或能量，就可获得测点样品组成成分的谱图和数据，从而对样品组成成分进行定性或半定量分析。

（二）扫描电镜法主要研究内容

在薄片鉴定研究和 X 射线衍射黏土矿物分析的基础上，可进行下列内容研究：

（1）观察研究砂岩（砾岩也可）储层中孔隙发育和充填情况，深入分析孔隙结构类型（包括次生孔隙）、成因、组合特征，测量孔隙和喉道的大小；

（2）研究碎屑大小排列及石英、长石等的成岩演化，即次生加大发育情况和程度及其对孔隙的影响；

（3）鉴定并研究黏土矿物的种类、大小、组合、分布、产状及其对孔隙和渗透性的影响；

（4）鉴定并研究其他各种自生胶结矿物如浊沸石、方解石等的分布特征；

（5）确定成岩自生矿物的生成顺序；

（6）研究注水开发前后储层孔隙结构变化等；

（7）测定储层酸化及流动性试验样品中矿物的成分变化及新的固体产物成分，为深入研究油层伤害及伤害机理提供新的微观资料。

总之，扫描电镜法可为储层特征、成岩作用、物性评价等提供微观依据。上述各种现象均可选代表性视域拍摄黑白照片（图 3—29）。能谱分析在配合扫描电镜观察中对疑难矿物需了解成分特征时使用，视分析需要而定。

四、数字岩心——孔隙结构三维模型重构技术

获得整体岩样的孔隙结构三维模型是孔隙结构研究的难点和最高要求之一，无论是压汞法、铸体薄片法还是扫描电镜法都难以实现，目前该方面的研究方法如下。

一种是铸体模型法，原理类似于铸体薄片的制取，即在对岩样进行一系列前期处理后，经抽真空及高压灌注高抗腐蚀性注剂并聚合，最后将岩样颗粒、杂基及胶结物溶蚀或剥离，所剩铸体即为岩样的三维孔隙喉道系统，由此得到整体岩样的孔隙结构三维模型（图 3—30）。但是因岩样的微小孔喉注剂难以注入，颗粒、杂基和胶结物难以剥离，该方法也难于应用。

另一种方法是数字岩心孔隙结构三维模型重构技术，即制作立方体（3mm×3mm×3mm）岩样，对该岩样进行密集的 CT 切片，在每个 CT 切片上进行孔隙喉道图像识别，通过有序定位将密集的各个 CT 切片上的孔隙喉道构建岩样的孔隙网络三维数字系统，

建立数字岩心孔隙结构三维模型（图3-30）。

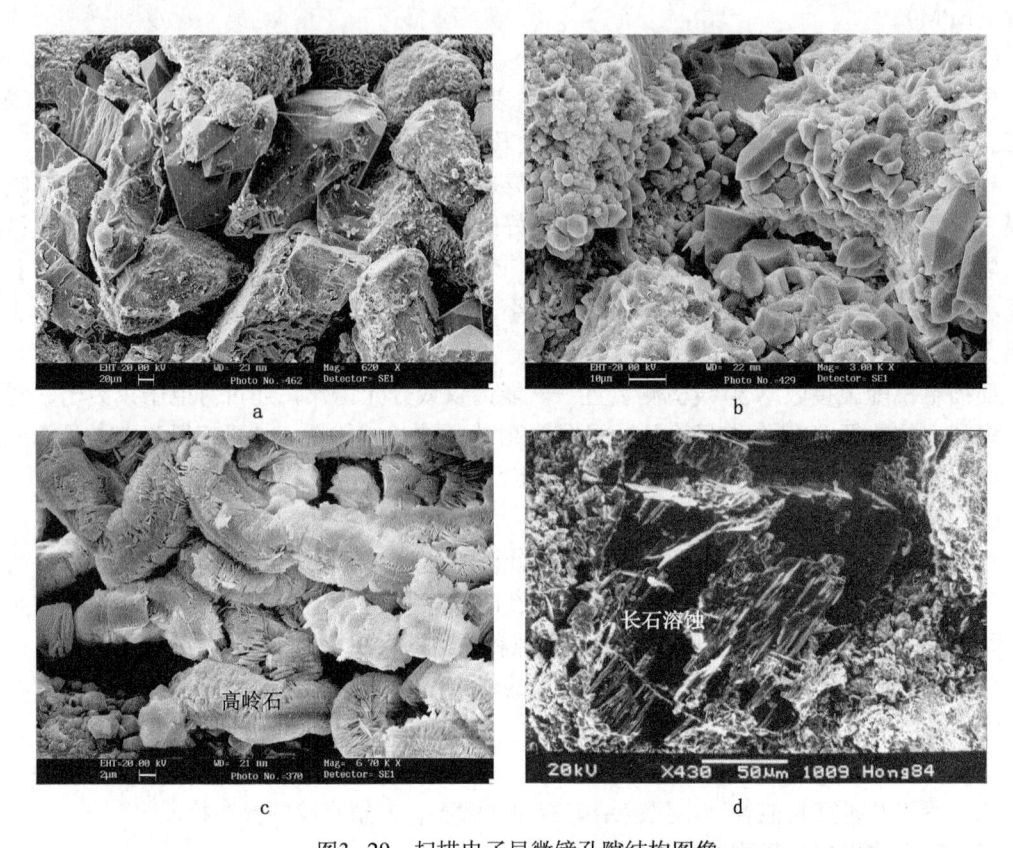

图3-29 扫描电子显微镜孔隙结构图像
a—孔隙结构宏观特征；b—粒间孔隙及次生石英；c—粒间黏土矿物及其间微孔结构；d—（长石）溶蚀孔隙及其结构

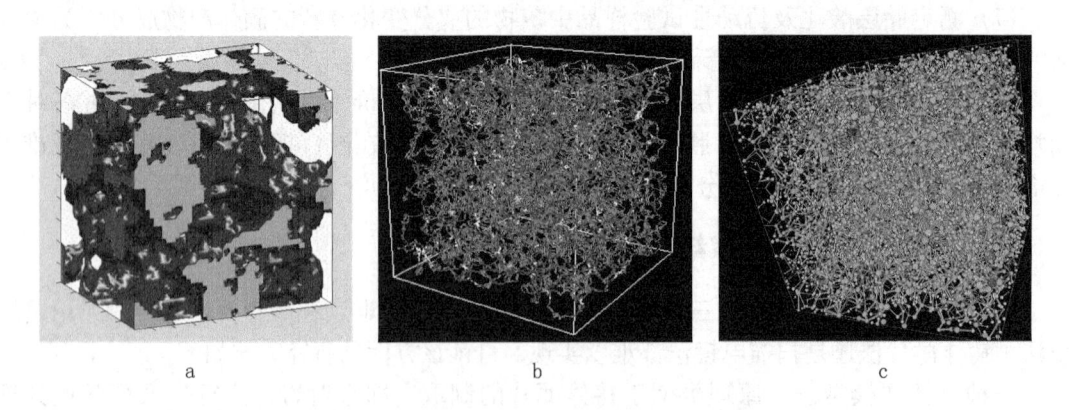

图3-30 数字岩心孔隙结构三维模型重构（据姚军，2006）
a—CT切片形成的数字岩心立方体；b—数字岩心孔隙中轴线；
c—基于岩心的孔隙网络模型（3mm×3mm×3mm），由3万多个孔隙和喉道组成

利用数字岩心孔隙结构三维模型，不但可以开展孔隙结构的多参数定量计算和任意切片、任意角度的三维彩色显示，还可进行微米级各种孔喉、厘米级岩心、米级网格的流体流动及渗流机理模拟，因此它是孔隙结构研究领域的重大进展。

思 考 题

1. 岩心中沉积相标志包括哪些方面？
2. 单井剖面相与连井相对比的步骤与应注意的主要问题有哪些？
3. 试述应用常规测井曲线进行相分析时主要根据曲线的特征。
4. 简述成像测井和倾角测井在储层沉积相分析中的作用。
5. 储集体主要包括哪些测井相与地震相类型？
6. 试述碎屑岩储层对比的方法与步骤。
7. 用测井资料进行储层研究的主要研究内容有哪些？
8. 地震资料储层预测的方法与储层参数计算的方法有哪些？
9. 试述储层四性研究的内容与方法。
10. 以碎屑岩为例论述成岩作用分析的主要测试方法与相应内容。
11. 研究储层孔隙结构主要有哪些方法？

第四章 储集体的形成与分布

沉积作用是形成沉积相的主要营力,而沉积相控制了储集体的形态、规模以及相互间的联系,同时也是制约其储集空间类型的主要因素。因而,储层的沉积作用是油气储层地质学的基础。尽管已发现在火成岩和变质岩中同样有油气分布,但绝大多数油气储层是沉积成因的。本章首先分别介绍了碎屑岩和碳酸盐岩储层形成的沉积作用,随后对常见的碎屑岩沉积体系的储层基本特征进行了全面介绍,最后对碳酸盐岩与其他岩类(火成岩、变质岩及泥岩等)储层的特征与分布也分别作了较为全面的论述。

第一节 储层形成的沉积作用

一、碎屑岩储层的沉积作用

碎屑岩的沉积作用(方式)与其储层非均质性有着较好的响应关系(Katz,1983;裘怿楠,1985;Miall,1988;于兴河,1995,2002)。因此,沉积作用(方式)分析是碎屑岩储层特征与非均质性研究的重要基础和内容,这是由于不同的沉积作用具有不同的非均质性响应关系;同时,它更是形成各种沉积环境的主要成因机制。

单个成因单元(砂体)形成时的沉积作用(方式)可归纳为八个字(于兴河,2002,2005),即垂、前、侧、漫、筛、选、填、浊,分别为垂向加积(简称垂积)、前积或进积作用(简称前积)、侧向加积(简称侧积)、漫积、筛积、选积、填积、浊积。八大沉积作用与沉积特征、非均质性、储层特征、构型及地球物理响应等的对应关系均有不同特点(表4-1、图4-1)。

(一)垂向加积

广义的垂向加积是指在整个沉积过程中,沉积表面的地形特征只是直接向上延展而不发生任何侧向移动,因而它包括机械搬运过程中的床沙载荷和悬移载荷两种搬运方式。就砂质沉积而言,垂向加积主要是指沉积物以底负载方式搬运,当沉积物的重量超过流水所能携带的能力时,开始发生沉积并形成沉积物的垂向增长。这种作用的主要结果是形成辫状河砂体—心滩沉积。

(二)前积或进积作用

广义的前积作用是指碎屑物在一定环境下不断地向前加积,故也称顺流加积。通常文献和教科书中的前积,主要是指河流所携带的沉积物在遇到地形突然开阔、坡度变陡时所形成的顺流向沉积作用,即沉积物在地形开阔和坡度增加的部位开始卸载,并逐渐向前推进或堆积的过程。它多见于三角洲环境,是形成各种三角洲沉积体系砂体的主要沉积作用,其他环境也可发育,如辫状河心滩的前端部位等环境,均可出现前积或顺流加积作用。

(三)侧向加积

广义的侧向加积是指沉积物堆积于一个斜坡地貌上,而整个加积过程中并不发生改变

表4-1 碎屑岩系八大沉积作用的储层表征及勘探开发中的问题（据于兴河，2002，2004）

沉积作用	粒度特征	沉积构造	韵律及规模	砂、泥岩发育状况	测井曲线形态	地震反射特征	孔隙度、渗透率与粒度的对应关系	层内非均质性	勘探开发问题	注采问题
垂积	以粗粒沉积为主，通常为中粗或含砾粗砂岩	以大型板状交错层理、槽状层理为主，小型流水沙纹一般不太发育	不明显的正韵律以及正韵律加复合韵律；通常规模较大	粗粒部分达85%或90%以上，砂包泥	高幅锯齿状箱形	中强振幅反射的下凹、下切复合	中等偏好，对应关系无明显的规律，最大渗透率通常位于底部，但无明显的规律	无规则或复杂加积的非均质性，变异系数中等，差异大	(1) 缺乏盖层的泥岩夹层，砂体发育；(2) 勘探前景位于下游	(1) 防止出砂、速敏问题较为严重，若开采太快，砂随油而出；(2) 防止水锥或水窜现象	有利于注聚合物，降低中下部的渗透率，开采应是中快速度
前积	粒度可粗可细但可细为主，常以中细砂岩为主，可见大量的云母	以低角度板状交错层理为主，见小型沙纹及槽状交错层理	向上变细的反韵律特征，规模的大小取决于湖盆位置及沉积物的供给量	上、下均发育良好的泥岩，下部的泥岩较纯，而上部质浅色浅泥质杂	典型的漏斗型	强振幅反射，S形或雁行排列	好而大，最大渗透率位于顶部	明显的反韵律，非均质性，变异系数和级差中偏大	有利的勘探区带，含砂率25%~55%之间	如何确定砂体的走向与含油的范围	良好的注水开发层段
侧积	以粗粒为主，以中细砂岩为主	沉积构造种类齐全，以多组低角度下切型板状交错层理为特色	向上变细的渐变正韵律结构，规模中等偏大	砂岩占50%~70%，砂泥间互	典型或锯齿形的钟状	强振幅反射，丘状	较好，中等偏大	强烈的正韵律非均质层，变异系数和级差较大	勘探前景位于两侧，取决摩擦与惯性因素的强弱	防止水锥或水窜现象，注意射孔位置，不可注水	注聚合物的良好层段
漫积	以粉砂岩为主，细砂岩次之	以小型流水沙纹为特征，可见小型槽状交错层理	韵律不明显，可见正韵律，韵律复合范围广	夹大套泥岩或数薄砂岩互层，缺少泥岗体	指状或舌状	杂乱反射叠置	孔隙度对应关系变化不大，渗透率与粒度关系不明显	似均质层，变异系数和级差较小	由于层很薄，往往被忽视	开发中如果小层为均质性质可以考虑	
筛积	粒度众态双态变化大，或众态分布为主，多粒级颗粒支撑	块状，砾石排列，叠瓦状排列	无明显特征	粗粒部分达90%以上，缺少泥，范围受限于洞体	高幅锯齿形尖点	强反射状	无明显的孔隙度对应关系，最高渗透率位置不确定	"跛积"的严重非均质性，变异系数和级差最大	类似于水向加积，缺泥，防止出水，出水状	注意水敏问题	
选积	粒度中等偏细，分选好	冲洗层理，浪成小型沙纹及不同方向的交错层理	以反韵律为主，可见正韵律复合韵律	大套泥岩或砂岩与薄砂岩互层，泥包砂	幅度不大的漏斗形或锯齿形		孔隙度、渗透率对应关系好	反韵律或一韵律非均质性	有利于注水开发，高产	良好的注水开发层段
填积	粒度一般偏细，个别可达中粗砂	以槽状交错层理为主，板状交错层理不发育	小型渐变正韵律	砂岩不足40%，泥包砂	中幅锯齿状钟形		孔隙度与渗透率对应较好	较弱的正韵律非均质性	厚度偏小，储量不高	难于开采
泪积	粒度变化大，混杂集	多具鲍马序列或粗尾递变	韵律类型多样	沉积序列多，规模较大，砂多于泥	多个中幅锯齿状钟形	丘状下湖，较次杂乱	孔隙度、渗透率变化大，难以预测，与粒度关系不好	无明显规律，多为复合的均质性	寻找夹层的分布与油气的影响，防止出砂	开采速度要开采开采稳

注：含砂率＝砂岩厚度／地层厚度，其中砂岩不含粉砂，这是由于粉砂不能反映沉积格局。因此，砂岩密度＝砂岩厚度／地层厚度，此时的砂岩含粉砂。

这一斜坡的地形特征，只引起沉积物向下坡方向进行侧向移动或堆积。这里的侧向加积主要是指发生在河道内部由于河道的弯曲使水流形成侧向运动并造成沉积物重新分布的过程，它是形成曲流点沙坝（也称边滩）的主要成因机理。沉积物的搬运方式以混合负载为主，沉积物粒度可粗可细，其关键是在河道的弯曲部位，表现出凹岸侵蚀，凸岸加积。

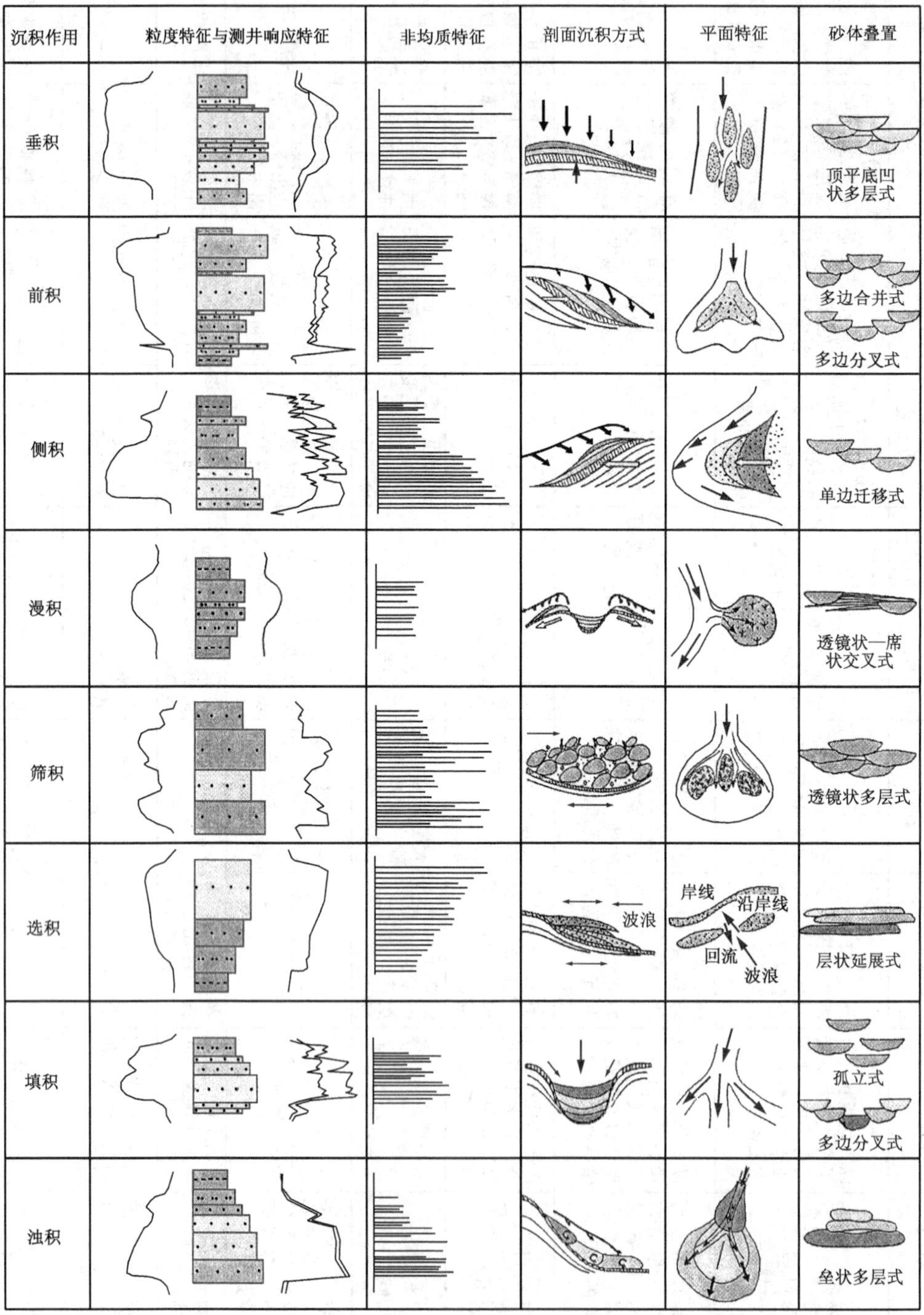

沉积作用
粒度特征与测井响应特征
非均质特征
剖面沉积方式
平面特征
砂体叠置
垂积
顶平底凹状多层式
前积
多边合并式
多边分叉式
侧积
单边迁移式
漫积
透镜状—席状交叉式
筛积
透镜状多层式
选积
波浪
岸线
沿岸线
回流
波浪
层状延展式
填积
孤立式
多边分叉式
浊积
垒状多层式

图4-1　碎屑岩八大沉积作用储层响应的三维构型与非均质性特征（据于兴河等，2002）

（四）漫积

漫积通常是指冲积扇环境的漫流沉积作用，即形成冲积扇端的片汜沉积。现今已把它拓展为由于河水或洪水漫过堤岸、远离河道、流速降低、大量悬浮物质卸载形成的泛滥平原沉积，或简称为漫溢沉积。漫积主要由漫岸流将悬浮物携带到泛滥平原堆积而成，沉积物在垂向上可以逐渐增厚，其搬运方式为悬浮负载。1985年，Miall将漫积定义为越岸细粒沉积，因而，此作用既可形成各类扇端的片汜沉积，也可形成河道两侧的（天然）堤岸和决口扇沉积体。

（五）筛积

筛积主要是指发生在冲积扇的扇中平原，在大量砾石已堆积的前提下，细粒物质沉积在搬运卸载的过程中，因前期堆积的砾石形似筛子一样，具有高渗透性，使细粒物向下渗透并产生选择性沉积的过程。

（六）选积

选积是汇水盆地的波浪作用使浪基面以上的沙质颗粒产生来回的淘洗而形成滩砂/坝的沉积作用，通常可发育较好的冲洗层理，是波浪、沿岸流及回流共同作用的结果。

（七）填积

填积主要是指河道内的充填沉积。这一过程是河流携带的大量沉积物在流水能量小于颗粒自身重量时，沉积物发生卸载并充填于河道内的堆积形式。

（八）浊积

浊积是指沉积物和水的混合物中，由流体紊动向上的分力支撑颗粒使沉积物呈悬浮状态，并与上覆水体形成明显的密度差，在密度差引起的重力作用下，沉积物沿着（水下）陡斜坡流动并向前堆积的过程。

二、碳酸盐岩储层的沉积作用

碳酸盐岩沉积作用很复杂，它常是生物沉积作用、化学沉积作用、机械沉积作用相互综合作用的结果。人们所见地层中的大部分碳酸盐岩，主要是生物沉积作用及生物化学作用的产物（表4-2）。

表4-2 碳酸盐岩的沉积作用及其相应的产物

沉积作用	沉积营力	粒度特征	岩性特征	储层物性
化学沉积作用	溶液过饱和沉淀蒸发	粒度很细	泥晶灰岩	储层致密
生物沉积作用	生物化学作用、生物物理作用、有机微生物作用	分选有大小	生物礁灰岩，生物泥屑灰岩	礁灰岩化石间孔隙被灰泥充填，泥屑灰岩储层致密
机械沉积作用	波浪、潮汐、海流及重力作用	分选有大小	颗粒灰岩、浊积灰岩	粒间孔隙多为方解石胶结

化学沉积作用是碳酸盐的一种基本沉积作用，确切地说，它基本上是一种无机的化学沉淀作用，就是水体中的 Ca^{2+}、Mg^{2+}、HCO_3^- 或 CO_3^{2-} 等离子或离子团，在一定的物理化学条件下，结晶成文石、方解石等碳酸盐矿物沉积下来，从而形成碳酸盐岩的作用过程。从古代到现代，这一作用始终是沉积碳酸盐矿物并形成岩石的基本作用；而在古代

和那些生物难以生存的环境（如咸化的潟湖或内陆湖泊）中，更是形成岩石的基本作用之一。

生物作用也是碳酸盐的主要沉积作用，有些生物能适应较高水能环境，甚至具有抗浪的生态本能，它们能在高能环境下就地快速生长聚集成为抗浪的礁体，形成高于周围同期沉积之上的建隆。在高能带，由于向岸风及潮汐作用，波浪搅动及海水压力发生变化，沿着斜坡上升来的深部海水还带来大量其他养料，有利于造礁生物的发育生长，故在沿岸高能带常形成岸礁。在出现岸礁或堡礁时，礁体首当其冲遭受波浪冲击，从这些礁体中带出大量生物碎屑及礁屑岩块，在礁前斜坡产生礁角砾堆积（塌积岩），在礁后形成生物沙滩。海底碳酸钙的加积作用及胶结作用、水体中的颗粒包壳作用等，可以产生鲕粒、砂屑、球粒、团块、核形石及生物砂等沉积物并被亮晶胶结。除造钙生物提供的骨骼外，现代热带浅海碳酸钙沉积还与藻类活动有关。藻类的光合作用需要从海水中吸收大量 CO_2，从而促使海水中的 $CaCO_3$ 过饱和，沉淀出文石质灰泥来，而且钙藻的外壳也是文石质灰泥及颗粒的主要提供者，因此藻类繁生可以提供大量碳酸盐沉积物。

虽然化学沉积和生物沉积都是碳酸盐岩形成的重要沉积作用，而且一直作为区别陆源碎屑岩、化学岩及生物化学岩（什维佐夫等）的重要依据，但是从 20 世纪 50 年代开始的对大规模碳酸盐岩沉积的研究发现，大量碳酸盐岩是以机械方式形成的。沉积环境中的水动力条件，不仅对以机械沉积作用为主的碎屑岩沉积起着决定性的控制作用，而且对碳酸盐的沉积作用，尤其是碳酸盐沉积物在沉积环境中的分布，同样具有重要的控制作用。大多数碳酸盐岩都具有颗粒结构，其沉积过程和展布方式受海浪、潮汐、风暴和重力等机械作用因素的控制，与碎屑岩的机械沉积过程具有较好的可比性。正因如此，福克（Folk，1959，1962）才创立了"异常化学作用"及"异常化学颗粒"这一具有重大意义的理论和术语。

机械沉积作用可分为如下两类：

（1）垂向加积作用就是质点或多或少地同时进行的垂向堆积/加积作用。这些质点来自：①分布在水中的悬浮载荷下沉；②海底底栖生物介壳层的生长，这些介壳既可以是分散的，也可以呈原地的生物层形式形成；③礁或生物丘的垂向生长，这种垂向加积作用都是以其顶部沉积物质生长层的向上加积作用为特征。物质在横向上的扩展并不直接包括在沉积作用中，但是由于活的生物的迁移或水中涡流所携来的细粒沉积质点的混入，这一横向的扩展作用也可以在水中出现。

（2）横向/侧向加积作用既包括已存在的沉积物沿底部的侧向迁移，也包括具有特殊沉积物种类的环境在空间位置的变化。沉积物沿底部的侧向移动，可以由水体中的底流引起，也可以由浊流、流动颗粒的液体化层或滑动引起。重力位移作用需要水下的斜坡，因此这一效应在深水中的沉积物比在浅水中的沉积物更为常见。

碳酸盐岩沉积作用有其独特的沉积特点，碳酸盐岩主要是在无明显碎屑物注入或干扰的清澈、温暖和浅水的条件下沉积而成，这是因为生物作用、机械作用和化学作用在碳酸盐岩的形成过程中起着明显的控制作用。生物活动和繁殖及碳酸盐岩的化学沉积作用均要求较浅、温暖、有阳光透射而较少有陆源物质污染的清澈海水，这样才能保证光合作用；碳酸盐岩的机械沉积作用则基本上是在水介质能量较强的地段内进行（表 4-3）。

表4-3 碳酸盐岩沉积作用的特点

特点	主要发育部位	油气勘探意义	主要沉积作用	主控因素
分异性： (1) 浅水地带产生各种砂、砾级滞留沉积； (2) 较深水盆地及潟湖及潮坪区细碳酸盐沉积物（即泥粉屑）	开阔海或临边缘盆地（近克拉通）的大陆架边缘上	强水动力作用或中等水动力作用形成的分异性的碳酸盐岩体，是世界上油气储集的良好场所	机械作用	水动力条件
原地性： (1) 生物所形成； (2) 碳酸盐岩易碎、易溶不可能再沉积	盆内一定地区	沉积环境解释方面，以及碳酸盐岩生成油气方面都具有重要意义	生物的直接或间接作用	生物条件
间歇性： 纯沉积作用快，而累积的沉积很慢		解释碳酸盐岩的厚度和地层沉积背景的相互关系是很重要的	大部分碳酸盐岩是在深度大致10m左右的海水中沉积的	古地理条件

第二节 碎屑岩储层特征及其分布规律

全球主要油气田的储层大部分是沉积成因的碎屑岩和碳酸盐岩，这就需要研究碎屑岩储层的沉积环境、沉积作用的古地理条件、沉积体的空间展布特征及各沉积相带的相互配置关系。碎屑岩储层是分布最广的一种储层类型，在我国中生代、新生代陆相盆地中尤为如此。据裴怿楠等的抽样统计，在我国中生代、新生代含油气盆地已发现的石油储量中，碎屑岩储层类型占90%以上，其他类型储层不足10%。形成碎屑岩储层的沉积体系可分为以下几个方面（图4-2）。

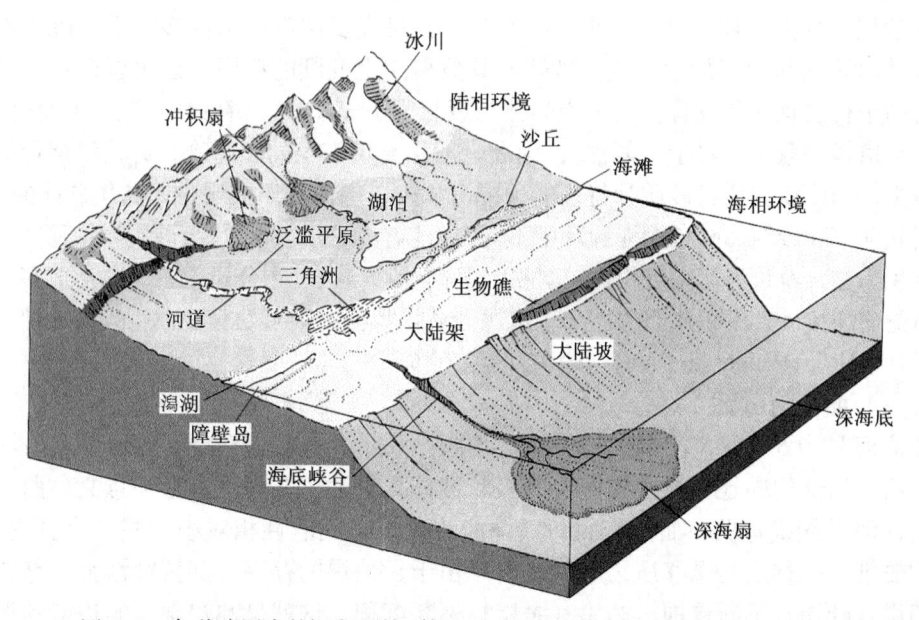

图4-2 各种碎屑岩的沉积环境（据C. C. Plummer 和D. McGeary，1996）

(1) 大陆环境下的沉积体系,包括:①残积带、坡积带;②沙漠;③冰川;④冲积扇;⑤河流;⑥湖泊体系。

(2) 过渡环境下的沉积体系,包括:①三角洲体系;②河口湾体系。

(3) 海洋环境下的沉积体系,包括:①海岸体系;②陆架体系;③陆坡及盆地体系。

一、河流相储集砂体的形成与分布

河流体系是我国陆相盆地中最发育的一种沉积储层,按河道的弯曲度和分叉指数可以将河道分为四种类型,分别是顺直河、辫状河、曲流河和网状河。尽管目前对河道类型的分类仍然存在一些争议,但上述四种河道类型已经被大多数人所接受。

(一) 顺直河砂体

顺直河是指弯曲率 $S < 1.5$、分叉指数(或称辫状指数)$BP=1$ 的单个河道,这种河道中大量发育转换沙坝(或称犬牙交错状边滩),由于这种河型以侵蚀作用为主且不稳定,难以保存完整,在古代沉积物中又很少被人们注意,故关于顺直河砂体的研究较少。

(二) 辫状河砂体

辫状河是指 $S < 1.5$ 且 $BP \geqslant 2$ 的低弯度多河道体系。辫状河沉积也是沉积学家最为关注的一种沉积类型,河道频繁摆动和迁移及河床和河岸不稳定是辫状河的主要特征。

辫状河多发育于冲积扇与曲流河之间,具有河谷平直、弯曲度低、宽而浅的特征,其中沉积物的搬运方式以推移质的底负载为主;在整个河谷内形成很多心滩,而很多河(水)道围绕心滩分叉又合并,像"辫子"一样交织在一起。河道和心滩很不稳定,沉积过程中不断地迁移改道。河岸极易冲刷,在水流作用下河段迅速展宽变浅,河底出现大量不规则的心滩,使水流分散,河水主流摆动不定。同时,由于河流的流速大,河底输砂强度大,心滩移动、改造迅速,河床地貌形态变化快。辫状河形成于坡降大、洪泛间歇性大、流量变化大、河岸抗蚀性差、河载推移质与悬移质比很大的环境。

辫状河沉积砂体以心滩(坝)为主,通常心滩依据其延伸方向与水流的关系又可划分成纵向沙坝、横向沙坝及斜列沙坝。心滩(坝)是在多次洪泛事件影响下,沉积物不断向下游移动时垂向和顺流加积而成。砂体不具典型向上变细的粒序,但大型板状交错层理和高流态的平行层理较易发育,另一类砂体为废弃河道充填砂。辫状河河道一般是低速废弃,与活动河道错综联系,易于"复活",因此一般仍充填较粗的碎屑物。辫状河携带的载荷中悬移质少,因而以泥质粉砂质为特征的顶层沉积少,层内泥质夹层少,储集砂体的连通好。

辫状河沉积较粗,随自然地理环境不同,可以有砾石质辫状河与砂质辫状河,一般以含砾质沉积为主。辫状河河岸沉积物较疏松,侧向迁移与摆动十分迅速,因此形成多个成因单元砂体侧向连接成大面积连通的砂体;远源砂质辫状河中则可发育规模巨大的沙坪,尤其是在"混合效应"(Walker 和 Cant, 1976)的河流体系中。

(三) 曲流河砂体

曲流河是指 $S > 1.5$ 且 $BP=1$ 的高弯度单个河道,最典型的特征是发育点沙坝,又称边滩。曲流河道侧向迁移形成较宽广的板状砂体,对油气储存具有重要意义。曲流河多为单河道,河道蜿蜒弯曲,曲率较大,坡降较小,洪泛间歇性相对小一些,流量变化不大,碎屑物较细,推移质与悬移质之比低。河岸由于天然堤的存在,其抗蚀性强,整个沉积过程是凹岸(陡岸)不断侵蚀,凸岸(缓岸)不断沉积,这就是地貌学上的边滩的形成过程"凹岸侵蚀、凸岸加积"。

曲流河最重要的沉积过程与河流侧向迁移有关。凹岸受到侧蚀而垮塌，同时在凸岸产生沉积，河道增加弯曲度。这一过程不断进行，在每个曲流段的凸岸沉积了一个点沙坝，这是曲流河的主要沉积砂体。由于点沙坝是在凸岸侧向加积而成，这就构成了向上变细的粒序，沉积构造也由大型交错层理向小型流水沙纹演化，这就是常说的"点沙坝沉积序列"。点沙坝内各个侧积体之间可以冲刷接触，也经常披覆一些间洪期的泥质薄层（即侧积泥），这些侧积泥受沉积作用约束，通常发育在点沙坝中上部（图4-3），对点沙坝中上部的流体流动起到侧向阻隔作用。这都构成了点沙坝特殊的内部结构或构型，也是其重要的识别标志。需要注意的是，点沙坝主要发育在曲流河凸岸，而在凹岸河道内，有时也会发育反向坝沉积，其规模通常比点沙坝要小得多（图4-4）。

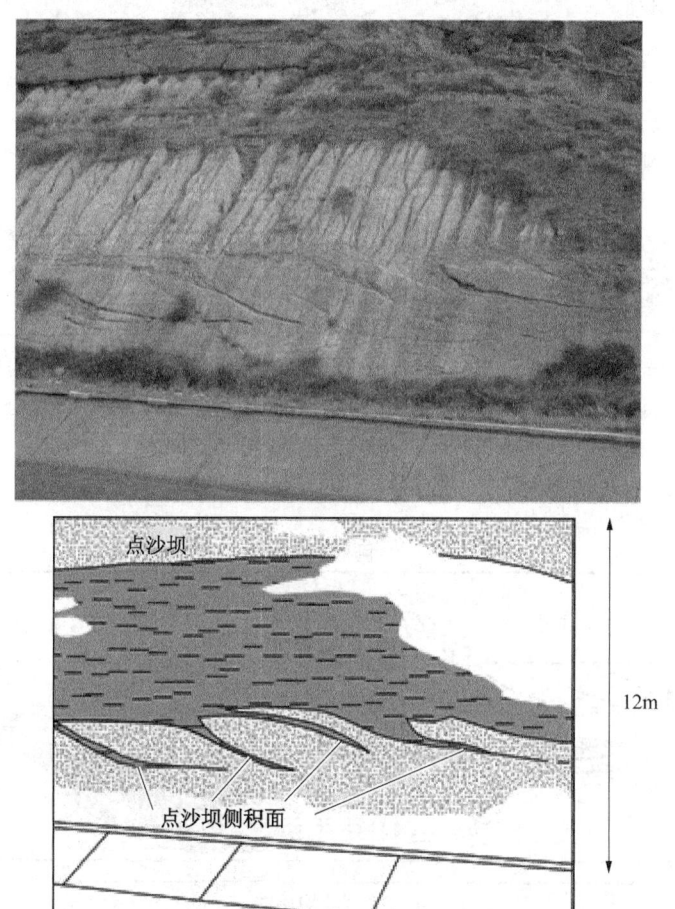

图4-3 曲流河点沙坝侧积泥分布特征（据M. Shepherd, 2009，修改）

另外，曲流河还发育天然堤、决口扇、牛轭湖等沉积，废弃河道沉积上部或大部分则常由泥质充填。这些砂体虽然发育程度差别较大，但可把各河段的点沙坝串通成一个曲流带砂体，与广泛发育的泛滥平原泥质沉积构成剖面上砂泥岩间互、平面上砂泥岩相变频繁的沉积层系。

从油气储层研究的观点出发，曲流河沉积的成因单元砂体为同期曲流沉积的曲流带砂体，其侧向连续性与河谷的宽度和河道的弯曲度有关。河流发生冲决改道时，老曲流带废弃，新的曲流带砂体开始沉积。不同成因单元之间曲流带砂体的连通程度受沉积速率、沉降速率和河流冲裂改道的频率之间的相对大小所控制（图 4-5）。沉积速率相对较快、沉降速率相对较慢时，易于形成相互连接、大面积分布的砂体；反之，则为孤立型砂体。

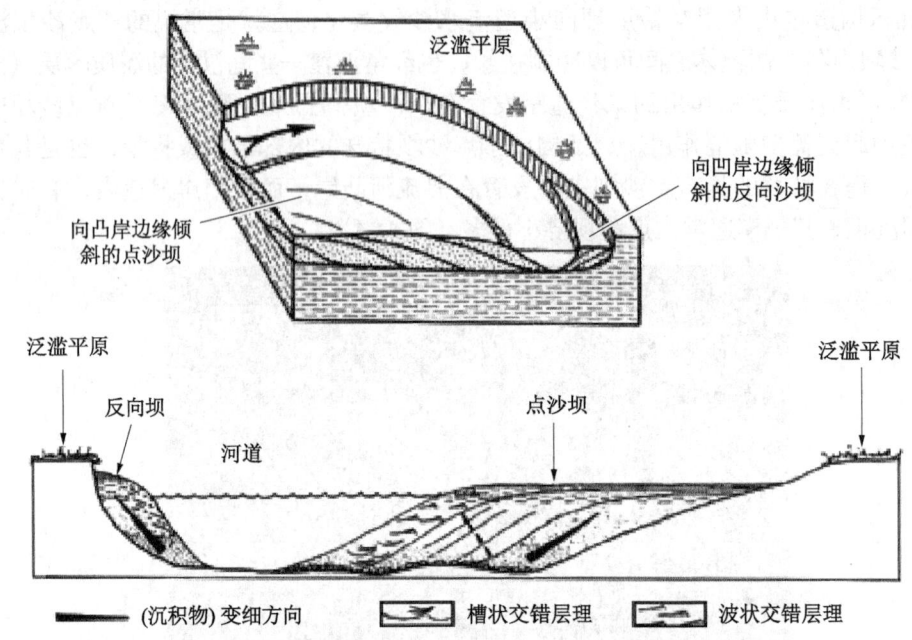

图 4-4 英国 Yorkshire 地区 Long Nab 段沉积环境解释的三维立体模型和理想化横剖面示意图（据 Alexander, 1992, 转引自李胜利等, 2020b）

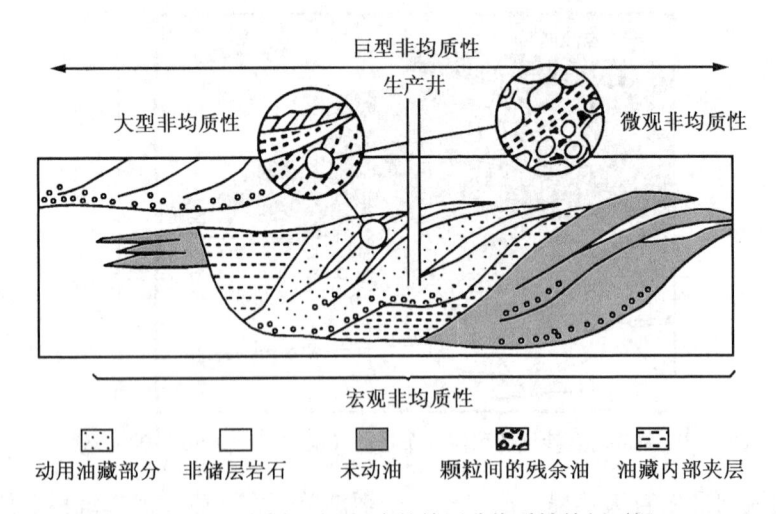

图 4-5 曲流点沙坝中所反映的不同层次的储层非均质性特征（据Tyler, 1988）

（四）网状河砂体

网状河又称网结河或交织河。网状河的 $S > 1.5$，$BP \geqslant 2$。网状河是沿固定的江心洲（心滩）流动的多河道河流。

Smith（1979，1983）研究加拿大西部一些现代网状河时，认为河道和心滩得以稳定发育的必需条件是气候适于植被大量生长，因此，网状河道砂总有泥炭沼泽伴生。但

Rust（1978，1983）在澳大利亚干旱大陆也发现了网状河，并且 Smith 在 1983 年的文章中也指出适宜植被大量生长的湿热气候这一条件要重新考虑，只要有稳定的岸质条件，就可发育网状河。

网状河道一般出现在河流的下游地区，其沉积物搬运方式以悬浮负载为主。河道本身显示窄而深的弯曲多河道特征，并顺流向下呈网结状。河道间则被半永久性的冲积岛（江心洲）和泛滥平原或湿地分开。冲积岛和泛滥平原或湿地主要由细粒物质和泥炭组成，其位置和大小较稳定，与狭窄的河道相比，它们占据了很宽的地区（占60%～90%）。我国西南部的气候温暖潮湿，因此，一些地区发育了此类河流。

网状河以河道砂体为主要沉积物，在河道内不断地填积，形成了多层叠加式的小型复合正韵律，横切剖面上多表现为多个单一河道的孤立式砂体叠置形式，砂体中具中型交错层理。河道最终废弃前可能演化成小型曲流河而沉积小型点沙坝。河道砂体呈现窄而厚的条带状分布特征，其他伴生砂体为天然堤和小型决口扇，但不占主导地位。河道的江心洲和河岸较坚固，因而河道稳定，这是网状河与辫状河的主要区别（图 4-6）。

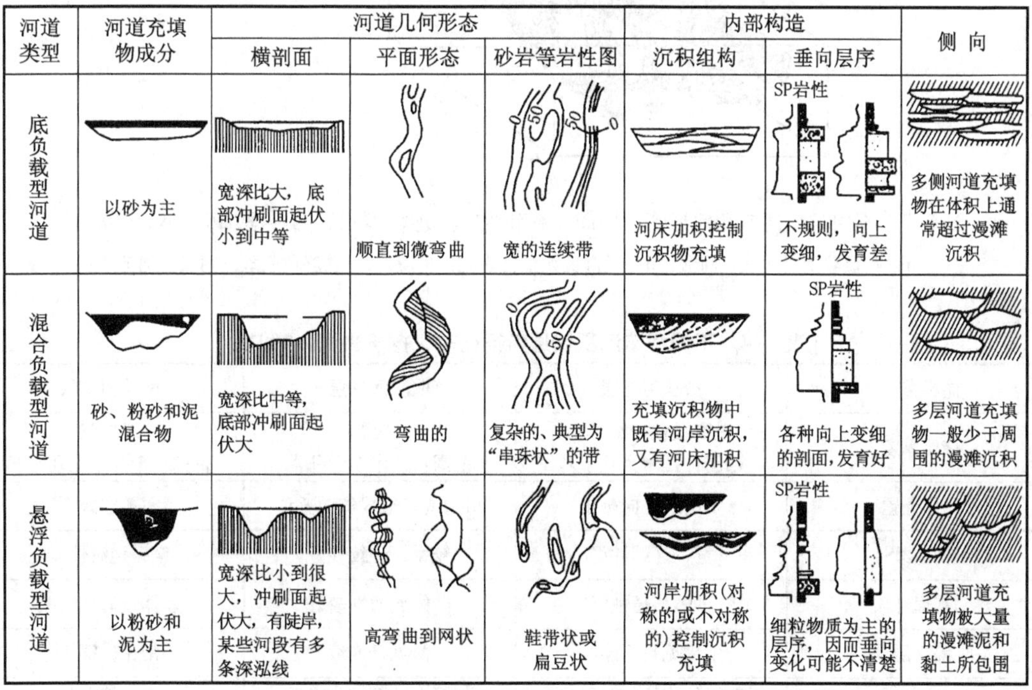

河道类型	河道充填物成分	河道几何形态			内部构造		侧向
		横剖面	平面形态	砂岩等岩性图	沉积组构	垂向层序	
底负载型河道	以砂为主	宽深比大，底部冲刷面起伏小到中等	顺直到微弯曲	宽的连续带	河床加积控制沉积物充填	SP岩性 不规则，向上变细，发育差	多侧河道充填物在体积上通常超过漫滩沉积
混合负载型河道	砂、粉砂和泥混合物	宽深比中等，底部冲刷面起伏大	弯曲的	复杂的、典型为"串珠状"的带	充填沉积物中既有河岸沉积，又有河床加积	SP岩性 各种向上变细的剖面，发育好	多层河道充填物一般少于周围的漫滩沉积
悬浮负载型河道	以粉砂和泥为主	宽深比小到很大，冲刷面起伏大，有陡岸，某些河段有多条深泓线	高弯曲到网状	鞋带状或扁豆状	河岸加积（对称的或不对称的）控制沉积充填	SP岩性 细粒物质为主的层序，因而垂向变化可能不清楚	多层河道充填物被大量的漫滩泥和黏土所包围

图 4-6　不同河道类型的地貌和沉积特征对比图（据Galloway，1977）

总之，不同的河流类型具有不同的水动力条件、迁移及演化规律，不仅造就出的地貌形态不同，各自形成的沉积物在岩性、粒度、沉积构造及其组合、垂向沉积序列和空间形态与展布等很多方面都存在着明显的差异（图 4-6）。同时，它们的储集砂体空间叠置形式与连通性也不尽相同（图 4-7、表 4-4）。

二、湖相滩坝储集体的形成与分布

根据洪水面、枯水面和浪基面，把湖泊相划分为滨湖亚相、浅湖亚相、半深湖亚相和深湖亚相，它们围绕湖泊的沉降中心呈环带状分布，另外，还可划分出湖湾亚相。滨湖亚相在风浪和湖流（湖泊波浪流）的作用下可以形成沿岸滩坝沉积；浅湖亚相至深湖亚相有时可形成风暴流和/或重力流（浊流）沉积。湖泊中除了碎屑岩沉积之外，湖盆碳酸盐及其他盐类沉积也可以出现，如胜利油田的礁相碳酸盐储层，柴达木盆地的盐岩、白云岩、泥岩混合沉积形成的非常规油气藏。盐类沉积的发现，增加了湖泊体系的复杂性。

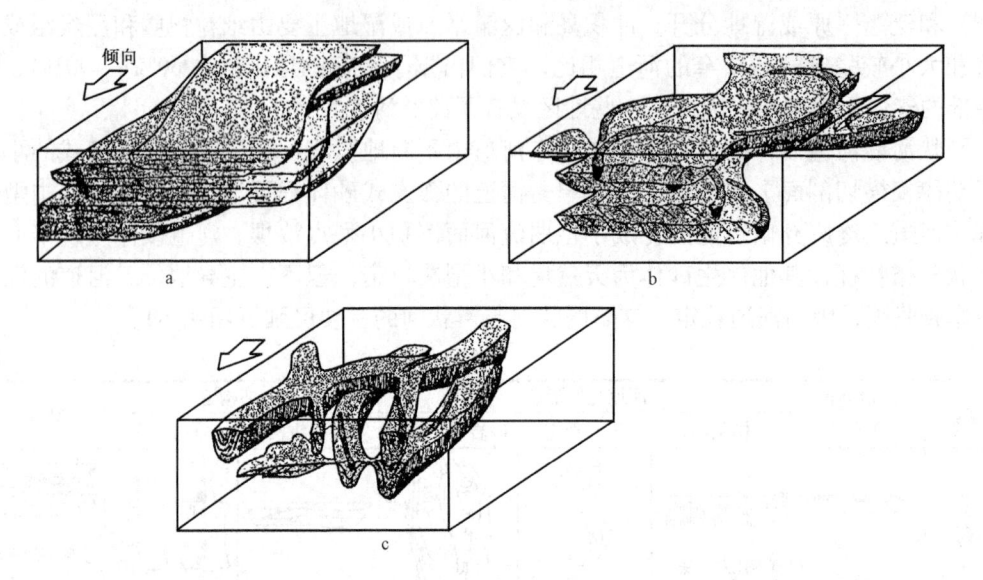

图4-7 不同类型河流几何形态、横向关系和内部层理构型示意图（据Galloway，1983）
a—底负载型（辫状）河流；b—混合负载型（曲流）河流；c—悬浮负载型（网状）河流

表4-4 不同河流沉积储层特征比较（据于兴河，2002）

储层类型	辫状河储层	曲流河储层	网状河储层
储层厚度	中厚层状—厚层状 范围：几米至几十米	中厚层状 范围：几米至十几米	厚层状 范围：十几米至几十米
砂体叠置	多层式垂向叠置	单边或多边式侧向叠置	孤立式
横向连续性	宽，连续性好	较宽，连续性好	窄，连续性差
连通性	砂体连通性好	砂体连通性较好	砂体连通性较差
隔夹层	不常见且不连续	常见且连续	常见，很多
垂向物性	无明显的规律，多呈现出高低相间的分段特征	自下而上，孔隙度降低，渗透率变差	变化特征与辫状河储层类似
平面物性	具成带、分段的特征 好储层块段成带出现	具分带、分块的特征 可划分出若干好储层区带	窄条带状储层交织成网状

湖泊四周紧邻陆源碎屑物源区，河流向湖泊中供应碎屑物质，从而形成了复杂的湖盆碎屑岩充填体系，故湖泊内砂体十分发育，分布广。从滨湖亚相、浅湖亚相至深湖亚相，均有砂体分布，它们常构成很好的油气储集砂体。但在湖盆不同位置的砂体，由于地形坡度、水深、离物源远近、水动力条件和形成机制都有所不同，因此砂体的形态和规模、岩性和物性等均存在着差别。根据砂体所在的湖泊亚环境及砂体沉积学特征，湖泊中可发育

各种三角洲（包括扇三角洲）、水下扇、滩坝、浊积砂体（表4-5）。对于一个陆相沉积湖盆来说，在位于湖泊的枯水面以上，还可能发育风成沙丘、河流砂体等。

就湖泊的波浪沉积作用而言，最为典型的砂体应属滩坝砂体，它们是滨浅湖地带常见的砂体沉积类型。在断陷湖盆的坳陷期，湖泊面积大，湖岸地形平坦，浅水区所占面积大，滩坝砂体最为发育。此外，围绕断陷湖盆中的古岛（古隆起、古潜山）也可发育滩坝砂体，它们以透镜状及薄层席状砂的形式分布于古岛周围。就其组成的物质成分而言，有陆源碎屑物质组成的砂质（包括砾）滩坝和湖内生物、鲕粒、内碎屑等物质组成的碳酸盐滩坝，但多数湖泊内的滩坝以陆源碎屑砂质滩坝为主。

（一）砂质滩坝

砂质滩坝的形成机理离不开波浪作用所形成的沿岸流与离岸流的再搬运和再沉积，其砂质主要来源于附近的河流—三角洲等沉积体系，但它不属于三角洲中的砂体类型，而是由波浪作用改造再搬运至湖泊中所形成的独立砂体类型。滩坝砂体的砂岩成熟度较高，具波状层理、平行层理、低角度交错层理、浪成沙纹层理等。

表4-5　湖盆主要储集砂体类型的沉积特征（据吴崇筠，1994，修改）

砂体类型		浊积砂体	三角洲	扇三角洲	水下扇	滩坝
沉积环境		深湖—半深湖	湖盆缓坡、河流入湖处	湖盆陡坡、冲积扇入湖处	湖盆陡坡、水下沉积	滨浅湖地区
沉积作用		浊流	牵引流、顺流加积（前积）	牵引流与重力流共生	重力流为主	岸流选积
泥岩特征		色深质纯	色浅质杂	色杂质杂	色深质纯	色浅质杂
储集砂体特征	岩性与层理	暗色深湖泥岩中夹正递变层理砂砾岩，常见鲍马序列与泄水构造	砂岩夹泥岩，常具三层（带）结构，以板状交错层理、浪成沙纹交错层理及复合层理为主	砂砾岩夹泥岩三层（带）结构，大型交错层理和浪成沙纹交错层理及递变层理	砂砾岩夹泥岩，无三层结构混杂堆积，大型板状交错层理与递变层理	砂岩和粉砂岩与泥岩频繁互层，浪成小型沙纹交错层理
	展布特征	层状叠置、砂泥互层朵状分布	层状叠置、朵叶展布	块状堆积，扇状展布砂包泥	块状堆积、扇体展布砂泥混杂	层状延展，砂夹泥层
	类型和韵律	近岸或远岸浊积扇及浊积水道砂体，鲍马序列	长河流三角洲、短河流三角洲，以反韵律为主	湖盆短轴陡岸、水退型三角洲、水进型三角洲，正反韵律均可	湖盆陡岸，以正韵律为主	湖盆边缘，正反韵律均有
湖盆发育阶段		最大深陷期	断裂后期或坳陷期	湖盆深陷后抬升期	断陷期的水进阶段	湖盆断陷萎缩期或坳陷期
相邻砂体		近岸浅水砂体、断崖湖岸	向岸：河流泛滥平原 向湖：浊积透镜体 向侧：滩坝	向岸：老山、冲积扇 向湖：浊积砂体	向岸：凸起老山 向湖：浊积砂体	向侧：三角洲等近岸砂体 向湖：浅湖 向岸：沼泽、河流

根据古地理位置、物源供给条件及形成滩坝的水动力条件，可把陆相断陷湖盆中发育的滩坝划分成四种成因模式。

(1) 湖岸线拐弯处滩坝沉积模式：在断陷湖盆发展的早期，如东营凹陷沙三段沉积时期，湖盆刚刚形成不久，湖盆周缘母岩区的地势高差较大，湖盆边缘参差不齐，形成部分湖岸线向陆方向凹的湖湾。当湖浪和沿岸流侵蚀、搬运大量碎屑物质流经上述湖湾地区时，湖岸线的拐弯变化造成沿岸流和湖浪能量的消耗，使得经淘洗的沙粒沉积下来，形成平行岸线伸展的长条状湖岸沙嘴，并逐步发展为条带状滩坝。这些滩坝沉积物由成分和结构成熟度均较高的砂岩和粉砂岩组成，常显示下细上粗的反韵律。韵律下部为滩坝外缘沉积，由粉砂岩和砂质泥岩不等厚互层组成，具水平纹理和波状交错层理；中部为滩坝主体，由分选磨圆好的中砂岩、细砂岩组成，具大型低角度交错层理；上部为滩坝内缘沉积，由粉砂岩和灰绿色泥岩互层构成，具水平纹理、生物钻孔及植物根等沉积构造（图4-8a）。

（2）水下古隆起处滩坝沉积模式：断陷湖盆水下古隆起的成因主要包括三种，即构造活动造成的隆起、火山喷发形成的隆起及持续性古地形隆起。一般来说，这些隆起相对远离陆源碎屑供给区，多受湖浪和岸流的综合作用，从而使得在陆源碎屑供给相对较少的地区，局部发育鲕粒灰岩和生物灰岩，构成鲕粒滩和生物滩。鲕粒灰岩呈块状，其中的正常鲕和表鲕的核心多为陆源碎屑。生物灰岩中含有大量的螺化石和介形虫化石，含量高达95%。中厚层生物灰岩可见波状层理。在垂向上，多下伏浅灰色砂岩、粉砂岩，上覆灰色泥岩，整体构成湖进序列（图4-8b）。

（3）三角洲侧缘滩坝沉积模式：当断陷湖盆处于盆地发育的断陷晚期和断坳时期，在断陷湖盆的缓坡，常发育较大型的三角洲。三角洲分流河道所携带的沉积物沿盆地短轴方向进入湖盆或早期的三角洲河口坝沉积后，再遭受到湖浪和岸流的重新改造，使沉积物沿湖岸线方向发生侧向移动，从而在三角洲侧缘形成滩坝沉积（图4-8c），这种滩坝多由灰绿色泥岩和粉细砂岩构成。粉细砂岩成分和结构成熟度均高，常含有鲕粒，发育波状交错层理和小型槽状交错层理。概率图为跳跃总体含量达70%以上的两段式。自然电位曲线多为齿化漏斗形和宽幅对称指形，在地震剖面上多响应丘形反射。这种滩坝的垂向序列整体显示下细上粗的反韵律，其中砂岩厚度可占整个韵律厚度的70%~80%。

（4）开阔浅湖滩坝沉积模式：这类滩坝位于平均枯水面与浪底之间。当与岸线垂直或斜交的波浪由湖盆中央向湖岸运动时，波浪触及浪底，形成升浪，并继续向岸方向运动形成碎浪，波浪能量消耗较大，使得较粗粒碎屑沉积下来，形成开阔浅湖滩坝。此类滩坝由浅灰色粉砂岩、细砂岩及泥质粉砂岩构成，砂粒分选和磨圆均较好，有时可见一些鲕粒。这类滩坝根据详细沉积特征，可进一步确定出近岸滩、坝、远岸滩三个次级单元。近岸滩临近湖平面，薄层砂岩中发育浪成交错层理，在垂向上，与棕褐色泥岩薄层间互，构成厚0.4~2m的反韵律。坝以发育厚层楔状交错层理、平行层理为特征，在垂向上常与灰绿色块状泥岩构成下泥上砂、厚约3m的反韵律。远岸滩靠近浪基面分布，发育透镜状层理、砂泥间互层理及丰富的生物扰动构造，在垂向上与灰色、灰绿色泥岩互层，构成厚约2m的反韵律。在湖退序列中，开阔浅湖滩坝自下而上总体显示泥岩颜色由灰色变为棕褐色、粒度由细变粗再变细、砂岩厚度由薄变厚再变薄的复合反韵律（图4-8d）。

滩坝砂体，尤其是沙坝，单层厚，粒度适中，分选好，孔隙较大，渗透率高，是很好的油气储层。一个完整的沉积相序主要为灰色泥岩（局部含生物碎屑）→泥质粉砂岩→细砂岩→泥质粉砂岩→炭质页岩。由于受沉积条件控制，常较难见到一个完整的沉积相序，但总是以反映较深水条件下形成的沉积产物开始，构成相序的底部；以反映浅水沼泽环境的沉积产物结束，构成沉积相序的顶部。其垂向常表现为复合粒序，先反后正的粒序。一个完整的滩坝沉积包括五种沉积微相，即坝前微相、滩坝外侧缘微相、滩坝内侧缘微相、滩坝主体（或坝顶）微相、坝后微相（图4-9）。

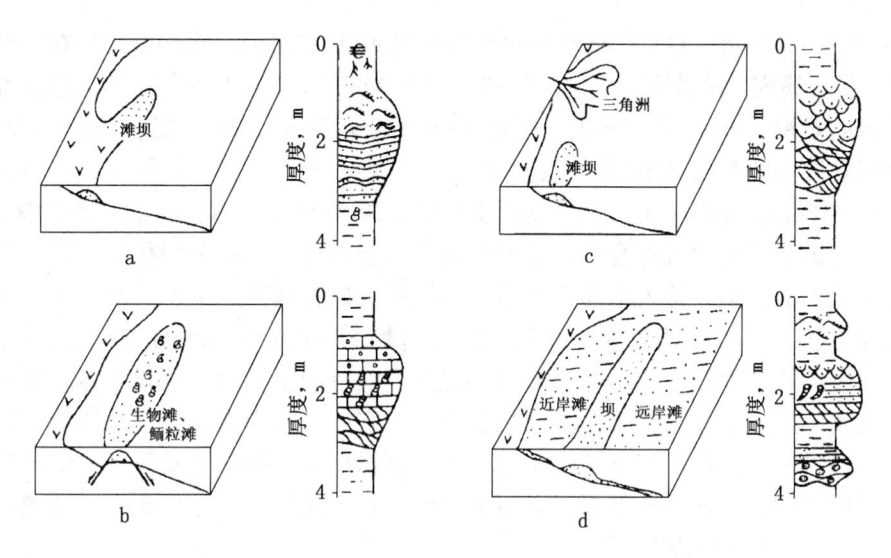

图 4-8 断陷湖盆滩坝沉积模式（据朱筱敏，1994）
a—湖岸线拐弯处滩坝沉积模式；b—水下古隆起处滩坝沉积模式；
c—三角洲侧缘滩坝沉积模式；d—开阔浅湖滩坝沉积模式

（二）碳酸盐滩坝

碳酸盐滩坝多分布于邻近物源区是碳酸盐岩的地区、附近无河流注入的比较安静的湖湾地区，其主要岩性为泥灰岩、石灰岩、白云岩，在岸边和水中隆起的高处往往发育鲕粒滩坝、生物贝壳滩坝，迎风一侧的碳酸盐滩坝发育较好。碳酸盐滩坝物性较好，也是很好的油气储层，主要发育在湖大水浅的时期，与砂质滩坝相同，如渤海湾盆地的沙一段、松辽盆地的嫩一段，都是在湖盆的第二次裂陷扩张期发育的。

三、三角洲相储集砂体的形成与分布

三角洲相位于海（湖）陆之间的过渡地带，是海陆过渡相的重要组成部分。有关三角洲的现代定义是在 20 世纪初才提出的。目前一般认为三角洲是指河流携带大量沉积物流入相对静止和稳定汇水盆地或区域（如海洋、湖盆、半封闭海、湖等）处所形成的、不连续岸线的、突出似三角形砂体，其规模大小主要取决于河流的大小、地势的陡缓及物源供给的多少。

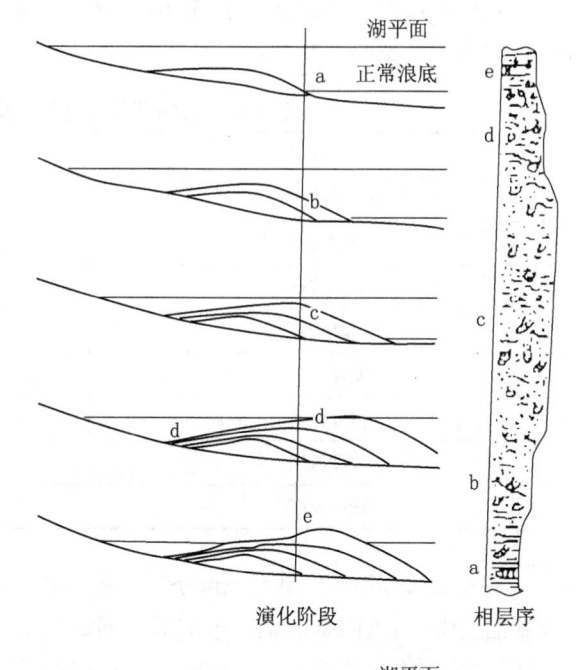

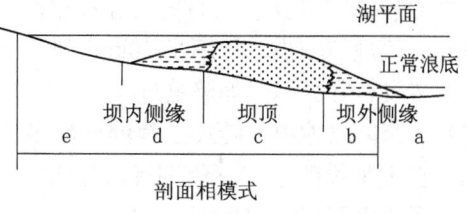

图 4-9 砂质滩坝沉积演化过程、相层序及相模式（据陈世悦，2000）
a—坝前微相；b—滩坝外侧缘微相；c—滩坝主体微相；d—滩坝内侧缘微相；e—坝后微相

早在 1885—1890 年，G.K.Gilbert 就对美国邦维尔湖（Lake Bonneville）更新统湖相三角洲沉积体进行了研究，并首次识别出三角洲沉积体具有三褶（层）结构，但其重要性并未引起人们足够的重视。J.Barrell（1912，1914）根据 Gilbert 对三角洲的描述，研究了阿巴拉契亚盆地上泥盆统卡茨基尔三角洲的沉积相特点，并划分出顶积层、前积层和底积层，分别描述了各层的岩性、层理、化石等特点。20 世纪 20 年代后，随着石油地质勘探的进行，发现许多油气田与三角洲沉积有关，由此开始了关于古代三角洲沉积相的研究。古代三角洲沉积往往是形成大型或特大型油气田的主要场所，如科威特的布尔干油田为世界上第二大的特大型油田，其可采储量为 $94 \times 10^8 t$；委内瑞拉马拉开波盆地的玻利瓦尔沿岸油田，为世界第三大的特大型油田，这两个油田的主要产油层均属三角洲沉积砂体。另外，墨西哥湾盆地是美国产油最多的一个含油气沉积盆地，它的石油产自白垩系、始新统、渐新统和中新统的砂岩中，其中大部分油气藏与三角洲沉积有关。我国也发现了大量与三角洲沉积有关的油田，如松辽盆地白垩系、渤海湾盆地古近系及准噶尔盆地侏罗系油藏等。

（一）三角洲分类及特点

影响三角洲形成的因素很多，主要有蓄水体的性质、水动力条件、地形坡度的陡缓、物源远近等。因此，国内外学者在研究三角洲时依据不同因素进行了各自的分类，总结起来，大致有八种分类方法（表 4-6）。这些分类方法相互结合，就可以较为准确地定名和描述各种不同类型的三角洲。

表 4-6　三角洲分类方案一览表（据于兴河，2002）

分类方案	分类结果
蓄水体性质	湖相三角洲、海相三角洲
水动力条件	河控三角洲、浪控三角洲、潮控三角洲
形态特征	鸟足状三角洲、鸟嘴状三角洲、港湾三角洲
供源体性质	扇三角洲、辫状河三角洲、正常三角洲
发育部位	陆坡型、陆架型、吉尔伯特型
河口作用	摩擦因素、惯性因素及悬浮因素为主的三角洲
粒度粗细	粗粒三角洲、细粒三角洲
结构成因	综合各种因素划分六类三角洲

按蓄水体类型可以划分出两类三角洲，如果蓄水盆地是大陆内部的湖泊，这个三角洲被称为湖泊三角洲；如果是浅海（或海湾、潟湖等），则称为海相三角洲。我国的实际情况是湖泊三角洲与油气的相关性更大。与海相三角洲相比，湖泊三角洲有其独特性，主要体现在以下几点：

(1) 一般规模较小，从不足 $10km^2$ 到几十平方千米变化；
(2) 多发育在断陷或坳陷盆地中；
(3) 在断陷盆地中，陡坡三角洲个数多、厚度大但规模不大，缓坡个数少但规模大；
(4) 在大型坳陷中，三角洲规模较大，但一般河口坝不太发育，多以水下分流河道叠置为主，形成水下三角洲平原；
(5) 河控三角洲为主，浪控三角洲少见，未见潮控三角洲。

从上述各种分类中不难看出，每种分类都突出了三角洲沉积体系的形态特点与各种作用之间的密切关系，所不同的是，有的分类比较强调单一的主导因素（河流、波浪和潮汐）

与三角洲整体形态的关系，而有的分类则更加强调多因素相互作用的背景环境对三角洲砂体形态、分布、厚度变化的控制作用。突出砂体特点是十分重要的，它不仅对三角洲的分类具有重要意义，而且由于这些砂体是三角洲中油气藏的主要储层，查明这些砂体的分布规律也是油气勘探的主要目的之一。

G.J.Orton（1988，1993）在 J.M.Coleman（1975）与 W. E. Galloway（1976）研究的基础上，再次研究了全球 34 个现代三角洲性质，依据三角洲的主要控制因素（粒度的粗细、几何形态、坡度、供源性质，以及沉积物供给的流域面积等）提出了一个三角洲详细分类方案，即结构—成因分类（编者观点）。这一分类方案更好地反映了不同三角洲所具有的特性（图 4-10）。然而，从粒度的粗细上可将三角洲划分为两大类五小类，粗粒三角洲又可进一步划分为多种类型（表 4-7）。

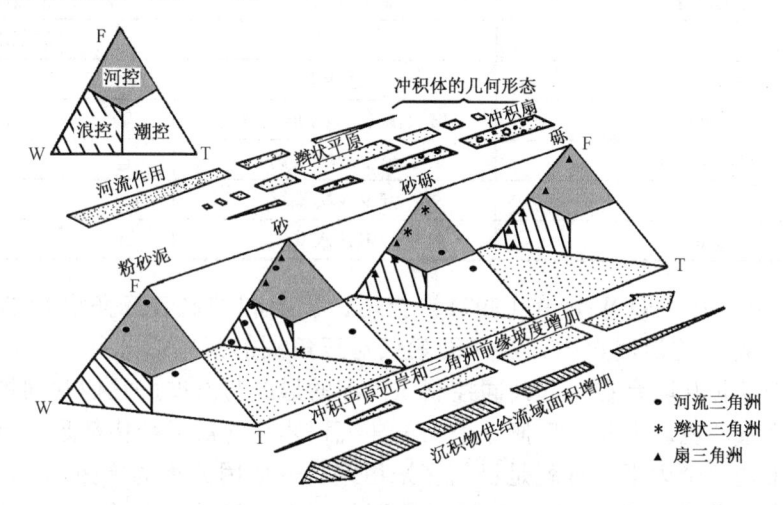

图 4-10　三角洲的结构成因分类图（据 G.J.Orton，1988）

表 4-7　三角洲的结构—成因分类方案与相带划分（据于兴河，2008，修改）

粒度分类	成因分类					亚相划分
粗粒三角洲	扇三角洲	海相	陆架型	陆相	水进型	四分法/五分法	上三角洲平原 下三角洲平原 三角洲前缘（内前缘、外前缘） 前三角洲
^	^	^	斜坡型	^	水退型	^	^
^	^	^	吉尔伯特型	^	吉尔伯特型	^	^
^	辫状三角洲	辫状河三角洲				^	^
^	^	辫状河平原三角洲				^	^
细粒三角洲	河控三角洲	鸟足状三角洲				三分法	三角洲平原 三角洲前缘 前三角洲
^	浪控三角洲	鸟嘴状三角洲				^	^
^	潮控三角洲	港湾状三角洲				^	^

（二）三角洲的储集砂体特征

三角洲沉积在平面上的分区性，是对三角洲进行沉积环境描述的主要依据，因而人们在进行三角洲研究时，通常从岸上到水下依次划分出三个相带或相区。随着油气勘探与开发的不断深入，以及陆相粗粒三角洲的发现，尤其是在研究砂岩储层的几何形态时，人们开始采用四分法（Le Blanc，1972）甚至五分法（表4-7），即将三角洲划分成上三角洲平原、下三角洲平原、三角洲前缘（可细分为内前缘和外前缘）及前三角洲等亚相，具体亚相或相区划分视不同地区的情况而定。三角洲微相类型较多（表4-8），具体划分方法对于不同地区则有所差异，通常出现的微相有分流河道、天然堤、决口扇、沼泽、分流间湾、水下分流河道、河口坝、远沙坝、席状砂、前三角洲泥等，这些微相的岩性及沉积构造各有不同。

表4-8 三角洲亚相与微相划分总表

三角洲平原		三角洲前缘		前三角洲
上三角洲平原	下三角洲平原	内前缘	外前缘	前三角洲泥
辫状河道、废弃分流河道		水下分流河湾		浊积砂
分流河道		水下分流间湾		滑塌沉积
天然堤		河口坝		浊积水道
决口扇		远沙坝		
分流间湾		席状砂（或风暴席状砂）		
堤外洪泛平原		障壁沙坝/潟湖		
潟湖		潮汐沙坝/潮坪		
沼泽		潮汐水道		

　　J.M.Coleman 和 L.D.Wright（1975）指出，影响和控制着三角洲形态、组成、结构及砂体分布特征的诸因素中，某一因素仅对三角洲的某些部分起主导作用，各因素都是以不同强度相互联合在一起共同控制三角洲的形成与发展，它们共同构成该三角洲体系的总体背景环境。因此，任何一个三角洲沉积体系的最终结构都是由整个背景环境决定的，而不是单个因素，这就是目前多采用结构—成因分类的原因。J.M.Coleman 和 L.D.Wright 全面分析了 55 个现代河流三角洲的四百个环境参数资料，经过统计对比，最后将它们综合为具有代表性的六大三角洲类型，每个类型都具有其独特的储集砂体形态和分布（图 4-11、表 4-9）。

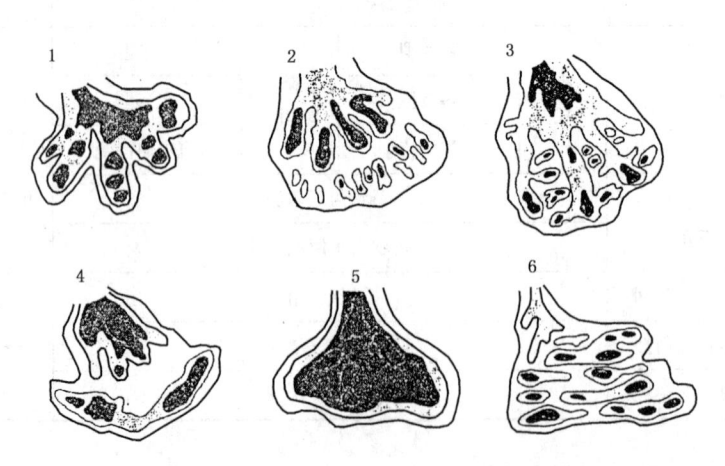

图4-11 根据多参数分析所得到的六种三角洲砂体形态分布形式
（据J.M.Coleman和L.D.Wright，1975）
色调越深，代表砂体越厚

表4-9 六种三角洲类型形成的地质条件、特点及实例（据L.D.Wright，1975）

类型	形成条件	储集砂体的分布特征	实例
1	低的波浪能量、小潮差和弱沿岸漂流、缓的滨外斜坡、细粒沉积物负载	分布广阔，指状河道沙垂直于岸线分布	现代密西西比河三角洲
2	低的波浪能量、高潮差，通常为弱的沿岸漂流，盆地狭窄	指状河道沙，向滨外过渡为长条状潮流脊状沙	奥德河、印度河、科罗拉多河、恒河—布拉马普特拉河三角洲
3	中等波浪能量、高潮差、低的沿岸漂流、稳定的浅水盆地	河道沙垂直于岸线分布，侧向与障壁海滩沙相连	伯德金河、伊洛瓦底江和湄公河三角洲
4	中等波浪能量、小潮差、缓的滨外斜坡、低的沉积物供应	河道和河口沙坝被前面的滨外障壁岛相连接	阿帕拉契拉和布拉索斯河三角洲
5	持久性的高波浪能量、低的沿岸漂流、陡的滨外陡斜坡	席状的、具有上倾河道沙的、侧向稳定的障壁海滩沙	圣弗兰西斯科和格里加尔瓦三角洲
6	高波浪能量、强的沿岸漂流、滨外陡斜坡	多列长条状障壁海滩沙，平行于岸线排列，具有被削平的河道沙	塞内加尔河三角洲

然而，不同类型三角洲体系的砂体所形成的几何形态与横向叠置关系也各具特色（图4-12），这就造成了它们在储层上的差异；同时，其沉积特征也决定了其生油层与圈闭类型不同（表4-10）。正是三角洲沉积形成的多样性导致了其储层类型与产能大小的巨大差别。

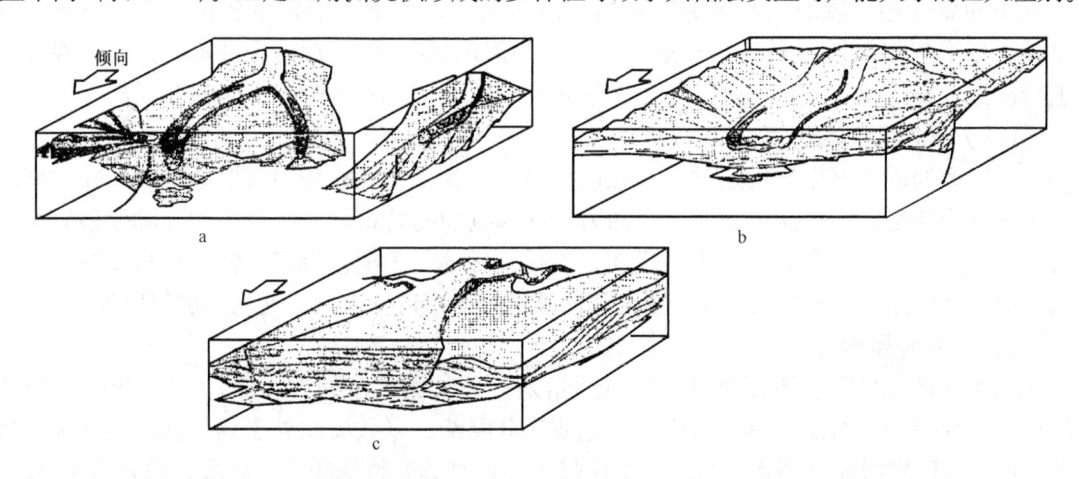

图4-12 三角洲体系内储油砂体的三维几何形态、横向关系和内部结构示意图（据Galloway，1983）
a—河控三角洲；b—浪控三角洲；c—潮控三角洲

表4-10 三类三角洲的生油层、储层及圈闭特点比较

类型	河控三角洲	浪控三角洲	潮控三角洲
生油层	富含有机质的三角洲平原和前三角洲泥，陆源易生气，有机质占优	海洋生物混入陆源生物，易形成优质生油岩	前三角洲泥和三角洲平原草沼
储层	分流河道、河口坝及席状砂为主要储层，孤立的决口扇与远沙坝为次要储层	分流河道、河口坝、海滩脊、沿岸坝为主，储层走向与侧向呈现定向性	分流河道、决口扇及潮流脊砂为主，多数储层不连续
圈闭	地层岩性圈闭较多	构造圈闭较多	地层圈闭为主

总之，三角洲沉积既有厚的生油层，又有质纯、分选好的储油层，加之三角洲沉积过程中局部的水进水退比较频繁，幅度也较大，这样就可形成众多的、良好的生储盖组合，进而形成油气丰富的油气聚集带。

四、滨（海）岸相储集砂体的形成与分布

滨海一般指从平均浪基面以上至最高浪潮面之间的地带，更简单地说，是在正常浪基面（一般在水深20m以内）以上的滨海区，又称海岸带。根据有无障壁性地形的存在，砂质海岸进一步划分为无障壁海岸和有障壁海岸两类。无障壁海岸又称为广海型海岸，它与广海陆棚之间无障壁岛，两者之间连通性很好，海岸地带沙坝或生物礁等障壁地形不发育，因此，此带明显地受到波浪和沿岸海流的作用，海水可以进行充分流通与循环。有障壁海岸又称为局限型海岸，障壁性地形的存在使近岸海与广海隔绝或部分隔绝，海水处于局限流通的状况，波浪作用较弱，较多地受潮汐作用的影响，水动力能量一般较低，海水的盐度也不正常。当海平面上升时，有障壁海与广海连通；当海平面下降时，则形成潟湖—潮坪。

气候正常时，风吹过海平面形成海面波动，由于风的流动带具有阵发性并带有涡流，它以不规则的切线应力作用于水面，将能量传递给水面，起初在水面上吹起波纹，波纹不断发展成波浪。它是海岸带向沿岸传送能量的主要形式，不仅本身具有侵蚀海岸和搬运改造沉积物的作用，而且还可派生沿岸流和离岸流。前者引起沉积物的沿岸漂流，后者造成沉积向海迁移。风浪从其生成区传播到沿岸地带，波谱不断发生变化；随着海水深度变浅，依次出现风浪、涌浪、升浪、破浪、拍岸浪（碎浪）、激浪和冲浪。因此，在波浪进行能量传导过程中，在不同的深度及海岸带其波形不同，所表现的特点也各异。

（一）无障壁海岸

无障壁的砂质海岸环境通常发育在以波浪作用为主、潮汐作用较弱的地区，并以海滩地貌发育为特征。根据海岸地貌、水动力状况和沉积物特征，一个典型的无障壁砂质海岸可以划分为如下几个单元：海岸（风成）沙丘、后滨、前滨、近滨（临滨）和逐渐过渡的远滨等几个单元。当海岸进积时，由远滨向陆地方向形成一个向上变粗的沉积序列。

（二）有障壁海岸

如果海岸地区存在着障壁性地形（通常是一种长而狭窄的地质体），如障壁岛、障壁沙坝、生物礁等，而使近岸海与广海隔绝或部分隔绝，以致海水处于局部循环的状况，这就构成了有障壁海岸（图4-13）。这个地带的特点是具有特殊的水文状况，即波浪作用弱，以潮汐作用为主；水动力能量一般不高；海水的盐度不正常，可以咸化或淡化，这与气候为干旱或潮湿及是否有大陆淡水的注入或淡水补给有关。因此，有障壁海岸在沉积物的性质、沉积构造类型，以及生物特征上均有独特性的一面。

有障壁海岸地带的主要营力是潮汐作用，其沉积组合主要是潮坪、潮汐通道、潟湖、萨勃哈盐碱滩、障壁岛和潮汐三角洲，还有冲溢扇。潮汐作用的地带可以分出三个带，即潮下带、潮间带和潮上带。潮下带处于低水位以下，沉积物总是被水覆盖，水下沉积物受到各种潮流的影响，涨潮、落潮对它均发生作用。潮间带处于涨潮、落潮高低水位之间的地带，受部分涨潮、落潮的影响，下部受潮汐影响较大。潮上带是指平均高潮线以上的、只有特大潮水时才影响到的地带。

在障壁面临广海一侧，如同海滩或无障壁海岸一样，主要受波浪作用的影响；在障壁

的向大陆一侧，即障壁的背后，则以潮汐作用为主。因此，要区分出沉积组合是有障壁海岸—潮坪潟湖体系，还是广海的无障壁海岸—陆缘海体系，一个十分重要的标志就是其沉积过程是以波浪为主还是以潮汐为主。据统计，现在世界上的海岸中约有13%为有障壁海岸。

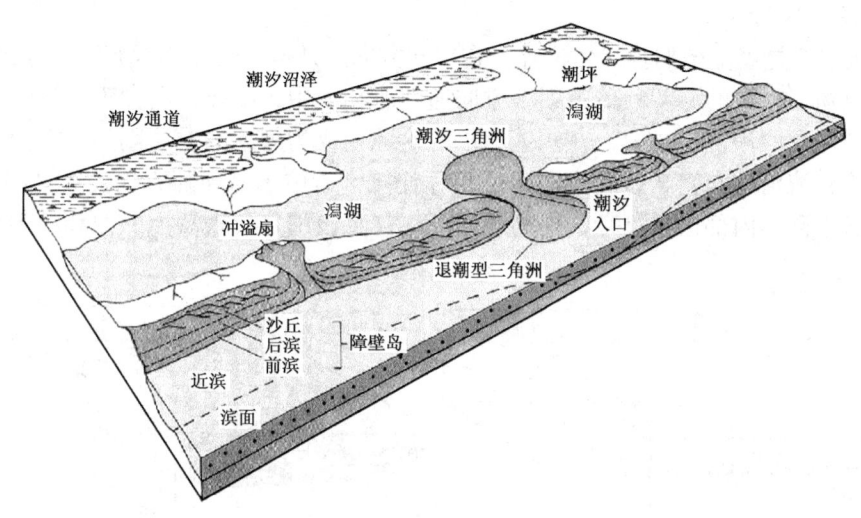

图4-13 有障壁海岸的地貌特征模式（据Blatt等，1980）

有障壁海岸相主要由三部分组成：(1)与海岸近于平行的一系列的障壁岛（堡岛链），依据海水的进退又可分为海侵（进）型与海退型；(2)障壁岛后的潮坪和潟湖；(3)潮汐水道系统，它连接着岛后潟湖、潮坪与广海，其中包括进潮口、潮汐三角洲和潮道。

（三）滨岸储集砂体特征与分布

就滨岸沉积储层而言，通常其孔隙度、渗透率较好，尤其是无障壁海岸砂岩储层，但这类储层通常由于夹层不太发育，开发中往往在正韵律的砂岩中会出现水窜现象，而在勘探中由于缺泥，其盖层的发育情况十分值得考虑和研究。一旦这类储层形成油气藏，往往具有较高的产能和储能，储层的侧向连续性也很好。

海岸沉积体系一般包含潜在的储油砂体与浅海泥相或受海水影响的富泥相，它们在垂向上形成互层。砂体通常平行于岸线，大多数滨岸带砂体向上倾方向尖灭，很可能发育成地层圈闭。海岸带波浪作用的广泛改造作用，产生结构成熟高的很好的储集岩，但由于生物潜穴作用和介壳物质因淋滤、再沉淀而生成方解石胶结物，孔隙度和渗透率可能会降低。

1. 海侵障壁砂体

海侵障壁砂体往往以孤立、狭长、平行于海岸走向的条带出现，是地层勘探的理想储层。由于滨线的摆动，海侵的沉积单元叠置产生厚的复合砂体（图4-14a）。砂体的聚集一般位于古地形的缺口处或构造坡折处和间断处。

2. 富砂的海滨平原砂体

富砂的海滨平原进积可形成广泛分布的、极好的储层（图4-14b），最好的储集体一般出现在上临滨和海滩沉积内的砂体之中。进积沉积序列可能出现在下临滨，可形成良好的油气产层。

3. 障壁沙坝砂体

多个障壁沙坝呈水平交错状，由此产生的成因砂体包围在泥岩之中，形成走向狭长带。在潟湖泥岩中不规则尖灭的进潮口砂和冲溢砂（扇）通常可确定一系列潜在的地层圈闭，这些圈闭一起构成平行走向的油气通路（图4-15）。

4. 潮汐水道砂体

砂体被多个尾朝陆地的舌状体横穿，在走向方向上延伸，形成不规则到不连续的砂带。河口湾充填物形成大的漏斗状体，朝海方向通到海相泥中，朝陆方向尖灭于泥质的非渗透性沼泽、潮坪和冲沟沉积物中，在构造简单的盆地内成为理想的地层圈闭。在潮控三角洲里，河口湾分流河道与富含砂的潮汐水道相互连接，砂体不易朝陆方向尖灭（图4-14c）。潮控的海滨带砂体内部极其复杂，被高度间隔，并且被那些代表潮上的泥和粉砂盖层横切（图4-14d）。

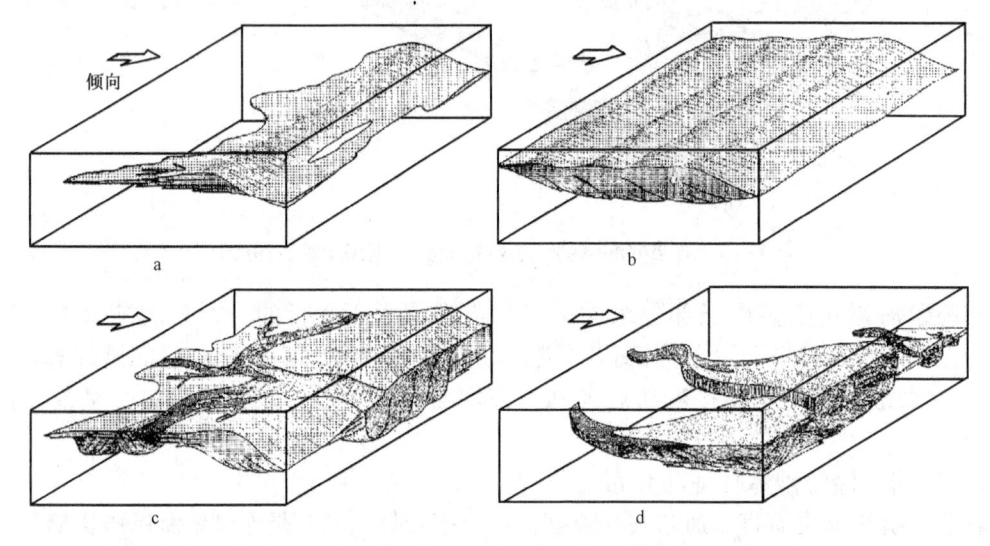

图4-14 海滨带体系典型储油砂体的三维几何形态、横向关系和内部构型示意图

（据Galloway和Hobday，1983）

a—海岸障壁沙坝；b—进积的富砂海滨平原；c—小到中潮过渡性海岸的障壁沙坝和进潮口复合体；
d—强潮海滨带的河口湾和潮下沙坝复合体

五、冲积扇砂砾岩体储层

冲积扇是发育在山谷出口处、主要由暂时性或间歇性洪水水流的冲刷作用形成、范围局限、形状近似于圆锥状的山麓粗碎屑堆积物。地貌学和第四纪地质学界又将冲积扇习称为洪积扇。它由山谷口向盆地方向呈放射状散开，其平面形态呈锥形、朵状或扇形，发育在那些地势起伏较大而且沉积物供给丰富的地区。通常是许多冲积扇彼此相连和重叠，形成沿山麓分布的带状或裙边状的冲积扇群。

从沉积学和地貌学的角度，冲积扇在平面上可划分为扇根（上扇或近端扇）、扇中（中扇或中部）和扇端（外扇或远端扇）三个亚相。由扇根至扇端，扇面坡度降低，地形、沉积层厚度及粒级由山口向边缘逐渐变缓、变薄及变细。

根据气候状况可以分出两类冲积扇，发育于干旱、半干旱气候区的冲积扇称为旱地扇；在潮湿、亚潮湿气候区的冲积扇可称作湿地扇，通常简称为旱（干）扇和湿扇。目前通过对全球冲积扇的初步统计来看，80%为旱扇。湿扇以具有常年性流水为特征，但常年河流对扇的大小影响很小，所以这种扇主要受特大洪水的控制，其面积是旱扇的数百倍，扇面坡度较低。旱扇与湿扇的共同特点是其平面形态均呈扇状或朵状，从山口向内陆盆地或冲积平原辐射散开。

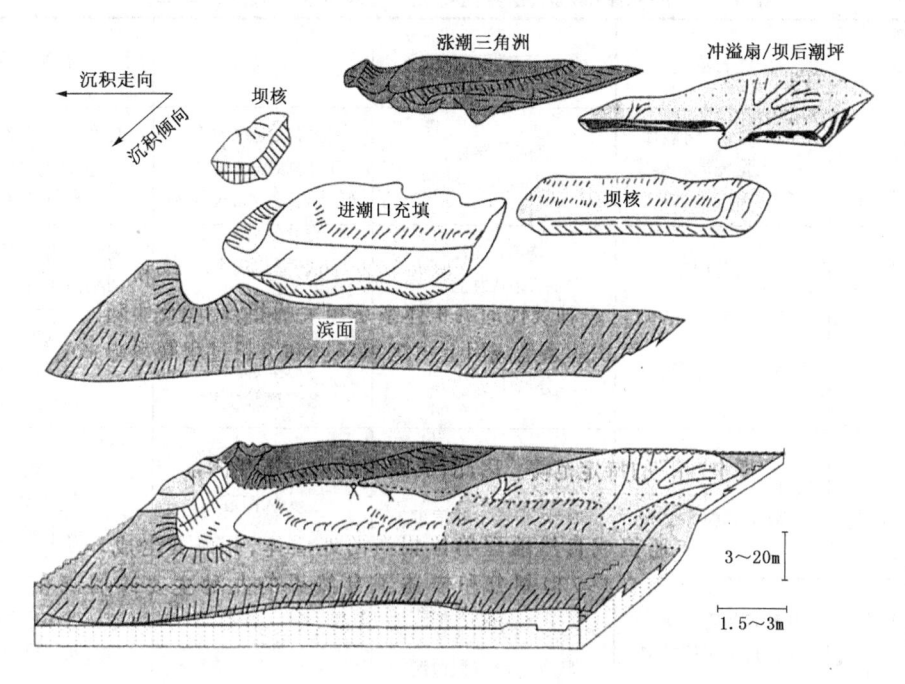

图4-15 障壁岛复合体的内部成因相砂体的空间配置图（据Galloway，1986）

现代和古代大的冲积扇通常发育在边缘断层的下降盘一侧。除了气候波动外，地质构造活动对冲积扇的发育及内部沉积序列的结构具有重要的控制作用。伴随着边缘断层的活动，冲积扇将不断迁移、退缩或推进。不同时期的和相邻的冲积扇体也将相互切割或叠置，从而形成厚度巨大、结构复杂的层序和旋回。它们可以是向上变粗变厚的沉积序列，也可以是向上变细变薄的沉积序列；可以是近端相叠置在远端相之上，也可以是相反的沉积序列。经常见到的是更为复杂的、由多个向上变粗或变细的旋回组成的大型沉积序列。

根据冲积扇沉积物的成因，布尔（Bull，1972）提出如下沉积物分类：

（1）碎屑流沉积物（也称泥石流）：其沉积物起因于重力与洪水作用，主要由碎屑流沉积而成。

（2）水携沉积物：其沉积物主要由暂时性或间歇性水流沉积而成，可进一步划分为片泛（漫流）沉积、河道沉积、筛积物。暂时性水流为高黏度块体流；间歇性水流则为低黏度液态流。

（一）碎屑流沉积

碎屑流又称泥石流，它是由沉积物和水混合在一起的一种高密度、高黏度流体，由于物质的密度很大，沿着物质聚集体内的剪切面运动。颗粒是由粒间的泥和水的混合物支撑并在重力作用下进行搬运的。沉积物含量通常大于40%的（甚至可高达80%）称为黏性泥石流，在10%～40%之间的称为稀性泥石流。黏性泥石流因含有大量泥基，流体强度很大，可以将巨大漂砾托起并进行搬运；稀性泥石流具有紊流性质，当泥石流的流速减缓时，便迅速地将大小不同的负载同时堆积下来，形成分选很差的砾、砂、泥混合的沉积物。所以，碎屑流沉积成几乎没有内部构造的块状层，颗粒大小混杂，粒度相差悬殊（表 4-11），有时可见向上变粗的逆粒序（图 4-16a）。

表 4-11 冲积扇的沉积物类型特征一览表（据于兴河，2002）

特征\类型		泥石流	河道沉积	筛积物	片泛沉积
形成条件与水动力		陡峻坡度，植被稀少；大量泥质和碎屑物；突发性洪水	植被不发育，地形高出基准面	母岩供给物质中以角状或次角状砾石为主，细粒很少	黏度低的洪水沉积，流水持续时间短且流速高
发育部位		扇根与扇中	均有分布，扇中为主	扇根与扇中	扇端，常伴有粗粒并切割河床的充填沉积
主要地质特点	岩性	大小混杂，分选很差	由砾石及砂组成，分选中等偏差	由次棱角状粗砾组成，分选较好，多级颗粒支撑	由砾石、砂或者少量的含黏土的粉砂组成，分选中等
	沉积构造	层理不发育，多呈块状可具粒序层	层理不太发育，单层厚度变化较大，可发育板状交错层理、水平层理及叠瓦状	块状构造	块状，可见交错层理或平行层理
	形态与产状	叶瓣状的舌状体，夹于片泛沉积之中	呈下切—充填透镜状，底部凸凹不平或呈上凹状与片泛沉积过渡	透镜状	单独砂体呈透镜体，共同组成板片状

（二）片泛沉积

片泛沉积主要是游荡性河流的片状砂、粉砂和砾石沉积，是扇积物的主要沉积类型之一。它可以说是一种从冲积扇河流末端漫出河床而形成的宽阔浅水中沉积下来的产物，沉积物为呈板片状的砂、粉砂和砾石质。更确切地说，片泛沉积是一种分布于河道下游末端，水流为一种极浅的坡面径流。因此，片流的特点是水浅流急，为高流态的暂时水流。片流多出现在交会点以下水道的下游地带。洪峰过后，片流又迅速变为辫状水道及沙坝。砂层具平行层理和逆行沙波层理（图 4-16b），衰退的洪流可产生向上变细的沉积序列。

（三）河道沉积

冲积扇上的河道多分布在冲积扇的上半部（Bull，1972），是指暂时切入冲积扇内的河道充填沉积物。典型的扇根河道直而深，逐渐变浅，大多为辫状河道。在交会点（水道纵剖面线与扇面的交点）以下，河水易漫出水道形成片流，但当水道中有充足的水补给时，交会点以下直到扇端都有水道发育。半旱—旱地扇上的水道多为宽而浅的间歇性河流，主要的沉积过程发生在雨季短暂的洪水期。砂层具过渡流态和高流态的平行层理和粗糙的板状及槽状交错层理（图 4-16c、d），砾石常呈叠瓦状排列（表 4-11）。冲积扇上的水道很不稳定，经常迁移改道，每次洪水期的水系分布都有很大变化，老的水道充填沉积物常被以后的片流沉积物所覆盖，所以河道沉积相向上多过渡到片流沉积相，构成向上变细的旋回。

（四）筛积物

当洪水携带的沉积物缺少细粒物质（粉砂和泥）时，便形成由砾石组成的沉积体。砾石层具有极高的孔隙度和渗透率，在紧靠交会点的下面，这些舌状的砾石层像筛子一样，水流大量从砾石层渗到地下，同时将携带的细碎屑填积在大砾石间的空隙内，形成具双众数粒度分布特征的砂砾岩，这就是筛积物。通常筛积物在扇体中是一种局部性的堆积，并会导致扇体坡度的进一步减小，因此，表现出发育在扇体表面呈舌状的砾石层沉积物。

上述四种沉积物（或沉积相）在冲积扇中的分布很不固定，常随每一次洪水期径流量的变化和扇面水系分布的改变而变化。通常，每次洪水泛滥不都是将整个冲积扇全部淹没，总会有大小不等的部分地段暴露在水面之上。因此，在沉积区内，河道充填和片泛沉积是分布最广和最常见的储集体；在细粒物源充足的冲积扇上，泥石流沉积也可占据冲积扇上部的相当大部分；筛积通常只是局部发育。因此，扇根以碎屑流与河道沉积的砂砾岩储集体为主；而扇中则以河道沉积和筛积物形成的砂砾岩与含砾粗砂岩储集体为特征；扇端则通常发育透镜状河道砂与片流沉积的薄层细砂岩储集体。

六、重力流砂体储层

自20世纪50年代早期勘探人员发现重力流砂体可成为极重要的油气储层之后，以重力流砂体作为油气储层的油气田在世界各地被陆续发现，使重力流砂体成为继河流、三角洲之后又一个找油的重要新领域。重力流砂体储集

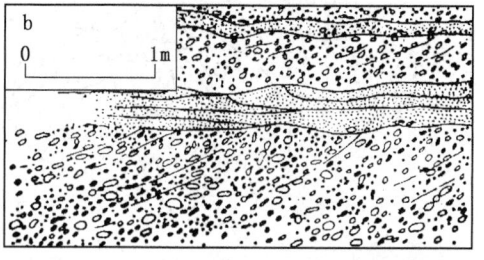

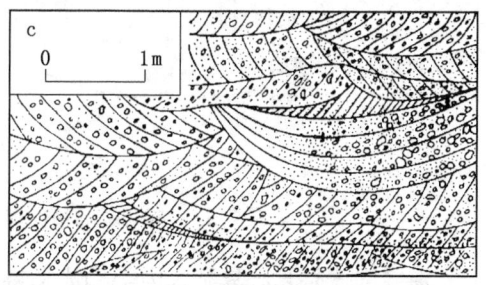

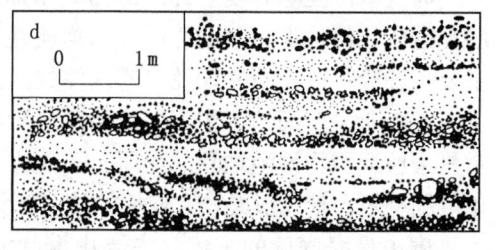

图4-16　苏格兰老红砂岩冲积扇沉积物中的四种砾石相（据Dluck，1967）
a—泥石流沉积的副砾岩；b—片流沉积的砾岩；
c—水道沉积的槽状交错层理砂砾岩；d—水道沉积砾岩

物性好、近油源且储盖配置条件优越，故成为当前岩性地层圈闭勘探的重要储层类型。

海相和陆相环境均能形成重力流砂体储层。海相环境重力流砂体主要形成于陆坡和海底平原地区发育的海底扇中。较其他重力流沉积类型，海底扇的研究程度相对较高，加拿大的Walker（1978）在详细研究和总结了有关海底扇的亚相、微相、扇地形和沉积环境之间的关系基础上，提出的海底扇相模式目前被普遍接受和应用（图4-17）。它的相模式和垂向沉积序列均表现为推进式复合叠置的向上变厚、变粗沉积序列。它的特点是扇相砂体、砂砾岩体与深水泥页岩间互出现。其中的每个"扇叶"平面上呈扇形或朵状，横剖面呈顶平底凹状，纵剖面或放射方向剖面呈楔状。从根部至扇缘相带依次为补给水道—内扇—扇中—外扇，相应的岩石类型为颗粒支撑或杂基支撑的砾岩—有序或无序砂砾岩—卵石质砂

岩或块状砂岩—典型浊积岩。

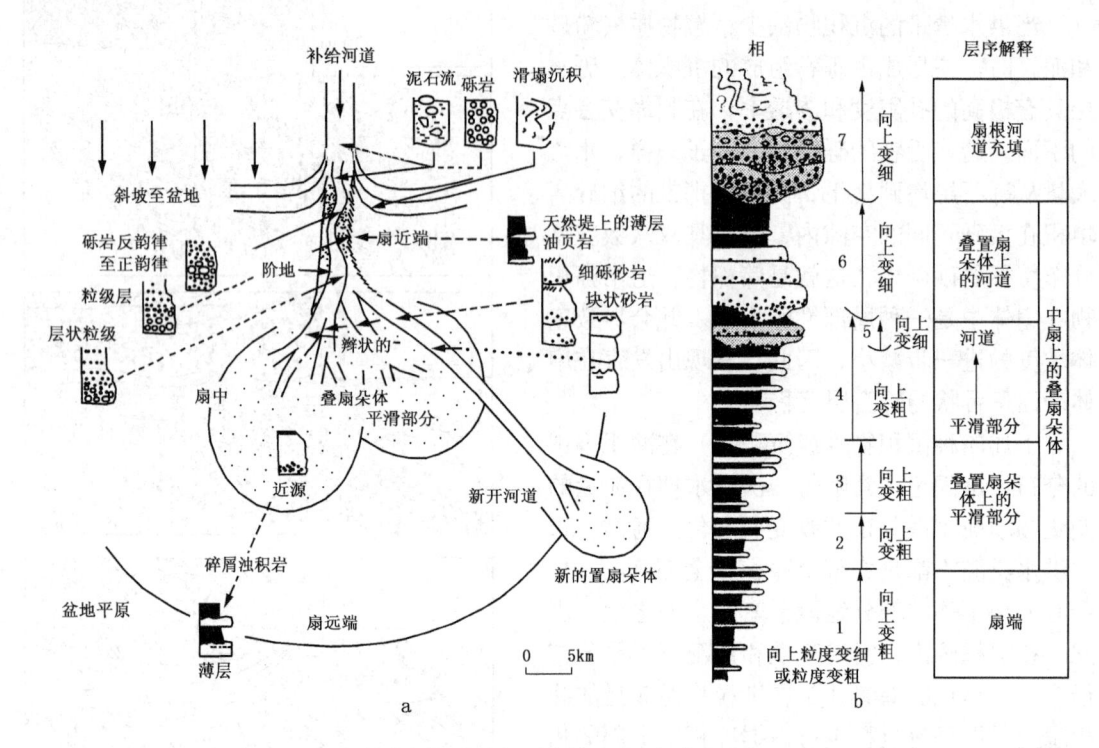

图4-17 海底扇的相模式与垂向沉积序列（据R.G.Walker，1978）

海底扇体是具有复杂的内部构成和特征的几何形态。不同亚相类型形成的重力流砂体储层在砂体几何构型、储层物性及非均质性等方面表现均有差异（图4-18）。内扇重力流储层主要是补给水道充填砂以及水道两侧的天然堤。水道砂主要由砾岩、含砾砂岩及块状砂岩构成，发育向上变细的沉积序列，杂基含量高，储层物性差，非均质性较强；两侧的天然堤通常是细粒沉积物漫溢堆积的场所，表现为不同序次的典型浊积岩，储层物性相对较好，但分布范围有限，难以形成较大规模的油气储集砂体。

扇中是海底扇的主体，主要由辫状河道、河道间及无水道区席状砂等成因单元构成，是形成重力流砂体储层的最主要部位。辫状河道以卵石质砂岩（或含砾砂岩）和块状砂岩为主，有时可见颗粒流和液化流沉积。辫状河道一般宽300～400m，深一般不超过10m。由于扇表面辫状河道的迁移和加积作用可使砂体连续出现，从而形成孔隙度和渗透率都非常好的优质厚层储层。扇中无水道区域以漫溢沉积为主，发育据鲍马序列的浊积砂体，也可成为油气储层。扇端亚相与扇中亚相无水道部分相接，地形平坦，基本无水道，沉积物分布宽阔而层薄，典型沉积是C—E序列和B—E序列的末梢相浊积岩和深水泥页岩互层（图4-18），粒度细，以粉砂岩、泥岩为主，孔隙度和渗透率较小，储层条件偏差。

陆相环境也具有形成大量重力流砂体储层的沉积条件。我国重力流砂体储层主要集中在东部中生代、新生代陆相断陷湖盆中，并且已经成为断陷湖盆中的主要储集砂体类型之一。湖盆中的重力流成因砂体，在我国一般笼统地称为水下扇。根据水下扇的形成机制及砂体分布位置，可将其进一步分为四种类型，即近岸水下扇、远岸浊积扇（湖底扇）、滑塌浊积扇和轴向重力流水道砂体。它们在断陷湖盆中分布在不同的构造位置，具有各自的沉积特征与内部结构。

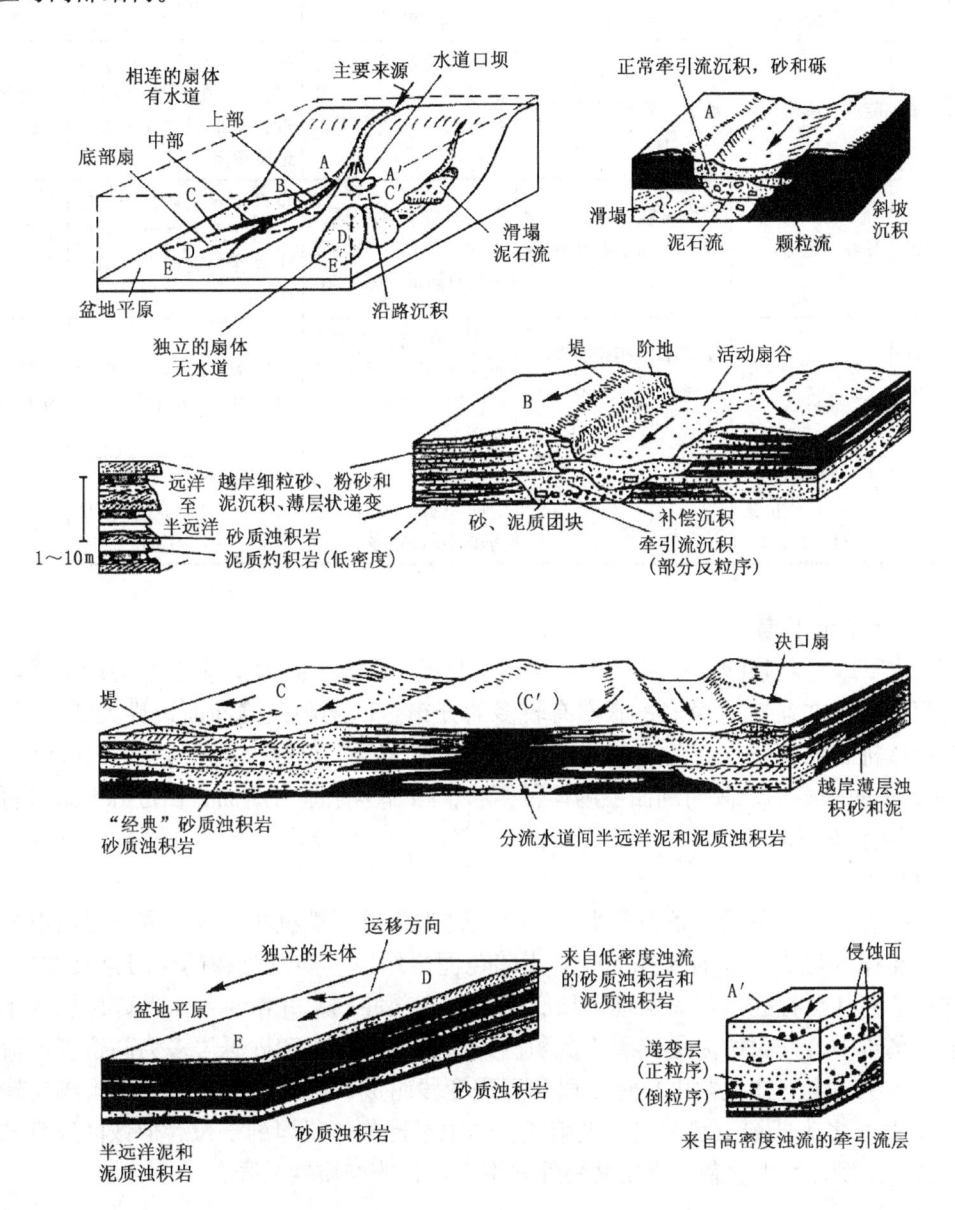

图4-18 深海扇的相模式
（据Mutti和Ricci Lucchi，1978；Walker，1978；Shanmugam和Moiola，1985，转引自Einsele，2000）
注意有水道的、相连的扇体和独立的、无水道的扇体的区别，独立朵体更能表现规则的浊积序列

水下重力流沉积的扇体是指重力流所携带的沉积物在湖泊内卸载而形成的扇形堆积体或沉积体。目前，此类扇体的名称较多，主要是不同学科专业的分类标准不同，一类是沉积学者依据沉积作用而取名，如水下扇、近岸水下扇、浊积扇或远岸浊积扇等；另一类是层序地层学依据发育盆中的位置而取名，如湖底扇、斜坡扇等。根据扇体的分布位置、物质来源及形成机制，结合我国东部古近纪断陷湖盆中水下重力流扇的沉积特征，将其归纳为四种基本类型：近岸水下扇、远岸浊积扇、滑塌浊积岩及轴向重力流水道（表4-12）。

表4-12 陆相湖盆重力流砂体储层特征

重力流体系	发育位置与平面形态	主要储集相带与岩性	储层非均质性	圈闭发育条件	砂体叠置方式
近岸水下扇	陡坡，扇形	中扇辫状水道，以含砾砂岩和块状粗砂岩为主	砂体侧向连续性差，钻遇率和油层连通系数低，需较密井网开发	砂体侧向尖灭，位于基岩之上或不整合面附近，常形成岩性尖灭或地层圈闭	多层式或孤立式
远岸浊积扇	缓坡，扇形	中扇辫状水道，以含砾砂岩和块状中细砂岩为主	平面非均质性较强，层内非均质性受沉积序列及河道迁移控制	发育于湖侵期，砂体位于深湖泥岩之中，常形成岩性尖灭或岩性透镜体圈闭	多层式或孤立式
滑塌浊积扇	三角洲前端，朵状或朵叶状	规模小，相带分异不明显，以细砂岩、粉砂岩为主	砂体几何属透镜体，面积较小，砂体连续性差，平面非均质性强	被深湖泥岩包裹，形成岩性透镜体圈闭	无明显砂体叠加
轴向重力流水道	湖盆断槽或沟槽中，线状或条带状	水道砂体，以中粗砂岩及含砾砂岩为主	平面非均质性受断槽走向控制，层内、层间非均质性较强	发育断槽中，砂体沿走向分布，侧向尖灭，常形成岩性尖灭圈闭	多层式

（一）近岸水下扇

近岸水下扇是断陷湖盆中具有特点和较常见的一种沉积类型，发育在陡岸靠近断层下降盘的深水区，在盆地的深陷扩张期有较多的分布。以泌阳凹陷南面边界大断层下降盘，在渐新统核桃园组三段发育的双河镇近岸水下扇体为例，该扇体面积73～120km^2，厚度达500m，平面为扇形，倾向剖面上扇体呈楔状，根部紧贴基岩断面，由近源至远源可细分为内扇、中扇和外扇。

1. 内扇

内扇主要发育一条或几条主要水道，沉积物为水道充填沉积、天然堤及漫流沉积，主要由杂基支撑的砾岩、碎屑支撑的砾岩夹暗色泥岩组成。杂基支撑的砾岩常具漂砾结构，砾石排列杂乱甚至直立，不显层理，顶底突变或底部冲刷，并常见到大的碎屑压入下伏泥或凸于上覆层中，一般认为是碎屑流沉积。碎屑支架的砾岩和砂砾岩多为高密度浊流沉积产物，单一序列由下往上常由反递变段和正递变段组成，有时上部还可出现模糊交错层砂砾岩。SP曲线多为低幅齿状，也可见箱状。内扇是储集体最厚的部位，但该区发育的储层因粒度较粗，而且大小混杂，通常其物性并不太好，非均质性很强。

2. 中扇

中扇为辫状水道区，是扇的主体。辫状水道缺乏天然堤，水道宽且浅，很容易迁移。水道的迁移常将水道间地区的泥质沉积冲刷掉，因而垂向剖面上为许多砂岩层直接叠覆，中间无或少泥质夹层，但冲刷面发育，形成多层楼式叠合砂砾岩体。中扇以砾质、砂质高密度浊流沉积为特色，单一序列多为0.5～2.0m。向盆地方向粒度变细，分选变好，水道浊积岩以砂质高密度浊流沉积序列为主，水道不明显的浊积砂层顶部可出现低密度浊流沉积序列。水道之间的细粒沉积以显示鲍马序列上部段为主。中扇自然电位曲线为箱形、齿化箱形、齿化漏斗—钟形等。在水下扇中，此带是储集砂体发育最好的区带，无论是储层的物性还是厚度，其储盖组合均为最有利的地区。

3. 外扇

外扇为深灰色泥岩夹中薄层砂岩，砂层可显平行层理、水流沙纹层理，以低密度浊流沉积序列为主，自然电位曲线多为齿状。

（二）远岸浊积扇

远岸浊积扇这一概念是由海底扇引申来的，在湖泊中一般指带有较长供给水道的重力流沉积扇，因此，有人也称其为湖底扇，断陷湖盆的远岸浊积扇常发育在深陷期的缓坡一侧。在湖滨斜坡上，若有与岸垂直的断槽，岸上洪水携带的大量泥砂通过断槽进行搬运，直达深湖区发生沉积，形成离岸较远的重力流沉积扇。远岸浊积扇实际上是由一条供给水道和舌形体组成的重力流扇体系，可与Walker（1978，1979）的海底扇相模式对比。典型的例子有东营南斜坡梁家楼湖底扇（图4-19）。远岸浊积扇也可进一步划分为补给水道、内扇、中扇和外扇几个相带。

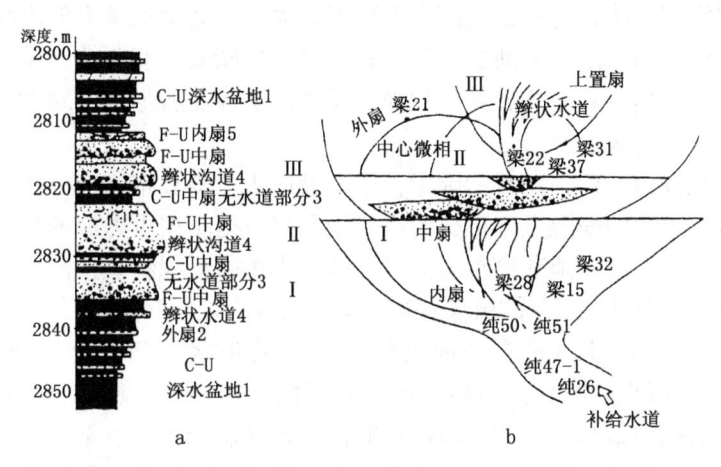

图4-19 东营凹陷纯梁地区沙三中亚段远岸浊积扇相模式及相层序（据赵澄林，1981）
a—三个"扇叶"的叠加，并依次向湖中心推进；b—三个不甚完整的相层序的叠加

补给水道的沉积物较复杂，其中可以充填粗碎屑物质，如碎屑支撑的砾岩和紊乱砾岩、砾状泥岩和滑塌层等，也可以完全由泥质沉积物组成。

内扇由一条或几条较深水道和天然堤组成。内扇水道岩性为巨厚的混杂砾岩、碎屑支撑的砾岩和砂砾岩，天然堤为细粒沉积，可显鲍马序列。

中扇辫状水道发育典型的叠合砂（砾）岩，单一沉积序列粒级变化由下向上是砾岩—砂砾岩或砾状砂岩—砂岩，主要为砾质至砂质高密度浊流沉积。在中扇前缘区，河道特征已不明显，粒度变细，以发育具鲍马层序的经典浊积岩为主。

外扇为薄层砂岩和深灰色泥岩的互层，以低密度浊流沉积层序为主。

与海底扇相模式相似，远岸浊积扇可以是由多个舌形（朵状）体组成的复合体，在垂向剖面上总体呈水退式反旋回，其中每一个单一砂层均呈正韵律特征。

（三）滑塌浊积岩

滑塌浊积岩大多是由浅水区的各类砂体，如三角洲、扇三角洲和浅水滩坝等，在外力作用下沿斜坡发生滑动、滑塌、再搬运而形成的浊积岩体，其砂体形态有席状、透镜状和扇状等。滑塌浊积岩体的岩性变化大，与浅水砂体的岩性密切相关。

以三角洲为物源的滑塌浊积岩体的粒度较细，沉积剖面中以砂岩、粉砂岩及暗色泥岩为主，砂岩中常见完整的和不完整的鲍马序列，并普遍发育有明显滑动和滑塌作用的特征标志，常有滑动面、小型揉皱、同生断层、变形构造和底负载构造，以及具有砂泥混杂结构的混积岩。垂向上可以看到三角洲与滑塌浊积层的上、下沉积序列连续沉积的关系；横向上反映出三角洲与前缘深水斜坡上滑塌浊积层的分布关系。

湖盆边缘的扇三角洲砂体，厚度大，形成一定坡度，处于不稳定状态，很容易产生滑塌再搬运，在其前方低洼处形成滑塌浊积岩体。这类滑塌浊积岩的成分与提供其物源的扇三角洲相似，粒度比其后方的扇三角洲细，但仍含大量的粗碎屑物质。沉积剖面以砂砾岩、砂岩和深灰色泥岩的互层为主，除发育具完整的和不完整的鲍马序列浊流沉积外，还发育大量不宜用鲍马层序描述的高密度浊积岩，并常见滑动和滑塌构造及各种泄水构造。

（四）重力流水道砂体

在深水重力流沉积体系中除了扇状浊积砂体外，还有非扇状重力流砂体，即重力流水道砂体。在湖泊沉积环境，特别是我国东部断陷湖盆中，断槽型重力流沉积最为典型，即断层控制所形成的断槽。断槽按断层的控制特点可分单断式和双断式，单断式指一条断层控制所形成的箕状断槽，双断式指两条倾向相反的断层控制所形成的地堑状断槽，我国断陷湖盆以单断式断槽较常见。

断槽型重力流分布广泛，湖盆的陡岸、中央隆起带、斜坡带均有分布。断槽型重力流的类型多样，按重力流的来源方向可分为拐弯型和直流型；按重力流的物质来源可分为洪水型和滑塌型。其中，洪水型断槽重力流是山区洪水携带沉积物直接流入断槽而成；滑塌型断槽重力流是三角洲或扇三角洲前缘发生滑塌，然后流入断槽而成。

断槽型重力流水道砂体是在平面上呈不均一的带状、剖面呈透镜状分布的砂砾岩体，具有重力流沉积的特征。断槽型重力流沉积可分为两个亚相：水道亚相和漫溢亚相。水道亚相是断槽中最深的沟道，单断式断槽靠近断层分布，也是水下重力流最粗碎屑沉积的场所，岩性以卵石质砾岩、块状砂岩、平行层理砂岩为主。漫溢亚相位于水道亚相的两侧，系重力流溢出水道沉积而成，以典型浊积岩沉积为特征。

（五）陆相湖盆重力流砂体储层特征

陆相湖盆四种典型的重力流沉积体系均可形成优质的重力流储集砂体，但不同相类型所形成的储集体在空间几何形态、砂体规模、物性、非均质性，以及层序地层中所处的位置稍有差异。其中，近岸水下扇与远岸浊积扇（湖底扇）的形态、分带和岩性很相似，都是粗碎屑岩，故它们形成的重力流砂体储层也有很大的相似性。两种扇体都以中扇的辫状水道为最主要的储集砂体，平面上为带状分布，垂向上互相叠置，岩性均以含砾砂岩和块状砂岩等粗粒岩性为主，孔渗物性好。两种扇体一般都形成于层序的低位体系域或湖侵体系域，不同的是：近岸水下扇发育于盆地陡坡，规模以小而多为特点，而远岸浊积扇则形成于盆地的缓坡，规模以大而少为特点，同时由于缓坡水动力条件相对较弱，故远岸浊积扇的砂体岩性相对较细。滑塌浊积扇呈透镜状，发育于高位体系域的三角洲前端，散布于深湖相泥岩中，它可以没有补给水道，也可不呈扇形。这些透镜体一般小于 $1km^2$，但由于分布层段长、面积广，可以叠加连片形成一定规模的油田。此类扇体形成机制属于准同生期沉积物再滑塌再搬运，主要以浊积岩产出。此类扇体的砂体具有典型的浊流沉积特征，沉积构造类型十分丰富。该类砂体源于三角洲前缘的再滑塌，沉积于前缘斜坡及深湖平原，粒度细，埋藏深，导致储层物性较差，岩性主要为细砂岩，其次为粉砂岩，很少为中砂岩。透镜状湖底扇砂体，其宏观的储层非均质性主要表现为面积较小，砂体连续性差。轴向重力流水道主要沿湖底断槽或断沟分布，为典型的非扇体浊积体，其砂体分布受控于湖底断槽或断沟这些特殊地形，岩性混杂，分选差。

第三节 碳酸盐岩沉积作用及与储层的关系

无论是古代地层还是现代沉积物中那些分布范围广、厚度大的碳酸盐岩或碳酸盐沉积物主要形成于温暖、清洁的浅海海洋环境中，如广泛分布于我国南方古生代、华北和塔里木奥陶系的碳酸盐岩就主要形成于浅水台地或浅水潮坪环境之中，现代碳酸盐沉积物也主要发育于南纬与北纬30°之间的浅水环境，如加勒比海的巴哈马地区、波斯湾南岸和我国的南海等海域。这主要是由于浅海环境中的水温高、二氧化碳分压低、溶解氧和营养组分丰富，黏土悬浮物少，有利于大量钙质生物的生长、繁殖和灰质组分的形成与堆积。除此之外，半深水—深水海洋和湖泊环境中也有一定数量的碳酸盐岩分布，如我国济阳坳陷古近系生物礁灰岩和四川盆地早侏罗世大安寨期介壳灰岩就属于湖泊环境的产物。其他环境中堆积的碳酸盐岩则要少得多。

目前，国内外有关碳酸盐沉积的模式较多，如肖（Shaw，1964）和欧文（Irwin，1965）的陆表海模式、阿姆斯特朗（Armstrong，1974）的混积模式、威尔逊（Wilson，1975）和塔克（Tucker，1981）的碳酸盐综合模式、关士聪（1980）的综合模式等，其中威尔逊和塔克的碳酸盐综合模式（图4-20、图4-21）在我国影响较大，而适合我国南方古生代碳酸盐岩沉积的则是关士聪的综合模式（图4-22）。

图4-20 碳酸盐岩的理想标准相带模式（据Wilson，1975）

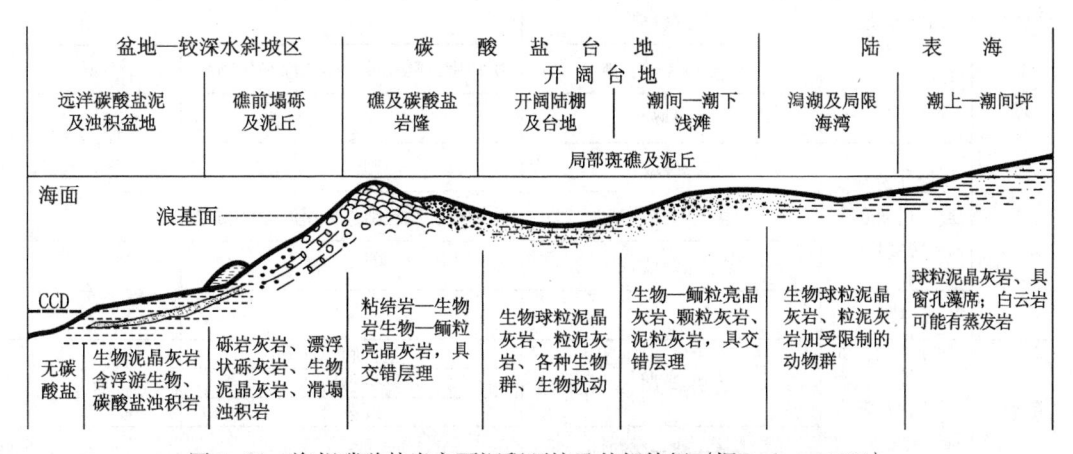

图4-21 海相碳酸盐岩主要沉积环境及其相特征（据Tucker，1981）

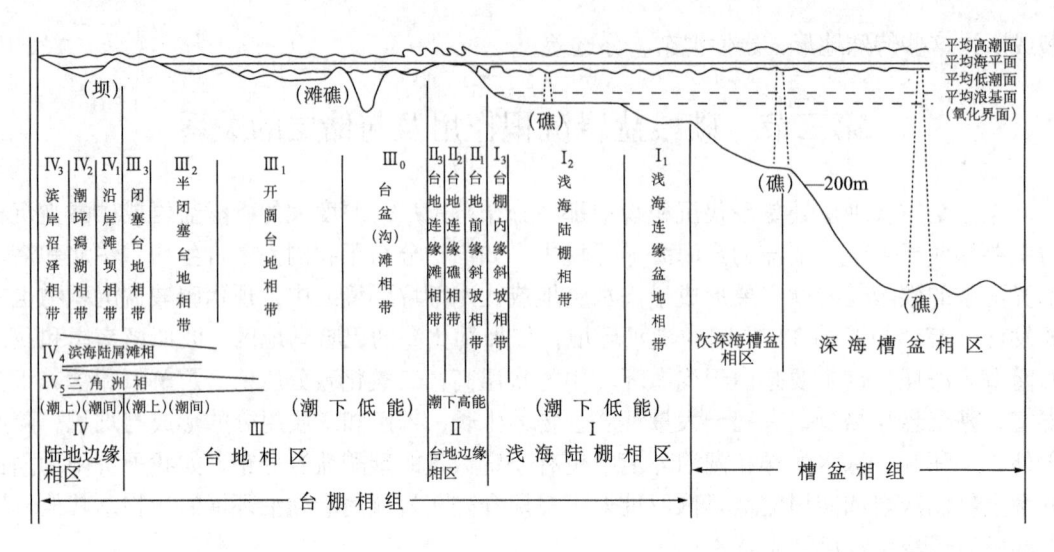

图 4-22 中国古海域沉积环境综合模式示意图（据关士聪等，1980）

根据我国特别是我国南方地区主要层位碳酸盐岩的具体特征，一般可将碳酸盐岩的沉积环境分为多种类型（表 4-13）。虽然各环境中堆积的碳酸盐沉积物经过后期成岩作用和构造作用改造后均可成为储集岩，但不同沉积环境中的碳酸盐岩成为储集岩的潜力却有着巨大的差异，储层特征也不尽一致。

表 4-13 碳酸盐岩的主要沉积环境（相）与储层关系简表

环境组	环境	亚环境	微环境	与储层的关系
海洋	潮坪	潮上		较好
		潮间		
		潮下	潮下高能、潮下低能	差
	台地（连陆台地和孤立台地）	蒸发台地		中等
		局限台地		中等—差
		台内点礁、点滩（水下古隆起周缘滩礁）	生物礁、鲕粒滩、砂屑滩和生物滩	好
		开阔台地		差
		台地边缘礁、滩	生物礁、鲕粒滩、砂屑滩和生物滩	好
	缓坡（均斜缓坡、远端变陡缓坡）	斜坡		差
		浅缓坡		
		缓坡内礁、滩	生物礁、鲕粒滩、砂屑滩和生物滩	好
		深缓坡		差
	盆地			
陆地	（陆相）湖泊	滨浅湖	生物礁、丘	较好
			生物层	
			颗粒滩	
		半深湖—深湖		差

勘探实践及科学研究表明，我国最有利于碳酸盐岩储层形成与演化的沉积相带主要是浅水区的潮坪、颗粒滩和生物礁沉积，其次是局限台地和滨浅湖中的生物礁及颗粒滩沉积（表4-13），局部湖相碳酸盐岩沉积体也可形成储层。这些环境的沉积产物中各种原生孔隙发育，后期有利于储层形成与演化的成岩作用，如溶解作用和白云石化作用易于在其中进行，形成较多的次生孔、洞、缝，从而构成良好的储集体。

一、碳酸盐潮坪沉积及与储层的关系

碳酸盐潮坪是指缺乏陆源碎屑物注入且波浪影响较弱的平缓海岸地带。该环境以潮汐作用占主导地位，随周期性潮汐涨落而频繁暴露和淹没。现代碳酸盐潮坪环境分布狭窄，仅在波斯湾、加勒比海和澳大利亚的沙克湾等地有所分布；而在古代，碳酸盐潮坪则广泛分布于陆表海和礁滩之后，堆积的碳酸盐岩厚度大、分布广，如鄂尔多斯盆地的奥陶系马家沟组、四川盆地的震旦系灯影组和石炭系黄龙组以及华北地区的前寒武系等。

碳酸盐潮坪环境根据暴露于大气中的频繁程度又可分为三个带，即年平均90%以上时间暴露于海平面之上的潮上带、年平均20%～80%以上时间暴露于海平面之上的潮间带和年平均小于20%时间暴露于海平面之上的潮下带。因此，碳酸盐潮坪沉积层序实际上就是一个暴露构造发育的序列，可以根据暴露构造出现的频率来确定这三个带。此外，该环境中的藻类，特别是蓝绿藻，十分发育，堆积的藻叠层石形态特征受水动力条件控制明显，因而藻叠层石的形态发育序列也是确定碳酸盐潮坪序列的重要标志。

碳酸盐潮坪环境的产物特征受气候控制明显，根据温度和水体盐度可将其分为超咸潮坪和正常海洋潮坪两类，环境不同，沉积产物特征及与油气储层的关系有着明显的差异。

（一）超咸潮坪

这是一种发育于干旱气候条件下的潮坪，也可称为萨布哈型潮坪和蒸发型潮坪，其环境具有以下几个突出的特征：(1) 气候干旱炎热、蒸发率高、降雨量低；(2) 海岸地带地势平缓，平均坡度一般小于5/1000；(3) 地下水潜水面低，发育强烈的蒸发泵—毛细管作用和交代作用，如现代中东地区特鲁西尔海岸潮坪的蒸发率高达128cm/a，而平均降雨量仅为3.8cm/a，坡度为1/1000，潜水面位于地表之下1～2m附近。该环境中强烈的蒸发和交代作用易于大量蒸发和交代矿物的形成，如硬石膏、石膏、石盐、天青石和白云石等。

1．沉积特征

1) 潮上带

潮上带发育的岩性主要为浅灰—褐灰色的泥—粉晶白云岩，其次是泥质白云岩、藻叠层白云岩、球粒泥晶白云岩、硬石膏岩、干裂角砾白云岩、岩溶角砾白云岩和云质灰岩等。其中，沉积构造丰富，典型的有暴露干裂、鸟眼（窗格或雪花）状、帐篷、藻纹层和近垂直生物潜穴等。自生矿物以硬石膏和石盐较为常见，但因压实或溶解作用转变成透镜状、瘤状和肠状石膏结核或石膏与石盐假晶等。生物化石稀少，仅见较多的藻叠层。

2) 潮间带

潮间带环境中除以泥—粉晶白云岩沉积为主外，还可夹有潮道和潮沟中堆积的透镜状颗粒白云岩（石灰岩）。岩石中除发育较多的干裂、鸟眼和波状—穹窿状藻叠层外，冲刷与充填构造、透镜状—波状—脉状—羽状等潮汐层理和浅水波痕也常见。生物化石种类单调，以藻类和介形虫为主。

3）潮下带

潮下带可进一步分为高能和低能两个地区。高能地区主要形成各种颗粒灰岩（白云岩）、柱状叠层石灰岩（白云岩）和礁灰岩（白云岩）等，其中羽状和粒序层理常见。低能地区则以泥晶灰岩（白云岩）和颗粒质泥晶灰岩（白云岩）为主，其中水平层理和生物扰动构造常见。

2. 层序特征

周期性海平面升降常使潮坪沉积形成特殊的旋回性沉积层序。伍德和沃尔夫（Wood 和 Wolf，1969）首先建立了萨布哈型潮坪沉积层序（图4-23），詹姆斯（James，1977）和托斯克（Tusker，1981）对其层序进行了补充和理想化（图4-24）。

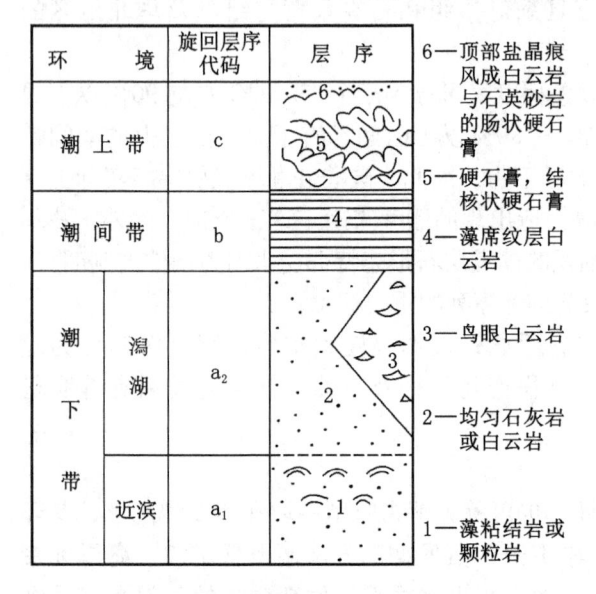

图4-23 理想的萨布哈型潮坪沉积序列
（据Wood和Wolf，1969）

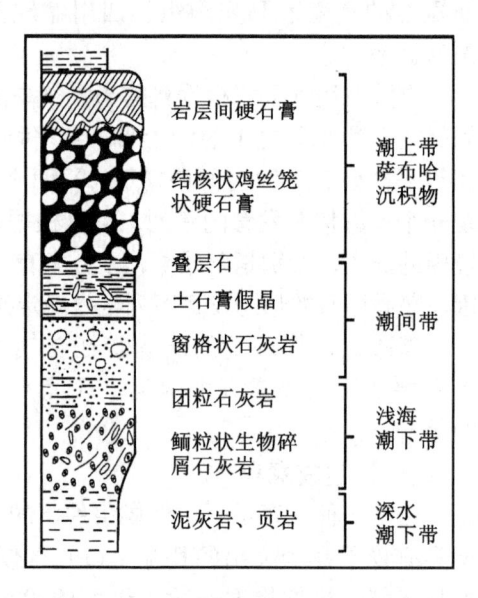

图4-24 海岸萨布哈型潮坪沉积序列
（据M.F.Tusker，1981）

我国鄂尔多斯盆地下奥陶统马家沟组超咸潮坪沉积具有类似的层序（图4-25），其特征如下：下部潮下带由泥晶灰岩、云质泥晶灰岩、泥质白云岩夹颗粒灰岩组成，水平层理和生物扰动构造常见；中部潮间带主要为泥—粉晶白云岩、藻叠层白云岩和灰质白云岩夹透镜状颗粒白云岩，其中藻叠层、暴露干裂、鸟眼和潮汐层理发育；上部潮上带形成的主要是膏质泥—粉晶白云岩、角砾状—网状硬石膏岩和膏质泥晶灰岩等，干裂、鸟眼、石膏结核和膏盐假晶十分常见。

3. 与储层的关系

超咸潮坪因水体浅而蒸发强而有利于自生矿物（石膏和石盐等）的沉淀、蒸发泵—回流渗透白云石化的发生和后期溶解作用的进行，极易形成富含石膏和石盐晶体或假晶的泥—粉晶白云岩和膏溶角砾岩。泥—粉晶白云岩中晶间孔、晶间溶孔、鸟眼孔、膏模孔和盐模孔十分发育，膏溶角砾岩中砾间孔、洞和砾内溶孔常见，这些孔隙构成了超咸潮坪中的主要储集空间。如鄂尔多斯盆地下奥陶统马家沟组储层和四川盆地震旦系灯影组储层就主要发育于该类潮坪的粉晶白云岩和藻白云岩中。

比例尺	岩相柱	沉积环境	主要岩性	主要沉积构造	与储层关系
0 5 10 15m		潮上	网状硬石膏岩、角砾状石膏岩膏质泥晶灰岩、膏质泥粉晶云岩	干裂、鸟眼石膏结核变形构造、膏岩盐假晶等	差储层
		潮间	藻叠层白云岩、泥粉晶云岩、灰质云岩和云质泥灰岩夹透镜状颗粒白云岩	藻叠层、鸟眼干裂、潮汐层理等	中—好储层
		潮下	泥晶灰岩、云质泥晶灰岩泥云岩、颗粒质灰岩	水平层理、生物扰动等	非储层

图4-25 鄂尔多斯盆地下奥陶统马家沟组超咸潮坪沉积层序（据方少仙，1998）

（二）正常海洋潮坪

正常海洋潮坪主要分布在潮湿气候带，沉积环境和沉积物间水体盐度低，较少有蒸发矿物的沉淀和蒸发泵—回流渗透白云石化的发生。

与超咸潮坪相比，正常海洋潮坪产物中除石膏、石盐、白云岩沉积较少及各种形态的叠层石较为发育外，其他沉积特征基本相似，对储层的贡献较差，大多不能形成良好的储层。如现代澳大利亚南海岸的沙克湾潮坪、百幕大潮坪（图4-26），以及我国古生代、前寒武系中广泛发育的叠层石碳酸盐岩沉积序列（图4-27）。

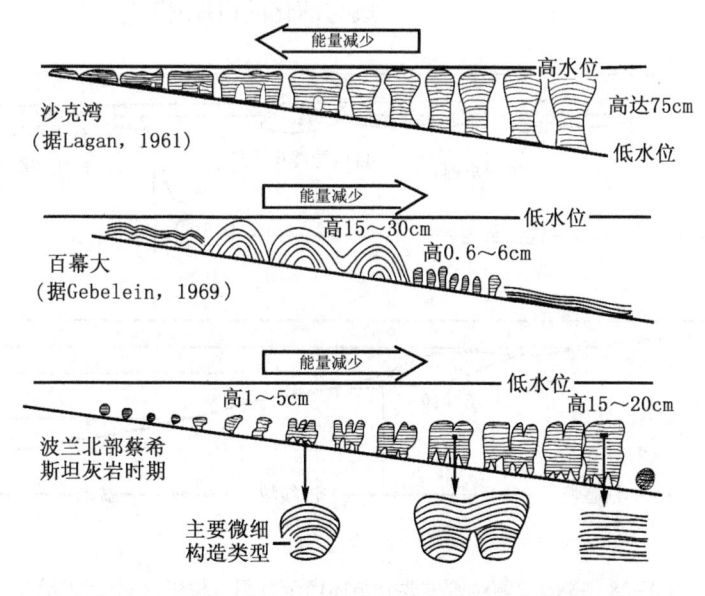

图4-26 潮坪不同水深的藻叠层类型及分布沉积序列
（据P.Hoffman，1976）

二、碳酸盐颗粒滩沉积及与储层的关系

古代碳酸盐颗粒滩一般形成于浅水区的高能和较高能环境中，如连陆台地边缘、孤立台地边缘和台内局部地貌高地以及缓坡近岸地带等。这些环境在较强波浪和潮汐作用

的淘洗和磨蚀下，有利于内碎屑、鲕粒、豆粒、核形石、生物碎屑等颗粒的堆积和灰泥组分的带出，常构成形态不一、厚度变化较大的颗粒滩。

现代碳酸盐颗粒滩主要分布于滨岸下部近滨带和上部前滨带两种环境中。下部近滨带处于升浪和破浪环境之中，主要受波浪和岸流作用的影响，碳酸盐沉积物粒径粗，但分选较差，发育多种槽状和浪成交错层理；上部前滨带位于海滩上部的波浪冲洗环境，主要堆积的是鲕粒、砂砾屑和生物屑，向海方向低角度倾斜的冲洗层理常见。海滩沉积物常因周期性暴露于海平面之上而发生强烈的胶结作用、溶解作用和渗透作用，形成具有重要指相意义的海滩岩和钙结砾岩。

根据碳酸盐颗粒滩形成的位置、形成条件和沉积产物特征，可将其简单分为与台地环境有关的台地边缘滩、台内点滩和与缓坡环境有关的缓坡滩三类（图4-28）。四川盆地在早寒武世龙王庙期、早三叠世飞仙关期发育有分布广泛的台地边缘滩和台内点滩是有利于储层形成与演化的沉积相带。

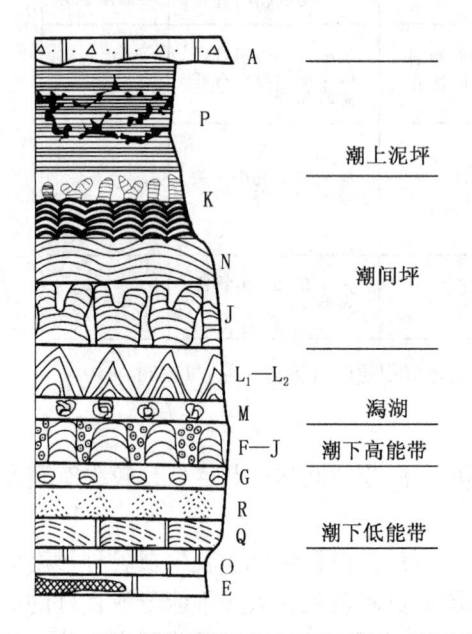

图4-27 潮坪及环潮坪叠层石碳酸盐沉积序列
（据孟祥化、梁桂香，1982，修改）

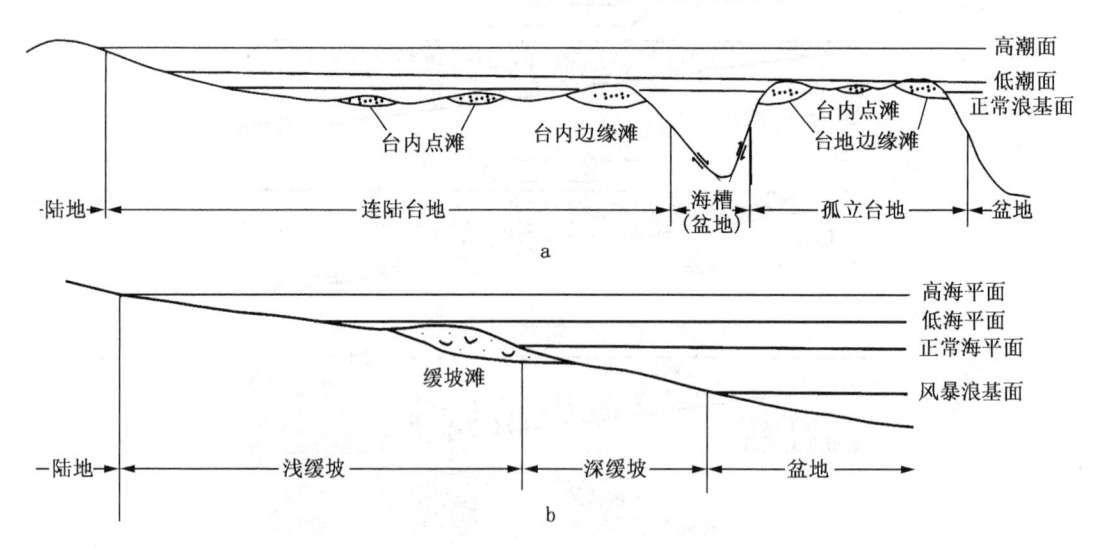

图4-28 碳酸盐颗粒滩主要分布环境示意图（据王兴志，2008）
a—台地边缘滩、台内点滩；b—缓坡滩

（一）台地边缘滩

台地边缘滩位于连陆台地或孤立台地边缘浅水区与深水区的转折部位，向陆一侧过渡为低能浅水台地，向海一侧与较深水区低能斜坡、深水盆地或海槽相邻（图4-28a）。该环境处于浪基面附近，水体循环良好，受到波浪和潮汐作用的共同控制，水动力条件极强。台地边缘滩主要堆积的是厚度大、分布广的以颗粒灰岩或颗粒白云岩占绝对优势的滩相沉积体，灰泥组分极少。

1. 沉积特征

台地边缘滩主要由厚层块状的浅灰—灰白色砂屑灰岩（白云岩）和鲕粒灰岩（白云岩）组成，豆粒灰岩（白云岩）、核形石灰岩（白云岩）、砾屑灰岩（白云岩）和生物屑灰岩（白云岩）相对较少，颗粒的分选及磨圆好、粒径较大，几乎无灰泥沉积物，大中型双向交错层理、低角度交错层理、平行层理、粒级递变层理和冲刷侵蚀面、改造波痕常见。其沉积体有较强的分布规律，常平行于岸线或斜坡（海槽）边缘呈带状、环带状展布。

四川盆地东北飞仙关期台地边缘滩与台内点滩相比（表4-14、图4-29），具有沉积物粒径粗、厚度大、分布广和易于较长距离追踪对比等特点。

表4-14 四川盆地东部地区飞仙关组台地边缘滩和台内点滩沉积特征对比表

特征 \ 滩体类型	台地边缘滩	台内点滩
分布环境	连陆台地或孤立台地边缘	台地内部的局部地貌高地
能量条件	强	较强
岩石类型	鲕粒灰岩（白云岩）为主，少量核形石、砂屑、生物（屑）灰岩（白云岩）	鲕粒灰岩为主，少量砂屑、生物（屑）灰岩
分选、磨圆	中等—好	中等—差
粒径，mm	1~2	0.5~1.5
沉积构造	大中型交错层理	中小型交错层理
厚度	较厚（一般大于10m，最厚达200余米）	较薄（一般0.5~5m）
产状	厚层状、块状	中—薄层状、透镜状、不规则状
分布规律	平行台地边缘或斜坡（海槽）边缘呈带状或环带状分布	一般随机无规律分布，部分可连片分布
储集性能	中等—好	中等—差

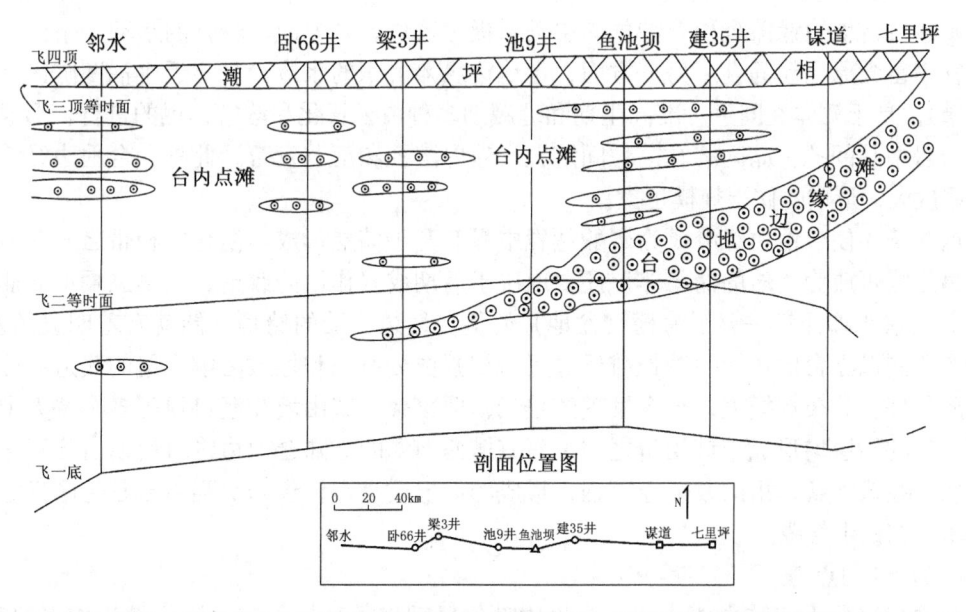

图4-29 四川盆地东部飞仙关组台地边缘滩和台内点滩对比剖面图（东西向）
（据王一刚，1998，修改）

2．层序特征

在沉积物加积作用和海平面升降作用的影响下，台地边缘滩常堆积成向上变浅的沉积层序，如四川盆地东北部的下三叠统飞仙关组鲕粒滩沉积层序（图4-30），下部为较深水低能斜坡沉积，由中—薄层状泥质泥晶灰岩和泥晶灰岩组成，偶夹透镜状重力流成因的砂、砾屑和鲕粒灰岩，细粒岩性中水平层理、生物扰动和滑塌变形构造常见；中部属于高能台地边缘滩沉积，多为厚层块状鲕粒白云岩（石灰岩）、豆粒白云岩（石灰岩）和砂屑白云岩（石灰岩），粉屑白云岩（石灰岩）较少，含破碎磨圆的生物碎屑，逆粒级递变层理、大中型交错层理和冲刷侵蚀构造发育；上部一般出现低能浅水—暴露环境的潮坪沉积，由藻叠层泥—粉晶白云岩和灰质粉晶白云岩构成，发育暴露干裂、膏盐假晶和鸟眼等构造。

比例尺	岩相柱	沉积环境	主要岩性	沉积构造	与储层的关系
0 20 40 60 80m	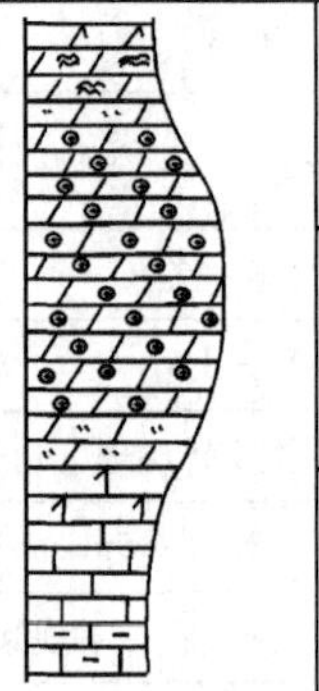	潮坪	藻叠层白云岩、灰质白云岩、粉屑白云岩	干裂、鸟眼、膏盐假晶、藻层纹	差—中等储层
		台地边缘滩	鲕粒白云岩、核形石白云岩、砂屑白云岩、粉屑白云岩	递变层理、大中型交错层理、冲刷侵蚀面	中—好储层
		斜坡	云质泥晶灰岩、泥晶灰岩、泥质泥晶灰岩	水平层理、生物扰动、滑塌变形	非储层

图4-30　四川盆地东北部下三叠统飞仙关组台地边缘鲕粒滩沉积序列图（据王兴志，2006）

3．与储层的关系

碳酸盐台地边缘滩沉积与油气储层关系极为密切。一方面，较强的水动力条件使其沉积产物中富含原生粒间孔；另一方面，台地边缘滩沉积的水体浅且靠近生油凹陷区（盆地或海槽），易于滩体在同生—准同生期和埋藏期多种白云石化和溶解作用的进行，形成的各类白云岩中晶间孔、晶间溶孔、粒间溶孔、粒内溶孔和溶洞发育。此外，台地边缘滩分布广、厚度大，形成的储层规模也大。

这些条件使台地边缘滩成为碳酸盐岩中最有利于储层形成与演化的相带之一。但这些滩体最终能否成为优质的储集体，还要取决于后期成岩作用的改造。如早三叠世飞仙关期四川盆地东北部开江—梁平海槽（盆地）两侧台地边缘滩的储集性能就有着明显的差异，海槽东北侧孤立台地边缘的鲕粒滩经过了后期强白云石化和埋藏溶解作用的改造，形成的储层质量好、分布规模大，现今发现的普光、罗家寨、铁山坡和渡口河等多个特大型、大中型气田的储层均形成于该相带之中；而海槽西南侧的连陆台地边缘滩后期白云石化强度总体弱、埋藏溶解作用的改造也不强，形成的储层质量差，仅局部强白云石化区良好储层的分布，如铁山气藏。

（二）台内点滩

台内点滩位于连陆台地或孤立台地内部的局部地貌高地，主要受到潮汐作用的改造，波浪影响较小，水动力条件明显较台地边缘滩弱。沉积物淘洗不够彻底，主要堆积的是以各种颗粒岩占优势的碳酸盐岩沉积体，但分选、磨圆较差，分布规模也较小，如四川盆地在中三叠世嘉陵江期和晚三叠世的雷口坡期就广泛分布有多个单层厚度小、规模不大的砂屑滩和鲕粒滩，这些滩体在横向上难以长距离追踪对比。

1. 沉积特征

台内点滩主要由中—薄层状粉屑灰岩、砂屑灰岩、鲕粒灰岩和生物屑灰岩组成，部分为相应的颗粒白云岩。台内点滩具有少量中小型交错层理和平行层理，浪成改造波痕、冲刷侵蚀面和粒序递变层理常见。台内点滩沉积体在纵、横向和平面上基本无任何分布规律，随机展布。

四川盆地东北飞仙关期台内点滩与台地边缘滩相比（表4-14、图4-29），具有沉积物粒径细、分选及磨圆差、厚度小、分布狭窄和不易长距离追踪对比等特点。

2. 层序特征

由于台内点滩形成于移动的底质上，分布极不稳定，因此，滩体发育部位也在不断地迁移、变化。层序上，由颗粒岩组成的台内点滩呈层状、透镜状和不规则状随机分布于大套泥晶灰岩（白云岩）或泥质泥晶灰岩（白云岩）中（图4-31），颗粒岩中可出现一定数量的中小型交错层理和冲刷侵蚀面，细粒岩性中水平层理和生物扰动构造常见。

比例尺	岩相柱	沉积环境	主要岩性	沉积构造	与储层的关系
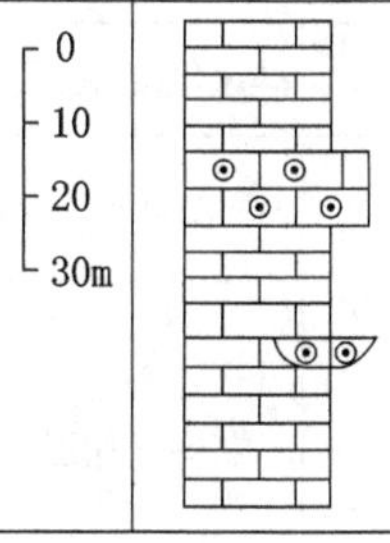 0 10 20 30m		开阔台地	泥晶灰岩	水平层理、生物扰动	非储层
		台内点滩	鲕粒灰岩	中小型交错层理	中—差储层
		开阔台地夹台内点滩	开阔台地夹台内点滩	水平层理、生物扰动	非储层

图4-31 四川盆地东北部下三叠统飞仙关组台内点滩沉积序列（据王兴志，2006）

3. 与储层的关系

碳酸盐台内点滩沉积与油气储层的关系和台地边缘滩相似，不同的仅是形成的储层规模较小、质量较差，纵横向和平面上随机分布，预测性差。如广泛分布于四川盆地下三叠统飞仙关组和嘉陵江组内部的台内点滩沉积体，构成的气藏多属中小型。

但是，如果台地内部在沉积阶段有水下古隆起长期存在，则古隆起周缘浪基面附近可长时间受到较强波浪作用的改造，从而堆积范围较广、厚度较大的滩相沉积体。这类滩体的沉积及储层特征与台地边缘滩相似，不同的仅是相邻沉积相带为浅水区沉积产物，而后者向海方向则过渡为深水沉积。水下古隆起周缘滩体经过后期成岩作用的改造后可形成良好的储层，如目前发现的我国特大型整装气田——四川磨溪—高石梯龙王庙组气田储层的沉积相带就主要位于当时的乐山—龙女寺水下古隆起周缘滩体之中。

（三）缓坡滩

碳酸盐缓坡为一个向海方向低角度（其坡度一般小于1°）倾斜的大型碳酸盐沉积环境，主要位于平均低海平面与平均浪基面之间。根据缓坡上深水一侧有无坡折带，可进一步将其分为远端变陡缓坡和均斜缓坡。

在缓坡内部,波浪在向陆传输的过程中与海底逐渐接触而消损能量,不像台地边缘的波浪直接作用于坡折带浪基面附近而形成一个持续稳定的高能带,仅在浪基面附近形成一个能量相对较高的能量带。此外,风暴作用在缓坡中的表现明显,与正常波浪一起使碳酸盐颗粒向岸方向迁移,形成近岸缓坡滩(图 4-28b)。

1. 沉积特征

缓坡滩主要由中—厚层状砂屑灰(云)岩、鲕粒灰(云)岩和生物(屑)灰(云)岩构成,球粒灰岩和颗粒白云岩较少;颗粒的分选、磨圆较差,含有一定数量的灰泥组分。向海低角度倾斜的波状交错层理、潮汐层理、风暴层理和生物潜穴发育。

2. 层序特征

缓坡滩向陆一侧过渡为低能的受限潟湖浅缓坡环境,向海一侧渐变为受风暴作用控制的深缓坡环境。典型的进积型层序为四川盆地西北部下二叠统栖霞组沉积序列(图 4-32)。层序下部为低能深缓坡沉积,主要由中—薄层状的深灰—灰黑色生物(屑)泥晶灰岩、泥晶灰岩、"眼球状"和似"眼球状"灰岩构成,与风暴有关的冲刷侵蚀构造、丘状—洼状风暴层理和粒级递变层理常见,水平层理和生物扰动构造发育。中部为相对高能的缓坡滩沉积,多由中—厚层块状的浅灰—灰白色泥亮晶生物屑云岩和砂屑云岩组成,分选、磨圆较差,中小型交错层理常见。上部为受限的低能浅缓坡潟湖沉积,由中—薄层状含生物(屑)泥晶灰岩和球粒灰岩组成,具有一定数量的水平层理和生物扰动构造。

比例尺	岩相柱	沉积环境	主要岩性	主要沉积构造	与储层的关系
0 10 20 30m	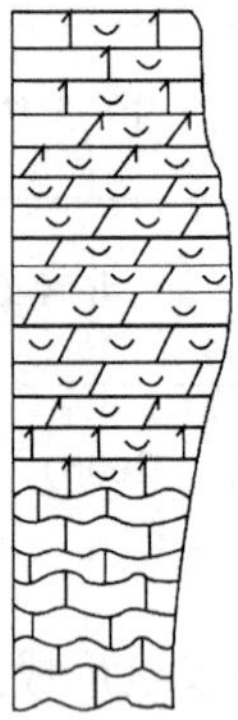	浅缓坡潟湖	云质豹斑灰岩	干裂	差储层
		浅缓坡滩	灰质生物白云岩、生屑白云岩、云质生屑灰岩	块状、中小型交错层理	中—好储层
		深缓坡	泥晶生屑灰岩、"眼球"状及"似眼球"状灰岩	丘状、洼状冲刷侵蚀面	非储层

图 4-32 四川盆地西北部下二叠统栖霞组沉积序列(据王兴志,2002)

3. 与储层的关系

碳酸盐缓坡滩体在沉积时含有一定数量的粒间孔和生物体腔孔,属于有利于储层形成与演化的沉积相带之一。这类滩体如经过后期白云石化和溶蚀作用的改造,则可形成良好的沉积体。如四川盆地西北部沿龙门山分布的二叠系栖霞组缓坡滩相生物屑白云岩中晶间孔、晶间溶孔和溶洞极为发育,宏观面孔率一般 5%~10%,平均孔隙度达 5%左右。

三、礁沉积及与储层的关系

目前对礁的理解一般为生物礁,是指主要由造礁生物构成的、具有抗浪格架的碳酸盐岩隆起体。礁堆积时的水动力条件和分布位置基本与碳酸盐岩颗粒滩相同,即多分布于台地边缘及水下隆起区,在台地内部、缓坡和深水环境中相对较少。如澳大利亚昆士兰陆棚在大约1900km的浅水区发育有2500余个独立的现代礁体，大部分礁体都不大于几平方千米。我国南海热带海域中也广泛发育珊瑚礁。由此可以推测，古代生物礁也有类似的分布，即礁滩单个规模不大，呈透镜状相对成带分布，在浅水与深水的过渡区相对发育，如四川盆地东北部晚二叠世长兴期生物礁就主要发育在台地边缘相带之中，多呈单个不大于10km²的独立礁分布，台内偶见（图4-33）。

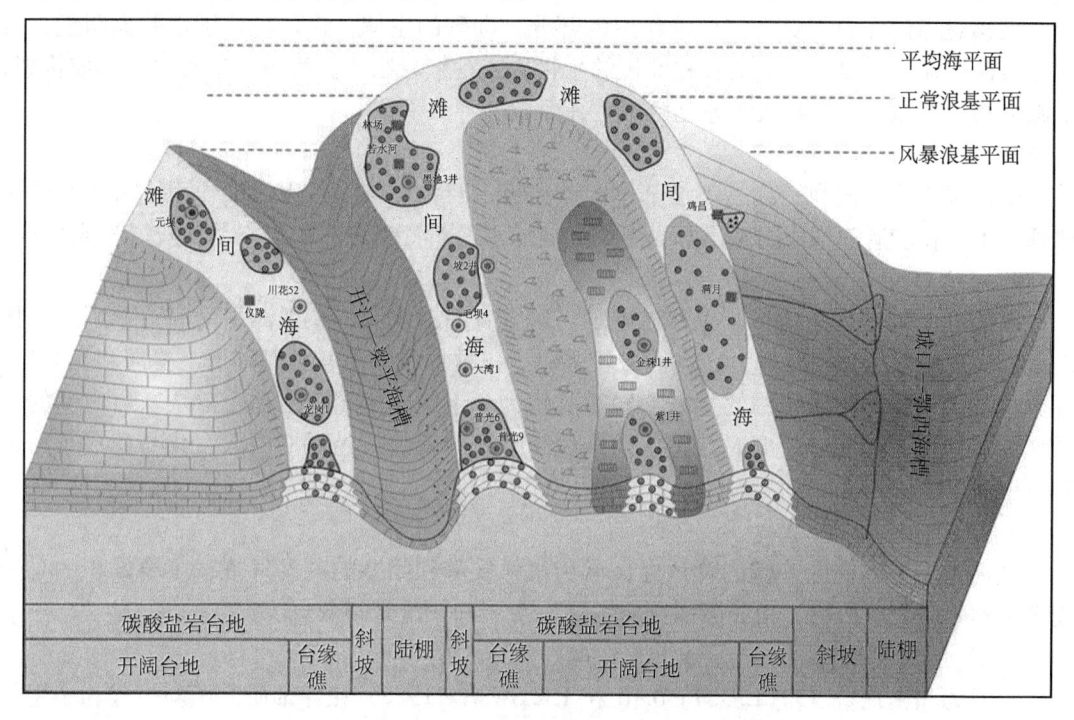

图4-33 四川盆地东北部长兴期沉积模式
（据王兴志，2011）

（一）沉积特征

根据沉积环境及产物特征，一般可将生物礁进一步分为礁基、礁核、礁前、礁盖和礁后五个亚环境（图4-34）。

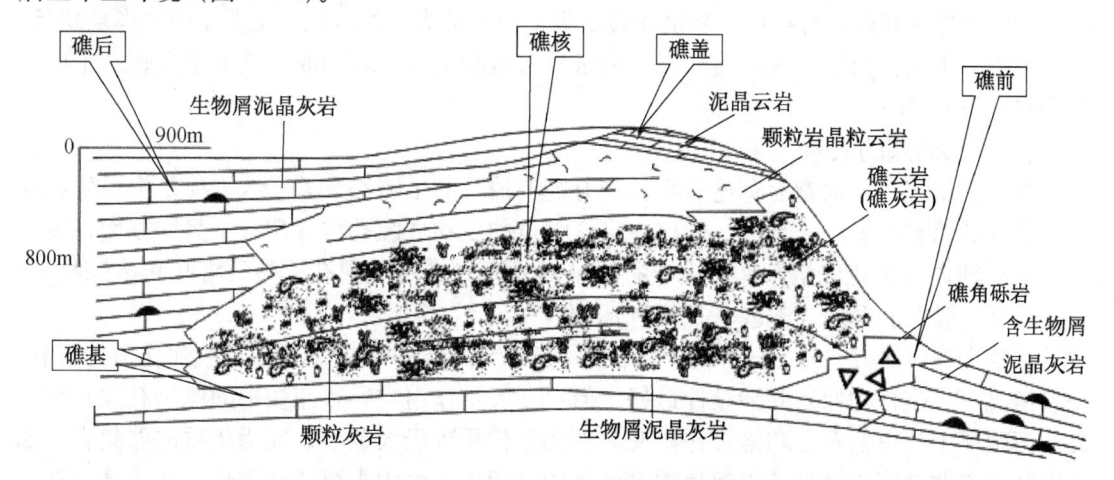

图4-34 四川盆地晚二叠世生物礁相带划分图（据王一刚，1998，修改）

1. 礁基

礁基是生物礁发育的基础，属于沉积环境中地貌上的高地，主要由早期风暴作用和波浪作用形成的各种小规模的颗粒滩构成。这类沉积体单层厚度一般较小，颗粒分选、磨圆较差，粒间多被灰泥等细粒沉积物充填。

2. 礁核

礁核是指礁体中能够抵抗波浪作用的部分，即礁的主体。该环境位于浪基面附近，水动力条件较强，主要由原地生长和堆积的生物岩或粘结岩组成。其中，造礁生物形成格架，附礁生物、亮晶胶结物和灰泥等充填原生孔隙。

3. 礁前

礁前位于礁核向海一侧的斜坡部位。该相带主要由礁核部位因风浪作用崩塌下来的礁角砾、生屑和砂屑等构成的礁角砾岩组成，向深水区渐变为泥晶灰岩、泥质灰岩和泥页岩。

4. 礁盖

礁盖位于礁主体的顶部，也称为礁坪。礁盖宽缓、水浅，在低海平面时可暴露于水体之上。该环境中能量变化较大，当能量较强时，主要堆积的是各种礁碎屑、生屑和灰质砂，有少量造礁生物和附礁生物的生长，岩石类型为介于纯净生屑灰岩到粗碎块灰岩之间的一系列过渡岩性；当能量较弱时，则主要堆积的是细粒灰泥，经后期白云石化作用后可形成晶粒白云岩。

5. 礁后

礁后处于礁核向陆一侧的背风处，常为水体安静和闭塞的潟湖环境。主要堆积的是含较多生物的灰泥沉积物，构成障积灰岩、漂砾灰岩和少量骨架灰岩等。

（二）层序特征

汉巴德和施瓦特（J.A.E.B.Hubbard 和 P.K.Swart，1982）在详细研究了新生代和中生代礁相沉积后，建立了相应生物礁的沉积层序（图 4-35）。

我国在各地质历史时期均有生物礁的发育，最为典型的是分布于四川盆地东北部二叠系长兴组的生物礁，其典型沉积模式及层序特征如图 4-36 所示。底部为低能潟湖基础上发育起来的风暴棘屑滩礁基沉积，由富含燧石团块的泥晶生屑灰岩组成；中下部为礁核，由厚层块状的骨架灰岩和障积岩构成，主要造礁生物为串管海绵和纤维海绵，珊瑚和水螅较少，附礁生物有棘屑、有孔虫、腕足和腹足等；中上部为礁坪沉积，主要由中—厚层块状、层状的细—中晶白云岩、灰质白云岩、白云质灰岩和生屑灰岩构成。该层序反映一个向上变浅的进积型层序。

（三）与储层的关系

据不完全统计，世界上有近一半日产万吨的油井与生物礁有关。这主要是由于生物礁具有良好的储集性能：一方面，礁核中富含大量的生物体腔孔和骨架孔；另一方面，礁体有利于后期白云石化和溶解作用的进行，从而发育较多的晶间孔、晶间溶孔和溶蚀孔洞，其孔隙度一般大于 10%，渗透率多大于 10mD。

对整个礁体而言，储层的非均质性极强，多受到成岩作用特别是白云石化作用的影响。一般情况下，礁核的原始储渗条件最好，但后期胶结作用常导致礁核中的原始孔隙几乎消失；而礁坪中的白云石化和溶蚀作用使其储集条件得到极大改善，成为优质的储集岩。如四川盆地东北地区二叠系长兴组生物礁气藏的礁坪白云岩为主要的储集岩，次生晶间孔和溶蚀孔洞发育，孔隙度一般 2%～15%，最高达 25%；礁核骨架灰岩和障积岩的储集性能则较差。但是，如果礁体未受到后期白云石化作用的改造或改造程度较弱，则多属于非储集体，如重庆北碚地区的二叠系长兴组生物礁。

相带	岩相柱	主要特征	描述
前礁相 0~15m		叶片状生长	受强水流的微弱影响形成纤细骨架，被大量钻穴海绵生物寄生，导致骨架的高孔隙度，在骨架灰岩中含有泥晶基质包围的颗粒灰岩和泥晶灰岩
前礁斜坡相 5~15m		高角度Y型生长 缓生物丘 非对称结壳珊瑚	较低能环境具有适度的光线和较高的营养条件，鹿角珊瑚固着在仙掌藻颗粒灰岩基质中 生物丘体内包含有粗短棒状珊瑚，具Montastred/Gvalaxea复合分枝，产于仙掌藻颗粒灰岩基质中 包含被就地碎解形成的灰泥充填成的倾斜示底组构，珊瑚固着于仙掌藻颗粒灰岩基质中
礁脊相 0~5m		上部低角度Y型生长 下部低角度Y型生长	形成于光线和激浪增强的环境，由具红藻结壳的鹿角珊瑚和其周围被红藻结壳、红藻以及红藻成因的凝块球状物包裹组成 为零星状低角度生长的鹿角珊瑚，明显缺乏红藻包壳，代表其形成于极低潮期海水枯竭时
浅潮下带 <10m		短粗棒状珊瑚 半球状珊瑚 沉积间断面 泥晶灰岩和障积灰岩 粘结灰岩和泥晶颗粒灰岩 海绵头和海绵席状沉积物	为充填有Halimeda藻颗粒的Montastra/Gvalaxea骨架 呈多角状、蜂巢状或弯曲状，产出于充填有泥晶或富藻颗粒灰岩（仙掌藻）基质中 为发育有双壳类钻孔的平坦状侵蚀台地，有牡蛎结壳 由藻类—软体动物—层孔虫—棘皮动物碎屑片及从海方向来源的泥晶产物组成 含藻团粒物质产于颗粒泥晶灰岩中，泥晶常被食草腹足动物改造成团粒
潮间带		干裂团粒沉积物	具多角状干缩泥裂，随温度的增加其规模加大，最小型泥裂出现在潮间带上部，那里经常处于干旱状态
潮上带		植物喀斯特灰岩 喀斯特钙结岩	具有藻类和真菌成因的小管状分枝构造 多变化的石灰岩和含钙结壳的红土壤

图4-35 生物礁相带的退积层序和进积层序（据Hubbard和Swart，1982）

比例尺	岩相柱	沉积环境	主要岩性	沉积构造	与储层的关系
0 3 6 9m	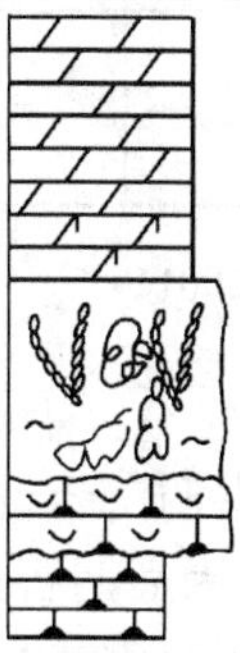	礁坪	细—中晶白云岩、灰质白云岩	块状层理	好储层
		礁核	骨架灰岩、障积灰岩	块状层理	差储层
		颗粒滩	含燧石团块生屑泥晶灰岩	冲刷侵蚀面、丘状层理	非储层
		潟湖	含燧石团块泥晶灰岩	水平层理	非储层

图4-36 四川盆地东北部板东地区二叠系长兴组生物礁沉积模式及层序特征（据王兴志，2003）

— 155 —

四、局限台地沉积及与储层的关系

局限台地位于台地内部受限的浅水区。由于受到台地边缘滩、礁的屏蔽，来自广海的波浪在向台地内部推进到达该环境时，能量已极大衰竭，潮汐作用的影响也小。总体上，水浅、低能、闭塞和盐度较高是局限台地的基本特征，有利于同生—准同生期白云石化的进行和少量膏盐岩的堆积，沉积特征及与油气的关系类似于碳酸盐蒸发型潮坪。

（一）沉积特征

局限台地主要由中—薄层状的泥—粉晶白云岩、膏质泥—粉晶白云岩和云质灰岩构成，石膏、硬石膏岩及其过渡岩类较少，水平层理、塑性变形构造、石膏结核、鸟眼构造和帐篷构造常见。生物除蓝绿藻和层纹状叠层石外，原地生活的动物群不发育。

（二）层序特征

层序上，碳酸盐岩局限台地沉积常与蒸发台地和开阔台地沉积构成区域上可追踪对比的进积型层序。如四川盆地下三叠统嘉陵江组就由多个向上变浅的进积型层序构成，单个层序如图4-37所示。层序下部为相对高海平面期开阔低能台地环境下的产物，水体相对较深、盐度基本正常，主要由中—薄层状泥晶灰岩和球粒灰岩组成，其中水平层理、生物扰动构造发育；生物化石较为丰富，以软体类、海绵、甲壳类、腕足类和头足类为主。中部为海平面下降期间局限台地环境下的产物，水体受到局限，盐度较大，多由中—厚层块状泥—粉晶白云岩夹膏质白云岩和云质灰岩组成，见少量膏质结核，生物化石偶见。上部为低海平面期蒸发台地环境中的产物，主要发育厚层块状的硬石膏岩、膏质泥—粉晶白云岩和泥—粉晶白云岩等，干裂、鸟眼和变形构造常见。该层序代表一次海平面下降过程的产物，由下至上，膏质和云质组分逐渐增加，灰质组分减少。

比例尺	岩相柱	沉积环境	主要岩性	主要沉积构造	与储层的关系
0 10 20 30m	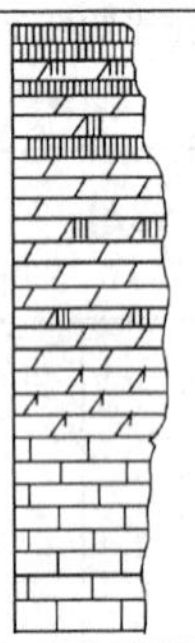	蒸发台地	硬石膏岩、膏质泥—粉晶云岩、泥—粉晶白云岩	干裂鸟眼和变形构造等	非储层
		局限台地	泥—粉晶白云岩、膏质白云岩、灰质白云岩	块状石膏结核等	中等储层
		开阔台地	泥晶灰岩、泥灰岩	水平层理、生物扰动等	非储层

图4-37　四川盆地下三叠统嘉陵江组沉积层序（据王兴志，2001）

（三）与储层的关系

局限台地因水体浅、盐度高、水动力条件弱而有利于同生—准同生期白云石化作用的进行，形成的泥—粉晶白云岩中具有一定数量的晶间孔和晶间溶孔，但因后期石膏的充填，形成的储集岩类物性一般较低，储集性能中等—差。如四川盆地嘉陵江组嘉二1段白云岩为一区域性储层，孔隙度一般为2%～5%，渗透率多小于1mD。

五、湖泊礁、滩碳酸盐岩沉积及与储层的关系

湖泊碳酸盐的沉积作用在发育时间和分布规模等方面均远远逊色于海洋中的碳酸盐沉积，其沉积环境常是湖盆发育历史过程中特殊阶段的产物，多出现在构造活动的宁静期。就我国东北地区中—新生代湖泊盆地的发展历史来看，早期大多属于断陷活动时期，周边陆源供应丰富，湖泊水体浑浊，不利于碳酸盐沉积作用的发生；中晚期为断陷活动停止期，湖泊中无大型河流注入，水体清澈，碳酸盐沉积作用易于进行，其沉积特征与海洋环境相似。

孟祥化（1985）根据我国淡水湖泊碳酸盐相带发育的特点，将其沉积模式概括为湖礁、湖滩和湖叠层石三种沉积模式（图4-38），其中与储层关系密切的是湖礁和湖滩沉积。

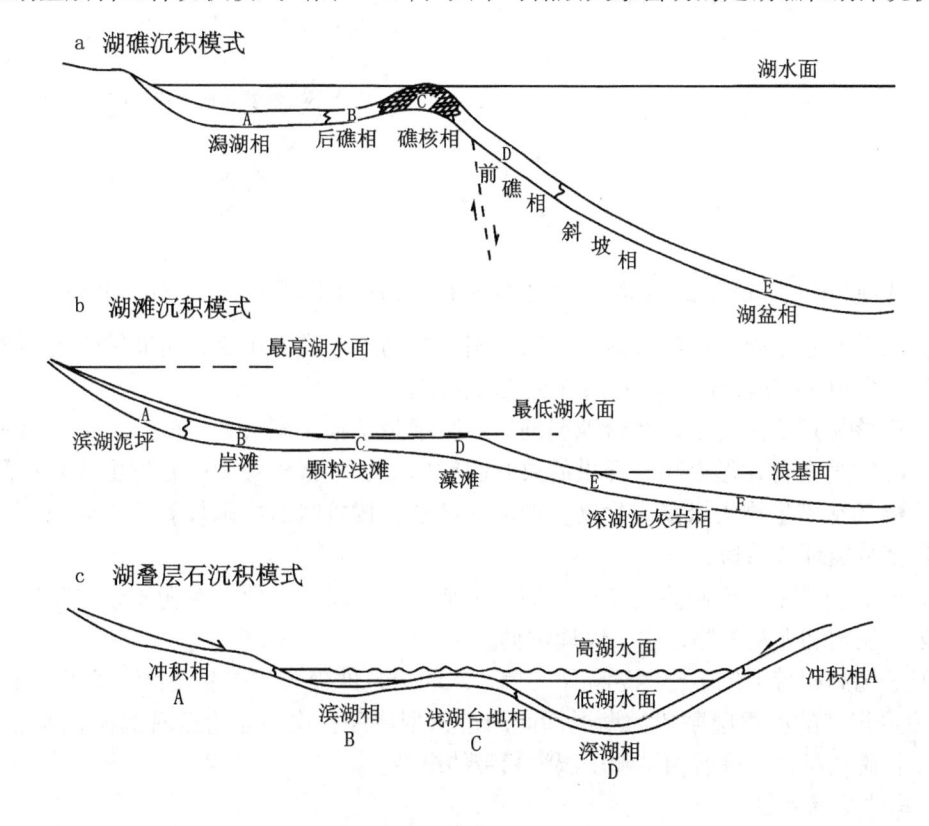

图4-38 湖泊碳酸盐沉积模式（据孟祥化，1985）

（一）湖泊生物礁

湖泊生物礁是指由湖泊造礁生物构成的碳酸盐岩隆起，主要形成于断陷盆地内部远离物源区且地形变化较大的浅水区，如湖盆的水下台地边缘、凸起边缘断阶带和凸起边缘斜坡带等地。

1. 沉积及层序特征

在我国济阳坳陷古近纪古湖泊盆地内部的台地与斜坡过渡部位发育有一个典型的湖泊生物礁沉积，该生物礁由深水至浅水区出现以下五个相带（图4-39）。

（1）湖盆非礁相带：位于湖泊深水区正常浪基面以下地区，能量极低，主要由灰质泥岩和薄层灰岩组成。

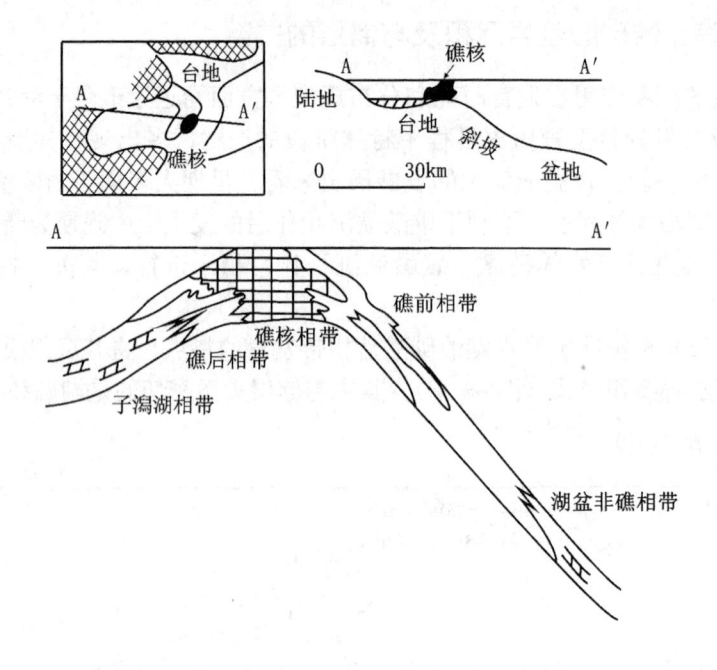

图4-39 济阳坳陷古近纪滨海湖泊生物礁相带的平面及剖面图（据孟祥化，1985）

（2）礁前相带：处于湖泊台地边缘向深湖一侧的斜坡礁滩前缘，可间歇性受到湖浪作用的改造，多由生物内碎屑灰岩及角砾状灰岩构成。

（3）礁核相带：主要分布在台地潟湖边缘隆起带顶部，湖浪影响较强，主要由藻白云岩组成，有时为富含介形虫和龙介虫的虫管团粒白云岩，富含藻类的介形虫灰岩和白云岩较少。主要的造礁生物为绿藻类生物，如群体丛状、树枝状的中国枝管藻；此外，还含有龙介虫等多片类环节动物。

（4）礁后相带：位于礁后向湖岸一侧，水动力条件弱，主要发育泥质碳酸盐岩，如泥晶白云岩、灰岩和泥灰岩等，水平纹理常见。

（5）子潟湖相带：位于台地近湖岸一侧，水动力条件极弱，主要发育泥质碳酸盐岩。

湖泊生物礁的沉积层序多为湖退期间的进积型层序。由下至上表现为湖盆非礁相带、礁前相带、礁核相带、礁后相带和子潟湖相带的组合。

2．与储层的关系

一般说来，湖泊生物礁含较多的原生生物体腔孔和格架孔，因而具有良好的原始储集性能，如经过后期白云石化和溶蚀作用的改造，则其储集性能更加优良。如济阳坳陷东营凹陷西部古近系沙河街组四段上部的平方王湖泊礁自1967年发现以来，在其礁滩上先后打出了四口日产上千吨的油井，也是我国发现的第一个生物礁油气田。

平方王礁礁核相带中的中国枝管藻白云岩、龙介虫栖管—枝管藻白云岩和球粒白云岩中原始格架孔和次生孔隙发育，物性最好，平均孔隙度为37.9%，最高达42.5%，渗透率一般为100～380mD；礁前相带的亮晶藻砾屑白云岩和亮晶螺灰岩中粒间孔和粒间溶孔常见，储集性能仅次于礁核，平均孔隙度为37.9%，渗透率一般为10～100mD；礁后相带的泥晶白云岩中具有较多的晶间孔和晶间溶孔，孔隙度也可达20%，渗透率一般为5～8mD。这些储集性能良好的相带在纵向上的叠加，构成了平方王礁滩的高产储集层段。

(二) 湖泊碳酸盐颗粒滩

在湖泊受波浪作用控制为主的浅水环境中，碳酸盐颗粒堆积物较为发育，可形成碳酸盐岩颗粒滩。这些滩体在我国各主要含湖泊碳酸盐岩的沉积盆地中均可见到，但以东部诸盆地的中—新生界和四川盆地的侏罗系较为发育。

1. 沉积及层序特征

济阳坳陷古近系沙河街组一段为一典型的湖泊碳酸盐颗粒滩沉积，其沉积序列由浅水至深水区可划分为滨湖泥坪相（A）、岸滩相（B）、颗粒浅滩相（C）、藻滩相（D）、半深湖相（E）和深湖泥灰岩相（F）（图4-40）。

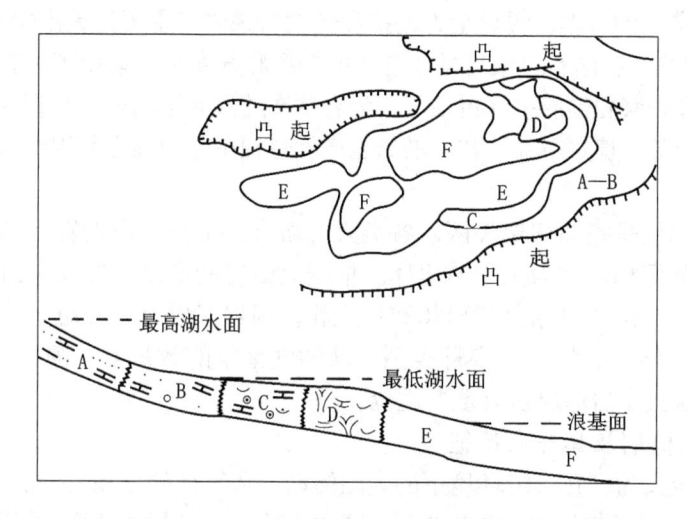

图4-40 湖泊碳酸盐浅滩沉积相带（据孟祥化，1985）

（1）滨岸泥坪相：主要由灰—褐灰色的泥晶白云岩、含泥质泥晶白云岩和含颗粒泥晶白云岩组成，偶见轮藻生物碎屑，纹层、粒序层和干缩缝常见。

（2）岸滩相：主要岩性为浅灰色的含鲕粒生物砂灰岩、砂质介屑灰岩和螺灰岩等，见块状层理、交错层理和水平层理。

（3）颗粒浅滩：多由浅灰色的各种颗粒白云岩构成，小型交错层理发育。

（4）藻滩相：由藻白云岩构成，生物生长层理发育。

（5）半深湖相：堆积的岩性主要为颗粒泥晶灰岩。

（6）深湖泥灰岩相：由厚层泥质灰岩、泥灰岩构成，水平层理发育。

其中，颗粒浅滩相的分布与滨湖比邻，位于湖盆斜坡和水下隆起的顶部，为湖泊中最活跃的相带，主要堆积的是高能鲕粒、复鲕、溶蚀花边鲕和各种碳酸盐砂砾屑，颗粒分选、磨圆好，形成典型的鲕粒白云岩、生物白云岩、砾屑白云岩和团粒白云岩等。堆积的层序一般自下而上为砾屑白云岩→螺白云岩→团粒白云岩→管状藻白云岩，代表水动力条件减弱、水深加深过程的退积型层序；在剖面上的位置属于浅湖相的中部、颗粒浅滩相中的下部。

2. 与储层的关系

湖泊碳酸盐颗粒滩在沉积时可发育有一定数量的原生粒间孔和生物体腔孔等，如再经过后期建设性成岩作用的改造，则可形成具有一定储集性能的储层。如分布于四川盆地中部地区下侏罗统自流井组大安寨段储层主要形成于浅湖—半深湖介屑滩中，其质纯的介屑灰岩中分布有一定数量的生物遮蔽孔、晶洞和溶洞等，孔隙度一般 1%～5%，面孔率最高者达 5%，裂缝较为发育，多构成裂缝—孔隙型储层。

第四节 其他岩类储层特征及其分布

一、岩浆岩储层

早在 19 世纪末 20 世纪初，古巴、日本、阿根廷、美国等先后发现了岩浆岩油气藏。特别是油气资源贫乏的日本，竭尽全力勘探和开发岩浆岩（主要是火山岩类）中的油气藏。20 世纪 80 年代以来，我国在岩浆岩类油气藏的勘探和开发中也取得了可喜的进展，各大油田均不同程度地在岩浆岩储层中采得油气，为岩浆岩油气储层的进一步研究提供了大量基础资料。在"发展西部、稳定东部"和"增储上产"过程中，加强岩浆岩油气藏研究具重要现实意义。

岩浆岩油气储层是指油气聚集区以各类火山熔岩、中浅成侵入岩，以及相伴生的火山碎屑岩和火山碎屑沉积岩类为主的储集体。根据火山岩的形成条件及火山作用的一般机理和成岩作用方式，火山岩可划分喷出相和侵入相。因岩浆成分、喷溢方式及分布场所（陆上、水下）不同，储集岩划分为多种类型，从油气聚集的数量看，喷出相远多于侵入相，中—基性熔岩和次火山岩储层占有重要地位。

（一）火山岩储层及其分布特征

火山岩相可定义为"在一定环境下的火山活动产物特征的总和"，或者"火山岩形成条件及其在该条件下所形成的火山岩岩性特征的总和"。所谓火山岩的"相"（即火山岩相），是指火山活动环境（包括喷发时地貌特征、堆积时有无水体、距火山口远近、岩浆性质等）及与该环境下所形成的特定火山岩岩石类型的总和，这一概念是进行火山相（带）划分的基础。另外，把多火山口、多期活动形成的在同一空间分布的火山岩体称为复合火山岩体，复合火山岩体的火山相称为复合火山岩相。

在剖面上，根据岩性的分布、组合和各种岩石矿物含量所占的比例，可将火山岩体划分为不同的喷发期。每个喷发期自下而上其岩性变化是：火山碎屑岩（代表猛烈喷发或爆发作用）、熔岩（玄武质或安山岩，分别具有气孔—杏仁构造、流纹构造或呈致密块状）。总体上讲，近火山口部位火山碎屑岩较粗，为集块岩或火山角砾岩，且厚度较大；远离火山口，火山碎屑粒度变细、厚度变薄，主要为凝灰质。熔岩顶部常有一层岩流自碎角砾岩，在剖面上分布不稳定，但它是划分熔岩流顶界的标志。火山碎屑岩占火山岩层厚的比例称为爆发系数，该系数越大，喷发的猛烈程度越大。

关于喷出岩相的划分，多以火山喷出物的产状及岩石特征为依据（表 4-15）。火山喷出岩相可划分为六个岩相：火山通道相、次火山岩相、侵出相、爆发相、溢流相和喷发沉积相。其中，爆发相、溢流相和次火山岩相有较好的储集性能。近年来，作为以油气储层研究为目的的火山岩相及相带划分，随着火成岩油气藏勘探和开发的进程而不断深入。下面重点讨论火山岩相特征、空间分布规律，以及与油气运聚紧密相关的孔缝发育特点。

表 4-15　喷出岩岩相划分（据南京大学，1980，修改）

相组		产状形态	备注
喷发沉积相		层状、似层状、透镜状、有陆相和海相喷发沉积	在火山作用过程中形成，一般是在火山作用间隙期
喷发相组	爆发相	坠落火山碎屑堆积、炽热气石流堆积和浮石流、火山灰流、熔渣流等堆积	火山爆发产物
	溢流相	绳状岩流、块状岩流、自碎角砾岩流、枕状岩流，可能还有熔结凝灰岩（泡沫熔岩流）	熔浆流出地表
	侵出相	岩针、岩钟、岩塞等	岩浆靠机械力挤出地表
次火山岩相		岩株、岩盘、岩盖、岩盆、岩脉、岩墙	火山浅成、火山超浅成岩和火山岩脉
火山通道相		圆形、裂隙型火山口，单一岩颈、复合岩颈、喇叭形和筒状岩颈	

1. 火山通道相

火山通道是连接岩浆房和地表的通道，所谓岩颈，是火山通道被熔岩和火山碎屑物质充填而成的地质体。熔岩组成岩颈，自上而下粒度由细变粗，深部呈现中—粗粒斑状结构。由火山碎屑组成的岩颈，碎屑主要是周围火山岩的破碎产物，少数来自基底岩石，大小悬殊，无分选。多数碎屑呈棱角状，少数有一定的磨圆，这是因为碎屑在火山通道内的相对运动或被多次抛出所造成的。火山通道相在剖面上常呈圆筒状，或呈上宽下窄的漏斗状，在垂向上无成层性，在平面上火山口常呈负地形。

2. 次火山岩相

在火山活动时，熔岩不是全部能够达到地表，一部分熔岩可能在超浅成条件下凝结。它们具有火山岩的外貌，但具侵入的产状，称为次火山岩。次火山岩占据的地下空间往往与一个地区发育的多向或多组断裂系统有关，具有岩株、岩盘、岩盖、岩盆、岩脉、岩墙等。次火山岩相岩石成分十分简单，由接触带到中心，结构逐渐变化。岩体可以局部甚至全部呈自碎状，数量多时就构成侵入自碎岩。次火山岩一般结构上与火山岩相似，但不发育气孔—杏仁构造。次火山岩相带与火山锥上的溢流相、爆发相呈穿插关系。

3. 侵出相

侵出相主要见于酸性岩中，形成于火山喷发的晚期。当火山口已经形成，高黏度岩浆受内力挤压流出地表时，遇水淬火或在大气中快速冷却，就会在火山口附近形成侵出相。

4. 爆发相

爆发相主要由较粗的火山碎屑岩组成，如集块岩、火山角砾岩、角砾质凝灰岩等。它们是原地堆积的产物，其在平面上的分布特征是：越靠近火山通道，火山碎屑越粗。近火山口岩屑比例增大，与溢流相火山熔岩在垂向上交替出现，或因爆发相叠复出现，形成火山碎屑锥；粗火山碎屑岩一般不具层理构造，而是异地堆积，且经过一段搬运的火山碎屑物常具层理构造。爆发相分为近火山口亚相、中间亚相和远火山口亚相。中间过渡相物性相对较好些，通常称为火山斜坡带，是有利的油气储层。

5. 溢流相

岩浆溢出火山口呈带状流动、面状分布，通常称为熔岩流或熔岩被，对应的岩相是溢流相。熔岩表面形状多样，具清晰塑性流动构造，诸如绳状熔岩、块状熔岩等，有时可见喷气构造。块状熔岩的黏性大于塑性熔岩，流动迟缓，表面硬壳易被下部流动的熔浆冲破，致使碎屑熔岩流角砾岩和自碎熔岩流集块岩形成，岩流在冷凝过程中一般形成柱状节理。

熔岩流在垂向上具有分带性，自上而下是：岩流自碎角砾熔岩、上部气孔—杏仁状熔岩、中间致密块状熔岩和下部孔—杏仁状熔岩，其中气孔具有明显的拉长现象。陆相喷发的岩流表层常见红色或紫色的氧化带。岩性的分带性导致物性变化的不均一性，致使含油性不均一。

6. 喷发沉积相

喷发沉积相几乎存在于火山作用的全过程，但在火山平静期更发育，岩石是火山喷发和正常沉积作用相互掺和的产物。火山碎屑物质可以在火山斜坡和火山盆地中堆积，也可降落在蓄水盆地中与正常沉积物质组成火山碎屑岩。该岩相大多位于远离火山口的地带。

（二）浅成侵入岩相储层

在岩浆岩体内部或其围岩中，常见到一些呈脉状产出的岩浆岩体。它们经常充填裂缝，构成岩墙、岩脉或者岩床，宽度从几厘米到几十米不等，但延伸可达数千米。其成分与侵入母岩体成分相近的称为玢、斑岩，相当于各岩浆岩大类的浅成侵入岩，如辉长玢岩、辉绿玢岩、闪长玢岩、花岗斑岩和正长斑岩。在我国以闪长玢岩、花岗斑岩和石英斑岩、辉绿玢岩、闪长玢岩、花岗斑岩和正长斑岩类常见。另一类浅成侵入岩成分上与母岩熔浆成分差别较大，诸如暗色矿物集中的煌斑岩和浅色矿物集中的细晶岩和伟晶岩类，在我国岩浆岩油藏中更常见。

（三）岩浆岩储层的储集性能

岩浆岩的各种储集空间在漫长的地质年代中可发生一系列变化，主要受制于构造活动及重新所处的地质环境，尚难总结出一个固定的模式。其主要变化有由于构造—断裂活动产生新的裂隙，抑或由于抬升或深埋产生的溶解或充填作用。岩浆岩储层的孔隙结构极其复杂，总的特点是储层空间类型多，结构复杂，次生作用影响强烈，从微观到宏观都表现出严重的非均质性，孔、洞、缝交织在一起，储层性能有很大的差异性和突变性。

二、泥岩裂缝储层

泥岩裂缝油气藏是指以泥质岩类为基质，泥质岩中发育的裂缝和孔隙为重要储集空间和渗滤通道的特殊储层（戴启德等，1996；赵澄林，1999）。目前在美国、俄罗斯、中国、加拿大、阿根廷等地均发现并开采泥岩裂缝油气藏（表4-16）。泥岩裂缝油气藏是一个发现较早、综合研究程度较低的特殊油气藏类型。目前我国大部分油田已进入中后期开采阶段，由于勘探开发的砂岩等常规油气藏逐渐减少，泥质岩类油气藏作为重要的隐蔽油气藏越来越受到一定程度重视。欧美国家对于泥岩裂缝油气藏的研究起步较早，国内的大庆、胜利等主要油田也先后发现了具有工业价值的泥岩裂缝油气藏。随着油田勘探程度的不断提高，泥岩裂缝油气藏将逐渐成为今后油气勘探的重要领域和后备阵地。

表4-16 世界部分泥岩裂缝油气藏统计表（据李琦，2000）

地区	储层岩性	地层	地质特征	物性资料	备注
（美国）加利福尼亚湾	页岩、燧石层、灰泥岩、白云岩	中心统蒙特雷组	单井油流：954 m³/d 可采储量： $5.0 \times 10^7 \sim 8.0 \times 10^7$ m³ 地质储量： $3.5 \times 10^8 \sim 4 \times 10^8$ m³	裂缝渗透率：1~3mD 基质渗透率：0.1mD	背斜，伴生气

续表

地区	储层岩性	地层	地质特征	物性资料	备注
（美国）阿巴拉契亚盆地	灰色、灰褐色和黑色页岩	泥盆系页岩	天然气可采储量：$2.4×10^{13} \sim 3.1×10^{13}$ m³ 地质储量：$0.7×10^{12} \sim 2.2×10^{12}$ m³	孔隙度：4% 基质渗透率：0.15mD	
（美国）威利斯顿盆地	灰色、灰褐色和黑色页岩	巴肯组页岩	深水缺氧环境的生油岩	有机质含量：7%~13%	鼻状构造
（俄罗斯）萨利姆油田	黑褐色、黑色硅化沥青质泥岩	侏罗系巴热诺夫组泥岩	埋深：2700~3000m 异常高温高压 压力系数：1.45~1.6	总孔隙度：5.8%~8% 裂缝—孔隙型	透镜体状油藏
（英国）北海	页岩	莫里页岩	生油岩中	裂缝—孔隙型	
（加拿大）魁北克低地	黑色页岩		天然气	裂缝—孔隙型	
（阿根廷）圣埃伦油田	泥页岩		油气	裂缝	
（厄瓜多尔）圣埃利纳	泥页岩		生油岩中		
（中国）东部和西部	泥质岩	白垩系和古近系	生油岩中	裂缝 裂缝—孔隙型	

以泥岩为储层的油藏迄今为止所见不多，以前对这类油藏也未曾重视，对其研究程度还有待于深入。但从已做的部分工作看，这类储层无论其宏观、微观特征均十分复杂，横向上具有复杂多变和难以预测性。下面仅就该类储层的影响因素及其识别作些说明，以期在实际工作中能有所启发。

（一）泥岩裂缝储层发育的影响因素

泥岩裂缝的发育往往受岩性及构造因素的影响，有时地下水对其也有相当程度的影响。

1．岩性因素对泥岩裂缝形成的控制

一般而言，岩石脆性是影响岩石裂缝发育的重要因素，岩石脆性越大，则越易形成裂缝。岩石脆性主要受岩石成分、岩层厚度及组合方式制约。砂泥岩地层岩石脆性由大到小有如下分布顺序：钙质砂岩—粉细砂岩—泥质粉砂岩—粉砂岩—泥岩。由此可见，在通常情况下，泥岩是不易破碎形成裂缝的，但在钙质含量增加的情况下，泥岩脆性可较明显地增大，因而钙质泥岩比一般泥岩更易形成裂缝。

再者，泥岩厚度越薄，且砂泥岩呈互层状，有利于泥岩形成裂缝。与厚层泥岩相比，薄层泥岩产生的裂缝密度较大。

2．构造因素对泥岩裂缝形成的控制

构造因素对泥岩裂缝形成的控制主要取决于泥岩所受构造应力的大小、性质、受力次数。通常，泥岩层所受的作用力越强，受力次数越多，所受的张应力越大，产生的裂缝往往越多，规模也较大。由于构造应力在不同部位大小会发生变化，从而形成不同的构造形态，因此，通过构造形态往往可以推断出应力的相对大小。在岩性和岩层厚度相似的情况下，可以从构造部位推断出裂缝的发育部位。

对褶皱而言，一般裂缝集中发育于曲率大的部位，如背斜。裂缝在狭长形长轴背斜上常沿长轴分布，且高点最发育；在短轴背斜上，裂缝沿轴部分布，也是高点发育。箱状背斜的裂缝在肩部最发育，其次在顶部；穹窿状背斜的裂缝发育集中于顶部。所有背斜顶部发育的是张扭性裂缝，向斜则是底部发育张扭性裂缝，因而，向斜裂缝集中发育于下部。对断层来说，裂缝往往围绕其周围分布，即断层是导致形成裂缝的另一个重要因素，且断层周围的裂缝分布有这样一些规律：

(1) 低角度断层形成的裂缝比高角度断层更为发育；
(2) 断层系引起的裂缝比单一断层引起的裂缝发育；
(3) 断层牵引褶皱的拱曲部位裂缝最发育；
(4) 断层消失部位因应力释放，裂缝也很发育；
(5) 大断层附近裂缝比小断层附近裂缝发育。

（二）泥岩裂缝的变化规律

在现有条件下，对泥岩裂缝的变化（包括纵、横两个方向）要做出定量预测十分困难，需要根据所钻遇的目的层的岩石成分、岩层厚度及组合，岩层所处的构造部位及断裂发育情况、区域压力场的期数及方向等作出综合性的推断，才有可能对泥岩裂缝的分布及规模作出比较客观的估计。另外，钻井较多的地区，可以利用测井资料寻找和预测裂缝发育区。

（三）泥岩裂缝储层特征

泥岩裂缝的发育是成藏的关键因素，盆地的沉积建造条件对泥岩裂缝油气藏的形成富集起着明显的控制作用。泥岩裂缝油气藏不可能在频繁的砂泥岩互层中发育，而主要发育在厚层的泥岩展布区中，也就是说，在一些水体较深的深湖相或半深湖相区及三角洲前缘前端或前三角洲最易形成这类油气藏。泥岩裂缝油气藏由于非均质性严重，对圈闭条件要求有特殊的一面。断裂发育有利于裂缝产生，但断裂发育密度大的地区并不利于这种类型油气藏的保存。另外，厚层泥岩展布区往往更易形成这种类型油气藏，而砂岩发育区寻找泥岩裂缝油气藏较为困难。

三、变质岩储层

我国变质岩油气藏最早在1959年8月发现于酒西盆地鸭儿峡背斜构造。1971年，辽河西部凹陷兴213井在太古宇变质岩系古潜山风化壳中获天然气和凝析油流。进入20世纪80年代，辽河西部凹陷又在中—新元古界的变质石英砂岩中获得了工业油流，不久，在大民屯凹陷东胜堡太古宇古潜山第一口探井中，又喜获高产工业油气流，从而揭开了渤海湾盆地变质岩古潜山找油的序幕。1984年在黄骅坳陷南21井、东营凹陷郑4井发现以太古宇混合岩为储层的高产油气田，单井日产油多在上千吨。以上情况表明，我国变质岩油气藏勘探已有许多成果并有较大的勘探前景（表4-17）。

表4-17 中国变质岩油气藏一览表

油田	地质时代	集岩类型	油藏类型
玉门	古生代志留纪泉脑沟山期	千枚岩、板岩	鸭儿峡志留系古潜山油藏
辽河	元古宙	变质岩、天砾岩	杜家台元古宇古潜山油藏
	太古宙鞍山群沉积湖	混合岩类、区域变质岩	兴隆台、东胜堡、静安堡、齐家、欢喜岭、牛心坨、茨榆坨等古潜山油藏

续表

油田	地质时代	集岩类型	油藏类型
胜利	太古宙泰山群沉积岩	碎裂状片麻岩、混合岩和变粒岩	王庄太古宇古潜山油藏
渤海	元古宙	花岗岩混合岩类	锦州20-2构造太古宇古潜山油藏
冀东	太古宙	花岗岩混合岩类	冀东太古宇变质岩油藏

（一）变质岩储层分布特征

变质岩储层是指由变质岩类构成，并由其中的表生风化或构造破裂形成的裂缝作为主要储集空间和渗流通道的一类储集体。构成变质岩储层的变质岩类可以是混合岩、片麻岩、片岩、千枚岩、板岩或石英岩、碎裂岩等。从油气藏类型来讲，它主要属于基岩储层。综合分析各种资料，变质岩油气藏在我国和世界的分布具有如下特征。

1. 数量较少但分布范围广

从我国西部的酒西盆地到东部的渤海湾盆地均已发现变质岩油气藏。在世界上这种类型的基岩油气藏分布也较广泛，如北美和南美西部地区。但这种油气藏类型在全球的数量少，丰度低。这种状况在很大程度上是勘探上重视不够造成的，如美国加利福尼亚州圣玛丽亚谷油田原是以中新统砂岩油藏为开发目的层，只是后来加深钻探中新统底部砂岩时，才发现了其下伏的侏罗系变质岩油藏（胡见义等，1986）。

2. 分布时代较老

在我国，变质岩油气藏主要分布在太古—元古宙变质岩系中，少部分分布于古生界变质岩中（如鸭儿峡油藏）；而国外的一些变质岩油气藏可出现在中生界中（如美国圣玛丽亚谷和爱迪生油田）。

3. 储集岩类型多样

我国变质岩储层的岩石类型以混合岩类为主，其次是板岩、千枚岩、片岩、角闪质岩石、片麻岩、变粒岩等区域变质岩类和碎裂岩类。在时代较老的地层中主要出现混合岩类和片麻岩、变粒岩、变质石英岩等深变质岩储层。在时代较新的地层中主要出现板岩、千枚岩、片岩等浅变质岩储层。

（二）变质岩储层的岩性特征

归纳我国已发现的以变质岩为储层的油气藏，其岩性、岩相具如下基本特征。

1. 混合岩类

混合岩类是我国变质岩储层的主要岩石类型。它是由区域变质作用向深度发展的产物，是由大规模的区域性混合岩化作用形成的，其中由脉体（花岗质或长英质成分的注入体）和基体（残留的变质岩）两部分以不同数量和方式混合而成。根据脉体和基体的量比，混合岩类分为混合岩、混合片麻岩和混合花岗岩三大类。具有较明显片麻构造的混合岩，纳入混合片麻岩类；强烈混合岩化、岩性极似花岗岩者，则归入混合花岗岩类。混合岩在世界各古陆有广泛分布，我国西部塔里木和东部胶辽古陆及燕山一带也常见，并构成覆盖区的基底岩系，故在东、西部各油田的钻孔中屡见不鲜，部分则成了储集岩。

2. 区域变质岩类

区域变质岩是区域变质作用带中常见的岩石类型，分布范围广泛，视变质程度分为板岩、千枚岩、片岩、片麻岩、变粒岩、榴辉岩和大理岩等，有时还可见到变质石英砂岩。

3. 碎裂变质岩类

碎裂变质岩类又称动力变质岩类，是指由地应力作用使原岩破碎成大小不一的角砾或碎屑，并为更细的碎屑所充填，经压结或胶结作用形成具有变余碎屑结构的浅变质岩类。在我国含油气盆地碎裂变质岩储层中常见的碎裂变质岩类岩石有构造角砾岩、碎裂岩、碎斑岩和碎粒岩。

（三）变质岩储层分布特征

1. 变质岩岩性分布特点

构成变质岩储层岩石的岩性分布特征主要受制于变质作用类型和变质程度。混合岩变质程度深，岩性混杂，一般无明显分带性。区域变质岩根据变质程度划分为浅、中、深三个带，各带中变质岩的成分、结构、构造、产出状态及储集性能有较大差异，其最大特征是具有一定的成层性。碎裂变质岩主要受动力变质作用控制，多分布在断裂带或破碎带附近。变质石英砂岩具变质砂状结构和良好成层性，仍具碎屑岩的储集特点。

2. 变质岩古潜山储集体的分带性

变质岩在地面遭受长期风化作用而形成风化壳后，在沉积盆地中重新沉入水下，被沉积岩层所覆盖，从而进入了古潜山形成和演化阶段。在变质岩古潜山储层中，由于受古地形、构造等因素的影响及风化作用的参与，使储集空间的发育表现出极大的不均一性，无论在横向上还是在垂向上均有显著的差异。横向差异性是指井与井之间的差异，而垂向差异性上是指潜山内幕的差异、单井剖面上不同井段的差异。变质岩古潜山储集体具明显分带性，根据外营力影响因素、岩石破碎程度、孔隙发育特点、电性特征等，将储集体在纵向上自上而下分为三个储集带，依次是风化破碎储集带、裂隙发育储集带和致密带。前两个储集带为油气在变质岩储层中的重要储集部位，现分述如下。

（1）风化破碎储集带位于岩体的上部，为物理风化、构造碎裂复合作用而成的一个连续的岩石破碎带。风化破碎储集带的岩石发育程度和厚度大小不一，从几米至几百米不等，如在辽河凹陷曹家台、兴隆台和齐家等古潜山该带发育，最厚可达500m；而在东胜堡古潜山，该带厚度仅在几米至几十米之间。该带化学淋滤作用相当强烈，岩石破碎程度大，部分地段破碎颗粒糜棱化，或粒间有较多的似泥质充填物；岩石较疏松，储集空间发育，但不均一；糜棱化强的部位及碎屑颗粒细小的部位储集空间不发育，被碳酸盐矿物充填的缝隙较多。常见到的储集空间类型为物理风化及构造成因的碎裂缝隙和破碎颗粒间孔隙，化学淋滤成因的孔隙也极发育。

（2）裂隙发育储集带位于风化破碎储集带下部，主要受断层破碎带控制。其发育程度除与构造作用有关外，还与岩石类型关系密切，如花岗质岩石破碎程度强于含暗色矿物较多的塑性岩石。该带发育程度不一，厚度变化较大，其破碎部位在剖面上是不连续的，表现出多处破碎部位组合的特征；各处破碎部位厚度不一，发育的程度也有较大差别。该带的储集空间主要为构造成因的微破碎条带缝隙、碎裂缝隙和破碎粒间孔隙，以及化学淋滤成因的缝隙。

（3）致密带位于岩体的下部，由基本上未风化过的岩石组成，没有破碎或局部极轻微破碎，构造成因的储集空间不发育。

（四）变质岩储层储集条件及其控制因素

变质岩储集体的储集空间仍为孔隙和裂隙，但因其有复杂的演变史，故多采用成因—形态分类。按成因类型划分为变晶成因、构造成因、物理风化成因和化学淋溶成因的储集空间（表4-18）。控制变质岩储层储集空间形成和演化的因素是变质作用、构造作用、古表生物理风化作用、化学淋滤作用、矿物充填及原岩性质等。

表 4-18　变质岩储集体中常见的储集空间及其特征（据赵澄林，1997）

成因类型	储集空间类型	特　征
变晶成因	变晶间孔隙	变晶矿物间的孔隙，明显见于结晶程度较粗矿物间
	变余粒间孔隙	在变质程度较低的岩石中保留原生孔隙，也见残余的原碎屑岩中的粒间孔隙
	解理孔隙	沿矿物解理所形成的缝隙广泛见于各类有解理的矿物，受力或受风化作用后更明显
构造成因	构造裂隙	在岩石内呈平面或曲面延伸，有的集中成带状或扇形
	破碎粒间孔隙	因受应力作用造成的岩石破碎，在矿物、岩石碎屑之间形成的孔隙
物理风化成因	风化裂隙	当岩石暴露于地表，因风化、剥蚀作用产生的裂隙
	风化破碎粒间孔隙	因温差、冰冻等物理因素造成岩石的破碎、崩解，在碎块之间形成的孔隙
化学淋溶成因	溶蚀孔隙	在前期形成的孔隙，诸如变晶间、变余粒间、破碎粒间以及矿物晶体内经溶蚀作用形成的孔隙
	溶蚀裂隙	在前期形成的裂隙，由于溶蚀扩大或充填的裂隙再溶蚀，常见到的有解理溶蚀缝、构造溶蚀缝等

1．变质作用的影响

变质作用是指原岩遭受复杂变质作用过程中，由于重结晶、变质结晶、变质分异和交代作用等，使原岩矿物成分、结构、构造发生一系列变化，并有孔隙和缝隙形成。在超变质作用过程中，随着液体物质的参与及大部分固态岩石的重熔，结晶和碎裂成因的孔、缝被液相物质渗入、充填，最后结晶而堵塞了缝隙。

2．构造作用的影响

构造作用是形成储集空间、促进储集空间向发育方向演化的一种有利因素。在地壳的浅部位，由于温度和压力较低，许多岩石具有较大的脆性。当其所受应力超过一定限度时，就会发生碎裂变质。碎裂对于基岩油气运移具有十分重要的影响。碎裂的强度主要取决于应力的性质、强度、作用时间的长短等因素。如果是受压扭应力，作用强度又大，就会使岩石碎粒化或糜棱化甚至重结晶，引起裂缝堵塞，影响油气的运移和聚集。如渤海湾郑家地区正好处于陈家庄凸起和东营凹陷的交界处，那里正断层发育，断层长期活动，在张应力作用下造成岩石呈角砾结构和碎裂结构。岩石碎块成分单一，大小悬殊混杂，棱角显著，裂开面粗糙，无定向性。石英波状消光不太强烈，斜长石双晶截然断开或略弯曲。岩石的张开缝特别发育，成为油气储集的有利场所和运移的良好通道。

碎裂变质所形成裂缝的重要意义不仅在于形成了主要的储集空间，而更重要的在于能形成酸性水溶液和油气运移的通道。这些通道还可能会把其他储集体（如古近系的碎屑岩储集体）与基岩储集体连通起来，形成长期高产稳产的油藏。

3．古表生物理风化作用的影响

由该作用引起原岩的机械破碎作用是形成变质岩古潜山储集体孔隙发育带的重要因素。

东营凹陷太古界古潜山大部分在新近纪才被巨厚的沉积岩覆盖。在这漫长的地质历史中，经物理风化作用，长期裸露地表的岩石遭到剥蚀和破碎，特别是构造裂缝发育部位及强度较低的岩石中物理风化作用更显著，使岩石破碎程度加大。在潜山顶部和平缓的山坡上易形成厚度很大的岩屑型风化壳，在风化壳的残积物中发育大量具储集能力的空间。古表生物理风化作用过程是岩石由致密向具储集空间发育演变的过程。

4．化学淋滤作用的影响

化学淋滤作用是继构造作用和物理风化作用之后，促使储集空间向发育方向转化的另一重要因素。原岩不稳定组分的溶解、滤失，加大了缝隙的开度，使储集岩的孔隙度、渗透性变好，有利于油气的储存和运移。常见的淋滤现象有：长石、角闪石和黑云母的溶蚀，粒间充填物的溶蚀，经过热液蚀变的矿物可再度发生蚀变溶蚀而产生孔隙。

5．矿物充填的影响

在岩石中形成的储集空间常被充填，这会对储集岩石物性产生不利影响，使岩石的孔隙度、渗透率变差。常见的充填物有自生石英、碳酸盐矿物、绿泥石和黄铁矿等。

6．原岩性质的影响

各种对储集空间发育产生影响的外部因素都要通过原岩性质这个内因起作用。原岩对形成储集空间起着重要作用，无论结晶成因、构造成因还是化学淋滤成因的孔、缝隙，无一不受原岩本身性质的控制。这主要与原岩矿物的矿物成分、变质程度、混合岩化程度等有关。由于上述因素的差异，在岩石和部分矿物中储集空间发育程度表现出极大的不均一性。

思 考 题

1．碎屑岩储层的八大沉积作用及其与层内非均质性的关系是什么？
2．不同河道类型的主要砂体及砂体特点是什么？
3．不同河流沉积储层特征是什么？
4．湖盆的主要储集砂体类型及砂体特征是什么？
5．冲积扇的沉积物类型及其砂砾岩储层特征是什么？
6．三角洲的主要储集砂体有哪些？论述三角洲为何有利于形成油气聚集带。
7．简述滨岸储集砂体的特征及油气勘探开发中应注意问题有哪些。
8．简述主要的重力流砂体储层有哪些。
9．台地边缘滩（礁）与台内点滩（礁）的异同是什么？
10．海相碳酸盐岩与湖相碳酸盐岩的异同是什么？
11．论述有利于碳酸盐岩储层形成与演化的沉积相带。
12．试述非沉积岩储层的类型与主要特点。

第五章 储层孔隙结构

储层孔隙结构是指岩石所具有的孔隙和喉道的几何形状、大小、分布、相互连通情况，以及孔隙与喉道间的配置关系等。它反映储层中各类孔隙与孔隙之间连通喉道的组合，是孔隙与喉道发育的总貌。

孔隙结构特征的研究是油气储层地质学的主要内容之一，它与储层的认识和评价、油气层产能的预测、油气层改造以及提高油气采收率的研究都息息相关。孔隙结构特征的研究已成为最基础的研究工作，研究内容主要包括储集岩的孔隙和喉道类型，孔隙结构的研究方法、参数定量表征、分类与评价、应用等。

第一节 储集岩的孔隙和喉道类型

储集岩具有不同的类型，通常分为碎屑岩、碳酸盐岩和其他类型的储集岩。不同类型的储集岩孔隙和喉道类型既有共性，又存在差异。

一、孔隙和喉道的概念

储集岩中的储集空间是一个复杂的立体孔隙网络系统（图5-1a、b），但这个复杂孔隙网络系统中的所有孔隙（广义）可按其在流体储存和流动过程中所起的作用分为孔隙（狭义孔隙或储孔）和喉道两个基本单元。在该系统中，被骨架颗粒包围着并对流体储存起较大作用的相对膨大部分，称为孔隙（狭义）；另一些在扩大孔隙容积中所起作用不大，但在沟通孔隙形成通道中却起着关键作用的相对狭窄部分，则称为喉道，它仅仅是两个颗粒间连通的狭窄部分或两个较大孔隙之间的收缩部分（图5-1c）。有时将长度为宽度10倍以上的通道称为渠道。

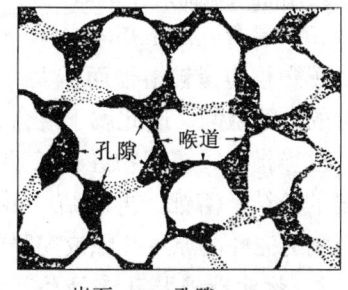

P—孔隙；O—孔隙喉道

a   b   c

图 5-1 储集岩孔隙网络系统
a—砂岩孔隙空间结构放大模型（据陈碧珏，1987）；b—储集岩立体孔隙网络系统（据邸世祥，1991）；
c—岩石孔隙结构示意图（据陈作全，1987）

流体在岩石中沿着这一复杂的立体孔隙网络系统流动时，必须经过一系列交替着的孔隙和喉道，且都受流体流动的通道中最小的断面（喉道直径）所控制，即所有的孔隙都受喉道所控制。由此可见，喉道的粗细特征必然严重地影响岩石的渗透性。对于同样大小的孔隙空间，由于孔隙空间的多少及宽窄不同，岩石渗透性可能差别很大。孔隙喉道的几何形状是控制油气生产潜能的关键，也就是说，液体流动条件取决于孔隙喉道的结构（包括喉道半径的大小、截面形状）以及石油与岩石的接触面大小等。

由于储集岩孔隙系统十分复杂，而常规物性不一定能完全反映岩石的特征。除了常规物性与孔隙结构具有一致性外，在沉积特征变化较大的砂岩和各类碳酸盐岩中其孔隙结构特征与常规物性呈现出不一致性。可见，在储层研究中，仅开展常规物性研究往往是不全面的，还必须特别重视对储层孔隙结构的研究。

二、碎屑岩的孔隙和喉道类型

（一）孔隙类型

关于碎屑岩孔隙类型的划分，研究者从不同角度提出不同的划分方案，归纳起来，大致有以下几类。

1. 按储集空间的成因分类

按储集空间的成因将孔隙分为原生孔隙、次生孔隙和混合孔隙三大类，这是目前国内外比较流行的一种分类，如 V.Schmidt 等的分类。

（1）原生孔隙：指砂岩中现今保存下来的、由沉积作用造成的支撑孔隙，主要是由颗粒支撑的原生粒间孔隙，也包括粒间基质充填不满所遗留下来的孔隙、基质内部有杂基支撑的孔隙及原始岩屑粒内孔隙。此外，在成岩后生阶段因胶结作用而缩小了的孔隙，如因石英次生加大而缩小了的孔隙，也应属于原生孔隙。

（2）次生孔隙：指在成岩后生阶段，受物理、化学等作用使岩石某些组分溶解淋滤、收缩或使裂隙和孔洞重新开启而产生的孔隙（图 5-2）。次生孔隙包括溶蚀孔隙（包括颗粒、基质、胶结物、交代物溶孔）、破裂孔隙（由各种应力作用使岩石破裂而产生的裂隙，一些层理缝和矿物解理缝也属此类）、收缩孔隙（砂岩中某些矿物如海绿石、赤铁矿、黏土等发生脱水或重结晶收缩而产生的裂缝）、晶间孔隙（重结晶作用和胶结作用产生的晶体之间的孔隙）。

（3）混合孔隙：指不是单一成因，而是由几种成因混合构成的孔隙。例如原生粒间孔隙由于颗粒边缘被溶蚀而扩大，这种扩大了的粒间孔隙既包含了原生粒间孔隙，又包含了溶蚀的孔隙空间，因此属于混合孔隙。

应当指出，沉积物经过长期复杂的成岩后生变化阶段，相当一部分孔隙很可能经受了反复的胶结、溶蚀、再胶结、再溶蚀，或者不完全胶结、不完全溶解。有时很难确切地将孔隙划为完整的原生孔隙或完整的次生孔隙，因此孔隙成因类型的划分只能是相对的。

2. 按孔隙产状及溶蚀作用分类

邸世祥（1991）按产状把孔隙分为四种基本类型，又按溶蚀作用分出了四种溶蚀类型。

（1）粒间孔隙：指储集岩碎屑颗粒之间的孔隙，以其中充填杂基及胶结物的多少，又分为完整粒间孔隙、剩余粒间孔隙、缝状粒间孔隙三小类（图 5-3a、b、c）。完整粒间孔隙是指粒间孔隙中基本无填隙物；剩余粒间孔隙是指粒间孔隙中有部分填隙物；缝状粒间孔隙是指粒间孔隙基本被填隙物充填，只剩余一些缝隙。粒间孔隙的共同特点是不论颗粒、填隙物还是孔隙均看不到溶蚀迹象。

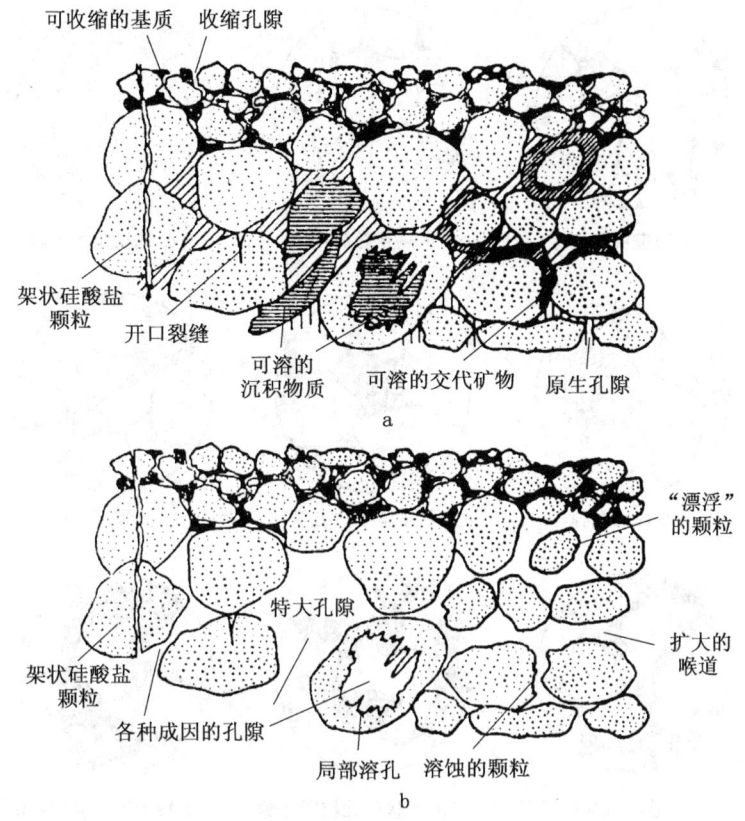

图5-2 次生孔隙类型及形成模式图（据罗明高，1998）
a—砂岩中溶蚀作用前的主要孔隙特征，包括粒间孔、收缩孔和裂缝；
b—砂岩中溶蚀作用后的主要孔隙特征，包括扩大的粒间孔、特大孔、粒内溶孔、收缩孔和裂缝

（2）粒内孔隙：指碎屑颗粒内部不具溶蚀痕迹的孔隙，如喷发岩岩屑所具有的气孔。这类孔隙在碎屑岩中比较少见，大都是孤立或基本不连通的（图5-3d），因而对油气的聚集往往作用不大。

（3）填隙物内孔隙：指杂基和胶结物内存在的孔隙。这类孔隙特别是自生黏土矿物填隙物内的晶间孔隙分布比较普遍（图5-3e），一般都是小孔隙，但因杂基及自生矿物的成分、晶粒大小，孔隙仍有相对大小之分，如高岭石填隙物内晶间孔隙比一般伊利石和绿泥石填隙物内晶间孔隙要大一些，粗晶的比细晶的高岭石填隙物内晶间孔隙也要大些。

（4）裂缝孔隙：指切穿岩石甚至切穿其中碎屑颗粒本身的缝隙，一般缝壁平直，无任何溶蚀迹象存在（图5-3f）。

（5）溶蚀粒间孔隙：是粒间孔隙遭受溶蚀后所形成的孔隙。这类孔隙除处在碎屑颗粒之间外，从孔隙周边形态、相邻颗粒表面特征、孔隙中残留填隙物的产状和（或）孔隙分布状况等方面，程度不同地保留溶蚀痕迹（图5-3g、h、i）。这类孔隙根据溶蚀部位及程度不同，进一步可分为部分溶蚀粒间孔隙、印模溶蚀粒间孔隙、港湾状溶蚀粒间孔隙、长条状溶蚀粒间孔隙、特大溶蚀粒间孔隙五种。部分溶蚀粒间孔隙是指粒间孔隙周围的颗粒或粒间孔隙内的填隙物，部分被溶蚀并保留有溶蚀痕迹或残留其团块者；印模溶蚀粒间孔隙是指一些碎屑颗粒或（和）填隙物晶被溶去而残留的印模孔隙；港湾状溶蚀粒间孔隙是指碎屑颗粒或（和）填隙物被溶蚀成港湾状的粒间孔隙；长条状溶蚀粒间孔隙是指相邻

    a 完整粒间孔隙　　　　b 剩余粒间孔隙　　　　c 缝状粒间孔隙

    d 粒内孔隙　　　　e 填隙物内孔隙　　　　f 裂缝孔隙

    g 长条状溶蚀粒间孔隙　　h 港湾状溶蚀粒间孔隙　　i 特大溶蚀粒间孔隙

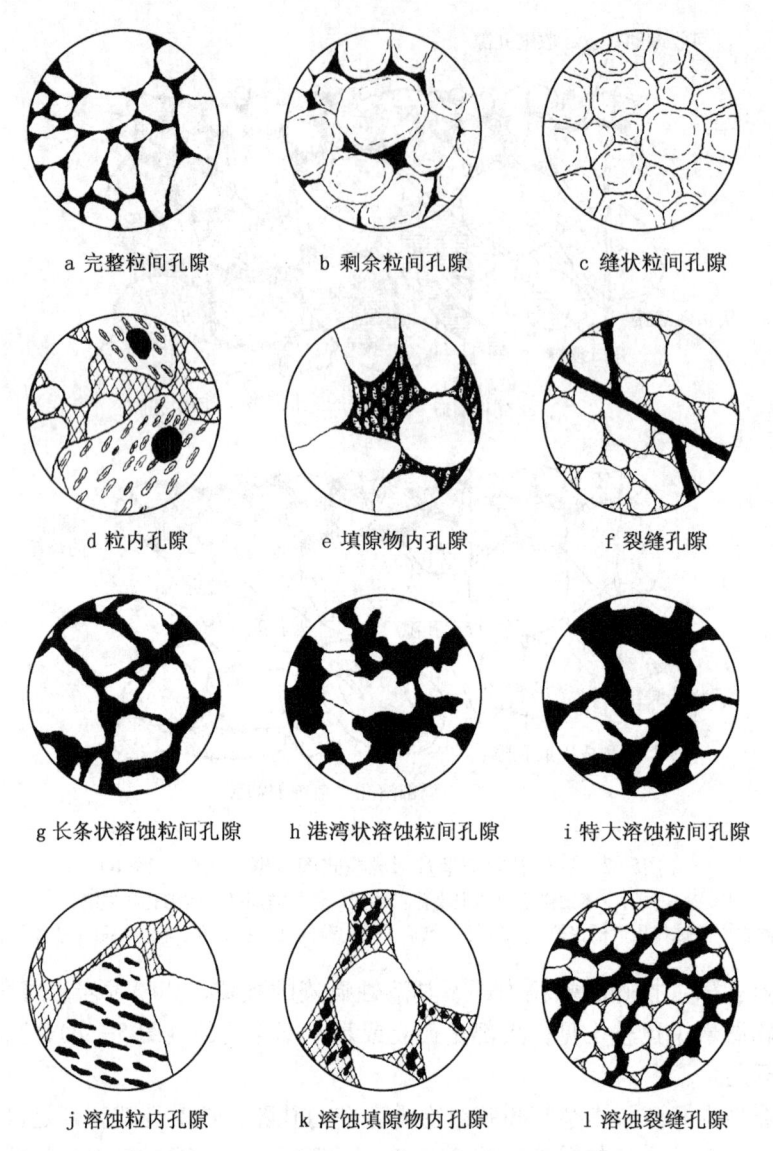

    j 溶蚀粒内孔隙　　　k 溶蚀填隙物内孔隙　　　l 溶蚀裂缝孔隙

图 5-3　碎屑岩孔隙类型示意图（据邸世祥，1991）

粒间孔隙之间的喉道同时受到溶蚀，致使两个甚至多个粒间孔隙连成长条状孔隙；特大溶蚀粒间孔隙是指岩石受到了强烈的溶蚀作用，致使一个甚至几个碎屑颗粒与其周围的填隙物都被溶掉而形成的超粒特大孔隙。显然，从部分溶蚀粒间孔隙至特大溶蚀粒间孔隙，溶蚀作用的强度是逐渐增大的。

（6）溶蚀粒内孔隙：指碎屑颗粒内部所含可溶矿物被溶，或沿颗粒解理等易溶部位发生溶解而成的孔隙。其特点是孔隙不仅处在颗粒内部，而且数量比较多，往往成蜂窝或串珠状（图 5-3j）。常见的是长石溶蚀粒内孔隙与岩屑溶蚀粒内孔隙。

（7）溶蚀填隙物内孔隙：指填隙物受溶蚀作用所形成的孔隙。因杂基及自生胶结物晶粒之间的孔隙很小，流体在其中较难通过，溶蚀作用相对弱，从而溶蚀填隙物内孔隙比在填隙物内孔隙中发育差，一般只在可溶填隙物中才比较发育，如沿盐类、沸石等自生矿物晶粒间溶蚀所成的孔隙等（图 5-3k）。当溶蚀作用强烈发育，填隙物大量溶解时，此类孔隙即可转变为溶蚀粒间孔隙。

（8）溶蚀裂缝孔隙：是流体沿岩石裂缝渗流，使缝面两侧岩石发生溶蚀所形成的孔隙。由于裂缝一般都有流体渗流，而大都使孔壁发生溶蚀（图 5-31），因此，此类孔隙比单纯的裂缝孔隙更为常见。

前四种类型孔隙并不都是原生孔隙，其中的自生黏土矿物填隙物内晶间孔隙和裂缝孔隙等主要还是次生的。后四种类型孔隙严格地说并不是完整的次生孔隙，只是原生与次生孔隙的组合，属混合孔隙。

从对渗流作用的物理意义出发，可将上述八类孔隙划分为三大类，即粒间孔隙及溶蚀粒间孔隙大类；溶蚀粒内孔隙、填隙物内孔隙、溶蚀填隙物内孔隙及粒内孔隙大类；溶蚀裂缝孔隙及裂缝孔隙大类。

3. 按成因及孔隙几何形态分类

美国学者皮特门把孔隙分为下列四种类型。

（1）粒间孔隙：指在碎屑颗粒、基质及胶结物之间的孔隙空间。它是碎屑岩中最大量及最主要的储集空间，其多少、大小及分布是碎屑颗粒的粒度、分选、圆球度、颗粒排列及填集因素变化的结果。成岩后生作用使原来的粒间孔变少、变小，但有时也可产生各种次生粒间孔，从而改善其储集性能。

（2）微孔隙：指孔径小于 0.5μm 的孔隙。这是按孔隙大小而不是按成因划分的，它包括基质内微孔隙、黏土矿物重结晶晶间隙、矿物解理缝、岩屑内粒间微孔以及晶体再生长晶间隙等。其中前两种最常见，它们几乎在所有碎屑岩储层中均有分布。微孔隙有时数量相当可观，因其为小孔径及高比面，从而能吸附大量束缚水。

（3）溶蚀孔隙：指由碎屑颗粒、基质、自生矿物胶结物或交代矿物中的可溶组分（如碳酸盐、长石、硫酸盐等）被溶解形成的孔隙。由长石或交代了长石的碳酸盐溶解所形成的孔隙在砂岩中普遍存在。溶蚀孔隙可分为（粒间）溶孔、铸模（或印模）孔、颗粒内溶孔和胶结物内溶孔等类型。

（4）裂缝：指在碎屑岩成岩过程中因岩石组分的收缩作用或构造应力作用而形成的裂缝。它们呈细微的片状，缝面弯曲或平直，一般宽度为几微米到几十微米。虽然其孔隙空间通常只占岩石总体积的 1%，最多百分之几，但因它作为主要渗滤通道将提高储集岩的渗透能力，尤其是具显著微孔隙或孤立溶蚀孔隙的储集岩，具有初流速高、随后急剧下降的特征。

上述四种孔隙类型中，粒间孔隙属原生成因，微孔隙属混合成因，溶蚀孔隙及裂缝均属次生成因。

4. 按孔隙直径大小分类

根据岩石中的孔隙直径大小及其对流体储存和流动的作用的不同，可将孔隙分为三种类型。

（1）超毛细管孔隙：指管形孔隙直径大于 500μm，裂缝宽度大于 250μm 的孔隙。在自然条件下，流体在其中可以自由流动，服从静水力学的一般规律。岩石中一些大的裂缝、溶洞及未胶结或胶结疏松的砂层孔隙大部分属于此种类型。

（2）毛细管孔隙：指管形孔隙直径介于 0.2～500μm 之间，裂缝宽度介于 0.1～250μm 之间的孔隙。流体在这种孔隙中受毛细管压力的作用，已不能在其中自由流动，只有在外力大于毛细管阻力的情况下，流体才能在其中流动。微裂缝和一般砂岩中的孔隙多属这种类型。

（3）微毛细管孔隙：指管形孔隙直径小于 0.2μm，裂缝宽度小于 0.1μm 的孔隙。因流体与周围介质分子之间的巨大引力,在通常温度和压力条件下,流体在这种孔隙中不能流动;增加温度和压力,也只能引起流体呈分子或分子团状态扩散。黏土、致密页岩中的一些孔隙属此类型。

5．按孔隙对流体的渗流情况分类

(1) 有效孔隙:指储层中那些相互连通的超毛细管孔隙和毛细管孔隙,其中流体在地层压差下可流动。

(2) 无效孔隙:指储层中那些孤立的、互不连通的死孔隙及微毛细管孔隙,其中流体在地层压差下不能流动。

(二) 喉道类型

在储集岩复杂的立体孔隙系统中,控制其渗流能力的主要是喉道或主流喉道,以及主流喉道的形状、大小和与孔隙连通的喉道数目。

碎屑岩骨架颗粒的表面结构和形状(圆度、球度)影响喉道壁的粗糙度。分选和磨圆差的颗粒常使喉道变得粗糙曲折,直接影响其内部流体的渗流状态。骨架颗粒的接触关系和胶结类型也影响喉道形状。

在不同的接触类型和胶结类型中,常见有五种喉道类型(图 5-4)。

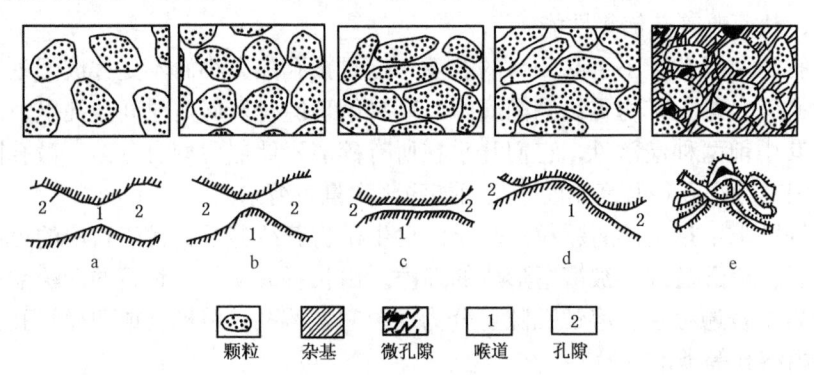

图 5-4 碎屑岩的喉道类型示意图(据罗蛰潭和王允诚,1986)
a—孔隙缩小型喉道;b—缩颈型喉道;c—片状喉道;d—弯片状喉道;e—管束状喉道

(1) 孔隙缩小型喉道:多见于颗粒支撑、无或少胶结物的砂岩,孔隙、喉道难分,孔大喉粗,喉道是孔隙的缩小部分,几乎全为有效孔隙(图 5-4a)。以这类喉道为主的储层,一般不易造成喉道堵塞,反而常因胶结物少、较疏松,易发生地层坍塌和出砂。

(2) 缩颈型喉道:多见于颗粒支撑、接触式胶结的砂岩,压实作用使颗粒紧密排列,仍留下较大孔隙,但喉道变窄,具有孔隙较大、喉道细的特点,因而具有较高的孔隙度、很低的渗透率(图 5-4b)。在钻井采油过程中,易因措施不当导致微粒堵塞喉道而伤害地层。

(3) 片状喉道:多见于接触式、线接触式胶结砂岩,由较强烈压实作用使颗粒呈紧密线接触,甚至由压溶作用使晶体再生长,造成孔隙变小,晶间隙成为晶间孔的喉道。片状喉道具有孔隙很小、喉道极细的特点(图 5-4c)。

(4) 弯片状喉道:强烈压实作用使颗粒呈镶嵌式接触,不但孔隙很小、喉道极细,而且呈弯片状(图 5-4d)。该类喉道细小、弯曲、粗糙,易堵塞。

(5) 管束状喉道:多见于杂基支撑、基底式及孔隙式胶结类型的砂岩。当杂基及胶结物含量较高时,其内众多微孔隙既是孔隙又是喉道,呈微毛细管束交叉分布,使孔隙度中等至较低、渗透率极低(图 5-4e)。此类喉道细小且弯曲交叉易导致流体紊流,微粒迁移速度多变，在喉道交叉拐弯处常因微粒迁移速度降低而沉积下来堵塞喉道。

此外，若张裂缝发育，则形成板状通道。从整体看，也可以把它们视为一种大的汇总的喉道，这种大喉道控制着它联系的各种微裂缝和孔隙。

三、碳酸盐岩的孔隙和喉道类型

（一）孔隙类型

由于碳酸盐岩储层岩性变化大、储集空间类型多，以及孔隙空间系统常经历多次改造等特点，因此储集空间类型成为碳酸盐岩储层研究中的重要问题。碳酸盐岩孔隙类型存在多种分类方案。

1. 按形态分类

碳酸盐岩孔隙类型（储集空间）按形态分为孔、洞、缝三大类。孔（粒间—晶间孔隙）主要为原生孔隙，包括粒间、晶间、粒内生物骨架等孔隙，其空间分布较规则。洞（溶洞—溶解孔隙）主要为次生孔隙，包括溶洞或晶洞，无充填者为溶洞，有结晶质充填者称晶洞。碳酸盐岩易于溶解的性质是形成这类储集空间的主要原因，它们大多是以缝、孔为基础，经水溶蚀而成，并多发育在古溶蚀地区及不整合面以下。缝（裂缝—基质孔隙）是岩石受应力作用而产生的裂缝，而应力主要是构造力，也包括静压力、岩石成岩过程中的收缩力等。缝不但可作为储集空间，在油气运移过程中还起着重要的通道作用。孔、洞、缝三大类又各自包括多种亚类（图5-5、表5-1）。

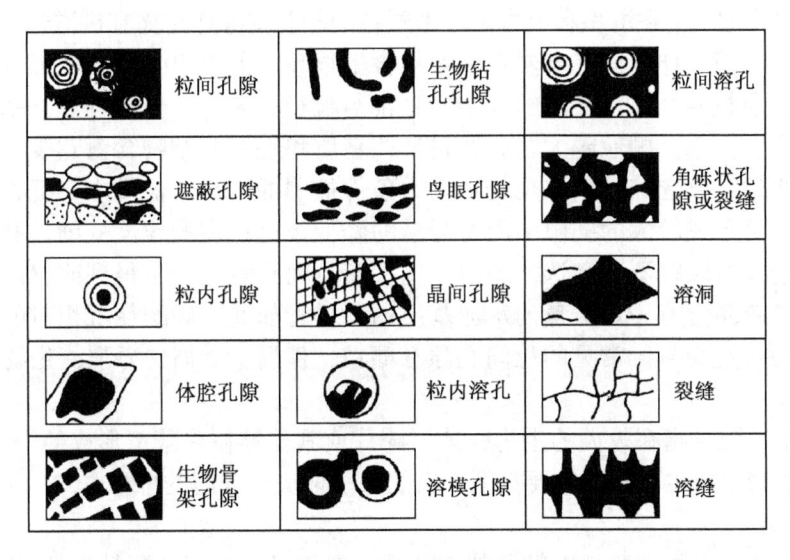

图5-5 碳酸盐岩孔隙类型示意图（黑影部分代表孔隙）（据张厚福和张万选，1999）

表5-1 碳酸盐岩主要储集空间类型表 （据熊琦华，1987）

储集空间类型			成因及分布形态
孔 （粒间— 晶间孔隙）	原 生 孔 隙	粒间孔隙	碎屑颗粒、鲕粒、球粒、豆粒、晶粒、生物碎屑等之间的孔隙，分布较均匀，似砂岩
		粒内孔隙	生物体腔内孔隙，孤立分布
		生物骨架孔隙	原地生长的造礁生物群软体部分分解后，其坚固骨架之间的孔隙。分布有一定范围，多呈块状

— 175 —

续表

储集空间类型			成因及分布形态
孔 (粒间— 晶间孔隙)	次生孔隙	晶间孔隙	晶体之间的孔隙，主要为白云岩化、重结晶作用形成的孔隙。分布不均匀，常与裂缝带共生，少数原生粒间小孔隙分布较均匀
		角砾孔隙	构造角砾或沉积角砾之间的孔隙，前者分布有一定范围，后者较均匀，似碎屑岩
洞 (溶解— 溶蚀孔隙)		岩溶溶洞	与不整合面及古岩溶有关的溶蚀孔洞或缝
		溶蚀孔隙	在孔、缝基础上溶蚀形成的孔洞往往与裂缝分布有一致性
缝 (裂缝— 基质孔隙)		构造缝	受构造应力作用形成的裂缝，有短而小的层间缝，也有大而长的穿层缝
		层间缝	在构造应力作用下，薄层相对运动形成的缝。呈层状分布，多发育在构造轴部位
		成岩缝	成岩过程中岩石收缩形成的网状缝
		压溶缝	缝合线，为压溶作用的产物，呈锯齿状顺层分布

2. 按主控因素分类

碳酸盐岩储集空间按其主控因素可分为如下三类。

1）受组构控制的原生孔隙

这类孔隙的发育受岩石的结构和沉积构造控制，可细分为下列几种类型：

（1）粒间孔隙：指在沉积和成岩阶段由颗粒的相互支撑作用而在碳酸盐颗粒间形成的孔隙。与碎屑沉积一样，只有当岩石中颗粒含量很高（大于50%）足以形成颗粒支撑格架时，才能出现粒间孔隙。孔隙的大小又直接与粒径的大小、分选程度、基质和亮晶胶结物含量有密切关系。颗粒越大，分选越好，基质和亮晶胶结物含量越少，孔隙率则越高。颗粒的搬运、分选和堆积都是受水动力条件控制的。在高能带中，沉积物的粒度一般比较粗大，可形成较大的孔隙；随着能量的降低，沉积物的粒度变细，孔隙也相应变小。波浪、潮汐对颗粒不断簸选、磨圆，也将使粒间孔隙进一步得到改善。事实上，碳酸盐粒屑通常总是含有一定数量的灰泥基质的。尽管如此，碳酸盐沉积时的原始孔隙度都很高，平均可达50%。常见的粒间孔隙有鲕粒、藻屑、砂屑、砾屑、生物碎屑及生物间的孔隙。

（2）遮蔽孔隙：指在较大的生物壳体、碎片或其他颗粒遮蔽下形成的一种特殊孔隙，是生物碎屑灰岩中原生孔隙的重要类型。它的大小取决于壳屑的堆积方式、个体大小以及有无灰泥的充填。

（3）粒内孔隙：指碳酸盐颗粒内部的孔隙。它们是在沉积前颗粒生长过程中形成的，如生物体腔内的孔隙，它是生物死亡后软组织腐烂留下的、沉积时尚未被充填而保留下来的孔隙。这种孔隙的绝对孔隙度可以很高，但孔隙的连通性不一定很好。粒内孔隙多见于生物灰岩中，故又称为生物体腔孔隙，个别鲕粒内部也有这类孔隙。

（4）生物骨架孔隙：指由原地生长的造礁生物如群体珊瑚、海绵、层孔虫等在生长时形成坚固的碳酸钙骨架，在骨架间所保留的孔隙。这种孔隙形状随生物生长方式而异。生物骨架孔隙具有很高的孔隙度和渗透率，常构成重要的储层。

（5）生物钻孔孔隙及生物潜穴孔隙：这些都是由生物钻孔活动形成的孔隙，其特点是边缘圆滑，形态弯曲，常破坏原生层理。这类孔隙在沉积期和成岩期均可形成，但分布不普遍，彼此连通性差，且多被充填，对储集性能的意义不大。

上面（3）（4）（5）类孔隙，又可合称为生物孔隙。

（6）鸟眼孔隙：指沉积物包含的有机体经腐烂、降解并放出气体后所形成的孔隙。这种孔隙的个体比粒间孔隙大，形如鸟眼，常成群出现，与层面平行分布，孔隙间彼此缺乏连通，且常被沉积物充填，故它们只有成因意义，对构成有效的储层意义不大。其多发育在潮上或潮间带，在成岩后期，由于气泡、干缩或藻席溶解而成，是网络状或窗孔状孔隙的一种类型。

（7）收缩孔隙：灰泥沉积间歇性地暴露于空气中脱水收缩而形成的不规则裂隙。它是潮间带上部沉积中常见的原生孔隙类型，与鸟眼孔隙一样，常被沉积物填充。

（8）晶间孔隙：是碳酸盐矿物晶体之间的孔隙，常呈棱角状，边缘平直。晶间孔隙的大小除了与晶体大小、均匀性有关，还受晶体排列方式的影响。晶粗而均匀、排列不规则者孔隙度高，如砂糖粒状白云岩；反之则低，如微晶灰岩。晶间孔隙可以在沉积期形成，但更多、更主要的是在成岩后由于重结晶或白云岩化作用形成的。

由于碳酸盐沉积物的迅速固结，加之它们在水中的溶解性以及对其他成岩作用（白云岩化）的敏感性，以致很难保存原生孔隙的本来面貌。即使得以保存，原生孔隙的实际展布也将在很大程度上受有无胶结物填充的控制。

2）溶解作用形成的次生孔隙

溶解孔隙，又称溶孔，是碳酸盐矿物或伴生的其他易溶矿物被地下水、地表水溶解后形成的孔隙。其特点是形状不规则，有的承袭了被溶蚀颗粒的原来形状，边缘圆滑；有的在边壁上见有不溶物残余。溶解孔隙既可发生于后生阶段，如不整合面下的岩溶带，也可发生于成岩晚期和早期（准同生阶段），后者一般多见于近岸浅水地带沉积物暴露水面的时候。

（1）粒内溶孔和溶模孔隙：粒内溶孔是指各种颗粒（或晶粒）内部由于选择性溶解作用而部分被溶解掉所形成的孔隙，是初期的溶解作用造成的。当溶解作用继续进行，粒内溶孔进一步扩大，直到颗粒或晶粒外圈全部溶蚀掉而形成与原颗粒形状大小完全相似的孔隙时，便称为溶模孔隙或印模孔隙，常见的有生物溶模孔隙、鲕粒溶模孔隙（又称负鲕）、晶体溶模孔隙。颗粒或晶粒内易溶解或易腐烂的文石、石膏晶体或植物根叶等是粒内溶解的原因。生物壳体外面有一层极薄而坚硬难溶的有机包裹体，当体内物质溶解时它未被溶解，形成的孔隙被称为溶模孔隙。

（2）粒间溶孔：指各种颗粒之间的溶孔。它是在胶结物或基质被溶解后而形成的，溶解范围尚未或部分涉及周围颗粒。若周围颗粒进一步被溶蚀，便形成一般的溶孔、溶洞了。淋滤灰泥孔隙是粒间溶孔的一种类型，在灰泥含量较低的颗粒石灰岩中，因颗粒支撑使其间灰泥基质未受到压实，成岩时失水收缩，形成一些粒间孔隙并成为地下水通道，进而产生溶解作用，进一步将灰泥带走而扩大粒间孔隙，因而具有较高的孔隙度。

（3）其他溶孔和溶洞：不受原岩石结构、构造控制，由溶解作用形成的孔隙，一般统称为溶孔。它们由粒间溶孔或溶模孔隙进一步被溶解而成，形状呈不规则的等轴状，通常大于粉砂级，大型的溶孔称为溶洞。溶孔和溶洞之间无明确的界限，有人主张直径大于5mm或1cm者称为溶洞，有些溶洞可达数米或更大。另外，重结晶作用、白云岩化作用等，都可以形成一些次生的晶间孔隙和溶解孔隙。

（4）角砾孔隙：强烈的溶解引起原岩发生崩塌，形成局部角砾堆积而构成许多角砾孔隙。

3）碳酸盐岩的裂缝

裂缝的分类方法很多，从成因上分为下列五类。

(1) 构造缝：指岩石所受的构造应力，超过其弹性限度后破裂而成的裂缝。它是裂缝最主要的类型，其特点是边缘平直，延伸较远，具有一定的方向和组系。构造缝按构造力学性质可以进一步分为压性裂缝、张性裂缝、扭性裂缝、压扭性裂缝和张扭性裂缝。

(2) 成岩缝：在成岩阶段，由于上覆岩层的压力和本身的失水收缩、干裂或重结晶等作用所形成的裂缝，皆为成岩缝，也可称为原生的非构造缝。它的特点是分布受层面限制，不穿层，多平行层面，缝面弯曲，形状不规则，有时有分叉现象。

(3) 沉积—构造缝：在层理和成岩缝的基础上，再经构造力形成的裂缝，如层间缝、层间脱空、顺层平面缝等。

(4) 压溶缝：成分不太均匀的石灰岩，在上覆地层静压力下，富含 CO_2 的地下水沿裂缝或层理流动，发生选择性溶解而成的裂缝，如缝合线。

(5) 溶蚀缝：由于地下水的溶蚀作用，已扩大并改变了原有裂缝的面貌，难以判断原有裂缝的成因类型者，统归入溶蚀缝，又可简称为溶缝、溶道或溶沟。溶缝可辨认原来裂缝的形状和分布；溶道为溶缝的进一步发展，已辨认不出原来裂缝。溶蚀缝在古风化壳上最为发育，长期的淋滤和溶蚀作用可形成多种形式的溶蚀缝，其特点是形状奇特，可呈漏斗状、蛇曲状、肠状、树枝状等，其中往往有陆源砂泥或围岩岩块等充填物。大的溶缝、溶道往往是和大的溶洞相连的，两者结合，形成很大的储集空间。

3. 按形成时间分类

按形成时间可将碳酸盐岩储集空间分为原生孔隙和次生孔隙。

(1) 原生孔隙：指在沉积和成岩过程中所形成的孔隙，包括各种粒间孔隙。在结晶灰岩或白云岩中的晶间孔隙及沿晶粒节理面的孔隙（此种结晶颗粒不属次生重结晶或白云岩化形成）、粒内孔隙（部分鲕内）、生物孔隙以及成岩缝等。美国学者哈博将原生孔隙细分为生物骨架孔隙、泥沙隙、砂孔隙三类。

(2) 次生孔隙：指碳酸盐岩形成之后，经历各种次生变化，如溶解作用、重结晶、白云岩化及构造应力作用等，所产生的孔隙或裂缝，包括溶蚀（解）孔缝、多数的晶间孔隙、构造缝、层间缝、压溶缝以及角砾孔隙等。

4. 按孔径大小分类

按孔径大小可将碳酸盐岩储集空间分为七种类型。溶洞的孔径大于 2mm；溶孔的孔径大小为 1.0～2.0mm；粗孔的孔径大小为 0.5～1.0mm；中孔的孔径大小为 0.25～0.5mm；细孔的孔径大小为 0.1～0.25mm；很细孔的孔径大小为 0.01～0.1mm；极细孔的孔径小于 0.01mm。

按孔径大小也可将碳酸盐岩储集空间分为隐孔隙（孔径小于 0.01mm）和显孔隙（孔径大于 0.01mm）两类。

5. 按孔洞间连通情况分类

Lucia（1983，1995）依据碳酸盐岩孔隙空间的岩石物理内涵，并通过岩石组构描述与实验室测定的孔隙度、渗透率、毛细管作用以及 Archie 值的对比，指出最有价值的孔隙类型划分是区分粒间孔隙（位于颗粒之间或晶粒之间）与其他类型孔隙空间（称为孔洞孔隙度）；进而根据孔洞之间的连通状况，提出了碳酸盐岩孔隙度的岩石物理分类，只有通过粒间孔隙才能相互连通的孔隙空间称为分散孔洞，独立于粒间孔隙空间的相互连通的孔洞空间称为连通孔洞（图 5-6）。

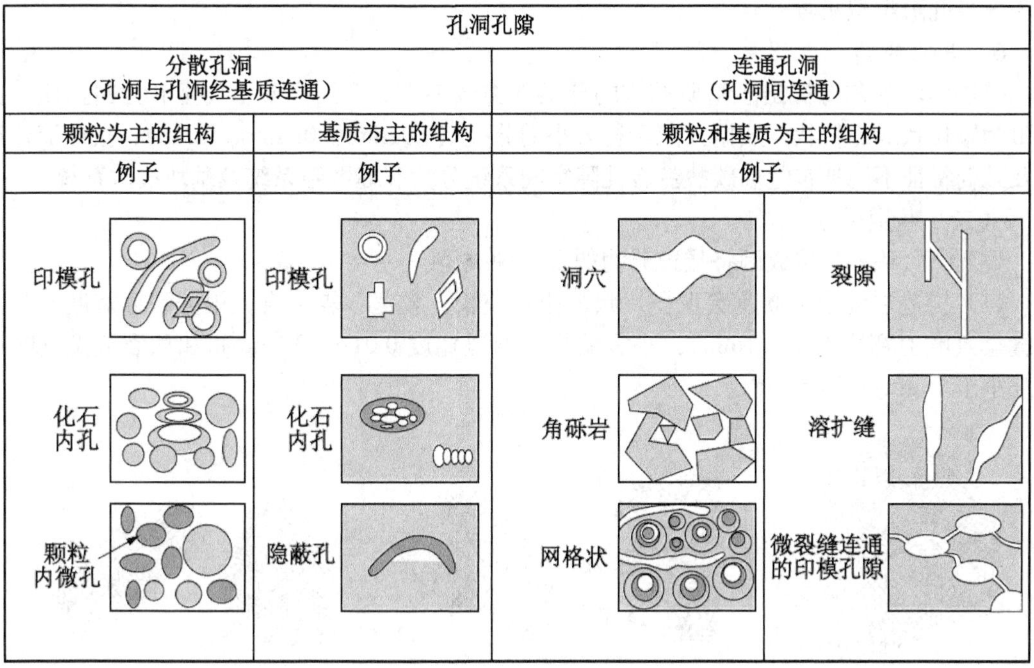

孔洞孔隙		
分散孔洞 （孔洞与孔洞经基质连通）		连通孔洞 （孔洞间连通）
颗粒为主的组构	基质为主的组构	颗粒和基质为主的组构
例子	例子	例子
印模孔 化石内孔 颗粒内微孔	印模孔 化石内孔 隐蔽孔	洞穴　　　裂隙 角砾岩　　溶扩缝 网格状　　微裂缝连通的印模孔隙

图 5-6　基于孔洞连通状况的岩石物理分类（据Lucia，2007）
分散孔洞空间的体积是描述孔隙大小分布的重要特性

1）分散孔洞（separate-vug）

分散孔洞的特点：(1) 颗粒内孔隙或远大于颗粒的孔隙（通常大于颗粒的 2 倍）；(2) 只有通过粒间孔隙才能相互连通（图 5-6）。

分散孔洞具有典型的组构选择性成因，如化石内孔隙（腹足动物壳的住室）、颗粒印模（鲕模或骨屑模）及颗粒内微孔隙都属于粒内组构选择性分散孔洞。在以基质为主的组构中见到的蒸发盐晶体印模和化石印模同属于分散孔洞，但这些印模都远大于颗粒，如遮蔽孔。在以颗粒为主的组构中，遮蔽孔与颗粒的大小相当，因此属于颗粒间孔隙。在颗粒为主的组构中，含大型粒内孔隙的颗粒经上覆岩层压实作用而被压碎，这种破裂作用可以提高粒内孔隙空间和颗粒间孔隙的连通性；在极端情况下，颗粒可能被挤压得不成形，且无法区分是粒间孔隙还是粒内孔隙，这时，颗粒碎片就成了成岩成因的颗粒。另外，白云石晶体的中心也能被选择性溶解，骨屑白云石晶体便形成由白云石晶体碎片组成的成岩颗粒。

2）连通孔洞（touching-vug）

连通孔洞的特点：(1) 孔隙空间远大于颗粒；(2) 形成有一定延伸范围的相互连通的孔隙系统（图 5-6）。

连通孔洞具典型的非组构选择性成因特征。洞穴、坍塌角砾岩、裂缝及溶解增大的孔隙类型都可以在储层范围内形成相互连通的孔隙系统，均属于典型的连通孔洞。网格状孔隙大多是连通的，由于这类孔隙与颗粒的大小和分选性无关，故也属于连通孔洞（Major 等，1990）。由于裂缝孔隙度对碳酸盐岩储层的渗透率贡献很大，因而，它也被包括在连通孔洞之内。通常都将破裂作用视为构造成因，但实际上碳酸盐岩的破裂并非全由构造形成，碳酸盐岩储层的成岩作用（如岩溶）（Kerans，1989）也可以产生大量微裂缝孔隙。这种分类主要考虑的是岩石物理性质而不是成因,所以,在此不论其成因如何,都将裂缝孔隙度作为一种孔隙类型来看。

6．其他分类

美国学者阿尔奇提出了基质结构的分类(类型Ⅰ为致密结晶质;类型Ⅱ为白垩质;类型Ⅲ为颗粒状或糖粒状)及据孔隙直径大小的分类(0.01mm、0.1mm、1mm),按照流体渗滤及几何特征不同把裂缝性碳酸盐岩孔隙空间系统分为裂缝孔隙系统及基块孔隙系统。

(二)喉道类型

吴元燕(1996)按成因将喉道分为如下五种类型。

(1)构造裂缝型:喉道宏观呈片状,相对较长、较宽、较平直,根据裂缝宽度分为大裂缝型(喉道宽度大于0.1mm)、小裂缝型(喉道宽度0.01~0.1mm)和微裂缝型(喉道宽度小于10μm)(图5-7a)。

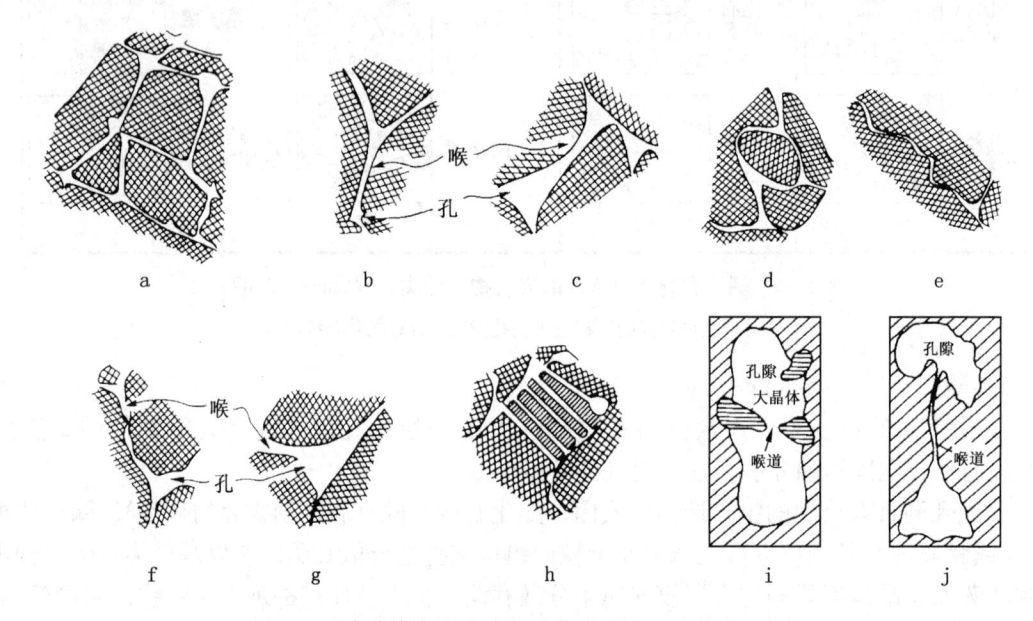

图5-7 碳酸盐岩的孔隙喉道类型(据吴元燕,1996)

a—微裂缝型;b—规则型;c—短喉型;d—弯曲型;e—曲折型;f—不平直型;g—宽度不等型;h—解理缝型;
i—孔隙缩小型;j—管状(据罗蛰潭和王允诚,1986)

(2)晶间隙型:该类喉道为白云石或方解石晶体间的缝隙,与裂缝型喉道相比具有窄、短、平的特点,按其形态可分为规则型、短喉型、弯曲型、曲折型、不平直型和宽度不等型六种类型(图5-7b~g)。

(3)孔隙缩小型:孔隙与喉道无明显界限,扩大部分为孔隙,缩小的狭窄部分即为喉道。孔隙缩小部分是孔隙内晶体生长或其他充填物等各种原因形成的(图5-7i)。

(4)管状:孔隙与孔隙之间由细长的管子相连,其断面接近圆形(图5-7j),例如鲕灰岩鲕粒内空间的相互连通通道即为此种类型。

(5)解理缝型:喉道为沿粗大白云石或方解石晶体解理面裂开或经溶蚀扩大而形成(图5-7h)。

此外,具有粒间孔的碳酸盐岩,其储集特征与碎屑岩相似,其孔隙和喉道也相似。关于碳酸盐岩的孔隙结构类型详见第四节。

四、火成岩与变质岩的孔隙类型

(一) 火成岩孔隙类型

火成岩油气储集空间分为两种类型,即孔隙和裂缝。由于喷发、溢流、冷凝、结晶和构造运动等,熔岩内会形成孔隙和裂缝,若有油源供给,这种熔岩体将是很好的储集体。

1. 孔隙

火成岩中常见的孔隙如下。

(1) 气孔:岩浆内的挥发组分集中之后再散逸出去而留下的空间,其形状有圆形、椭圆形、长形、不规则形等,空间小的只能在显微镜下看到,大的直径可达 1m 左右。

(2) 斑晶间孔:在结晶矿物晶体间产生的孔隙。结晶程度越高,该种孔隙越发育。

(3) 收缩孔:火山玻璃质或充填某种空间的物质冷凝、结晶而收缩产生的孔隙,常见于喷出岩中。

(4) 微晶晶间孔:发育于火山岩的基质中,矿物结晶成晶体,在晶体间形成孔隙。该种孔隙的发育程度与岩石的结晶程度有关,结晶程度越高,孔隙越发育。该种孔隙在含油的岩石薄片、铸体薄片中都可以观察到,在扫描电镜下十分清晰。

(5) 玻晶间孔:火山玻璃与矿物晶体间的孔隙。斑晶、微晶与火山玻璃之间都会有这种孔隙。

(6) 晶内孔:多见于斑晶内,主要是由晶内破裂面(如解理、裂理)溶蚀作用形成。浅色、暗色、不透明矿物中均见该种孔隙。

(7) 溶蚀孔:矿物部分或全部被溶蚀而留下的孔隙,浅色、暗色和金属矿物都见到有被溶蚀而留下的孔隙,在次火山岩中常见。

(8) 胀裂孔:在深部结晶的矿物随熔浆运移至浅部或近地表处,由于压力骤降和温度的变化,晶体发生胀裂形成的孔隙,多见于次火山岩中的长石斑晶内。

(9) 塑流孔:冷凝呈塑性状态的熔浆再发生运移、翻转,熔浆塑性表面相接触而留下一些不能弥合的孔隙,其特点是孔隙间常有玻璃质、金属矿物相连接。

(10) 杏仁体内孔:次生矿物充填气孔留下的空间或充填矿物被溶蚀形成的孔隙。

上述孔隙空间大多数是呈封闭状态。据镜下观察,这些类型孔隙对油气大多具有储集意义,许多孔隙有含油或储油的痕迹。

2. 裂缝

在漫长的地质历史时期,喷出地表的熔岩、呈侵入形式产出的次火山岩以及侵入岩,可能很快地发生变化,这种变化甚至是从其形成开始的。多期次、多种形式的地质构造变动和断裂运动,使熔岩体发生断裂。据地表露头和镜下观察,储集岩的各种裂缝十分发育,有的裂缝规模很大,甚至密布于整个岩体。火山岩常见的裂缝如下。

(1) 构造裂缝:由构造断裂运动形成,有局部性的,也有规模很大的。大裂缝裂开很宽,而低序次的裂缝裂开可能很小,甚至只有在显微镜下才能观察到,在岩体内呈面状延伸,并可能是多方向的。

(2) 隐爆裂缝:形成于次火山岩体内,上涌的岩浆到达近地表处,挥发分在熔岩体的某一部位集中,当其集中到某一数量时便会形成巨大的内部压力而发生隐蔽爆破,从而形成隐爆裂缝。隐爆裂缝的特点是多形成于岩体的顶部或凸出部位,裂缝呈开胀式,裂开部位不发生较大的位移,即具有"复原性"。

（3）成岩裂缝：岩浆冷凝、结晶过程中形成的裂缝。它的成因包括：熔浆冷凝过程中构造运动反复出现，在熔岩体内造成的裂缝；冷凝、未冷凝的熔岩在底部熔浆继续上涌时破坏其上部熔岩，在熔岩内造成的裂缝；冷凝的熔浆因重力作用由高处向低处移动，形成拉开裂缝。成岩裂缝在喷出熔岩内比较发育，其突出特点是裂缝均呈开张式，呈面状裂开，但裂开规模不大；裂开部分只拉开而不发生错动，裂开面可见柔性变形痕迹。

（4）风化裂缝：喷出地表的熔岩或因抬升露出而接近地表的岩体，风、降水、气温等作用使岩石、矿物发生裂开，这种裂缝也可有较大规模。

（5）竖直节理：呈岩株、岩基等形状产出的次火山岩岩体常见该种裂缝，其形成与岩浆的自身冷凝有关，多是竖直的，在岩体内呈放射状或同心圆状。

（6）柱状节理：喷出地表的熔岩，其柱状节理呈竖直状，该种节理可能延伸数十米。

按火山岩的成因，火山岩孔隙还可划分为原生和次生两类（表5-2）。

表5-2　火山岩孔隙类型（据赵澄林，1997）

孔隙类型		成因推断	充填情况、含油性	分布特征	对应岩类	组合
原生	粒间孔	胶结物或自生矿物不足	孔隙残留，充填弱，含油性好	多存在于角砾岩中	岩屑角砾岩、玄武质自碎角砾熔岩	多与晶间（缘）孔相连
	气孔	气体膨胀逸出	少—半充填，与缝洞相连者含油性较好	分布在韵律层的中、上部	杏仁状玄武岩及角砾岩、具气孔的岩屑角砾岩	与溶缝、洞相连
	晶间孔	自生矿物的晶体间	半充填，含油性取决于与缝洞相连的情况	孔隙较小，呈微孔，孔径小于0.05μm	杏仁状玄武岩、自碎角砾熔岩	与构造缝相连
次生	粒内孔	原生、自生矿物溶蚀，含铁矿物转变成黏土后解理产生收缩缝	半充填，与缝洞相连，含油性好	韵律层的中、上部	杏仁状玄武岩、火山碎屑岩	与溶缝、洞相连
	溶蚀孔、缝、洞	淋滤、溶蚀	未—半充填，含油好	蛇曲状裂缝带发育，岩流单元的顶部近断层处构造高部位	蚀变杏仁状玄武岩、玄武质自碎角砾熔岩、构造角砾岩破碎带	溶蚀构造复合缝，与孔、洞、缝相连
	构造缝	构造应力作用	开启—半充填，含油性好；全—半充填，不含油	较平直，高角度开启或闭合，有的呈"X"形，不同时期发育的缝切割，近断层处发育	各类岩石均可形成，但以致密玄武岩为主	溶蚀构造复合缝
	晶缘孔	晶体边缘的溶蚀	原生孔隙扩大而形成，含油性好	自生矿物边缘	杏仁状玄武岩、火山碎屑岩	与晶间孔相连，与溶蚀孔缝相连

3．孔缝组合类型

各种储集空间大都不是单独存在的，而是呈某种组合形式出现，在胜利油田滨南地区可以见到如下几种组合。

（1）以溶蚀孔为主，孔缝组合为原生气孔—构造缝—溶蚀缝—溶蚀孔。该组合类型主要发育在富气孔玄武岩段，为滨338块火成岩中物性最好的孔缝组合类型。

（2）以晶间孔为主，孔缝组合为晶间孔—微晶晶内孔—溶蚀缝—原生气孔。这种组合类型见于贫气孔玄武岩中，为较差的孔缝组合类型。

(3) 以粒内孔为主，孔缝组合为粒内孔—构造缝—基质溶蚀孔，以及粒内孔—气孔—构造缝—基质溶蚀孔。这种组合类型存在于熔结火山角砾岩中，为中等的孔缝组合类型。

(4) 以粒间孔为主，孔缝组合为粒间孔—原生孔—构造缝—溶蚀孔。这种组合类型常见于非熔结火山角砾岩，为火山碎屑岩中较好的孔缝组合类型。

（二）变质岩孔隙类型

变质岩储集体的储集空间为孔隙和裂隙，因其有复杂的演变历史，多采用成因—形态分类，按成因或阶段性划分为变晶的、构造的、物理风化的和化学淋溶的储集空间。

第二节 储层孔隙结构参数的定量表征

储层孔隙结构可用孔隙结构的直观写实图像（如铸体薄片、扫描电镜图片）、数字模型（如数字岩心孔隙结构三维模型）、实体模型（如铸体模型）、孔隙结构测试图件（如毛细管压力曲线、孔隙喉道大小分布曲线等）及孔隙结构参数等来表征。其中，孔隙结构参数成为孔隙结构定量表征的重要内容，由于不同实验研究方法可以取得不同类型的孔隙结构参数，同一实验研究方法也可测得或求得多种孔隙结构参数，因此，孔隙结构参数众多，但可分为反映孔喉大小、分选特征、连通性及控制流体运动特征的参数。

一、反映孔喉大小的参数

（一）孔隙喉道半径及孔隙喉道大小分布

孔隙喉道半径（简称孔喉半径）是以能够通过孔隙喉道的最大球体半径来衡量的，单位为微米（μm）。孔喉半径的大小受孔隙结构影响极大。若孔喉半径大，孔隙空间的连通性好，液体在孔隙系统中的渗流能力就强。地层中液体流动条件取决于孔隙喉道的结构，孔喉数量、半径、截面形状、液体与岩心的接触面大小等都将起一定的作用。

确定孔隙喉道大小分布是研究储集岩孔隙结构的中心问题。把喉道直径及该喉道所控制的孔隙体积占总孔隙体积的百分数称为孔喉大小分布，或称为视孔隙大小分布，目前普遍采用压汞法来测定。图5-8中反映了储集岩的孔喉半径范围，某一孔喉半径区间所控制的孔隙体积百分数（ΔS_{Hg}）及其渗透率百分数（ΔK），

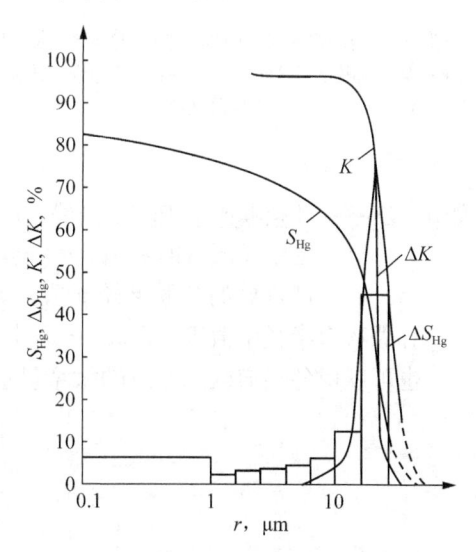

图 5-8 孔喉半径、汞饱和度及渗透率分布曲线
（据韩锦文，1978，稍作修改）

S_{Hg}—累积汞饱和度；ΔS_{Hg}—某一孔喉半径区间汞饱和度；K—累计渗透率百分数；ΔK—某一孔喉半径区间渗透率百分数；r—孔喉半径

揭示了整个岩样孔喉大小分布这一最重要的孔隙结构特征。由此也可看出，同一岩石的孔喉半径大小不一，是非均质的。在某一压力下，注入剂并不能进入所有孔隙和喉道。

（二）最大连通喉道半径 r_d 及排驱压力 p_d

排驱压力 p_d 是指非润湿相（汞）开始进入岩样所需要的最低压力。它是汞开始进入岩样最大连通孔喉而形成连续流所需的启动压力，也称为阈压或门槛压力。

在排驱压力下汞能进入的孔隙喉道半径，即岩样中最大连通喉道半径 r_d。

（三）毛细管压力中值

毛细管压力中值 p_{50} 是指含汞饱和度为 50% 时所对应的毛细管压力值。p_{50} 越小，反映岩石渗滤性能越好。

（四）喉道半径中值

喉道半径中值 r_{50} 是非润湿相流体饱和度 50% 时，相应的喉道半径。可近似代表样品平均喉道半径。

（五）孔隙喉道平均值和孔隙喉道半径中值

孔隙喉道平均值 R_m 是孔喉半径总平均值的量度，以 ϕ 为单位，其经验公式为（图5-9）：

$$R_m = \frac{D_{16} + D_{50} + D_{84}}{3} \quad (5-1)$$

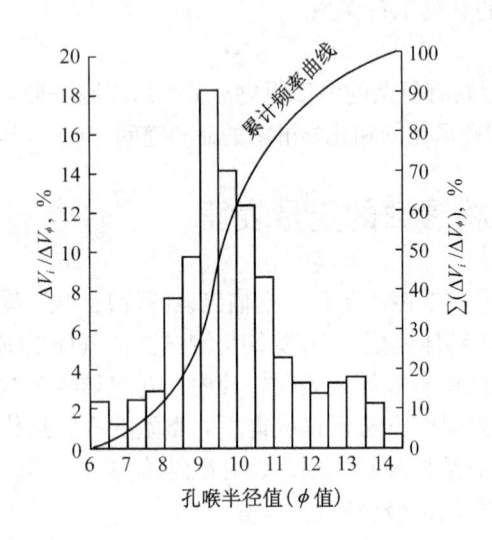

图 5-9 孔隙结构分布曲线图（据陈碧珏，1987）
ΔV_i——某一孔喉半径区间（ϕ_i，ϕ_{i+1}）孔隙喉道体积；ΔV_ϕ——岩样总孔隙体积

或

$$R_m = \frac{D_5 + D_{15} + D_{25} + \cdots + D_{85} + D_{95}}{10} \quad (5-2)$$

式中 D_x——孔隙喉道累积频率曲线（x=1，2，3，…）中，$\sum(\Delta V_i/\Delta V_\phi)$=$x$% 处的孔隙喉道半径值（即 ϕ 值，ϕ=$-\log_2 d$，d 为孔喉半径，单位为 μm），如 D_{16} 即相应于 16% 处的孔喉半径 ϕ 值，称为第 16 百分位数。

孔隙喉道半径中值 R_{50}=D_{50}，它是孔隙喉道大小分布趋势的量度。

也可以用各喉道区间对应的汞增量通过加权平均求得，即

$$R_m = \frac{\sqrt{\sum_{i=1}^{n}(r_i \cdot \Delta S_i)^2}}{\sum_{i=1}^{n}\Delta S_i} \quad (5-3)$$

式中 r_i——区间喉道半径；

ΔS_i——区间喉道半径所对应的汞增量。

（六）主要流动孔喉半径平均值

主要流动孔喉半径平均值 R_z 指累计渗透率贡献值达 95% 以上的孔喉半径值。R_z 越大，储集物性越好。

$$R_z = \frac{\sum_{i=1}^{n} r_i \Delta K_i}{\sum_{i=1}^{n} \Delta K_i} \quad (5-4)$$

式中 r_i——区间喉道半径，μm；

ΔK_i——区间渗透率贡献值，mD；

n——渗透率贡献值累计达 95% 的孔喉区间个数。

（七）难流动孔喉半径

当渗透率贡献值累计达 99.9% 时，所对应的喉道半径称为难流动孔喉半径 $R_{\min}$。此时非润湿相难以排驱润湿相，故 $R_{\min}$ 相当于岩石中流体难流动的临界孔喉半径。

二、反映孔喉分选特征的参数

（一）孔隙喉道分选系数

孔隙喉道分选系数 S_p 是指孔隙喉道的均匀程度，其经验公式为：

$$S_p = \frac{D_{84} - D_{16}}{4} + \frac{D_{95} - D_5}{6.6} \tag{5-5}$$

S_p 越小，孔隙喉道越均匀，分选越好。显然，在其他条件相同时，S_p 越小越好，这是因为同一岩石孔喉半径相近，注入剂驱油均匀。

（二）孔隙喉道歪度

孔隙喉道歪度 S_{kp} 用以度量孔隙喉道频率曲线的不对称程度，即非正态性特征，其经验公式为：

$$S_{kp} = \frac{D_{84} + D_{16} - 2D_{50}}{2(D_{84} - D_{16})} + \frac{D_{95} + D_5 - 2D_{50}}{2(D_{95} - D_5)} \tag{5-6}$$

孔隙喉道频率曲线左侧（ϕ 值小）陡、右侧（ϕ 值大）缓为正歪度，反之为负歪度。曲线两侧陡缓差异越大，歪度绝对值则越大。

（三）孔隙喉道峰态

孔隙喉道峰态 K_p 可反映孔隙喉道频率曲线峰的宽度及尖锐程度，其经验公式为：

$$K_p = \frac{D_{95} - D_5}{2.44(D_{75} - D_{25})} \tag{5-7}$$

显然，K_p 越大，峰越窄越尖，说明孔喉多集中于某一半径区间的小范围内。在其他条件相同时，其非均质性弱。

（四）孔隙喉道分布峰数、峰值、峰位

峰数（N）是指孔隙喉道频率曲线中峰的个数。据此可将孔隙喉道频率曲线分成单峰型、双峰型和多峰型。

峰值（X）是指占孔隙喉道体积百分比最高的孔喉半径处的体积百分数。

峰位（R_V）是指孔隙喉道分布峰值处所对应的孔喉半径。

（五）均值系数

均值系数 α 表征储集岩孔隙介质中每个喉道半径 r_i 与最大喉道半径（$r_{\max}$）的偏离程度对汞饱和度的加权。

$$\alpha = \frac{\sum_{i=1}^{n} \frac{r_i}{r_{max}} \cdot \Delta S_i}{\sum_{i=1}^{n} \Delta S_i} \tag{5-8}$$

式中　r_i——孔喉半径分布函数中某一孔喉半径，μm；

　　　r_{max}——最大孔喉半径，μm；

　　　ΔS_i——对应于 r_i 的某一区间汞饱和度，%。

从式（5-8）可见，α 的变化范围在 0~1 之间。α 越大，孔喉分布越均匀。当 $\alpha=1$ 时，孔喉分布极均匀。

三、反映孔喉连通性及控制流体运动特征的参数

（一）退汞效率

在限定的压力范围内，当最大注入压力降到最小值时，从岩样内退出的水银体积占降压前注入的水银总体积的百分数，称为退汞效率 W_e，它反映了非润湿相毛细管效应的采收率（图 5-10）。

$$W_e = \frac{S_{max} - S_R}{S_{max}} \times 100\% \tag{5-9}$$

式中　S_{max}——实验最高压力时累计汞饱和度；

　　　S_R——退汞结束时，残留在孔隙中的汞饱和度；

　　　W_e——退汞效率，%。

由四类理想化的人工样品实验结果可以看出（图 5-11）：首先，孔隙结构是影响退汞效率极其重要的因素，其中毛细管束和纯裂缝型样品的退汞效率最高，粒间孔隙样品次之，溶洞型样品最差；其次，不论分选好的粒间孔隙型、裂缝型样品，还是具溶洞的其他类型样品，它们的压汞曲线都可出现平缓段，因此，仅根据一条压汞曲线很难准确判断样品所属的孔隙结构类型，也不易估计退汞效率。

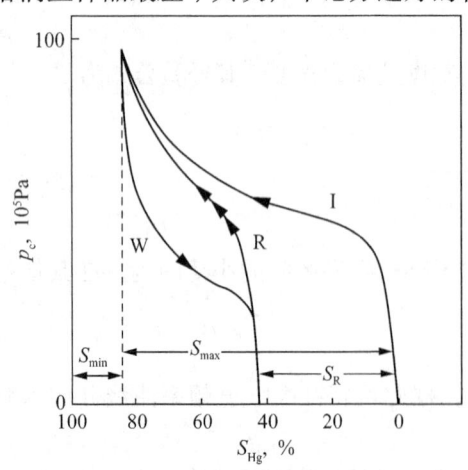

图 5-10　汞注入（I）、退出（W）、再注入（R）曲线与毛细管压力的关系图（据吴元燕，1996）

（二）孔喉比

近年不少学者的研究表明，决定孔隙系统渗流能力的因素除上述孔隙与喉道的大小外，还与孔隙和喉道的配置特点密切相关。用以表征这种配置关系的参数是孔喉比及孔隙配位数。所谓孔喉比，是指孔隙大小与喉道大小的比值，比值越高，渗透能力越低；反之，比值越低，渗透能力越高。与之相适应的是：在开采时，前者在孔隙空间系统中残留的非润湿相流体多，后者则残留的非润湿相流体少，也就是说，当孔喉比增高时，采收率则降低（图 5-12）。

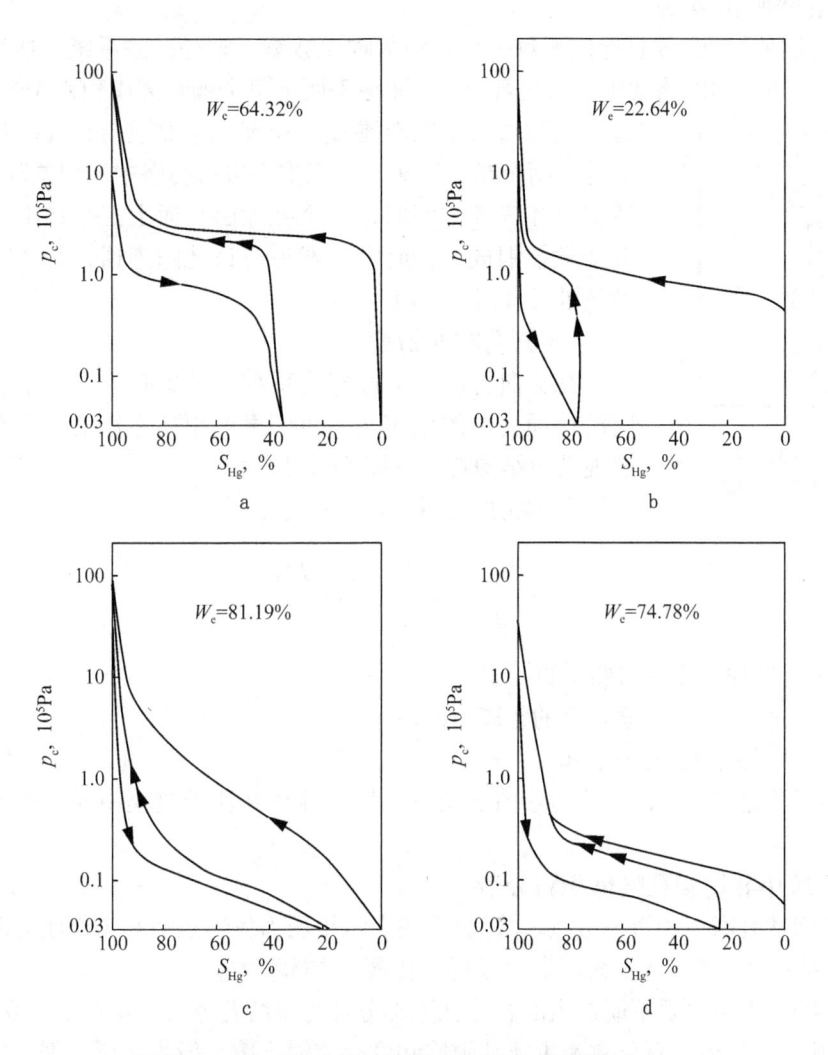

图 5-11 不同孔隙结构类型样品的毛细管压力与
汞注入—退出—再注入曲线的关系图（据吴元燕，1996）

a—粒间孔隙型样品；b—溶洞型样品；c—毛细管束模型；d—纯裂缝型样品

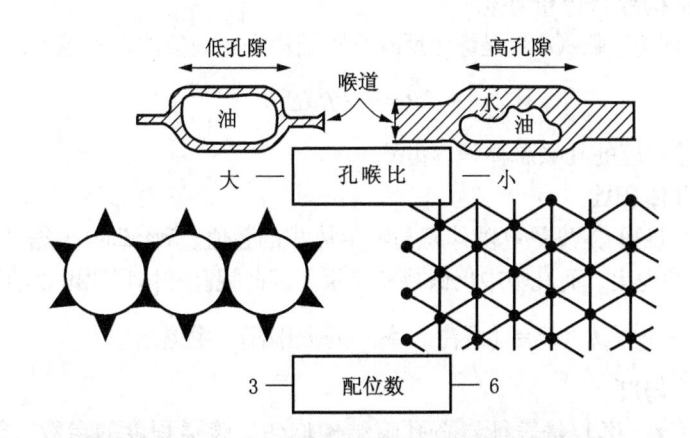

图 5-12 孔喉比和配位数及其对非润湿相采收率影响示意图（据Wardlaw，1978）

（三）孔喉配位数

孔喉配位数（配合数）指连通每一个孔隙的喉道数量，它是孔隙系统连通性的一种量度。在单一六边形的网络线中，配位数是3，即在平面上每个颗粒周围由六个颗粒围成时，每个孔隙由三个颗粒围成，并有三个喉道与该孔隙连通，每个喉道由两个颗粒围成；在三重六边形网络中，配位数是6，即上述情况在三维空间时，每个孔隙由平面上三个和上下各一个共五个颗粒围成，并有六个喉道与该孔隙连通，每个喉道由三个颗粒围成（图5–12）。

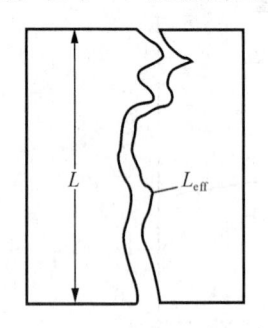

图5–13 孔隙曲折度示意图（据熊琦华，1987）

（四）孔隙曲折度

孔隙曲折度（又称弯曲系数）是指孔隙空间系统中两点之间沿连通孔隙的距离与两点间直线距离之比值，它在一维空间表现孔隙结构特征（图5–13）。

孔隙曲折度用公式表示为：

$$T = \frac{L_{\text{eff}}}{L} \tag{5-10}$$

式中　T——孔隙曲折度（弯曲系数）；
　　　L_{eff}——两点间沿连通孔隙的距离，μm；
　　　L——两点间直线距离，μm。

孔隙曲折度越接近1，对流体渗流越有利，因为流体在流动过程中受通道迂回的阻力最小。

（五）最小非饱和孔喉体积百分数

最小非饱和孔喉体积百分数（$S_{\min}$）表示注入水银压力仪器达最高工作压力时，未被汞侵入的孔喉体积百分数。$S_{\min}$大，表示岩石小孔喉所占体积大。

在很大的压力下，汞不能进入的岩石孔隙部分称为束缚孔隙（一般指小于0.04μm的孔隙部分），其相应的体积百分数为束缚孔隙饱和度。束缚孔隙一般为水所占据，岩石束缚孔隙越多，含油气饱和度就降低，油气的相对渗透率就越小。因此，束缚孔隙越多，孔隙结构越差。

（六）孔隙结构综合评价系数

孔隙结构综合评价系数（B_z）是综合反映孔隙结构好坏的参数。B_z越大，渗流特征越好。

$$B_z = V_z \cdot R_z / L \tag{5-11}$$

式中　V_z——与R_z对应的孔喉总体积，μm³。

（七）视孔喉体积比

视孔喉体积比（V_R）是度量孔隙体积与喉道体积的数值。Wardlaw根据试验认为，汞的退出主要视为从喉道中退出，而孔隙中仍保持充满汞。因此视孔喉体积比可表示为：

$$V_R = （汞注入率-汞退出率）/汞退出率 \tag{5-12}$$

（八）结构均匀度

结构均匀度（$\alpha \cdot W_e$）是表征岩石孔隙结构均匀、连通程度的参数，能够较完整地反映注入曲线与退出曲线的特征。

由上可见，岩石孔隙结构的非均质性决定了岩石的储集和渗流特征及其差异，孔隙结构特征控制着流体微观渗流过程、注入剂微观驱油效果及剩余油和残余油的形成。

第三节 孔隙结构的分类

孔隙度、渗透率对于评价渗透率较高的储层是适用的。对低渗透性储层（渗透率小于1mD），仅用孔隙度、渗透率是无法正确评价储层性质的，必须研究岩石的孔隙结构，配合岩石连通的孔喉类型、半径和有效流动孔隙含量等多种参数对储层进行评价。

一、孔隙结构的基本分类

孔隙和喉道是孔隙结构的两大重要构成，两者的总体组合特征决定了储层孔隙结构的基本类型。为此，储层孔隙结构主要按孔隙与喉道的大小组合和类型组合进行分类。

（一）按孔隙与喉道大小组合分类

孔隙和喉道这两类储渗空间有大小和粗细之分，并按一定的搭配关系组合成不同的孔喉组合。为此，可将孔隙按大小分为不同的孔隙级别，将喉道按粗细分为不同的喉道类型，根据这两者划分成多种孔喉大小组合类型。目前这一分类界线尚未统一。

张绍槐（1993）据实测孔隙大小将其分为大、中、小、微四种孔隙类型，再根据扫描电镜和压汞资料测算出喉道的粗细与分布将喉道分为粗、中、细、微四种喉道类型，然后根据前面实测的孔隙大小和喉道的粗细组合成十种孔喉组合类型（表5-3）。具体孔隙和喉道大小的界线是根据各储层实测数据而定的。

表5-3 孔喉分类及孔喉组合类型表（据张绍槐，1993）

类型	喉道分级界线（半径），μm		孔隙中值界线（直径），μm	
基本类型	粗喉道	>7.5	大孔型	>60
	中喉道	0.62~7.5	中孔型	30~60
	细喉道	0.063~0.61	小孔型	10~30
	微喉道	<0.063	微孔型	<10
组合类型	A1粗喉道——B1大孔型 A2中喉道——B2中孔型 A3细喉道——B3小孔型 A4微喉道——B4微孔型		A1B1型 A1B2型 A2B1型 A2B2型 A2B3型 A3B2型 A3B3型 A3B4型 A4B3型 A4B4型	

（二）据孔、洞、缝大类孔喉组合分类

这种分类将孔隙、裂缝、溶洞看作三大类孔喉类型，并据此将储层孔隙结构分为单一、双重、三重孔隙结构三种类型。

(1) 单一孔隙结构类型：指储层中基本以孔隙、裂缝、溶洞中的某一大类孔喉类型为

主,如裂缝、溶孔很不发育的砂岩储层基本以孔隙型孔喉为主;泥岩裂缝储层基本以裂缝孔喉为主。

(2) 双重孔隙结构类型:指储层中基本以孔隙、裂缝、溶洞中的某两大类孔喉类型为主,如裂缝较发育的中低渗透砂岩储层,其孔隙和裂缝都较发育,而构成双重孔隙结构类型。双重孔隙结构类型又可分为两种亚类,一是相对独立的孔隙结构系统和裂缝结构系统,二是相互连通的孔隙—裂缝复合结构系统,两者应表现为不同的渗滤特征。

(3) 三重孔隙结构类型:指储层中孔隙、裂缝、溶洞皆较发育,如裂缝、溶洞较发育的颗粒碳酸盐岩。三重孔隙结构类型又可分为多种亚类,如相互连通的孔隙—裂缝—溶洞复合结构系统,一者(孔隙)相对独立、其余两者相互连通的(裂缝—溶洞)复合结构系统,三者相对独立的孔隙结构系统、裂缝结构系统、溶洞结构系统,该类较少见。

在同一储层中,不但可同时存在孔隙、裂缝、溶洞,也可同时存在各种不同类型、大小的孔隙和喉道。为此,这一分类强调的是储层孔隙结构系统的整体和孔隙、裂缝、溶洞孔喉大类。

(三) 按孔隙结构的特点和对开发效果的影响分类

吴元燕(1996)按孔隙结构的特点和对开发效果的影响将碳酸盐岩孔隙结构分为以下四种类型。

1. 大缝洞型孔隙结构

大缝洞型孔隙结构是以宽度大于 0.1mm 的裂缝为喉道,连通大中型溶洞所组成的孔隙结构,可细分为以下几种类型。

(1) 宽喉均质型:溶洞周围被宽度大致相等的裂缝型喉道连通,喉道宽、连通好。室内实验证明,这种结构水驱油效率高(图 5-14a)。

(2) 下洞上喉型:溶洞上面有裂缝型喉道连通,下面无喉道(图 5-14b),这种结构水驱油效率不高。

(3) 上洞下喉型:溶洞上部无连通喉道,下面有裂缝喉道与它连通(图 5-14c),洞中油不易采出。

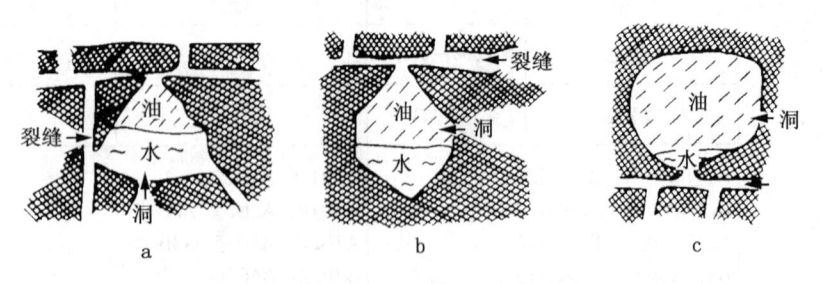

图 5-14 大缝洞孔隙结构模式图(据吴元燕,1996)
a—宽喉均质型;b—下洞上喉型;c—上洞下喉型

2. 微缝孔隙型孔隙结构

微缝孔隙型孔隙结构是以微裂缝及晶间隙为喉道,连通各种孔隙和小型洞所组成的孔隙结构,主要可分为三种类型。

(1) 短喉型:储集空间多为晶间孔隙、粒间孔隙和小的溶蚀孔洞,喉道短、宽、多而平直,孔喉比较小，连通性好，对油气储存和渗滤十分有利（图5-15a、b）。

（2）网格型：喉道呈网格状，连通各种晶间粒间孔隙和小的溶蚀孔洞，其储渗能力较短喉型差（图5-15c）。

（3）细长型：喉道细长而曲折，孔隙不发育，连通性不好，储集性能差（图5-15d、e）。

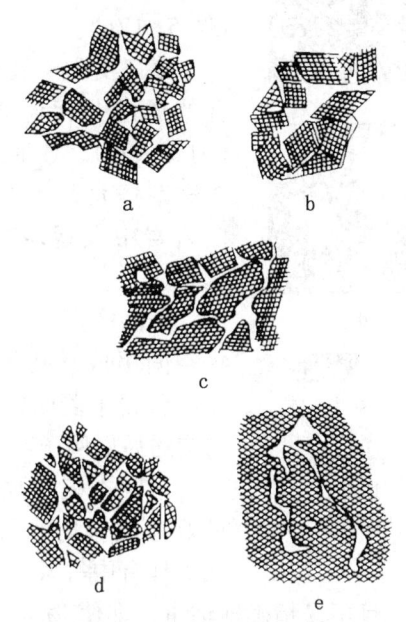

图5-15 微裂缝型孔隙结构模式图（据吴元燕，1996）
a，b—短喉型；c—网格型；d，e—细长型

3．裂缝型孔隙结构

储集空间和喉道均为裂缝，孔洞极不发育。若裂缝宽度大、密度大、分布均匀，则储集性能好。

4．复合型孔隙结构

大裂缝、溶洞与微裂缝、小孔隙的各种不同形式和不同数量组合而成的孔隙结构，被称为复合型孔隙结构（图5-16）。

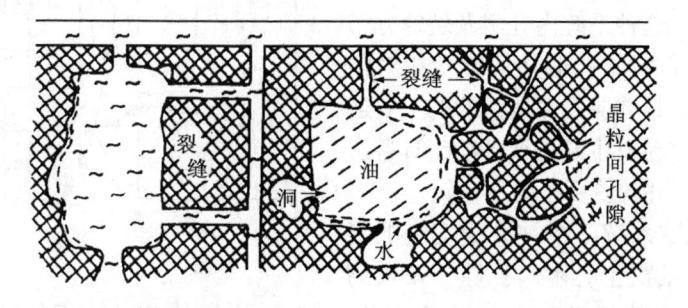

图5-16 复合型孔隙结构模式图（据吴元燕，1996）

（四）按孔隙空间构造分类

前苏联学者捷奥多罗维奇曾将孔隙空间构造分为六种类型（陈碧珏，1987）：

第一类型：由孔隙及相当孤立、狭窄的连通孔道组成（图5-17a）。通常这种类型的连通孔隙的狭窄孔道（内径为 5～10μm）在薄片内是看不见的；如果通道直径较大，可以在透明的薄片中发现。

第二类型：连通通道是由孔隙本身的缩小部分组成的。缩小部分变宽即为孔隙（图5-17b）。

第三类型：孔隙是由一些宽的但内部多细孔的通道互相连通，在薄片中观察呈支脉状（图5-17c）。连通通道偶尔由较粗孔隙构成时，渗透率将大大增加。这种类型的孔隙结构常在白云岩中发现，有时在白云岩化灰岩中也可见到。

第四类型：由矿物晶体间与胶结物间的储集空间组成，孔隙的形状受晶体的外形控制。如白云岩中菱面体间的孔隙可以作为这种孔隙结构的最好例子（图5-17d）。

第四类型孔隙结构有两个亚类：(1) 具有良好渗透率的大孔隙亚类；(2) 细孔隙亚类，此类具有中等甚至高的孔隙度，但渗透率很低，因能够连通的孔隙数目不多，且不易精确地估量，即使含油，在大多数情况下这种细孔隙的油藏不具工业价值。

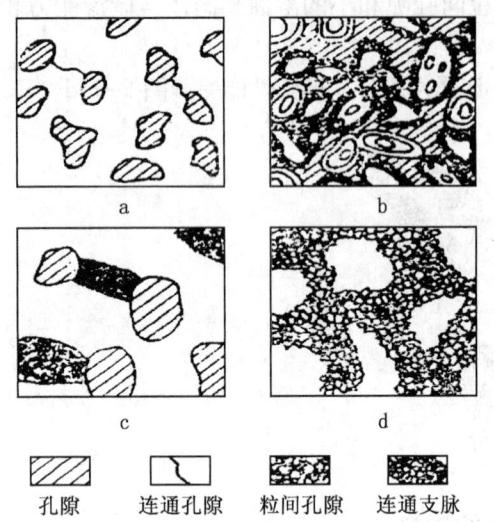

图5-17 碳酸盐中孔隙空间构造的四种类型（据捷奥多罗维奇，1943；转引自罗蛰潭、王允诚，1986）

第五类型：孔隙及连通通道均属裂缝，可因断裂、成岩作用而形成。

第六类型：孔隙结构系统由两种或两种以上不同成因的孔隙空间所组成。如以孔隙为主要储集空间，裂缝为连通通道的裂缝—孔隙双重介质系统。

（五）按流体渗滤及几何特征的裂缝性碳酸盐岩孔隙结构分类

依据流体渗滤及几何特征不同把裂缝性碳酸盐岩的孔隙结构系统（图5-18）分为裂缝孔隙系统及基块孔隙系统。

(1) 裂缝孔隙系统：指各组系相互连通的张开裂缝网络和与之紧密相连的一些粗大溶孔、溶沟的组合。这种系统内孔隙及裂缝分布不均匀，但由于它们的孔道几何形状相对简单些，连通性好，是储层内流体渗滤的主要通道，在钻井过程中易发生井漏或井喷，具备这些特点是成为高产井的重要条件之一。

(2) 基块孔隙系统：指被裂缝切割的岩石块体内的原生或次生孔隙。孔隙分布较均匀、孔径细小，孔隙间靠狭窄的喉道连通，因而渗透性差，但这种孔隙空间是油气储集的主要场所。只有在基块孔隙发育的储油层

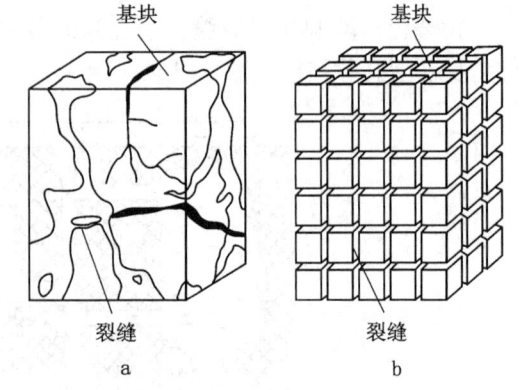

图5-18 理想化的裂缝性碳酸盐岩的孔隙结构系统（据熊琦华，1987）
a—实际油层；b—模型油层

中才能获得较大的油气储量并稳产。即使储集岩裂缝孔隙系统不十分发育，也可采用人工酸化、压裂措施提高产量；若基块孔隙不发育，尽管裂缝发育，初产量高，但由于油气不

能连续补充，产量将很快递减。因此，只有裂缝孔隙及基块孔隙均发育，并具适合的配置关系，才能获得高产稳产的油气田。

（六）按孔隙与喉道类型组合分类

由于孔隙与喉道各有多种类型，其组合类型很多，难以统一。如按碎屑岩的孔隙成因和喉道类型可将其分为粒间孔—孔隙缩小喉道型，填隙物内孔隙—管束状喉道型等。

（七）孔隙结构简化模型

由于储层内不同孔隙类型的相互配置关系十分复杂，要建立起能反映孔隙结构的三维真实模型是十分困难的，因此，很多学者在研究储层微观孔隙结构模型时都采用简化近似模型来代表真实的模型，只要其某一特征能突出，则达到目的。罗明高（1998）总结了广泛流行的几种孔隙结构模型。

(1) 毛细管束模型：毛细管束模型是由 Dulline（1975）提出的，这种模型将孔隙网络看成是若干大小不同的等长毛细管（图 5-19）。这种模型强调大小不同的连通孔隙直径的不同，忽略了孔隙和喉道的相互配置关系，将配位数都看成为 2，也忽略了孔隙的迂曲特征。这在研究孔隙介质的流动时是很有用的模型，因为流体在流动过程中，当连接一个孔隙的若干喉道的大小不同时，流体总是从一个喉道流入，从另一个喉道流出，这近似于在一条管子中的流动。用这一模型，利用毛细管压力资料可确定孔隙结构的一些参数，如结构系数、特征系数、迂曲度等。

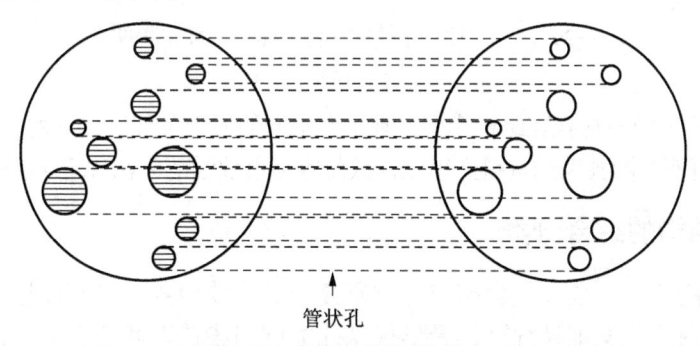

图 5-19　毛细管束孔隙结构模型（据罗明高，1998）

(2) 管子网络模型：这是由 Fatt（1956）最早提出的，Chatzis 和 Dulline（1977）又进行了修改补充。这种模型是将孔隙系统看成毛细管的相互连接，但连接的方式完全不相同，Chatzis 提出了六种二维模型（图 5-20）。管子网络模型将孔隙系统内的配位数放在比较重要的地位，突出了喉道的作用。各种不同的模型，其配位数大小不同，在同一压力下流体的饱和度也不同。Fatt 和 Chatzis 等曾用该模型来计算不同毛细管压力时的岩样中的湿相流体饱和度，因此该模型主要用于计算不同条件下流体饱和度的大小。

(3) 球形孔隙段节模型：这种模型假定孔隙为球形，它们彼此相互接触、相连而成孔隙网络系统。实际上，球体与球体接触时，接触点上必须有通道流体才能通过，因此在该模型中假设球的接触点处为去掉球冠的球缺。由于切掉的球冠体积很小，可忽略这一部分体积。这一模型主要强调孔隙的作用，而忽略喉道的作用，适用于确定孔隙大小的分布，确定的方法主要有"截面直径"和"截面积"法。

(4) 普通孔隙段节模型：这是在球形孔隙段节模型基础上修正的模型，因为实际的孔隙并非标准的球形，为了校正这种形态上的差异提出了这种模型。该模型假设孔隙网络是由不规则但形态相同的实体相互接触而形成的。

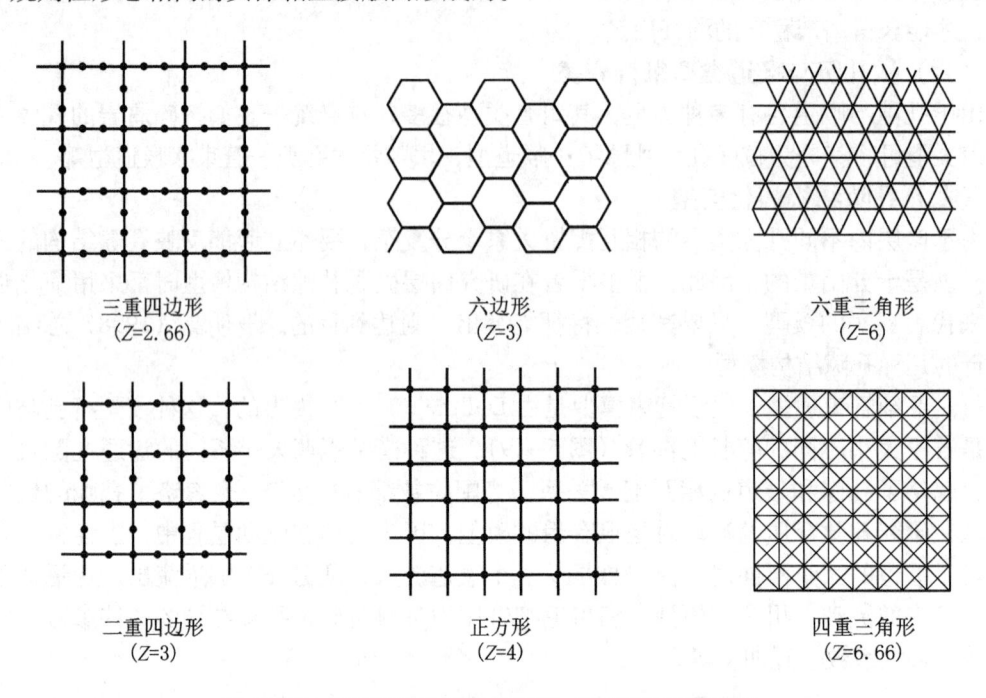

图 5-20　管子网络孔隙结构模型（据罗明高，1998）
Z—配位数

以上为四种不同的微观孔隙结构模型，都是在不同的假设条件下建立的，用于解决不同的储层地质问题，可使实际孔隙结构得到简化，从而容易用数学的方法确定某些孔隙结构参数。

二、孔隙结构的综合分类

储层储集性能的优劣是油气勘探与开发研究中的重要内容，它直接影响着油气储能及产能、油气层识别及开发难易程度，最早仅以孔隙度和渗透率两个参数对储集岩进行分类与评价。

高精密仪器的研制与使用，大大推进了储层孔隙结构的研究，并成为储层分类评价的重要依据。值得倡导的是，越来越多的研究者采用以孔隙结构为主的综合分类评价方法，不仅仅采用孔隙度和渗透率，而是综合使用了岩性、常规物性、压汞试验、铸体薄片、扫描电镜及产能等多方面的资料和多个参数。这无疑更符合实际，也更有实用价值。

许多学者从不同角度提出过很多划分方案，但还没有统一标准，下面介绍三种方案。

(1) 罗蛰潭教授分类方案：罗蛰潭教授等人根据我国一些主要砂岩油气层近一千块岩样的毛细管压力特征和孔隙铸体薄片观察结果，将我国砂岩储层分为四类（表 5-4）。

(2) 邸世祥教授分类方案：邸世祥教授据压汞资料的排替压力（p_d）、喉道均值（X）、毛细管压力曲线特征、常规物性、主要岩性、主要孔隙类型及其连通情况等，将碎屑岩储层孔隙结构分为好（Ⅰ）、中（Ⅱ）、差（Ⅲ）三级，最好（ⅠA）、次好（ⅠB）、中上（ⅡA）、中下（ⅡB）、次差（ⅢA）、极差（ⅢB）六亚级（表 5-5）。

(3) 其他分类方案：张研农曾根据压汞试验资料把低渗透砂岩储层的孔隙结构分为Ⅰ～Ⅴ级（表 5-6）；谢庆邦在划分低渗透储层孔隙结构时首先把孔隙喉道按大小进行分

表5-4 以孔隙结构为主的碎屑岩储层综合分类评价（据罗蛰潭，1986，分类整理）

评价	主要孔隙类型	基质	胶结物	孔喉半径，μm	支撑类型	毛细管特征	粒度	ϕ	K mD	其他
I类：好到非常好储集岩	原生粒间孔或次生溶孔（孔隙都较大）	少量	少量	主要孔喉半径大于7.5μm（大到中等喉道）	颗粒支撑，部分基质支撑	曲线粗歪度，分选好，饱和度中值小于1.5MPa，排驱压力低	细—中粒	>20%	>100	分选好，束缚水饱和度小于3.0%；单井50~100t/d
II类：中等储集岩	基质内微孔隙，胶结物未充满孔隙及胶结物或晶间粒间有一定量的溶孔及粒间孔（中、小孔隙）	增多	多泥质	最大连通孔喉半径为1~7.5μm（细喉道）	基质支撑，也有颗粒支撑	曲线歪度略差，分选好—中，饱和度中值压力为30 MPa左右	粉砂—细砂	12%~20%	1~100	分选差到好，储渗能力中等，单井产能1~100t/d
III类：差储集岩	基质内微孔隙或晶体内晶间孔隙，粒间孔和溶蚀孔（孔隙很小）很少	很多	很多（或基质、胶结物充满孔隙石英次生加大十分发育）	最大连通孔喉半径为0.68~1.07μm（孔与喉均很小，难以区分）	基质支撑或胶结式胶结成基底式胶结	饱和度压力中值为6.0~9.0MPa	细—粉砂	7%~11%	0.1~1	储渗能力差，原油黏度高，若不具自然产能，则需压裂、酸化、相带不利，埋深大，注意裂缝、收缩孔等
IV类：非储集岩	基质内微孔隙；晶体再生长等孔隙；裂缝不发育		基底式胶结	最大连通孔喉半径小于0.68μm		曲线细歪度，饱和度压力中值很高	粉—极细砂	<6%（油层）或<4%（气层）	<0.1	束缚水饱和度大于50%，镜下几乎看不到任何孔隙

表 5-5 碎屑岩储层孔隙结构级别及其主要划分标志（据邸世祥，1991）

参数 级别		压汞资料			常规物性		主要岩性	主要孔隙类型及其连通情况
		p_d MPa	$\bar{X}$ μm	毛细管压力曲线特征	K mD	ϕ %		
I	A	<0.05	>7.0	左下方分布，粗歪度，在大于14φ处细喉峰无或很小，粗喉峰一般在小于6φ处，峰值很大	>500	30~20	以中细粒砂岩为主，填隙物含量低，为泥质	普遍发育溶蚀粒间孔隙或（和）粒间孔隙，孔隙个体大（直径一般大于0.1mm），连通性好
	B	0.05~0.1	7.0~5.0	左下方分布，略粗歪度，略粗喉峰，细喉峰的峰值略增，粗喉峰位置可降至小于7φ处，但峰值仍比较大	500~100	22~17	以粒间孔隙或（和）溶蚀粒间孔隙为主，另含一定量其他类型孔隙，孔隙类型比较大，直径一般为0.05~0.1mm，连通性比较好
II	A	0.1~0.5	6.0~2.0	处于中部位置，略粗歪度，粗细喉峰明显，粗喉峰位置在7φ~9φ处，峰值比细喉峰值略低或接近	100~10	20~12	以细砂岩为主，填隙物含量高，为钙质或泥质	除粒间孔隙或（和）溶蚀粒间孔隙外，并含有一些其他类型孔隙，发育比较多的填隙物内孔隙，孔隙个体大小混杂，直径一般为0.01~0.05mm，连通性较差
	B	0.5~2.0	3.0~1.0	处于中部位置，略粗歪度，粗喉峰，细喉峰非常明显，粗喉峰高于细喉峰，粗喉峰位置可降至大于10φ处	10~2	18~10	普遍发育填隙物内孔隙，孔隙个体小（直径一般为0.005~0.01mm），连通性差
III	A	2.0~5.0	2.0~0.05	右上方分布，细歪度，细喉峰不明显，粗喉峰出现在10φ~12φ处，但峰值一般比较低	2~0.1	10~5	以粉砂岩为主，填隙物含量高，为钙质、泥质，尚有泥质	只含少量填隙物内孔隙或个别含一些其他类型孔隙，孔隙数量大减，个体很小（直径0.001~0.005mm），连通性很差
	B	>5.0	<0.05	右上方分布，极细歪度，一般只出现细喉峰（在大于14φ处），特高	<0.1	<5		基本无孔隙或偶见一些填隙物内孔隙，孔隙直径一般小于0.001mm，基本不连通

表 5-6　低渗砂岩储层孔隙结构分类表（据张研农，1982）

级别	排驱压力，MPa	中值压力，MPa	束缚水饱和度，%
Ⅰ级	<0.5	<2.0	<25
Ⅱ级	0.5~1.5	2.0~3.5	<30
Ⅲ级	1.5~3.5	3.5~8.0	<40
Ⅳ级	3.5~5.5	8.0~15.0	<45
Ⅴ级	>5.0	>15.0	>45

级，进而根据两者的结合将孔隙结构也分为五级，即中孔粗细喉道、中小孔细喉道、微小孔微喉道、微细孔微喉道及微孔微喉道级别。

虽然碳酸盐岩储层与碎屑岩储层有许多不同之处，但从碳酸盐岩的原始晶间—粒间孔隙系统来看，与碎屑岩的粒间孔隙是极相似的，因而用以阐述碎屑岩储层储油物性的原理及研究方法仍可用于碳酸盐岩储油物性的研究，可针对具体情况修改参数值。

三、孔隙结构分类的数学地质方法

常用的孔隙结构分类的数学地质方法是聚类分析，也称为点群分析、群分析、丛分析、族分分析等。它是将各样品的变量通过某种数学模型来确定它们之间的亲疏关系，再按这种亲疏关系进行归类。目前主要有系统聚类、模糊聚类、图论聚类和动态聚类四种方法，因篇幅所限，在此不一一介绍。

思 考 题

1．孔隙、喉道、孔隙结构的概念是什么？
2．简述碎屑岩的孔隙和喉道类型。
3．简述碳酸盐岩的孔隙和喉道类型。
4．什么是毛细管压力曲线？它有什么作用？
5．定量评价孔隙结构的参数有哪些？
6．孔隙结构有哪些分类？
7．孔隙结构简化模型有哪些？其优缺点是什么？

第六章 储层成岩作用

一个含油气盆地的成岩演化规律通常是石油与天然气勘探的主要研究内容之一。然而，影响储层成岩作用的因素很多，主要有盆地构造演化、沉积体系的分布、埋藏史、盆地的热演化史及地下水溶液的活动等。这就要求石油地质工作者在分析某一时期或某一层位储层的成岩演化时，要将盆地的构造、沉积与成岩三者的特征进行综合考虑，把它作为一个有机的整体进行分析和研究，并采用多学科的理论与方法来讨论储层随时间、空间的演变而发生的一系列变化。

沉积物沉积之后，在由松散沉积物转变为坚硬沉积岩的过程中，在沉积岩形成之后，以及沉积岩转变为变质岩或遭受风化作用之前，沉积岩和沉积物都会发生变化。这些变化包括成分、结构和储集性能的变化。只有正确地认识这些变化的特点、联系，才能预测岩石的储集性能。把成岩作用的研究和储层分布规律的研究紧密地联系在一起，才能实现油气藏有效、经济的勘探开发。

第一节 碎屑岩成岩作用和孔隙演化

碎屑岩的成岩作用是指碎屑沉积物在沉积之后到变质之前所发生的各种物理、化学及生物的变化，而不是狭义的指沉积物的石化和固结作用。碎屑岩的这一系列成岩变化，对碎屑岩储层的孔隙形成、保存及破坏起着极为重要的作用。简言之，碎屑岩储层及其储集性能既受沉积相的控制，又受到成岩作用的强烈影响。前者控制着储层物性的平面分区性，后者决定着其垂向上的分带性。因此，碎屑岩储层的成岩作用研究就是综合分析其中孔隙空间的形成过程、机理及演化规律。

一、碎屑岩成岩作用的基本要素

碎屑物质在沉积之后、岩石变质之前，与孔隙流体之间会发生各种可能的物理、化学反应，反应的方式、过程及程度随着岩石成分、流体性质、温度和压力的变化而变化。换句话说，岩性、温度、压力、流体是发生各种成岩作用的基本要素，即基本成岩参数和条件。一般认为，岩石和流体组成的这一成岩系统是一种开放、半开放或封闭的系统。因而，准确地确定某一成岩反应发生时各反应物、产物和反应条件等是成岩作用研究所追求的目的之一，并在此基础上推断或预测孔隙形成与演化。

（一）岩性

碎屑岩储层的岩性包括碎屑颗粒、填隙物（胶结物与杂基）的成分、结构和组构等，它主要受控于储层形成的沉积环境和沉积后所发生的各种成岩变化。如岩石中的自生矿物就是岩石孔隙流体中某些离子过饱和在一定的温度和压力条件下沉淀所致，故自生矿物的成分、结构和组构可直接反映成岩作用的环境。因此，系统并准确地观测与分析岩石的成分，尤其是自生矿物的成分、结构和组构，就可以分析和判断曾经发生过的各种成岩变化，即从成岩产物来推断成岩作用对原生矿物成分、结构和组构的改造,是研究成岩变化成因与分析其机理的关键。这是由于地下水溶液对碎屑矿物颗粒的溶解、淡水对颗粒的淋滤以及矿物之间所发生的交代作用等,都是依据其成分与结构的差异进行的,具有明显的选择性。

(二) 温度

温度是发生各种成岩变化的基本条件之一,其大小不仅可以影响成岩作用的类型与速度,还影响成岩作用的方向。成岩作用发生时的地温即古地温的计算与恢复是其关键因素。古地温对成岩作用的影响大致有以下几个方面。

(1) 影响矿物的溶解度:大多数矿物的溶解度会随着温度的增加而增大。

(2) 影响矿物的转化:实际资料表明,地温梯度不同,矿物转化的深度不一。

(3) 影响孔隙流体和岩石的反应方向:因为化学反应的平衡常数受温度控制,温度的变化势必引起反应的变化。在一种温度下,一定的成岩反应可以形成次生孔隙,在另一种温度下可能形成自生矿物而堵塞孔隙。

(4) 古地温控制下有机质的成岩演化序列:有机酸对矿物颗粒的溶解是形成次生孔隙重要原因之一。有机质随温度的变化衍生出不同的化学成分,而不同化学成分的有机酸对矿物的溶解则明显不同。

古地温是成岩作用阶段划分的主要指标之一。古地温的确定是成岩作用研究的一大难题,已出现了多种方法,常用的有流体包裹体测温、镜质组反射率、黏土矿物组合及转化、自生矿物的分布和演变。前两种方法前已述及,这里不再赘述。

1. 黏土矿物组合及转化

不同学者对同一地区黏土矿物转化的影响因素的认识往往有很多分歧,但有一点几乎是相同的,即温度是主要因素,因而黏土矿物被作为地温计。

Hoffman 和 Hower(1979)在研究美国蒙大拿州泥岩的基础上提出了一个黏土矿物成岩演化序列及所估计的反应温度(图 6-1)。这些温度界线和日本学者研究的黏土矿物成岩转变的界线大致相似。应凤祥等人对中国东部陆相断陷盆地中蒙脱石、伊利石转化进行了细致的研究,将伊利石/蒙脱石混层矿物转化划分为四个带(表 6-1)。

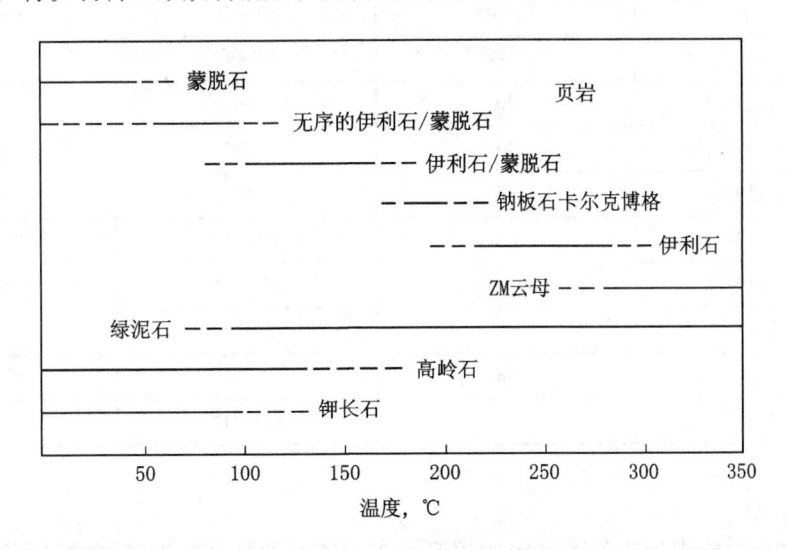

图 6-1 黏土矿物成岩演化序列(据Hoffman和Hower,1979)

表6-1 伊利石/蒙脱石混层类型及其转化带与成岩阶段及有机质成熟关系表（据应凤祥，2008，修改）

伊利石/蒙脱石混层类型	混层有序度类型	混层转化带	蒙脱石层在伊利石/蒙脱石混层中比例，%	有机质成熟度	成岩阶段划分	
蒙脱石无序混层	R=0	蒙脱石带	>70	未成熟	早成岩	A期
	R=0	无序混层带	70~50	半成熟		B期
部分有序混层	R=0/R=1	部分有序混层带	50~35	低成熟—成熟	中成岩	A期
有序混层	R=1	有序混层带	35~15			
卡尔克博格有序混层	R≥3	超点阵有序混层带	<15	高成熟		B期
混层消失	—	伊利石—绿泥石带		过成熟	晚成岩	—

注：R为混层矿物有序度。R=0，无序；R=1，部分有序；R=2，有序；R=3，超有序。

2．自生矿物的分布和演变

除上述黏土矿物外，还有一些自生矿物的形成和演化与温度密切相关，它们同样有地温计之称，如沸石类、自生石英、长石及碳酸盐矿物等，其中尤以沸石类矿物的研究最为深入。

在较完整的剖面中，自上而下常见的沸石带划分如下：火山玻璃带—斜发沸石带—方沸石带或片沸石带—浊沸石或钠长石带。不同学者关于各沸石带的形成温度认识有一定的差异（表6-2）。

表6-2 不同学者所发表的各沸石带形成温度（据吴元燕，1996）

研究者及发表年份	各沸石带顶部的温度，℃		
	斜发沸石	方沸石	钠长石
藤冈、专川（1969）	60	88	65~124
VTADA（1971）	36~45	57~72	
ⅡJIMA、VTADA（1977）	41~49	84~91	
佐藤、长谷川（1974）	40	78	110~120
风间、青柳（1975）	40	90	
青柳、风间（1978）	47	93	
下山、饭岛（1977）		84~91	120~124
藤田、平井（1977）	30~60	90~100	
饭岛（1978）		91	
青柳（1979）、风间（1980）	56	116	138
佐佑木藤（1982）	57~69	86~117	119~158

（三）压力

压力的大小对成岩反应具有一定的控制作用，主要表现在影响成岩的进程速度与方向。

常用的压力参数有静水压力 p_h、孔隙流体压力 p_p、有效应力 p_f、剩余流体压力 p_e 及静岩压力 p_t（图 6-2）。孔隙流体压力均由上覆水柱提供时，称为静水压力；比静水压力大的孔隙压力称为剩余压力。当孔隙流体压力大于静水压力时（超高压），有效应力相应变小，直至为零。压力参数直接控制了储层的机械压实和压溶作用，也可以说是直接控制物性的一个重要因素。此外，大部分矿物的溶解度会随着压力的增加而增大，因此，在成岩作用的中后期，压力是控制物性的一个间接因素。

（四）流体

储层中所见到的自生矿物的沉淀与溶解作用是沉积盆地内大量溶解物质所造成的。成岩期间储层中存在着不同成分的孔隙流体或地下水溶液，这种流体是重新分配矿物的动力学条件，因此，其化学成分和活动程度对成岩作用起控制作用。具体来说，孔隙流体一般包括孔隙水、油和气，其中孔隙水的影响最突出。

1．孔隙水的化学成分

孔隙水的研究样品主要从石油钻井过程中获得。孔隙水中的无机离子（Cl^-、SO_4^{2-}、HCO_3^- 和 Na^+、Mg^{2+}、Ca^{2+}，即六大离子）测定是油田化学的常规分析项目，方法较为成熟。孔隙水中有机离子的测定一般都应用仪器分析，常用的仪器有气相色谱仪、液相色谱仪和离子色谱仪等。Na^+ 与 K^+ 含量随深度的变化可以反映成岩作用的变化，如在成岩过程中（通常是晚成岩阶段），长石的溶解可以释放出 Na^+ 或 K^+。

图 6-2 压力关系示意图
（据于兴河，2002）

当埋深大于某一深度时，Na^+ 和 K^+ 的减少则是由于伊利石／蒙脱石混层矿物迅速向伊利石转化而吸收了 K^+。

2．孔隙水的流动方式和动力

Coustau（1977）根据盆地的水动力特征将其分为"青年盆地"、"中年盆地"和"老年盆地"三个阶段，分别对应压实驱动流、重力驱动流和滞流（无水流）三种水动力类型（图 6-3）。压实驱动流是指在上覆沉积物的负荷下，由压实作用挤出流体，使流体从盆地中心向盆地边缘或从深部向浅部的流动形式。重力驱动流是指由地形高差引起的重力作用使流体从高势区向低势区的流动形式。滞流是指不存在任何流动的状况。

单纯说某盆地属于哪一种类型的流动方式并不能客观地反映盆地的流体动力特征，依据不同层位的特点和系统动力的来

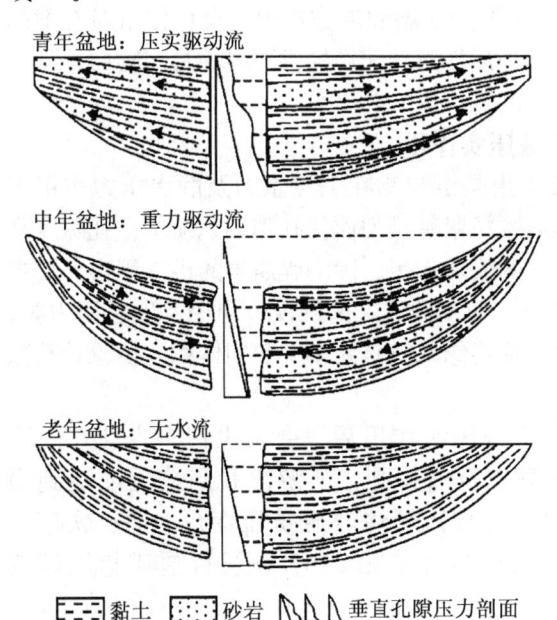

图 6-3 盆地流体动力演化阶段与类型划分（据 Coustau，1977）

源、流向和演化方式，可把油气成藏流体动力系统分为重力驱动型、压实驱动型、封存箱型和滞流型四种（康永尚等，1999），各类型的流体系统具有不同的成岩环境（表6-3），所发生的成岩反应也有所差异。

表6-3　不同流体动力系统的特征、演化方式、成岩环境及对成岩的影响（据于兴河，2002）

系统类型	压实驱动型	重力驱动型	封存箱型	滞流型
主要流体动力特征	压实力作用下，流体由盆地沉降中心向边缘或从深部向浅部流动	重力作用下，流体由盆地边缘向中心或从一侧向另一侧流动，分区域性和局部性两种	系统与外界只存在周期性的流体交换，异常高压形成幕式交换	无动力来源和流体流动，为正常压力平衡状态
演化方式	物质流为主，伴随着能量流	物质流为主，伴随着能量流	能量流为主，伴随着物质流	能量流为主，伴随着物质流
成岩环境与特点	封闭性水循环，有机酸为主，选择性反应	开启性水循环，大气水为主，选择性反应	半封闭性水循环，有机酸为主，成岩反应活跃	无水循环，无机酸为主，成岩反应慢
影响成岩反应的因素	压力、温度及有机质丰度	pH、Eh及离子浓度	超压力带与有机质丰度	温度、pH、Eh及离子浓度

二、碎屑岩的主要成岩作用

成岩作用的四个基本要素决定了可能发生的各种成岩作用。流体性质与矿物成分决定矿物是被溶解而形成次生孔隙，还是发生沉淀而堵塞孔隙。可以说，成岩过程是孔隙的形成与消亡的交替过程。因此，依据成岩作用对储层孔隙演化的影响，可将其分为两大类：一是降低储层孔渗性的成岩作用，主要有机械压实作用和胶结作用，其次为压溶作用和重结晶作用；二是增加储层孔渗性的成岩作用，主要为溶解和淋滤作用。交代作用对孔隙的影响不大，但可为后期溶解作用提供更多的易溶物质，从而有利于溶解作用的进行。

（一）机械压实作用

机械压实作用是沉积物在上覆重力及静水压力作用下排出水分，碎屑颗粒紧密排列而使孔隙体积缩小、孔隙度降低、渗透性变差的成岩作用。影响碎屑岩的机械压实作用主要有颗粒的成分、粒度分选、磨圆度、埋深及地层压力等。机械压实作用的最终结果就是减小了粒间体积，使原始孔隙度降低。

沉积物经机械压实作用后，会发生许多变化，主要有：(1) 碎屑颗粒重新排列，从游离状到接近或达到最紧密的堆积状态；(2) 塑性岩屑挤压变形；(3) 软矿物颗粒弯曲进而发生成分变化；(4) 刚性碎屑矿物压碎或压裂。

沉积物被压实固结的程度称为压实作用强度。定性表征压实作用强度的方法是在镜下描述碎屑颗粒的接触关系。随着压实强度的增大，碎屑颗粒接触依次为悬浮接触、点接

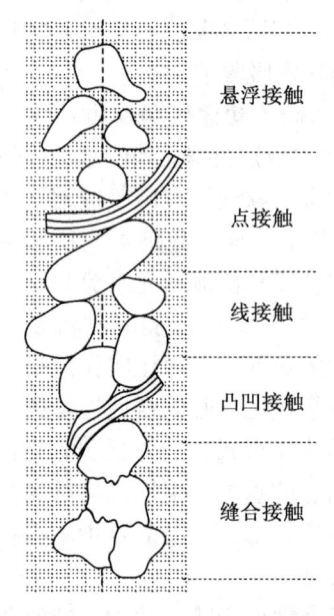

图6-4　碎屑颗粒接触关系图
（据 F. J. Pettijohn，1973）

触、线接触、凸凹接触和缝合接触（图 6-4）。定量的表征方法较多，常用的有以下两种。

1. 颗粒的紧密度

前人多称颗粒的紧密度为填集密度，它是通过镜下测微尺或图像仪测量任意方向上的颗粒截距总长度来计算，具体算法如下：

颗粒的紧密度 =（颗粒截距总长度 / 测量长度）× 100%

显然，紧密度越大，颗粒的排列越紧密，压实强度也越大。根据紧密度，按研究区最大原始孔隙度计算压实后损失的孔隙度，并按一定井段间隔计算孔隙压实梯度，以反映压实作用强度。根据这种方法可对压实作用强度进行分级（表 6-4）。

表 6-4 压实作用强度分级（据裘怿楠，1994，修改）

压实作用强度	弱压实	急剧压实	强压实
颗粒的紧密度，%	<70	70~90	>90
压实后损失的孔隙度，%	<10	11~27	27
孔隙压实梯度，%/100m	<1	>1	0.5

2. 压实率

压实率通过砂体原始孔隙体积与压实后的粒间体积进行对比来计算。压实率反映了砂体压实后原始孔隙体积降低的百分比。

压实率 = [（原始孔隙体积 − 压实后粒间体积）/ 原始孔隙体积] × 100%

式中，原始孔隙体积可通过岩石颗粒粒度和分选性，应用 Sneider 图版进行估算，而压实后粒间体积一般是通过薄片估算的。粒间体积包括孔隙体积、胶结物体积和杂基体积。在压实率计算中，最好在每个深度段选择不同岩性来进行，并建立不同岩性的深度—压实率剖面。

（二）压溶作用

当上覆地层压力或构造应力超过孔隙水所能承受的静水压力时，引起颗粒接触点上晶格变形和溶解，这种局部溶解称为压溶作用。压实和压溶是两个连续进行的阶段，压实作用由物理作用引发，压溶作用由物理作用和化学作用共同引发。在成岩作用的早期，由于颗粒间接触松散，压实作用容易进行；随着成岩作用强度的加大，碎屑颗粒间接触的紧密程度不断提高，由机械压实作用逐渐过渡到压溶作用。通常情况下，细砂岩比粗砂岩压溶作用进行得更快（郑浚茂等，1989），而且形成的埋深较大，多大于 3000m。石英压溶是最常见的压溶现象，压溶作用会造成石英颗粒之间相互穿插的现象，形成颗粒之间线接触、凹凸接触及缝合接触，从而降低岩石的孔隙度。此外，石英压溶后，溶解作用将可溶的 SiO_2 溶入孔隙水中，增加了孔隙水中 Si^{4+} 的浓度，当孔隙水过饱和时，SiO_2 发生沉淀，这为石英次生加大的形成或硅质胶结提供了物质来源，也能降低岩石的孔隙度。

（三）胶结作用

胶结作用是指孔隙溶液中过饱和成分发生沉淀，将松散的沉积物固结为岩石的作用。在沉积作用过程中，原始沉积的各种颗粒因其稳定程度的差异发生分解，并溶解于孔隙水中，随后过饱和的矿物质在孔隙水中沉淀下来，发生胶结并使沉积物进一步固结成岩。胶结作用是沉积物转变成沉积岩的重要作用，也是使沉积层中孔隙度和渗透率降低的主要原因之一。孔隙胶结物的结构特征是紧靠底质处的晶体小而数量多，在长轴垂直底质表面数量少。如果有两种以上的胶结物，靠近底质的形成早，在孔隙中心的形成晚，依次可形成若干个世代的胶结物。胶结作用是使储层孔隙度降低的重要因素，与压实作用不同的是，胶结作用的成岩效应仅仅是减小了孔隙的体积，但对岩石的体积没有影响。

实质上，胶结作用的研究就是自生矿物形成的研究。在碎屑岩储层中最常见的自生矿物有：(1) 各种碳酸盐类矿物，如方解石、白云石、菱铁矿等；(2) 硅质岩和铝硅酸盐类，如石英、长石、黏土矿物等；(3) 沸石类和硫酸盐类矿物，如石膏、硬石膏、重晶石等。碎屑沉积物刚一沉积，孔隙水就和颗粒发生反应。到底是矿物颗粒发生溶解，还是沉淀形成新的自生矿物，决定因素有两个：一是矿物的饱和度，涉及孔隙流体和岩石颗粒的成分；二是矿物质和孔隙水之间的反应速度，受控于温度和压力。

1. 胶结方式

矿物的胶结方式主要有孔隙充填、孔隙衬边、孔隙桥塞和加大式四种类型（图6-5）。

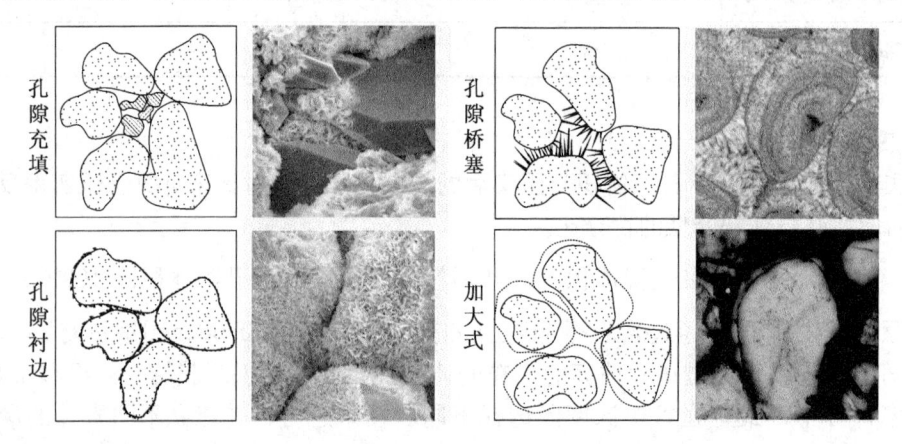

图6-5 自生胶结物的胶结方式（据吴胜和，1998，曹青修改）

1) 孔隙充填式胶结

孔隙充填式胶结是指胶结物分布于颗粒之间的孔隙中，它是最常见的胶结方式。自生黏土矿物（特别是高岭石）、碳酸盐、硫酸盐和沸石类胶结物多呈这种产状。

根据自生矿物晶体的大小，孔隙充填又可分为微晶充填、嵌晶充填和连晶充填。

2) 孔隙衬边式胶结

孔隙衬边式胶结的胶结物分布在颗粒外部，在颗粒表面垂直生长或平行颗粒分布，贴附在颗粒表面，包裹整个颗粒，如伊利石、针叶片状绿泥石、菱铁矿等。

3) 孔隙桥塞式胶结

孔隙桥塞式胶结也称桥状或搭桥状胶结，多为自生黏土矿物的胶结产状。黏土矿物自孔隙壁向孔隙空间生长，最终达到孔隙空间的彼岸，形成黏土桥。这类胶结物最常见的是条片状、纤维状的自生伊利石，它们在孔隙中可形成网络状的分布，分割大孔隙而使其变成微孔隙，使流体流动通道曲折多变。另外，蒙脱石和混层黏土矿物也可在孔隙喉道处形成黏土桥。

4) 加大式胶结

加大式胶结主要为石英次生加大和长石次生加大，指自生石英在石英颗粒边缘加大式生长，或自生长石在长石颗粒边缘加大式生长。

2. 胶结作用类型

1）碳酸盐胶结作用

碳酸盐胶结物种类多，方解石是其中最普遍的矿物，其次为白云石、铁白云石和菱铁矿等。孔隙水中含有一定数量的碳酸盐是碳酸盐胶结物形成的前提，适宜的物理化学条件（尤其是溶液的pH值）是碳酸盐胶结物沉淀的关键（郑浚茂等，1989）。在成岩过程中，碳酸盐胶结物可形成于不同的成岩阶段，并具有不同的特征（表6-5）。

表6-5 不同成岩期形成的碳酸盐矿物特征（据周自立和朱国华，1992）

主要特征	早期碳酸盐矿物	晚期碳酸盐矿物
形成时期	主要压实期以前	主要压实期以后
矿物种类	方解石、白云石	铁方解石、铁白云石
结构特点	微晶或环边状	中晶、细晶、嵌晶及连晶
分布	少，常呈透镜状	呈层状，分布广
成岩作用性质	砂层孔隙水沉淀	埋藏成岩作用

碳酸盐的溶解度对溶液的pH值极敏感，随着pH值的升高，碳酸盐的溶解度降低，发生碳酸盐沉淀。pH值的升降常与岩层中有机质在埋藏时被喜氧或厌氧细菌分解形成CO_2有关。地下水向下循环经过强烈蚀变，铁镁质火山岩层是引起pH值升高的一个原因；地下水向下移动经过酸性土壤层可使pH值降低。溶液的温度及其中CO_2的分压对碳酸盐的沉淀也有很大的影响，温度升高，CO_2的分压降低，有利于碳酸盐沉淀。含碳酸盐的地表水，在地下深处会由于温度升高、pH值增加、CO_2压力降低而使其中碳酸盐沉淀。

由于钙长石的溶解和黏土矿物的形成，导致Ca^{2+}活度的增加，从而引起方解石的沉淀，如钙长石高岭土化的变化：

$$CaAl_2Si_2O_8 + 2H^+ + H_2O \longrightarrow Ca^{2+} + Al_2Si_2O_5(OH)_4 \qquad (6-1)$$

该反应同时也提高了溶液的pH值，而使方解石的溶解度降低。另外，在含有NaCl的孔隙水中，钙长石向钠长石转变所发生的离子交换，也增强了Ca^{2+}活度：

$$CaAl_2Si_2O_8 + 2Na^+ + 2Cl^- + 4SiO_2 \longrightarrow 2NaAlSi_3O_8 + Ca^{2+} + 2Cl^- \qquad (6-2)$$

该反应影响了氧化硅的活度，因此可引起硅质的溶解，但并不影响pH值。

在我国陆相湖盆砂体中，碳酸盐胶结作用具有如下一些特征（吴胜和等，1998）：薄层砂层比厚层砂岩中的碳酸盐含量高；厚层砂岩顶底部的碳酸盐含量较中部高；三角洲前缘分流河道底部含砾或砾状砂岩常被碳酸盐矿物所胶结；开阔湖相页岩中夹的砂岩，含有较多铁白云石胶结物；油页岩中央的砂岩，含有较多含铁方解石胶结物。由此可见，砂岩中碳酸盐胶结物的分布、含量及矿物种类，都直接或间接地受沉积相控制，并与地温变化有关。

2）硅质胶结作用

氧化硅胶结物可以呈晶质和非晶质两种形态出现，非晶质的为蛋白石-A和蛋白石-CT，晶质的为玉髓和石英。蛋白石胶结物一般与硅质生物溶解和沉淀有关，比较少见。硅质胶结形成后一般不会再发生溶蚀作用。硅质胶结最常见的形式是石英颗粒光性连续增生，即石英次生加大，常形成石英自形晶面或相互交错连接的镶嵌状结构。通常将石英的次生加大分为四级。

Ⅰ级加大：在薄片下见少量石英具窄的加大边或自形晶面。

Ⅱ级加大：大部分石英和部分长石具次生加大，自形晶面发育，有的可见石英小晶体。

Ⅲ级加大：几乎所有石英和长石具次生加大，且加大边较宽，多呈镶嵌状。

Ⅳ级加大：颗粒之间呈缝合接触，自形晶面基本消失。

石英次生加大对砂岩孔隙度的影响程度差异很大，这取决于石英次生加大的强度。当石英次生加大很强时，可使砂岩变为致密层或极低渗透层，失去储集性能。然而，我国东部中生代、新生代陆相断陷盆地中的长石砂岩，一般石英次生加大较弱，仅使孔隙度降低3%～5%，孔喉及渗透率降低并不很大。

硅质胶结物来自孔隙水，而孔隙水中溶解的 SiO_2 有不同的来源：(1) 硅质生物骨骼的溶解；(2) 火山玻璃蚀变和土壤水；(3) 黏土矿物的转变，如随着埋深的增加、温度和压力的升高，蒙皂石在向混层矿物和伊利石转化的过程释放出 SiO_2；(4) 硅酸盐矿物的溶解，如长石风化转变为高岭石可释放出 SiO_2；(5) 压溶作用。

影响石英次生加大的因素很多，既有岩性因素——岩石矿物成分与结构，也有成岩环境与动力因素——温度、压力及流体（表6-6）。

表6-6　影响石英次生加大强度的因素（据周自立和朱国华，1992）

	影响因素	增强因素	抑制因素
岩性因素	支撑方式	颗粒支撑	杂基支撑
	石英碎屑含量	多	少
	原生孔隙度	高	低
	原生孔隙大小	大	小
	碎屑薄膜胶结物	少	多
成岩环境与动力因素	温度，℃	>60	<60
	压力	正常	异常压力
	流体性质	水层及油水层	油层

3）黏土矿物的胶结作用

黏土矿物是砂岩的又一重要胶结物，几乎所有砂岩中都有一定量黏土填隙物，主要可分为自生黏土矿物和他生黏土矿物两种。他生黏土矿物指来源于母岩的黏土矿物，是在沉积时期混入砂粒中的；自生黏土矿物指就地生成或再生的黏土矿物，常见的自生黏土矿物胶结物有蒙脱石、高岭石、绿泥石、伊利石、伊利石/蒙脱石混层黏土矿物、绿泥石/蒙脱石混层黏土矿物。它们之间成分、形貌、结构及分布等方面存在着明显的差异（表6-7）。

表6-7 自生与他生黏土矿物的特征比较（据于兴河，2002）

特征	自生黏土矿物	他生黏土矿物
成分	纯度高，具良好的透明度单矿物	成分不纯，混合物
形貌	晶形完好	晶形不好
结构	颗粒粗	颗粒细
分布	颗粒表面或围绕颗粒形成包壳，不规则分布	颗粒接触处，充填于孔隙之中，定向排列

黏土矿物的产状通常有四种类型：(1) 孔隙衬垫（也称黏土或颗粒包壳）；(2) 孔隙填充；(3) 交代假象；(4) 裂缝和晶洞充填（图6-6）。

黏土矿物的形成条件很多，主要取决于砂岩中矿物的成分、孔隙流体的性质、温度及氢离子浓度。

砂岩中自生矿物的生长，反映渗流孔隙水与碎屑颗粒的相互作用。它的主要控制因素是孔隙水的成分及性质、孔隙水中砂粒的化学稳定性以及砂岩的孔隙度和渗透率。酸性孔隙水有利于形成高岭石类矿物，而碱性孔隙水有利于形成和保存其他黏土矿物。通常最容易与渗流孔隙水起反应的碎屑是火山玻璃、岩屑、长石、铁镁矿物及碳酸盐颗粒，在长石砂岩中易于形成伊利石、高岭石，在岩屑砂岩和杂砂岩中以形成伊利石为主，而蒙脱石主要形成于火山碎屑岩中。

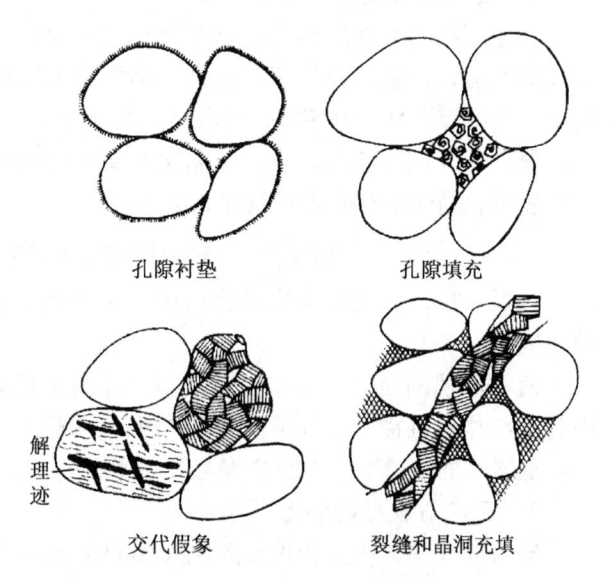

图6-6 砂岩中自生黏土矿物的产出类型示意图（据M. Wilson等，1977）

4) 沸石类胶结作用

沸石类胶结物较为少见，但在某些盆地个别层位的砂岩中可作为主要胶结物出现。沸石类胶结物以浊沸石、方沸石、片沸石为多，它们可以形成于各个成岩阶段。有利于形成沸石的介质条件是pH值高，富含SiO_2，钙、钠离子的高矿化度孔隙水及适当的CO_2分压。沸石在火山碎屑岩中最为丰富，火山碎屑的蚀变是砂岩中沸石类矿物的主要来源。富含钠长石的砂岩，在高pH值的成岩环境中也容易形成浊沸石。浊沸石既可在高温条件下形成，又可在低温条件下形成，不仅与温度有关，还取决于岩石成分及孔隙流体的性质。

朱国华（1985）对鄂尔多斯盆地陕北地区延长统浊沸石的形成进行了深入的研究。该区延长统埋深小于2500m，镜质组反射率0.5%～0.8%，估算浊沸石形成温度为50～80℃，显然是在低温条件下形成的。他认为斜长石的压溶及其与孔隙水的相互作用是延长统砂岩中浊沸石形成的主要方式，其反应式为：

$$2CaAl_2Si_2O_8 + 2Na^+ + 4H_2O + 6SiO_2 \longrightarrow CaAl_2Si_4O_{12} \cdot 4H_2O + 2NaAlSi_3O_8 + Ca^{2+} \qquad (6-3)$$
　　　（钙长石）　　　　　　　　　　　　　（浊沸石）　　　　（钠长石）

该区浊沸石胶结物既起堵塞孔隙的作用，又起支撑作用，使骨架颗粒免遭强烈压实，并为后来次生溶蚀孔隙的发育奠定了物质基础。浊沸石次生孔隙砂体成为陕北地区延长统的主要储集砂体。

5）其他自生矿物的胶结作用

在成岩过程中，还有一些其他自生矿物形成，如长石、石膏、硬石膏及氧化铁等，它们在数量上并不重要，但其存在对研究成岩历史、推测各种自生矿物的起源具有重要的意义。

3．**胶结物对储集性能的影响**

自生胶结物对储层影响的总趋势是使孔隙和喉道变小，使孔隙形态复杂化，因而降低了储集性能，严重时会致使岩石丧失储集能力而成为非储层，如一些岩石中的晚期方解石胶结物将孔隙空间全部堵塞，使其成为致密岩石。

显然，胶结物含量越多，对储层的储集性能影响越大。在实际工作中，常用胶结率来定量表示胶结作用对砂体孔隙性的影响：

$$胶结率 = (胶结物含量 / 原始孔隙体积) \times 100\%$$

可以看出，胶结率反映了胶结作用降低储层原始孔隙体积的百分数，反映了胶结作用的强度。

值得重视的是，胶结作用对岩石储集性能的影响最主要的是表现在对渗透率的降低，因为胶结作用直接减小孔隙喉道的大小。岩石孔隙的喉道一般较小，喉道胶结作用则会大大降低岩石的渗透率（因渗透率与喉道半径的平方成反比）。

4．**压实与胶结的相互关系**

成岩过程中，压实作用和胶结作用是使孔隙度降低的最重要的成岩作用，但两者降低孔隙度的方式不同，并互相制约。压实作用不可逆地减小岩石的粒间体积，如果它进行得快，则孔隙度和渗透率下降得快，层间水的流动便受到限制，胶结作用就不会发育。反之，胶结作用虽然堵塞孔隙，但不减少粒间体积，一旦孔隙流体与岩石之间的平衡被破坏，这些自生胶结物仍可被溶解而再次成为孔隙，但无论怎样，胶结作用如果进行得快，压实作用就会受阻。Houskneche（1987）为了评价这两种作用的相对重要性，作出了评价图（图6-7）。图中上部横坐标代表粒间体积（假设砂层原始孔隙度为40%），下部横坐标代表由机械压实和化学压溶减少的原始孔隙百分比，此值由下式确定：

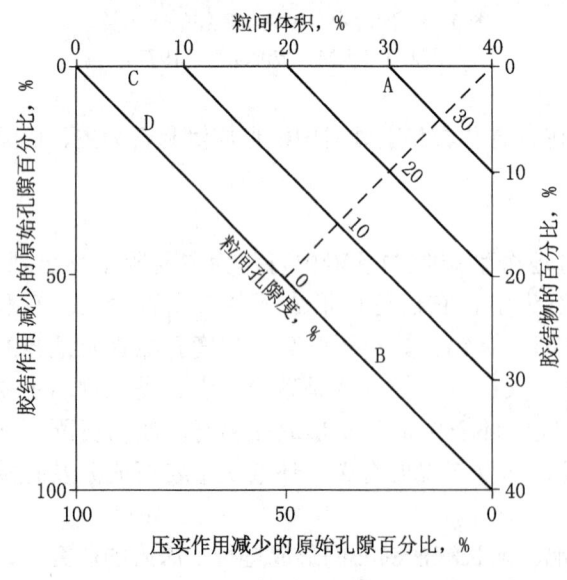

图6-7　压实作用与胶结作用相对重要性评价图（据Housknechet, 1987）

$$压实作用减少的原始孔隙百分比 = [(40-粒间体积)/40] \times 100\% \qquad (6-4)$$

图中右纵坐标代表胶结物的百分比、左纵坐标代表胶结作用减少的原始孔隙百分比，该比值的计算方法如下：

$$胶结作用减少的原始孔隙百分比 = (胶结物体积/40) \times 100\% \qquad (6-5)$$

粒间孔隙度在图中以对角线形式给出，粒间体积可从图中直接读出，也可通过下式算出：

$$粒间孔隙度 = 粒间体积 - 胶结物体积 \qquad (6-6)$$

图中对角线分出了以压实作用为主的区（左上部）和以胶结作用为主的区（右下部），应用此图即可对压实作用和胶结作用的相对重要性作出评价。如图中 A、C、D 样品主要受压实作用影响降低了粒间体积，而 B 样品主要是受胶结作用影响而使孔隙度减小。

但是，Ehrenberg（1989）撰文指出 Housknechet(1987) 提出的压实与胶结所导致的孔隙减少图解与公式存在两个问题，一是压实减少的孔隙度不应该直接表达为原始孔隙度（40%）减去现今粒间体积（百分比），二是碎屑岩的初始孔隙度不应都统一默认为 40%，不同的碎屑岩类型应有不同的初始孔隙度。因此，Ehrenberg（1989）提出了改进的压实与胶结孔隙度损失图解（图 6-8）与估算公式，即压实作用减少的孔隙度为：

$$COPL = OP - \frac{(100 - OP) \times IGV}{100 - IGV} \qquad (6-7)$$

式中　COPL——压实减少的原始孔隙度，%；
　　　OP——原始孔隙度，%；
　　　IGV——现今粒间孔隙体积，%。

胶结作用减少的孔隙度为：

$$CEPL = (OP - COPL)\frac{CEM}{IGV} \qquad (6-8)$$

式中　CEPL——胶结减少的原始孔隙度，%；
　　　CEM——现今胶结物体积，%。

因此，根据 Ehrenberg（1989）的修正公式，可以得出压实作用与胶结作用减少的原始孔隙度百分比计算公式如下：

$$压实作用减少的原始孔隙度百分比 = \frac{COPL}{OP} \times 100\% \qquad (6-9)$$

$$胶结作用减少的原始孔隙度百分比 = \frac{CEPL}{OP} \times 100\% \qquad (6-10)$$

需要说明的是，上述计算公式的前提假设条件是压实过程中碎屑岩骨架颗粒变形较小（骨架空间变化很小），且主要考虑计算的是原始粒间孔隙度的减少，这对于塑性颗粒较多的细粒岩以及溶蚀孔隙较多的碳酸盐岩储层并不太适用。

（四）溶解与交代作用

广义上的溶解作用是指地下水溶液对岩石组分的溶解过程，通常可分为两类：一种是固相均匀溶解，未溶解固相的新鲜面成分不变；另一种溶解为选择性溶解。岩石组分的不一致溶解，所形成新矿物的化学组分与被溶解矿物相近，如长石高岭石化。前者多称为溶解，后者称为溶蚀。交代作用是指一种矿物替代另一种矿物的现象，实质是被交代矿物的溶解和交代矿物的沉淀同时进行并逐步替代的过程。当交代过程中发生原地转化，新形成的矿物保持原有矿物的假象时，称为假象交代作用。交代作用服从体积保持定律及质量守恒定律，因而对储层孔隙度和渗透率的影响相对较小。交代是矿物被溶解，同时被孔隙沉淀出来的矿物所置换，新形成的矿物与被溶矿物没有相同的化学组分，如方解石交代石英。

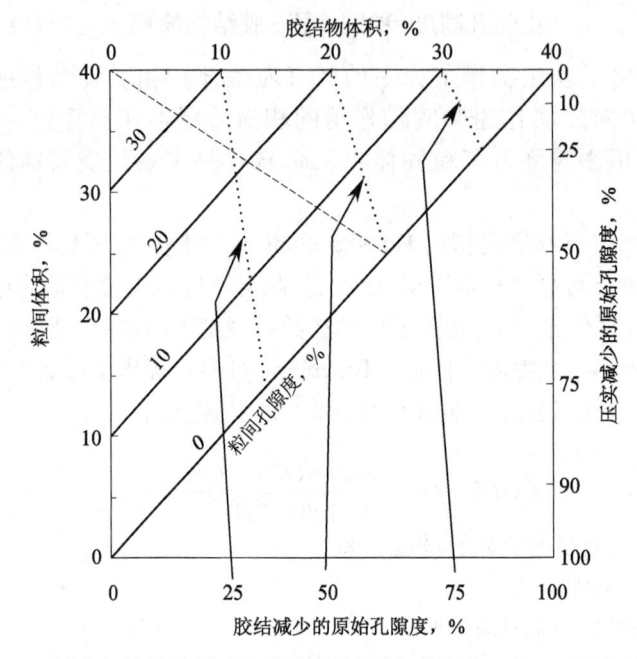

图 6-8 压实与胶结作用减少孔隙度的图解（据 Ehrenberg, 1989，修改）

砂岩中矿物的溶解和沉淀主要与孔隙水中有机酸和碳酸的浓度及 CO_2 浓度有关，同时也受地温和其他物理、化学因素控制。

在成岩环境中，碎屑岩储层中的无机成岩作用与烃源岩的有机成岩作用有密切关系，两者相互促进，影响许多成岩作用的发展及成岩阶段的演化。研究表明，沉积物中的有机质在埋藏成岩阶段能产生大量有机酸：温度低于 80℃ 时，有机酸含量低；温度高于 80℃ 时，油田水中有机酸的含量呈指数增加；温度高于 120℃ 时，有机酸将发生脱羧或部分脱羧作用。有机酸脱羧产生的 CO_2 控制了水溶液的 pH 值，使之有利于溶蚀作用进行。如果产生羧酸的高峰期略早于液态烃的生成时间，那么流经烃源岩临近砂层的羧酸可引起碳酸盐、铝硅酸盐的溶蚀，促使次生孔隙发育，提高储层的孔隙度和渗透率。

三、碎屑岩次生孔隙形成的机理

（一）碎屑岩次生孔隙的成因类型

碎屑岩中次生孔隙从成因上讲包括三大类：一是由溶解（或溶蚀）作用所形成的次生溶孔；二是由收缩作用形成的收缩裂缝；三是由构造应力作用形成的构造缝（图 6-9）。

Schmidt 等（1979）对次生孔隙的成因进行了详细的分类（表 6-8）。从成因上讲，由溶解作用形成的次生孔隙可分为三类。

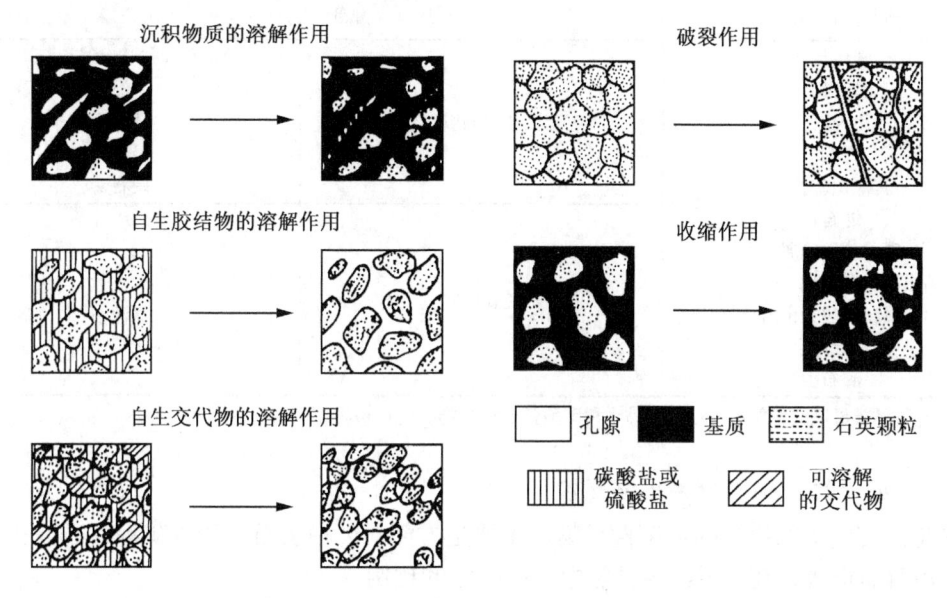

图 6-9　砂岩次生孔隙的成因类型（据Schmidt，1979）

表 6-8　次生孔隙成因类型（据Schmidt等，1979）

成岩作用		次生孔隙量
破裂作用		少数，个别地层较多
颗粒破裂作用		很少
收缩作用		少数
溶解作用	方解石	较多
	白云石	多
	菱铁矿和铁白云石	较多
	蒸发岩	少数，个别地层较多
	长石	较多
	其他铝硅酸盐	较多
	氧化硅矿物	多

1. 沉积物溶解产生的孔隙

这是很常见也很重要的一种类型，由可溶性颗粒和可溶性基质（表6-9）的选择性溶解而形成，这些可溶性物质的溶解可以产生大量的孔隙。

2. 自生胶结物溶解产生的孔隙

这是最常见的一种次生孔隙类型。溶解的胶结物大多是碳酸盐矿物，如方解石、白云石和菱铁矿，也有绿泥石、蒙脱石、沸石、硬石膏等（表6-9）。这些胶结物在溶解前可能存在于任何原生和次生孔隙中，而胶结物的溶解则可使孔隙重新开启和连通。

表6-9 砂岩中的可溶组分（据Hayes，1979，修改）

碎屑类	自生类	
碳酸盐 黑云母 角闪石 辉石 其他重矿物	充填孔隙的胶结物	长石（主要为斜长石） 绿泥石 蒙脱石 沸石 硬石膏
燧石 碳酸盐岩碎屑 钙质和硅质的化石碎屑 火山玻璃和细粒火山岩碎屑 混合层黏土 沸石	交代矿物	碳酸盐 绿泥石

注：碎屑黑云母以成岩作用中蚀变为黏土和碳酸盐的混合物，进而被溶解为特征。

3. 自生交代矿物溶解产生的孔隙

这是由交代沉积组分的可溶性矿物，主要是方解石、白云石、菱铁矿等（表6-9），经选择性溶解而形成，在砂岩次生孔隙中占有一定的比例。

有的次生孔隙是复杂成因的，即由几种成因的次生孔隙组成，Schmidt（1979）把这种不同成因的次生孔隙组合，以及原生孔隙和次生孔隙的组合，称为混合孔隙（图6-10）。从这种意义上来说，碎屑岩中的孔隙基本上都是混合孔隙。

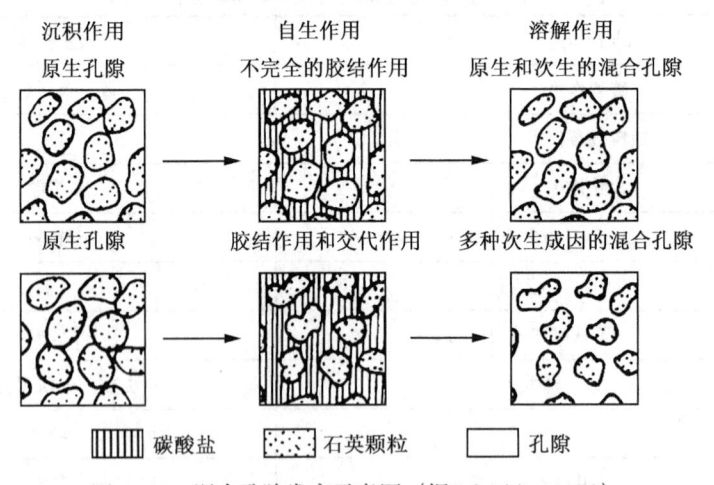

图6-10 混合孔隙发育示意图（据Schmidt，1979）

（二）碎屑岩次生孔隙的形成机理

溶蚀作用是形成次生孔隙的主要成岩过程，无论是碳酸盐还是硅酸盐，其溶蚀作用都是地层中的酸性水溶液和岩石在一定温度与压力下相互反应的结果。在碎屑岩中，硅酸盐组分的溶蚀要比碳酸盐组分强烈得多（朱国华，1992）。因此，研究次生孔隙的形成机理就是分析不同pH值的流体对各类矿物的溶解过程。

众所周知，酸溶性组分的溶解构成了碎屑岩储层中最主要的次生孔隙，导致酸溶性组分溶解的原因主要有两种：一种是含碳酸的水溶液引起的溶解；另一种是有机酸，主要是短链羧酸——脂肪酸引起的溶解。

1. 孔隙中的溶解流体

一般而言，对地下岩石矿物进行溶解作用的流体主要有大气淡水、有机酸、酚及碳酸。在不同的储层和成岩环境中，流体与水的化学性质有较大的差别。大气淡水对岩石矿物的影响主要发生在地表和近地表，通过断层和裂缝可延伸至地下深处；有机酸、酚、碳酸则是在地下，其作用范围主要在地下的岩层中。

1）大气淡水

当盆地的构造运动将地层抬升暴露于地表或浅埋时，地层会遭到大气淡水的淋滤，或大气淡水沿沉积间断和不整合对地层进行淋滤与溶解，造成开启性无机酸水溶液的循环，其作用范围主要在浅处地层中，只有当断层和裂缝与深部地层连通并开启时，大气淡水才对深部地层产生作用。由于大气淡水为酸性水，含 CO_2，且 pH 值低，因而对碳酸盐、长石、黑云母等矿物有溶解作用。

Krynine（1947）首先提出了次生孔隙的产生与不整合面的关系。他强调，在地壳抬升和风化期间，砂岩中的碳酸盐胶结物遭到大气淡水淋滤溶解。我国松南地区十屋断陷登娄库组三段，在泉一段沉积之前，盆地由断陷向坳陷转化，并伴随着构造的抬升，登三段在早期成岩阶段的机械压实作用之初，伴随有大气淡水的淋滤作用，致使长石被溶蚀，产生了一些溶蚀孔隙（于兴河等，1997）。我国华北地区石炭系和二叠系砂岩的孔隙分布也明显受不整合面控制。在一直下沉的地区或远离剥蚀面的岩层中，由于压实和胶结作用，砂岩孔隙度一般在 5% 左右，而在古隆起、古风化壳附近，砂岩次生孔隙可达 20%～30%（郑浚茂等，1989）。

2）有机酸和酚

有机酸和酚是导致岩石组分溶解的重要溶剂。油田水中普遍存在含量较高的短链水溶性的一元、二元羧酸，即有机酸，也称脂肪酸（表 6-10）。Surdam 等（1984）、Kharaka 等（1985）、Donald 等（1988）对油田水的各种羧酸的浓度进行了测定和研究，认为油田水中的主要羧酸类型为乙酸、丙酸、乙二酸和丙二酸。

表 6-10 油田水弱酸阴离子的最高浓度（据MacGowan等，1988）

	羧酸阴离子	浓度，mg/L
一元羧酸阴离子	甲酸（蚁酸）CHOOH	62.6
	乙酸（醋酸）CH_3COOH	10000
	丙酸（初油酸）CH_3CH_2COOH	4400
	丁酸（醋酸）$CH_3(CH_2)_2COOH$	44.0
	戊酸（缬草酸）$CH_3(CH_2)_3COOH$	32.01
二元羧酸阴离子	乙二酸（草酸）HOOCCOOH	494
	丙二酸（缩苹果酸）$HOOCCH_2COOH$	2540
	丁二酸（琥珀酸）$HOOC(CH_2)_2COOH$	63
	戊二酸	36
	乙二酸	0.5

续表

羧酸阴离子		浓度，mg/L
二元羧酸阴离子	庚二酸	0.6
	辛二酸	5.0
	壬二酸	6.0
	癸二酸	1.3
	Z—J烯二酸（马来酸）HOOCCH=CHCOOH	26

有机酸和酚主要来自有机质的演化。干酪根的 ^{13}C 核磁共振和红外光谱资料表明，有机质在大量生烃之前，会释放出大量的有机酸。干酪根可通过热降解脱去含氧官能团而产生有机酸，也可通过岩石中的矿物氧化剂（黏土矿物中的 Fe^{3+}、硫化物和颗粒表面的氧化剂）的氧化形成有机酸。

研究表明，各种类型的干酪根（Ⅰ、Ⅱ、Ⅲ型）均可产生有机酸，但Ⅲ型干酪根是产生羧酸的最好原料，其转化率比Ⅱ型和Ⅰ型高，是产生有机酸和酚十分重要的物质，它产生的二元酸比一元酸要多（Crossey，1985），二元酸的溶解能力要比一元酸强。煤岩的有机质类型多为Ⅲ型干酪根，因此煤系地层砂岩的溶解作用十分普遍。

在有机质热演化剖面中，有机酸的浓度在 80～120℃时达到最高峰。在80℃以下，也有羧酸阴离子生成，但是细菌会消耗这些短链有机基团，使其浓度降低。当温度为80℃或近80℃时，羧酸阴离子浓度呈指数增加。这一方面是因为温度达到80℃之后，有机酸大量生成（由于干酪根热降解作用等）；另一方面是细菌活动减弱了（细菌因温度升高和有机质中毒性酚的释放而消亡）。在120℃到200℃范围内，羧酸离子会被热脱羧作用破坏掉，使有机酸浓度降低（图 6–11）。

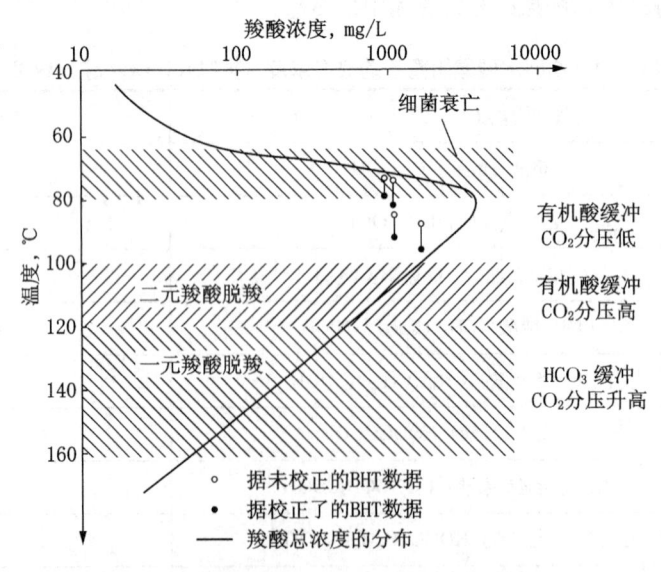

图 6–11 油田水中羧酸阴离子浓度与温度的关系（据Surdam，1989）

除羧酸之外，干酪根在温度大于80℃之后也产生酚类有机物。酚的产生有两种意义：

一是酚作为杀菌剂，抑制了细菌的活动，从而有利于有机酸的保存和增长；另一方面，酚本身也是一种溶剂，能与金属离子络合，破坏铝硅酸盐的稳定性，使岩石矿物发生溶解，形成次生孔隙。

3）碳酸

碳酸的形成有两种机理，即有机成因和无机成因。

1979年加拿大的Schmidt等人提出有机成因，他们认为泥质岩中有机质在成岩过程的热演化中可形成碳酸。有机酸脱羧基形成CO_2，CO_2溶于水则生成碳酸。在有机质演化剖面上，CO_2含量随埋藏深度（温度）的增加而升高。含碳酸的水溶液随泥岩压实排水进入碎屑岩中，导致碎屑岩中酸溶性组分的溶解而产生次生孔隙。

$$\underset{(乙酸)}{CH_3COOH} \xrightarrow{温度} \underset{(甲烷)}{CH_4} + CO_2 \tag{6-11}$$

$$CO_2 + H_2O \xrightarrow{温度} \underset{(碳酸)}{H_2CO_3} \tag{6-12}$$

Hutcheon（1980）提出了CO_2的无机成因，他认为，黏土矿物和碳酸盐反应可形成大量无机CO_2。

$$\underset{(白云石)}{5CaMg(CO_3)_2} + \underset{(高岭石)}{Al_2Si_2O_5(OH)_4} + \underset{(石英)}{SiO_2} + 2H_2O \longrightarrow$$

$$\underset{(绿泥石)}{Mg_5Al_2Si_3O_{10}(OH)_8} + \underset{(方解石)}{5CaCO_3} + 5CO_2 \tag{6-13}$$

Hutcheon推算，如果砂岩中含有10%按式（6-13）比例组成的高岭石、白云石及石英组分，则在25℃、1atm，1m³砂岩可产生2500dm³的CO_2。

有机酸和碳酸均是地下砂岩次生孔隙形成的重要溶剂，但有机酸对砂岩次生孔隙的产生起了主要作用，其溶解能力更强（Surdam，1982，1986，1989）。酸的化学活动性可从三个方面来衡量：一是酸的化学计量反应能力，主要是贡献H^+的能力（反映化学反应能力）；二是化学反应自由能（反映热动力驱动性）；三是与其反应生成的盐类在水中的溶解度。研究表明，有机酸贡献H^+的能力是碳酸的6～350倍（丙酸、乙酸、甲酸、乙二酸贡献H^+的能力分别是碳酸的6倍、7倍、20倍和350倍），因而具有很强的反应能力。有机酸与碳酸盐和长石反应的自由能比碳酸要低，表明有更大的热驱动性。有机酸钙盐在水中的溶解度比碳酸钙和碳酸氢钙的溶解度大三个数量级。

2. 碳酸对矿物的溶解作用

1）对方解石的溶解

$$CaCO_3 + H_2CO_3 \rightleftharpoons 2HCO_3^- + Ca^{2+} \tag{6-14}$$

在正常压力下，深度大于3000m时，方解石是难溶的，因CO_2的溶解度随温度上升而降低，但方解石在异常孔隙压力及较高盐度孔隙水条件下有可能发生溶解。

2）对长石的溶解

$$3KAlSi_3O_8 + 2H_2CO_3 + 12H_2O \longrightarrow KAl_3Si_3O_{10}(OH)_2 + 2K^+ + 6H_4SiO_4 + 2HCO_3^- \tag{6-15}$$

$$KAl_3Si_3O_{10}(OH)_2 + 2H_2CO_3 + H_2O \longrightarrow 3Al_2Si_2O_5(OH)_4 + 2K^+ + 2HCO_3^- \tag{6-16}$$

长石的溶解作用随流体中所含 CO_2 浓度的增加而增加。

3）对氧化硅的溶解

$$SiO_2 + 2H_2O \rightleftharpoons H_4SiO_4 \text{或} Si(OH)_4 \quad (6-17)$$

$$H_4SiO_4 + HCO_3^- \rightleftharpoons H_3SiO_4 + CO_2 + H_2O \quad (6-18)$$

硅质的溶解主要存在三种机理：（1）在长石的溶解中，由于 H^+ 的消耗使溶液的 pH 值升高；（2）硅酸和 HCO_3^- 之间反应，使硅质和水置换到有利于石英溶解；（3）随温度增加石英溶解度增大。

3. 有机酸对矿物的溶解作用

1）对碳酸盐的溶解

在醋酸存在的条件下，对方解石的溶解：

$$CaCO_3 + CH_3COOH \rightleftharpoons Ca^{2+} + HCO_3^- + CH_3COO^- \quad (6-19)$$
$$\text{（醋酸）}$$

2）对硅酸盐的溶解

假设长石和草酸的成岩反应如下：

$$KAlSi_3O_8 + H_2C_2O_4 + 2H_2O + 2H^+ \longrightarrow 3SiO_2 + (AlC_2O_4 \cdot 4H_2O) + K^+ \quad (6-20)$$

因此，足够的有机酸来源和充足的水体流动是非常必要的。

国内外许多学者（Surdam，1984；郑浚茂等，1989；朱国华，1992；于兴河，1997）都发现有机酸易溶解硅酸盐，而碳酸盐难或不溶于有机酸的现象十分普遍。有机酸和碳酸溶解长石和碳酸盐反应的吉布斯自由能值（表 6-11）也证明，有机酸比碳酸具有更佳的热动力驱动性，即遇热时有机酸的溶解能力更强。另外，与碳酸盐相比，硅酸盐与有机酸反应的热动力驱动性更佳，更易溶解转化。由此可以看出：在一定温压条件下，有机酸对硅酸盐易溶，对碳酸盐难溶；无机酸对碳酸盐易溶，对硅酸盐难溶（朱国华，1992）。于兴河等（1999）在研究辽河油田砂岩成岩特征时，提出有机酸脱羧基作用对硅酸盐矿物大量溶解，而对碳酸盐矿物不溶或难溶的地温范围在 100～130℃，压力系数介于 1.2～1.3，这在我国东部许多油田中可以得到证实。从化学反应平衡的原理不难理解，其反应如下：

$$XSiO_3 + 2H^+ + R^{2-} \xrightarrow{\text{一定的温压}} XR + H_2SiO_3 \quad (6-21)$$

$$XCO_3 + 2H^+ + R^{2-} \rightleftharpoons XR + H_2O + CO_2\uparrow \quad (6-22)$$

表 6-11　碳酸、甲酸和乙酸自由能对比（据朱国华，1992）

溶解、转化	转化（溶）剂	ΔG_r，kcal/mol
微斜长石→伊利石	H_2CO_3 HCOOH CH_3COOH	+102.6 +95.6 +23.6
微斜长石→高岭石	H_2CO_3 HCOOH CH_3COOH	+23.0 +15.8 -4.28

续表

溶解、转化	转化（溶）剂	ΔG_r, kcal/mol
钙长石→高岭石	H_2CO_3	+15.0
	HCOOH	+16.5
	CH_3COOH	−36.9
方解石溶解	H_2CO_3	+28.37
	CH_3COOH	+11.20

比较反应式（6-21）和反应式（6-22）生成物的相态不难发现，前者无气体生成，后者有气体生成物 CO_2，压力也随之加大。根据有气态物质参加的化学反应平衡原理，当 CO_2 的浓度达到并超过某一临界值时，即系统压力也达到并超过某一临界值时，该化学反应就会趋于停止并开始向反方向进行，碳酸盐矿物（方解石与白云石类）就得以在砂岩中保存下来。

4. 碱性溶液的溶解作用

碱性溶液环境也能形成次生孔隙，虽然对碱性溶液的形成机理还存在争论，但在碱性条件下也可以形成一定规模的次生孔隙已成为共识。碱性溶液环境易溶蚀富含斜长石、富含酸性氧化物的 SiO_2 和两性属性的 Al_2O_3，而这些矿物在酸性条件下一般不易被溶蚀。石英颗粒大量溶蚀并形成以石英直接溶解型孔隙为主的储集空间，是碱性溶液存在的证据（邱隆伟等，2002）。石英溶解是储层中沉积作用、埋藏成岩作用和孔隙水演化的结果，pH 值大于 8.5 时有利于石英的溶解（曾允孚、夏文杰，1986），pH 值大于 9 时 SiO_2 的溶解度随 pH 值的增大而迅速增高（刘宝珺、张锦泉，1992）。

碱性成岩环境观点并不排斥经典的砂岩储层次生孔隙形成理论。在有机质演化过程中，首先主要是碳酸和无机酸构成的酸性环境选择性地溶蚀碳酸盐矿物，促进局部次生孔隙的发育，然后主要是碱性环境选择性地溶蚀化学成分为二氧化硅的矿物和铝硅酸盐矿物，又一次在局部地方促进砂岩次生孔隙的发育。这种作用过程称为砂岩孔隙演化中的"酸—碱链式反应"模型（陈忠 等，1996）。

（三）碎屑岩次生孔隙形成的影响因素

综上所述，碎屑岩次生孔隙形成的影响因素主要有以下几点：

（1）充足的水体能量和良好的渗透性对次生孔隙的形成非常有利。碳酸、有机酸，对矿物的溶解都需要足够的水，这只能通过水的不断流动来弥补原生水的不足和水的酸溶性。

（2）富有机质的生油岩和潜在的储层尽量靠近，只有这样才能使泥岩中产生的酸性溶液顺利地进入砂岩中，并且途中损失少。

（3）砂泥比是保证有足够酸来源的一个重要指标，泥岩过少，则产酸量不够；反之，如果泥岩过多，则是低能环境，砂岩的渗透性不好。

（4）干酪根的热演化史决定了酸的形成深度，这是预测次生孔隙垂向分布规律的一个关键因素。

（四）碎屑岩次生孔隙的识别标志

1. 岩石学标志

通过显微镜观察可以识别一些重要的岩石学标志，来判定次生孔隙的存在及其发育过程。最重要的岩石学标志有以下八种（图6-12）。

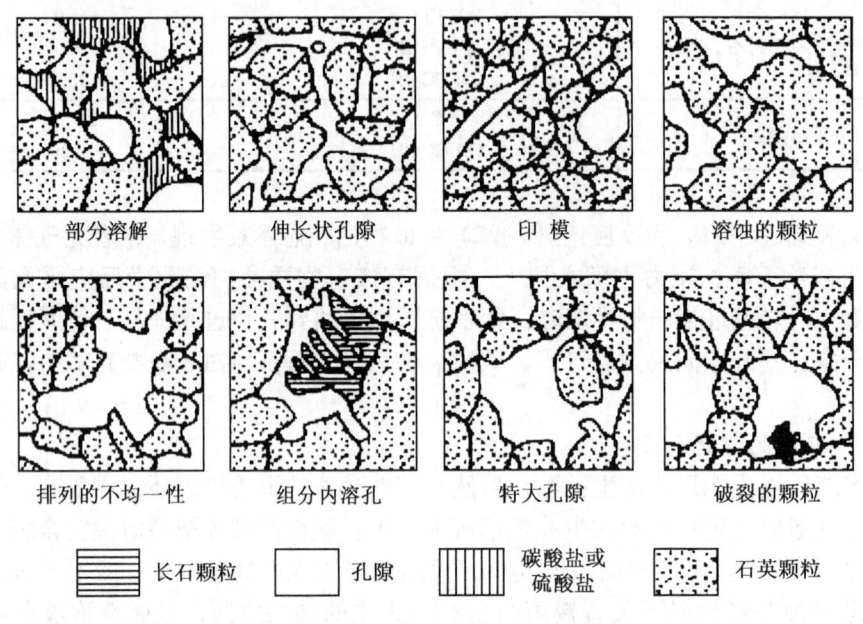

图6-12 鉴别砂岩次生孔隙的岩石学标志（据Schmidt等，1979）

（1）部分溶解：颗粒或胶结物不完全溶解，并在孔隙附近有残余物，残余物质有明显的溶蚀外貌。

（2）印模：指颗粒、胶结物或交代物完全溶解后的铸模。

（3）排列的不均一性：单个残余颗粒或孔隙次生标志不明显时，颗粒或孔隙分布的不均一性是判定次生孔隙的重要标志。这是因为次生溶解作用有选择性，易溶组分被溶解掉（包括选择颗粒和胶结物）后，未溶物质的分布必然在排列上出现不均一。

（4）特大孔隙：直径比相邻颗粒大得多的特大孔隙很常见，它们为次生孔隙提供了很好的证据。大多数特大孔隙是有组构选择的，并且主要是可溶性沉积碎屑、透镜状基质或其交代物选择性溶解的产物。

（5）伸长状孔隙：孔喉明显扩大并串联多个孔隙的伸长状孔隙是次生孔隙标志之一，其显然是混合成因的。

（6）溶蚀的颗粒：主要表现在颗粒边缘参差不齐，并与伸长状孔隙、特大孔隙共生。

（7）组分内溶孔：很明显，组分内溶孔是矿物溶解造成的，按溶解程度分粒内溶孔、蜂窝状孔隙，并逐渐过渡到溶解残余孔隙。组分内溶孔一般遵循结构选择性溶解的原则。

（8）破裂的颗粒：主要是压实导致颗粒出现微裂缝，而后进一步溶蚀所致。

目前，利用 SEM 或显微镜薄片观察，定量判定次生孔隙发育程度是困难的，不过新开发的图像分析软件系统可以定量判定颗粒的溶蚀程度，进而推断次生孔隙所占岩石总孔隙的比例。

2. 其他标志（间接标志）

统计孔隙度或与孔隙度相关的参数（声波时差、层速度等）随埋藏深度的变化规律，可以得出次生孔隙的发育带及其发育程度。此种方法只有在证实地下储层中无其他原因

（如欠压实等）致使孔隙度保存或扩大的条件下才有效。

此外，在有不整合面存在的地层中，若在不整合附近有明显的孔隙或裂缝异常，也可以断定是由次生溶蚀造成的。

四、煤系地层的成岩作用

（一）强烈的压实压溶作用

煤系地层可以说是沉积岩地层中压实作用最强的，这是由于煤系地层中的地层水在埋藏的同生成岩阶段就变为酸性水。同生成岩阶段的煤系地层特点是缺乏大量的各类胶结物，只有少量石英加大边或石英自形晶及高岭石全充填或半充填在孔隙中，因此煤系地层抗压实程度极低，使其在同生成岩阶段发生强烈的压实作用。

（二）硅质和高岭石的胶结充填作用

煤系地层最大的特点是在同生成岩阶段或早成岩早期，植物遗体在浅层的氧化条件下，在喜氧细菌的积极参与下，遭受氧化与分解，形成大量的腐殖酸，使地层水很快变为酸性介质（pH 值约 4～5）。在此条件下，酸性水溶液对砂粒颗粒表面与粒间的泥钙质产生溶解作用，使其很少保留，碳酸盐胶结物含量少，这使以后粒间溶孔的形成缺乏先决条件，抗压实程度低。随着上覆沉积厚度的增加、埋藏深度的增大，微生物分解作用逐渐消失，水介质逐渐变为弱酸性—中性，pH 值约为 6～7。因此，在整个成岩早期煤系地层缺乏方解石、浊沸石、石膏等矿物的胶结充填，仅发育少量的硅质和高岭石胶结物，颗粒间缺少胶结物的支撑作用。随着上覆沉积物增厚，压实压溶作用强烈，云母和软岩屑呈假杂基状充填在原生孔隙中，大大降低了煤系地层的储集性能。在晚成岩阶段，大量的有机酸遇水有利于石英的次生加大，在富含石英的石英砂岩中，强烈的压实压溶作用使得原生粒间孔隙被石英加大或石英自形晶体充填，因而容易使煤层上下的砂岩地层形成了大规模低孔低渗储层，尤其是粒度较细的砂岩地层更易形成致密储层。

（三）酸性水的溶蚀作用

在中成岩的早期（R_o=0.5%～0.7%），烃源岩中的有机质脱羧形成大量有机酸，这些有机酸对硅酸盐矿物具有很强的溶蚀作用。因此，当这些有机酸进入砂岩储层中，大量溶蚀其中的绿泥石、方解石、沸石、石膏等胶结物，以及长石、岩屑等颗粒成分，形成大量次生溶蚀孔隙。但是，由于煤系地层在成岩早期缺乏大量易溶胶结物，因此，有机酸性水主要溶蚀其中的长石和岩屑颗粒。相对来说，火山岩屑最容易被溶蚀，变质岩屑和沉积岩屑溶蚀程度较弱。

由于大量有机酸性水溶液形成时，煤系地层已经受了强烈的压实作用，大部分原生孔隙已经消失，物性普遍变差，因此有机酸性水的溶蚀作用受到一定限制，只能在原生孔隙保存较多的部位形成溶蚀次生孔隙。由于酸性水溶液必须要有运移溶蚀通道，因此溶蚀作用一般发育在不整合面、层序界面以及断层裂缝附近，而且这些煤系地层中还要保留一部分原生粒间孔隙，这样有机酸性水才可能进入并进行溶蚀作用。因此，在沉积时水动力较强、粒度较粗的有利沉积相带是次生溶蚀孔隙的主要发育区域。

第二节 碳酸盐岩成岩作用及孔隙演化

由于碳酸盐化学性质活泼，碳酸盐岩经历的成岩作用较碎屑岩强烈和复杂，因而碳酸盐岩的储集性能与成岩作用的关系更为密切。碳酸盐沉积物沉积之后，其成岩作用可以在缓慢深埋的过程中进行，也可以在大气淡水条件或海水条件下迅速发生，因而其成岩过程可能在几年之内发生，也可能经历了几个地质时代。

一、碳酸盐岩成岩作用类型

常见的碳酸盐岩成岩作用包括：胶结作用、微生物泥晶化作用、新生变形作用（交代与重结晶）、压实与压溶作用、溶解作用、白云石化作用等。根据成岩作用对原生孔隙的影响及对次生孔隙和裂缝的控制，可将碳酸盐岩成岩作用分为两类：（1）破坏孔隙的成岩作用，包括胶结作用、压实作用、压溶作用、重结晶作用和沉积物充填作用等；（2）有利于孔隙形成和演化的成岩作用，包括溶解作用、白云石化作用、破裂作用、生物和生物化学成岩作用等。

（一）破坏孔隙的成岩作用

1. 胶结作用

使碳酸盐沉积物成岩所必需的粒间胶结作用开始在海底之下几厘米处，需要下列条件：温暖的过饱和孔隙水；沉积物和水界面有大量的水体流动；表面沉积物具有良好的渗透性；稳定的底质和缓慢的沉积作用相结合。与碎屑岩相比，碳酸盐胶结作用有两个重要的特征：（1）易胶结，因碳酸盐胶结物与碳酸盐沉积物属同一成分，故极易胶结；（2）胶结早，在同生期和准同生期成岩阶段便可发生胶结作用，如海底硬地、海滩岩及生物礁早期胶结作用。

胶结物类型可以分为碳酸盐胶结物和非碳酸盐胶结物，其中碳酸盐胶结物在不同成岩阶段都可形成，并对孔隙的形成和破坏起到重要作用（表6-12）。在同生期海水潜流成岩环境中，常形成针状文石胶结物和泥晶高镁方解石胶结物；在淡水潜流成岩环境中，常形成嵌晶粒状或犬牙状亮晶低镁方解石。许多非碳酸盐矿物如蒸发盐也能在孔隙中沉淀，当从广海环境进入有利于蒸发作用的局限环境时，都可沉淀硫酸盐矿物从而破坏原始孔隙。

表6-12 碳酸盐岩成岩作用与孔隙的形成和破坏（据吴胜和，1998）

成岩期		成岩作用	成岩效应	储集空间
同生—准同生期	建设性	大气淡水溶解作用	碳酸盐、蒸发盐溶解	溶孔、角砾孔隙
		生物掘穴作用	形成潜穴网络	潜穴
		生物化学作用	藻丛腐烂	窗格状孔隙
		成岩收缩作用	干裂、化学收缩	收缩缝
		白云石化作用	方解石→白云石	晶间孔隙
	破坏性	胶结作用	孔隙度降低	
		沉积物充填作用	孔隙度降低	
		新生变形作用	文石→方解石	
		重结晶作用	白云石化后白云石连锁镶嵌	
埋藏成岩期	建设性	构造破裂作用	伸拉破碎和挤压破碎	
		白云石化作用	局限于裂缝、断层附近	
		溶解作用	局限于裂缝、断层附近	

续表

成岩期	成岩作用		成岩效应	储集空间
埋藏成岩期	破坏性	压实作用	塑性变形、孔隙度附近	
		压溶作用	颗粒变形、缝合接触	
		胶结作用	孔隙度降低	
		重结晶作用	孔隙度降低	
		挤压作用	颗粒重新排列、缝合化	
表生成岩期	建设性	去载破裂作用	形成裂缝	裂缝
		岩溶作用	形成溶孔、溶洞、溶缝	溶孔、溶洞、溶缝
		风化成土作用		孔隙网络
	破坏性	沉积物充填作用	孔隙度降低	
		去白云化作用	斑点状胶结作用	

胶结作用对储层物性的影响主要取决于胶结物的产状、含量及分布。胶结物产状如下。

1）等厚环边胶结物

胶结物沿孔隙内表面（即颗粒表面）呈环状分布，环边厚度均匀，胶结物含量少，分布不普遍，形成于海水潜流带。这种胶结物对孔隙度影响较小，主要是降低渗透率。

2）新月形胶结物

胶结物仅位于两个颗粒接触处，一般呈弯曲的弧形表面，可由单晶或多晶组成。它的形成是由于颗粒接触处或靠近处的水在表面张力的影响下，附着孔隙壁时具有弧形的表面，因而形成的胶结物的外表面也呈弧形。这类胶结物对岩石物性影响很小。

3）重力型胶结物

胶结物大多在各个颗粒的同一侧发育，另一侧没有或很少有胶结物，因而具有明显的方向性，这是水溶液垂直向下流动时重力作用引起的。

新月形和重力型胶结是大气淡水渗流环境的典型胶结特征。一般来说，渗流带的胶结物不会填满孔隙，孔隙和溶洞总是保持开放状态，所以经受渗流胶结作用的岩石保存有大量的原生和次生孔隙。

4）次生加大型胶结物

在大的单晶底质上，胶结物与单晶底质成明显的共轴生长。这种现象局限于某些生物，如棘皮动物的骨片。方解石的增生晶与原来的棘屑结合成一个大晶体，在正交光下消光一致。也有人称次生加大型胶结为"共轴增长胶结"。

5）粒状胶结物

粒状胶结物为等轴状亮晶方解石，晶体明亮干净。当胶结作用迅速时，可以完全堵塞孔隙的喉道，形成于淡水潜流带。

2. 压实作用

碳酸盐岩的压实作用从沉积物被埋藏开始，一直延续到沉积物固结成岩。现代碳酸盐沉积物原始孔隙度高且变化大，在40%～78%之间，但是地层中见到的碳酸盐岩孔隙度都低于10%。压实作用是造成碳酸盐岩孔隙减少的最重要作用。压实作用可以产生两种现象，一种是疏松沉积物在上覆负载的作用下失水并紧密堆积，这种现象在细粒的碳酸盐岩中非常明显；另一种是使细粒碳酸盐岩失去大量的原始孔隙，甚至使原始孔隙完全消失。压实作用对颗粒碳酸盐岩也有影响，使碳酸盐颗粒紧密堆积，并使部分原始孔隙消失。

Shinn（1979）对佛罗里达湾现代碳酸盐泥压实的实验结果表明，孔隙度小于5%而生物未见破碎的古代生物泥晶石灰岩，其早期胶结作用使沉积物硬化，从而使其中生物壳体经受压实之后未曾破碎。但进一步的研究表明，海底早期胶结作用不是普遍存在的，只发育于某些特定的沉积环境中。所以目前多数学者认为，压实作用仍然是使碳酸盐沉积物原始孔隙度降低的重要因素。

3. 压溶作用

上覆地层压力或构造应力可使碳酸盐岩发生压溶作用，压溶作用使碳酸钙发生溶解并形成缝合线网络。压溶作用对碳酸盐的孔隙起着破坏作用，更重要的是：随着压溶作用释放出的$CaCO_3$充填在颗粒附近的孔隙内，然后沉淀，发生胶结作用，使孔隙被填塞。综合来看，压溶作用是一种减小碳酸盐岩孔隙的作用，但在埋藏过程中形成的缝合线，在构造上升过程中因上覆地层部分剥蚀而导致上覆压力降低时，可以重新开放。此时的缝合线往往具有大量串珠状溶孔，既可作为对碳酸钙不饱和流体的通道，沿缝合线进行溶蚀而产生孔隙，同时也可作为油气运移的通道。

4. 重结晶作用

狭义的重结晶作用是作用前后的矿物成分不变，而晶体大小、形状和方位发生变化的作用。广义的重结晶作用还包括新生变形作用，新生变形作用指一种矿物本身或同质多相体之间的所有转变。在这种转变过程中，新的晶体可大可小，其形状也可以与原来的完全不同（Folk，1965）。新生变形作用一般分为进变新生变形作用和退变新生变形作用两大类。退变新生变形作用是指在沉积作用之后，碳酸盐颗粒常发生一种组成颗粒的矿物晶体变小的转变作用（Scoffin，1986）。进变新生变形作用是指组成灰泥或颗粒的原始文石和镁方解石，由于矿物学上的不稳定性而向低镁方解石转化，转化过程中晶粒增大的作用。重结晶方解石的鉴定特征为：(1) 常含泥晶方解石；(2) 晶体大小不均匀、没规律，常形成集合体或斑块状等；(3) 晶体边界弯曲而呈三重结合。

5. 沉积物充填作用

任何孔隙，无论原生的还是次生的，无论是潜穴还是裂缝、溶洞，都可能被后期沉积的细粒物质所充填，从而使孔隙遭受破坏。

（二）有利于孔隙形成和演化的成岩作用

1. 溶解作用

溶解作用是由不饱和孔隙流体引起的，一旦孔隙流体不饱和并持续流动，溶解作用就能持续进行。碳酸盐岩矿物相对易溶，因而其溶解作用对于储层的孔隙性和渗透性的改造起到非常重要的作用。碳酸盐岩从沉积阶段开始直到成岩、表生阶段，若与大气淡水或其他酸性水接触，都能发生溶解作用。它不仅在沉积阶段可以形成原生孔隙，而且在成岩和表生阶段还可以形成次生孔隙和改造原生孔隙。有利于溶解作用的孔隙水既要不饱和又要有流动性，因为这样的孔隙水不仅能溶解碳酸盐，而且能将溶解物质带走。

根据溶解作用所处的环境，可将溶解作用分为近地表大气淡水溶解作用、埋藏阶段的溶解作用和表生阶段大气淡水溶解作用。

1) 近地表大气淡水溶解作用

由于海平面的变动，礁、滩等碳酸盐沉积物在埋藏成岩前暂时暴露于地表或周期性受淡水影响而产生溶解作用，所形成的溶孔多具组构选择性，如铸模孔、粒间和晶间溶孔。淡水渗流带是形成溶孔的有利场所，在这个带内由于天然水迅速渗滤，所以水溶液对碳酸盐岩或沉积物的溶蚀作用不充分，垂向孔隙不发育，而且横向上连通性较差。

2) 埋藏阶段的溶解作用

埋藏阶段的溶解作用主要是沉积物埋藏过程中，不同成分的孔隙水混合，可以产生碳酸盐不饱和的孔隙流体，并在持续流动状态下形成溶解作用。碳酸盐不饱和的孔隙流体可以是岩石中有机质成岩作用形成的酸性水，因为在有机质转化过程中会形成有机酸，所形成的酸性溶液（有机酸和碳酸）对碳酸盐矿物有较强的溶解能力。碳酸盐不饱和的孔隙流体还可以由岩石中分散的有机碳经埋藏水解而成，形成局部酸性成岩环境。埋藏阶段的溶解作用多为非组构溶解，地下深处碳酸盐岩体内部通常不能形成大规模的流体渗透交替，因而溶解作用的规模有限，所形成的次生孔隙带规模也有限。孔隙水若无持续渗流交替，则容易达到饱和状态后又在原地或近原地发生再沉淀。

3) 表生阶段大气淡水溶解作用

碳酸盐岩地层抬升到地表受大气淡水影响，溶解作用较为明显，可以形成各种岩溶形态、岩溶岩和不同规模的溶孔、溶洞、溶缝。我国华北油田震旦—奥陶系油气储层、鄂尔多斯下奥陶统马家沟组上部白云岩天然气储层、塔里木塔北和塔中奥陶系油气层均与古岩溶有关，属古岩溶储层，是重要的油气储层类型。

2. 白云石化作用

白云石化作用通常指石灰岩全部或部分转变为白云岩或白云质灰岩的作用。白云岩是碳酸盐岩储层的重要类型之一，并不是所有的白云岩都具有晶间孔隙，而只有白云石化作用形成的白云岩才可能形成有价值的储层。白云石化作用对储层物性的影响包括两个方面。

(1) 白云石化含量对物性的影响：只有当白云石含量高于 50% ~ 60% 后，随着白云石含量的增加，孔隙度和渗透率快速增加；当白云石含量为 80% ~ 90% 时，储层渗透率达到最大值；白云石含量接近 100% 时，白云岩中晶间孔被封闭使得储层孔渗性反而下降（Murray，1960）。

(2) 白云石晶粒大小对物性的影响：泥晶白云岩和中—粗晶白云岩孔渗性均较差，细粉晶白云岩孔渗性相对较好；通常随着晶粒变细，储层孔渗性变好，但晶粒变至混晶时孔渗性骤然变差。在蒸发环境中形成的泥晶白云岩，在后期溶解时可形成有意义的溶孔和溶洞。

目前对白云石化过程中孔隙的形成机理尚无统一认识，归纳起来有以下几种。

(1) 白云石化过程本身有利于孔隙的形成，即白云石化过程中，如果没有镁的来源，并且没有强烈的压实，那么白云化过程中过饱和的 $CaCO_3$ 可被带走，从而产生相当数量的孔隙（Land，1986）。

(2) 白云石化作用后的储层，有利于孔隙的形成。首先白云岩中残余方解石被溶解或白云岩中石膏或其他蒸发盐的溶解而形成晶间溶孔或其他溶孔，其次白云岩比石灰岩具有更大的抗压实能力，因而在埋藏过程中白云岩保存孔隙的能力更强（Schmoker 和 Halley，1982）。去白云石化作用是指白云石被方解石交代，硫酸根离子有助于去白云石化作用进行。实验数据表明，在高 Ca^{2+}/Mg^{2+} 值、50℃ 地层温度和孔隙溶液迅速流动的条件下，去白云石化作用较易发生。

3. 破裂作用

破裂作用形成的裂缝及与其有关的孔隙是碳酸盐岩储层的重要储集空间。在成岩阶段，破裂作用可划分为构造成因的破裂作用和非构造成因的破裂作用两大类。

构造成因的破裂作用，指固结岩石在区域构造应力作用下破裂，是岩石在埋藏成岩期产生裂缝的最主要原因。裂缝常成组地出现在岩层变形单元的一定部位，具有一定的方向性而连接成网络状。

非构造成因的破裂作用有多种成因，可以由成岩收缩作用、岩溶作用和卸载破裂作用等造成。成岩收缩作用指碳酸盐沉积物在气候干燥的条件下失水发生收缩作用，形成收缩裂缝体系；岩溶作用指地表、地下碳酸盐岩和蒸发岩的溶解可导致岩石破裂，从而产生裂缝和角砾间孔隙；卸载破裂作用指碳酸盐岩在抬升过程中发生剥蚀后，因上覆负荷降低而形成裂缝。

4. 生物及生物化学成岩作用

生物能够直接或间接地影响孔隙。生物穿过沉积物能够形成潜穴网络和孔洞孔隙，它们能使粗细沉积物混合或使颗粒破碎，从而改变已有的孔隙。

生物化学成岩作用对孔隙的影响主要表现在碳酸盐沉积物内有机质的腐烂和分解，从而形成孔隙。

二、碳酸盐岩孔隙演化

碳酸盐岩储层孔隙的成因既有原生的，也有次生的，但相对于碎屑岩来说，多数碳酸盐岩孔隙是次生的，即由于次生溶蚀作用或生物、化学作用形成的各种孔隙和溶洞。原生孔隙仅在礁灰岩、生物滩及颗粒灰岩中存在，但这些原生孔隙也因碳酸盐岩的成岩作用强而被改造或充填。

（一）碳酸盐岩孔隙形成的主要因素

为了研究碳酸盐岩孔隙的成因和分布，必须了解影响孔隙形成的主要因素。

每一种沉积环境都有其特定的沉积作用，这些不同的沉积作用形成了不同的沉积物，不同的沉积物具有不同的成分、结构和构造，因而也就有不同的储集空间。例如，生物礁、海岸沙坝、潮汐沙坝、深水碳酸浊积岩及深水石灰岩等，是在不同的沉积环境中形成的，具有不同类型的储集空间。一般海岸带波浪的冲洗作用很强，形成的海岸沙坝具有纹层和交错层理，灰质砂砾粗，分选好，灰泥少，可以形成良好的储层。向海方向推移，水流作用明显，发育有交错层理，颗粒较粗，分选尚好，也可形成良好的储层。潟湖区内往往生物扰动明显，容易形成潜穴孔隙。生物礁则形成生长骨架孔隙。斜坡上方、生物礁的前沿，往往形成塌积岩，发育有角砾孔隙。由斜坡上方直到盆地，则多形成碎石流和浊积岩，虽然具有颗粒堆积，但分选很差，灰泥很多。

由此可以看出，沉积环境是影响碳酸盐岩储集空间的基本因素，对于次生孔隙来说也是如此。

（二）碳酸盐岩孔隙的保存因素

上面已经谈到了碳酸盐岩的成岩作用及其孔隙的形成因素，而在什么样的成岩条件下孔隙才能够得以保存，也是一个很重要的问题。据研究（吴胜和，1998），有利于碳酸盐岩孔隙保存的因素主要有以下几点。

1. 较小的埋藏深度

如果碳酸盐沉积物埋藏深度浅，机械压实作用较弱，而且没有早期胶结作用的话，可能保存大部分原生孔隙。

2. 超孔隙压力

当孔隙压力接近或超过岩石静压力时，岩石类似于浅埋藏，有利于孔隙的保存，同时超压的孔隙流体减小颗粒接触处的应力，因而抑制了压溶以及伴生的胶结物的沉淀。

3. 岩石骨架强度的增加

岩石骨架强度的增加可减小机械及化学压实作用的强度，因而抑制孔隙的减小。如早期胶结作用可使岩石骨架强度增加，因而可使未被早期胶结作用所充填的孔隙在一定程度上得以保存。

4. 渗透性屏障的存在

渗透性屏障的存在可形成封闭的地球化学系统，因此可抑制胶结作用。大多数渗透性屏障是沉积作用的结果，如孔隙型碳酸盐岩可能被不渗透的碳酸盐岩所包围，或者碳酸盐岩储层被页岩所封闭。

5. 油气早期侵位

油气进入孔隙将大大抑制胶结物的沉淀，因为大多数矿物均不溶于烃类流体，且油气侵位阻碍了孔隙水的流动，因此油气早期侵位可使孔隙得以保存。

三、碳酸盐岩成岩环境

人们常将碳酸盐岩成岩环境划分为海水或海底（包括正常海水与蒸发海水两种环境）、大气淡水及埋藏三个概括性成岩环境区域，以利描述碳酸盐岩（沉积物）的成岩作用机制和产物，如孔隙发育特点（马永生等，1999）。

（一）正常海水成岩环境

海水成岩作用域是成岩作用潜力变化很大的成岩环境，虽然海水总的化学组分在地质时期的任何时间都是相对恒定的。这种成岩作用潜力的多变性由四种因素驱动：(1) 表层水动能的变化，既影响了穿过沉积物的流体流量，又影响了CO_2逸出的速率，两者均控制了非生物成因碳酸盐的沉淀；(2) 水温与水压的变化，流体从相对温暖的表层水沿着陆棚边缘向下进入冷的深层海水时，水的温度和压力都发生变化，这些变化影响了常见碳酸盐矿物的饱和度及其成岩作用潜力；(3) CO_2循环的影响，海洋动植物通道呼吸作用和光合作用强烈影响碳酸盐成岩作用潜力，包括碳酸盐矿物的胶结作用和溶解作用；(4) 微生物作用（如受甲烷催化的硫酸盐还原和化学合成作用）对浅海和深海成岩环境成岩作用潜力也有很大的影响。

1. 正常浅海成岩环境

长期以来，人们认为非生物成因海水胶结作用是在正常浅海环境下改变孔隙的主要成岩作用。沉淀的胶结物是准稳定相的镁方解石和文石。镁方解石胶结物在与礁相关的环境中更为普遍，而文石胶结物在潮间带海滩岩和海底硬地环境中最为常见。

由于绝大部分表层水中的$CaCO_3$都是过饱和的，非生物成因胶结作用事件与这些过饱和流体通过沉积物的流量直接相关。如果所有$CaCO_3$都能从流体中沉淀下来，这将需要10000倍于孔隙体积的饱和海水来沉淀碳酸盐胶结物，才能完全充填孔隙。对于10%的沉淀效率而言（这对自然系统并非不能），则将需要超过100000倍于孔隙体积的饱和海水来沉淀碳酸盐胶结物，才能完全充填满孔隙。因而，胶结作用在以下条件下更易进行：

（1）高能环境背景，这些地区的沉积物往往具高孔高渗的特征；（2）沉积物水通量最大且能进行 CO_2 脱气作用的地区；（3）沉积速率较低或受限制的地区，或沉积物移动受到限制的地区，以保证沉积物与水交界面可以有足够长的时间完成孔隙与水之间的交换；（4）生物活动高的场所，生物格架可以使沉积基底更为稳定．并建立起大型的孔隙体系，且生物活动可以影响 CO_2 的形成；（5）比正常 $CaCO_3$ 饱和度值高的表层水分布区域。

2．古代浅海非生物胶结物的识别

识别古代海水非生物胶结物的主要问题在于所有现代海水胶结物均为准稳定碳酸盐矿物相，并将通过一系列的溶解作用和再沉淀作用最终转化为稳定的方解石和白云石，因此判断文石的残余特征是识别古代浅海非生物胶结物的关键。

Sandberg（1983）建立了一套判断颗粒和（或）胶结物是否为原始文石矿物的识别标准（表6-13）。这套标准的基石之一是原始文石作为残余在粗粒紧密接触方解石嵌晶中的普遍存在。这些含文石质海水胶结物的方解石具有较高的 Sr 组分，比大气淡水胶结物具有更高的 ^{18}O 值。大量与文石残余和高 Sr 组分相关的葡萄状方解石嵌晶被认为其母体曾经是由文石组成的海底胶结物的实例。

表6-13　地质历史时期的非生物成因文石的识别标志（据Sandberg，1983）

序号	识别标志
1	即使是很古老的岩石，目前仍为文石成分
2	不规则方解石亮晶呈镶嵌状接触，并具有定向排列的文石残余。晶体边界通常切割生物或其他包裹物的原始结构。交代晶体的大小通常是被交代晶体大小的10～1000倍
3	方解石亮晶镶嵌式接触，但没有文石残余。由于文石有较高的 Sr^{2+} 含量，文石被方解石交代后，低镁成岩方解石的 Sr^{2+} 含量进一步增高
4	方解石亮晶镶嵌式接触，但 Sr^{2+} 含量没有增高或检测不到，交代文石后的方解石不同的 Sr^{2+} 含量能反映成岩系统不同的开放程度
5	铸模或随后被方解石充填的铸模，尤其是对仍为文石质组分的铸模，未白云化石灰岩观察不到文石组分时，则很难确定铸模是否代表原始矿物为文石

注：随序号的增大，识别标志的可信度降低。

3．生物参与的海水碳酸盐胶结作用和成岩作用

目前，在碳酸盐岩成岩作用研究领域最为引人注目和最具争论的主题之一是微生物（如藻类、蓝藻、真菌和细菌等）在海底胶结作用中所扮演的主动和被动的角色。前人早已意识到，在潮间和近潮下环境中，蓝细菌、藻类与藻席、叠层石的海水固化作用之间有关系。

从大量现代和古代礁的观察描述中得出岩石结构的相关性，似乎可以确定许多海水胶结作用与细菌或生物膜有关。

（二）蒸发海水成岩环境

在蒸发海水成岩环境中，相对于碳酸盐岩孔隙改造而言，最为重要的是常见的白云石和蒸发矿物的相关性。绝大多数现代表层海水中，白云石处于过饱和状态，故在蒸发海水中极易沉淀白云石。

微量元素的分布系数和白云石的分馏系数存在很大的不确定性。同时．表层蒸发海水中

形成的白云石普遍发生重结晶倾向也是个问题。因此，古代蒸发海水成因的白云石同位素和微量元素组分事实上只能总体反映重结晶流体的化学性质，而不能反映原始沉积流体的组分。

1. 边缘海萨布哈成岩环境

1) 现代边缘海萨布哈

边缘海萨布哈或许是最为重要、最为特征的沉积环境之一。由于它处于海洋和陆地环境的过渡位置，萨布哈环境高度蒸发的孔隙流体常常具有复杂的来源。它们可能源于海洋，通过周期性的涨潮获得补给；也可能源于陆地，通过重力驱动的陆地含水层系统获得补给；最后，也可能是源于大气，经由沿岸的降雨获得补给。

渐进的蒸发作用导致的海水和陆地水成分的调整使得萨布哈背景下的孔隙流体相对于石膏是饱和的，并导致在源于潟湖的文石质萨布哈灰泥中文石和石膏的最终沉淀。石膏和文石从萨布哈背景下的孔隙流体中的沉淀明显地增加了孔隙流体的 Mg/Ca。在氯含量较高的情况下，如在萨布哈内部，水和硬石膏达到了平衡，岩盐也可能达到了饱和并发生沉淀。

2) 古代边缘海萨布哈的成岩作用样式

古代萨布哈地层序列是重要的油气储层（潮上带和潮下带沉积物的白云化形成储层），而伴生的蒸发岩常常形成盖层。将各类有重要经济价值的古代萨布哈与波斯湾地区现代相似的萨布哈进行比较时，往往会发现古代萨布哈地层序列存在更为大量的白云石。在上覆有萨布哈沉积物、古代典型的向上变浅的地层序列中，灰泥质的潮下带沉积、开阔广海的沉积物以及上覆的萨布哈沉积，往往整体高度白云化。

与萨布哈相关的储层孔隙发育和改造的关键，是潮上萨布哈及毗邻的潮下潟湖环境中原始灰泥质为主的沉积物的白云化和白云岩的形成。潮下带和萨布哈地层序列中与细晶质白云岩相关的铸模孔的经常出现指示了灰泥质基质被优先白云化，并可能紧接着有大气淡水进入该成岩环境。事实上，当淡水淋滤部分白云化的灰泥质沉积物时，将溶解剩余的未被白云化的文石、镁方解石或方解石，使原本悬浮的白云石菱面体汇集，形成晶体支撑的组构。该成岩作用将最终导致许多古代萨布哈地层序列中常见的多孔糖状白云石组构的形成（Ruzyla 和 Friedman，1985）。另外，大气淡水将溶解与白云岩相关的蒸发盐，使得石膏和硬石膏溶解后发育孔洞，大大增加了孔隙度。萨布哈地层序列的上段，石膏和（或）硬石膏更加富集，硫酸盐的溶解可以导致溶解垮塌角砾的形成，并产生重要的孔隙增量。最后，在萨布哈进积过程中或紧随其后，大气淡水的进入是使准稳定的白云石通过重结晶作用而稳定化的重要媒介，并且一般和边缘海萨布哈有关。

2. 古代边缘海萨布哈白云岩的识别标志

判别古代白云岩是否为边缘海萨布哈成因白云岩应该满足表 6-14 中的主要标志，这些标志按可靠性下降的顺序排列。

表 6-14 古代海相萨布哈成因白云岩的识别标志

序号	识别标志
1	白云石一定是同生的
2	白云石发育于具边缘海萨布哈沉积环境的岩石和矿物特征的层序中
3	白云石的分布样式应该能反映萨布哈复杂而独特的沉积、成岩、水动力背景，白云石化通常呈斑块状，与蒸发岩、石灰岩及硅质碎屑岩互层

续表

序号	识别标志
4	边缘海萨布哈白云石化形成的白云石晶体通常较小，但后期的成岩作用可使白云石晶体变大
5	如果处于相对封闭的埋藏成岩体系，白云石具有能反映蒸发成岩介质的地球化学特征，然而，受后期重结晶作用的影响，白云石的化学特征和同位素特征会发生很大的变化

注：随着序号的增大，识别标志的可信度降低。

最简单、应用也最广泛的标志是白云石发育于具边缘海萨布哈沉积环境的岩石和矿物特征的地层序列中，如藻纹层、泥裂、撕裂的碎屑、薄层瘤状硬石膏夹层，还有溶塌角砾岩。现代萨布哈环境白云石晶体通常较小（小于 5μm，偶尔可见达到 20μm 的集合体）。一般认为，这些较小的白云石晶体反映了以灰泥质为主的与萨布哈相关的地层序列。然而，古代与萨布哈相关的白云石一般表现为较粗大的晶体，这可能是初始准稳定的钙质白云石后期重结晶的结果。古代与萨布哈相关的白云石的微量元素和稳定同位素组分可能不足以反映原始白云化—流体的蒸发属性，这是存在早期准稳定白云石重结晶的结果。

3. 边缘海蒸发潟湖成岩环境

在边缘海背景下，构造或沉积成因障壁的发育通常可以改变障壁后的陆棚潟湖和毗邻的开阔海之间水体的自由流通，在蒸发水位总体下降的情况下，可以形成干湖盆。对陆棚潟湖环境而言，进入超盐度蒸发盐沉淀和高密度梯度的发育阶段。在合适的气候条件下，流入陆棚潟湖的海水在其从障壁向海岸线流动过程中逐渐地被蒸发，从而建立起水平的高浓度（密度）梯度。当较重的卤水到达潟湖靠陆一侧最终下沉时，会导致重卤水向障壁方向回流。该回流建立起向海倾斜的密度跃层，将流入的海水与流向海洋的浓卤水分离开来。依据密度跃层相对于障壁的位置，回流的浓卤水可以经过障壁流入广海，也可以被封闭在障壁之后。如果被封闭在障壁之后，该卤水将发生侧向回流穿过障壁，和（或）向下穿过构成潟湖或盆地底床的毗邻单元。

4. 区域性蒸发盆地及海岸盐碱滩的背景和成岩环境

构造作用或海平面下降（或两者都有）是导致大型蒸发台地和海岸盐碱滩形成的重要原因，它切断了蒸发盆地和海岸盐碱滩与海洋的连接。蒸发沉积物的沉积最初是通过蒸发水位下降，最后是通过海水的渗透回流穿过向海一侧多孔的障壁。蒸发岩和细粒碳酸盐岩封闭了盆地或盐碱滩的底床，将潜在的白云石化流体的渗透回流限制在盆地或盐碱滩的边缘。在这种条件下，除了沉淀石膏之外，还会有大量的岩盐沉积。海平面低水位期是蒸发盆地和盐碱滩形成的最为常见的背景条件，但它们也可以形成于高水位末期；周期性海平面高频旋回可将潟湖成盆地从海洋中孤立出来，也可以形成蒸发盆地和盐碱滩。

（三）大气淡水成岩环境及成岩作用

绝大多数浅海碳酸盐岩地层不可避免地受到大气淡水成岩作用的影响。这一最为常见的成岩环境是碳酸盐岩孔隙的发育和演化的最为重要的成岩背景之一，因为孔隙中的大气淡水流体对沉积的碳酸盐矿物具有普遍的侵蚀作用。这种化学侵蚀性确保了碳酸盐颗粒和基质的相对快速溶解以及次生孔隙的形成。溶解产生的碳酸盐物质最终会在附近或成岩体系的其他场所沉淀下来，形成碳酸盐胶结物而封堵原生孔隙和次生孔隙。因此，如果大气淡水在沉积后不久就作用于不稳定的矿物组合，那么，大气淡水成岩作用将会导致早期初始沉积孔隙的强烈改造。相反的，如果与不整合面相关的暴露期发生大气淡水成岩作用，大气淡水成岩作用也能恢复和增大成熟碳酸盐岩地层的孔隙度。

1. 地球化学和矿物学特征

1) 孔隙中的大气淡水流体和沉淀物的地球化学特征

大气淡水相对于碳酸盐矿物相具有千变万化的饱和状态，并对绝大多数碳酸盐岩矿物具有强烈的侵蚀性（相对于碳酸盐矿物相不饱和的大气淡水）。产生这种侵蚀性的原因是大气淡水与大气中含有的大量 CO_2 相接触，尤其是那些富存于渗流带土壤层中的 CO_2。土壤层中的 CO_2 产生的压力往往能达到 10^{-2}atm，比大气中的 CO_2 产生的压力（$10^{-3.5}$atm）高两个数量级。大气淡水到达地球表面的过程中必须穿过大气层。这些水在补给到潜流带之前必须要经过渗流带及土壤层。因此，大气淡水有充足的时间和机会来溶解来自土壤的大量 CO_2，使 $CaCO_3$ 变得更加不饱和。这些被侵蚀性流体溶解的碳酸盐为随后的碳酸盐胶结物的沉淀提供了物质来源。在岩石（或沉积物）与水相互作用时，水化学成分的变化导致了沉淀作用的发生。

绝大多数大气淡水的低 Mg/Ca 和低盐度有利于方解石的沉淀，但洞穴中普遍发育的文石和镁方解石洞穴堆积物除外。Gonzalez 和 Lohmann（1988）认为，文石质洞穴堆积物的沉淀是由于某些洞穴中的水具高 Mg/Ca。低 p_{CO_2} 和快速脱气的洞穴流体渗入到大的渗流带洞穴中。方解石沉淀和相应的蒸发作用驱动 Mg/Ca 达到文石沉淀的要求。洞穴水及相伴生的方解石质和文石质洞穴堆积物的分析表明：当 CO_3^{2-} 浓度较高且 Mg/Ca 高于 1.5 时，文石开始沉淀。

白云石可以形成于与洞穴环境相关的陆表大气淡水中，也可形成于潟湖中，比如澳大利亚东南部 Coorong 潟湖水的主体落在 Folk 和 Land（1975）图版的方解石—白云石稳定性立体图中的方解石域。Morrow（1982）认为，Coorong 白云石（也可能是 Gonzalez 和 Lohmann 认为的洞穴白云石）是高 CO_3^{2-}/Ca^{2+}、较低盐度和中等 Mg/Ca 共同作用的结果。

2) 大气淡水成岩环境下受矿物相驱动的成岩作用

现代碳酸盐沉积物主要由成分为镁方解石和文石的准稳定矿物组合构成。文石的溶解度是方解石的两倍，而镁方解石的溶解度差不多是方解石的十倍。由于与两种不同溶解度矿物接触的水和岩石不能保持平衡，溶解度的差异有力地推动了大气淡水成岩作用的进行。

如果水中的文石接近饱和，那么方解石就会过饱和，方解石就会沉淀出来。如果水中的方解石接近饱和，那么文石就会溶解。这个体系的最终平衡只能通过完全破坏大部分可溶矿物相来实现。这说明溶解作用和沉淀作用所驱动的矿物稳定化在孔隙改造过程中起到了重要的作用。

当大气淡水与单一稳定矿物相（如方解石）构成的成熟碳酸盐岩相互作用时，大气淡水与岩石达到平衡的速度要快得多，影响孔隙改造的成岩作用也会随着平衡的快速达成而停止。

3) 气候的影响

气候对大气淡水成岩作用具有普遍的影响。温暖的气候促进有机质的氧化，产生更多 CO_2 来溶解石灰岩和准稳定的碳酸盐矿物系列。另外，随着温度的升高，碳酸盐矿物溶解速率常数也增大。当然，由于成岩作用是靠水驱动的，因而，很明显在温暖潮湿的热带气候条件下，大气淡水碳酸盐成岩作用会大幅增强。在热带潮湿气候条件下，矿物稳定化进行得更快，溶洞和喀斯特地貌占优势，并会形成由石灰岩风化而成的红土。在干旱气候条件下，矿物表面会形成钙质结壳，矿物稳定化比较缓慢，文石被很好地保存到埋藏环境中。在干旱气候条件下，很难识别大气淡水成岩作用的影响。在半干旱气候条件下，渗流带的矿物稳定化速率比较缓慢，可以有文石的保存。潜流带会发生更完全的矿物稳定化作用，在这种条件下会形成厚的钙质结壳和薄的土壤层。

4）大气淡水成岩环境的水文地质背景

大气淡水成岩环境由三个主要的水文地质域构成：渗流带、潜流带、混合带。潜水面构成了渗流带和潜流带之间的界线，在潜水面之下为潜流带，孔隙内充满了水。潜流带含水层通常是开放的体系，通过潜水面和地表之间的渗流带向大气层开放。渗流带的孔隙中同时充满着气体和水，由于毛细管作用，水一般集中在颗粒的接触处。在靠近渗流带上表面的渗透区，水可能同时受到蒸发作用和植物水分蒸腾作用的影响，并主动地被吸收到土壤层和钙质层中。水体以两种明显不同的方式经过渗流带。第一种方式是渗流带的渗透，水体缓慢地通过由小孔和裂缝构成的网络。第二种方式是渗流带的流体、水体通过溶缝、坑槽、节理和大的裂缝等从渗流带直接快速地运移到潜水面。

2．大气淡水渗流带成岩环境

大气淡水渗流带是非常重要的，因为最终都要流回到大海的绝大多数的大气淡水在进入区域大气淡水含水层体系或漂浮淡水透镜体之前必须经过大气淡水渗流带环境。所以，可以将大气淡水渗流环境分成两个区域：（1）大气—沉积物（或岩石）交界面处的上部渗流土壤带或钙质结壳带；（2）位于潜水面之上包括毛细管边缘在内的下部大气淡水渗流带。

1）上部渗流土壤带或钙质结壳带

在准稳定碳酸盐地形区，大气—沉积物交界面通常是强烈成岩作用的环境，因为土壤中高 CO_2（与土壤有关）使得渗流的大气淡水相对于 $CaCO_3$ 是不饱和的。在高降水量地区，沉积物又是多孔的，大气降水可以快速穿过这个带，溶解作用是主要的成岩作用。在这种情况下，大气—沉积物交界面可能几乎没有陆上暴露的痕迹。溶解的 $CaCO_3$ 可能向下被搬运到毛细管作用区或更下面的大气淡水渗流带，并在那里沉淀方解石胶结物。然而，在半干旱气候和近地表条件下，碳酸盐溶解作用、蒸发作用以及随后的方解石沉淀作用，可能会导致各种沉淀作用，可能会导致各种独特的地表结壳的形成，如钙质结壳、钙质结砾岩、铝铁硅钙壳。

钙质结壳的主要特征包括：（1）纹层状黏土层、砂砾层一般位于剖面序列的顶部；（2）板状层；（3）瘤状层和豆粒状白垩层；（4）白垩层和未受影响的沉积物之间的过渡带。

2）下部大气淡水渗流带

下部大气淡水渗流带是通过重力渗透使水体到达潜水面的区域，紧靠潜水面之上的毛细管作用带，孔隙中水的饱和度迅速增加。下部大气淡水渗流带位于高生物活动和高 CO_2 的大气淡水渗流带上部的土壤带的下部，其孔隙水体因接受较多的来自上部土壤带碳酸盐的溶解而使 $CaCO_3$ 趋于饱和，这时，可能会导致方解石胶结物集中分布在潜水面附近。在那些因气候因素而导致渗透率减少，以及由于沉积特征、气候或沉积层序发育的演化阶段而导致土壤带不发育的地区，渗流带溶解作用和胶结作用的分布似乎更为局限。胶结物更易于在溶解场所的附近就地沉淀，使得地层序列中渗流带胶结物的分布相当一致。

3．大气淡水潜流带成岩环境

目前，绝大多数学者认同大气淡水潜流带环境的成岩作用比位于之上的渗流带更为强烈和高效。由于成岩作用是靠水驱动的,潜流带的高水流量导致了高成岩作用活动性。

1) 不成熟水文地质相

海侵和随后的高水位期,沿着孤立碳酸盐岩台地边缘形成了碳酸盐岩岛屿,这些岛屿沉积物主要由文石和镁方解石组成。发育于这些岛屿之下的大气淡水透镜体的大小一般取决于淡水补给、岛屿宽度以及水体流动的通道。这些不成熟岛屿淡水透镜体所面临的主要问题之一是受淡水透镜体支撑的大气淡水成岩作用的速率和效率。

2) 成熟水文地质相

碳酸盐岩陆棚和孤立台地一般倾向于陡峭的边缘和相对平坦的顶部。相对海平面下降(全球海平面下降或构造抬升)可能会使整个陆棚或台地暴露于大气淡水背景并形成区域性大气淡水台地层体系。潜水面的最终位置以及渗流带的厚度将取决于海平面的下降(或构造抬升)的幅度。在冰期,海平面下降幅度可以达到100m或更多,所以,地质历史时期完全可以发育很厚的渗流带,潜水面在暴露之下距暴露面的距离大。在间冰期,海平面下降幅度只有十几米,所以,渗流带相应就较薄,潜水面距暴露面的距离小。

当然,气候对在这些背景下发育的水文地质体系的成熟水文地质相类型起重要作用。在冰期,气候较寒冷干旱,水文地质体系的含水量有限,并导致成岩作用的潜能比较微弱。在间冰期,气候较温暖湿润,水文地质体系的含水量大,成岩作用的潜能也相应得到增强。最后为时间因素,或者说海平面低水位期持续时间和相应的暴露时间也很重要,旋回性发育的冰川—海平面低水位期的周期一般较短暂。

(四) 埋藏成岩环境

碳酸盐沉积物在石化过程中或石化后可被埋藏起来而进入埋藏成岩环境,并随温度和压力的增加而发生埋藏成岩作用。在埋藏成岩环境中,碳酸盐岩(沉积物)会经历一系列物理和化学变化,主要包括压实作用(机械和化学)、胶结作用、高镁方解石向低镁方解石转变以及原始有机质的分解和转变作用(James和Choquette, 1990)。在埋藏成岩环境中,孔隙水可以是大气淡水和海水的混合溶液,也可以是化学成分复杂的成岩卤水,并表现出碳酸盐岩过饱和状态。因此,在这一成岩环境中,成岩作用总体趋势是导致岩石孔隙度和渗透率的降低,但也会在某些条件下,碳酸盐沉积物颗粒和胶结物可发生溶解作用而导致孔隙度的增加,这种溶解作用的发生与有机化合物的降解所生成的CO_2有密切关系(马永生等,1999)。

碳酸盐岩埋藏成岩作用带为沉积物被埋深到免受海水或大气淡水直接影响,但又在变质作用带之上的区域(图6–13)。影响碳酸盐岩埋藏成岩作用的因素可归纳为内在与外在两种因素(表6–15)。其中内在因素中,矿物成分、有机质成分与含量最为重要;而外在因素中,温度、压力及孔隙溶液的化学成分更为重要(马永生等,1999)。

碳酸盐岩埋藏成岩作用中,压实与胶结作用占主导地位,是导致孔隙度降低的主要因素;而溶解作用也经常发生,通常可以起到改善孔隙结构或提高孔隙度的作用。这三种作用在岩石或沉积物中产生的变化各有特点。

1. 埋藏压实作用

碳酸盐岩的埋藏压实作用可以分为机械压实与化学压实两种类型,而化学压实又称为压溶作用。其中,机械压实作用根据埋深变化又可划分为三个阶段,第一阶段为1m左右的埋深成岩环境,此阶段沉积物孔隙度仅略为降低,第二阶段是孔隙度大量降低,从第一阶段的75%减少至50%左右,主要表现为颗粒重新排列和定向、泥质沉积物持续脱水直至形成自我支撑的格架；而在第三阶段，由于上覆压力直接作用于颗粒接触处，使沉积物颗粒发生塑性变形或脆性变形而破碎。而化学压实或压溶作用是由于上覆压力或构造应力导致碳酸盐岩晶体、沉积物颗粒或岩层接触点或面所受压力增大，使接触处的溶解度变大，进而使岩石中不可溶物质（如黏土矿物、铁氧化物和有机质）堆积下来形成各种压溶构造。常见压溶构造包括拟合组构、溶解接合线及缝合线三种类型。压溶作用可以使机械压实作用之后的碳酸盐岩厚度减少 20%～35%（马永生等，1999）。

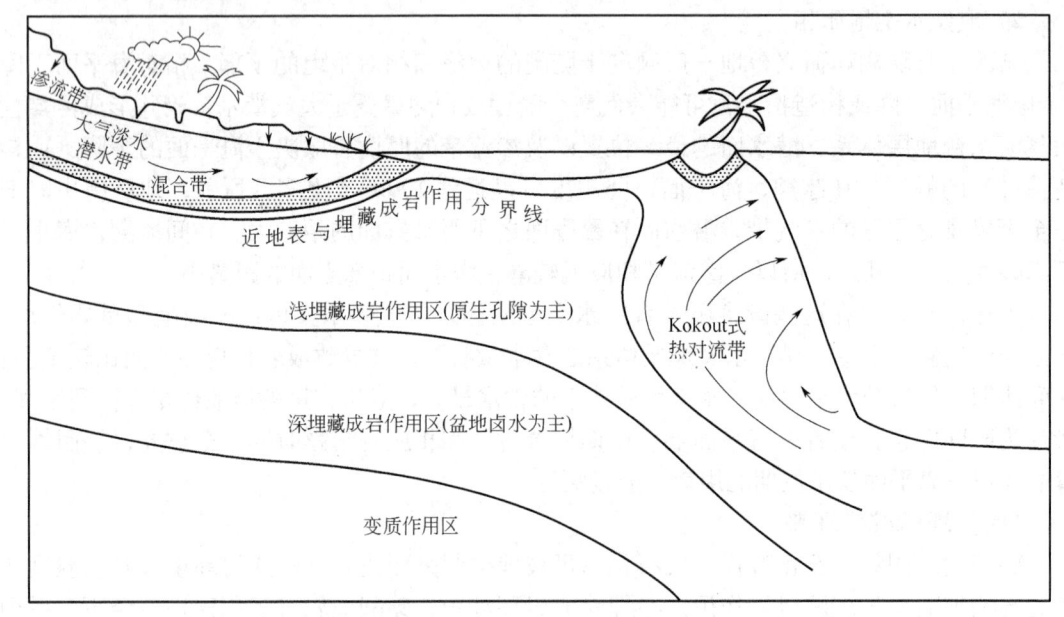

图 6-13 埋藏成岩作用区划分图（据马永生等，1999）

表 6-15 控制碳酸盐岩埋藏成岩作用的内外因素（据马永生等，1999，略有修改）

内在因素	外在因素
矿物成分	温度
颗粒大小和结构	压力
有机质成分与含量	孔隙溶液化学成分及其流动性能
早期胶结作用和白云石化作用	液态烃含量
孔隙度和渗透率	时间

2. 埋藏胶结作用

碳酸盐岩埋藏胶结作用以产生各种类型的亮晶胶结物晶体为主，这些亮晶通常较粗大，根据形态可分为晶簇状、共轴连生状、嵌晶状、棱柱状及等粒镶嵌状（图 6-14）。碳酸盐岩胶结物（尤其是晶簇状与共轴连生胶结物）常表现出条带状结构，尤其是在阴极发光中这种条带状结构十分明显，而染色实验中也可观察到这种条带结构。这种条带结构是由于微量元素含量不同造成的，同时也记录了胶结物晶体的生长历史及晶体生长过程中的孔隙水化学成分的变化。胶结物的阴极发光的条带结构主要与锰和铁元素的含量有关，锰对阴极发光起激化作用，而铁对阴极发光起抑制作用。方解石和白云石的阴极发光颜色和强度主要与锰和铁的比例有关，而与这两种元素的绝对含量关系并不是很大（Machel，1985）。

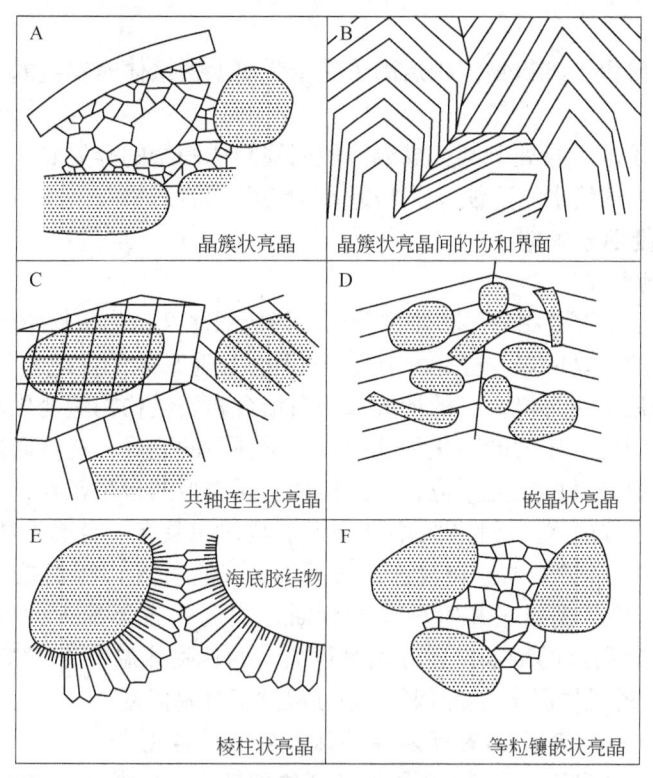

图 6–14　埋藏碳酸盐岩胶结物的主要类型（据马永生等，1999）

3．埋藏溶解作用

埋藏溶解作用主要由于有机质发生热分解而使得孔隙水变成富含 CO_2 的酸性溶液；另外，硫酸根的还原作用也可以产生酸性成岩水溶液。这些酸性溶液极可能形成于富含有机质的泥页岩受到压实和热成熟作用过程中，从而使邻近的碳酸盐岩发生溶解。溶解作用可导致孔隙发育，而这种溶解孔隙可为组构选择性溶解形成，也可以是无组构选择性溶解形成。埋藏溶解作用也有利于碳酸盐岩中发生铅锌矿化作用。如果硫酸盐蒸发矿物发生埋藏溶解作用，还可形成富钙的孔隙水溶液，从而使白云岩发生溶解和去白云石化作用，而白云岩中的蒸发矿物溶解作用还可导致白云岩地层中形成塌积角砾岩（马永生等，1999）。

第三节　成岩序列与演化模式

一、碎屑岩储层成岩作用阶段的划分

成岩作用的演变，随沉积盆地地质条件和历史变迁有着不同的差异，受构造演化的阶段影响。成岩阶段的划分有时比较困难，由于各研究者的目的不同，侧重点各异，国内外出现了各种划分方案。本书以 SY/T 5477—2003《碎屑岩成岩阶段划分》为标准对碎屑岩进行划分。

（一）术语和定义

（1）成岩阶段：指碎屑沉积物沉积后经各种成岩作用改造，直至变质作用之前所经历的不同地质历史演化阶段，可划分为同生成岩阶段、早成岩阶段、中成岩阶段、晚成岩阶

段和表生成岩阶段。

（2）同生成岩阶段：沉积物沉积后尚未完全脱离上覆水体时发生的变化与作用的时期称同生成岩阶段。

（3）表生成岩阶段：指处于某一成岩阶段弱固结或固结的碎屑岩，因构造抬升而暴露或接近地表，受到大气淡水的溶蚀，发生变化与作用的阶段。

（二）成岩阶段划分依据

1. 自生矿物的特征

自生矿物的特征主要是指自生矿物的分布、形成顺序及自生矿物中包裹体的均一温度，它是划分成岩阶段的主要标志。这是由于成岩过程中自生矿物的出现和分布有其一定物理、化学条件和特定地质历史环境，它的形成和分布结合岩石结构构造变化能指示岩石形成发展过程。随着地层温度、压力的变化和孔隙水化学性质的差异，在不同性质的水与岩石之间，以及有机、无机之间的相互反应，就会出现不同类型的自生矿物，所以自生矿物不仅可以提供有关成岩过程中水介质性质的演变信息，同时也具有一定地质温度计意义。

石英次生加大在储层中也分布普遍，根据加大发育程度，特别是次生加大部分的包裹体温度，也可对其形成顺序和阶段作出判断，如弱的石英加大曾测得包裹体温度为65℃±5℃，随成岩温度的增加，曾分别测得加大的包裹体温度为87℃、90℃、126℃和155℃等，由此确定的成岩温度为成岩阶段划分提供了重要依据。

2. 黏土矿物组合、伊利石/蒙脱石混层黏土矿物的转化

黏土矿物组合、伊利石/蒙脱石混层黏土矿物的转化（参考雷诺尔兹的伊利石/蒙脱石混层黏土矿物 X 射线衍射标准图版）以及伊利石结晶度是划分成岩阶段的重要依据。在我国陆相碎屑岩中，蒙脱石存在两种演变途径：一是在富钾的水介质条件下向伊利石/蒙脱石混层黏土矿物的转化，最终演变为伊利石；二是在富镁的水介质条件下向绿泥石/蒙脱石混层转化，最后演变为绿泥石。这两种演变，前者在陆相湖盆中较为常见。绿泥石/蒙脱石混层的出现对指示水介质性质有一定意义，一般在干旱气候或地层水矿化度较高，并具碱性水介质条件的储层中有分布。

3. 岩石的结构、构造特点及孔隙类型

岩石的结构、构造特点及孔隙类型主要是通过岩石内的构造特征尤其是胶结方式、世代现象、胶结类型进行判断；另外，垂向剖面上孔隙的演化特征能够较好地反映成岩的演化阶段，这是因为孔隙的演化本身就是成岩演化的结果。早成岩 A 期以原生孔隙为主，基本上无次生孔隙；早成岩 B 期开始出现次生孔隙，但仍以原生孔隙为主，属混合孔隙发育带；晚成岩 A 期次生孔隙大量发育，形成次生孔隙带；晚成岩 B 期孔隙以少量次生孔隙和裂缝为主；至晚成岩 C 期，孔隙基本消失，储集空间以裂缝为主。

4. 有机质成熟度指标

有机质成熟度指标是时间和温度的函数，因此是成岩阶段进行划分的主要地球化学指标。通常应用镜质组反射率、孢粉颜色、热变指数及最大热解峰温等指标来划分有机质的热成熟阶段。有机质的成熟度可分为未成熟、半成熟、低成熟、成熟、高成熟及过成熟等阶段，它分别与蒙脱石经伊利石/蒙脱石混层演变为伊利石的六个阶段相对应。

5. 古温度

古温度包括流体包裹体的均一温度、自生矿物形成的温度和伊利石/蒙脱石混层黏土矿物演化的温度等。

(三) 各成岩阶段标志

广义的成岩阶段可分为同生、成岩及表生三大阶段，就储层的孔隙度演化而言，主要是成岩阶段，成岩阶段又可进一步划分为早成岩阶段和晚成岩阶段。

1. 同生成岩作用的主要标志

同生成岩作用的主要标志主要有以下八个方面：

（1）岩石（沉积物）疏松，原生孔隙发育；
（2）海绿石主要形成于本阶段；
（3）鲕绿泥石的形成；
（4）同生结核的形成；
（5）沿层理分布的微晶及斑块状泥晶菱铁矿；
（6）分布于粒间及粒表的泥晶碳酸盐（有时呈纤维状）及微粒状方解石；
（7）有时有新月形及重力胶结；
（8）在碱性水介质（盐湖盆地）中析出的自生矿物有粉末状和草莓状黄铁矿、他形粒状方沸石、基底式胶结或斑块状的石膏、钙芒硝，可见石英等硅酸盐矿物的溶蚀现象等。

2. 各成岩阶段的主要标志

沉积水介质根据性质的不同，可分为淡水—半咸水水介质、酸性水介质（含煤地层）和碱性水介质（盐湖），形成的碎屑岩在成岩特征和标志上既有共同规律，又有各自的特殊性。为避免赘述，本书下面将一并介绍三种水介质在不同成岩阶段的主要标志。

1）早成岩阶段

早成岩阶段可分为 A、B 两期，下面分别对 A 期和 B 期进行阐述。

（1）早成岩 A 期：

①古温度小于 65℃。

②有机质未成熟，镜质组反射率 R_o 小于 0.35%，最大热解峰温 T_{max} 小于 430℃，孢粉颜色为淡黄色，热变指数 TAI 小于 2.0。

③岩石弱固结—半固结，原生粒间孔发育。

④淡水—半咸水水介质的泥岩中富含蒙脱石及蒙脱石层占 70% 以上的伊利石/蒙脱石无序混层黏土矿物（有序度 $R=0$），统称蒙脱石带；酸性水介质（含煤地层）的砂岩中自生矿物不发育，局部见少量方解石或菱铁矿，颗粒周围还可见少量绿泥石薄膜；碱性水介质的自生矿物有粒状方沸石、泥晶碳酸盐，无石英次生加大。古温度低于 42℃时石膏及钙芒硝析出并呈基底式胶结碎屑颗粒，古温度高于 42℃时石膏向硬石膏转化或硬石膏和钙芒硝析出；本期末，泥晶含铁方解石和含铁白云石析出；泥岩中黏土矿物以伊利石—绿泥石组合和伊利石—绿泥石—伊利石/蒙脱石混层组合为主，伊利石/蒙脱石混层为有序混层，也有无序混层，少见蒙脱石，砂岩中可见高岭石。

⑤砂岩中一般未见石英加大，长石溶解较少，可见早期碳酸盐胶结（呈纤维状、栉壳状、微粒状）及绿泥石环边，黏土矿物可见蒙脱石、无序混层及少量自生高岭石。在碱性水介质中可见石英、长石溶蚀现象。

（2）早成岩 B 期：

①古温度范围为 65 ~ 85℃。

②有机质未成熟，镜质组反射率 R_o 为 0.35% ~ 0.5%，最大热解峰温 T_{max} 为 430 ~ 435℃，孢粉颜色为深黄色，热变指数 TAI 为 2.0 ~ 2.5。

③在淡水—半咸水水介质中，由于压实作用及碳酸盐类等矿物的胶结作用，岩石由半固结到固结，孔隙类型以原生孔隙为主，并可见少量次生孔隙；在酸性水介质（含煤地层）中，由于缺乏早期碳酸盐胶结物，压实强，颗粒可呈点—线状接触，压实作用使原生孔隙明显减少；碱性水介质中颗粒间以点接触为主，部分线接触，次生孔隙发育，形成原生孔隙、次生孔隙共存的局面。

④淡水—半咸水水介质的泥岩中蒙脱石明显向伊利石/蒙脱石混层黏土矿物转化，蒙脱石层占70%～50%，属无序混层（有序度$R=0$），称无序混层带；酸性水介质（含煤地层）的砂岩中胶结物少，局部可有少量早期方解石，黏土矿物以伊利石/蒙脱石无序混层为主，还可有少量绿泥石和伊利石，在富火山碎屑的岩石中可见蒙脱石；碱性水介质的泥岩中黏土矿物以伊利石—绿泥石组合和伊利石—绿泥石—伊利石/蒙脱石混层组合为主，少见高岭石或蒙脱石，伊利石/蒙脱石混层为有序混层（蒙脱石层可占20%～25%）。

⑤淡水—半咸水水介质的砂岩中可见Ⅰ级石英次生加大，加大边窄或有自形晶面，扫描电子显微镜下可见石英小锥晶，呈零星或相连成不完整晶面，书页状自生高岭石较普遍，有的砂岩受火山碎屑颗粒的影响，仍可见蒙脱石；酸性水介质（含煤地层）在早成岩B期末出现早期石英加大，有的具有明显加大边，使颗粒在单偏光下观察呈线状接触，自生高岭石也相当发育，还可见少量粒内溶孔及铸模孔；碱性水介质的自生矿物有亮晶方解石、白云石、含铁方解石、含铁白云石和泥晶铁白云石、孔隙式胶结的硬石膏和钙芒硝，石英次生加大属Ⅰ级，加大边窄且不连续，偶见自形晶面，部分长石次生加大，可见长石、碳酸盐和方沸石溶蚀。

⑥在淡水—半咸水水介质中，有的砂岩基质中有云雾状燧石。

⑦在淡水和酸性水介质中可见一些矿物交代和转化现象。

2) 中成岩阶段

中成岩阶段同样可分为A、B两期。

（1）中成岩A期：

①古温度范围为85～140℃。

②有机质低成熟—成熟，镜质组反射率R_o大于0.5%～1.3%，最大热解峰温T_{max}为435～460℃，孢粉颜色为橘黄—棕色，热变指数TAI为2.5～3.7。

③淡水—半咸水水介质中，泥岩的伊利石/蒙脱石混层黏土矿物中，蒙脱石层占15%～50%。其中，蒙脱石层占35%～50%时属部分有序混层（$R=0/R=1$），蒙脱石层占15%～35%时属有序混层（$R=1$）。在某些有火成岩侵入的地层中或富含火山碎屑物质的岩石中，蒙脱石和伊利石/蒙脱石混层黏土矿物的转化和分布有时出现异常，应综合其他指标进行成岩阶段划分；碱性水介质中泥岩中的黏土矿物以伊利石—绿泥石组合和伊利石—绿泥石/蒙脱石混层组合为主，偶见高岭石，伊利石/蒙脱石混层均为有序混层（蒙脱石层小于20%）。

④淡水—半咸水水介质的砂岩中可见晚期含铁碳酸盐类胶结物，特别是铁白云石，常呈粉晶—细晶，以交代、加大或胶结形式出现，还可见其他自生矿物如钠长石、浊沸石、片沸石、方沸石等。在酸性水介质（含煤地层）富含石英和长石的砂岩中，自生矿物组合以石英加大和自生高岭石发育为特点，但它们的发育程度与石英、长石颗粒和填隙物的含量有

关，在石英颗粒含量少而富含火山岩屑的砂岩中，石英次生加大不发育。另外，还可见长石加大、自生钠长石、方解石、菱铁矿、浊沸石、硬石膏、伊利石、绿泥石、伊利石/蒙脱石混层黏土矿物，以及石英颗粒裂缝愈合和高岭石向绿泥石转化等现象。

⑤淡水—半咸水水介质的石英次生加大属Ⅱ级。大部分石英颗粒和部分长石颗粒具次生加大，自形晶面发育，有的见石英小晶体。在扫描电子显微镜下，多数石英颗粒表面被较完整的自形晶面包裹，有的石英自生晶体向孔隙空间生长，交错相接，堵塞孔隙。酸性水介质（含煤地层）在中成岩 A 期后期，水介质开始由酸性向碱性转变，出现含铁方解石、铁白云石等晚期碳酸盐的胶结、交代作用，使孔隙度下降，除部分碳酸盐溶解外，以长石和火山岩屑颗粒溶解为主，形成粒内溶孔、铸模孔等次生孔隙，岩石具有孔径大、喉道窄的特征，另外还可见裂缝。碱性水介质在本期（含）铁碳酸盐类胶结物中大量出现，常呈自形粉晶—细晶，以孔隙式胶结或以交代、加大形式出现，硬石膏和钙芒硝呈孔隙式胶结或以交代形式出现。部分长石钠长石化，方沸石逐渐减少直至消失，长石等碎屑颗粒及碳酸盐常被溶解，次生孔隙发育。本期末溶蚀缝开始出现。

⑥砂岩中的黏土矿物，可见自生高岭石、伊利石/蒙脱石混层、呈丝发状自生伊利石、叶片状或绒球状自生绿泥石、绿泥石/蒙脱石混层等，蒙脱石基本消失。

⑦长石、岩屑等碎屑颗粒及碳酸盐胶结物常被溶解，孔隙类型除部分保留的原生孔隙外，以次生孔隙为主。

三种水介质在中成岩 A 期，根据泥岩中伊利石/蒙脱石混层黏土矿物演化和有机质热演化特征，以蒙脱石层占 35%、镜质组反射率 R_o=0.7% 或最大热解峰温 T_{max}=440℃为界，还可以细分为 A_1、A_2 两个亚期。

(2) 中成岩 B 期：

①古温度范围为 140 ~ 175℃。

②有机质处于高成熟阶段，镜质组反射率 R_o 为 1.3% ~ 2.0%，最大热解峰温 T_{max} 为 460 ~ 490℃，孢粉颜色为棕黑色，热变指数 TAI 为 3.7 ~ 4.0。

③淡水—半咸水水介质的泥岩中有伊利石及伊利石/蒙脱石混层黏土矿物，蒙脱石层小于 15%，属超点阵或称卡尔克博格有序混层（有序度 $R \geq 3$），称超点阵有序混层带；酸性水介质（含煤地层）的砂岩中高岭石、伊利石/蒙脱石混层黏土矿物含量下降，伊利石、绿泥石含量升高，成为主要黏土矿物类型；碱性水介质的泥岩中黏土矿物为伊利石—绿泥石组合。

④淡水—半咸水水介质的砂岩中石英次生加大为Ⅲ级，特别是富含石英的岩石中几乎所有石英和长石具有加大且边宽，多呈镶嵌状，高岭石明显减少或缺失，有的可见含铁碳酸盐类矿物、浊沸石和钠长石化；酸性水介质（含煤地层）的砂岩中的自生矿物以铁方解石、铁白云石发育为特征，以交代作用为主，石英加大可达Ⅲ级，有的还可见长石加大以及榍石、硬石膏、重晶石等；在碱性水介质中，（含）铁碳酸盐和硬石膏多以交代形式或以充填粒间孔隙形式出现，石英加大属Ⅲ级，大部分石英和长石次生加大，加大边宽且连续，石英自形晶面发育，在扫描电子显微镜下，石英自生晶体相互连接，大部分长石钠长石化。

⑤ 在淡水—半咸水水介质中，颗粒间石英自形晶体相互连接，岩石致密，有裂缝发育；酸性水介质（含煤地层）的孔隙类型以裂缝为主，少量溶孔，颗粒间呈线—凹凸状接触或缝合线状接触；碱性水介质中岩石致密，裂缝较发育，颗粒间以凹凸接触和缝合线状

接触为主，部分颗粒间为线接触。

3）晚成岩阶段

(1) 古温度范围为 175 ~ 200℃。

(2) 有机质处于过成熟阶段，镜质组反射率 R_o 为 2.0% ~ 4.0%，最大热解峰温 T_{max} > 490℃，孢粉颜色为黑色，热变指数 TAI > 4.0。

(3) 淡水—半咸水水介质的岩石已极致密，颗粒呈缝合接触，有缝合线出现，孔隙极少且有裂缝发育；酸性水介质（含煤地层）的孔隙类型以裂缝为主，含少量长石岩屑溶孔，颗粒间呈缝合线状接触，有的可见石英颗粒压裂及愈合现象；在碱性水介质中还可见缝合线发育。

(4) 在淡水—半咸水水介质的砂岩中可见晚期碳酸盐类矿物及钠长石、榍石等自生矿物，石英加大属Ⅳ级，颗粒间呈缝合线状接触，自形晶面消失；酸性水介质（含煤地层）的砂岩中自生矿物为铁白云石、石英加大（可达Ⅳ级）、少量榍石等，黏土矿物有绿泥石、伊利石、黑云母挤压变形，有的被菱铁矿交代或伊利石化；在碱性水介质中可见（含）铁碳酸盐及钠长石等自生矿物，石英次生加大属Ⅳ级，颗粒间呈缝合线状接触，自形晶面消失，普遍见钠长石化现象。

(5) 砂岩和泥岩中代表性黏土矿物为伊利石和绿泥石，并有绢云母、黑云母，混层已基本消失，称伊利石带或伊利石—绿泥石带。根据伊利石的结晶度，其 Kuber 指数为 0.25°（Δ2θ）~ 0.42°（Δ2θ），属于晚成岩期；碱性水介质的砂岩和泥岩中代表性黏土矿物为伊利石和绿泥石，并有绢云母和黑云母。

3. 表生成岩阶段的主要标志

(1) 含低价铁的矿物（如黄铁矿、菱铁矿等）被褐铁矿化或呈褐铁矿的浸染现象；

(2) 碎屑颗粒表面的氧化膜；

(3) 新月形碳酸盐胶结及重力胶结；

(4) 渗流充填物；

(5) 表生钙质结核；

(6) 硬石膏的石膏化；

(7) 表生高岭石；

(8) 有溶蚀现象，有溶孔、溶洞产生，使不整合面下的次生孔隙发育，改善了物性；

(9) 断层和裂缝的发育，为地表水的向下渗透及深部地层水和地表水的对流作用提供通道，同时也形成次生孔隙。

二、碳酸盐岩储层成岩作用阶段的划分

在碳酸盐岩成岩历史演化阶段中，其中的有机质成熟并形成烃类的演化阶段性很明显。地壳运动使沉积物和碳酸盐岩处于暴露或埋藏状态，形成不同的成岩环境及产物。本书以 SY/T 5478—2019《碳酸盐岩成岩阶段划分》为标准对碳酸盐岩进行划分。

（一）术语和定义

(1) 成岩阶段：沉积物沉积之后至变质之前，在各种成岩环境中发生变化的时期。依据成岩环境、岩石学和地球化学标志，将碳酸盐岩成岩阶段划分为同生成岩阶段、早成岩阶段、中成岩阶段、晚成岩阶段、表生成岩阶段。

(2) 同生成岩阶段：沉积物沉积之后至被埋藏前所发生的作用与变化的时期。

(3) 早成岩阶段：沉积物被埋藏直至在脱离海水、大气水和混合水的影响之前，在浅埋藏成岩环境发生物理、化学变化的时期。

(4) 中成岩阶段：碳酸盐岩在脱离海水、大气水和混合水的影响之后，直至有机质过成熟阶段之前，在中埋藏成岩环境发生物理、化学变化的时期。

(5) 晚成岩阶段：碳酸盐岩在有机质演化至过成熟阶段之后，直至变质之前，在深埋藏成岩环境中发生物理、化学变化的时期。

(6) 表生成岩阶段：因构造运动抬升或海平面下降，使曾经发生过埋藏的碳酸盐岩暴露或接近地表，发生物理、化学变化的时期。

（二）成岩阶段划分依据

根据烃类演化的阶段性，结合成岩环境、岩石学特征、次生孔隙类型，可以将碳酸盐岩储层的成岩作用划分出不同的阶段，划分依据如下：

(1) 有机质演化的阶段性。

(2) 古温度，包括流体包裹体均一温度、由镜质组反射率（R_o）计算古温度、由氧稳定同位素计算古温度。

(3) 镜质组反射率（R_o）。

(4) 岩石学标志，包括碳酸盐自生矿物的分布、组构特征及生成顺序，非碳酸盐自生矿物的分布、组构特征及生成顺序。

(5) 成岩环境。

(6) 次生孔隙类型。

（三）各成岩阶段标志

因构造运动能造成不同地区成岩环境的差异，因此碳酸盐沉积物及碳酸盐岩经历的成岩阶段也就有所不同：在连续、渐进埋藏的地区，其成岩阶段可分为同生成岩阶段、早成岩阶段、中成岩阶段和晚成岩阶段；在非连续、间断埋藏和暴露过的地区，其成岩阶段中还应包含表生成岩阶段。

1. 各成岩阶段的特征

(1) 同生成岩阶段：沉积物处于大气环境，成岩流体包括正常海水、咸化海水、大气淡水、混合水等，沉积物未被埋藏和压实。

(2) 早成岩阶段：碳酸盐岩处于浅埋藏成岩环境，成岩温度小于85℃，成岩流体为海水、大气淡水及其派生流体，主要受机械压实作用影响。

(3) 中成岩阶段：碳酸盐岩处于中埋藏成岩环境，成岩温度为85～175℃，成岩流体为盆地卤水，主要受化学压实作用影响。

(4) 晚成岩阶段：碳酸盐岩处于深埋藏成岩环境，成岩温度大于175℃，成岩流体为盆地卤水，受化学压实作用影响。

(5) 表生成岩阶段：碳酸盐岩处于暴露及近地表成岩环境，常温常压，成岩流体为大气淡水，为孔洞、洞穴、暗河等主要形成阶段，有机质氧化降解。

2. 各成岩阶段的标志

1) 同生成岩阶段

同生成岩阶段有各种成岩环境，其标志如下。

(1) 正常海水环境。

①生物作用标志：主要有生物钻孔、泥晶套、颗粒泥晶化。

②文石或高镁方解石阴极发光下不发光，类型包括：
等厚纤状环边胶结物；
杂乱的针状胶结物；
葡萄状胶结物；
叶片状或刀刃状环边胶结物。
③灰泥丘：与微生物活动有关，其 $\delta^{13}C$ 值严重亏损。
④交代白云石或白云石胶结物：交代白云石通常为粉晶或泥晶，半自形至他形，晶体混浊，白云石胶结物通常为粉晶至细晶、自形，晶体明亮。阴极发光下不发光。
⑤自生矿物的地球化学特征包括：
微量元素富镁、富锶、富钠、贫铁、贫锰；
碳、氧、锶同位素组成与沉积物相似；
年龄与围岩相近；
包裹体的盐度接近海水。
（2）咸化海水环境。
①有石膏、硬石膏、石盐等蒸发成因矿物，呈层状及结核状。
②有鸟眼构造、窗格构造、帐篷构造、泥裂、藻纹层等蒸发沉积构造。
③交代白云石：泥晶至粉晶结构，半自形至他形，常与（硬）石膏等蒸发矿物共生，有序度低，阴极发光下不发光，富钙，贫铁、贫锰，碳、氧同位素比同时代海水略高，锶同位素与同时代海水类似，年龄与沉积物相似，包裹体的盐度高于海水。
（3）大气淡水环境。
①低镁方解石胶结物结构类型包括：
新月形或微钟乳状：渗流带沉淀方解石的常见组构，阴极发光下不发光，发育气液比不一致的水溶液包裹体；
等轴粒状：潜流带沉淀方解石的常见组构之一，明暗相间的环带状阴极发光，发育纯液相水溶液包裹体。
②高镁方解石和文石质组分发生新生变形，转化为方解石，较好地或部分地保存原始组构。
③有渗流粉砂、渗流豆、钙结壳。
④次生孔隙以组构选择性溶蚀孔隙为主。
（4）混合水环境。
方解石胶结物具有如下类型和特征：
①粉晶和叶片状胶结物。
②纤维状环边胶结物。
③包裹体盐度介于大气淡水与海水之间。
2）早成岩阶段
（1）岩石学标志。
① 有如下一种或多种机械压实构造：
薄纹层、包壳及化石壳层的破裂、折断及错位；
颗粒的破碎、变形及定向排列；
颗粒的凹凸接触；

泥裂、鸟眼及其他原生孔隙变形、封闭或消失；
有机质纹层破坏或变形为不规则细脉状。
②自生矿物主要为碳酸盐，其特征包括：
嵌晶结构；
共轴环边胶结；
连晶胶结；
包含气液两相水溶液包裹体；
具有明暗相间的环带状阴极发光。
（2）地球化学标志。
①碳酸盐胶结物具有较高的铁、锰含量。
②碳酸盐胶结物碳同位素组成偏正、氧同位素组成偏负、锶同位素值与同期海水相近。
③自生矿物年龄小于同生成岩阶段自生矿物年龄。
3）中成岩阶段
（1）岩石学标志。
①化学压实构造：发育低—中幅度缝合线，一般平行于层面，缝合线中可有荧光显示。
②自生矿物具有埋藏成因特征，主要标志包括：
自生矿物晶体切穿了缝合线构造或微缝合线构造，压溶缝隙在自生矿物晶体处终止、愈合；
自生矿物愈合了破碎的颗粒或破碎的粒外皮；
自生矿物包裹或交代了压实的颗粒；
自生矿物充填在压实后的孔隙中；
自生矿物晶体中发育石油包裹体；
自生矿物充填构造缝。
③ 常见的自生矿物包括：
方解石：通常是等轴粗粒晶体并具嵌晶结构，阴极发光黯淡；
白云石：交代成因的白云石多为他形，孔隙中充填的白云石胶结物多为自形或鞍状白云石，阴极发光黯淡；
石英：呈粒状、锥柱状、片状等；
萤石：呈立方体状、片状等；
硬石膏：粗晶粒状镶嵌结构、连晶结构；
重晶石：呈板状、柱状、片状等；
天青石：呈板状、柱状、片状、纤维状、粒状等。
④次生孔隙以非组构选择性溶蚀孔隙为主。
（2）地球化学标志。
①自生碳酸盐矿物富含铁和锰。
②自生碳酸盐矿物氧同位素组成偏负、锶同位素值高于同期海水。
③自生矿物年龄小于早成岩阶段自生矿物年龄。
4）晚成岩阶段。

（1）岩石学标志。

①化学压实构造：发育高幅度缝合线，平行或斜交层面，缝合线无荧光显示。

②自生矿物：除不发育石油包裹体而可能发育沥青包裹体或天然气包裹体外，其他标志与中成岩阶段类似。

③次生孔隙以非组构选择性溶蚀孔隙为主。

（2）地球化学标志。

①自生碳酸盐矿物富含铁和锰，通常显示二价铁离子及二价锰离子的浓度分带。

②自生碳酸盐矿物氧同位素组成比中成岩阶段更偏负、锶同位素值高于同期海水。

③自生矿物年龄小于中成岩阶段自生矿物年龄。

5）表生成岩阶段

表生成岩阶段主要发生岩溶作用，标志如下。

（1）垂直分带标志。

①表层岩溶带：位于碳酸盐岩表层之下几十厘米到十几米范围内，植被和地表径流发育，形成大量溶孔、溶缝和小型溶洞，容易被外源沙石或自源溶蚀残余红泥充填，同时还会冲蚀形成溶蚀槽谷等构造，主要发育在洼地、沟谷、垄脊区。

②垂向渗滤溶蚀带：位于碳酸盐岩表层之下十几米至数十米范围内，地表水沿裂缝垂直渗流淋滤，形成大量溶缝，偶见小型溶洞。在干旱缺水条件下，该带处于包气带内，形成石钟乳、石笋等化学沉淀和少量溶蚀残余泥质充填。

③径流溶蚀带：位于潜水面附近，在垂向渗滤溶蚀带下几米至数十米之间。由于雨季水量充足，沿着已有的缝洞径向流动，在水动力的冲蚀和溶蚀作用下，形成大规模溶洞系统，受原始岩层的基质孔隙控制，可以溶蚀扩张形成不同规模的非组构选择性的溶孔；干旱季节，在溶洞中也会有石钟乳和石笋等化学沉淀、溶蚀残余泥质和洞穴垮塌角砾，主要发育在洼地、沟谷区。

（2）宏观标志。

①发育溶丘、峰丛、垄脊、洼地、沟谷、暗河、溶蚀塘、落水洞等地貌。

②岩溶面上有古土壤、钙结壳、表生高岭石、铝土矿、洞穴垮塌角砾等堆积物。

③渗流带发育垂直分布的溶洞，潜流带发育水平分布的溶洞。

④有石钟乳、石笋、石柱等化学沉淀物。

（3）微观标志。

①孔隙中有渗流粉砂或土壤。

②颗粒呈淡棕色或淡红色，表面有氧化膜。

③有新月形、悬垂状、马牙状和针状—纤维状方解石胶结物。

④去白云石化、石膏溶解形成铸模孔。

（4）地球化学标志。

①自生矿物年龄小于地层年龄。

②碳酸盐胶结物碳同位素值变小、锶含量相对降低、铁和锰含量增加。

思 考 题

1. 次生孔隙形成的原因主要有哪些？
2. 碎屑岩的成岩作用可以划分为哪几个阶段？每个阶段各有什么标志？

3．碎屑岩储层成岩作用有哪几种？分别对孔隙有什么影响？
4．压实作用和胶结作用有什么异同点？
5．如何识别次生孔隙？
6．碳酸盐岩的成岩作用有哪几种？
7．碳酸盐岩的成岩阶段有哪些？各阶段的特点是什么？
8．简述煤系地层的成岩特点。
9．试计算如下条件下的粒间孔隙度、压实减孔率（百分比）及胶结减孔率：
（1）原始孔隙度40%；（2）粒间孔隙体积百分比25%；（3）胶结物体积百分比10%。

第七章 储层非均质性

　　储层的非均质性是构造作用、沉积作用和成岩作用的综合响应。它决定着储层质量的好坏，影响油田的开发效果。不同的学者对储层非均质性的划分方案各异，国内油田根据裘怿楠的划分方案，将储层非均质性分为宏观非均质性（层间非均质性、平面非均质性和层内非均质性）和微观非均质性（孔隙非均质性、颗粒非均质性和填隙物非均质性）。不同层次的非均质性对油气采收率的影响也不同，层间非均质性导致"单层突进"，平面非均质性导致"平面舌进"，层内非均质性造成"死油区"，微观非均质性在孔隙喉道中产生残余油。流动单元是油气田开发中后期根据储层精细描述以及动静态相结合研究的需要而产生出的概念，其研究方法主要是以数学手段为主的储层参数分析法和以地质研究为主的模型研究方法，较为常用的有 FZI 法，精细沉积学法和渗透系数、存储系数、净毛比三参数法等。

　　储层非均质性的研究是储层描述和表征的核心内容，这是因为储层的非均质特征与油气储量、产量及产能密切相关。当前，在油气藏开发中，首先需要解决的一个技术问题，就是如何精确认识油气藏中储层的各种特征。只有科学地、系统地、定量化地研究储层的非均质特征，才能提高油气勘探与开发的效益，才能对开发井的位置做出最优化的选择，才能合理地设计提高油气采收率的方案。换言之，储层非均质特征的研究是制订油田勘探、开发方案的基础，是评价油藏、发现产能潜力以及预测最终采收率的重要地质依据。

第一节　概念与主要影响因素

一、储层非均质性的概念

　　储层非均质性是指油气储层由于在形成过程中受沉积环境、成岩作用和构造作用的影响，在空间分布及内部各种属性上都存在的不均匀变化。这种不均匀变化具体地表现在储层岩性、物性、含油性及微观孔隙结构等内部属性特征和储层空间分布等方面的不均一性。无论是海相储层还是陆相储层，无论是碎屑岩储层还是碳酸盐岩储层，非均质性是普遍存在的。研究储层的非均质性，实际上就是研究储层的各向异性，定性定量地描述储层特征及空间变化规律，为油藏模拟研究提供精确的地质模型。储层非均质性是影响地下油气水的运动和分布、油气采收率的重要因素，是随着油田开发实践及油田地质研究的深入而提出的。

　　储层的均质性是相对的，而非均质性则是绝对的。一个层次的某一个构成单元，对于高一级层次而言，可将其视为相对均质体，但对于低一级层次则是非均质体。如对于一个河道沉积的砂体而言，在研究某一层系内不同河道砂体的层间渗透率差异时，可将该河道砂体作为一个相对的均质体，只需要考虑该砂体的平均渗透率。在研究该砂体的垂向渗透率时，则该砂体应视为非均质体，需要测量其垂向上不同部位的渗透率值，在这种情况下，每一个小测量单位如岩心则可视为均质体。但实际上岩心也不是绝对的均质体，因为它还由不同的颗粒和孔隙组成,这也就是储层非均质性的表现。

储层性质本身可以是各向同性的,也可以是各向异性的。有的储层参数是标量,如孔隙度,其数值测量不存在方向性问题,即在同一测量单元中,沿三维空间任一方向测量,其数值大小相等。换句话说,对于呈标量性质的储层参数,非均质性仅是由参数数值空间分布的差异程度表现出来的,与测量方向无关。有的储层参数为矢量,如渗透率,其数值测量涉及方向问题,即在同一测量单元内,沿三维空间任一方向测量,其数值大小不等,如垂直渗透率与水平渗透率就有差别。因此,具有矢量性质的储层参数,其非均质性的表现不仅与参数值的空间分布有关,而且与测量的方向有关。由此可见,具有矢量参数的非均质性表现得更为复杂。

二、主要影响因素

油气储层非均质性是沉积、成岩和构造因素综合作用的结果,这些因素会影响储层的非均质程度,决定储层质量的好坏,并直接影响到油田生产(表7-1、图7-1)。无论是碎屑岩储层还是碳酸盐岩储层,其非均质性均受到沉积、成岩和构造等因素的综合影响。

表 7-1　储层非均质性主要影响因素

	主要因素	作用机理
构造因素	断层、裂缝等	改变储层的渗透方向和能力,连通或封闭储层
沉积因素	储层骨架及物性	造成沉积物颗粒的大小、排列方向、层理构造、砂体形态等不同
成岩因素	压实、压溶、溶解、胶结、重结晶等	改变原始砂体孔隙度和渗透率

(一)构造因素

宏观上,构造运动影响着沉积盆地的沉积充填和埋藏演化史、成岩环境和成岩事件、孔隙发育演化史,决定着某一盆地内储集岩体的发育和非均质程度。构造运动形成断层、裂缝,改造和叠加于原始储层骨架之上,造成流体流动的隔挡或通道。

断裂作用使岩石的结构发生变化或矿物重结晶等,形成开启断层或沿断裂带渗透率变

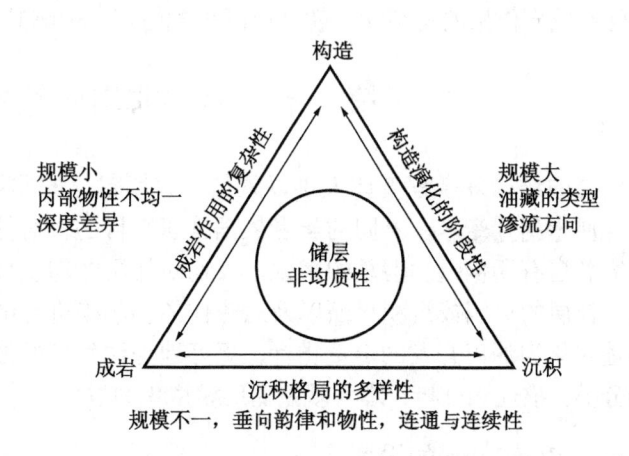

图 7-1　影响油气储层非均质性的主要因素(据于兴河,2002)

小甚至完全成为封闭断层。同时,断层在空间的格局复杂多变。有些垂直或较大角度的断层,不但可以错开原来连通的地层,使得高渗透的储层错断而与低渗透的岩层相交,也可使不同年代的地层串联起来,导致断层带附近的储层孔隙度和均质性发生变化,增强储层非均质性,影响地下流体的运动特征。

裂缝通常改变了储层的渗透方向和能力,造成了其渗透性在纵、横、垂三维空间上有很大的差异,影响了地下油水运动规律,最终影响油气采收率。不同时期的构造运动具有不同

的特征和性质,这就决定了储层裂缝的形成与分布不同,进而影响着储层的非均质性特征。

(二) 沉积因素

沉积因素主要决定于沉积作用或过程,形成储层的建筑结构或构型——原始骨架、原始物性及成岩演化方向。

在碎屑岩体系中,由于沉积条件的不同(如流水的强度和方向、沉积区的古地形陡缓、盆地中水的深浅与进退、碎屑物供给量的大小)造成了沉积物颗粒的大小、排列方向、层理构造和砂体空间几何形态的不同,即不同的沉积相中砂体的分布不同。这就使得沉积砂体内部的物理特性不同,进而造成储层非均质程度的千差万别。

碳酸盐岩的岩石特性使得不同沉积环境中形成的碳酸盐岩都有可能成为储集岩,但碳酸盐岩储集体常发育于生物礁、浅滩、潮坪、斜坡及台地等沉积相带内,这些相带具有特定的沉积作用,造成沉积物的成分、结构、构造及储集空间的不均匀变化,同时碳酸盐岩沉积环境在一定程度上控制其后的成岩作用。因此,碳酸盐岩沉积环境也是影响储层非均质性的基本因素。

(三) 成岩因素

成岩因素决定储层的岩矿与地下流体特征,形成黏土、胶结物及溶蚀、淋滤过程,改善或破坏储层的基本属性。

当沉积物或砂体沉积后,一系列的成岩作用,如压实、压溶、溶解、胶结以及重结晶等,改变了原始砂体的孔隙度和渗透率的大小,加上盆地中不同层位地层通常具有不同的地温、流体、压力和岩性,因而其成岩作用各异,次生孔隙的形成与分布状态在空间上极不均匀,增加了储层的非均质程度。

概括而言,对储层非均质性产生影响的三大方面有:构造演化的阶段性、沉积格局的多样性和成岩作用的复杂性。就储层沉积学而言,影响其非均质的主要因素是后两者。

第二节 储层非均质性的分类

储层的结构复杂程度让人难以置信,它所包含的非均质性规模可以从几千米到几米,甚至几厘米到几毫米。不同的学者依据其研究目的,对储层非均质性的规模、层次及内容的研究各有所侧重。但总的来说,人们对储层非均质性的分类主要是依据研究的规模或范围、储层的成因或沉积界面以及对流体的影响来进行的,其目的是将储层各种属性的定性描述转化为油田开发的定量指标,更好地为油气田的勘探与开发服务。对储层非均质性进行分类、描述和分析,本身就是储层模型化的过程。

一、Pettijohn 的分类

1973 年 Pettijohn Poter 和 Siever 在研究河流沉积的储层时,依据沉积成因和界面以及对流体的影响,首先提出了储层非均质性研究的层次和分类概念,并由大到小建立了非均质类型的系列谱图或分级序列(图 7-2)。这种分类的优点在于它是在沉积成因的基础上进行的,便于结合不同的沉积单元进行成因研究,比较实用。这种分类的对应关系如下:

Ⅰ级——相当于油(油藏)层组规模,油藏规模 $(1\sim10)\ km\times100m$;

Ⅱ级——相当于层间规模,层规模 $100m\times10m$;

Ⅲ级——相当于层内规模,砂体规模 $1\sim10m^2$;

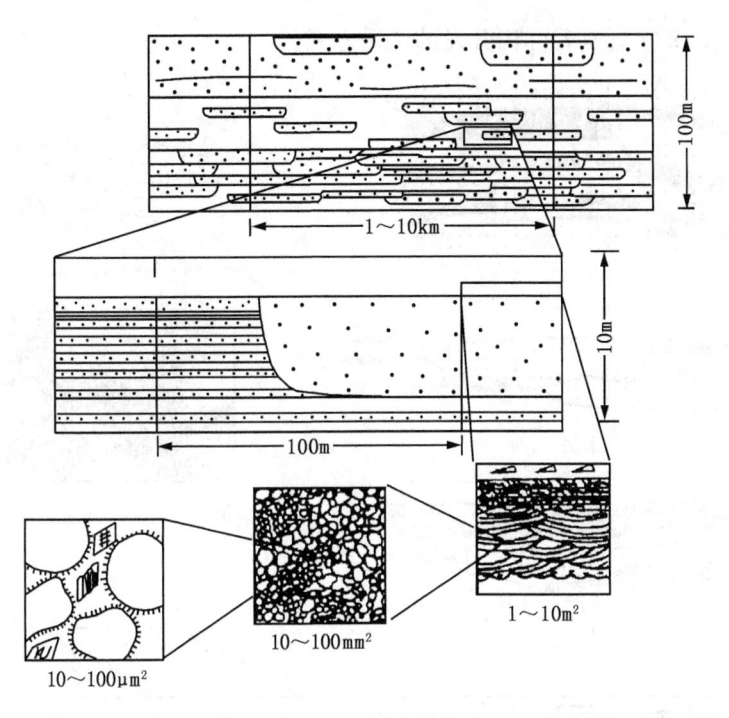

图 7-2　Pettijohn（1973）的储层非均质性分类

Ⅳ级——相当于岩心规模，孔隙规模 10～100mm²；

Ⅴ级——相当于薄片规模，层理规模 10～100μm²。

如图 7-2 所示，一个层系包含若干个非均匀分布的砂体，一个砂体包含若干个非均一分布的成因单元（河道溢岸砂），一个成因单元包含若干个非均匀分布的层理系，一个层理系包含若干个非均一的纹层，一个纹层包含若干非均一的颗粒、孔隙及喉道等。

二、Weber 的分类

1986 年，Weber 在对油田进行定量评价和开发方案的设计中，根据 Pettijohn 的分类思路，提出了一个更为全面的分类体系，主要是增加了构造特征、隔夹层分布及原油性质对储层非均质性的影响（图 7-3）。根据这一分类体系的顺序，可以在油田评价和开发期间定量地认识和研究储层非均质性。非均质规模大小的不同对油田评价的影响程度不同，大规模的构造体系比沉积特征优先发挥作用。Weber 的分类按规模和成因可分为八种类型。

（一）封闭、未封闭断层

这是一种大规模的储层非均质属性。断裂的封闭程度对油区内大范围的流体渗流具有很大的影响。如果断层是封闭的，就隔断了断层两盘之间流体的渗流，起到了遮挡的作用；如果断层未封闭，就成为一个大型的渗流通道。这种非均质性主要是针对断块型油气藏而言的。

（二）成因单元边界

成因单元的边界实质上是岩性变化的边界，且通常是渗透层与非渗透层的分界线，至少是渗透性差异的分界线，因此成因单元边界控制着较大规模的流体渗流。它通常是油组的边界，也可以是油层的分界，这取决于成因单元的规模。

（三）成因单元内渗透层

在成因单元内部，具有不同渗透性的岩层在垂向上呈网状分布，因而导致了储层在垂向上的非均质性，直接影响着油田开发的注采方式。

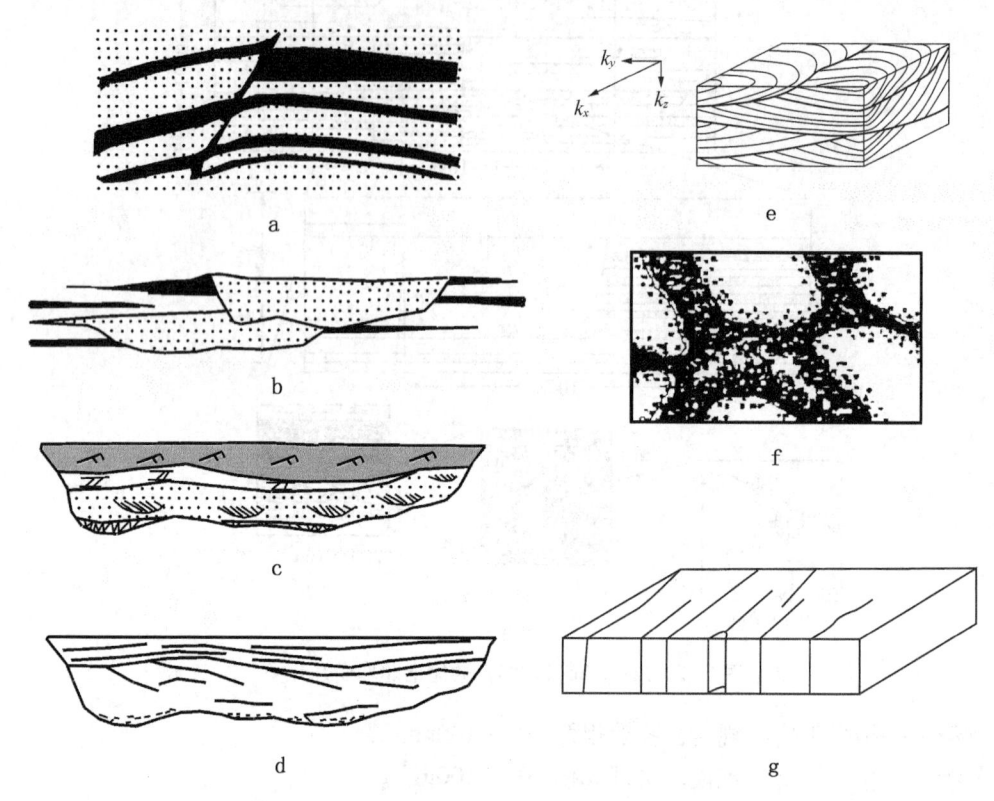

图 7-3　Weber（1986）的储层非均质性分类
a—封闭、未封闭的断层；b—成因单元边界；c—成因单元内渗透层；d—成因单元内隔夹层；
e—层理的层系与纹层；f—微观非均质性；g—裂缝

（四）成因单元内隔夹层

在成因单元内，不同规模的隔夹层对流体渗流具有很大影响。它不仅影响着流体的垂向渗流，同时也影响着水平渗流，因而制约着油田开发的注采层位或射孔层段。

（五）层理的层系与纹层

它为渗透层内的层理构造。由于层理构造内部层系与纹层的方向具较大的差异，这种差异对流体渗流亦有较大的影响，从而影响注水开发后剩余油的分布。

（六）微观非均质性

这是最小规模的非均质性，即岩石结构和矿物特征差异导致的孔隙规模的储层非均质性。

（七）裂缝

储层中若存在裂缝，裂缝的封闭性和开启性也可导致储层的非均质性。

（八）原油的黏度变化和沥青垫

这属于一种特殊的类型。

裂缝、原油的黏度变化和沥青垫两种类型均不是碎屑岩储层中常见的非均质性。图 7-3b、c、d、e 四种类型的形成受可容纳空间大小与沉积物供给量比值的影响。

这一分类较 Pettijohn 的分类更为全面，它是在考虑了不同油藏类型的基础上所提出的，可操作性强，便于进行研究和使用。

三、Haldorsen 的分类

H.H.Haldorsen（1983）根据储层地质建模的需要及储集体的孔隙特征，按照与孔隙均值有关的体积分布，将储层非均质性划分为四种类型（图7-4）：

(1) 微观非均质性，即孔隙和砂颗粒规模。
(2) 宏观非均质性，即岩心规模。
(3) 大型非均质性，即模拟模型中的大型网块。
(4) 巨型非均质性，即整个岩层或区域规模。

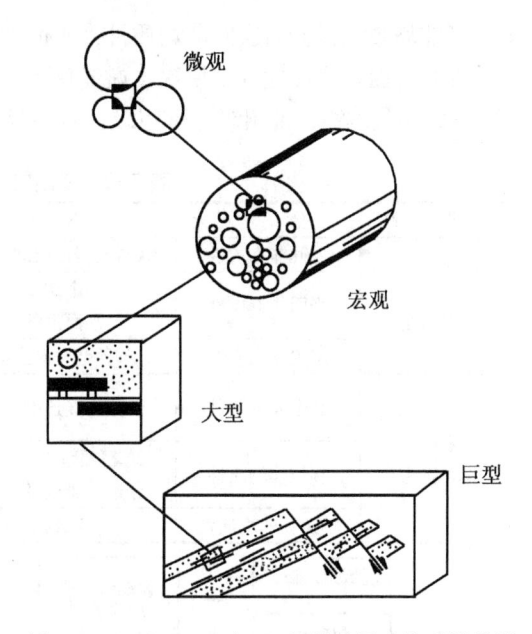

图7-4 Haldorsen（1983）的储层非均质性分类

四、裘怿楠等人的分类

裘怿楠（1987，1989，1992）根据多年的工作经验和Pettijohn的思路，结合我国陆相储层的特点，既考虑了非均质性的规模，也考虑了开发生产的实际，将碎屑岩的非均质性由大到小分成四类。

（一）层间非均质性

层间非均质性反映纵向上多油层之间的非均质变化，重点突出不同层次油层或砂组、油组之间的非均质性，包括层系的旋回性、砂层间渗透率的非均质程度、隔层分布、特殊类型层的分布。

（二）平面非均质性

平面非均质性主要描述一个储层砂体平面上的非均质变化，包括砂体成因单元的连通程度、平面孔隙度、渗透率的变化和非均质程度，以及渗透率的方向性。

（三）层内非均质性

层内非均质性主要反映单层内垂向上的非均质变化，包括粒度韵律性、层理构造序列、渗透率差异程度及高渗透段位置、层内不连续薄泥质夹层的分布频率和大小，以及其他不渗透隔层、全层规模的水平、垂直渗透率比值等。

（四）微观非均质性

微观非均质性包括孔隙非均质性、颗粒非均质性和填隙物非均质性。其中，孔隙非均质性是砂体孔隙、喉道大小及其均匀程度，以及孔隙喉道的配置关系和连通程度；颗粒非均质性主要为岩石碎屑结构（包括砂粒排列的方向性）及岩石矿物学特征；填隙物非均质性为填隙物的含量、矿物组成、产状及其敏感性特征（吴元燕，1996）。

我国各油田根据陆相储层特征及生产实践，以裘怿楠的分类方案为基础，综合各种分类方案，提出了一套较完整且实用的分类方案（表7-2），目前国内已普遍采用。该方案将储层非均质性分为宏观非均质性及微观非均质性两大类，宏观非均质性又包括层内非均质性、平面非均质性及层间非均质性，微观非均质性包括孔隙非均质性、颗粒非均质性和填隙物非均质性。

除以上分类外，还有Tayler（1988，1993）和P. F. Worthington（1989）等人以尺度为函数的非均质性分类；陈永生（1993）将储层非均质性分为流体非均质性和流场非均质性两大类，其中流场非均质性又分为层间非均质性、平面非均质性、层内非均质性、孔间非均质性、孔道非均质性和表面非均质性6个层次；姚光庆等（1994）将储层非均质性按规模大小分为8个级别（图7-5）：盆地级、油田级、砂组级、砂层级、砂体级、层理级、毫米级、微米级。

表7-2 我国常用储层非均质性分类

储层非均质性	分类	含义	研究内容
宏观非均质性	层间非均质性	纵向上多油层间的差异性	层系的旋回、渗透率差异、隔层等
	平面非均质性	一个储集砂体平面上的差异	砂体连通程度、平面孔隙度变化及方向性
	层内非均质性	单砂层垂向上的差异	粒度韵律、层理、渗透率差异程度、夹层分布等
微观非均质性	孔隙非均质性	孔隙与喉道的相互关系	孔隙和喉道的大小、均匀程度，以及两者的配置关系和连通程度
	颗粒非均质性	岩石颗粒大小、形状、分选、排列及接触关系	岩石碎屑的定向性及矿物学特性
	填隙物非均质性	填隙物的差异	填隙物的含量、矿物组成、产状及其敏感性特征

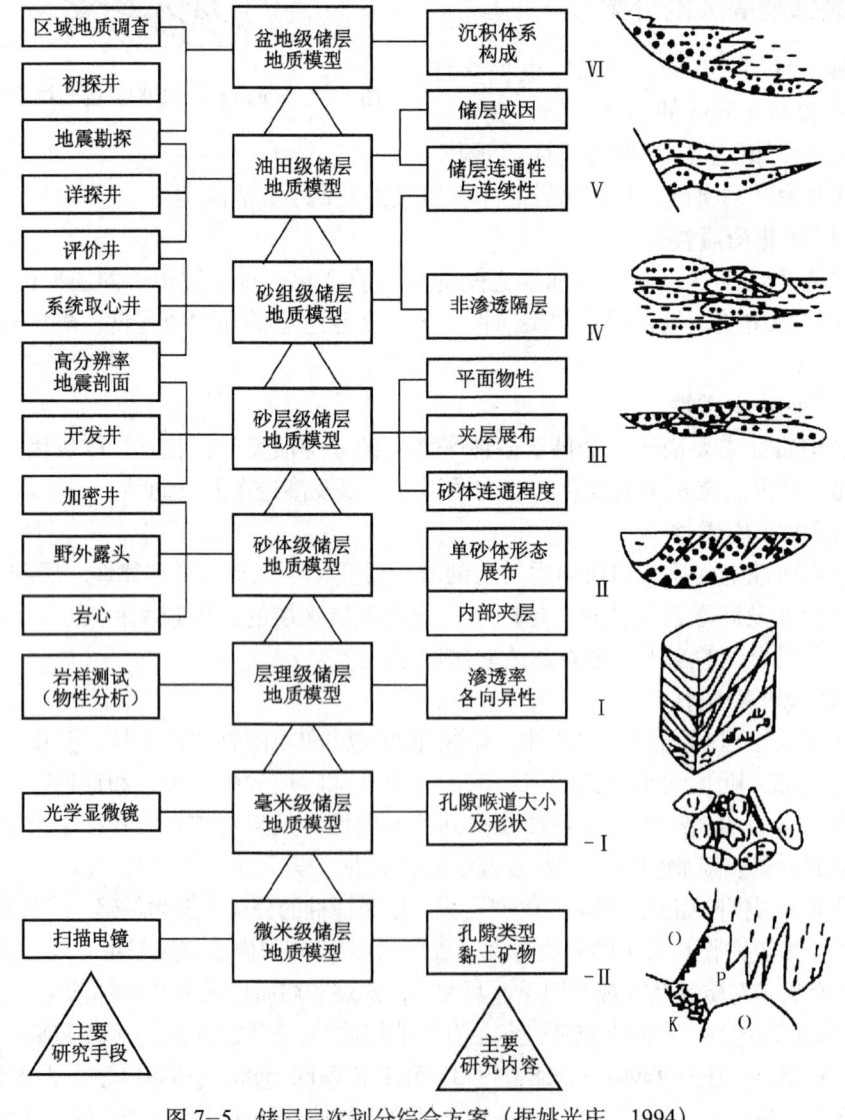

图7-5 储层层次划分综合方案（据姚光庆，1994）

第三节 宏观非均质性的研究

研究储层非均质性，不仅是为了表征储层在不同层次各种属性的变化规律和分布特点，更重要的是建立储层的非均质性模型，这就要将各种描述性特征进行科学的量化和指标化。结合国内外油气储层非均质性的分类方案，从储层沉积学的角度而言，可将储层的非均质性分为宏观与微观两大类，其中宏观非均质性包括层内非均质性、层间非均质性及平面非均质性。

一、层内非均质性

层内非均质性是20世纪70年代后期开始为人们所重视的储层非均质性类型。它指一个单砂层规模内垂向上的储层特征变化，包括层内垂向上渗透率的差异程度、最高渗透率段所处的位置、层内粒度韵律、渗透率韵律及渗透率的非均质程度、层内不连续的泥质薄夹层的分布，是直接控制和影响单砂层内注入剂波及体积的关键地质因素。由此可见，层内非均质性研究的核心内容是沉积作用与非均质性响应的关系。

层内非均质性的主要量化指标是：(1) 渗透率的差异程度——影响流体的波及程度与水窜；(2) 高渗透率的位置——决定注采方式与射孔部位；(3) 垂直渗透率与水平渗透率的比值（K_v/K_h）——控制着水洗效果；(4) 层内不连续薄泥质夹层的分布频率、密度与范围——影响着开采方式与油、气、水界面的分布。

（一）粒度韵律

单砂层内碎屑颗粒的粒度大小在垂向上的变化称为粒度韵律或粒序，受沉积环境和沉积作用的控制，水流强度周期性变化造成了粒度粗细的周期性变化。粒度韵律是构成渗透率韵律的内在原因，它对层内水洗厚度的大小影响很大。粒度韵律一般分为正韵律、反韵律、复合韵律和均质韵律四类。

(1) 正韵律：颗粒粒度自下而上由粗变细称为正韵律，往往导致物性自下而上变差（图7-6）。曲流河点沙坝、三角洲分流河道砂、浊积岩等常具有典型的正韵律。

(2) 反韵律：颗粒粒度自下而上由细变粗称为反韵律，往往导致岩石物性自下而上变好。三角洲前缘河口沙坝、湖相滩坝等常具有典型的反韵律。

(3) 复合韵律：即正、反韵律的组合。正韵律的叠置称为复合正韵律；反韵律的叠置称为复合反韵律；上、下细，中间粗称为复合反正韵律；上、下粗，中间细称为复合正反韵律。

(4) 均质韵律或无韵律：颗粒粒度在垂向上无变化或无规律称为无韵律或均质韵律。

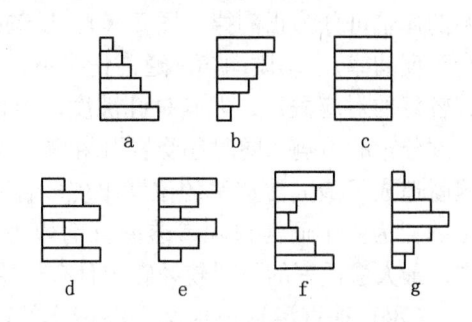

图7-6 垂向韵律模式
a—正韵律；b—反韵律；c—均质韵律；d—复合正韵律；e—复合反韵律；f—复合正反韵律；g—复合反正韵律

（二）沉积构造

碎屑岩储层大都具有不同类型的原生沉积构造，其中以层理为主，通常见到的有平行层理、板状交错层理、槽状交错层理、小型沙纹交错层理、递变层理、冲洗层理、块状层理及水平层理等。层理类型受沉积环境和水流条件的制约。层理主要通过岩石的颜色、粒度、成分及颗粒的排列组合的不同而表现出不同的构造特征,这种差异则导致了渗透率的各向异性(表7-3)。所以,可以通过研究各种层理的纹层产状、组合关系及分布规律,来分析由此而引起的渗透率的方向性。这一层次的储层非均质性主要是通过岩心分析与倾角测井技术进行研究。

表7-3 不同层理类型砂岩注水模拟结果

层 理 类 型	水平渗透率,mD	最终采收率,%
平行层理	816.2	31.8
板状交错层理	723(顺纹层方向)	21.3
槽状交错层理	221.3	42.7

层内的层面构造包括波痕、冲刷面、侵蚀下切现象、泥裂等的差异将影响渗透率在垂向上的差异。结核、缝合线、揉皱等层内构造同样也是影响渗透率在垂向上发生变化的因素(表7-4)。

表7-4 层理类型与渗透率的关系

层理类型	层 理 特 点	渗透率非均质性
平行层理	具剥离线理,纹层间的空隙易开启	水平渗透率很大,K_v/K_h值极小
板状交错层理	有顺层理、逆层理和平行纹层三个方向	逆层理倾向的渗透率<平行纹层走向的渗透率<顺层理倾向的渗透率
槽状交错层理	各向异性强,纹层组合复杂	渗透率各向异性强

层内的微裂缝也是产生层内非均质性的一个主要因素。致密的储层中一般都分布有大量微裂缝。微裂缝的存在,可以改变储层的渗透性,改变流体在层内的渗流特征,甚至出现窜层,因此决不能忽略微裂缝的形态、产状及其组合方式。

(三)渗透率韵律

渗透率大小在垂向上的变化所构成的韵律性称为渗透率韵律。与粒度韵律一样,渗透率韵律也可分为正韵律(图7-6)、反韵律、复合韵律(包括复合正韵律、复合反韵律、复合正反韵律)、均质韵律。通常情况下,储层的物性(孔隙度、渗透率)与韵律特征及粒度有较好的对应关系,尤其是孔隙度。但也不尽然,孔隙度、渗透率的垂向变化规律不仅受粒度分布的影响,同时还受岩石组构、成岩作用与构造活动的制约和改造,尤其是渗透率,这就造成了最大渗透率的位置出现多种变化的现象。如在三角洲储层中,分流河道渗透率正韵律为主;而河口坝渗透率反韵律为主(图7-7)。一般而言,在正常粒度韵律的储层中,最大渗透率的位置较易确定且有规律,但复合韵律的储层则变化多样。

(四)垂直渗透率与水平渗透率的比值

垂直渗透率与水平渗透率的比值(K_v/K_h)对油层注水开发中的水洗效果有较大的影响。K_v/K_h小,说明流体垂向渗透能力相对较低,层内水洗波及厚度可能较小。

平行层理的渗透率各向异性主要表现在水平渗透率(K_h)和垂直渗透率(K_v)的差异,一般K_h比K_v大得多,因此K_v/K_h值很小。平行层理的方向为古水流方向,长轴颗粒也顺此方向排列,从而造成该方向的渗透率较大。

高流态水流作用形成的平行层理具有剥离线理,其纹层呈数毫米至数厘米级的薄板状。

薄板间的孔隙,即所谓沉积成因的层间缝,很容易剥离,在注水压力下可呈开启状态,形成"大孔道",易发生水窜,水平渗透率很大,K_v/K_h 值极小。

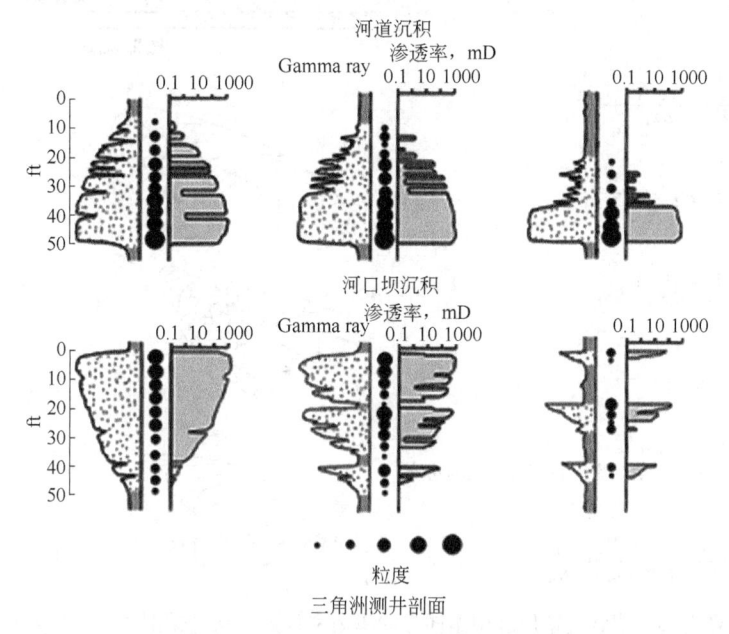

图 7-7　三角洲中分流河道与河口坝渗透率垂向韵律特点（据 Shepherd M, 2009 修改）

斜层理的渗透率各向异性表现在顺层理倾向、逆层理倾向和平行纹层走向方向的渗透率的差异。顺层理倾向的渗透率最大,而逆层理倾向的渗透率最小,平行纹层走向的渗透率介于这两者之间。

交错层理的渗透率各向异性最强,且交错纹层的组合越复杂,各向异性程度越高。Weber（1982）提出了一套计算槽状交错层理渗透率各向异性的方法（图 7-8）,并认为在未固结层中,平行纹层方向的渗透率（$K_{//L}$）与垂直纹层方向的渗透率（$K_{\perp L}$）之比可达 3,而在固结的砂岩中,这一比值更大。Emmett 等（1971）通过对怀俄明州某储层的研究,认为在该储层中平行于交错纹层方向的渗透率是垂直于纹层方向的 4 倍。这一渗透率差异对流体的渗流有较大的影响,从而对二次采油（注水开发）后残余油的分布有较大的影响。

（五）高渗贼层特点

油藏注水开发时会现大孔道的高渗层。尤其是在油田开发后期含水超过 90% 时,由于注入水的长期冲刷,在注水井和油井之间的地层中会形成高渗透率的通道。储层中的高渗层被水洗得非常白,没有一点油星儿,故又俗称为"贼层"或"大孔道"。贼层会控制油水流动,使注入水快速到达油井而抑制剩余油的开发（图 7-9）。因此,油田开发过程中的储层表征也越来越重视此类高渗贼层的分析与预测,以提高采收率。

（六）渗透率非均质程度

表征渗透率非均质程度的定量参数有渗透率变异系数（V_K）、渗透率突进系数（T_K）、渗透率级差（J_K）、渗透率均质系数（K_p）。

1. 渗透率变异系数（V_K）

变异系数是一数理统计的概念,用于度量统计的若干数值相对于其平均值的分散程度。渗透率变异系数计算公式如下：

$$V_K = \frac{\sqrt{\sum_{i=1}^{n}(K_i - \overline{K})^2 / n}}{\overline{K}}$$

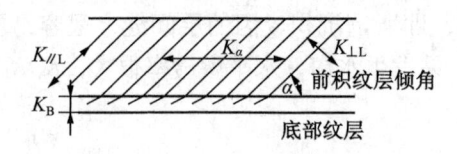

$$\frac{1}{K_\alpha} = \frac{\cos^2\alpha}{K_{//L}} + \frac{\sin^2\alpha}{K_{\perp L}}$$

$$\frac{1}{K_x} = \frac{d}{LK_B} + \frac{1}{K_\alpha}$$

$$\frac{1}{K_y} = \frac{d}{WK_B} + \frac{1}{K_{//L}}$$

$$\frac{K_x}{K_y} = A_H$$

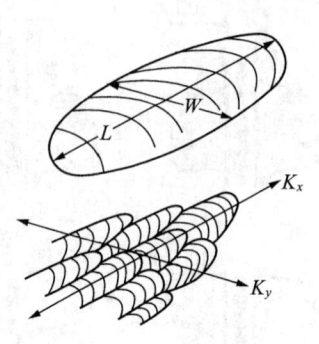

$K_R = \sqrt{K_x K_y}$ =流向井筒的径向渗透率

$$\frac{H+d}{K_v} = \frac{H}{K(90-\alpha)} + \frac{d}{K_B}$$

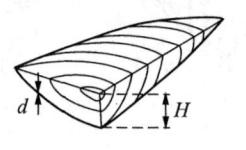

图 7-8 槽状交错层理中不同方向渗透率计算公式（据罗明高，1998）

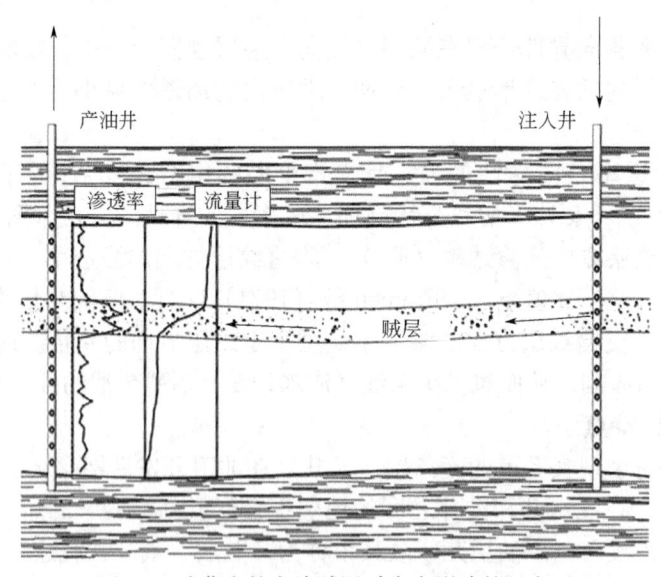

图 7-9 油藏中的高渗贼层对生产影响的示意图

$$V_K = \frac{\sqrt{\sum_{i=1}^{n}(K_i - \overline{K})^2 / n}}{\overline{K}} \tag{7-1}$$

式中　V_K——渗透率变异系数；

　　　K_i——层内某样品的渗透率值，i=1，2，3，…，n；

　　　$\overline{K}$——层内所有样品渗透率的平均值；

n——层内样品个数。

一般说，当 $V_K \leqslant 0.5$ 时为均匀型，表示非均质性弱；当 $0.5 \leqslant V_K \leqslant 0.7$ 时，为较均匀型，表示非均质性程度中等；当 $V_K > 0.7$ 时为不均匀型，表示非均质性程度强。由于我国陆相碎屑岩储层渗透率值的差别较大，所以为了更好地反映其非均质性特点，其分类标准通常以小于 0.25、0.25~0.7 和大于 0.7 为界限（表 7–5）。

表 7–5 我国陆相砂岩储层非均质性程度分级标准（据于兴河，2002）

储层级别	渗透率 mD	均质性程度	渗透率变异系数	类型编号
特高渗透	>1000	均质性	<0.25	I_1
		相对均质性	0.25~0.7	I_2
		严重非均质性	>0.7	I_3
中高渗透	1000~300	均质性	<0.25	II_1
		相对均质性	0.25~0.7	II_2
		严重非均质性	>0.7	II_3
中低渗透	300~100	均质性	<0.25	III_1
		相对均质性	0.25~0.7	III_2
		严重非均质性	>0.7	III_3
低渗透	100~10	均质性	<0.25	IV_1
		相对均质性	0.25~0.7	IV_2
		严重非均质性	>0.7	IV_3
特低渗透	<10	均质性	<0.25	V_1
		相对均质性	0.25~0.7	V_2
		严重非均质性	>0.7	V_3

2. 渗透率突进系数（T_K）

渗透率突进系数以砂层中最大渗透率与砂层平均渗透率的比值来表示：

$$T_K = \frac{K_{\max}}{\overline{K}} \tag{7-2}$$

式中 T_K——渗透率突进系数；

$K_{\max}$——层内最大渗透率，mD，一般以砂层内渗透率最高且相对均质层的渗透率表示。

当 $T_K < 2$ 时为均匀型，当 T_K 介于 2~3 时为较均匀型，当 $T_K > 3$ 时为不均匀型。

3. 渗透率级差（J_K）

渗透率级差即砂层内最大渗透率与最小渗透率的比值：

$$J_K = \frac{K_{\max}}{K_{\min}} \tag{7-3}$$

式中 T_K——渗透率级差；

$K_{\min}$——最小渗透率值，一般以渗透率最低且相对均质段的渗透率表示。

渗透率级差越大，反映渗透率的非均质性越强；反之，非均质性越弱。

4．渗透率均质系数（K_p）

渗透率均质系数为砂层中平均渗透率与最大渗透率的比值：

$$K_p = \frac{\overline{K}}{K_{\max}} \tag{7-4}$$

显然，K_p值在 0～1 之间变化，K_p越接近 1，均质性越好。

5．储层质量系数（RQI——Reservoir Quality Index）

为了反映储层的综合质量特征，结合油藏工程的研究特点，可用储层质量系数的概念反映储层孔隙度、渗透率的综合特征，用以评价储层好坏的指标。储层质量系数用式（7-5）表示：

$$RQI = \sqrt{\frac{K}{\phi}} \tag{7-5}$$

由于该系数是一个无量纲的相对数，因而，在同一个地区或油田内，系数的大小差别不仅能很好地反映储层的好坏，而且也可以表征出储层的非均质性差异。

（七）泥质夹层的分布频率（P_k）和分布密度（D_k）

层内夹层是指位于单砂层内部的非渗透层或低渗透层，厚度从几厘米到几十厘米不等，一般由泥岩、粉砂质泥岩或钙质砂岩组成。层内夹层是短暂而局部的水流状态变化形成的，反映微相或砂体的相变（图 7-10），所以其形态和分布不稳定。不稳定泥质夹层对流体的流动起着不渗透或极低渗透的隔挡作用，影响着垂直和水平方向上渗透率的变化。它的分布与侧向连续性主要受沉积环境的制约（图 7-11），具有随机性，难以追踪，但可通过沉积环境分析来进行预测。通常采用下述两个参数定量描述泥质夹层的分布特点。

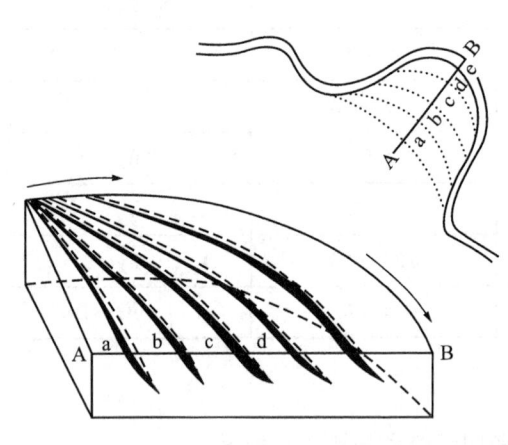

图 7-10 河流点沙坝的泥质侧积层分布模式图
（据薛培华，1991）

1．夹层分布频率（P_k）

夹层分布频率即单位厚度的储层内非渗透性泥质夹层的个数。

$$P_k = \frac{N}{H} \tag{7-6}$$

式中 P_k——夹层分布频率，个/m；

N——层内非渗透性夹层个数；

H——层厚，m。

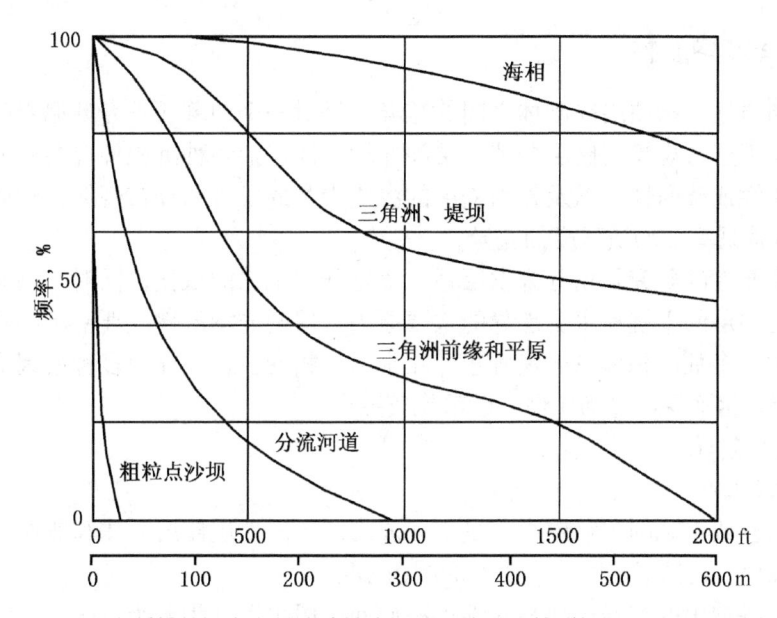

图 7-11　页岩（粉砂）夹层的连续性为沉积环境的函数（据 K.J.Weber，1986）

2. 夹层分布密度（D_k）

夹层分布密度指单位厚度的储层内非渗透性泥质夹层的厚度，即各夹层厚度之和与储层总厚度之比的百分数：

$$D_k = \frac{H_{sh}}{H} \times 100\% \tag{7-7}$$

式中　H_{sh}——层内非渗透性泥质夹层的总厚度，m；
　　　H——储层厚度，m。

通过编制以上两参数的平面等值线图，可以反映夹层在平面上的分布规律。夹层在油田开发中主要起着屏障的作用：(1) 夹层的存在使层内渗透率的各向异性更明显；(2) 夹层分布影响油水运动规律；(3) 夹层分布的稳定性影响厚油层内的压力分布。

储层层内非均质性与砂体微相有很大关系。实际上，沉积相、沉积方式决定了砂体的粒度韵律、渗透率韵律、渗透率非均质性程度及夹层特征等（表 7-6）。

表 7-6　陆相湖盆典型微相砂体的层内非均质性（据吴胜和等，1998）

砂体微相	沉积方式	粒度韵律	渗透率韵律	渗透率非均质程度	夹　　层
曲流河点坝	侧积	正韵律	正韵律	强	泥质侧积层
辫状河心滩坝	垂积	均质韵律	均质韵律	中	少
分流河道	填积	正韵律	正韵律	强	泥质薄层分布于中上部
河口沙坝	前积	反韵律	反韵律	中—弱	泥质薄层分布于中下部
滩坝	进积	反韵律	反韵律	弱	少
浊积岩	浊积	正韵律	反正韵律	中—强	泥质薄层分布于中上部

二、层间非均质性

层间非均质性是指储层或砂体之间的差异，是对一个油藏或一套砂泥岩间含油层系的总体研究，属于层系规模的储层描述。层间非均质性包括各种沉积环境的砂体在剖面上交互出现的规律性或旋回性，以及作为隔层的泥质岩类的发育和分布规律，即砂体的层间差异，如砂体间渗透率非均质程度的差异。

层间非均质性的研究是划分开发层系、决定开采工艺的依据，同时，层间非均质性是注水开发过程中层间干扰和水驱差异的重要原因，层间非均质性主要受沉积相的控制。我国陆相湖盆中大多数沉积体系的流程短、相带窄、相变快，往往为多种成因类型的砂体叠加成一套储层，因而层间非均质性一般都比较突出。

（一）层间差异

1. 沉积旋回性

沉积旋回性或宏观的沉积层序，是不同成因、不同性质储层砂体和非储层按一定规律排序叠置的表现，是储层层间非均质性的沉积成因。

根据我国各油田的实践，陆相盆地沉积旋回一般可以分为五级。一、二级旋回是反映盆地构造演化、盆地沉降和抬升背景上形成的沉积层，旋回之间有不整合和（或）沉积相的明显变化，这两级旋回的划分一般在区域储层评价中在盆地范围内解决。在油田开发中，储层层组的划分对比主要依据三、四、五级旋回。

三级旋回代表湖盆水域的扩展与收缩。不同的三级旋回之间地层是连续的，常有湖侵层分隔，它是形成油组的基础。油组是在油田范围内有一定厚度的、分布稳定的隔层分隔的储层段，适用于开发层系的划分。油组间隔层在现有的采油工艺技术条件下最好能达到5m以上，最薄不能小于3m。

四级旋回是沉积条件变化所形成的沉积层，是划分砂岩组的基础。砂岩组是在油组内根据储层性质的差异和隔层的稳定程度进一步划分的次一级储层单元，适用于开发区块范围内的分层开采工艺的实施。

五级旋回是同一沉积环境下形成的微相单元，如三角洲前缘的一次水下分流河道沉积或一次河口坝沉积，相当于开发地质研究中的单层。单层为一相对独立的储油（气）砂层，上下有隔层分隔，砂层内部可构成独立的流体流动单元。然而，由于陆相沉积环境相变的复杂性，单层在横向上可能出现分叉、合并甚至尖灭。

由此可见，层间非均质具有不同的层次，即油组之间的非均质、砂组之间的非均质和单层之间的非均质。

2. 分层系数 (A_n)

分层系数指一套层系或一个油藏内砂层的层数，由于相变的原因，在平面上同一层系内的砂层层数并不相同，故用平均单井钻遇砂层数表示其特征：

$$A_n = \sum N_{bi} / n \tag{7-8}$$

式中　N_{bi}——某井的砂层层数；

　　　n——统计井数。

对一定层段，当砂岩总厚度一定时，垂向砂层数越多，则分层越多；隔层越多，越易产生层间差异,即分层系数越大,层间非均质性越严重。

3. 垂向砂岩密度（S_n）

垂向砂岩密度指砂岩总厚度（含粉砂）与地层总厚度之比的百分数,即砂地比,也称净毛比（NGR）。由于该系数主要是用来反映砂体的连通程度,而粉砂具有一定的孔渗性能,并且可以作为储层,因此在统计时应含粉砂。

4. 各砂层间渗透率的非均质程度

各砂层间渗透率的非均质程度指各砂层间渗透率变异系数（V_K）、渗透率突进系数（T_K）、渗透率级差（J_K）、渗透率均质系数（K_p）的层间差异。

5. 有效厚度系数

有效厚度系数指含油层厚度与砂岩总厚度之比的百分数,其平面等值线可较好地反映油层的分布规律。

6. 主力油层与非主力油层的识别及垂向配置关系

主力油层与非主力油层的识别、划分、位置确定、相互关系及地质成因是层间非均质性研究的重要内容。因为主力油层产能大,注入剂注入量也大,又是开发生产与研究的重点；非主力油层是开发后期的重要接替资源和挖潜对象。

主力油层与非主力油层是在各砂层平面及层内非均质性研究后,掌握各砂层特征,分析垂向各砂层层间差异,再通过各砂层间的分布面积、厚度、储油物性、含油饱和度、产能等指标比较后而确定的。

（二）隔层

隔层是砂层间发育较稳定的相对非渗透的泥岩、粉砂岩或膏岩层等,其厚度从几十厘米到几十米不等,其成因多样,如在三角洲发育地区,隔层的主要成因为前三角洲泥、分流河道间或水下分流河道间等。隔层的分布较稳定,使上、下砂层相互独立,不属于同一流动单元。隔层在各井区发育的情况不同,就导致各井非均质性的差异。在研究中主要对隔层的类型、位置及平面分布规律进行描述和分析。

隔层主要研究内容如下：

(1) 隔层的岩石类型。在砂岩和泥岩剖面中,隔层的岩石类型主要有泥岩、粉砂质泥岩、泥质粉砂岩、钙质泥岩等,也包括少量的蒸发岩和其他岩类。不同类型的隔层,其阻挡流体的能力也不同。

(2) 隔层在剖面上的分布（位置）。

(3) 隔层厚度及其在平面上的变化。可用隔层岩石类型与厚度平面分布图表示,也可用不同等级厚度所占井数的分布频率表示。

(4) 隔层级别。隔层岩性致密、排替压力大、厚度大、平面分布稳定,其封隔能力好；反之,则分隔性差。隔层可分为油层组间隔层、砂层组间隔层、砂层间隔层和砂层内薄夹层四个级别。一般通过水驱实验研究及试油确定隔层的界限及级别。

另外,需注意的是隔层与夹层在成因上可能相似,但垂向、横向分布规模及对流体阻隔特征方面存在明显差异（图7-12）。以河流隔夹层为例,有时隔夹层成因相同或相似（图7-13）。

（三）裂缝

裂缝对隔层也有较大影响,即使岩性上封隔能力很强的隔层,当其存在裂缝时,也可降低甚至失去其封隔能力。裂缝研究主要包括：

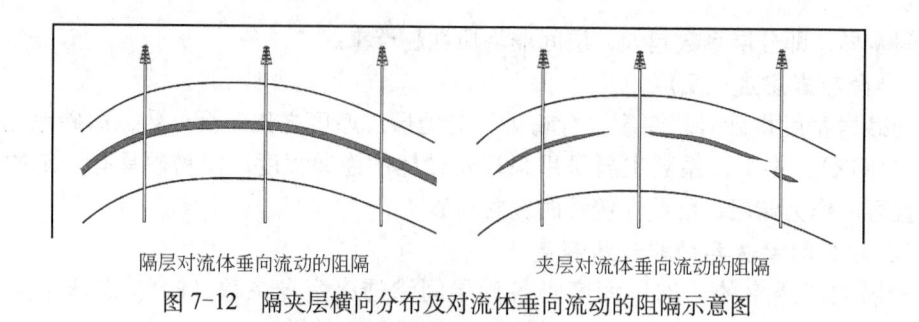

隔层对流体垂向流动的阻隔　　　　　夹层对流体垂向流动的阻隔

图 7-12　隔夹层横向分布及对流体垂向流动的阻隔示意图

LA-侧积层　　CH-河道　　OF-溢岸沉积　　CB-心滩坝　　AC-废弃河道

图 7-13　河流中的隔夹层类型示例（据 Shengli Li，Xingjun Gao，2019）

（1）裂缝在不同岩性、不同厚度储层中的产状；
（2）裂缝在不同岩性、不同厚度储层中的密度、规模、开启程度及充填物等；
（3）裂缝与泥质隔层的关系，即构造缝的穿层程度；
（4）潜在裂缝的特点和分布规律。

三、平面非均质性

平面非均质性是指一个储层砂体的几何形态、规模、连续性，以及砂体内孔隙度、渗透率的平面变化所引起的非均质性。平面非均质性是造成注水前缘不均匀推进的主要原因，对于井网布置、注入剂的平面波及效率和剩余油的平面分布有很大影响。

（一）砂体几何形态

砂体几何形态是砂体在平面和剖面上分布的几何特征，它在各个方向上的大小表现出一定的差异。它主要受控于沉积相的分布，不同沉积体系内砂体的几何形态有着自己的特性与规律。

砂体规模与连续性直接影响着储量的大小与开发井网的井距。通常重点研究的是砂体的侧向连续性，用宽厚比、钻遇率及定量地质知识库来表征。按延伸长度可将砂体分为五级：

一级：砂体延伸大于2000m，连续性极好；
二级：砂体延伸1600～2000m，连续性好；
三级：砂体延伸600～1600m，连续性中等；
四级：砂体延伸300～600m，连续性差；
五级：砂体延伸小于300m，连续性极差。

钻遇率表示在一定井网下对砂体的控制程度：

钻遇率 =（钻遇砂层井数/总井数）×100%

我国中生代、新生代陆相盆地沉积砂体连续性总体较差，特别是横向连续性更差，因而普遍采用密井网开发，注水开发井距大多在300m以下，至今一些小型河道砂体储层在经济井距下无法注水开采。

（二）砂体的连通性

砂体的连通性不仅关系到开发井网的密度及注水开发方式，同时还影响到油气最终的开采效率。地下砂体的连通性从成因上讲主要为两类：一是构造，二是沉积。前者主要是通过断层或裂缝连通砂体；后者则是指砂体在垂向上和平面上的相互接触连通，可用砂岩密度来表示（图7-14），还可用砂体配位数、连通程度、连通系数、连通体大小和砂体接触处渗透能力表示。

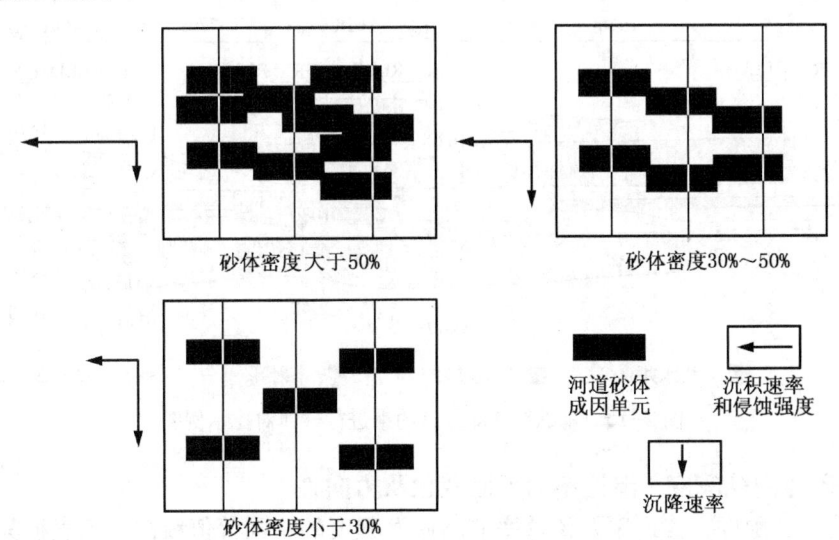

图7-14 河道砂岩密度与其连通的关系（据裘怿楠，1990）

砂体连通性分析的主要内容包括如下五个方面（夏位荣等，2006）：

（1）砂体配位数，与某个砂体连通接触的砂体数量，控制着油、气、水界面与注采方式。

（2）连通程度，砂体连通面积部分占砂体总面积的百分数，也可以用连通井数占砂体控制井数的百分数来表示。

（3）连通系数，连通的砂体层数占砂体总层数的百分比。连通系数也可用厚度来计算，称为厚度连通系数。

（4）连通体大小，某个连通体的总面积或总宽度，常指各种成因单元砂体在垂向上和平面上相互接触连通所形成的复合砂体。在开发储层评价中，应研究一个连通体内包含的成因单元砂体的个数、连通体的长度、宽度、总面积及厚度等。

（5）砂体接触处的渗透性：意为砂体间相互接触地方的渗流能力大小，常常因为该接触处会富集泥砾、钙砾或钙质胶结，甚至可能出现泥质披覆沉积，从而导致在该处形成低渗透或不渗透界面，导致砂体之间弱连通或不连通。

（三）砂体连通性分析方法

砂体连通性分析方法可采用静态分析法和动态分析法，通常把两者结合起来，称为动—静结合法。

（1）静态分析法：一般通过分析钻遇砂层/体的情况来确定，如可采用砂体钻遇率来大致反映连通程度，也可用砂体密度进行评价、还可以通过井井对比，用井间对比剖面或栅状连通剖面来反映砂体的连通性。

（2）动态分析方法：一般可采用压力测试、生产动态数据及示踪剂跟踪等方法来分析砂体连通性。

（3）动静结合方法：顾名思义，该方法是把生产动态中的各种信息（如油水变化、示踪剂监测）与静态砂体对比结合起来，通过剖面对比（图7-15）进行砂体连通性分析。

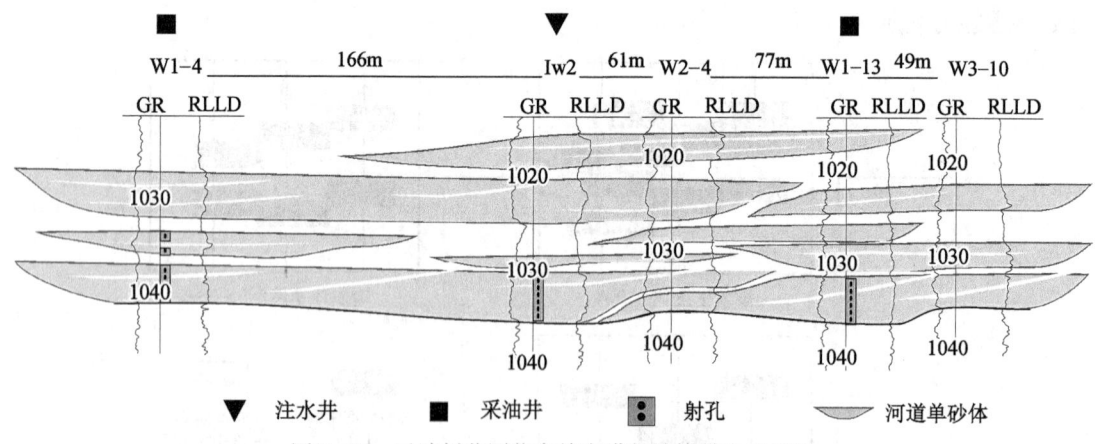

图7-15 示踪剂监测信息约束进行砂体对比示例图

（四）砂体内孔隙度、渗透率的平面变化及方向性

通过编制孔隙度、渗透率及渗透率非均质性程度的平面等值线图，来表征其平面变化规律。研究的重点是渗透率的方向性，它直接影响到注入剂的平面波及效率，制约着油、气、水的运动方向。渗透率的方向性可分为两类。

（1）宏观渗透率的方向性：指砂体内岩性变化引起的渗透率的方向性。

（2）微观渗透率的方向性：指砂体内沉积构造和结构因素所引起的渗透率的方向性。

影响渗透率平面非均质性的因素较为复杂，主要有沉积、构造和成岩三个方面（表7-7）。

表 7-7 影响渗透率平面非均质性因素与成因（据于兴河，2002）

影响因素		成因与影响结果
沉积		平面上不同相或微相所造成的差异
		同一相不同部位的差异，形成主流带与次流带
		几何形态所引起的差异
		古水流方向所造成的差异
构造（封闭形成渗流屏障；开启形成渗流通道）	裂缝	微裂缝：增大渗透率，对宏观方向性影响不大
		局部裂缝：延伸长度小于井距，对宏观方向性有一定影响
		区域性裂缝：延伸长度超过井距，可造成严重的渗透率方向性
	断层	断面的黏土沾污——形成期
		压碎作用——形成后期
		成岩封堵——成岩期以后
成岩		岩石成分的不同、成岩作用强弱所造成的差异
		流体性质所产生的成岩差异
		深度、压力、温度所引起的成岩差异

（五）井间渗透率非均质程度

1．井间渗透率变异系数

井间渗透率的变异系数反映了砂体渗透率在平面上的总体非均质程度。

2．不同等级渗透率的面积分布频率

在渗透率等值线图上，根据划定的渗透率等级，计算不同等级渗透率分布面积的百分数，并编绘分布频率图，以了解渗透率在平面上的差异程度。

3．注采井间渗透率的差异程度

在注采井网确定的条件下，描述注入井与各采油井之间渗透率的差异程度。这一差异程度是导致注水开发中平面矛盾的内在原因。

第四节 微观非均质性的研究

储层的微观非均质性是指微观孔道类型与大小的不均一性所造成的流体流动的特征差异，其地质影响因素主要包括孔隙和喉道的大小、连通程度、配置关系、分选程度以及颗粒和填隙物分布的非均质性。这一规模的非均质性直接影响注入剂的微观驱替效率。微观非均质性包括三个方面的内容，即孔隙非均质性、颗粒非均质性和填隙物非均质性。其中，后两者是造成孔隙非均质的原因。

一、孔隙非均质性

一般而言，岩石颗粒包围着的较大空间称为孔隙，仅仅在两个颗粒间连通的狭窄部分称为喉道。孔隙是流体储存于岩石中的基本储集空间，而喉道则是控制流体微观渗流特征的主要因素。

（一）孔隙和喉道的大小

孔隙和喉道的类型、大小、分布状态及分选程度可用孔隙结构参数加以定量描述，即孔隙最大半径、孔隙半径中值、最大连通喉道半径、喉道半径中值、主要流动喉道半径平均值、喉道峰值半径、最小流动喉道半径等。

值得注意的是，在孔隙充满流体时，润湿相流体在颗粒边缘形成一层液膜，从而减小了可流动的孔隙通道大小。因此，在润湿相流体存在的情况下，有效孔喉半径应该是实际孔喉半径减去液膜厚度。

（二）喉道的非均质性

每一支喉道可以连通两个孔隙，而每一个孔隙至少和三个以上的喉道相连通，有的甚至和六至八个喉道相连通，它直接影响着油田的开采效果。孔喉的配位数是孔隙系统连通性的一种定量表征方式，在一个六边形的网格中，配位数为3，而在三重六边形网格中，配位数则等于6（图5-12）。在同一储层中，由于岩石的颗粒接触关系、颗粒大小、形状及胶结类型不同，其喉道的类型也不相同。常见的喉道类型见图5-4。

不同的喉道形状和大小可以导致产生不同的毛细管压力，进而影响孔隙的储集性和渗透性。任何储层的孔隙都是由不同孔径的孔隙组成，不同大小的孔喉，其渗流能力也存在着较大的差别。对于孔喉大小分布的非均质程度，可用分选系数、相对分选系数、均质系数、孔隙结构系数、孔喉歪度、孔喉峰态等参数来描述。

（三）孔隙的连通性

孔隙与孔隙之间是通过喉道来连通的，但不同孔隙的连通情况可能不同。这种连通情况可用孔喉配位数、孔喉直径比或孔喉体积比来表征。显然，孔隙连通性越好，越有利于油气的采出。

二、颗粒非均质性

颗粒非均质性指颗粒大小、形状、分选、排列及接触关系，它们既影响着孔隙非均质性，也可造成渗透率的各向异性，同时还影响着注水开发过程中储层自身的动态变化。

颗粒的排列方向性是造成储层渗透率各向异性的重要因素，它主要受沉积古水流方向的控制（图7-16）。颗粒的长轴方向趋向于与古水流方向一致，沿此方向渗透率要比其他方向的渗透率高。古水流速度较高，孔隙通畅；而其两侧的孔隙则成为缓流区或滞留区，其中可能有较多的细粒物质或黏土物质。这样便造成了在不同方向孔道畅通程度的差异，从而导致渗透率的各向异性。

三、填隙物非均质性

填隙物包括杂基（自生和他生）和胶结物，其类型、含量、产状在不同的储层中有着较大的差异，导致不同储层孔、渗、饱及非均质性的差别（表7-8）。填隙物的特征既是影响孔隙非均质性的重要因素，又是储层敏感性的内在原因及物质基础。

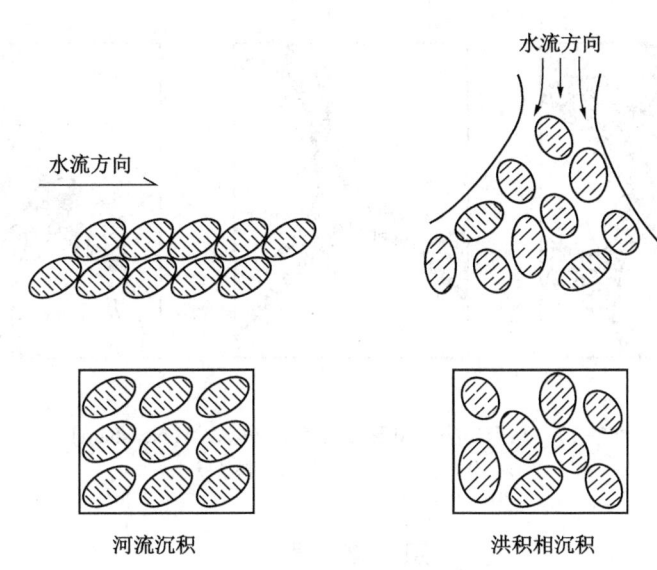

图 7-16　颗粒排列非均质模型（据罗明高，1998）

表 7-8　杂基与胶结物的区别

类型	形　成	组　分	区　别
杂基	机械成因泥、粉细砂	高岭石、水云母、蒙脱石等，绢云母、石英、绿泥石等	据两者洁净度判别，杂基往往成分混杂，看似较脏，胶结物较为洁净
胶结物	化学沉淀	硅质、碳酸盐、铁质、石膏及黏土矿物	

杂基是碎屑岩中细小的机械成因组分，最常见的是各类黏土矿物，有时见有灰泥和云泥。充填于碎屑岩储层孔隙内的黏土矿物类型较多，常见的有蒙脱石、高岭石、绿泥石、伊利石，以及它们的混层黏土。不同物源、不同沉积环境储层中出现的黏土矿物类型和含量不同，对流体的敏感性也不同。黏土矿物具有很大的表面积和极强的活性（如吸附能力、对外来流体的敏感性等），对各种注入剂的注入能力、注入剂的吸附及改性都有较大影响，加上在孔隙中的分布产状及其自身的变化，往往增强了已开发油气层的非均质程度，极大地影响油气层驱替效果。因此，黏土矿物是油藏微观规模描述的重点内容之一。

胶结物是沉淀于粒间孔隙的自生矿物。胶结物的含量、分布及产状也是影响孔隙发育及其非均质程度的重要因素。方解石胶结物常呈嵌晶式充填于颗粒之间，改变沉积储层的原始面貌，若后期发生溶解作用，孔隙性可以变好，但储层的非均质程度反而增强。

目前国内各油田常采用 X 射线衍射法分析填隙物的类型及含量，扫描电镜观察分析填隙物的成分及产状。填隙物的产状一般分为分散状（充填式）、薄层状（衬垫式）和搭桥状（图 7-17）。

（1）分散状：填隙物在孔隙中以分散的形式分布，充当孔隙填充物。

（2）薄层状：填隙物黏附于孔壁，形成一个相对连续的、薄的黏土矿物披盖，又称薄膜式。

（3）搭桥状：黏土矿物黏附于孔壁表面伸长很远，整个横跨孔隙，像搭桥一样，把粒间孔分隔为大量微孔。这种填隙物对孔隙非均质性影响最大，直接影响油水微观运动规律。

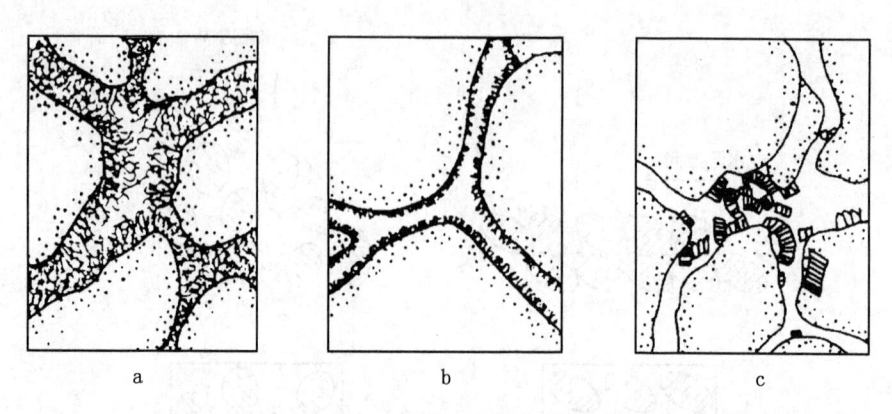

图 7-17 黏土矿物分布形式示意图（据 J. W. Neasham）
a—分散状；b—薄层状；c—搭桥状

思 考 题

1. 储层非均质的定义以及其影响因素是什么？
2. 如何表征层内非均质性？
3. 试述以裘怿楠为代表的碎屑岩非均质性分类方法。
4. 试述砂体连通性的评价参数，并以河流为例分析连通体样式。
5. 试分析孔隙系统中的微观驱替机理。

第八章　储层敏感性分析

通常意义上的储层"五敏"是指储层的酸敏性、碱敏性、盐敏性、水敏性和速敏性，这"五敏"同储层的压敏一起构成了在油气田勘探开发过程中造成储层伤害的几个主要因素。通过对储层敏感性的形成机理研究，可以有针对性地对不同的储层采用不同的开采措施。在油气田投入开发前，应该进行潜在的储层敏感性评价，搞清楚油层可能的伤害类型以及伤害的程度，从而采取相应的对策。本章介绍了不同类型储层敏感性的评价方法，并详细探讨了油气田在注水开发过程中储层性质的动态变化，结果表明，在长时间注水后，不仅仅有储层渗透率降低的问题，还有渗透率升高的情况，而且储层的其他参数也有不同的变化。

油气储层中普遍存在着黏土和碳酸盐等矿物。在油气田勘探开发过程中的各个施工环节——钻井、固井、完井、射孔、修井、注水、酸化、压裂直到三次采油，储层都会与外来流体以及它所携带的固体微粒接触。如果外来流体与储层矿物或流体不匹配，会发生各种物理、化学作用，导致储层渗流能力下降，影响油气藏的评价，降低增产措施的效果，减小油气的最终采收率。

油气储层与外来流体发生各种物理或化学作用而使储层孔隙结构和渗透性发生变化的性质，即称为储层的敏感性，这是广义的储层敏感性的概念。储层与不匹配的外来流体作用后，储层渗透性往往会变差，会不同程度地伤害油层，从而导致产能损失或产量下降。因此，人们又将储层对于各种类型伤害的敏感性程度，称为储层敏感性。

为了防止油气储层被伤害，使其充分发挥潜力，就必须对储层的岩石性质、物理性质、孔隙结构及储层中的流体性质进行分析研究，并根据油气藏开发过程中所能接触到的流体进行模拟试验，对储层的敏感性开展系统的评价工作。

第一节　储层敏感性机理

储层伤害是储层内部潜在伤害因素及外部条件共同作用的结果。内部潜在伤害因素主要指储层的岩性、物性、孔隙结构、敏感性及流体性质等储层固有的特征。外部条件主要指的是在施工作业过程中引起储层孔隙结构及物性变化，使储层受到伤害的各种外界因素。内部潜在因素往往是通过外部条件变化而发生变化的。

一般而言，储层的敏感性是由储层岩石中含有的敏感性矿物所引起的。敏感性矿物是指储层中与流体接触易发生物理、化学反应，并导致渗透率大幅下降的一类矿物。组成砂岩的碎屑颗粒、杂基和胶结物中都有敏感性矿物，它们一般粒径很小（小于20μm），比表面积很大，往往分布在孔隙表面和喉道处，处于与外来流体优先接触的位置。

常见的敏感性矿物可分为酸敏性矿物、碱敏性矿物、盐敏性矿物、水敏性矿物及速敏性矿物等（表8-1），与之相对应的是储层的"五敏"性（表8-2）。

表 8-1　可能伤害地层的几类敏感性矿物（据张绍槐，1993）

敏感性类型		敏感性矿物		伤害形式
速敏性		高岭石、毛发状伊利石、微晶石英 微晶白云母、降解伊利石、微晶长石		分散运移 微粒运移
酸敏性（含高pH值碱敏性）	HCl	蠕绿泥石 鲕绿泥石 绿泥石—蒙脱石 海绿石 水化黑云母	铁方解石 铁白云石 赤铁矿 黄铁矿 镁铁矿	化学沉淀 Fe(OH)$_3$ 非晶质 SiO$_2$ 酸蚀释放出微粒运移
	HF	方解石 白云石 钙长石	沸石类、浊沸石 钙沸石、斜钙沸石 片沸石、辉沸石 各类黏土矿物	化学沉淀 CaF$_2$ 非晶质 SiO$_2$
	pH>12	钾长石、钠长石、微晶石英、石髓（玉髓）、斜长石、各类黏土矿物 蛋白石-CT、蛋白石-A（非晶质）		硅酸盐沉淀 硅凝胶体
水敏性		绿泥石—蒙脱石 蒙脱石 降解绿泥石	伊利石—蒙脱石 降解伊利石 水化白云母	晶格膨胀 分散运移
结垢		石膏、重晶石、硫铁矿、方解石、赤铁矿、天青石、硬石膏、岩盐、菱铁矿、磁铁矿		盐类沉淀

表 8-2　储层的"五敏"性

敏感性	含义	形成因素
酸敏性	酸液与地层酸敏矿物反应产生沉淀，使渗透率下降	盐酸或氢氟酸与含铁高或含钙高的矿物反应，生成沉淀而堵塞孔隙，引起渗透率降低
碱敏性	碱液在地层中反应产生沉淀，使渗透率下降	地层矿物与碱液发生离子交换，形成水敏性矿物，或直接生成沉淀物质堵塞孔隙
盐敏性	储层在盐液作用下渗透率下降，造成地层伤害	盐液进入地层引起盐敏性黏土矿物的膨胀，堵塞孔隙和喉道
水敏性	与地层不配伍的流体使地层中黏土矿物变化，引起地层伤害	流体使地层中蒙脱石等水敏性矿物发生膨胀、分散，导致孔隙和喉道的堵塞
速敏性	流速增加引起渗透率下降，造成地层伤害	黏结不牢固的速敏矿物在高流速下分散、运移，堵塞孔隙和喉道

同一种矿物，可能同时具有几种不同的敏感性，储层所受的伤害往往是各种敏感性综合的结果。

一、储层的酸敏性

油层酸化处理是油田开采过程中的主要增产措施之一。酸化的主要目的是通过溶解岩石中的某些物质以增加油井周围的渗透率。但在岩石矿物质溶解的同时，可能产生大量的沉淀物质。如果酸处理时的溶解量大于沉淀量，就会导致储层渗透率的增加，达到油井增产的效果；反之，则得到相反的结果，造成储层伤害。

酸敏性是指酸液进入储层后与储层中的酸敏性矿物发生反应，产生凝胶、沉淀，或释放出微粒，致使储层渗透率下降的性质。酸敏性是酸与岩、酸与原油、酸与反应产物、反应产物与反应产物、酸液中的有机物等与岩石及原油相互作用的结果。酸敏性导致地层伤害的形式主要有两种：一是产生化学沉淀或凝胶；二是破坏岩石原有结构，产生或加剧速敏性。

酸敏矿物是指储层中与酸液发生反应产生化学沉淀或酸化后释放出微粒引起渗透率下降的矿物。一般在酸化处理中，多用盐酸处理碳酸盐岩油层和含碳酸盐胶结物较多的砂岩油层，用土酸（盐酸和氢氟酸的混合物）处理砂岩油层（适用于碳酸盐含量较低、泥质含量较高的砂岩油层），所以酸化过程中的酸液包括盐酸（HCl）和氢氟酸（HF）两类。

对于盐酸来说，酸敏性矿物主要为含铁高的一类矿物，包括绿泥石（鲕绿泥石、蠕绿泥石）、绿泥石—蒙脱石混层矿物、海绿石、水化黑云母、铁方解石、铁白云石、赤铁矿、黄铁矿等（表8-1）。盐酸与这些酸敏性矿物反应并无直接沉淀生成，但反应的产物之间将再次反应，产生难溶或不溶的二次沉淀，这些二次沉淀主要是硅酸盐、铝硅酸盐、氢氧化物和硫化物。氧化物类矿物与盐酸反应时无沉淀生成，复杂氧化物类矿物与盐酸的反应活性略低于简单氧化物。岛状结构硅酸盐矿物由于活性氧的存在，使其与盐酸的反应活性比氧化物类矿物高，并使双硅氧四面体分解成单硅氧四面体，最终形成硅酸。层状结构硅酸盐中，黏土矿物的同晶置换非常活跃，矿物晶体表面存在较多的过剩负电荷，绿泥石与盐酸反应的活性最高，尤其是含铁高的绿泥石更易导致二次沉淀的生成。云母类的酸反应活性与岛状硅酸盐相当。架状结构的硅酸盐主要为长石族、似长石族、方柱石族及沸石族矿物，其结构和化学性质均很稳定，与盐酸反应活性明显低于其他硅酸盐亚类和氧化物。它们与盐酸发生化学反应后，随着酸的耗尽，溶液的pH值会逐渐增大，酸化析出的Fe^{3+}和Si^{4+}会生成$Fe(OH)_3$沉淀或SiO_2凝胶体，堵塞喉道。同时，酸化释出的微粒对孔喉堵塞也有一定的影响。

对于氢氟酸来说，酸敏性矿物主要为含钙高的矿物，如方解石、白云石、钙长石、沸石类（浊沸石、钙沸石、斜钙沸石、片沸石、辉沸石等），它们与氢氟酸反应后会生成CaF_2沉淀和SiO_2凝胶体，从而堵塞喉道。

土酸不仅能像盐酸一样快速地与碳酸盐岩反应，而且能溶解砂岩中的石英、长石等盐酸不溶或难溶的矿物，尤其是对黏土矿物的溶解能力是任何其他酸很难相比的。由于土酸是由盐酸和氢氟酸组成的，酸—岩反应产物除多种阳离子外，还有H_2SiF_6和H_3AlF_6。一次沉淀物为CaF_2和MgF_2，二次沉淀物为氟硅酸盐（K_2SiF_6等）、氟铝酸盐（Na_3AlF_6等）、简单氟化物（CaF_2、BaF_2等）及无机垢。当残酸pH值上升时，还可能生成胶状$Fe(OH)_3$和$Al(OH)_3$。盐酸、土酸与岩石反应的主要生成物及二次沉淀综合列于表8-3，显然，砂岩与土酸反应产生二次沉淀（酸敏性）的可能性最大。

表8-3 酸—岩反应中的二次沉淀

岩 性	盐 酸		土 酸	
	反应产物	二次沉淀	反应产物	二次沉淀
碳酸盐岩	金属离子	$Fe(OH)_3$、$Al(OH)_3$、FeS、S	—	—
砂岩	金属离子 H_4SiO_4	$NaSi_{11}O_{20.5}(OH)_4$等、$K_2Al_2Si_{10}O_{24}$等、$Fe(OH)_3$、$Al(OH)_3$、FeS、S、无机垢	金属离子、H_2SiF_6、H_3AlF_6、CaF_2、MgF_2	K_2SiF_6等，Na_3AlF_6等，CaF_2、MgF_2、BaF_2等，$Fe(OH)_3$、$Al(OH)_3$、FeS、S、无机垢

注：金属离子主要为Si^{4+}、Al^{3+}、Fe^{3+}、Fe^{2+}、Ca^{2+}、Mg^{2+}、K^+、Na^+。

石英、长石和伊利石通常不会引起盐酸的酸敏性。在砂岩与土酸的反应中引起酸敏性的矿物除蒙脱石外,还有高岭石和长石(表8-4)。

表8-4 砂岩矿物的酸碱反应能力比较

矿物名称	含量 %	溶失率,% 盐酸	溶失率,% 土酸	溶失率,% 碱
石英	98	微	6	1.3
钾长石	85	0.5	19	2.0
钠长石	95	0.5	20	1.3
伊利石	96	0.7	22	5.3
高岭石	93	2.0	39	4.0
蒙脱石	90	10.7	40	7.3
铁矿石	—	16	39	—

二、储层的碱敏性

碱敏性是指具有碱性(pH值大于7)的油田工作液进入储层后,与储层岩石或储层流体接触而发生反应产生沉淀,并使储层渗流能力下降的现象。

碱性工作液与地层岩石反应程度比酸性工作液与地层岩石反应程度弱得多(表8-4)。但由于碱性工作液与地层接触时间长,故其对储层渗流能力的影响仍是相当可观的。

碱性工作液通常为pH值大于7的钻井液或完井液,以及化学驱中使用的碱性水。这些流体进入储层,使其产生碱敏性的机理如下。

(1)黏土矿物在碱性工作液中发生离子交换,成为较易水化的钠型黏土,使黏土矿物的水化膨胀加剧,导致水敏性。

$$MH + NaOH = MNa + H_2O \tag{8-1}$$

(2)碱性工作液还会与储层矿物发生一定程度的化学反应,与碱的反应活性从高到低依次为:高岭石、石膏、蒙脱石、伊利石、白云石和沸石,而长石、绿泥石和细石英砂的反应活性中等。碱与矿物反应的结果不仅导致阳离子交换,甚至有可能生成新的矿物,例如:

$$硅酸盐 + OH^- \longrightarrow Si(OH)_4 \tag{8-2}$$

$$Si(OH)_4 + OH^- = Si(OH)_3O^- + H_2O \tag{8-3}$$

这些新生矿物沉积在储层中,导致其渗透率伤害。

(3)若碱性工作液与储层矿物或储层流体不配伍,则破坏了储层原有的离子平衡,产生碱垢,降低储层的渗透率。

$$2NaOH + Ca^{2+} = Ca(OH)_2 + 2Na^+ \tag{8-4}$$

$$NaSiO_3 + Ca^{2+} = CaSiO_3 + 2Na^+ \tag{8-5}$$

$$Na_2CO_3 + Ca^{2+} = CaCO_3 + 2Na^+ \tag{8-6}$$

(4)高pH值环境使矿物表面双电层斥力增加,部分与岩石基质未胶结的或胶结不好的地层微粒,将随碱性工作液运移,并在喉道处"架桥",堵塞孔喉。

三、储层的盐敏性

储层的盐敏性是指储层在系列盐液中由于黏土矿物的水化、膨胀而导致渗透率下降的现象。储层的盐敏性实际上是储层耐受低盐度流体的能力的度量,度量指标即为临界盐度。

当不同盐度的流体流经含黏土的储层时,在开始阶段,随着盐度的下降,岩样渗透率变化不大,但当盐度减小至某一临界值时,随着盐度的继续下降,渗透率将大幅度减小,此时的盐度称为临界盐度。

黏土膨胀过程可分两个阶段。第一阶段是由表面水合能引起的,即外表面水化膨胀,黏土矿物颗粒周围形成水膜,水可由渗透效应吸附,并使黏土矿物发生膨胀。但当溶液的盐度低至临界盐度时,膨胀使黏土片距离超过一定值(相当于4个单分子层水),表面水合能不再那么重要,而层间内表面水化膨胀(双电层排斥)成为黏土膨胀的主要作用,此时进入黏土膨胀的第二阶段。第二阶段又称为渗透膨胀阶段,即内表面水化阶段,黏土体积的膨胀率远远大于水化膨胀阶段,体积膨胀率有时可达100倍以上,使得储层的渗透率急剧下降。临界盐度正是这两个阶段的交点。外表面水化膨胀是可逆的,即随着含盐度的增加渗透率基本上可以恢复,而当盐度低于临界盐度时的内表面水化膨胀是不可逆的,虽然随着含盐度的增加渗透率也会有所上升,但恢复程度很低。

四、储层的水敏性

在储层中,黏土矿物通过阳离子交换作用可与任何天然储层流体达到平衡。但是,在钻井或注水开采过程中,外来液体会改变孔隙流体的性质并破坏平衡。当外来液体的矿化度低(如注淡水)时,可膨胀的黏土便发生水化、膨胀,并进一步分散、脱落并迁移,从而减小甚至堵塞孔隙喉道,使渗透率降低,造成储层伤害。

储层的水敏性是指当与地层不配伍的外来流体进入地层后,引起黏土矿物水化、膨胀、分散、迁移,从而导致渗透率不同程度地下降的现象。储层水敏程度主要取决于储层内黏土矿物的类型及含量。

大部分黏土矿物具有不同程度的膨胀性。在常见黏土矿物中,蒙脱石的膨胀能力最强,其次是伊利石/蒙脱石和绿泥石/蒙脱石混层矿物,而绿泥石膨胀力弱,伊利石很弱,高岭石则无膨胀性(表8-5)。

表8-5 常见黏土矿物的主要性质(引自吴胜和,1998)

特征矿物	阳离子交换 mg(当量)/100g	膨胀性	比表面 m^2/cm^3	相对溶解度	
				盐酸	氢氟酸
高岭石	3~15	无	8.8	轻微	轻微
伊利石	10~40	很弱	39.6	轻微	轻微至中等
蒙脱石	76~150	强	34.9	轻微	中等
绿泥石	0~40	弱	14	高	高
伊利石/蒙脱石混层		较强	39.6~34.9	变化	变化

黏土矿物可分为晶质黏土矿物和非晶质黏土矿物两大类。绝大部分黏土矿物属于结晶质的层状构造硅酸盐矿物，主要有四面体片和八面体片两种基本构造单元，它们的相互结合即构成了层状构造硅酸盐矿物的基本构造层。按照四面体片和八面体片的配合比例，可把结晶黏土矿物的基本构造层分为1∶1层型和2∶1层型两个基本类型。高岭石是1∶1层型的代表，其晶层是由一个四面体片和一个八面体片结合而成；蒙脱石则属2∶1层型，由两个四面体片和一个八面体片结合而成。因为黏土矿物有这两种分类方法，故其膨胀有两种情况：一种是层间水化膨胀（内表面水化），它是液体中阳离子交换和层间内表面电特性作用的结果，水分子易于进入可扩张晶格的黏土单元层之间，从而发生膨胀；另一种是外表面水化膨胀，黏土矿物表面发生水化，形成水膜（一般为四个水分子层左右），使黏土矿物发生膨胀，而且比表面越大，膨胀性越强。

储层中的黏土矿物是由微小（通常都小于4μm）的片状或棒状铝硅酸盐矿物组成。所有硅酸盐矿物的主要结构单元都是二维排列的硅—氧四面体和铝—氧或镁—氧八面体，只是它们之间的结合方式与数量比例不同，使各类黏土矿物具有不同的水敏特性。高岭石为1∶1层型矿物，层间缺乏阳离子，阳离子交换能力弱，层间膨胀非常弱，只靠外表面水化撑开晶层，且高岭石比表面又较小，故高岭石几乎无膨胀性。伊利石、蒙脱石、绿泥石矿物属2∶1层型矿物，伊利石虽具有较大的层电荷，并且层间具有较强的静电吸引力，但为钾离子所补偿。在加入水时，层间钾离子并不发生交换作用，故层间不发生水化膨胀，因此，伊利石只发生外表面水化，其阳离子交换量与膨胀率均小于蒙脱石。蒙脱石的层状结构中具有离子半径小的钙离子和钠离子，这些阳离子的水化和溶解都会引起晶体膨胀。蒙脱石的膨胀特性还取决于复合层阳离子的种类。钠蒙脱石比钙蒙脱石的膨胀性强，当有淡水注入时，钙蒙脱石略显膨胀，而含钠高的蒙脱石可膨胀至原体积的6～10倍。但当蒙脱石层间有钾离子时，在水中不具有膨胀性，原因是钾离子的大小正好填满蒙脱石复合层的间隙，这与伊利石的情况相同。

黏土矿物的膨胀性主要与阳离子交换容量有关。水溶液中的阳离子类型和含量（即矿化度）不同，那么阳离子交换容量及交换后引起的膨胀、分散、渗透率降低的程度也不同。在水中，钠蒙脱石膨胀的层间间距随水中钠离子的浓度而变化。如果水中钠离子减少，则阳离子交换容量增大，层面间距增大，钠蒙脱石从准晶质逐渐变为凝胶状态。

总的来说，储层水敏性与黏土矿物的类型、含量和流体矿化度有关。储层中蒙脱石（尤其是钠蒙脱石）含量越多或水溶液矿化度越低，则水敏强度越大。

五、储层的速敏性

在储层内部，总是不同程度地存在着非常细小的微粒，这些微粒或被牢固地胶结，或呈半固结甚至松散状分布于孔壁和大颗粒之间。当外来流体流经储层时，这些微粒可在孔隙中迁移，堵塞孔隙喉道，从而造成渗透率下降。

储层中微粒的启动和堵塞孔喉是由外来流体的速度或压力波动引起的。储层因外来流体流动速度的变化引起储层微粒迁移，堵塞喉道，造成渗透率下降的现象称为储层的速敏性。速敏性研究的目的在于了解储层的临界流速，以及渗透率的变化与储层中流体流动速度的关系。

（一）速敏矿物与地层微粒

速敏矿物是指在储层内随流速增大而易于分散迁移的矿物。高岭石、毛发状伊利石以及固结不紧的微晶石英、长石等，均为速敏性矿物。例如，高岭石常呈书页状（假六方晶体的叠加堆积），晶体间结构力较弱，常分布于骨架颗粒间而与颗粒的黏结不坚固，因而容易脱落、分散，形成黏土微粒。

地层内部可迁移的微粒包括三种类型：

（1）储层中的黏土矿物，包括速敏性黏土矿物（高岭石、毛发状伊利石等）和水敏性黏土矿物（蒙脱石、伊利石/蒙脱石混层）等，水敏性矿物在水化膨胀后，受高速流体冲击即会发生分散迁移；

（2）胶结不坚固的碎屑微粒，如胶结不紧的微晶石英、长石等，常以微粒运移状堵塞孔隙喉道；

（3）油层酸化处理后被释放出来的碎屑微粒，如硫酸盐矿物（石膏、重晶石、天青石）、硫铁矿、岩盐等，由于温度和压力的变化，引起溶解和再沉淀，或入侵滤液与地层流体发生有机结垢（石蜡、沥青）和无机结垢（$CaCO_3$、$FeCO_3$、$BaSO_4$、$SrSO_4$）而堵塞孔隙喉道。

微粒迁移后能否堵塞孔喉和形成桥塞，主要取决于微粒大小、含量以及喉道的大小。当微粒尺寸小于喉道尺寸时，在喉道处既可发生充填作用又可发生去沉淀作用，喉道桥塞即使形成也不稳定，易于解体；当微粒尺寸与喉道尺寸大体相当时，则很容易发生孔喉的堵塞；若微粒尺寸大大超过喉道尺寸，则发生微粒聚集并形成可渗透的滤饼。微粒含量越多，堵塞程度越严重。另外，颗粒形状对孔喉堵塞也有影响，细长颗粒不能单独形成桥堵，而球状颗粒能形成相对稳定的桥堵。

（二）外来流体速度对微粒迁移和孔喉堵塞的影响

地层微粒堵塞孔喉通常存在三种形式：（1）细粒物质在喉道处平缓地沉积；（2）一定数量的微粒在喉道产生"桥堵"，堵塞流动通道；（3）较大颗粒恰好嵌入喉道，形成"卡堵"。

储层中的流体一旦开始流动，首先随之移动的是那些与基质结合力最弱、粒径较小的黏土矿物微粒，较大的微粒则仍是静止的。因为颗粒细小，其半径等于或小于孔喉半径，因此这些细小的地层微粒在运移时几乎无法形成"桥堵"，因而不会明显增加流动阻力。

当外来流体的流速过大或存在压力激烈波动时，与喉道直径较匹配的微粒开始移动。一方面，这部分微粒可以在喉道处形成较稳定的"桥堵"；另一方面，由于此时流速较大，成"桥"过程中流体对微粒的冲击力也较低速时强。因此，岩石中的喉道在较短时间大量地被堵塞，造成多孔介质渗透能力骤然减小，此时的流速即为临界流速（图8-1）。临界流速所标志的并不是微粒运移的开始，而是稳定"桥堵"的形成。

临界流速后将有一段渗透率随流速增加而急剧下降的区间。此时，流速增加将导致岩石渗透率的大幅度降低，对其渗透率的损害可达原始渗透率的20%～50%甚至超过50%。但这个区间很短，这是由于与喉道匹配的微粒数目通常只占地层微粒的一小部分。当流速超过一定值时，启动的微粒粒径过大，与喉道直径不匹配，难以形成新的"桥堵"；而随着流速的进一步增加，高速流体冲击着微粒和"桥堵"，一部分微粒可能被流体带出岩石，从而使渗透率回升（图8-1）。

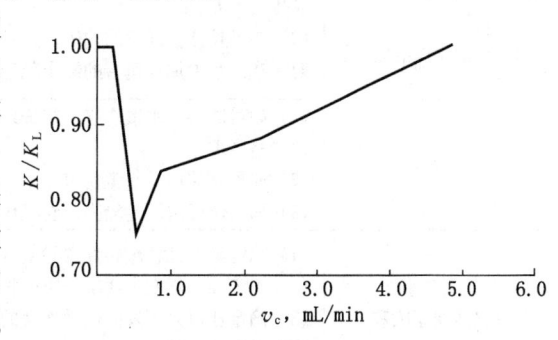

图8-1 岩石流动实验曲线（引自吴胜和，1998）

（三）流体性质对速敏性的影响

对速敏性有影响的流体性质主要为盐度、pH 值以及流体中的分散剂，这些性质对水敏性黏土矿物的分散迁移影响较大。

低盐度的流体使水敏性黏土矿物水化、膨胀和分散，它们在较低的流速下便会发生迁移，并可堵塞喉道，从而导致岩心临界流速值减小。同时，由于水敏性黏土在低盐度流体中易水化膨胀，在高速流体冲击下易于分散，这样，不仅释放出更多更细小的黏土微粒，而且释放出由黏土矿物作为胶结物的其他矿物颗粒，从而使地层微粒数量增加，速敏性增强。较高的 pH 值也将使地层微粒数量增加，这主要是由于高 pH 值将减弱颗粒与基质间的结构力，增加它们之间的排斥力，使那些与基质胶结不好或非胶结的地层微粒释放到流体中去，从而导致临界流速减小，速敏性增强。

分散剂对速敏性的影响与高 pH 值流体相似。钻井液滤液是最强的黏土分散剂之一，由此引起的黏土分散导致的渗透率伤害不容忽视。

（四）储层物性对速敏性的影响

储层物性对速敏性也有一定的影响，尤其是喉道的大小、几何形状储层的速敏性尤为明显。比如，大孔粗喉型的砂岩储层，喉道是孔隙的缩小部分，孔喉直径比值接近于 1，一般不易造成喉道堵塞，但容易造成出砂；对于喉道变细的砂岩储层，孔隙喉道直径差别特别大，喉道多呈片状、弯片状或束状，易形成微粒堵塞喉道。

"五敏"实验是评价和诊断油气层伤害的最重要的手段之一。一般来说，每一个区块都应该做"五敏"实验，再参照表 8-6 进行完井过程中保护油气层技术方案的制订，并指导生产。

表 8-6　"五敏"实验结果的应用

项　目	实验结果及其应用
酸敏实验	(1) 为基质酸化的酸液配方设计提供科学的依据； (2) 为确定合理的解堵方法和增产措施提供依据
碱敏实验	(1) 进入地层的各类工作液都必须将其 pH 值控制在临界 pH 值以下； (2) 如果是强碱敏地层，由于无法将水泥浆的 pH 值控制在临界 pH 值以下，为了防止油气层伤害，建议采用屏蔽式暂堵技术； (3) 对于存在碱敏性的地层，要避免使用强碱性工作液
盐敏实验 （升高矿化度和降低矿化度的实验）	(1) 进入地层的各类工作液都必须将其矿化度控制在两个临界矿化度之间，即 C_{c1} < 工作液矿化度 < C_{c2}； (2) 如果是注水开发的油田，当注入水的矿化度小于 C_{c1} 时，为了避免发生水敏伤害，一定要在注入水中加入适合的黏土稳定剂，或对注入水进行周期性的黏土稳定剂处理
水敏实验	(1) 如对储层无水敏伤害，则进入地层的工作液的矿化度只要小于地层水矿化度即可，不做严格要求； (2) 如果对储层有水敏伤害，则必须控制工作液的矿化度大于 C_{c1}； (3) 如果储层水敏性较强，在工作液中要考虑使用黏土稳定剂
速敏实验 （包括油速敏和水速敏）	(1) 确定其他几种敏感性实验（水敏、盐敏、酸敏、碱敏）的实验流速； (2) 确定油井不发生速敏伤害的临界产量； (3) 确定注水井不发生速敏伤害的临界注入速率，如果注入速率太小，不能满足配注要求，应考虑增注措施； (4) 确定各类工作液允许的最大密度

注：C_{c1} 为水敏临界矿化度；C_{c2} 为盐敏临界矿化度。

六、储层的水锁效应

在油气开发过程中,钻井液、固井液及压裂液等外来流体侵入储层后,由于毛细管压力的滞留作用,地层驱动压力不能将外来流体完全排出地层,储层的含水饱和度将增加,油气相对渗透率会降低,这种现象被称为水锁效应。低渗透、特低渗透储层的水锁现象尤为突出,成为低渗致密气藏的主要伤害类型之一。

水锁效应就其本质来说是由于存在毛细管压力而产生了一个附加表皮压降,它等于毛细管弯液面两侧非润湿相与润湿相压力之差,其大小可由任意曲界面的拉普拉斯方程确定。造成水锁效应的原因有内外两方面:储层孔喉细小、存在敏感性黏土矿物是造成外来流体侵入、引起含水饱和度上升而使油水渗透率下降的内在原因;侵入流体的界面张力、润湿角、流体黏度以及驱动压差和外来流体侵入深度等则是外部因素。

水锁效应大小的决定因素为储层毛细管半径。特低渗透储层由于可供流体自由流动的孔喉细小,表皮压降往往很大,所以更容易发生水锁。解决水锁效应的最佳途径是减小外来流体侵入储层的总量及深度;而加大返排压差,采用低黏度、低毛细管压力入井液是减轻水锁效应的有效途径。

七、储层的压敏性

岩石所受净应力改变时,孔喉通道变形、裂缝闭合或张开,导致岩石渗流能力变化的现象称为岩石的应力敏感性,简称压敏性。它反映了岩石孔隙几何学及裂缝壁面形态对应力变化的响应。

众所周知,岩石在成岩或后期上覆压力增加过程中,随着有效应力的增加,当岩石颗粒不可压缩时,颗粒之间越来越紧密,孔隙空间越来越小,孔隙之间的连通性越来越差,渗透率也显而易见地减小。

一般来说,变形介质的渗透率随地层压力变化的程度是孔隙度的 5~15 倍,渗透率的压敏性远比孔隙度的压敏性强,因此,在高压作用下,渗透率的变化是非常大的。在实际生产过程中,随着开发的进行,地层压力逐渐下降,导致有效应力增加,岩石中微小孔道闭合,从而引起渗透率的降低。渗透率的下降必然会影响储层渗流能力的变化,进而影响油井的产能。因此,当前的压敏性研究均以渗透率的压敏性为研究重点。

在不同的储层中,渗透率的压敏程度差异较大,影响储层压敏性的主要因素见表 8-7。

表 8-7 储层压敏性的影响因素

影 响 因 素	作 用 效 果
储层渗透率	初始渗透率越小,压敏性越强
储层岩石类型	岩石硬度越小,压敏性越强
胶结类型和程度	胶结程度越低,压敏性越强
流体饱和度	含流体饱和度越大,压敏性越强
泥质和杂质含量	泥质和杂质含量越大,压敏性越强

(1)储层渗透率:大量研究表明,储层初始渗透率越小,储层渗透率随有效应力的变化越显著,储层压敏性越强。这是因为,渗透率的变化主要与储层的孔隙结构有关。低渗

岩心的渗流通道主要是小孔道。也就是说，影响储层渗透率的平均喉道半径较小，有效应力的增加很容易造成这些小喉道的闭合，从而使得储层渗透率下降较大，所以有效应力对低渗储层渗透率的影响比较明显。相反，中—高渗储层的孔隙喉道较大，有效应力的增加对这些大孔喉的影响不及对小孔喉大，因此有效应力对中—高渗储层的渗透率影响不明显。

（2）储层岩石类型：储层岩石硬度越大，岩石越不易被压缩，因此其压敏性越弱，反之则越强。一般而言，砾岩砂岩的压敏性最强，岩屑砂岩的压敏性次之，石英砂岩的压敏性很弱。

（3）胶结类型和程度：岩石胶结得越好，越不易变形，渗透率变化就越不明显。

（4）流体饱和度：储层岩石饱和液体后，其孔喉表面会附着一层不可流动的液体。当岩石受到压缩时，这些不可流动层加剧了岩石渗透性能的降低，因此，含水或含油饱和度越大，则储层压敏性越强。

（5）泥质和杂质含量：相比岩石颗粒而言，泥质和杂质是非常容易变形的，而且它们很容易堵塞孔喉，造成渗透率的明显降低。因此，泥质和杂质含量增大，储层的压敏性将显著增强。

第二节　储层敏感性评价

对储层的各种敏感性进行研究和评价的目的，是在开发生产过程中避免各种敏感性的发生，保护油气储层。油层保护是油田必须研究的课题，而油层保护最主要的就是要搞清楚油层可能的伤害类型以及伤害的程度，从而采取相应的对策。在储层伤害评价研究中，储层敏感性评价是最主要的手段之一。

储层敏感性评价包括两方面的内容：一是从岩相学分析的角度，评价储层的敏感性矿物特征，研究储层潜在的伤害因素；二是在岩相学分析的基础上，选择代表性的样品，进行敏感性实验，通过测定岩石与各种外来工作液接触前后渗透率的变化，来评价工作液对储层的伤害程度。

国外在保护油气储层方面起步较早，20世纪三四十年代就已开始注意到外来流体造成储层伤害的问题。20世纪70年代，随着大型电子仪器的发展，X射线衍射、电子显微镜广泛用于岩石学的研究，特别是对黏土矿物的研究，大大弥补了过去主要靠岩石薄片鉴定的不足。此外，应用物理模型和数值模拟的方法研究地层中固体微粒的运移、微粒的侵入深度、黏土的膨胀、地层中流体的运动状态，以及储层渗透率随时间、流速、流体盐度、不同流体的变化，逐渐加深了对油气储层伤害的认识和对伤害程度的评价，并在20世纪80年代中期形成了一套油气储层伤害的标准评价程序。

国内油气层伤害问题的研究始于20世纪80年代末，虽然起步较晚，但发展较快。目前，国内许多科研机构和油田生产单位针对生产中出现的油层伤害问题，较系统地研究了评价油层伤害的各种实验方法，基本上形成了一套能适用于不同类型油藏的评价实验程序（图8-2），在油气层伤害的机理方面取得了很大的进展，主要表现在以下几个方面：

（1）在钻井液动、静滤失规律的研究中，对内外滤饼的形成与油层伤害的关系、滤饼的结构、动静滤失的差别，以及在钻开油层过程中影响固相颗粒侵入的主要因素等进行了广泛深入的研究。

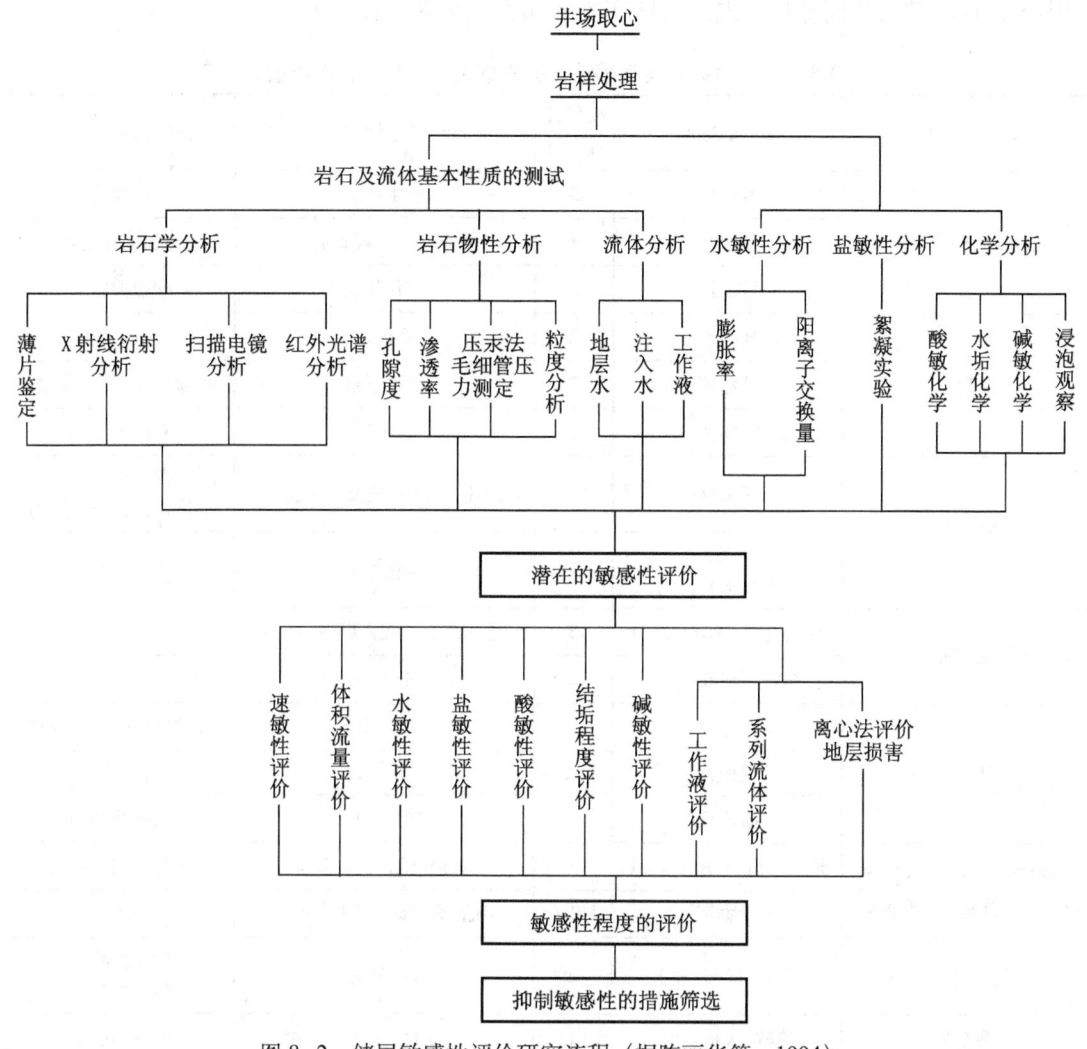

图 8-2　储层敏感性评价研究流程（据陈丽华等，1994）

（2）在采用数学模型研究微粒运移的机理时，对微粒水化膨胀造成分散的临界盐浓度、微粒启动的临界速度及其他多种影响因素进行了全面系统地描述。

（3）在酸敏及水锁伤害研究方面，将物理化学分析与微观测试技术紧密配合。

（4）针对碳酸盐岩储层和变质岩储层的伤害机理问题，国内一些单位进行了大量的工作，这方面国外研究很少。

（5）由于国外油田大多数是海相地层，陆相地层较少，相应的对该类储层的研究也较少，因此，在陆相地层勘探开发过程的油气层保护研究方面，国内已达到了国际先进水平。

一、潜在敏感性分析

通过对岩石学、岩石物性及流体进行分析，了解储层岩石的基本性质及流体性质，同时结合膨胀率、阳离子交换量、酸溶分析、浸泡实验分析，对储层可能的敏感性进行初步预测。

（一）储层岩石基本性质的测试

通过岩石学和常规物性等分析，了解储层的敏感性矿物的类型和含量、孔隙结构、渗透率等，预测其与不同流体相遇时可能产生的伤害（表8-8）。

表8-8 储层矿物与敏感性（据姜德全等，1994，有修改）

敏感性矿物	潜在敏感性	敏感性程度	产生敏感性的条件	抑制敏感性的办法
蒙脱石	水敏性	3	淡水系统	高盐度流体
	速敏性	2	淡水系统、较高流速	防膨剂酸处理
	酸敏性	2	酸化作业	酸敏抑制剂
伊利石	速敏性	2	高流速	低流速
	微孔隙堵塞	2	淡水系统	高盐度流体、防膨剂
	酸敏（K_2SiF_6）	1	HF 酸化	酸敏抑制剂
高岭石	速敏性	3	高流速，高 pH 值及高瞬变压力	微粒稳定剂 低流速、低瞬变压力
	酸敏 [$Al(OH)_3↓$]	2	酸化作业	酸敏抑制剂
绿泥石	酸敏 [$Fe(OH)_3↓$]	3	富氧系统，酸化后高 pH 值	除氧剂
	酸敏（$MgF_2↓$）	2	HF 酸化	酸敏抑制剂
混层黏土	水敏性	2	淡水系统	高盐度流体、防膨剂
	速敏性	2	高流速	低流速
	酸敏性	1	酸化作业	酸敏抑制剂
含铁矿物（铁方解石、铁白云石、黄铁矿、菱铁矿）	酸敏 [$Fe(OH)_3↓$]	2	高 pH 值，富氧系统	酸敏抑制剂，除氧剂
	硫化物沉淀	1	流体含 Ca^{2+}、Sr^{2+}、Ba^{2+}	除垢剂
方解石（白云石）	酸敏（$CaF_2↓$）	2	HF 酸化	HCl 预冲洗 酸敏抑制剂
沸石类	酸敏（$CaF_2↓$）	1	HF 酸化	酸敏抑制剂
钙长石	酸敏	1	HF 酸化	酸敏抑制剂
非胶结的石英、长石微粒	速敏	2	高流速 高的瞬变压力	低流速 低的瞬变压力

注：3—强；2—中；1—较弱。

岩石基本性质的测试项目包括：岩石薄片鉴定、X 射线衍射分析、毛细管压力测定、粒度分析、阳离子交换试验等。下面简要介绍储层敏感性评价所要求的岩石基本性质的测试内容。

1. 岩石薄片鉴定

岩石薄片鉴定可以提供岩石的最基本性质，帮助了解敏感性矿物的存在与分布。岩石薄片鉴定的内容包括：碎屑颗粒、胶结物、自生矿物和重矿物、生物或生物碎屑、含油情况、孔隙、裂缝、微细层理构造。

2. X 射线衍射分析

X 射线衍射分析是鉴定微小的黏土矿物最重要的分析手段。它可以定量地测定蒙脱石、伊利石、高岭石、绿泥石、伊利石/蒙脱石混层、绿泥石/蒙脱石混层等黏土矿物的相对含量及绝对含量。

3．扫描电镜分析

扫描电镜分析的目的为观察并确定黏土矿物及其他胶结物的类型、形状、产状、分布，观察岩石孔隙结构特别是喉道的大小、形态及喉道壁特征，了解孔隙结构与各类胶结物、充填物及碎屑颗粒之间的空间联系。扫描电镜与电子探针相结合还可以了解岩样的化学成分、含铁矿物的含量及位置等，这对确定水敏、酸敏、速敏等有关储层问题均很重要。

除进行以上常规观察外，利用扫描电镜还可以观察黏土矿物水化前后的膨胀特征。

4．粒度分析

细小颗粒运移是造成储层伤害的重要原因，因此，需要了解碎屑岩中的颗粒粒度大小和分布。但是并非所有的细小颗粒都会运移，主要是那些未被胶结或胶结不好的细粒才会被流速较大的外来液体所冲散和运移，因此，应用粒度分析数据评价储层伤害时，还必须结合岩石薄片鉴定的资料加以分析。

对于比较疏松易于分散的碎屑岩的粒度分析，通常采用筛析法和沉降法；对于泥质以外的胶结物，分析前要用盐酸等化学药品进行处理。

5．常规物性分析

常规物性分析包括测定岩石的孔隙度、渗透率和流体饱和度，选择低孔低渗储层进行敏感性专项实验。

6．毛细管压力测定

通过毛细管压力测定获取孔隙结构参数。岩石的孔隙结构在评价储层敏感性中十分重要。通常孔隙结构较差（孔喉尺寸较小、孔喉分布不均匀）的岩石受到的伤害比孔隙结构较好的岩石明显。

（二）流体分析

在油气勘探和开发的各个环节，外来流体与地层流体之间、不同外来流体之间均存在发生化学反应的可能性。因此，应对有关流体进行化学成分分析，预测各种流体之间形成化学结垢的可能性。这些流体主要是地层水、注入水、钻井液滤液、射孔液等。

（三）水敏性预分析

水敏性预分析通常是测定岩石的膨胀率和阳离子交换能力，定性地预测岩石水敏性的可能程度（表8-9）。

表8-9　水敏性分析指标（引自吴胜和，1998）

水敏性程度	水敏黏土含量，%	膨胀率，%	阳离子交换量，mg（当量）/100g
弱	0～10	0～3	0～1.4
中	10～20	3～10	1.4～4
强	>20	>10	>4

1．黏土矿物的膨胀试验

黏土矿物由微小的（一般小于5μm）片状或棒状铝硅酸盐矿物组成，沉积后经过成岩作用，虽然比较紧密，但经过液体浸泡就会有水分子进入黏土矿物层间，造成黏土体积膨胀。黏土矿物中以蒙脱石类的膨胀性最强，有时能增大体积几十倍，甚至数百倍，而伊利石、高岭石的膨胀性则很弱。了解岩石的膨胀性，可以知道岩石与外来流体接触后的变化程度，也可以帮助分析流动试验中岩样渗透率变化的原因。

黏土膨胀测定的方法很多，主要有两大类：一种为比较简单的量筒法，取一定量通过100目筛网的粉碎岩样放入量筒，注入被测液体（水、处理剂溶液、钻井液滤液等），定时记录岩样体积，直到膨胀达到平衡，求出样品的膨胀率；另一种方法是通过膨胀仪测定黏土矿物的膨胀性，取一定量通过100目筛网的粉碎岩样，在膨胀仪的样品测量室中压实后，加入被测液体，通过千分表或传感器记录样品的线膨胀或体膨胀率，记录并绘制膨胀动力学曲线。

2. 阳离子交换实验

阳离子交换实验可以测定阳离子交换容量等特征，用于判断岩石所含黏土矿物颗粒吸附各种添加剂的能力、黏土的水化膨胀和分散性等。这对研究储层的水敏性很有用。

黏土矿物的基本结构单元是硅氧四面体层或镁氧八面体层。黏土矿物的阳离子交换性质主要是由晶体结构中电荷不平衡而产生的。当黏土矿物与含离子水溶液接触时，黏土矿物的某些阳离子就与溶液中的其他阳离子交换，并且同时存在包括阴离子交换的阴离子等价效应。虽然其他有机和无机的天然胶体也显示离子交换性质，但在地质体系中，黏土矿物的离子交换作用能力最强。影响离子交换作用反应程度的因素有：所含黏土矿物的种类、结晶程度、有效粒级、该类黏土矿物及水溶液的阳离子（或阴离子）化学性质，以及该体系中的 pH 值。通常黏土矿物离子交换能力依次降低的顺序是蒙脱石、伊利石、绿泥石、高岭石。

蒙脱石的阳离子交换能力最强。蒙脱石中存在的阳离子数少，这就容易造成层间阳离子的水化和溶解，以及可逆的晶内膨胀。阳离子水化和层状结构的膨胀扩展，就使原来的阳离子与溶液中的其他离子进行交换，例如：

$$Na^+ + KCl \Longleftrightarrow K^+ + NaCl \tag{8-7}$$

在该反应中，混合的 Na、K 氯化合物溶液之间建立了平衡。在浓度高的溶液中，原始的层间阳离子（R^{2+}）能完全被其他阳离子置换。在这类反应中，R^{2+} 置换 R^+ 比 R^+ 置换 R^{2+} 容易。蒙脱石的离子交换能力基本上取决于层间阳离子数目。

（四）酸敏性预分析

通过酸溶分析和浸泡观察，研究静态条件下岩样可能产生的酸敏性，被称为酸敏性预分析。

1. 酸溶分析

酸溶分析的目的是：通过静态实验，检验酸—岩反应过程中是否存在产生二次沉淀的可能性。

由于同一储层岩样在不同条件下进行酸处理，其溶失率和释放出来的酸敏离子的数量是不同的，而且不同储层岩样在同一条件下进行酸处理，其溶失率和释放出的酸敏性离子的数量也可以是不同的，因此需要在不同条件下进行酸溶分析，测定不同条件下岩样的酸溶失率及残酸中酸敏性离子的含量，考察储层的酸化能力，筛选不同种类的酸及酸配方，判断二次沉淀产生的可能性和类型，以及时间、温度对酸—岩反应的影响等。

酸溶失率是指酸溶后岩样失去的质量与酸溶前岩样质量的百分比：

$$R_{\mathrm{w}} = \frac{W_{\mathrm{o}} - W}{W_{\mathrm{o}}} \times 100\% \tag{8-8}$$

式中 R_{w}——酸溶失率；

W_{o}——酸溶前岩样质量，g；

W——酸溶后岩样质量，g。

在酸溶试验中，将一定量的岩样分别置于一定量的盐酸和土酸中，在不同的温度和时间下，测定其溶解速度和岩样的溶失率，同时还取浸泡岩样后的盐酸残液进行滴定，标定残酸浓度，计算出岩样中的碳酸盐含量，也确定酸中的钙、镁、铁离子的含量。

2．浸泡观察

浸泡观察时，分别用盐酸、土酸、氯化钾溶液和蒸馏水浸泡岩样，观察是否有颗粒胶结或骨架坍塌等现象，并可进行显微照相或录像，观察浸泡前后岩样表面的显微变化。

二、岩心流动实验与储层敏感性评价

岩心流动实验是储层敏感性评价的重要组成部分，通过岩样与各种流体接触时发生的渗透率变化，评价储层敏感性的程度。通过评价实验，据酸敏性确定酸化用液，据盐敏的临界盐度数值确定合理的盐水浓度，据水敏性选择合理的水质，据流速敏感性为采油和注水作业提供合理的临界流速，据系列流体评价为现场选择最佳的钻井液、完井液、修井液提供依据。

（一）酸敏性流动实验与评价

酸敏是储层敏感性中最为复杂的一类。酸敏性流动实验的目的在于了解准备用于酸化的酸液是否会对地层产生伤害及伤害的程度，以便优选酸液配方，寻求更为有效的酸化处理方法。

酸敏性流动实验（表 8—10）以注酸前岩样的地层水渗透率为基础，然后反向注 0.5～1PV（孔隙体积倍数）的酸（注酸量不能太大，否则反映的是酸化效果，而不是酸敏效果；酸化效果评价时注入酸液量为 5PV 以上）。然后，再进行地层水驱替，通过注酸前后岩样的地层水渗透率的变化来判断酸敏性影响的程度。

表 8—10 酸敏性流动实验评价指标

敏感程度	无酸敏	弱酸敏	中等酸敏	强酸敏
酸敏指数	≤ 0.05	0.05～0.30	0.30～0.70	≥ 0.70

选择长度等于或大于 5cm、直径为 2.5cm 的岩样，注入 1 倍孔隙体积的 15%HCl 或 0.5 倍孔隙体积的 15%HCl+0.5 倍孔隙体积的 12%KCl+3%HF，反应时间为 1～2h，定义酸敏指数为：

$$I_{\mathrm{a}} = \frac{K_{\mathrm{w}} - K_{\mathrm{wa}}}{K_{\mathrm{w}}} \tag{8-9}$$

式中 I_{a}——酸敏指数；

K_{w}——地层水渗透率，mD；

K_{wa}——酸化后地层水渗透率，mD。

（二）碱敏性流动实验与评价

碱敏性评价实验开展较晚，其评价方法还在摸索之中。目前比较常用的方法有碱水膨胀率测定、化学碱敏实验和流动碱敏实验。

碱水膨胀率测定是评价已知碱配方使地层岩石产生水化膨胀的程度，其操作方法及评价指标与水敏性评价类似。化学碱敏实验与化学法酸敏性实验基本相同。

碱敏性流动实验的做法是，以一定浓度（通常大于1%）的NaCl盐水作为标准盐水，依次测定碱度递增的碱水（NaCl/NaOH）的渗透率，最后为一定浓度（通常大于1%）的NaOH溶液。一个系列通常由五个碱度以上的碱水组成。根据NaOH溶液的渗透率与标准盐水渗透率的比值，评价其碱敏性，评价指标参见水敏性评价指标。

（三）盐敏性流动实验与评价

盐敏性流动实验的目的是了解储层岩样在系列盐溶液中盐度不断变化的条件下渗透率变化的过程和程度，找出盐度递减的系列盐溶液中渗透率明显下降的临界盐度，以及各种工作液在盐度曲线中的位置。因此，通过盐敏性流动实验可以观察储层对所接触流体盐度变化的敏感程度。

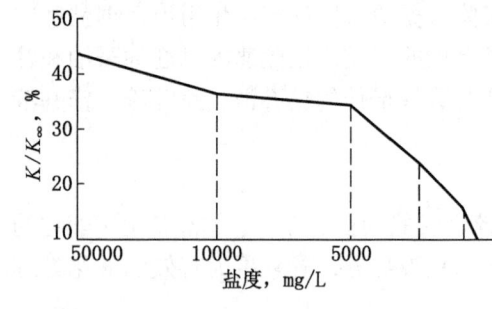

图8-3 盐敏评价实验曲线图
（据姜德全，1994）

该实验通常在水敏性流动实验的基础上进行，即根据水敏性流动实验的结果，选择对渗透率影响最大的矿化度范围，在此范围内，配制不同矿化度的盐水，由高矿化度到低矿化度依顺序将其注入岩心（按照盐度减半的规划降低盐度），并依次测定不同矿化度盐水通过岩样时的渗透率值（图8-3）。当流体盐度递减至某一值时，岩样的渗透率下降幅度较大，这一盐度就是临界盐度。这一参数对注水开发中注入水的选择和调整有较大的意义。

盐敏性是地层耐受低盐度流体的能力量度，而临界盐度（S_c）即为表征盐敏性强度的参数，单位为mg/L。另外，盐敏性与流体中所含离子的种类有关，对于同一地层来说，单盐（如NaCl）的临界盐度通常高于复合盐（如标准盐水）的临界盐度（表8-11）。

表8-11 盐敏性流动实验评价指标

敏感程度		无盐敏	弱盐敏	中等偏弱盐敏	中等偏强盐敏	强盐敏	极强盐敏
临界盐度 S_c mg/L	NaCl盐水	≤5000	5000~10000	10000~20000	20000~40000	40000~100000	≥100000
	标准盐水	≤1000	1000~2500	2500~5000	5000~10000	10000~30000	≥30000

（四）水敏性流动实验与评价

储层中的黏土矿物在接触低盐度流体时可能产生水化膨胀，从而降低储层的渗透率。水敏性流动实验的目的正是为了了解这一膨胀、分散、运移的过程，以及储层渗透率下降的程度。

水敏性流动实验的做法是先用地层水（或模拟地层水）流过岩心，然后用矿化度为地层水一半的盐水（即次地层水）流过岩心，最后用去离子水（蒸馏水）流过岩心，其注入速度应低于临界流速，并分别测定这三种不同盐度（初始盐度、盐度减半、盐度为零）的水对岩心渗透率的定量影响，并由此分析岩心的水敏程度（图8-4），其结果还可以为盐敏性流动实验选定盐度范围提供参考依据。

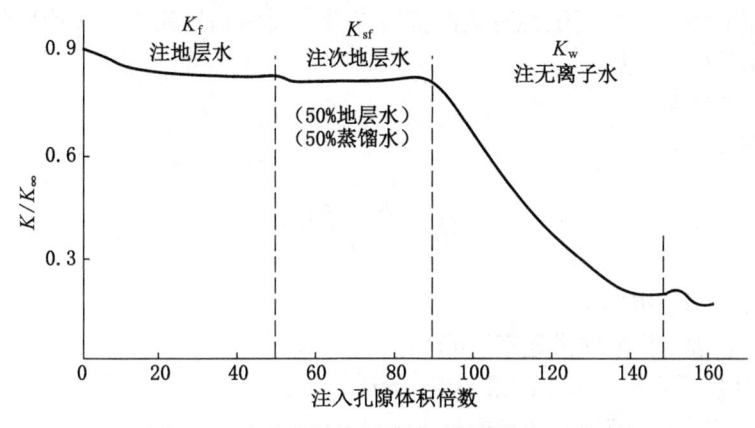

图8-4 岩心水敏性评价图（据姜德全，1994）

水敏性和盐敏性流动实验主要是研究水敏矿物的水敏特性，故驱替速度必须低于临界流速，以保证没有"桥堵"发生，这样产生的渗透率变化才可以认为是由于黏土矿物水化膨胀引起的。

在驱替过程中采用的速度要随着液体矿化度的降低而降低，否则由于微粒运移而形成的"桥堵"会给分析储层伤害的原因带来困难。

可采用水敏指数评价岩样的水敏性，水敏指数定义如下：

$$I_w = \frac{K_L - K_w^*}{K_L} \tag{8-10}$$

式中 I_w——水敏指数；
K_L——岩样没有发生水化膨胀等物理化学作用的液体渗透率，通常用克氏渗透率或标准盐水测得的渗透率值，mD；
K_w^*——去离子水（或蒸馏水）渗透率，mD。

水敏性强度与水敏指数成正比，水敏程度越强，储层的可能伤害越大（表8-12）。

表8-12 水敏性流动实验评价指标

敏感程度	无水敏	弱水敏	中等偏弱水敏	中等偏强水敏	强水敏	极强水敏
水敏指数I_w	≤0.05	0.05～0.30	0.30～0.50	0.50～0.70	0.70～0.90	≥0.90

（五）速敏性流动实验与评价

速敏性流动实验的目的在于了解储层渗透率变化与储层中流体流动速度的关系。如果储层具有速敏性，则需要找出其开始发生速敏时的临界流速，并评价速敏性的程度。通过速敏性流动实验，可为室内其他流动实验限定合理的流动速度。一般来说，由速敏性流动实验求出临界流速以后，可将其他各类评价实验的实验流速确定为0.8倍临界流速，因此速敏性流动实验应是最先开展的岩心流动实验，也可为油藏的注水开发提供合理的注入速度。

在实验中，以不同的注入速度（从小到大）向岩心注入地层水，在各个注入速度下测定岩石的渗透率，编绘注入速度与渗透率的关系曲线，应用关系曲线判断岩石对流速的敏感性，并找出临界流速。与速敏性有关的实验参数主要为临界流速、渗透率伤害率及速敏指数。下面介绍后两个参数。

1．渗透率伤害率

渗透率伤害率公式如下：

$$D_K = \frac{K_L - K_{LA}}{K_L} \tag{8-11}$$

式中　D_K——渗透率伤害率；

　　　K_L——伤害前岩样液体渗透率，mD；

　　　K_{LA}——伤害后岩样渗透率的最小值，mD。

用渗透率伤害率评价速敏性的指标见表 8–13。

表 8–13　速敏性流动实验评价指标

敏感程度		无速敏	弱速敏	中等偏弱速敏	中等偏强速敏	强速敏
评价指标	渗透率伤害率 D_K	≤ 0.05	0.05 ~ 0.30	0.30 ~ 0.50	0.50 ~ 0.70	≥ 0.70
	速敏指数 I_v	≤ 0.05	0.05 ~ 0.10	0.10 ~ 0.25	0.25 ~ 0.70	≥ 0.70

2．速敏指数

当某些岩样的临界流速相近时，由速敏性产生的渗透率伤害率越大，则速敏性越强。但实际情况往往复杂得多，有些岩样虽然渗透率差值较小，但临界流速可能也小，前者反映速敏性较弱，而后者反映速敏性较强。为此，需综合这两个参数进行综合评价，即用速敏指数（I_v）来表述速敏性的强弱，它与岩样的临界流速成反比，与由速敏性产生的渗透率伤害率成正比，即：

$$I_v = \frac{D_K}{v_c} \tag{8-12}$$

式中　I_v——速敏指数，s/m；

　　　D_K——渗透率伤害率；

　　　v_c——临界流速，m/s。

在速敏性流动实验中，流速大于临界流速以后，储层中的微粒开始在储集空间中运移，但并不一定都使渗透率降低。有时随着流速的增加，渗透率非但不降低反而增高，表明部分堵塞喉道的微粒可能被流体带出，使喉道变粗、渗透率增大，这也是一种速敏性。

（六）正反向流动实验与评价

正反向流动实验是指在用流体作正向流动后，在不中断流动的状态下，以同样的流体、同样的流速作反向流动，以观察岩样中的微粒运移及其产生的渗透率的变化情况。

在正向流动的情况下，由于流体的流动速度超过了临界流速，造成了较多的微粒在喉道外"桥堵"，引起流体渗透率的大幅度下降；当反向流动时，这些堵塞在喉道的微粒会被冲开，解除了"桥堵"，使流体渗透率上升。但是，若有较多的可移动微粒的存在，往往过了一段时间之后，它们又在其他喉道处形成"桥堵"，导致渗透率再次下降。

正反向流动实验是检验与核实微粒运移程度的实验，但它又受岩样本身正反两个方向渗透率差异的影响，故应采用换向时渗透率的波动值与最终渗透率值的比较来评价微粒运移程度（表8–14）。可采用运移敏感指数评价一定流速下微粒的活动性：

$$I_m = \frac{K_{max} - K_{min}}{K_反} \tag{8-13}$$

式中　I_m——运移敏感指数；
　　　K_{max}——换向后渗透率的最大值，mD；
　　　K_{min}——换向后渗透率的最小值，mD；
　　　$K_反$——反向流动后的最终平衡渗透率，mD。

表8–14　正反向流动实验储层敏感性评价指标

敏感程度	无微粒运移	有微粒运移	中等程度微粒运移	严重的微粒运移
运移敏感指数 I_m	≤ 0.05	0.05 ~ 0.25	0.25 ~ 0.50	≥ 0.50

（七）体积流量流动实验与评价

体积流量流动实验的目的是了解储层渗透率的变化与流过储层液量之间的关系。实验是在低于临界流速下，用大量液体流过岩样，考察岩样胶结物的稳定性。注入水的体积流量实验是在通过不同注入孔隙体积倍数的情况下，观察岩样渗透率对水注入量的敏感性（图8–5）。

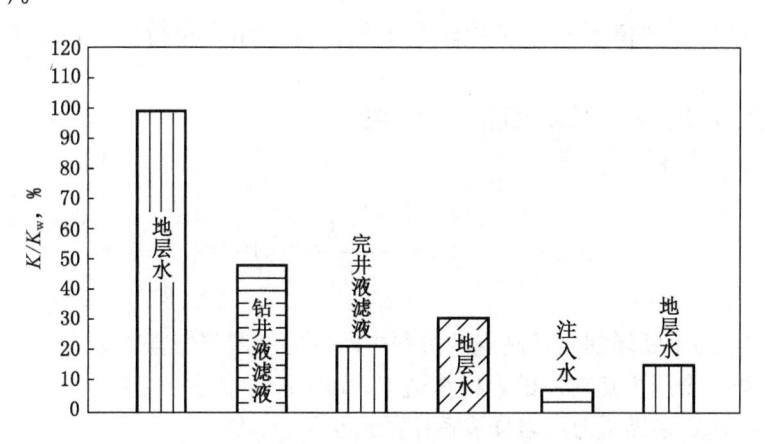

图8–5　体积流量实验曲线图（据姜德全，1994）

采用体积敏感指数来评价体积流量对岩样的伤害程度（表8–15）。体积敏感指数定义如下：

$$l_q = \frac{K_1 - K_{lp}}{K_1} \tag{8-14}$$

式中　l_q——体积敏感指数；

K_l——用标准盐水或地层水测定的渗透率，mD；

K_{lp}——用工作液测定的渗透率，mD。

表 8-15　体积流量实验储层敏感性评价指标

体积敏感指数 I_q	≤ 0.30	0.30 ~ 0.50	0.50 ~ 0.70	≥ 0.70
敏感程度	弱敏感	中等偏弱敏感	中等偏强敏感	强敏感

（八）压敏性流动实验

所谓压敏性流动实验，是指按照行业标准 SY/T 5358—2010《储层敏感性流动实验评价方法》进行的压敏性实验。这种方法采用改变围压的方式来模拟有效应力变化对岩心物性参数的影响。

岩石压敏性研究的目的有如下几点：

（1）准确地评价储层，通过模拟围压条件测定孔隙度，可以将常规孔隙度值转换成原地条件下的值，有助于储量评价；

（2）求出岩心在原地条件下的渗透率，便于建立岩心渗透率 K_c 与测试渗透率 K_o 的关系，对认识 K_o 和地层电阻率也有帮助；

（3）为确定合理的生产压差服务。

压敏性流动实验可用气体、中性煤油或标准盐水（质量分数为 8%）作为实验流体。用气体做实验流体时的实验步骤为：

（1）最高实验围压按二分之一上覆岩压选取，以下分 4 ~ 8 个压力点；

（2）保持进口压力值不变，缓慢增加围压，每个压力点持续 30min 后测定岩样气体渗透率；

（3）保持进口压力值不变，缓慢减小围压，每一压力点持续 1h 后测定岩样气体渗透率；

（4）所有压力点测完后关闭气源，停止实验。

压敏的伤害率计算：

$$D_{K2} = \frac{K_1 - K'_{\min}}{K_1} \times 100\% \qquad (8-15)$$

式中　D_{K2}——压力不断增加至最高点的过程中产生的渗透率伤害率；

K_1——第一个压力点对应的岩样渗透率，mD；

$K'_{\min}$——达到临界压力后岩样渗透率的最小值，mD。

表 8-16　压敏性评价指标（据万仁溥，2000）

渗透率伤害率，%	（可逆）伤害程度	渗透率伤害率，%	（可逆）伤害程度
$D_K^* ≤ 5$	无	$50 < D_K^* ≤ 70$	中等偏强
$5 < D_K^* ≤ 30$	弱	$70 < D_K^* ≤ 90$	强
$30 < D_K^* ≤ 50$	中等偏弱	$D_K^* > 90$	极强

注：D_K^* 表示 D_{K2} 或 D_{K3}。

可按式（8-16）计算压敏性引起的不可逆渗透率伤害率 D_{K3}：

$$D_{K3} = \frac{K_1' - K_r}{K_1'} \times 100\% \qquad (8-16)$$

式中 D_{K3}——压力回复至第一个压力点后产生的渗透率伤害率；

K_1'——第一个压力点对应的岩样渗透率，mD；

K_r——压力回复至第一个压力点后岩样的渗透率，mD。

思 考 题

1. 储层敏感性的概念是什么？储层敏感性包含哪些方面？
2. 如何评价储层的敏感性？
3. 在注水开发过程中储层的性质会有哪些变化？
4. 储层酸敏的机理是什么？酸敏储层开发过程中应注意哪些问题？
5. 储层碱敏的机理是什么？碱敏储层开发过程中应注意哪些问题？
6. 储层水敏的机理是什么？水敏储层开发过程中应注意哪些问题？
7. 储层速敏的机理是什么？速敏储层开发过程中应注意哪些问题？
8. 储层盐敏的机理是什么？盐敏储层开发过程中应注意哪些问题？
9. 储层压敏的机理是什么？压敏储层开发过程中应注意哪些问题？

第九章　油气储量评价标准与容积法储量计算

第一节　油气储量评价标准简介

一、国内油气资源储量分级体系

本书采用我国 2020 年 3 月颁布的 GB/T 19492—2020《油气矿产资源储量分类》来介绍油气储量评价标准。该标准规定了石油、天然气、页岩气和煤层气（以下统称为油气）矿产资源储量的分类。

（一）基本术语

（1）油气矿产资源：在地壳中由地质作用形成的，可利用的油气聚集物。以数量、质量、空间分布来表征，其数量以换算到 20℃、0.101MPa 的地面条件表达，可进一步分为资源量和地质储量两类。

（2）资源量：待发现的未经钻井验证的。通过油气综合地质条件、地质规律研究和地质调查，推算的油气数量。

（3）地质储量：在钻井发现后，根据地震、钻井、录井、测井和测试等资料估算的油气数量，包括预测地质储量、控制地质储量和探明地质储量，这三级地质储量按勘探开发和地质认识程度依次由低到高。

（4）预测地质储量：钻井获得油气流或综合解释有油气层存在，对有进一步勘探价值的油气藏所估算的油气数量，其确定性低。

（5）控制地质储量：钻井获得工业油气流，经进一步钻探初步评价，对可供开采的油气藏所估算的油气数量，其确定性中等。

（6）探明地质储量：钻井获得工业油气流，并经钻探评价证实，对可供开采的油气藏所估算的油气数量，其确定性高。

（7）技术可采储量：在地质储量中按开采技术条件估算的最终可采出的油气数量。

（8）控制技术可采储量：在控制地质储量中，依据预设开采技术条件估算的、最终可采出的油气数量。

（9）探明技术可采储量：在探明地质储量中，按当前已实施或计划实施的开采技术条件估算的、最终可采出的油气数量。

（10）经济可采储量：在技术可采储量中按经济条件估算的可商业采出的油气数量。

（11）控制经济可采储量：在控制技术可采储量中，按合理预测的经济条件（如价格、配产、成本等）估算求得的、可商业采出的油气数量。

（12）剩余控制经济可采储量：控制经济可采储量减去油气累计产量。

（13）探明经济可采储量：在探明技术可采储量中，按合理预测的经济条件（如价格、配产、成本等）估算求得的、可商业采出的油气数量。

（14）剩余探明经济可采储量：探明经济可采储量减去油气累计产量。

(二）储量的经济意义

储量的经济意义是指油气藏（田）开发在经济上所具有的合理性。经济意义是在不同勘探开发阶段通过进行可行性评价所获得的，通常可以划分为经济的、次经济的和内蕴经济的三类。

(1) 经济的：依据当时的市场条件，即按储量评估当时的油气产品价格和开发成本，油气藏（田）投入开采在技术上可行，环境等其他条件允许，经济上合理即储量收益能满足投资回报的要求。

(2) 次经济的：依据当时的市场条件，油气藏（田）投入开采是不经济的，但在预计可行的或可能发生的推测市场条件下，或预计投资环境得到改善的情况下，其开采将是有效益的。

(3) 内蕴经济的：对油气藏（田）只进行了概略研究评价，由于对储层复杂程度、储量规模大小、开采技术的应用和市场前景都只有初步的推测，不确定性因素多，无法区分是属于经济的还是次经济的。

(三）资源量与地质储量的划分

依据油气藏的地质可靠程度和开采技术经济条件，对油气矿产的资源量和储量进行分类（图9-1）。

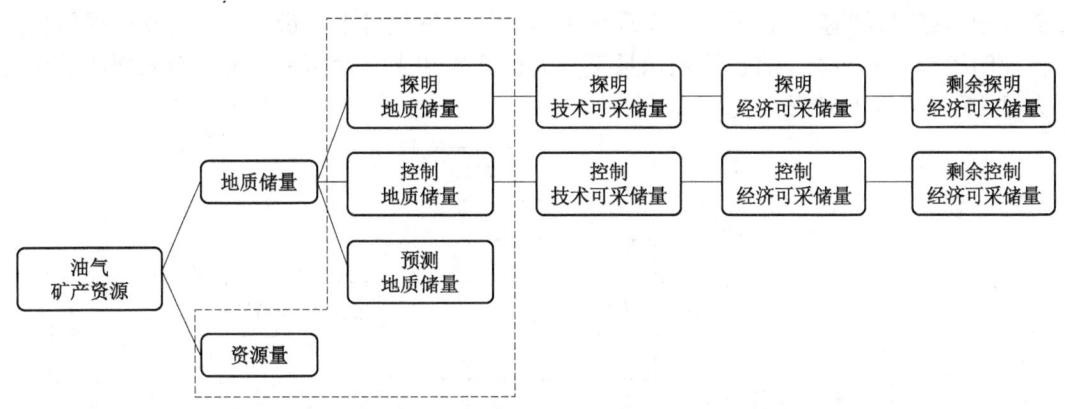

图 9-1 油气矿产资源量和地质储量类型及估算流程图

根据 GB/T 19492—2020 标准，资源量不再分级，而地质储量分为三级，即预测地质储量、控制地质储量及探明地质储量。

(1) 预测地质储量估算：应初步查明构造形态、储层情况，已获得油气流或钻遇油气层，或紧邻在探明地质储量或控制地质储量区，并预测有油气层存在，经综合分析有进一步勘探的价值，地质可靠程度低。

(2) 控制地质储量估算：应基本查明构造形态、储层变化、油气层分布、油气藏类型、流体性质及产能等，或紧邻在探明地质储量区、地质可靠程度中等，可作为油气藏评价和开发概念设计（开发方案）编制的依据。通常控制地质储量估算的相对误差不应超过 ±50%。

(3) 探明地质储量估算：应查明构造形态、油气层分布、储集空间类型、油气藏类型、驱动类型、流体性质及产能等；流体界面或最低油气层底界经钻井、测井、测试或压力资料证实；应有合理的钻井控制程度或一次开发井网部署方案，地质可靠程度高。通常探明地质储量估算的相对误差不应超过 ±20%。

(4) 技术可采储量估算：在控制地质储量中根据开采技术条件估算控制技术可采储量，在探明地质储量中根据开采技术条件估算探明技术可采储量。

(5) 经济可采储量估算：在控制技术可采储量中根据经济可行性评价估算控制经济可采储量，在探明技术可采储量中根据经济可行性评价估算探明经济可采储量。

另外，储量评估中还要界定开发状态，也即依据是否投入开发，将油气藏或区块界定为未开发和已开发两种状态。

(1) 未开发：在油气藏或区块中，完成评价钻探，但开发生产井网尚未部署，或开发方案中开发井网实施70%以下的，状态界定为未开发。

(2) 已开发：在油气藏或区块中，按照开发方案，完成配套设施建设，开发井网已实施70%及以上的，状态界定为已开发。

二、国外主要石油储量分级标准

（一）世界石油大会分级标准

1983年在第十一届世界石油大会（WPC，World Petroleum Conference）上，由加拿大、英国和美国等五个国家的专家组成的研究小组起草拟定了油气和油气可采储量分级与术语体系标准，于1987年在第十二届世界石油大会上通过。该分类分级标准以可采储量为分级分类基础，将可采储量总体分为已发现可采储量与未发现可采储量；将已发现可采储量分为已探明和未探明两类；将已探明储量又分为已开发和未开发两种情况；而未探明储量又分为概算和可能两种情况（图9-2）。

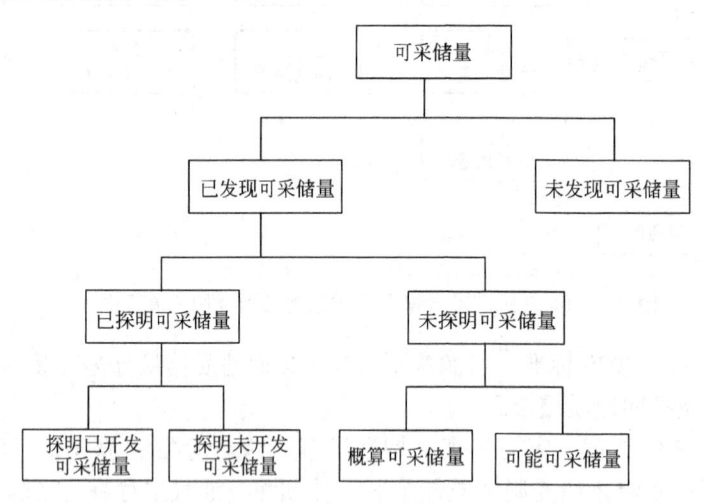

图9-2 世界石油大会（WPC）石油储量分级标准图（1987）

（二）石油工程师学会分级标准

石油工程师学会（SPE，Society of Petroleum Engineers）于1987年公布了油气资源与储量分级分类标准。SPE的体系标准与WPC的体系标准基本一致，两者均以可采储量作为分级分类的标准，只是SPE标准中缺少已发现可采储量和未发现可采储量的划分，而将探明已开发可采储量继续划分出探明正生产和探明未生产（图9-3）。

（三）美国证券与交易委员会分级标准

美国证券与交易委员会（SEC，Securities and Exchange Commission）关于储量的定义

主要针对的是证实储量，因为美国证券与交易委员会不要求上市公司报告其他类别的储量。SEC 关于证实储量的定义是指在现行经济和操作条件下，地质和工程资料表明将来从已知油气藏中能以合理的确定性，并具备经济生产能力采出的原油、天然气和液化天然气的数量（图 9-4）。

国外有关油气资源与储量分级分类体系标准具有较好的一致性，均强调对可采储量的引用和划分，并保持着"探明、概算、可能"的可采储量分级，关于储量的定义也基本一致，目前较为通用的具有权威性的储量定义是 SPE 和 WPC 与 1994 年世界石油大会上联合提出的（贾承造，2004），即储量是指在目前的经济条件下，采用现有的技术，依据现行的法律法规，从某个给定日期算起，预计可以从已知油藏中商业性采出的石油量。综合而言，国外对储量的评价重点在四个方面：现有的经济条件、现有的技术条件、现有的法律法规条件和商业采出的数量。因此，实际上国外的储量就是经济可采储量，也就是在进行储量评价时必须要与经济可采性结合。

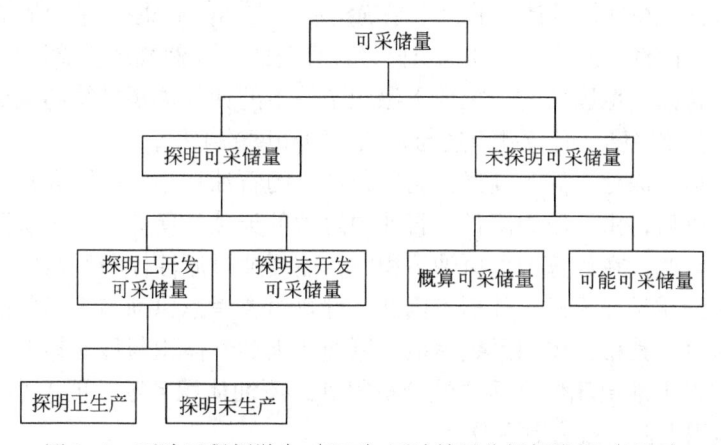

图 9-3　石油工程师学会（SPE）石油储量分级标准图（1987）

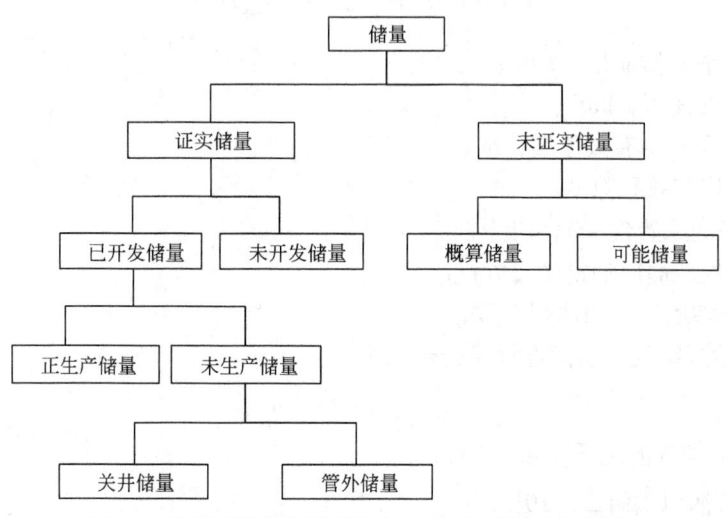

图 9-4　美国证券与交易委员会（SEC）储量分级标准图

第二节 容积法储量计算

油气储量计算的方法可分为两大类，其一为静态法，包括容积法、类比法、概率法等，主要应用油气田的静态资料和参数来计算油气储量，还可以用储层地质建模结果进行综合计算储量；其二为动态法，主要有物质平衡法、产量递减曲线分析法、水驱曲线分析法、矿场不稳定试井法等，主要应用油气田动态资料和参数计算油气储量，也可以通过数值模拟的方法来修正计算储量（吴胜和等，2011）。而本节仅以容积法为例介绍油气储量的计算方法与过程。容积法是计算油气地质储量的最常用方法，它适用于不同类型油气圈闭、不同类型储集层、油气勘探开发的不同阶段以及不同驱动方式的油气藏。

一、地质储量计算公式

采用容积法进行油气储量计算的核心是确定油气在油藏储集空间中所占据的体积大小。按照容积法的基本计算公式分为石油地质储量计算公式与天然气地质储量计算公式两大类，其实质就是圈闭含油气范围内的、把地下温压条件下的油气体积换算到地面条件下的，也即含油气面积、有效厚度、有效孔隙度与含油气饱和度的乘积。

油层埋藏在地下深处，处于高温、高压条件下的石油往往溶解了大量的天然气，当原油被采到地面上以后，由于压力降低，石油中溶解的天然气便会逸出，从而使地面石油的体积大大减小。因此，在计算地面原油体积时，需要通过原油体积系数将地下原油体积换算成地面条件原油质量或天然气体积。因此，计算时要考虑原油与天然气的体积系数，以及原油的地面密度。其中，体积系数为地下原油或天然气体积与地面标准条件下原油或天然气的体积之比，由地层流体高压物性分析得到。原油体积系数一般大小1，而天然气体积考虑天然气体积系数一般为数百分之一。

（一）石油地质储量计算

$$N = 100 A_o \cdot H_o \cdot \phi \cdot (1 - S_{wi}) \cdot \frac{\rho_o}{B_{oi}} \qquad (9-1)$$

式中　N——石油地质储量，10^4t；

　　　A_o——含油面积，km^2；

　　　H_o——油层平均有效厚度，m；

　　　ϕ——平均有效孔隙度；

　　　S_{wi}——平均原始含水饱和度；

　　　ρ_o——平均地面原油密度，t/m^3；

　　　B_{oi}——平均地层原油体积系数。

而原油中的原始溶解气地质储量计算公式如下：

$$G_s = 10^{-4} N \cdot R_{si} \qquad (9-2)$$

式中　G_s——溶解气的地质储量，$10^8 m^3$；

　　　N——石油地质储量，10^4t；

　　　R_{si}——原始溶解气油比，m^3/t。

若油藏存在气顶时，气顶的天然气地质储量按气藏或凝析气藏的地质储量计算公式求取。

(二) 天然气地质储量计算

$$G = 0.01 A_g \cdot H_g \cdot \phi \cdot (1 - S_{wi}) / B_{gi} \tag{9-3}$$

式中　G——天然气地质储量，$10^8 m^3$；

　　　A_g——含气面积，km^2；

　　　H_g——气层平均有效厚度；

　　　ϕ——平均有效孔隙度；

　　　S_{wi}——平均原始含水饱和度；

　　　B_{gi}——平均地层天然气体积系数。

其中，天然气体积系数为天然气的地下体积转换成地面标准条件下体积的换算系数。一般来说，中国地面标准条件是指绝对压力1个大气压（即0.101MPa），温度20℃情况。该系数的数值受原始地层压力与温度、地面标准压力与温度，以及原始天然气偏差系数的影响，常用计算公式如下：

$$B = \frac{p_{sc} \cdot T_i \cdot Z_i}{T_{sc} \cdot p_i} \tag{9-4}$$

式中　p_{sc}——地面标准压力，MPa；

　　　T_{sc}——地面标准温度，K；

　　　p_i——原始地层压力，MPa；

　　　T_i——原始温度，K；

　　　Z_i——原始气体偏差系数，小数。

原始地层压力和温度通过井下仪器直接测量，在计算体积系数时，通常用平均地层压力数值。气体受策略分异作用的影响，其密度随气层的埋深增加而增加，因此气藏的压力系数从构造顶部向连总会逐渐减少。所以，必须使用体积权衡法来计算平均地层压力，在实际计算时采用气藏1/2体积折算尝试的压力。

天然气偏差系数是天然气在给定压力和温度条件下，气体实际占有体积与相同条件下作为理想气体所占有体积之比。通常有三种方法确定这个数值，即：样品测定；根据气体组分确定；利用气体相对密度确定（杨通佑等，1998）。

（三）凝析气藏天然气地质储量计算

在地层条件下，凝析气藏中的天然气和凝析油呈单一气相状态，而当凝析气采出到地面后，会同时析出凝析油与天然所。因此，采用容积法计算凝析气藏储量时，要首先计算总地质储量，然后再按两者摩尔数占比分别计算天然气与凝析油的储量，计算公式及过程如下：

凝析气总地质储量（G_c）按前述天然气地质储量的计算公式进行计算，其中 Z_i 为凝析气的偏差系数。而天然气的原始地质储量按如下公式计算：

$$G_d = G_c \cdot f_d \tag{9-5}$$

式中　G_d——天然气的地质储量，$10^8 m^3$；

　　　G_c——凝析气藏的总地质储量，如前述可由天然气地质储量计算公式得到，$10^8 m^3$；

　　　f_d——天然气的摩尔分数。

$$f_d = \frac{n_g}{n_g + n_o} = \frac{GOR}{GOR + \dfrac{24056 \gamma_o}{M_o}} \tag{9-6}$$

其中
$$M_o = \frac{44.29\gamma_o}{1.03 - \gamma_o} \tag{9-7}$$

式中　n_g——天然气（干气）的物质的量，kmol；

　　　n_o——凝析油的物质的量，kmol；

　　　GOR——凝析气井的生产气油比；

　　　γ_o——凝析油的相对密度；

　　　M_o——凝析油的相对分子质量。

凝析气藏中凝析油的原始地质储量为：

$$N_c = \frac{10^{-4} G_d}{GOR} \tag{9-8}$$

式中　N_c——凝析油的地质储量，$10^4 m^3$。

气油比（GOR）是凝析气藏储量计算中十分重要的参数。为得到准确的气油比，在井口取样时应尽量用小油嘴生产，使生产压差很小，地层内凝析气压不降至露点以下，保证井口气油比代表地层内的实际情况。当气藏或凝析气藏中总非烃类气含量大于 15% 或单项非烃类气含量大于以下标准者，烃类气和非烃类气地质储量应分别计算：硫化氢含量大于 5%，二氧化碳含量大于 5%，氦含量大于 0.1%。具有油环或底油时，原油地质储量按油藏地质储量计算公式计算。

二、相关参数确定

（一）含油面积的确定

油气圈闭中发现工业油流后，通过探边确定油藏范围后，圈定含油（面积后）才能计算储量。工业油流区的面积称之为含油面积。含油面积的大小受产油层的圈闭类型、储层物性及油水分布规律的约束。当油层比较均质、物性稳定、构造简单、断裂较少时，可以通过油水边界确定含油面积。当地质条件复杂时，含油边界要通过油水边界、油气边界、断层边界及岩性边界等多种边界条件综合确定。因此，圈闭发现工业油流后，要查明圈闭形态、断层位置、岩性遮挡与尖灭位置、油藏类型，然后确定各类边界，再圈定含油面积。

含油面积通常是产油段在平面上的投影，包括内含油边界与外含油边界，其中内含油边界是油水界面与油层底面的交线，它控制着纯含油区面积；而外含油边界为油水界面与油层顶面的交线，内、外含油边界之间为油水横向过渡带，简称油水过渡带（图 9-5a、图 9-6A）。油水过渡带的宽度取决于构造或地层的倾角，以背斜构造为例，翼部倾角越大，过渡带越窄；反之，则越宽。油水界面之上的油层（包括纯油区与部分油水过渡区）产纯油，而油水界面下的油层油水同出或产纯水。油水过渡带内虽然包含部分纯油层，但已处于含油饱和度逐渐变小的区域，因此油水过渡带内计算纯油储量时，应单独计算含油饱和度的值。

1. 油水边界概念与确定方法

油水边界是油层顶（底）面与油水接触面的交线。油水接触面通常是指油藏在垂直方向油与水的分界面，界面以上产纯油，界面以下油水同出或产纯水。但实际油藏中并不存在油水截然分开的界面，因此实际应用时存不同类型的油水界面，包括第一油水界面、第二油水界面及经济产油油水界面，且在自由水面以上，存在产纯水段、油水同出段及产纯油段（图 9-5a），通常采用第一油水界面作为含油面积确定的界面。产纯油段中，水的相对渗透率为 0，只有油可以流动；油水同出段内油水两相流动，也称油水过渡段；而产纯水段中，油的相对渗透率为0，只有水可以流动。

另外，油水界面一般是水平平直的面；受水动力的影响会出现倾斜的油水界面（图 9-5b）；受岩性、物性变化与充注程度的影响，油水界面会出现倾斜或高低位置的变化，如某些过去认为的岩性尖灭油藏具有水平油水界面（图 9-5c），可能出现高低不同的油水界面，也即高位栖息式油水界面（图 9-5d）。

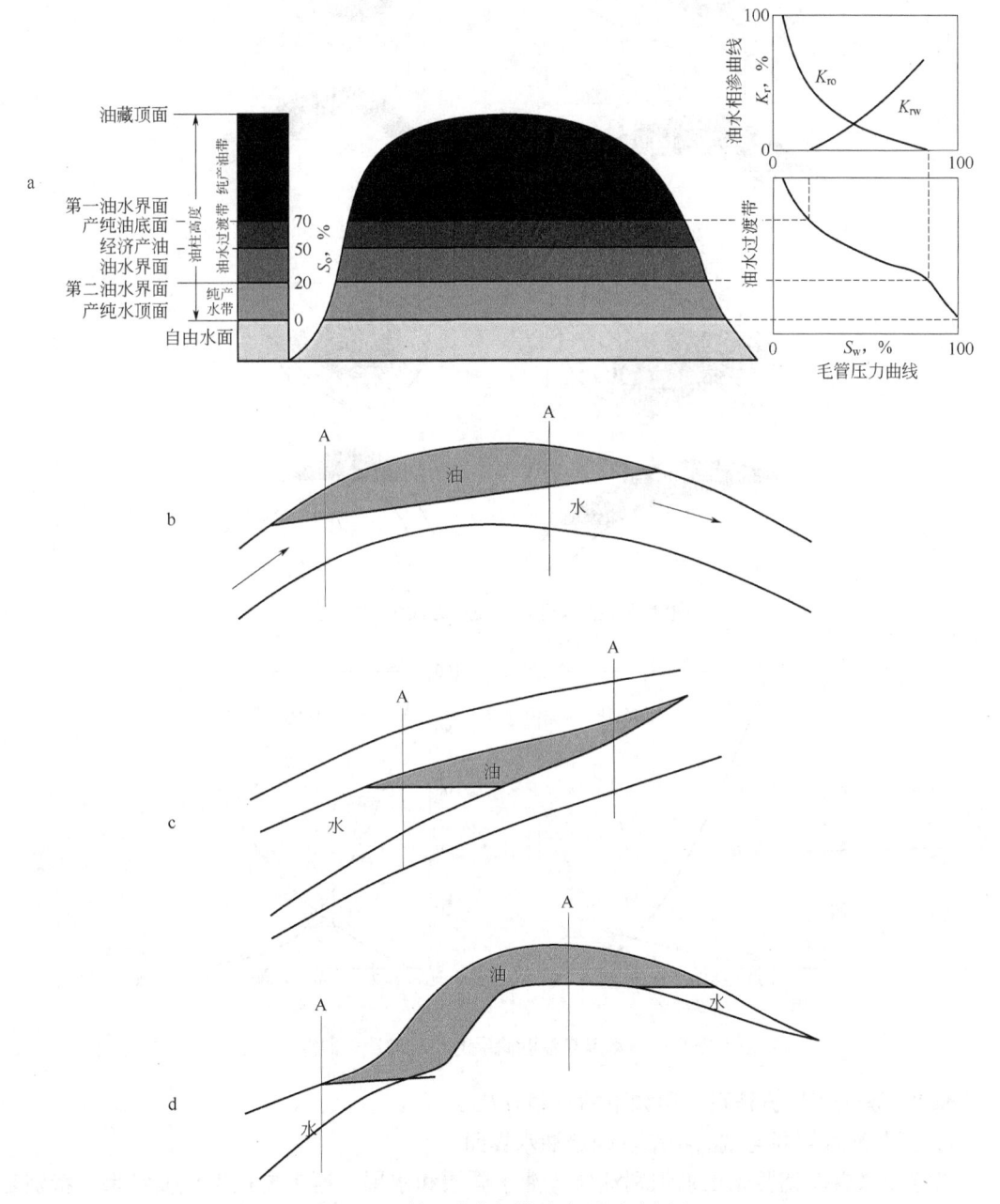

图 9-5 单一油藏初始油水界面示意图

上述产纯水段、油水同出段及产纯油段的含油或含水饱和度界限在不同油藏是不同的（图 9-6），需根据实际情况确定。油水过渡段的厚度也变化较大，一般高渗储层，油水过渡段很小，可以近似把油水过渡段当成一个界面处理；而对于非均质性强的低渗储层，油水过渡段一般比较厚。油水流动状况也受油藏中相对渗透率变化影响，水湿与油湿储层的相对渗透率变化具有相同的特征（图 9-7）。

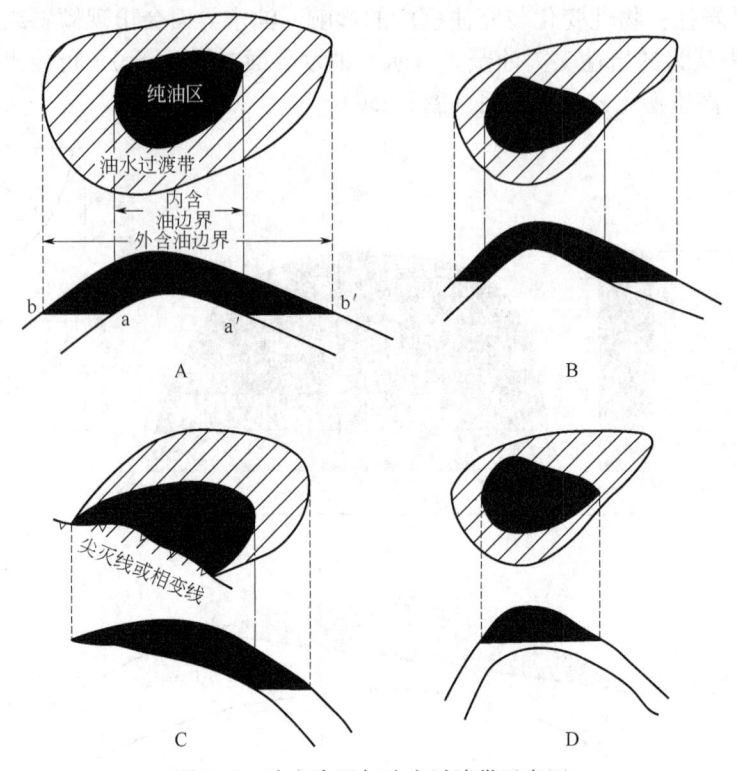

图 9-6 油水边界与油水过渡带示意图

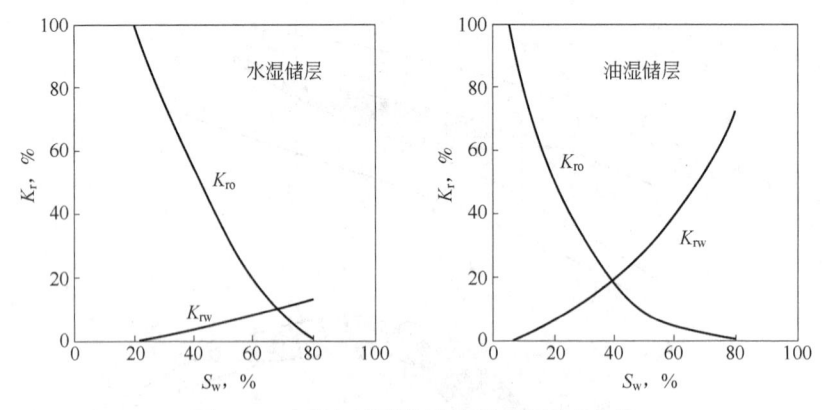

图 9-7 水湿与油湿储层的相对渗透率曲线

油水界面的确定方法可采用如下的一些方法：
1）测井油水解释与试油相结合确定油水界面

确定油水界面就要先正确识别油层、油水同层和水层。通常要根据试油结果，特别是单层试油结果，确定各井中的油层、油水同层、水层及干层；对于缺少单层试油的井段，需通过试油资料标定测井资料，确定油水层识别的测井标准，然后根据测井资料划分出每口井中的油层、油水同层及水层，确定油水界面的基本步骤如下：

首先，划分油水系统，依据试油与各井的测井油水解释，确定油层、水层、油水同层及干层，划分每口井的油水系统；然后，在同一油水系统内，按油藏剖面或某一剖面方向，逐一将各井的油底和水顶海拔高度标注在同一散点图上（图9-8），分析不同资料的可靠程度，其中试油为最可靠资料，测井解释（未经试油证实的）为参考资料；最后，在整体分析油藏中油水分布规律的基础上，在油底与水顶之间合理划分出油水界面。油水界面可以是水平面，但也可以是低角度倾斜的或一定程度的凹凸不平的面。同时，油底和水顶之间存在油水过渡段。当通过测井资料解释的结果（油层、油水同层、水层及干层）与油藏分布规律明显不吻合时，应考虑复查测井资料，进行重新解释。当油底和水顶分属于上下不同的砂体而相距较远时，油水界面应偏向油底，以防止含油面积偏大。单层试油时，油水同出的资料有着特殊意义，它可能指示油水界面在该层，或者该单层正处于油水过渡段。

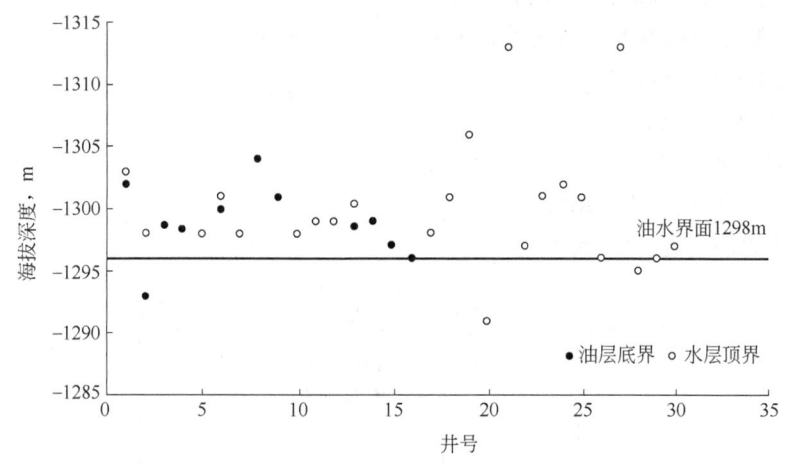

图9-8 油水界面散点图（据韩定容，1983；转引自吴元燕等，2005）

2）压力梯度资料确定流体界面

当钻遇油气层且钻穿流体界面后，可以用钻杆测试仪（DST）或重复地层测试仪（RFT）测得的原始地层压力与相应深度的关系（即压力梯度）来确定流体界面（包括油气、油水、气水界面）。

由于压力与流体密度成正比，当储层中流体（连续段）的密度有差异时，在深度—压力交会图上表现为不同的压力梯度。在交会图上不同压力梯度线的交点所对应的深度，即为上下两种不同流体的接触面的位置（图9-9）。如图9-9所示，图中压力梯度图由3个不同斜率的直线所组成。第一条直线段的梯度和密度分别为0.002176MPa/m和0.2176g/cm^3，反映为气层；第二条直线段的梯度和密度分别为0.006223MPa/m和0.6223g/cm^3，为油层；第三条直线段的梯度和密度分别为0.01032MPa/m和1.032g/cm^3，为水层；在第一条和第二条直线段的交点处（1975m），为油气界面（OGC），在第二条和第三条直线段的交点处（2067m），为油水界面（杨通佑等，1998）。需要说明的是，这种方法仅适用于相同流体连续段具有一定厚度的油气藏。

3）原始地层压力和地层流体密度资料确定流体界面

如果油藏为正常压力系统，在钻达油层但未钻穿流体界面时，可以利用测试获得的原始地层压力和流体密度资料，近似地确定油藏中的油水界面（图9-10）。如图9-10所示，1井钻在油藏的含油部位，测得的油层静止压力为p_o，原油密度为ρ_o；2井钻在油藏的含水部分，测得的水层静止压力为p_w，水的密度为ρ_w。可根据压力关系推导出油水界面的深度位置，其压力关系为：水井地层压力为油井地层压力、油井底至油水界面的油柱压力，以及油水界面至水井底的水柱压力之和，即：

$$p_\mathrm{w} = p_\mathrm{o} + \frac{H_\mathrm{ow} - H_\mathrm{o}}{10} \cdot \rho_\mathrm{o} \cdot g + \frac{\left[\Delta H - (H_\mathrm{ow} - H_\mathrm{o})\right]}{10} \cdot \rho_\mathrm{w} \cdot g \tag{9-9}$$

整理可得：

$$H_\mathrm{ow} = H_\mathrm{o} + \frac{\Delta H \cdot \rho_\mathrm{w} \cdot g - 10(\rho_\mathrm{w} - \rho_\mathrm{o}) \cdot g}{\rho_\mathrm{w} - \rho_\mathrm{o}} \tag{9-10}$$

式中 H_o——油井井底海拔高，m；

H_w——水井井底海拔高，m；

H_ow——油水界面海拔高，m；

ΔH——油井与水井的海拔高差，m；

ρ_o——油密度，g/cm³；

ρ_w——水密度，g/cm³；

p_o——油井地层压力，MPa；

p_w——水井地层压力，MPa；

g——重力加速度，9.8m/s²。

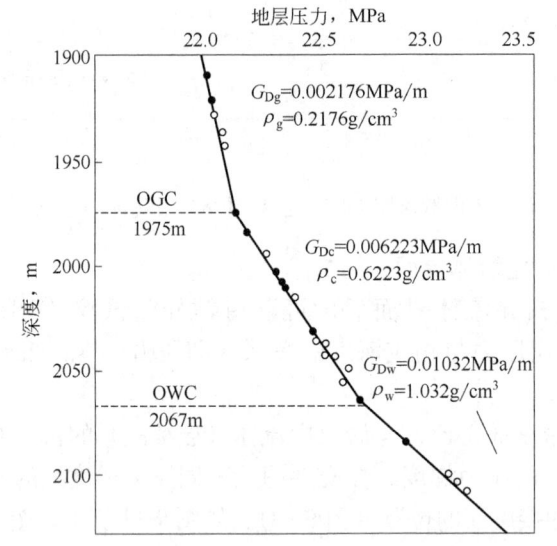

图9-9 WZ10-3-1井压力梯度图（据杨通佑等，1998）

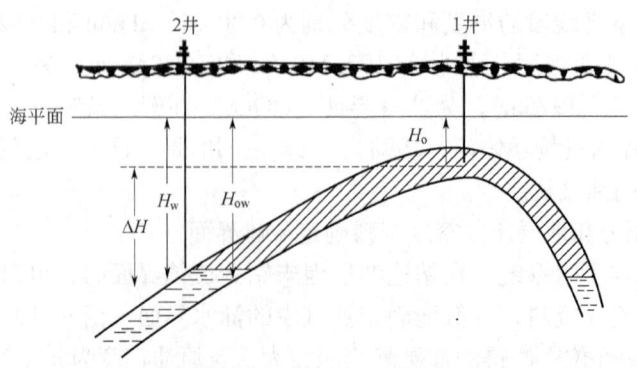

图9-10 利用压力和密度资料确定油水界面的示意图
（据杨通佑等，1998）

4）毛管压力曲线确定油水界面

实验室中测定的毛管压力曲线可换算为油藏条件下的毛管压力曲线，而且毛管压力可用油水接触面以上的高度表示。当某油层通过岩心分析、测井解释或其他间接方法获得含油饱和度数值时，在油藏的毛管压力曲线上可查得该油层距油水接触面以上的高度，由于该油层钻遇深度是已知的，因而可计算出油水界面的深度。如果一个油田全部井已解释了测井含油饱和度，就可直接做出含油饱和度随深度的变化图，即油藏毛管压力曲线。若已知油层饱和度下限标准，就可在曲线上查得油水界面深度（吴元燕等，2005）。

上述方法可在少井的情况下计算油水界面压力，因此计算的油水界面有一定的误差，仅可作为参考。对于油水垂向过渡段较厚的油藏，在圈定含油面积时必须考虑油水垂向过渡段。此时，应分别确定油底和水顶的海拔高度。水顶与顶面构造图的交线即为外含油边界，油底与底面构造图的交线即为含油内边界（该边界可投影到顶面构造图上）。如果油水界面不是水平的，而是倾斜的或不规则的，此时，就不能简单地按上述方法来圈定含油面积。一般需要编制油水界面等高线图，然后将此图分别与油层顶面构造图和油层底面构造图叠合，取同值等高线之交点，并以平滑的曲线将这些交点连接起来，便分别获得油藏的含油外边界与含油内边界。如果油水分布非常复杂，则只能以可靠的试油资料为依据，在构造图上分区圈定出含油面积（吴元燕等，2005）。

2. 含油气岩性边界的确定

在岩性油气藏或构造岩性油气藏中，油气层含油气性会随着岩性、物性的变化而发生相应的变化。因此在储量计算中，应该考虑岩性边界。而岩性边界是指有效储层与非有效储层的分界线。岩性边界中的某一侧岩性较粗、物性较好、具有可动流体（油、气或水），而在另一侧中，岩性变细、物性变差，通常不含油气（也即干层）。通常可以应用沉积学和地震方法相结合，描述砂体的宏观空间分布并确定大致的岩性边界，而利用试井探边测试也可能获得岩性边界的位置。在应用地震方法和试井方法不能准确、定量地圈定岩性边界时，为计算油、气储量，可以采用"井控法"来推测油气藏的岩性边界。

1）"井控法"内插确定井间的岩性边界

储量计算中的岩性边界也是有效厚度的零线位置。应用井控法，首先要确定岩性尖灭线的位置，然后再确定岩性边界。以砂岩油气藏为例，砂岩尖灭线位于砂岩尖灭井点与有效砂岩井点之间（因为钻遇的砂岩尖灭点很少正好是地下砂岩的实际尖灭位置，也即很可能已经提前尖灭了）。砂岩的尖灭线与这两口井的距离取决于砂岩在地下的展布规律与尖灭特征。通常砂岩尖灭线位置与砂层厚度和砂岩储层的渗透性有关。如果井点砂层厚度越大、砂岩渗透性越好，则尖灭位置离有效砂岩钻遇井的距离就越远，反之，则越近。确定岩性尖灭位置后，在尖灭线和有效厚度井之间勾绘有效厚度零线，即岩性边界线。

2）"井控法"外推预测含油气岩性边界

当油气藏边界无控制井时，可根据有效层井点外推岩性边界。在开发井网条件下，通常可按 1 个或 1/2 个开发井距外推含油气岩性边界。但在油藏评价或勘探阶段，由于井距较大，不采用这个方法外推岩性边界，而可以通过类比同类已开发油田砂岩体大小的统计资料，确定井点外推距离，也可以通过井震结合储层预测的结果进行预测。

3. 断层边界的确定

断块油藏的含油气边界除油水（气）边界和岩性边界外，断层边界也同样重要。应仔细分析断裂系统与断层的分布规律，根据断层与油水界面等其他界面共同圈定含油气面积。

具体确定方法通常采用剖面投影法（图9-11）。在应用储层顶面构造图来反映含油边界时，断层的控油范围应充分考虑油层顶、底面与断层面的交线，应以上述两条线的外线为含油气的边界线。当油层位于正断层下盘，含油边界应为油层底面与断层面的交线（图9-11）；而如果断层上盘是含油层，则含油边界为油层顶面与断层面的交线。

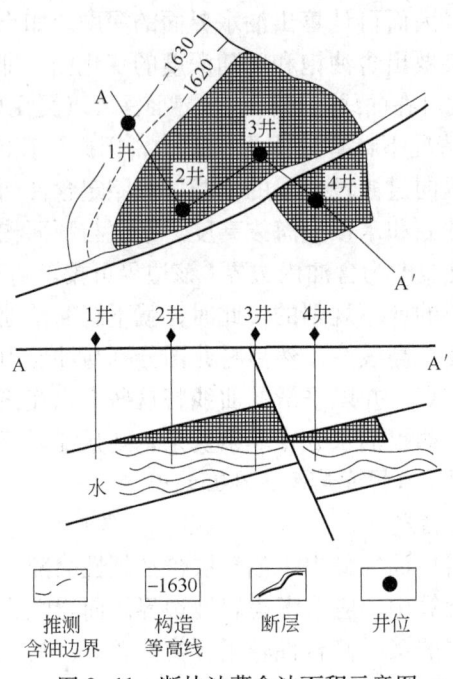

图9-11 断块油藏含油面积示意图

4. 含油（气）面积的圈定

按照储量评价规范，不同级别储量的含油气面积的圈定方法有差异，主要体现在含油气边界确定性程度的不同。

1）探明含油（气）面积

已开发探明储量的含油（气）面积，主要根据生产井的静态和动态资料进行综合圈定。而未开发探明储量的含油（气）面积，含油（气）边界，可根据实际油（气）藏地质与资料条件，采用相应的方法进行确定：

（1）用来圈定含油（气）面积的各种流体界面，需经过测井、测试资料或取心资料证实，或通过可靠的压力测试资料来确定。

（2）未查明各种流体界面的油气藏，应以测试证实的最低出油（气）层（或井段）的底界或有效厚度累计值外推圈定含油（气）面积。

（3）油（气）藏断层（或地层）遮挡边界，以油（气）层顶（底）面与断层（或地层不整合）面相交的含油（气）外边界来圈定含油（气）面积。

（4）油（气）藏储层岩性（或物性）遮挡边界，可用有效厚度的零线来圈定含油（气）面积；若未查明岩性边界时，按开发井距的 1～1.5 倍外推确定含油（气）面积的计算线。

（5）若储层厚度和埋藏深度等条件合适时，通过地震解释预测的流体界面和岩性边界，再通过钻井信息约束且有较高置信度时，也可作为圈定含油（气）面积的依据。

（6）若确定的含油（气）边界内，边部油（气）井到含油（气）边界的距离过大时，可按照油（气）藏开发井距的 1～1.5 倍外推，从而确定含油（气）面积的计算线。

（7）构造高部位高出已钻遇油层部分的油藏体积，需有储层连续性及油（气）层性质的确凿证据，才能作为探明储量进行计算。

2）控制含油（气）面积

控制储量可按下述方式圈定含油（气）面积：

（1）可依据探井钻遇的油水界面，或通过测井解释的油气层底界面，以及地震资料确定的断层和岩性边界来综合圈定含油（气）面积。

（2）在探明含油（气）边界到预测含油（气）边界之间，合理圈定含油（气）面积。

（3）依据多种方法对储层进行综合分析，结合油（气）分布规律，确定可能含油（气）边界，圈定含油（气）面积。

3）预测含油（气）面积

对于预测储量，可按下述方式圈定含油面积：

（1）根据推测的油（气）水界面或圈闭溢出点圈定含油（气）面积。

（2）根据油（气）藏综合分析所确定的油（气）层分布范围圈定含油（气）面积。

（3）根据同类油（气）藏圈闭的油气充满系数，通过类比来圈定含油（气）面积。比如，可根据已知相邻的、已探明油（气）藏的圈闭充满度乘以新油藏的构造闭合高度，计算并推测新油藏的油藏高度，从而推测出新油藏的含油（气）边界。

（4）还可以根据地震约束反演资料来圈定的含油（气）面积。

（二）有效厚度的确定

1. 有效厚度的含义

油气层的工业产油能力（工业油流层）主要受油气层物性（油气层的有效孔隙度和渗透率）和含油气性（含油气饱和度）等因素的影响。其中，有效孔隙度和含油气饱和度的乘积反映了油气层的"储油气能力"，而渗透率则反映了油气层的"产油气能力"。当油气层的有效孔隙度、渗透率和含油气饱和度达到一定界限时，油气层便具有工业产油气能力，这样的界限被称之为有效厚度的物性标准，亦称下限值(cut off)。由于常规岩心资料难以求准油气层原始含油气饱和度，因此通常采用储层的孔隙度和渗透率参数来反映物性下限。实际上，储层的孔隙度和渗透率下限反映的是有效储层（包括有效层、水层）与干层的临界物性界限值。

2. 有效厚度的物性下限标准

物性下限的确定方法有测试法、水基钻井液侵入法、经验统计法、含油（气）产状法等。

1）测试法

测试法是根据单层试油结果来确定有效厚度物性下限的方法。

（1）应用单层试油的每米采油（气）指数确定有效厚度物性下限。编绘每米采油（气）指数（也称米产指数）与绝对渗透率的关系曲线，米产指数大于零时所对应的绝对渗透率值，即为油气层有效厚度的渗透率下限值（图 9-12）。再应用孔隙度—渗透率关系曲线，便可依据渗透率下限计算推测孔隙度下限。

（2）利用单层试油结果（油、气层或干层）确定有效厚度的物性下限。编绘油（气）层和干层的岩心孔隙度与渗透率交会图，并在图中分别标绘产层与干层的孔隙度分界线和渗透率分界线，分界线值即为有效厚度的物性下限。如图 9-13 所示，图中气层的渗透率下限为 $18 \times 10^{-3} \mu m^2$，孔隙度下限为 17%。

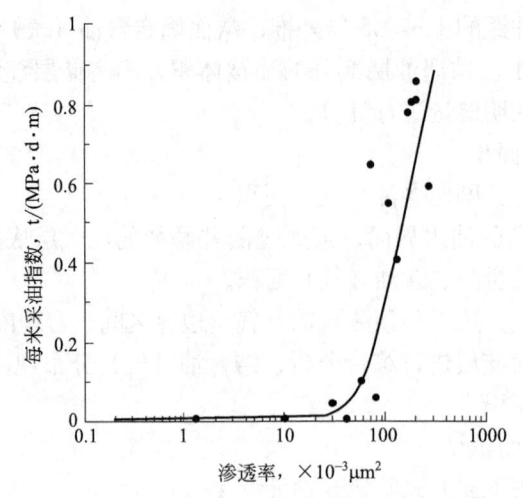

图9-12 每米采油指数与渗透率曲线（据吴元燕等，2005）

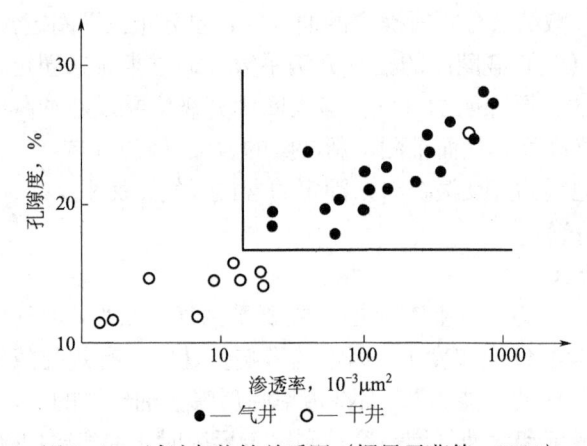

图9-13 试油与物性关系图（据吴元燕等，2005）

2）水基钻井液侵入法

可以应用水基钻井液取心测定的含水饱和度确定有效厚度的物性下限值。在水基钻井液取心中，钻井液对有效储层会产生不同程度的侵入现象，而对于干层（由于渗透率低）则基本无钻井液侵入。渗透率较高的有效储油岩，由于钻井液驱替出了部分原油，导致有效储层段的岩心测得的含水饱和度增高；而渗透率较低的储油岩，钻井液驱替出的石油较少；当渗透率降低到一定程度时，钻井液不能产生侵入现象，此时岩心测定的含水饱和度仍然是岩石中的原始含水饱和度，随着渗透率的降低，含水饱和度会逐渐升高。这样，含水饱和度与绝对渗透率关系曲线上会出现两条相交的直线（图9-14），它们交点的渗透率就是钻井液侵入与不侵入的下限值。钻井液侵入的储层，反映原油可以从其中产出，为有效储层；而钻井液没有侵入的岩层，反映原油不能从其中产出，所以为非有效储层。用相同方法也可以定出孔隙度下限值。

3）经验统计法

此方法基于岩心分析的孔隙度和渗透率数据，以低孔渗段累积储渗能力丢失占总累积储渗能力的5%左右为界限的一种累积频率统计法（图9-15）。

此方法的前提条件是渗透率下限值以下的砂层丢失的产油能力很小，可以忽略不计。

对于中低渗透性油气藏,将整个油气藏的平均渗透率乘以5%,就可作为该油气藏的渗透率下限。对于高渗透性油气藏,或者远离油水界面的含油气层段,则应乘以比5%更小的数值(具体情况依据实际油气藏的特点而定)作为渗透率下限。

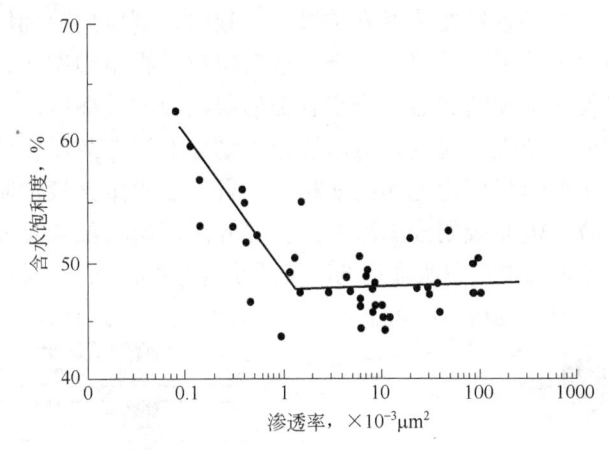

图9-14 钻井液侵入法确定渗透率下限(据吴元燕等,2005)

4)含油(气)产状法

储层含油(气)产状与物性具有相似的变化规律,所以可通过含油(气)产状来研究有效厚度的物性下限值。若岩心能够真实反映原始含油饱和度,可在取心井中,选择一定数量的、岩心收获率高的、岩性和含油性较均匀的、孔隙度和渗透率具有代表性的、油水界面以上的层,进行单层试油,通过试油建立岩性、含油性、物性和产油能力的关系。

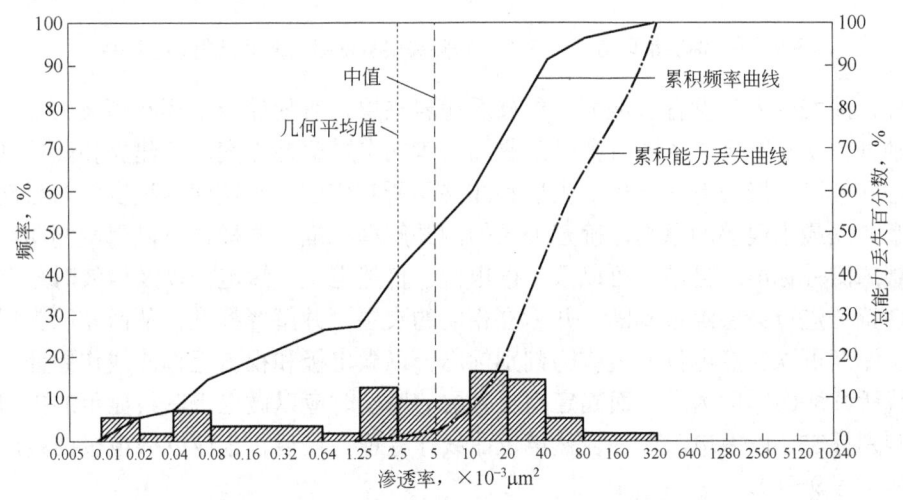

图9-15 渗透率直方图及累积能力丢失曲线(据杨通佑等,1998)

3. 有效厚度的测井解释标准

有效厚度物性标准只能用来划分取心井段的有效厚度。而在一个油气田中,取心井总是有限的,而测井资料在大量探井和开发井中均有。因此,要划分非取心井的有效厚度,就必须建立反映储层岩性、物性和含油性的有效厚度测井标准。油气层的物理性质是油气层的岩性、物性与含油气性的综合反映。因此,它也能间接地反映油气层的"储能"和"产能"。显然,当油气层的物性参数达到一定界限时,油气层便具有工业产油气能力,这一界限就是有效厚度的测井解释标准,包括油、气、水、干层标准,以及夹层的解释标准。

建立有效厚度测井解释标准,应该以岩心资料为基础,采用岩心来标定测井解释,充分分析油层的"四性关系"。对于油、气、水、干层解释标准,属于测井地质学的研究范畴,不在此赘述。利用测井资料划分油层顶、底界限时,应当综合考虑能清晰地反映油层界面的多种测井曲线,如果各种曲线解释结果不一致时,则以反映油层特征最佳的测井曲线为准。例如,我国大庆油田,采用微电极、自然电位、视电阻率3条曲线来确定产油层的总厚度。首先利用收获率高的岩心,确定各类油层相应测井曲线的典型特征,并按油层特征和测井曲线形态进行分类,编制典型曲线作为划分油层有效厚度的样板。对于较均匀油层,由于其电测曲线形态与理论电测曲线相符,且分层界限又较清晰,故可同时利用自然电位、视电阻率和微电极曲线划分油层的顶、底界限,所得油层总厚度基本相同。对于顶、底渐变层,则以这3条曲线中所确定的厚度最小为标准(图9-16)。

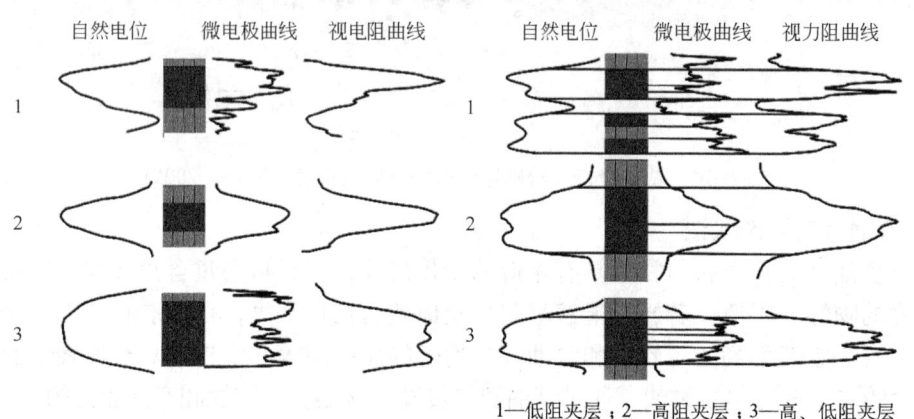

1—低阻夹层;2—高阻夹层;3—高、低阻夹层

图9-16 油层量取方法示意图、扣除夹层示意图(据吴元燕等,2005)

另外,油气层内常发育有泥岩、粉砂质泥岩夹层,有的储层中还有钙质夹层,这些夹层不含油气,应该扣除。通常用微电极曲线,建立夹层解释方案,并建立扣除标准。通常先在取心井中读出岩心有效层中的夹层和非夹层所对应的微电位回返程度,然后建立夹层解释图版,以最小误差的原则,确定夹层的测井解释标准。同样也可以用微侧向测井曲线确定夹层的测井标准。目前,可以采用微电极、自然电位、短电极以及声波时差等曲线反映的岩性特征进行夹层综合判断,并建立相应的夹层测井解释标准,从而扣除夹层。低阻泥质夹层厚度可以自然电位曲线作为判别标志,以微电极和视电阻率曲线作验证,并以微电极曲线所读取的厚度为准。而确定高阻夹层的厚度时应以微电极曲线显示的尖刀状高峰异常为判别标志,以视电阻率和自然电位曲线作验证,最后,也应以微电极曲线所量取的厚度为准(图9-16)。

上述划分油层有效厚度的方法仅适用于孔渗性较好的砂岩油田。而对渗透率低、泥质含量高的油层,特别是对裂缝、孔洞为主的碳酸盐岩油气层而言,油气层有效厚度的确定十分困难,应当借助其他技术方法,如井下电视、地层倾角测井、毛管压力曲线分析、铸体薄片及扫描电镜等来确定油气层的有效厚度。

起算厚度是用以计算油、气储量的最小厚度。起扣厚度则指扣除夹层的起码厚度。起算厚度与起扣厚度标准是由射孔精度、地球物理测井资料解释的准确程度,以及薄油层在油、气田开采中的价值和作用等因素来确定。射孔精度采用磁性定位跟踪射孔技术后,精度可达到0.2m。测井油气层与夹层的解释精度与地质条件有关,一般地区可准确解释到

0.4～0.6m 的油层，沉积稳定的地区可解释到 0.2m 的薄油层。所以，国内的有效厚度起算厚度定为 0.2～0.5m，夹层起扣厚度为 0.2m。

4．有效厚度的误差分析

有效厚度测井标准的精度评价，一般用岩心划分的有效厚度来检验，具体指标包括标准误差和划分误差。其中，标准误差是指有效厚度电性标准确定后，误入界限的非有效层点数与漏在界限外的有效层点数之和与总点数之比。划分误差也称平衡误差，是指在取心井按测井标准解释的测井有效厚度和按物性标准划分的岩心有效厚度之差，与岩心确定的有效厚度之比。储量计算规范要求各油田平衡误差必须在 ±5% 以内。

（三）有效孔隙度的确定

有效孔隙度的确定应以实验室直接测定的岩心测试数据为基础。对于未取心井，则采用测井资料计算有效孔隙度，同时与岩心测试数据进行对比，以提高有效厚度的确定精度。对少井地区，可以采用地震方法进行孔隙度预测。相关具体方法详见本书第三章。

（四）原始含油（气）饱和度的确定

原始含油（气）饱和度，指的是油（气）层尚未投入开采，处于原始状态下的含油（气）饱和度。以油层为例，当油层孔隙中没有游离气存在时，孔隙全部为油和水饱和，则含油饱和度 =100%− 含水饱和度。

确定含油（气）饱和度的主要方法包括岩心直接测定，测井资料解释与计算、毛管压力资料计算等。

1．岩心测定法

用岩心分析时，为避免泥浆侵入的影响，可采用油基泥浆取心或密闭取心进行测试确定饱和度。应尽可能在保持油层压力条件下（尽量不让气体溢出），因此最好在现场直接测定含油饱和度。若没有油基泥浆和密闭取心资料，也可以根据含水饱和度和渗透率关系曲线，用有效厚度渗透率的下限值先确定束缚水饱和度，然后得到含油饱和度。

然而，由于油基泥浆（钻井液）取心井成本比较高，而且钻井工艺复杂、操作作业条件差。我国目前一般用密闭取心代替油基泥浆取心。密闭取心采用的是水基钻井液，利用双筒取心加密闭液的方法，尽量避免岩心在取心过程中受到水基泥浆的冲刷。尽管如此，泥浆还是会短时间接触到岩心，因此取心时在泥浆中加入适量的酚酞指示剂，对取心部位进行监测化验。一般岩心中的泥浆侵入水量小于含水饱和度绝对值 1% 的样品可作为无侵样品，侵入水量小于含水饱和度绝对值 2% 的样品作为微侵样品，若大于此界限的样品为全侵样品。因此，无侵、微侵样品可以用来测试分析原始含水饱和度。还可以采用井底蜡封岩心的取心方法，以减少泥浆侵入。具体做法是在地面用石蜡充满取心筒，在取心过程中，岩心进入熔化的石蜡中，阻止泥浆与岩心接触，多数情况下，地面可取得蜡封好的岩心。

2．测井资料解释与计算

由于油田中的油基泥浆取心和密闭取心井一般很少，其饱和度数据也不能代表整个油田实际情况，所以有必要应用测井资料进行原始含油饱和度解释与计算。用油基泥浆取心或密闭取心的岩心资料标定测井资料，建立测井参数和岩心直接测定的原始含油饱和度的相关关系，从而得到测井饱和度解释模型，计算得到原原始含油（气）饱和度。相关方法请参阅地球物理测井解释方面的参考书。

3. 毛管压力计算法

在没有油基钻井液取心、密闭取心并或测井资料解释含油饱和度的情况下，还可以应用实验室平均毛管压力资料计算原始含油饱和度。

其基本原理是，在油藏的自由水面以上，油藏岩石内的残余水是毛管压力与驱动压力平衡的结果。对于同类储层而言，含油气层中的残余水数量则取决于驱动压力，而实验室（主要是离心法）测量的毛管压力曲线正是反映了这种关系。因此，将实验室测量的毛管压力曲线换算为油藏毛管压力曲线，便可计算自由水界面之上不同油柱高度的含水饱和度。其基本步骤如下。

1) 室内平均毛管压力曲线的求取

实验室的毛管压力曲线是针对取心的岩样测定的（半渗隔板法、离心法和压汞法），而1个岩样只能代表油藏的某一点的特征，只有将油藏上多个毛管压力曲线平均为1条毛管压力曲线，才能代表油藏的总体特征。J函数（Leverett，1941）是求取平均毛管压力曲线的经典方法。J函数的计算公式为：

$$J(S_w) = \frac{p_c}{\delta \cos\theta} \sqrt{\frac{K}{\phi}} \qquad (9-11)$$

式中 $J(S_w)$——J函数，无因次；

p_c——毛管压力，MPa；

K——岩样渗透率，$10^{-3}\mu m^2$；

ϕ——孔隙度，小数；

δ——流体与岩石界面张力，mN/m；

θ——流体与岩石润湿接触角，(°)。

J函数为一个无因次量。对于给定的储层（给定的孔隙度、渗透率、界面张力及润湿接触角），J函数为含水饱和度的函数。因此，可以应用J函数对多个毛管压力资料进行分类和平均。处理方法可分为两大步：

第一步：拟合一条平均的J函数曲线。将实验室测得的多个岩样的毛管压力曲线按式（9-11）进行J函数求解，每个岩样均可得到不同含水（或含汞）饱和度的J函数值，多个岩样则得到不同含水（或含汞）饱和度的一系列J函数值。以含水（或含汞）饱和度为横坐标，以J函数为纵坐标，将计算的一系列J函数值标注在图内。如果数据点集中，说明这些样品同属于一种孔隙结构类型，据此，将这些数据点拟合为1条平均的J函数曲线。

第二步：求取平均毛管压力曲线。对于1个给定的油藏，已知其平均孔隙度和平均渗透率，应用式（9-12）、式（9-13）将平均J函数曲线变换为平均毛管压力曲线：

$$\bar{p}_c = \frac{1}{\bar{C}} \cdot \bar{J}(S_w) \qquad (9-12)$$

$$\bar{C} = \frac{1}{\delta \cos\theta} \sqrt{\frac{\bar{K}}{\bar{\phi}}} \qquad (9-13)$$

式中 $\bar{p}_c$——平均毛管压力曲线，MPa；

$\bar{J}(S_w)$——平均J函数，无因次；

$\bar{C}$——常数；

$\bar{\phi}$——平均孔隙度，小数；

$\bar{K}$——平均渗透率，$10^{-3}\mu m^2$。

通过上述运算，便可将实验室测得的多个岩样的毛管压力曲线平均化为室内平均毛管压力曲线。一般来说，由于不同岩类的毛管压力曲线有较大的差别，可按岩类进行毛管压力曲线平均，因而可分别求得不同岩类的平均毛管压力曲线，进而分别求取原始含水饱和度。

2）将室内平均毛管压力曲线换算为油藏毛管压力曲线

实验室毛管压力表达式：

$$(p_c)_L = \frac{2\sigma_L \cos\theta_L}{r} \tag{9-14}$$

油藏毛管压力表达式：

$$(p_c)_R = \frac{2\sigma_R \cos\theta_R}{r} \tag{9-15}$$

式中 $(p_c)_L$、σ_L、θ_L——分别为实验室内的毛管压力、界面张力和接触角；

$(p_c)_R$、σ_R、θ_R——分别为油藏条件下的毛管压力、界面张力和接触角；

r——孔隙喉道半径。

由式（9-15）除以式（9-14），得：

$$(p_c)_R = \frac{\sigma_R \cos\theta_R}{\sigma_L \cos\theta_L}(p_c)_L \tag{9-16}$$

3）将油藏条件下的毛管压力换算为油柱高度

油藏的毛管压力为油、水的重力差所平衡，即油藏自由水面以上高度与油藏毛管压力呈正比，与油—水密度差呈反比，即：

$$H = \frac{(p_c)_R}{\rho_w - \rho_o} \tag{9-17}$$

若将 H 用 m，$(p_c)_R$ 用 MPa，$\rho_w - \rho_o$ 用 g/cm³ 度量，则有：

$$H = \frac{100(p_c)_R}{\rho_w - \rho_o} \tag{9-18}$$

式中 H——油藏自由水面以上高度，m；

$(p_c)_R$——油藏毛管压力，MPa；

ρ_w、ρ_o——分别为油藏条件下油与水的密度，g/cm³。

按上式即可将室内毛管压力曲线转换为以自由水面以上高度表示的含水饱和度关系图，如图9-17（a）所示。

4）确定油层原始含油饱和度

若已知自由水面深度，可将图9-17（a）转换为油水饱和度沿油藏埋藏深度分布图，如图9-17（b）所示。根据该图可查出油层任一深度所对应的原始含水饱和度，进而求出原始含油饱和度。

4．油水同层含油饱和度的确定

油水同层分布于油水过渡段内。其内，既有可动油，又有可动水。在试油或生产时，表现为油水同出。确定油水同层含油饱和度的难度较大。一方面，油水同层含油饱和度的变化范围较大；另一方面，油基钻井液和密闭取心手段都不能反映存在自由水的油水同层的饱和度原始状况。在此，介绍一种简易的近似方法，即应用相渗透率曲线和含水率确定油水同层含油饱和度的方法。

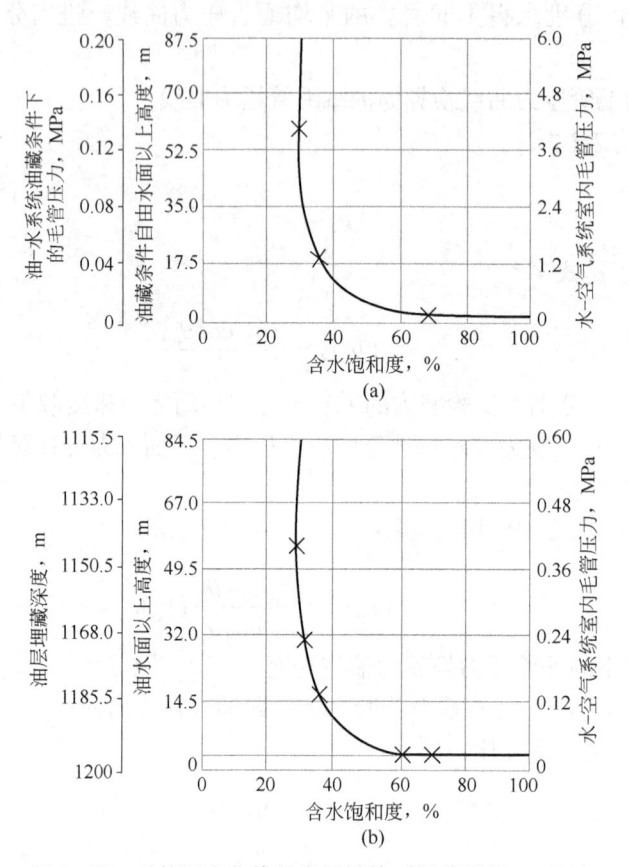

图 9-17　毛管压力曲线的坐标转换（据范尚炯，1990）

相渗透率实验提供了油层从产纯油（只有束缚水）到产纯水（只有残余油）的饱和度变化全过程。据此，可得到相渗透率与含水饱和度的关系。根据油水共渗体系中的分流方程式，可得到相渗透率与含水率的关系。综合这两种关系，便可得到含水率与含水饱和度变化的关系曲线。

在油水共渗体系中，产水率（f_w）（产水量与总产液量之比）与油、水两相的相对渗透率及黏度有关，即：

$$f_w = \frac{Q_w}{Q_w + Q_o} = \frac{1}{1 + \frac{K_{ro}}{K_{rw}} \cdot \frac{\mu_w}{\mu_o}} \tag{9-19}$$

式中　f_w——产水率，%；
　　　Q_w——产水量，m³/d；
　　　Q_o——产油量，m³/d；
　　　K_{rw}——水相相对渗透率；
　　　K_{ro}——油相相对渗透率；

μ_w——水相黏度，mPa·s；

μ_o——油相黏度，mPa·s。

根据含水率与相对渗透率的关系以及大量的相对渗透率实验结果，可以建立不同渗透率类型的含水率与含水饱和度关系的综合曲线图（图9-18）。据此，应用油水同层投产初期的试采含水率数据，便可确定其含水饱和度，相应地可确定其含油饱和度。

确定油气藏原始含油气饱和度的方法较多，必须使用多种方法，相互补充，综合选取采用值，对于具有油基钻井液取心或密闭取心的油田，应以岩心分析的束缚水饱和度为依据，制定空气渗透率与含水饱和度关系图版和测井解释图版。一方面通过渗透率查出各取心井的束缚水饱和度，从而计算取心井的原始含油饱和度平均值；另一方面应用测井图版解释所有生产井的原始含油饱和度。然后根据油田地质情况、测井条件以及井所处的构造位置等因素对两种方法计算的结果进行比较，分析各自的精度和代表性，以1种方法为主选取采用值。对于没有油基钻井液或密闭取心井的油田，或勘探程度较低的控制储量的区块，可应用毛管压力曲线计算含油饱和度，或借用邻近相似油田的测井解释模型，应用测井资料解释含油饱和度。然而，这种方法计算的含油饱和度有一定的误差。

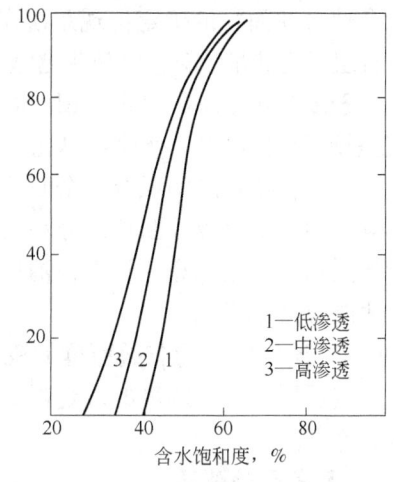

图9-18　不同渗透率类型的含水率与含水饱和度关系的综合曲线图

（五）地层脱气原油密度和地层体积系数

这两个参数是根据地面原油分析测试和高压物性分析资料来得到的。

三、储量计算单元与参数平均值的确定

采用容积法计算油气储量时，要先确定储量计算单元，然后确定各计算单元中的储量参数的平均值，最后将各参数取值相乘得到最终的储量数值。如果求取参数的平均值方法合理，那么用平均参数计算的储量和用单层单井计算的储量的累加值是相等的。参数的平均值不仅可计算储量，而且它还可以说明油田大小、储集层性质及原油性质。

（一）储量计算单元

储量计算单元指计算储量的地层单元。某套地层单元中可能包括多个油藏，因此确定储量计算单元划分得是否合理，应视其是否真实地反映了地层分布形态，所计算含油体积是否最接近油层的实际情况。从这点出发，应该将具有统一油水系统的单个油藏作为1个储量计算单元。油水相间的多个油藏叠合在一起，分不清哪里是油，哪里是水，是无法算准地下含油体积的。但是，由于实际油藏大小不一，有时悬殊很大。大油藏大到一个油水系统控制数百米油层厚度，数百平方公里含油面积，例如大庆喇萨杏油田。小油藏有时可能小到1个单砂层即为1个油水系统，因此划分储量计算单元时应区别对待不同规模的油藏。

大油藏为保证储量计算精度，满足开发层系划分要求，1个油藏内应细分储量计算单元，应考虑油层参数纵向上的差异性和平面上的分区性特点，应将油层物性和原油性质接

近的油层合在1个计算单元内,在平面上以区块为单元,在纵向上以油层组为单元计算储量。油层组的厚度控制在多少米较为合适呢?若地层厚度过大,顶(底)面构造图和断层位置图难以准确圈定含油面积,一般易将储量算得偏大;而若地层厚度过小,含油面积内存在许多尖灭区,由于目前技术条件下尚不能确定井间油层尖灭的确切位置,推断的岩性边界会使含油面积的确定出现系统误差。根据我国实践经验通常以30~50m油层组(或称砂岩组)为储量计算单元较为合适。

对于多油水系统的复杂油田,有时断块或多油水系统会将油藏分割得很小,原则上仍应该坚持1个油藏为1个计算单元。如某油田,由于油水分布受构造,断层和岩性等多种因素控制,各断块之间以及1个断块内各小层之间都具有独立的油水系统,各块各层都没有储满石油,所以应分断块、分小层计算储量。如果有的油田储量计算单元很多,若要简化计算过程,必须在充分认识该油田油水分布规律的基础上,采取有效措施,在有验证结论后才能合并计算。

(二)油气层平均有效厚度的确定

油气层平均有效厚度的确定需要根据油藏的地质条件与井点分布情况,采用相应的平均值计算方法。

1. 算术平均值法

该方法适用于井点分布均匀的勘探开发地区。在已开发油田其生产井网较均匀时,计算储量时可采用算术平均法。用此方法计算的平均有效厚度是各井计算单元的有效厚度累加值除以总井数,即:

$$\bar{h} = \frac{\sum_{1}^{n} h_i}{n} \tag{9-20}$$

式中　$\bar{h}$——平均有效厚度,m;
　　　h_i——单井有效厚度,m;
　　　n——总井数。

2. 面积权衡法

面积权衡法是由每口井所控制的面积加权确定平均有效厚度。所以面积权衡法适用于井网不均匀的评价钻探地区。面积权衡法又有以下2种形式:

(1)等厚线面积权衡法。该方法以直线内插法编制的有效厚度等厚图为基础,将井与井之间油层厚度视为线性变化的,即油层厚度呈楔形变化。其计算公式为:

$$\bar{h} = \frac{\sum_{i=1}^{n} \left(\frac{h_i + h_{i+1}}{2}\right) \cdot A_i}{\sum_{i=1}^{n} A_i} \tag{9-21}$$

式中　h_i——第i条有效厚度等值线值,m;
　　　A_i——相邻2条等厚线间第i块面积,km²;
　　　n——等厚线间隔数。

等厚线面积权衡法由于零值前缘的厚度按楔形递减规律勾图,若与油层在井间变化,如渐变、突变、变厚、变薄和有的由薄变厚又突然尖灭的情况不符,会使平均厚度值系统偏小。在油水过渡带不宽,边缘评价井比较少时,将外油水边界当作零线比油田顶部或腰部评价井连直线内插勾图造成的影响更大。对于油层呈窄长条状分布或透镜体较多的油田，由于零线出现多，平均厚度也会明显偏小。所以，储量计算中已很少有人采用这种方法计算平均有效厚度。

(2) 井点面积权衡法。该方法的基础是考虑单井控制面积为该井至邻井距离的 1/2 范围内的面积，各井所能控制的面积大小随井距而不同，以每口井所钻遇的厚度代表该井控制面积内的厚度。从等概率观点出发，认为井间未钻开地层变薄的机遇率相等，尽管井少时平均值算不准，但不存在系统偏小或系统偏大的现象，目前，在储量计算中越来越多的人采用此方法，其具体做法如图 9-19 所示。

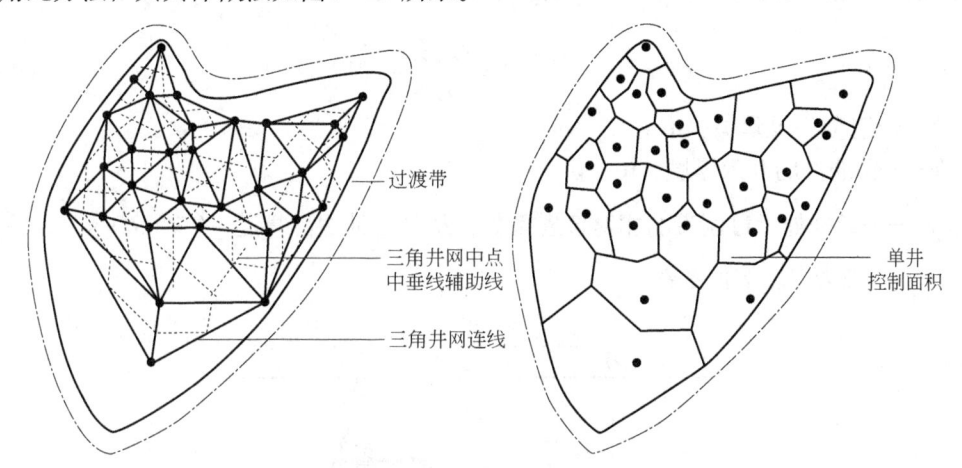

图 9-19　井点面积权衡法示意图

将最邻近的井点依次连接成三角网格单元。取中垂线划分单井控制面积（A_i）。若中垂线交点落在三角形之外，则以三角形之中点连线，划分单井控制面积。油水过渡带（内、外含油边界之间）取邻井有效厚度值的一半。按下式计算纯含油区平均有效厚度：

$$\bar{h} = \frac{\sum_{i=1}^{n} h_i \cdot A_i}{\sum_{i=1}^{n} A_i} \tag{9-22}$$

式中　h_i——第 i 口井的有效厚度，m；
　　　A_i——第 i 口井的单井控制面积，km²；
　　　n——等厚线间隔数。

将过渡带各邻近井有效厚度之半（若过渡带内有井可用该井所有的有效厚度）与对应的过渡带面积相乘累加在纯含油区的各单井控制体积之中，然后用全油田总面积去除，可获得全油田平均有效厚度。

3. 经验取值法

对于复杂断块的油藏或小透镜体岩性油藏或钻井很少的油水过渡带，由于平面上计算单元小，井点资料少，无法勾绘油气层等厚图来进行面积权衡，而算术平均值又无代表性，这时可根据油藏地质特征，采用经验估算值作为该块的平均有效厚度。

(1) 仅有几口井的断块油田，可采用近似面积权衡法估算有效厚度平均值。

如遇有断失的井，按邻井或邻块油层厚度变化规律恢复该井厚度，然后再估算平均有效厚度。

(2) 对于 1~2 口井控制的底水块状油藏，通常具有高部位油层厚、低部位油层薄的特点，平均厚度可根据钻遇井所处构造部位分别选取。

当钻遇井位于构造顶部时，按有效厚度的 1/2 取值；当钻遇井处于构造腰部时，即选该井有效厚度值；当钻遇井处于构造边部时，按有效厚度的 2 倍选值。

（3）对钻井较少的油水过渡带，其有效厚度选值视井处于过渡带内的构造部位面而定，具体方法如图 9-20 所示。图中 0～1 表示油水过渡带的宽度。假设过渡带内砂岩厚度没有变化，其油层厚度由内含油边界向外含油边界渐变为零。所以将井的厚度折算为过渡带中部厚度，即可视为过渡带的油层平均厚度。其具体计算公式为：

$$h' = \frac{OC \times h}{OD} \qquad (9\text{-}23)$$

式中　h'——有效厚度选值，m；

　　　h——钻遇井的有效厚度，m；

　　　OD——指井处于过渡带的相对位置系数，从外含油边界算起，$0 < OD < 1$，$\dfrac{OC}{OD}$ 可视为厚度选值系数。

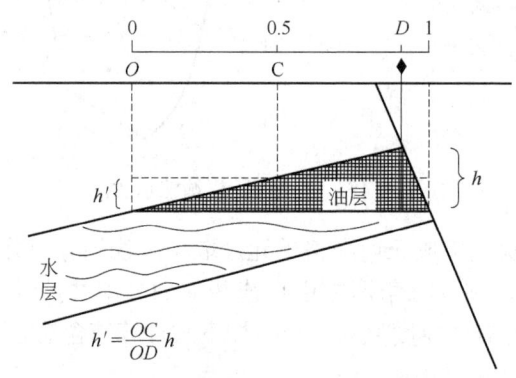

图 9-20　油水过渡带有效厚度选值示意图
（据胜利油区储量组，1982，修改）

本法是在忽略油水过渡带内砂层本身厚度变化的前提下计算的有效厚度平均值，所以是粗略的估算值。

（三）油气层平均孔隙度的确定

计算油气层平均孔隙度，应当用油气层有效厚度范围内的分析样品数据或测井解释数值。计算时采用岩石体积权衡法计算，具体做法如下：

（1）先用厚度权衡法计算单井平均孔隙度，其计算公式为：

$$\bar{\phi} = \frac{\sum_{i=1}^{n}\phi_i h_i}{\sum_{i=1}^{n}h_i} \qquad (9\text{-}24)$$

式中　$\bar{\phi}$——单井平均孔隙度；

　　　ϕ_i——每块岩样分析的孔隙度；

　　　h_i——每块岩样控制的厚度，m；

　　　n——样品块数。

（2）再用岩石体积权衡法计算区块或油田平均孔隙度，其计算公式为：

$$\bar{\phi} = \frac{\sum_{i=1}^{n} A_i h_i \phi_i}{\sum_{i=1}^{n} A_i h_i} \tag{9-25}$$

式中 $\bar{\phi}$ ——区块或油田平均孔隙度；
A_i——单井控制面积，km²；
ϕ_i——单井平均孔隙度；
h_i——单井油层厚度，m；
n——井数。

（四）油层平均原始饱和度的确定

算术平均法或面积加权平均法都可用来计算原始含油饱和度的平均值，但前者更常用。考虑到过渡带的含油饱和度比纯含油区低，在计算储量时应该分别对待。

计算油层平均原始含油饱和度，只限于应用油层有效厚度范围内的岩样分析数据和测井解释值。计算时应采用孔隙体积权衡法，其计算公式为：

$$\bar{S}_o = \frac{\sum_{i=1}^{n} A_i h_i \phi_i S_{oi}}{\sum_{i=1}^{n} A_i h_i \phi_i} \tag{9-26}$$

式中，$\bar{S}_o$ 为单层或油层组或区块或油藏的含油饱和度平均值。A_i、h_i、ϕ_i、S_o 分别为含油面积、有效厚度、有效孔隙度和原始含油饱和度。含油面积为单井控制面积，其他参数可为一块样品或一个测井解释值，也可为单井单层或单井油层组平均值。

若井网分布均匀，公式（9-26）可简化为：

$$\bar{S}_o = \frac{\sum_{i=1}^{n} h_i \phi_i S_{oi}}{\sum_{i=1}^{n} h_i \phi_i} \tag{9-27}$$

若井网分布均匀，取样密度又相等，公式又可简化为：

$$\bar{S}_o = \frac{\sum_{i=1}^{n} \phi_i S_{oi}}{\sum_{i=1}^{n} \phi_i} \tag{9-28}$$

若井网分布均匀，取样密度相等，孔隙度变化很小，且近似相等，则公式可进一步简化为：

$$\bar{S}_o = \frac{\sum_{i=1}^{n} S_{oi}}{\sum_{i=1}^{n} n} \tag{9-29}$$

选择孔隙体积权衡平均方法应视油层特征和井网分布特点，而采用相应的简化计算公式，虽然先用算术平均法计算单井平均值，然后用井点算术平均法计算油藏或区块平均值的作法欠合理，但在饱和度数值精度较差时，也可采用粗略的平均方法。

（五）平均原油体积系数与平均原油密度

计算平均原油体积系数应采用地下含油体积权衡法，计算平均原油密度应采用地面原油体积权衡法。它们的计算公式如下：

$$\frac{1}{\overline{B}_{oi}} = \frac{\sum_{i=1}^{n} A_i h_i \phi_i S_{oi} \frac{1}{B_{oi}}}{\sum_{i=1}^{n} A_i h_i \phi_i S_{oi}} \tag{9-30}$$

$$\overline{\rho}_o = \frac{\sum_{i=1}^{n} A_i h_i \phi_i S_{oi} \frac{1}{B_{oi}} \rho_{oi}}{\sum_{i=1}^{n} A_i h_i \phi_i S_{oi} \frac{1}{B_{oi}}} \tag{9-31}$$

式中　$\overline{B}_{oi}$——平均原油地层体积系数；

　　　B_{oi}——单井原油地层体积系数分析值；

　　　$\overline{\rho}_o$——平均原油地面密度，g/cm^3；

　　　ρ_{oi}——单井原油地面密度分析值，g/cm^3。

通常 1 个储量计算单元内，体积系数和原油密度变化不大。因此，体积系数采用高压物性取样、原油密度采用地面原油样品分析的算术平均值即可达到储量计算的精度。

第十章 储层地质建模

建立储层地质模型是油藏描述和储层表征最终成果的具体体现。本章着重介绍储层地质建模概念、模型类别，并对储层建模的数理基础、基本原理、基本方法以及具体的实现步骤进行了介绍，最后介绍了储层建模当前的研究策略。

第一节 基本概念与模型类别

储层研究以建立定量的三维储层地质模型为目标。因而，三维储层建模是贯穿油气勘探开发各个阶段的一项十分重要的研究工作，这是油气勘探开发深入发展的要求，也是储层研究向更高阶段发展的体现。建立三维储层地质模型的目的就是运用不同阶段所获得的相应层次的基础资料，建立不同勘探开发阶段的储层地质模型，精确地定量描述储层各项参数的三维空间分布，为油气田的总体勘探取向和开发中的油气藏工程数值模拟奠定坚实的基础。

一、基本概念

(1) 定义。地质模型是指能定量表示地下地质特征和各种储层（油藏）参数三维空间分布的数据体。一个完整油藏的地质模型，应包括构造模型、沉积模型、储层模型及流体模型等。现代油藏管理的两大支柱是油藏描述和油藏模拟。油藏描述的最终结果是油藏地质模型，而油藏地质模型的核心则是储层地质模型（主要是指沉积相模型和储层参数模型）。

(2) 优点。从本质上讲，三维储层建模是从三维的角度对储层的各种属性进行定量的研究并建立相应的三维模型，其核心是对井间储层进行三维定量化及可视化的预测。与传统的二维储层研究相比，三维储层建模具有以下明显的优势：

①更客观地描述并展现储层各种属性的空间分布，克服了用二维图件描述三维储层的局限性。三维储层建模可从三维空间上定量地表征储层的非均质性，从而有利于油藏工程师进行合理的油藏评价及开发管理。

②更精确地计算油气储量。在常规的储量计算中，储量参数（含油面积、油层厚度、孔隙度、含油饱和度等）均用平均值来表示，这显然忽视了储层非均质性的影响。应用三维储层模型计算储量时，储量的基本计算单元是三维空间上的网格（分辨率比二维高得多），因为每一个网格均赋有相类型及孔隙度、渗透率、饱和度等参数。因此，通过三维空间运算，可计算出实际的含油砂体体积、孔隙体积及油气体积，其计算精度比二维储量计算高得多。

③有利于三维油藏数值模拟。三维油藏数值模拟要求有一个把油藏各项特征参数在三维空间上定量表征出来的地质模型。粗化的三维储层地质模型可直接作为油藏数值模拟的输入器，而油藏数值模拟成败的关键在很大程度上取决于三维储层地质模型的准确性。

(3) 方法。现行的建模软件与现代实际的油藏数值模拟工作中总是要把储层网格（块）

化，先建立"井模型"，并能通过单井资料的层位（小层）划分与等时性对比建立"层模型"，进而将各个网格赋以各自的地质参数值来反映储层参数的三维空间变化，即得到储层的"参数模型"。因此，现代油藏描述建立储层地质模型，放弃了传统的以等值图反映储层参数的办法，采用储层网格化的方法得出每个网格上的参数值（如孔隙度、渗透率、饱和度等），即建成三维定量储层地质模型。这样网格尺寸的大小就反映了模型粗细的程度，而属性量值的精度，尤其是无资料点处的内插与外推精度，则反映了储层模型的精度高低。

（4）模式与模型。尽管两者在英文中没有区别，均称为 Model，然而在汉语中它们则存在着明显的差异。模式是对研究对象的总体概括，强调的是外观形体，其目的是解释其成因机制；模型是对研究对象的具体刻画，强调的是内部属性，其目的是定量表征其特征与变化。模式为定性描述，具有指导后续研究和借鉴的作用——用于临摹；模型为定量研究，作用是设计方案——用于实施，具有直接和选择使用的价值。

二、模型分类

国内外目前对储层（油藏）地质模型的分类方案较多，大多是基于三点进行划分的（表10-1）。

表10-1 常见储层地质模型的分类一览表

分类依据	分类结果			模型的作用与特征
	大 类		细 分	
不同开发阶段的任务与要求	概念模型			勘探阶段与开发早期
	静态模型			油藏描述，开发中期
	预测模型			储层表征，开发后期
储层属性与模型表述的内容	离散型	骨架模型	结构模型	千层饼状、拼合状迷宫状、馅饼状	储集非均质与空间展布特征
			沉积相模型	亚相模型、微相模型	有效储集相带空间展布特征
			砂体模型		储层的连通与叠置形式
			流动单元模型		不同渗流单元的变化
			裂缝模型	网络模型、密度模型	裂缝的空间展布
	连续型	参数模型	孔隙度模型、渗透率模型、饱和度模型		孔隙度、渗透率、饱和度分布
研究储层的层次规模与维数	一维（井）模型		单井模型		单井储层物性分析
	二维（层）模型		砂体剖面模型 砂体平面模型		平面、剖面展布特征分析
	三维（体）模型		井组模型 隔层模型 夹层模型		三维空间分布特征分析

（一）依据不同开发阶段的任务与要求

根据油田勘探和开发的不同阶段、资料的丰富程度以及研究的任务与要求，可把储层地质模型分为概念模型、静态模型和预测模型（裘怿楠，1991）。

1. 概念模型

（1）定义。概念模型是指把所描述的油藏的各种地质特征（特别是储层）典型化、概念化，抽象成具有代表性的地质模型，只追求油藏总的地质特征和关键性的地质特征的描述基本符合实际，并不追求所有局部的客观描述（图10-1）。这种模型可供研究油田开发中的战略指导路线，或进行开采机理研究。

（2）方法。一般应以储层沉积学和写实的描述方法为基本手段，尽可能直接利用岩心资料来建立概念模型，避免依赖测井解释等间接资料，因为在油藏早期评价阶段，测井定量解释精度不可能很高。这样的概念模型在开发可行性和开发设计研究阶段是非常重要的。确定性的建模方法与理论模型的掌握及研究的经验对概念模型建立的可靠性十分重要。在概念模型的基础上，通过油藏数值模拟，可以进行各项开发战略的指导性决策研究，如投入开发的技术经济可行性、优选开发方式和层系井网、估计各阶段采收率、预见开采过程中可能出现的主要问题等。投入开发前必须正确决策的战略问题，都需要用到储层的概念模型。

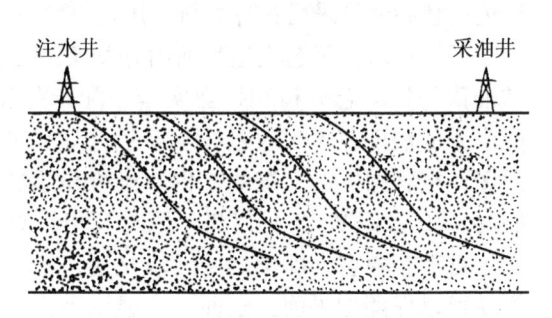

图10-1　点坝砂体的储层概念模型
（据薛培华，1991）

（3）作用。概念模型广泛应用于一个油田的勘探与开发早期。勘探初期，可将成功油气区的储层概念模型结合本地的实际情况加以灵活运用，能有效地指明靶区部位及特点，具有极大的指导价值。在成熟区，它一般以储层沉积学为基础（于兴河，2002），可以完全建立在钻井岩心资料基础上，从而避开各种地球物理解释方法的多解性、不精确性。应用各种微相组合类型建立概念模型，可以研究油气水的排替运移规律，研究非均质储层水驱油机理和层内油水在垂向上的运动特征。概念模型并不是一个或一套具体的储层地质模型，而是代表某一地区某一类储层的基本面貌。就油田开发而言，从油田发现开始，到油田评价阶段和开发设计阶段，主要应用储层概念模型研究各种开发方案与战略问题。这时油田仅有少数大井距的探井和评价井，实际上在海上和边远地区的油田，往往只有几口探井和评价井，这就要对其开发的可行性作出评价，并编制出第一阶段的开发方案设计。由于受资料条件的限制，不可能对储层作出全面而详尽的描述。油田开发地质工作者主要是应用少数探井中取得的各种录井、测井及试井等资料，结合地震解释，研究储层的沉积、成岩、构造演化史及其对储层性质的影响，从成因上搞清储层属于什么沉积类型、处于什么成岩阶段，借鉴理论上的沉积模式、成岩模式和邻区同类沉积储层的实际模型，建立起所研究储层的概念模型。概念模型可能与将来开发井网钻成后所认识的每一个储层或储集体都不完全相同，但这类储层影响流体流动的主要特性应该得到基本反映。

2. 静态模型

（1）定义。静态模型也称实体模型，是把一个具体研究对象（一个油田、一个开发区块或一套层系）的储层，依据资料控制点实测的数据，将其储层特征在三维空间的变化和分布如实地描述出来而建立的地质模型，并不追求控制点间的预测精度。建立这样的地质模型必须有一定密度的资料控制点——井网密度，才有意义。一般是开发井网完成后进行才有条件建立静态模型，为油田开发早期生产服务，油田实际应用的静态资料即属这一类型。

（2）方法。静态模型的研究方法主要是在概念模型的基础上，充分应用开发井的各种资料，采用地质统计学方法来描述储层在二维或三维空间的实际特征，为油田开发实施方案的执行尤其是注采井别的确定、射孔方案实施提供技术支撑与资料基础。因而当前油藏描述的核心就是采用各种资料，用地质统计学的确定性建模方法来建立静态模型。

（3）作用。静态模型为油田开发实施方案（即注采井别的确定、射孔方案实施等）、日常油田开发动态分析和作业实施、配产配注方案和局部调整服务。20世纪60年代以后，国内外的油田在投入大量开发以后都建立了储层的静态模型，即各种小层平面图、油层剖面图和栅状图，有二维的，也有三维显示的；个别油田还做出实体模型，以更直观地显现储层。20世纪80年代以来，国外利用计算机技术，逐步发展出一种依靠计算机技术显示的三维静态模型，即把储层网块化后，把各网块参数按三维空间分布位置存入计算机，这样就可以任意切平面、剖面，以显示不同层位不同剖面的储层模型，并进行其他各种运算和分析，更重要的是，可以直接与油藏数值模拟连接。应用计算机处理，在确定砂体尖灭位置和内插参数值时，比传统勾绘等值图的方法考虑更多的条件和进行较为复杂的处理。静态模型在我国注水开发实践中已得到广泛应用，从采油井的日常管理到油田的大小调整措施，都说明这是必不可少的地质基础。

3．预测模型

（1）定义。预测模型不仅忠实于资料控制点的实测数据，而且追求控制点间的内插与外推值具有相当的精度，并遵循地质和统计规律，即对无资料点有一定的预测能力。预测模型实际上是追求高精细度的油藏地质模型，一般二次采油中后期调整及三次采油实施所需求预测模型。

（2）方法。当前建立储层预测模型的方法较多，就建立预测模型的技术而言，主要是采用随机建模技术，即利用等概率的随机抽样方法（蒙特卡洛）与确定性的插值方法（克里金）相结合所形成的地质统计学随机算法，来产生多个高精度的随机实现图像（预测模型）。因而，当前储层表征的核心就是运用各种资料、采用定量的方法与随机技术建立储层的预测模型。建立预测模型的技术思路与资料目前主要有两种，一是沉积学加地质统计学；二是地震技术，尤其是井间地震技术。

前者是利用出露较完整的野外露头，在详细的沉积学研究基础上，对一定沉积类型的储层砂体进行网块式密集取样，测量储层参数，取样密度高达 $1.5m \times 1.5m$ 或甚至局部密至 $0.3m \times 0.3m$。把这一沉积类型砂体内部储层参数的三维空间分布如实地直接揭示出来，并且与微小的沉积单元（如岩石相、能量单元等）建立对比关系，然后推导出一种能反映这类砂体参数变化的地质统计方法，即建立准确可靠的定量地质知识库，而后预测地下同类沉积砂体储层的参数分布。在井网密度较高的地区，通过井小层砂体的对比，结合储层沉积学的研究结果，尤其是沉积微相图的分布特征与砂体的构形，来建立定量地质知识库的做法目前已在我国的部分油田开始进行，这对建立储集体的骨架（砂体）预测模型是一种行之有效的约束途径。

后一种方法是应用地球物理资料对井间进行预测，可以说它是当前储层研究的核心方法与内容之一。随着地球物理技术的发展，出现了许多新技术，如储层模型正演、储层反演、波形分类、多属性分析、分频、油气检测、三维可视化及多信息融合等技术。这些技术大多是以图像的形式而呈现出在储层空间上的变化特征，再通过地质分析来推测其地质含义，以达到定性或半定量的预测储层之目的，多解性较大，问题在于地震的各种属性大多是对地下地质体的综合反映，而不能与地质特征（如储层厚度、孔、渗、饱）直接对应。当前的攻关热点就是在具体的地区寻找出能够较好反映某地质特征的个别属性，以实现准确的预测。井间地震成像结果的分辨率接近于测井资料。相对于地面地震及 VSP 资料来说，井间地震资料更便于结合测井资料对地质构造、岩性、沉积、流体等储层解释结果进行约束，更便于结合测井资料的地质解释方法进行井间地质解释工作，从而更易于把测井资料精确解释的结果从单井拓展到井间。目前国外井间地震技术已达到如下的水平和能力：①能够对井间储层作高分辨率监测；②分辨率达到地面常规地震的 10～100 倍；③可得到二维、三维和四维（时延井间地震）的井间储层信息；④提供深度域的数据，可以直接与测井资料相对比，是井资料与地震资料结合的桥梁；⑤已形成一套完整的工作流程和技术体系，能提供商业性的服务。

(3) 作用。预测模型是目前人们正在进行广泛探索的一个新领域，它将新的数学理论、成熟的储层概念模型和功能强大的计算机技术融为一体，能从有限的已知资料中提取更多有用的信息，极大地丰富了人们对目标区和研究层段储层特性的认识。随着油田开发的逐步深入，我国大部分油田都已经进入了高含水阶段，但由于采油工艺等多种原因，仍然有很大一部分的剩余油埋藏在地下，各油田都迫切需要调整开发方案将这些剩余油采出。目前困扰油藏工程师的难题就是如何更准确地认识储层参数的空间分布，以及如何使储层地质模型最大限度地满足高精度剩余油分布模型建立的需要。现在绝大多数油田都是采用建立储层预测模型来解决，它要求对控制点间（井间）及以外地区的储层参数能做一定精度的内插和外推预测，即在开发井网的控制下将井间小规模（数十米甚至数米级）的储层参数的变化及其绝对值预测出来，为开发方案的调整提供直观可靠的科学依据。

预测模型的建立是目前世界性攻关的难题。由于所掌握的地下信息极为有限，因而模型中不同程度地存在着不确定性，特别是储层非均质性严重的陆相油藏的不确定性因素更多。在这方面国内外都能见到不少尝试与较为成功的实例，但核心技术就是随机建模。

(二) 依据储层属性及模型表述的内容

按照储层属性及模型所表述的内容，可将储层地质模型分为两大类，即骨架模型和参数模型。

1. 骨架模型

该类模型主要是用于反映储层的各向异性特征，即储集体（砂体）性质与几何形态的空间展布。广义上，骨架模型包括结构模型、沉积模型、砂体模型、流动单元模型、裂缝模型，其核心是沉积模型，属于离散型模型的范畴。

(1) 结构模型。结构模型是指储层内部不同类型储集体的大小、几何形态及其三维空间的展布，就碎屑岩而言，它是砂体连通性及砂体与渗流屏障空间组合分布的表征。

壳牌石油公司油藏工程师 K. J. Weber 和 L. C. van Geuns (1990) 将不同沉积相形成的储层结构类型归纳为三类，即以连续性席状、板状砂体为主的千层饼状储层结构，以孤立透镜状砂体为主的迷宫状储层结构和处于两者之间的拼合状储层结构（图 10-2）。随后他们又将这三种结构类型直接转换成三种用于确定性建模的具体模型（图 10-3），它们基本上代表了不同沉积环境下形成的不同砂体类型的展布特征。

(2) 沉积模型。沉积模型主要是展现储层形成的沉积相，尤其是微相在三维空间的分布。油田开发生产实践表明，沉积相带的分布特征强烈地影响着地下流体的流动，同时，岩石物性的变化明显地受相类型的控制。严格来讲，所有的油气储层都是由多种沉积微相组成的，因此，合理的沉积模型是精确建立参数模型（岩石物性模型）的必要前提。然而，要想建立可靠的沉积模型，首先是要进行单井、连井及平面沉积图的编制，在模型建立的基础上，通过切片方法来验证与展现沉积相在平面、剖面的分布特征。

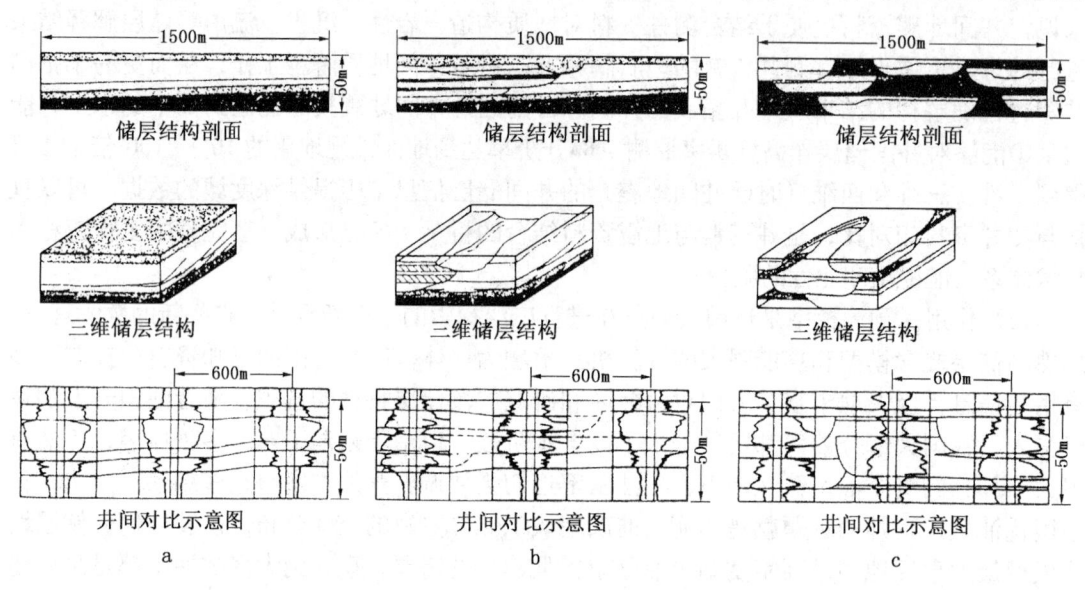

图 10-2 碎屑岩储层结构分类（据 K. J. Weber 和 L. C. van Geuns，1990）

a—千层饼状储层结构；b—拼合状储层结构；c—迷宫状储层结构

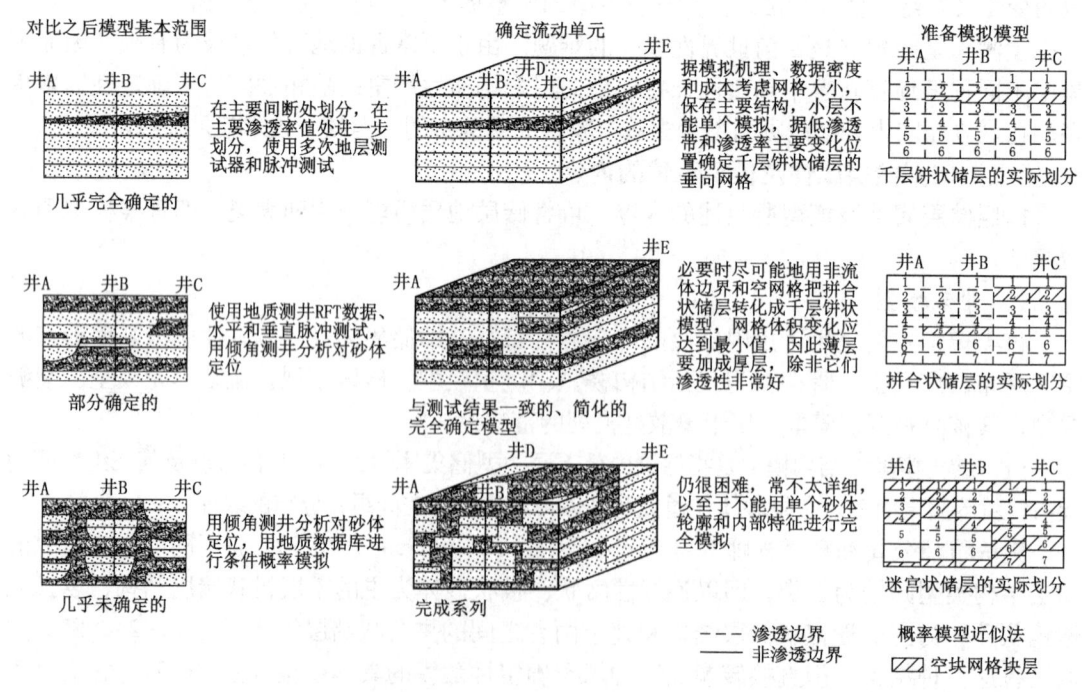

图 10-3 确定性建模中用于储层模拟的结构模型分类（据 K. J. Weber 和 L. C. van Geuns，1990）

1～7 为层号

— 320 —

（3）砂体模型。砂体模型表现三维空间内储集砂体与泥岩的分布特征，尤其是有效储集砂体与泥岩隔层、夹层的空间分布。在砂体模型前主要是通过连井沉积相剖面的建立而得到储集砂体的连井剖面，在三维砂体模型下进行连井切片可得到砂体剖面模型，以此来验证砂体模型与地质认识的一致性。因此，在必要的情况下也要建立隔层、夹层连井剖面与模型。

（4）流动单元模型。流动单元模型是由许多流动单元块体镶嵌组合而成的模型，既反映了单元间岩石物性的差异和单元间边界，还突出地表现了同一流动单元内影响流体流动的物性参数的相似性，对油藏模拟及动态分析、二次采油和三次采油的产能预测具有重要意义。当储集（砂）体相对较为均质时（即不存在明显的隔层、夹层时），砂体模型与流动单元模型十分近似，这时可将其作为流动单元模型。

（5）裂缝模型。裂缝模型主要是展现储层中裂缝的三维空间分布。裂缝对油田开发具有很大的影响。在双重孔隙介质中，通常裂缝的渗透率比孔隙大得多，即裂缝和孔隙的渗透率差异很大。在注水开发过程中，当裂缝从注水井延伸到采油井时，注入水很容易沿裂缝窜入油井，造成油井恶性水淹，从而造成油田含水率上升很快而采出程度很低。不同类型的裂缝、不同的裂缝网络，以及不同的裂缝发育程度，对油田开发有不同的影响。因此，对于裂缝性储层，为了优化油田开发设计及提高油田采收率，必须建立裂缝模型。

裂缝分布模型又可分为两类。一是裂缝网络模型，主要是表征裂缝的类型、大小、形状、产状、切割关系及基质岩块特征等；二是裂缝密度模型，可以表征裂缝的发育程度。应用多学科方法、技术，如岩心分析、测井解释、试井分析、地震多波分量研究及地质统计学随机模拟技术等进行综合研究和建立裂缝模型。

2．参数模型

此类模型主要是用于反映储层的非均质特征，即储集体内部物理物性的空间展布。储层参数主要是指孔隙度、渗透率及含油饱和度等。参数模型属于连续型模型的范畴。因而在储层参数建模中，一般要建立三种参数的分布模型，即孔隙度模型、渗透率模型及含油（或含水）饱和度模型。孔隙度模型反映储存流体的孔隙体积分布，渗透率模型反映流体在三维空间的渗流性能，而含油饱和度模型则反映三维空间上油气的分布。这三种模型对于油藏评价及油气田开发均具有很重要的意义。如在油田开发阶段，为了研究水驱油效率、剩余油的分布以及确定二次或三次采油方案，均需要确切了解井间储层参数的分布，尤其是渗透率的分布（因渗透率是表征渗流过程的最重要参数）。

（三）依据研究储层的层次规模与维数

1．按储层的层次与规模划分

这种划分模型的思路主要是依据储层非均质性层次而进行的。熊琦华、王志章等（1990）依据中国陆相油田的地质特点，从油田开发需要入手，将储层地质模型划分为油藏规模、砂组规模、小层规模、单砂体规模、岩心规模及孔隙规模六个级别。

（1）油藏规模的储层地质模型：该模型是对一套油藏的整体表征，主要用于油藏整体模拟，是决定开发战略、划分开发层系及开采方式的重要依据，重点表征的是各砂体及其间的宏观非均质性特征，特别是储层的连通性及层间非均质性。

（2）砂组（体）规模的储层地质模型：该模型是将一个油田或一套开发层系作为整体考虑，对一个砂体或砂组的几何形态、规模、砂体侧向连续性及砂体内储集参数三维分布的表征，主要用于合理的开发井网及注采系统的确定。

— 321 —

(3) 小层规模的储层地质模型：该模型是将一个小层作为一个整体考虑，对其地质特征进行归纳总结。

(4) 单砂体规模的储层地质模型：该模型是对单砂体内储层非均质特征的表征，用于模拟单砂体内渗流差异、渗流屏障对开发的影响、相应的合理采油方式及工艺措施的制定。

(5) 岩心规模的储层地质模型：主要以取心井的岩心资料为主，通过岩心观察、实验室分析化验，弄清油藏内储层的岩性、物性、含油性特征，从成因机理上揭示其内在的规律性。

(6) 孔隙规模的储层地质模型：该模型是对储层微观孔隙非均质性的表征。孔隙非均质性是由岩石骨架特征、孔隙网络特征、孔壁特征及孔内矿物特征的差异造成的。孔隙规模的储层模型一般按砂体内的不同岩性单元建立。

2．按研究的资料状况与维数

依据油藏描述的资料状况与建模的实现过程（维数），可将储层地质模型划分为六种：(1) 一维单井地质模型或层内非均质性模型；(2) 二维砂体剖面或平面模型；(3) 三维砂体骨架或参数模型；(4) 二维层系剖面模型；(5) 三维井组模型；(6) 三维夹层模型。

第二节 储层建模的数理基础

一、模型方法原理

（一）一般性问题的提出

让每个人来列举生产实践中最常遇到的几个问题，这些问题不会全部相同，但一般都会包括以下几个：

(1) 下一口井该打在何处？新打的井会和已有的井之间有什么不同？它们会有相同储层类型、厚度吗？它们会有差不多的孔隙度、渗透率特性吗？它们具有统一的压力流体场吗？

(2) 这两口相距不远的井为什么这口有很高的油气产量，而另一口却是干井？它们之间的储层是如何变化的？

(3) 盆地（油田）的另一部分和已经过详细勘探的这一部分会有差不多的油气远景吗？

这些问题尽管内容不同、提法各一，但不难看出其核心却是同一个问题，即从一个已知的数据点（线、面、体），能够推断出下一个点（线、面、体）的数据吗？因此，预测模型要解决的最一般问题是已知数据场的延拓，即在特定的空间内通过有限个已知数据点去预测全空间任一点的数据。比如在一个探区，只在有限的几口钻井内获得了确切的储层参数（储层厚度、孔隙度、渗透率、岩性等），要根据这仅有的已知数据去把握整个探区的储层特点，为进一步勘探或开发指明方向、避免陷阱，以减少人力和物力的浪费。据此可以用数学语言明确地勾勒出建立预测模型的一般性问题。

(1) 已知：特定的空间域及其内部有限个数据点。

(2) 目标：把握整个特定空间域的数据变化，即预测特定空间内任一点的数据值。

(3) 基本约束条件：

①空间内任一特定点的值并不只依赖于另一特定点，而是与整个数据场有关。比如在河流沉积体系中，如欲预测体系中某一点的孔隙度值，则该值应该与整个河流体系的砂体

展布延伸形态有关，不会仅仅依赖于某一个或几个已知点的值。

②对任一点进行预测所得的结果必须与全部已知数据场的整体结构相吻合，即预测得到的新值可以毫无矛盾地纳入原有的结构体系。

③预测过程能够体现待估参数在三维空间变化的各向异性特点，比如沉积微相或砂厚值，无论是在河流沉积体系还是在三角洲沉积体系，它在走向方向与垂直走向方向上有明显不同的变化特征，这就要求采用的模型能够有效地反映出这种特征。

④对任一求出的估计值或任一估计值场，必须有一个精度的衡量，即能够指出预测值在某一方面的可信度。

（二）解决模型问题的方法

解决模型问题的方法来自对已知条件的深入分析。这里不妨以一个河流沉积体系中的孔隙度预测为例，看看孔隙度的变化或者更一般地说一个数值空间函数的变化特点。首先，该体系中的任一点的孔隙度值与其相邻的某一点的孔隙度值有某种程度的相关性，这就可肯定地指出（或假设），沿主河道方向，同一河道砂体上相邻两点的孔隙度不会有太大的变化；而在垂直河道方向上，孔隙度就有较大的变化梯度。人们将这种与空间相关的变化特点称为数值空间函数的结构性。其次，不管人们已经掌握了某一河流沉积体系中的多少个孔隙度数据，下一点的孔隙度值仍是不可知的，即特定空间域内任一点的值总是具有随机性。这种结构性与随机性的双重性，决定了"不能用通常的数学分析方法对这种数值空间函数进行直接研究，而必须用随机函数来刻画"（N. Cressie，1989），即采用统计学的方法。在这方面，地质统计学丰富的理论与实践经验已为人们开辟了一条可借鉴的成功之路。

储层研究所要解决的主要问题是储层的非均质性即各向异性问题，可以用数学的语言来陈述这一问题并列举可能的解决方案。

所谓各向异性，即指某数值函数空间变化的不均一性。对相距为 h 的两空间点 P_1 和 P_2，其值的差为：

$$\Delta V = V_{P_1} - V_{P_2} = V_{P_x} - V_{P_{x+h}} \tag{10-1}$$

各向异性应包括两种含义：

(1) 在不同方向上，ΔV 的变化不同。比如，沿 x 方向上 ΔV_x 和沿 y 方向上的 ΔV_y 在跨过相同的 h 距离时 ΔV 的变化不同。

(2) 在同一方向上，h 较小时和 h 较大时 ΔV 值不同。

二、克里金法

（一）概述

1951 年 D. G. Krige 首次提出了一种局部估值方法，并称之为加权移动平均法。1960 年马特隆提议用"克里金法"一词代替容易引起误解的加权移动平均法的提法，自此"克里金法"一词广为引用，并成为地质统计学的基本方法。

地质统计学一词是法国的马特隆于 1962 年首先提出的，按照他的定义，"地质统计学是随机函数形式体系对于自然现象的调查与估计的应用"。早期的地质统计学是以矿石晶位和矿床储量的精确估计为主要目的，以矿化的空间结构为基础，以区域化变量为核心，以变异函数为其基本工具。近年来，地质统计学迅速发展，其应用已远远超出矿石晶位和矿床储量估计的范围，在许多新的领域发挥着重要作用。

（二）区域化变量

一个分布在一定空间内的变量，可以用区域化变量的空间分布来表征。区域化变量是特定空间上的一个数值函数，它在该空间的每一点取一个确定的数值。在储层研究领域，岩性、孔隙度、渗透率、砂层厚度等均可当作区域化变量。地质统计学理论认为，由于区域化变量的结构性与随机性的双重性质，故不能用通常的数学方法来对这种数值函数进行直接研究，而必须采用随机函数的办法，比如可以把随机函数 $Z(x)$ 当作确定在储层 D 内每一点的随机变量的集合：

$$Z(x) = \{Z(x_i), \forall x_i \in D\} \tag{10-2}$$

将储层内任一点 x_i 的孔隙度 $Z(x_i)$ 解释为随机变量 $Z(x)$ 的一个特定的实现。

（三）变差函数

变差函数是区域化变量空间变异性的一种度量，反映了空间变异程度随距离而变化的特征。变差函数强调三维空间上的数据构形，从而可定量地描述区域化变量的空间相关性，即地质规律所造成的储层参数在空间上的相关性。它是克里金技术及随机模拟中的一个重要工具。

对于一维情况，设区域化变量 $Z(x)$ 定义在一维数轴上，则把 $Z(x)$ 在 x、$x+h$ 两点处的值之差的方差之半定义为 $Z(x)$ 在轴方向上的一维变差函数，记为：

$$\gamma(x,h) = \frac{1}{2}\mathrm{var}[Z(x) - Z(x+h)] = \frac{1}{2}E[Z(x) - Z(x+h)]^2 - \frac{1}{2}\{E[Z(x)] - E[Z(x+h)]\}^2 \tag{10-3}$$

地质统计学将 $2\gamma(x, h)$ 定义为变差函数，$\gamma(x, h)$ 称为半变差函数或半变异函数（Variogram）。

对于 x 轴上相隔为 h 的点 x_i 和 x_i+h（$i=1, 2, \cdots, N(h)$）处的 $N(h)$ 用观测值 $Z(x_i)$ 和 $Z(x_i+h)$（$i=1, 2, \cdots, N(h)$）看成是 $Z(x_i)$ 和 $Z(x_i+h)$ 的 $N(h)$ 实现，则变差函数可用下式计算：

$$\gamma^*(h) = \frac{1}{2N(h)} \sum_{i=1}^{N(h)} \left[Z(x_i) - Z(x_i+h)\right]^2 \tag{10-4}$$

选择不同的 h，即可计算出变差函数。对于给定的一个 h 值，可以求得一个 $\gamma^*(h)$，以 h 值为横坐标，以值 $\gamma^*(h)$ 为纵坐标，作出一条关系曲线，这种图就是变差函数图。

例：设 $Z(x)$ 是一个区域化变量，满足本征假设。已知：$Z(1)=2$，$Z(2)=4$，$Z(3)=3$，$Z(4)=1$，$Z(5)=5$，$Z(6)=3$，$Z(7)=6$，$Z(8)=4$，求 $\gamma^*(1)$、$\gamma^*(2)$、$\gamma^*(3)$ 的值。

解：

由公式知

$$\gamma^*(1) = \frac{1}{2 \times 7}(2^2 + 1^2 + 2^2 + 4^2 + 2^2 + 3^2 + 2^2) = 3.00$$

$$\gamma^*(2) = \frac{1}{2 \times 6}(1^2 + 3^2 + 2^2 + 2^2 + 1^2 + 1^2) = 1.67$$

$$\gamma^*(3) = \frac{1}{2 \times 5}(1^2 + 1^2 + 0^2 + 5^2 + 1^2) = 2.80$$

在以向量 h 隔开的两点 x 与 $x+h$ 处的两个区域化变量值 $Z(x)$ 与 $Z(x+h)$ 之间的变异可以用变异函数 $2\gamma(x, h)$ 来表征。当区域化变量满足二阶平稳假设时，变差函数为：

$$2\gamma(x, h) = E\{[Z(x+h) - Z(x)]^2\} \tag{10-5}$$

即变异函数是区域化变量增量的方差，它在一定的条件下等于区域化变量增量平方的数学期望。

选择不同的 h，即可计算出变差函数。对于给定的一个 h 值，可以求得一个 $\gamma^*(h)$。以 h 值为横坐标，以值 $\gamma^*(h)$ 为纵坐标，作出一条关系曲线。这种图就是变差函数图（图 10-4），其中，地质参数的空间变化性及相关性可用变程 a（Range）、块金常数（值）C_0（Nugget）、拱高 C、基台值（$C+C_0$）等来表达。

如果将各方向的半变异函数表示在同一图上，可以清楚地看出不同方向上函数值变化的快慢差异（图 10-5），此即数值函数的各向异性。如果该数值函数被用来研究储层的某方面特（属）性，如孔隙度、渗透率、岩性变化等，则这种各向异性即代表了储层的非均质性。人们用各方向变程的比表示各向异性的大小称为各向异性率，如图 10-5 所示的数值函数的各向异性率可表示为：

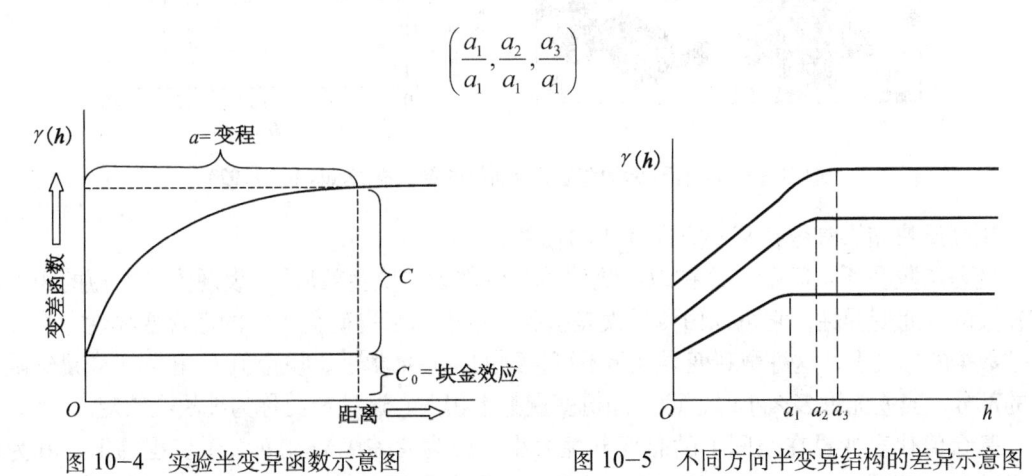

$$\left(\frac{a_1}{a_1}, \frac{a_2}{a_1}, \frac{a_3}{a_1}\right)$$

图 10-4　实验半变异函数示意图　　　　图 10-5　不同方向半变异结构的差异示意图

从图 10-4 可以清楚地看到：

（1）半变异函数能够有效地描述数据函数的变异（非均质性）结构。若以此作为工具，在研究储层物性参数的半变异函数的基础上，选择适当的、能够保持变异结构不变的数学方法进行储层参数的预测模拟，即可达到研究储层非均质性的目的。

（2）现代数学可以证明，能够保证预测结果符合已知的空间结构的预测（模拟）方法是概率（随机）模拟。更进一步，同时能够保证预测函数曲面通过已知数据点的方法是条件概率模拟（随机条件模拟）。

（3）现代数学已经证明，克里金法能够提供最小方差的线性无偏估值（确定性的插值方法），蒙特卡洛法是把握预测输出不确定性的最佳方法。

因此，为研究解决储层物性的非均质性（各向异性）问题，人们把上述三个方面的研究成果有机地融合起来，便构成了建立预测模型的基本方法体系，即随机建模的基本理论体系，或者说，变差函数、克里金法及蒙特卡洛法是随机建模技术的三个最基本组成部分。

变程指地质变量（区域化变量）在空间上具有相关性的范围，不仅能反映区域化变量的影响范围，还能直接反映储层参数沿某一方向的变化速度的大小。在变程范围之内，数据具有相关性；而在变程之外，数据之间互不相关，即在变程以外的观测值不对估计结果产生影响。因此，变程的大小反映了变量空间相关性的大小，变程相对较大意味着该方向的观测数据在较大范围内相关，反之，则相关性较小。图10-6中三幅图像的变程不同，则图像的空间相关性也不同，图10-6a变程最小，其空间相关性也最小；图10-6c变程最大，其空间相关性也最大。

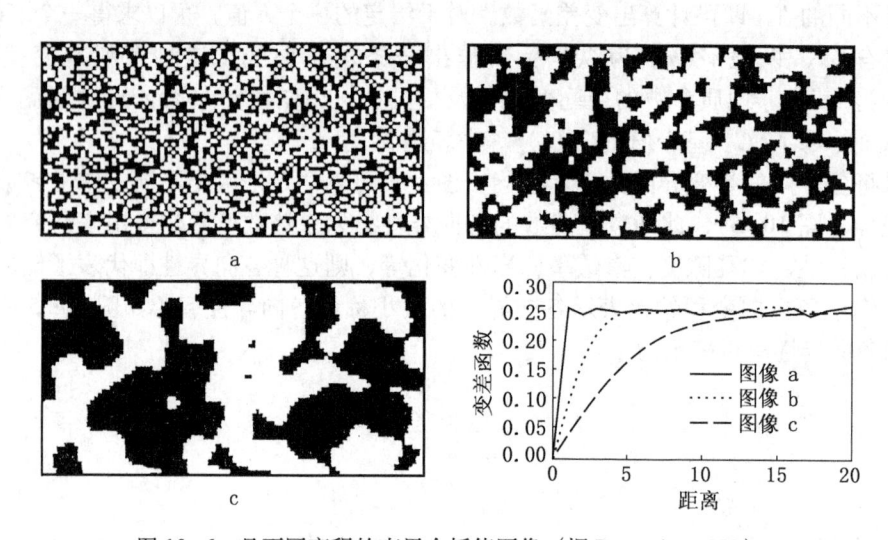

图10-6 具不同变程的克里金插值图像（据Deutsch，1992）

拱高反映储层参数在某一方向变化的幅度。

变差函数在原点间断，这在地质统计学中被称为"块金效应"，表现为在很短的距离内有较大的空间变异性，它可以由测量误差引起，也可以来自矿化现象的微观变异性。在取得有效数据的尺度上，这种微观变异性是不可得到的。在数学上，块金值C_0相当于变量纯随机性的部分。当h无论多么小时，两个随机变量都不相关，这种情况称为纯块金效应。

基台值代表变量在空间上的总变异性大小，即为变差函数在h大于变程的值，其为块金常数C_0与拱高C之和。所谓拱高，就是在取得有效数据的尺度上，可观测得到的变异性幅度大小。当块金值等于0时，基台值等于拱高，是样品方差。

变差函数是地质统计学特有的工具。计算变差函数、作出变差图是地质统计学工作的第一步。变差函数既描述了地质变量的空间规律性变化（即结构性），又描述了叠加在这一规律之上的随机性变化。

（四）随机函数应用的假设条件

在地质统计分析中，为了研究的需要，经常需引入随机函数的"平稳性假设"的限制，限制由严到宽的三种假设如下。

1．二阶平稳假设

（1）数学期望存在且不依赖于支撑点：

$$E\{Z(x)\} = m, \forall x \tag{10-6}$$

(2) 对每一对随机函数，$\{Z(x), Z(x+h)\}$ 有均方差，且只依赖于二者间的相距矢量 h：

$$C(h) = E\{Z(x+h) \cdot Z(x)\} - m^2, \forall x \qquad (10-7)$$

2. 内设

(1) 有数学期望并且不依赖于支撑点 x。

(2) 对所有向量，增量 $[Z(x+h)-Z(x)]$ 均有一不依赖于 x 的有限方差：

$$\text{var}\{Z(x+h) - Z(x)\} = E\{[Z(x+h) - Z(x)]^2\} = 2\gamma(h), \forall x \qquad (10-8)$$

即变异函数只依赖于分隔向量 h，而与 x 位置无关。

3. 拟平稳假设

当二阶平稳假设或内蕴假设只限于有限大小的距离，$|h| \leq b$ 之内时就称之为拟平稳（或拟内蕴）假设，其中 b 为估计邻区的直径或均匀带的范围。

（五）变异结构分析及区域化的理论模型

由于区域化变量在不同方向具有不同的变化性，或者在同一方向包含着不同尺度上的多层次变化性，就无法用一个理论模型进行拟合，因此，要全面地了解区域化变量的变化性，就必须进行结构分析。

结构分析就是构造一个变异函数模型，对全部有效结构信息作定量化的概括，以表征区域化变量的主要特征。

1. 异向性分析

求取每一个方向上的半变异函数并图示于统一的坐标系之中，即可确定是否存在异向性。如图 10-7 所示，垂直方向的半变异函数显示了一个短的变程 a_1，它反映的是矿体的厚度；而水平方向的半变异函数具有一个较长的变程 a_2，它对应的是矿体的水平宽度，这样变异函数方向图解就表示了矿体垂直与水平两个方向上形态的差异。

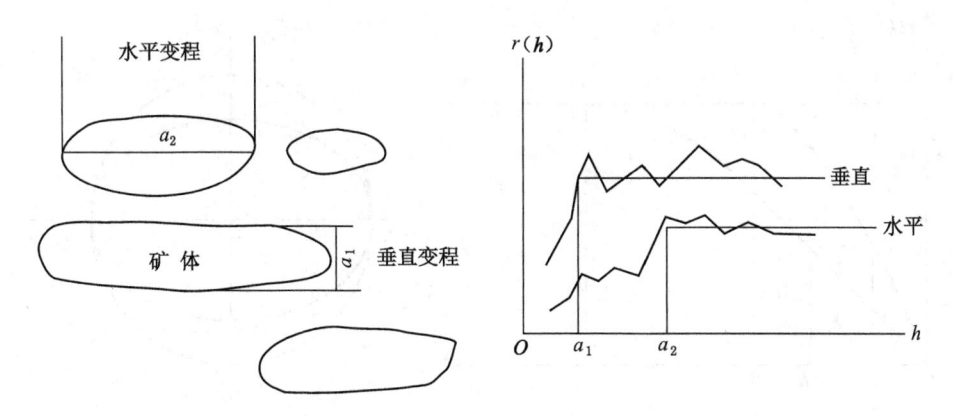

图 10-7 变异函数所表示的结构异向性（据於崇文，1980）

2. 套合结构及块金效应

结构分析的方法是套合结构，在目标区内相距 h 的两点之间的变异可以由多种原因引起，所有这些原因引起的变异结构在各种距离上同时发生作用称之为"套合结构"，就随机函数的二阶矩而言，套合结构可以表示为若干个变异函数之和：

$$\gamma(\boldsymbol{h}) = \gamma_0(\boldsymbol{h}) + \gamma_1(\boldsymbol{h}) + \gamma_2(\boldsymbol{h}) + \cdots + \gamma_n(\boldsymbol{h}) \tag{10-9}$$

这种表示方法可以方便地拟合具有不同基台的若干个实验变异函数（图10-8）。

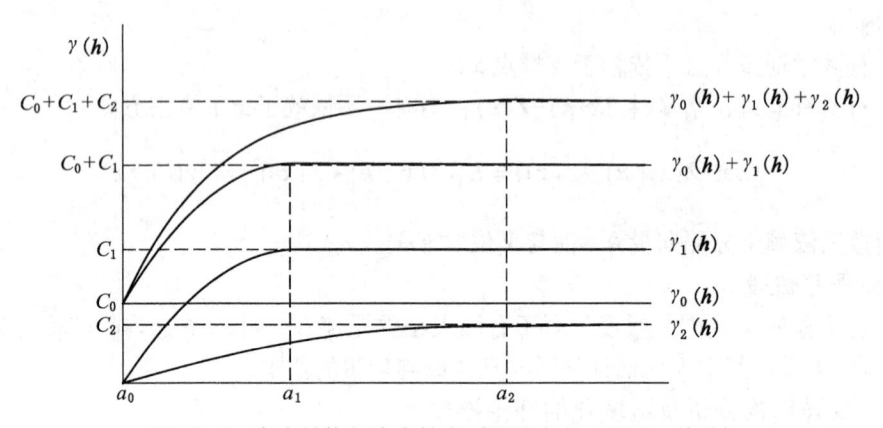

图 10-8 套合结构与块金效应（据於崇文，1980，修改）

根据套合后的变差函数，可以解释不同层次的非均质性问题。

若各个方向的变差函数均具有相同的基台值 C，只是变程 a_i（$i=1, 2, \cdots$）不相同时，则称这种各向异性为几何各向异性，其他的异向性称为带状各向异性；如果各个方向上的变差函数相同，则称为各向同性。因此，在实际工作中，可通过各个方向上的变程 a 的图示来考察其变化性。

如果变程图近似于一个半径为 r 的圆，则认为是各向同性；如果变程图不能用圆来表示，但可以用椭圆来近似，则认为是一种几何各向异性；如果既不能用圆也不能用椭圆来近似，则认为是一种带状各向异性（图10-9）。温道明等（1991）对大庆油田北区的研究发现，曲流带砂体具有几何各向异性，而杏四区的河口坝砂体具有带状各向异性（图10-10）。

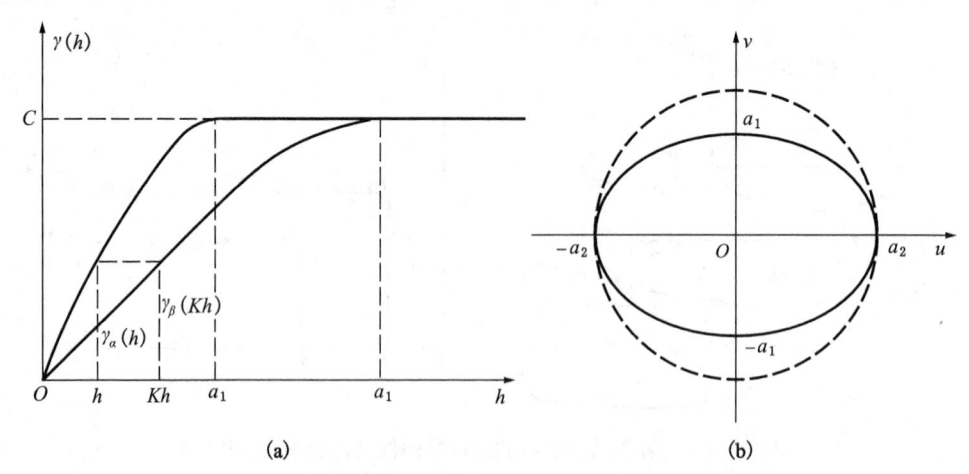

图 10-9 二维几何各向异性方向变程图（据孙洪泉，1990）

块金效应表现了一种特殊的结构，即变异函数在原点处出现不连续性。若实测的半变异函数呈单纯的块金效应，则称为纯块金效应。

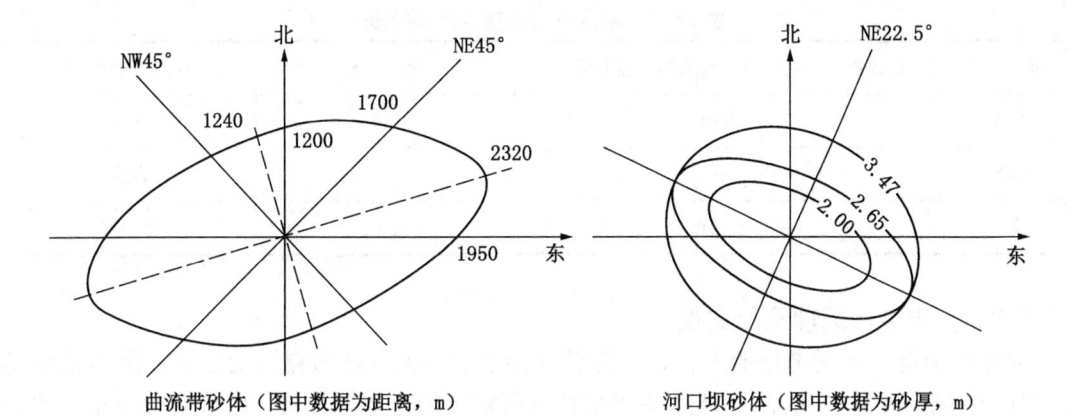

曲流带砂体（图中数据为距离，m）　　　　河口坝砂体（图中数据为砂厚，m）

图 10-10　曲流带砂体与河口坝砂体的方向变程图（据温道明和裘怿楠，1992）

$$\gamma_0(h) = \begin{cases} 0 & h=0 \\ C_0 & h>0 \end{cases} \quad (10\text{-}10)$$

（1）球状模型：

$$\gamma(h) = \begin{cases} C_0 + C\left(\dfrac{3h}{2a} - \dfrac{h^3}{2a^3}\right) \\ C_0 + C \end{cases} \quad (10\text{-}11)$$

（2）指数模型：

$$\gamma(h) = C_0 + C\left(1 - \exp\left(-\dfrac{h}{a}\right)\right) \quad (10\text{-}12)$$

（3）高斯模型：

$$\gamma(h) = C_0 + C\left(1 - \exp\left(-\dfrac{h^2}{a^2}\right)\right) \quad (10\text{-}13)$$

它们的形状如图 10-11 所示，可以看出，球状模型可以更快地达到它的基台（表 10-2）。

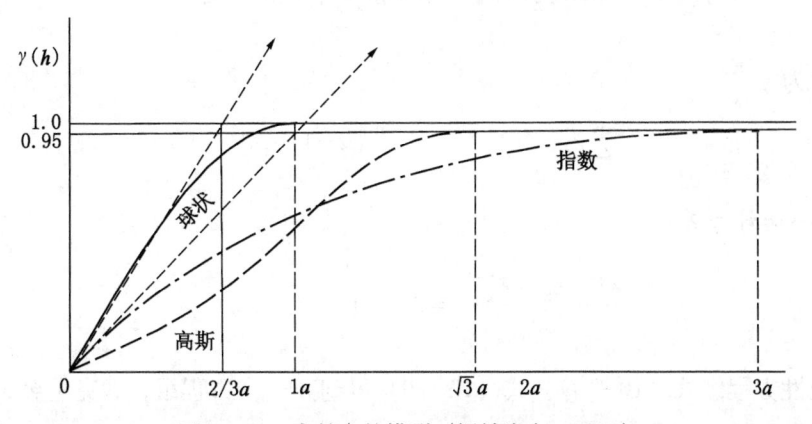

图 10-11　有基台的模型（据於崇文，1980）

表 10-2 不同类型变差函数特征表

模型	通过原点的切线与基台值线交点的横坐标	变程	原点处的性状
球状	$2/3a$	$1a$	直线
指数	a	$3a$	直线
高斯	无交点	$\sqrt{3}a$	抛物线

（六）克里金法的理论与实现

克里金法是一种局部估值方法，它能够以最小的方差（称为克里金方差）给出无偏线性估计量（称克里金估计量）。进行克里金估值所需要的基本信息是一个数据集合和一种结构信息（如表征研究带内的空间变异的变异函数模型）。

设 $Z(x)$ 为所研究的随机函数，它是二阶平稳的，实验数据是确定在点支撑之上的集合 $\{Z_\alpha, \alpha=1, 2, \cdots, n\}$，今用 n 个数值的线性组合作为估计量。

$$Z_K^* = \sum_{\alpha=1}^{n} \lambda_\alpha Z_\alpha \tag{10-14}$$

要求估计的无偏性和最小估计方差。

1. 无偏条件

估计误差的数学期望为零，即：

$$E\{Z_K - Z_K^*\} = 0 \tag{10-15}$$

而

$$E\{Z_K - Z_K^*\} = E(Z_K) - E(Z_K^*) = E(Z_K) - E\left\{\sum_{\alpha=1}^{n} \lambda_\alpha Z_\alpha\right\} \tag{10-16}$$

根据二阶平稳假设：

$$E\{Z(x)\} = m \tag{10-17}$$

其中，m 是一个常数，由此可得：

$$E\{Z_K - Z_K^*\} = m - m\sum_{\alpha=1}^{n} \lambda_\alpha = 0 \tag{10-18}$$

即无偏条件为：

$$\sum \lambda_\alpha = 1 \quad (\alpha=1,\cdots,n) \tag{10-19}$$

2. 最小估计方差

$$\frac{\partial E\{[Z_K - Z_K^*]^2\}}{\partial \lambda_\alpha} = 0 \quad (\alpha=1,\cdots,n) \tag{10-20}$$

联立线性方程组式（10-19）、式（10-20）得到 $n+1$ 个方程组，即克里金组：

$$\begin{cases} \sum_{\alpha=1}^{n} \lambda_\beta C(x_\alpha, x_\beta) - \mu = C(x_2, x), & \forall \alpha = 1, 2, \cdots, n \\ \sum_{\alpha=1}^{n} \lambda_\beta = 1 \end{cases} \tag{10-21}$$

或表示为半变异函数的形式：

$$\begin{cases} \sum_{\beta} \lambda_\beta \gamma(x_\alpha, x_\beta) + \mu = \gamma(x_\alpha, x), & \forall \alpha = 1, 2, \cdots, n \\ \sum_{\beta} \lambda_\beta = 1 \end{cases} \tag{10-22}$$

式中　μ——拉格朗日参数。

据此方程组即可解出 n 个权系数 λ_β，$\beta=1$，2，$\cdots$，n。

这样，克里金方差可表示为：

$$\sigma_K^2 = \sum \lambda_\alpha \gamma(x_\alpha, x) + \mu - \gamma(x_\alpha, x) \tag{10-23}$$

从中可以看出，在有实验数据存在的点上，克里金估计值恒等于实验值，制图学上称此性质为"克里金面通过实验点"。

现代地质统计学中常用的还有普通克里金法和协克里金法，其基本原理大同小异，在此不再赘述。

三、蒙特卡洛法

（一）简介

蒙特卡洛（Monte Carlo）法也称统计模拟法，这一方法的起源可以追溯到 17 世纪后半叶法国著名学者布丰的随机投针试验（1777 年用来估算圆周率）。但其实际应用和系统发展始于 20 世纪 40 年代，当时电子计算机的出现使实现大量的随机抽样试验成为可能，有力地推动了统计模拟方法的发展。第二次世界大战期间，著名物理学家冯·诺曼用随机抽样方法模拟了中子连锁反应（1946 年），当时出于保密的需要将该方法以蒙特卡洛命名而沿用至今。

现代意义上的蒙特卡洛法是应用随机数值技术进行模拟计算的方法的统称，其具体做法是利用各种不同分布的随机变量抽样序列，模拟给定问题的概率统计模型，以给出问题数值解的渐近统计估计值，其具体应用大体包括如下四个方面：

（1）对给定问题建立简化的概率统计模型，使所求得的解恰好是所建立模型的概率分布或数学期望；

（2）研究生成伪随机数的方法，并研究由各种实际分布产生随机变量的抽样方法；

（3）根据统计模型的特点和实际计算的要求进一步改善模型，使之降低方差并提高计算效率；

（4）给出获得求解问题的统计估计值以及方差或标准误差的方法。

由此可以看出，蒙特卡洛法是一种应用领域非常广泛的统计学方法。

（二）方法原理及实现步骤

1. 构造随机变量的分布函数

针对欲模拟的随机变量，首先要构造分布函数。构造分布函数依原始数据的充裕程度可采用不同的方法，常用的方法如下。

（1）频率统计法。当观测数据为大子样时，可采用由观测数据构造直方图的方法求得所谓的经验分布函数（图10-12、图10-13）。只要观测数据的代表性较好，经验分布函数也常常具有较好的代表性。

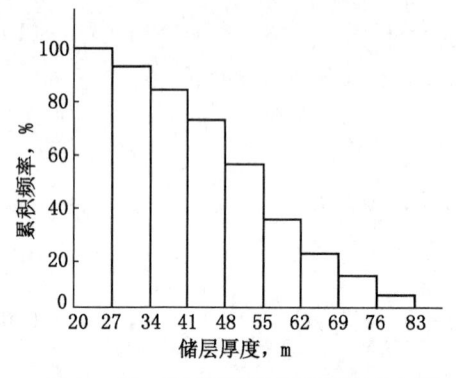

图10-12　储层厚度的累积频率直方图 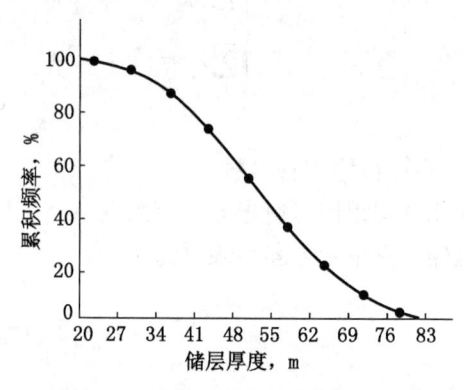　　图10-13　储层厚度的累积频率折线图

（2）用理论分布概型公式法。根据经验或一般规律，如果已知某一原始随机变量的分布函数符合或接近某种分布的理论概型，那么可用该理论分布概型公式来构造随机变量的分布函数。例如，大量的实际资料表明，储层的许多参数（厚度、孔隙度等）大都符合正态分布或对数正态分布，这样就可以用现有实际资料求得均值和方差，然后套入正态或对数正态分布公式即可求得分布函数：

$$\begin{cases} \bar{x} = \dfrac{1}{N}\sum_{i=1}^{N} x_i \\ S = \sqrt{\dfrac{1}{N-1}\sum_{i=1}^{N}(x_i - \bar{x})} \end{cases} \quad (10-24)$$

（3）特殊情况下采用简单分布函数。如只有三个原始数据已知点，则可用三角分布代替随机变量的分布函数（图10-14）：

$$AF(x) = \begin{cases} 1 - \dfrac{(x-x_1)^2}{(x_3-x_1)(x_2-x_1)} & (x \leqslant x_2) \\ \dfrac{(x_3-x)^2}{(x_3-x_1)(x_3-x_2)} & (x > x_2) \end{cases} \quad (10-25)$$

在边远地区或海洋石油资源评价中，由于资料较少，常采用这种方法。

如原始数据只有两个点，则可用最简单的均匀分布代替随机变量的分布函数（图10-15）：

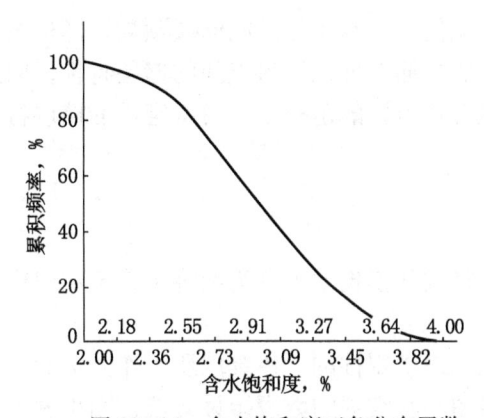

$$AF(x) = \frac{x_2 - x}{x_2 - x_1} \tag{10-26}$$

图 10-14 含水饱和度三角分布函数

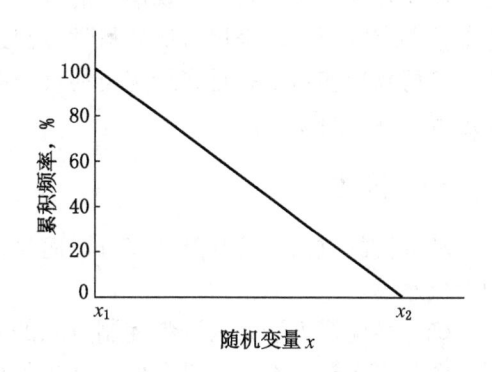

图 10-15 均匀分布函数（据于兴河，1996）

2. 产生伪随机数

用蒙特卡洛法模拟实际问题时，要用到大量的随机数，因此如何在计算机上经济快速地产生符合要求的随机数是蒙特卡洛法成功的基础。目前应用最广的是用数学方法产生随机数，严格地说，用数学方法是不能产生真正随机数的，但经验表明，用数学方法产生的随机数能够满足模拟的精度，故应用广泛并称之为"伪随机数"。

常用的产生伪随机数的数学方法有迭代取中法、移位法、同余法等，具体算法可参考相关数学书籍，在此不一一赘述。

3. 抽样模拟

以 [0，1] 区间上均匀分布的随机数序列中的第 n 个随机数 γ_n 作为第 i 个随机变量的 x_{ji} 的分布函数 $AF(x_{ji})$ 的概率入口值，沿 x_{ji} 轴方向作平行线与分布函数相交后，再沿 $AF(x_{ji})$ 轴方向作平行线直到与 x_{ji} 轴相交，得到交点的值为 x_{ji}，称为出口值（实际应用中出口值是用线性插值法求出的）。这一出口值即为随机变量蒙特卡洛法模拟的第一个随机估值（图 10-16）。根据具体问题的要求，这种模拟可以进行许多次，并可进行必要的概率统计整理。

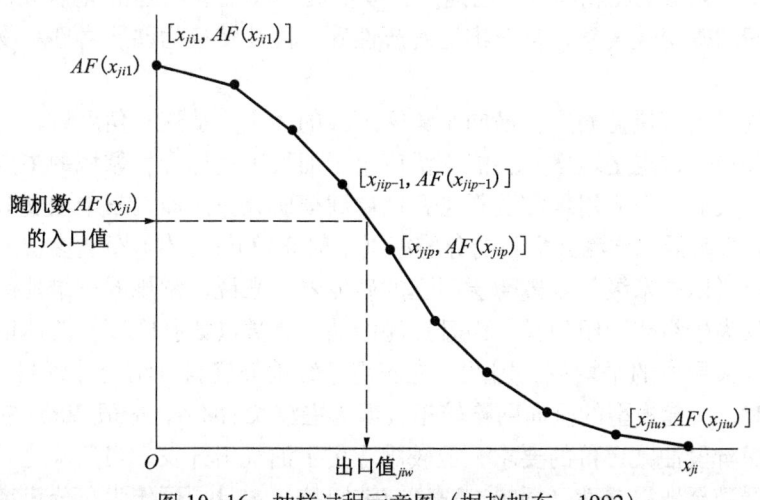

图 10-16 抽样过程示意图（据赵旭东，1992）

第三节 储层建模方法

储层建模的核心就是实现储层的（三维）空间赋值，其本质是井间储层预测，即根据已知控制点的资料，采用合适的科学方法进行井间的内插与外推资料点间的储层特性。因此，储层建模实质上就是在给定资料（或有限的现有资料）的前提下，对特定域的储层特征进行三维空间预测。

一、概述

从建模的方法，尤其是插值方法而言，基本途径或建模技术可分为两种：确定性建模和随机建模。

确定性建模方法认为资料控制点间的插值是唯一而确定性的；传统地质工作方法的内插编图就属于这一类。克里金作图（如各种等值线图）和常规的数理统计方法作图也属于这一类建模方法。确定性建模的开发地震的储层解释成果与水平井沿层直接取得的数据或测井解释成果，都是确定性建模的重要依据。

随机建模方法承认地质参数或属性的分布有一定的随机性，即人们对它们的认识总是存在着（一些）不确定性——对已知控制点间的内插不是唯一而确定的。这就要求在建立储层地质模型时应充分考虑这些随机性所引起的多种可能出现的实现，以便供人们选择。随机建模的结果不同于确定性建模是一个实现，而是多个实现，但每一个实现都应是现有资料条件下对实际资料的合理反映。若用观测的实验数据对模拟过程进行条件限制，使得采样点的模拟值与实测值相同（即忠实于硬数据），就称为条件模拟，否则为非条件模拟。

二、确定性建模

确定性建模是对井间未知区给出确定性的预测结果，即试图从具有确定性资料的控制点（如井点）出发，推测出点间（如井间）确定的、唯一的储层参数。确实性建模方法主要有地震信息的确定性转换、井间对比、井间插值。三者可单独使用，也可结合使用。

（一）地震信息的确定性转换

从井点出发，应用地震属性（如层速度、波阻抗、振幅等），根据地震属性与储层岩性和物性参数之间的确定性关系，将三维地震属性确定性地转换为储层岩性和物性的三维分布模型。

三维地震资料具有覆盖面广、横向采集密度大的优点，从这一角度讲，有利于研究储层属性的横向分布，这也是地震资料能广泛应用于油气田勘探开发领域的主要原因。也正是基于这一点，人们力图应用地震资料进行储层建模研究。然而，三维地震资料面临的主要难题是垂向分辨率低，比测井资料的分辨率（一般 0.125m 左右）低得多。对于我国普遍存在的陆相储层（以"米级"规模薄层间互的砂泥岩）来说，常规的三维地震很难分辨至单砂体规模，仅为砂组或油组规模，而且预测的储层参数（如孔隙度、流体饱和度）的精度较低，往往为大层段的平均值。因此，在应用三维地震资料（结合井资料和 VSP 资料）进行储层建模时，所建模型的垂向网格较粗（即为主波长的 1/4，一般 20m 左右）。这类模型可以满足勘探阶段油藏评价的要求，但较难应用于油气田开发。当然，这一较低垂向分辨率的储层模型乃至地震属性（振幅、速度或波阻抗）本身，可作为高分辨率储层建模的宏观控制（或趋势），以便综合应用钻井资料和地震资料建立垂向网格较细的储层模型，这比单纯应用钻井资料建立的储层模型精度要高。在油气田开发的早期，可采取这一思路进行储层建模，以满足油气田开发方案设计及实施的要求。但随着地震技术的发展，人们可以通过地震反演技术得到垂向分辨率较高的储层模型，分辨率可达 4～8m。

应用地震资料进行储层建模的基本步骤如下：

（1）层位标定、追踪及断层解释，建立断层模型及层面模型；

（2）分层提取或通过反演得到以建模层为单元的地震属性（如速度、振幅、频率、波阻抗等）数据体；

（3）应用岩心与测井解释的储层岩性、储层参数与井旁道不同地震属性进行相关分析，建立地震属性与地质参数的相关关系（确定性井—震关系）；

（4）针对三维地震属性数据体，根据井—震关系，将地震属性转换为地质参数，从而形成三维地质参数数据体。

（二）井间对比

在油田开发阶段，应用开发井网资料，通过在三维视窗下进行井间开发小层、沉积相或砂体对比，建立三维储层骨架模型。

井间小层或砂体对比的最重要基础是高分辨率的等时地层对比及沉积模式的指导。高分辨率等时地层对比主要为小层或砂体的对比提供等时地层格架，其关键是应用层序地层学原理，识别并对比反映基准面高频变化的关键面（如层序界面、洪泛面、冲刷面等）或高频基准面转换旋回；其主要方法包括岩心对比分析、自然伽马（或自然伽马能谱）测井对比分析、高分辨率地震资料的测井约束反演分析、井间地震资料分析、高分辨率磁性地层学分析、岩石和流体性质分析、油藏压力分析等。

井间对比的准确程度取决于井距大小和储层结构的复杂程度。如果井网密度很大，可建立确定性的储层骨架（相）模型；如果井网密度略小，可建立确定性与概率相结合的储层骨架（相）模型；如果井网密度太小（井距太大或结构太复杂），就不可能进行详细的、确定的井间对比，在这种情况下，可应用随机模拟方法建立随机储层模型。

（三）井间插值

井间插值是建立确定性储层模型的常用方法，即在三维网格化的基础上，根据井资料（包括地震资料），应用插值方法对每个网格赋以储层参数值（孔隙度、渗透率或含油饱和度）。

插值（估值）方法的核心是根据待估点周围的若干已知信息及其对待估点的贡献大小（即加权值），对估点的未知值作出加权估计（图 10-17）：

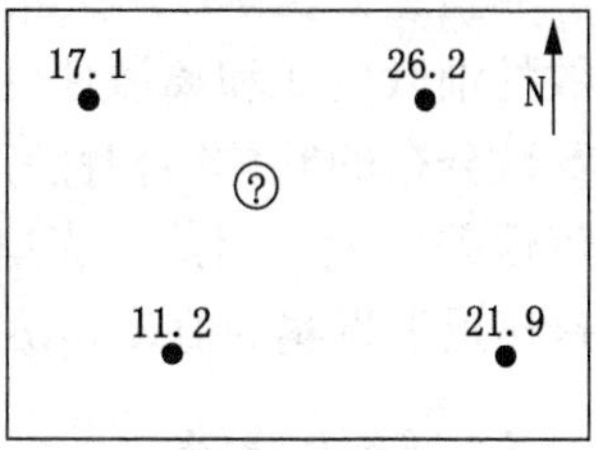

$$Z(X) = \sum_{i=1}^{n} \lambda_i Z_i(X_i) \qquad (10-27)$$

图 10-17 井间插值估计

式中 $Z(X)$——待估点的估计值；

$Z(X_i)$——待估点周围某点 X_i 处的观测值，$i=1, 2, 3, \cdots, n$；

λ_i——X_i 的权系数。

井间插值方法很多，大体可分为数理统计学插值方法和地质统计学插值方法，两者的主要差别是权系数的求取方式。数理统计学插值方法（如反距离平方法、径向基函数法、三角网法等）在求取权系数时主要考虑观测点与待估点之间的距离，而不考虑地质规律所造成的储层参数在空间上的相关性，因此在点间距离较大时插值精度相对较低。为了提高对储层参数的估值精度，人们广泛应用地质统计学插值方法来进行井间插值。

克里金方法是地质统计学的核心，它是随着采矿业的发展而兴起的一门新兴的应用数学的分支。克里金法估值方程与式（10-27）相同，但在求取待估点周围的已知数值点参数对待估点的加权值的方法有很大差别。在计算克里金法的权系数时，不仅考虑观测点与待估点之间的距离，而且考虑地质规律所造成的储层参数在空间上的相关性，对估点的未知值作出最优（即估计方差最小）、无偏（即估计值的均值与观测值的均值相同）的估计。

在进行克里金估计时，仅考虑变程范围内的观测值，而变程之外的观测值不为估计提供信息，即和待估点是不相关的。变程越大，变量的空间相关性越大。

在求取变差函数后，即可通过求解克里金方程组求取权系数。普通克里金方程组如下：

$$\begin{cases} \sum_{i=1}^{n} \gamma(x_i - x_j)\lambda_i - \mu = \gamma(x_0 - x_j) \quad (j=1,\cdots,n) \\ \sum_{i=1}^{n} \lambda_i = 1 \end{cases} \tag{10-28}$$

式中　$\gamma(x_i-x_j)$——任意两个观测点（i，j）之间的变差函数；

$\gamma(x_0-x_j)$——待估点与第 i 个观测点之间的变差函数；

μ——拉格朗日常数；

λ_i——第 i 个观测点对待估点的权系数。

克里金方法较多，如简单克里金、普通克里金、泛克里金、协同克里金、指示克里金法等。这些方法可用于不同地质条件下的参数预测。其中，简单克里金、普通克里金为基本方法；在研究区地质变量存在趋势时，则可应用泛克里金；当需要整合地震信息进行插值时，则应用协同克里金；指示克里金即可用于离散变量（如沉积相）插值，又可用于连续变量（如孔隙度）插值。

克里金方法是一种光滑内插方法，实际上是特殊的加权平均法，它难于表征井间储层参数的细微变化和离散性（如井间渗透率的复杂变化）。同时，克里金法为局部估值方法，对参数分布的整体结构性考虑不够，当储层连续性差、井距较大且井点分布不均匀时，则估值误差较大。因此，克里金方法所给出的井间插值虽然是确定的值，但并非真实的值，仅是接近于真实的值，其误差大小取决于方法本身的适用性及客观地质条件。

三、随机建模

（一）相关概念及意义

地下储层本身是确定的，它是许多复杂地质过程（构造作用、沉积作用及成岩作用）的综合结果，具有确定的性质和特征。但是，在现有资料不完善的条件下，由于储层结构空间配置与储层参数空间变化的复杂性，人们又难于把握任一尺度下储层确定而真实的特征或性质。特别是对于连续性较差且非均质性强的陆相储层来说，难于精确表征储层的特征。这样，由于认识程度的不足，储层描述便具有不确定性。这些需要通过"猜测"而确定的储层性质，即为储层的随机性质。

1. 定义

随机建模就是以已知的信息为基础，以随机函数为理论，应用随机模拟方法，产生可选的、等可能的、高精度的、反映现有参数数据空间分布的储层模型，其中有三个基本要素：

(1) 可选性是指所建立的模型是多个而不是一个，每个模型都是在现有数据条件下对储层参数的合理反映（图10-18）；这就可满足油田开发决策在一定风险范围的正确性。

(2) 等可能是指所有模型都是地下地质实际的可能反映，均忠实于条件数据，模拟参数的统计特征均与理论分布特征一致。

(3) 高精度是指所合成的模型能够反映参数的细微变化；各个模型（实现）之间的差别直接反映了由于缺乏资料而导致模型的不确定性，相差越小，不确定性因素就越少；反之，则越多。

2. 双重性

一方面，该技术的重点是研究属性场中属性的空间相关性，也就要产生与已知数据属性的空间相关性相同的属性场；另一方面，应用该技术建立储层模型可以得到某一属性场的多个不同的可能实现，用以说明实际属性场的空间组合的不确定性，从而可以为决策者提供更加丰富的储层模型，以便对储层的不确定性进行评价，从而提高动态预测的可靠性。

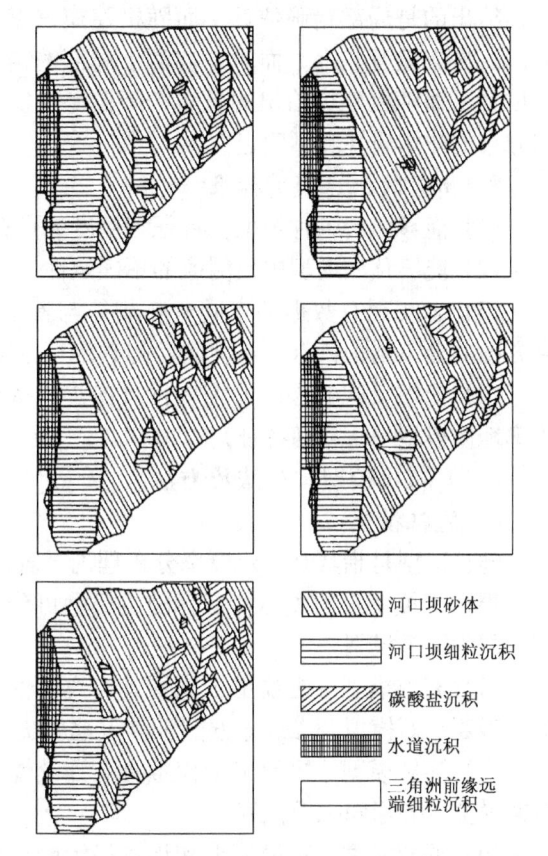

图 10-18 离散模型的不同实现，示三维沉积相模型的水平切片（据 E. Dasmslesh 等，1992）

3. 目的

(1) 随机建模的目的从广义上讲是建立储层的预测模型，以实现控制点间内插和外推，即井间或外延井的储集体（各向异性）和/或储层物理属性（非均质性）的预测。

(2) 随机建模的目的从狭义上讲包括：①产生多个符合地质统计数据结构的模型；②模拟精细规模的非均质性；③评估不确定性并提供多种实现。

4. 优点

随机建模的优点在于该技术能够帮助人们将储层的各种不确定性转化为多个相对确定的、等概率的地质参数空间分布模型，供人们进行评价和优选。

5. 不确定性的主要因素

随机建模不确定性的主要因素包括：(1) 资料拥有量的限制；(2) 资料置信度的差异——测量的误差；(3) 人们对各种地质资料和地质客观规律认识上的局限性。

6. 指导思想

随机建模的指导思想是最大限度地逼近地质的真实，而不仅仅是逼近数学的真实。

7. 与确定性克里金方法的比较

确定性克里金方法不能满足随机建模的目的。确定性克里金方法是一种光滑的内插方法，给出的是局部精确估计；而随机建模重点放在恢复区域特征（结构）和统计参数（直方图、协方差等）上，而不是拘泥于局部的精确性。确定性克里金方法得到的是局部的唯一估计；而随机建模给出的是多个等概率的实现，这一系列实现的差异反映了储层属性空间分布的非均质性和不确定性。

8. 衡量随机建模的标准

(1) 能够综合各种类型、特征和精度的资料，尽可能地减少模型中的随机成分；

(2) 能够预测模型中预测值的不确定性；

(3) 忠实现有数据的空间分布规律与特征，如变差函数的分布、协方差函数的分布、直方图的分布结构特点（物理属性的频率直方图、累积频率直方图或概率分布）等；

(4) 能够反映储层的非均质性（如渗透率奇异值的分布）和各向异性的构形特点（如概率地质模型——几何特征）。

（二）随机模型、算法及方法

1. 随机模型

随机模型是指具有一定概率分布理论、表征研究现象随机特征的统计模型。

根据模拟变量的类型特征，随机模型可分为两大类，即离散模型和连续模型，两者的结合即为混合模型。

(1) 离散模型：主要用于模拟具有离散性质的地质特征，其主要算法有示性点过程模拟、截断高斯模拟、二点直方图及多点地质统计等。

(2) 连续模型：主要用于模拟具有连续性的储层参数的空间分布，其主要算法有序贯高斯模拟、分形随机模拟等。

(3) 混合模型：离散模型和连续模型的结合即构成混合模型，也称为二步模型，即第一步应用离散模型描述储层的大规模非均质特征，如沉积相、砂体结构或流动单元；第二步应用连续模型描述各沉积相（砂体或流动单元）内部的岩石物理参数的空间变化特征。这种建模方法即为"二步建模"方法。

2. 随机模拟方法

一般而言，随机模拟方法可根据随机模拟的基本单元分为两大类：(1) 基于目标的方法，即以目标物体为基本模拟单元；(2) 基于像元的方法，即以像元为基本模拟单元。两大类模拟方法中各有一些方法，各种方法都有各自的适用条件与优缺点（表10-3）。

表10-3 常见的随机模拟方法比较

随机模拟方法		变量类型	适用条件	统计要求	优点	不足
分类	名称					
基于目标的模拟方法	示性点过程模拟（布尔模拟）	离散	目标体形态及配置关系简单	给定目标体形态、规模及配置关系	能很好地表达相形态	难于完全条件化

续表

随机模拟方法		变量类型	适用条件	统计要求	优点	不足
分类	名称					
基于像元的模拟方法	序贯高斯模拟	连续	空间变异性小；一般要求相控	计算变差函数	条件化容易	不能保证变量分布的连续性
	截断高斯模拟	离散	排序相分布	计算变差函数	能很好恢复排序相关系	相边界连续性较差
	序贯指示模拟	离散/连续	任意相分布；变异性大的参数如渗透率	计算各离散（化）变量的指示变差函数	条件化容易，整合多信息	不能很好地恢复相形态及配置关系
	模拟退火	离散/连续	组合与优化问题	计算变差函数	保持空间结构，误差低	计算量大，不易收敛
	分形模拟	连续/裂缝	符合分形特征	计算分维数	能模拟裂缝分布	整合多信息难，条件化难
	多点地质统计模拟	离散	任意相分布	能模拟裂缝分布	条件化容易，能较好地表达简单相分布	难于表达复杂、非平稳相分布

1）基于目标的模拟方法

这类方法的基本模拟单元为目标物体（即是离散性质的地质特征，如沉积相、流动单元等），主要方法有示性点过程。

示性点过程是布尔模拟的一个概括，其基本思路是根据点过程的概率定律，按照空间中几何物体的分布规律，产生这些物体的中心点的空间分布，然后将物体性质（如物体几何形状、大小、方向等）标注于各点之上。通过模拟中心点的分布得到所标注的物体性质在三维空间的联合分布（图10-19）。

根据不同的点过程理论，物体中心点在空间上的分布可以是独立的（如Possion点过程，即布尔模拟的理论概率分布），也可以是相互关联或排斥的（如Gibbs点过程）。在实际应用中，目标点位置可以通过以下规则来确定。

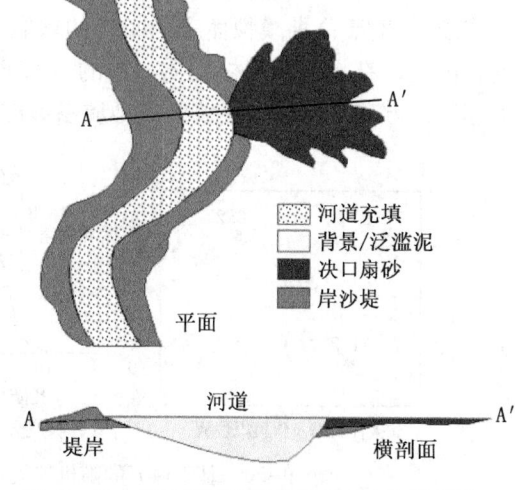

图10-19 基于目标的随机模拟方法的模拟单元
（据C. V. Deutsch等，2002）

（1）密度函数（即各属性的体积比例及其分布趋势）。

（2）关联（如井间相连通）和排斥原则（如相同物体或不同物体之间不接触的最小距离）。物体性质实际上就是物体的几何学形态，包括各属性（如沉积微相）的形状、长度、宽度、高度、方向、顶底位置等。一般来说，在示性点过程中，可以设置多种形状，如矩形、椭球体、锥形等。各类物体本身的几何学参数（如长、宽、高等）可利用多元高斯分布来模拟。

该方法可利用优化算法（模拟退火或Metropolis-Hastings算法）使模拟实现忠实于井信息、地震信息以及其他指定的条件信息。

从示性点过程的理论来看，模拟过程是将物体"投放"于三维空间，即将目标体投放于背景相中。因此，这种方法适合于具有背景相的目标（物体或相）模拟，如河流体系的河道和决口扇（其背景相为泛滥平原）、三角洲体系的分流河道和河口坝（其背景相为三角洲前缘和湖相泥岩）、浊积扇中的浊积水道（其背景相为深水泥岩）、滨浅海障壁沙坝、潮汐水道等（其背景相为潟湖或浅海泥岩）。另外，砂体中的非渗透泥质夹层、钙质胶结带、断层、裂缝均可利用此方法来模拟。

2）基于像元的模拟方法

这类方法的基本模拟单元为像元（相当于网格化储层格架中的单个网格），既可用于连续性储层参数的模拟，也可用于离散地质体的模拟。这类方法主要包括序贯高斯模拟、截断高斯模拟、序贯指示模拟、模拟退火方法、分形模拟、多点地质统计等。

(1) 序贯高斯模拟。

高斯随机域是最经典的随机函数，最大特征是要求随机变量符合高斯分布（正态分布），实际应用中经常与序贯原理结合，即为序贯高斯模拟，它是在连续型随机变量的模拟中最常用的一种方法。在该方法中，模拟过程是从一个像元到另一个像元序贯进行的，用于计算某像元条件概率分布函数的条件数据除原始数据外，还考虑已模拟的所有数据。

针对一个具体待模拟的网格，首先求取该网格的累积条件概率分布函数（简称ccdf）（图10-20b），然后随机提取一个随机数（0~1），该随机数对应的分位数即为该网格的模拟值（图10-20c），这一过程遍历所有待模拟的网格，便可建立一个模型（即随机模拟的一个实现）。对于高斯模拟而言，ccdf的求取十分简便。因为高斯分布模型只取决于均值和方差，因此，在求取某网格地质参数的ccdf时，只要通过克里金方法求取该网格的克里金估值和估计方差，便可构建该网格地质参数的ccdf。

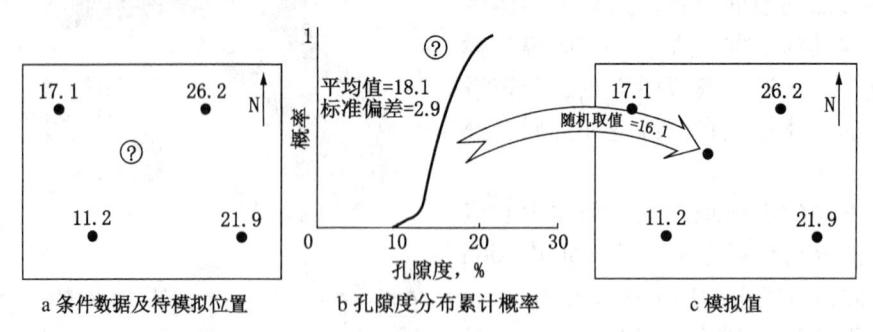

图10-20 基于像元的随机建模示意图（据Sribastava，1994，修改）

(2) 截断高斯模拟。

截断高斯模拟用于离散型随机模型，是通过一系列门槛值截断规则网格中的三维连续变量，从而建立离散物体三维分布的随机建模方法。在截断高斯模拟中，有两个关键步骤，首先是建立三维连续变量的分布，然后通过门槛值及门槛规则对连续变量分布进行截断，从而获得离散物体的模拟实现（图10-21）。连续三维变量分布是通过高斯域模型来建立的。其中，连续变量（如粒度中值）首先作正态得分变换，然后通过变差函数模型，应用任一连续高斯域模拟方法建立三维连续变量的分布。门槛值可通过实际资料的统计而获得。

根据地质规律，可限定门槛趋势，如在不同深度或平面上的不同位置给定不同的门槛值。

由于离散物体的分布取决于一系列门槛值对连续变量的截断（图10-21），因此，模拟实现中的相分布将是排序的。如图10-21所示，相1、相2和相3依次分布。相1与相2接触，相2与相3接触，而相1不可能与相3直接接触。由此可见，这一方法适合于相带呈排序分布的沉积相模拟，如三角洲（平原、前缘和前三角洲）、呈同心分布的湖相（滨湖、浅湖、深湖）、滨面（上滨、中滨、下滨）的随机模拟。

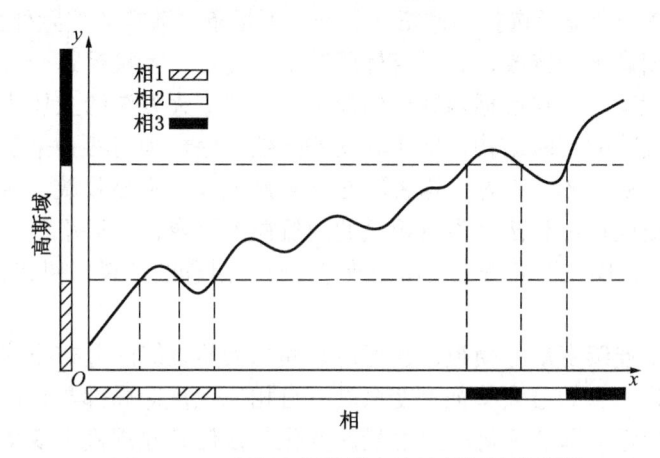

图 10-21　截断高斯模拟中连续高斯域的截断

（3）序贯指示模拟。

序贯指示模拟是将序贯原理与指示模拟相结合。序贯指示模拟既可用于离散的类型变量（如沉积相、岩性），又可用于离散化的连续变量类别的随机模拟，主要用来模拟类型变量。

序贯指示模拟的最大特点是指示变换。对于模拟目标区内的每一类相，当它出现于某一位置时，指示变量为1，否则为0。原始数据可直接进行指示变换，而待模拟的指示变量的性质和位置是通过待模拟相的平均频率（即指示变差函数）给定的。它的基本模拟思路与序贯高斯模拟相似，只是 ccdf 的求取方法不同。在模拟过程中，对于三维空间的每一网格（像元），首先通过指示克里金估计各类型变量（设为 K 个）的条件概率，接着确定 K 个类型的任意次序（如1，2，…，K），并归一化使所有类型变量的条件概率之和为1，从而确定该像元的条件分布概率函数；然后，在条件概率分布函数中随机提取一随机数（0或1），该随机数所落在的区间则决定了该像元的模拟类型。这一过程在各个像元运行，便可得到研究区内的类型变量分布的随机图像。当模拟过程是从一个像元到另一个像元序贯进行的，而且在计算某像元条件概率分布函数时，除使用原始数据外，还考虑已模拟的所有数据。

序贯指示模拟最大的优点是可以模拟复杂各向异性的地质现象。各个类型变量均对应于一个变差函数，也就是说，对于具有不同连续性分布的类型变量（相），可给定不同的变差函数，从而可建立各向异性的模拟图像。另外，序贯指示模拟除可以忠实硬数据（如井数据）外，还可忠实软数据（如地震、试井数据）。

然而，序贯指示模拟也存在一些问题。其一，模拟结果有时并不能很好地恢复输入的变差函数；其二，在条件数据点较少且模拟目标各向异性较强时，很难计算各类型变量的变差函数；其三，像所有的基于像元的随机模型一样，序贯指示模拟也不能很好地恢复指定的模拟目标的几何形态（尤其是相边界），如一些类型变量以一个或几个像元为单元零星地分布。

(4) 模拟退火方法。

模拟退火方法可用于离散或连续型变量的随机模拟，它能综合再现两点统计量和隐含的复杂多元空间统计量。

在随机建模中，一般使用区域化变量的变差函数构造目标函数，对于一个最初的图像连续地进行扰动或在一个随机选择的网格结点处（不是条件数据的位置处）重新提取数值，依次对这个最初的图像进行修改，如果目标函数变优的话，就接受这个扰动，否则，以一定的概率接受这个扰动，直到目标函数达到最优。模拟退火方法的主要优点在于该法可以很好地保持数据所反映的空间结构，即实验变差函数，综合利用各种来源信息能力强，模拟重现实验样品非均质性的效果好。这种算法计算量很大，不易收敛。通常先用快速的模拟算法（如序贯高斯或指示算法）生成粗糙的随机模拟图像，然后用模拟退火法对该图像进行修正。如前所述，模拟退火法也可用来改进示性点过程的结果，使其忠实于条件数据。

(5) 分形模拟。

分形模拟可用于连续变量的模拟，也可用于模拟天然裂缝的分布模式，但多用于模拟孔渗参数的空间变化。它的最大特征是变量具有自相似性，即局部与整体相似。分形模拟主要应用统计自相似性，即任何规模上变量的变化与任何其他规模上变量的变化相似，任一规模上变量的方差与其他规模上变量的方差成正比，其比率取决于分形维数（或间断指数）。

Hewett（1986）将分形随机域引入岩石物理参数的随机模拟，其基本理论为分数布朗运动和分数高斯噪声。Painter（1995）在分形模拟中引入了 Levy—稳态概率分布，避免了高斯分布的假设，可用于成层性很强的地层条件下随机变量的分形模拟。分形模拟一般采用误差模拟算法，其模拟实现为克里金估值加上"随机噪声"。

(6) 多点地质统计（Multiple-Point Geostatistics）。

多点地质统计是相对于基于变差函数的传统地质而言的，由美国斯坦福大学 A. G. Journel 等人提出。多点地质统计应用"训练图像"代替变差函数表达地质变量的空间结构性，因而可以克服传统地质统计学不能再现目标几何形态的不足，同时，该方法仍然以像元为模拟单元，而且采用序贯法，因而很易忠实条件数据，克服了基于目标的随机模拟算法的不足。然而该方法由于收敛速度等原因一直没有广泛应用，直到 Strebelle（2000）采用了搜索树技术（Search Tree），加上计算机硬件提供的更大的存储空间和更高的运算速度，这种建模方法才推向实用。Strebelle 将此法命名为 Snesim（Single normal equation simulation），随后，Apart 和 Caers（2003）提出了一个型式（pattern）模拟的算法，称为 simpat 算法。目前，多点地质统计随机建模算法主要用于离散变量如沉积相的随机建模，且正在向连续变量如物性参数建模方向发展。

（三）随机建模的关键环节

随机建模的基本环节或基本步骤与确定性建模相似，均包括数据准备、构造建模、储层建模、图形显示等基本环节，同时均可进行三维体积计算，在进入数模器之前均应进行模型粗化，但是，两者仍有所差别，关键差别是在随机建模中需要选择随机模拟方法、确定统计特征参数、验证和优选模拟实现等（图 10-22）。

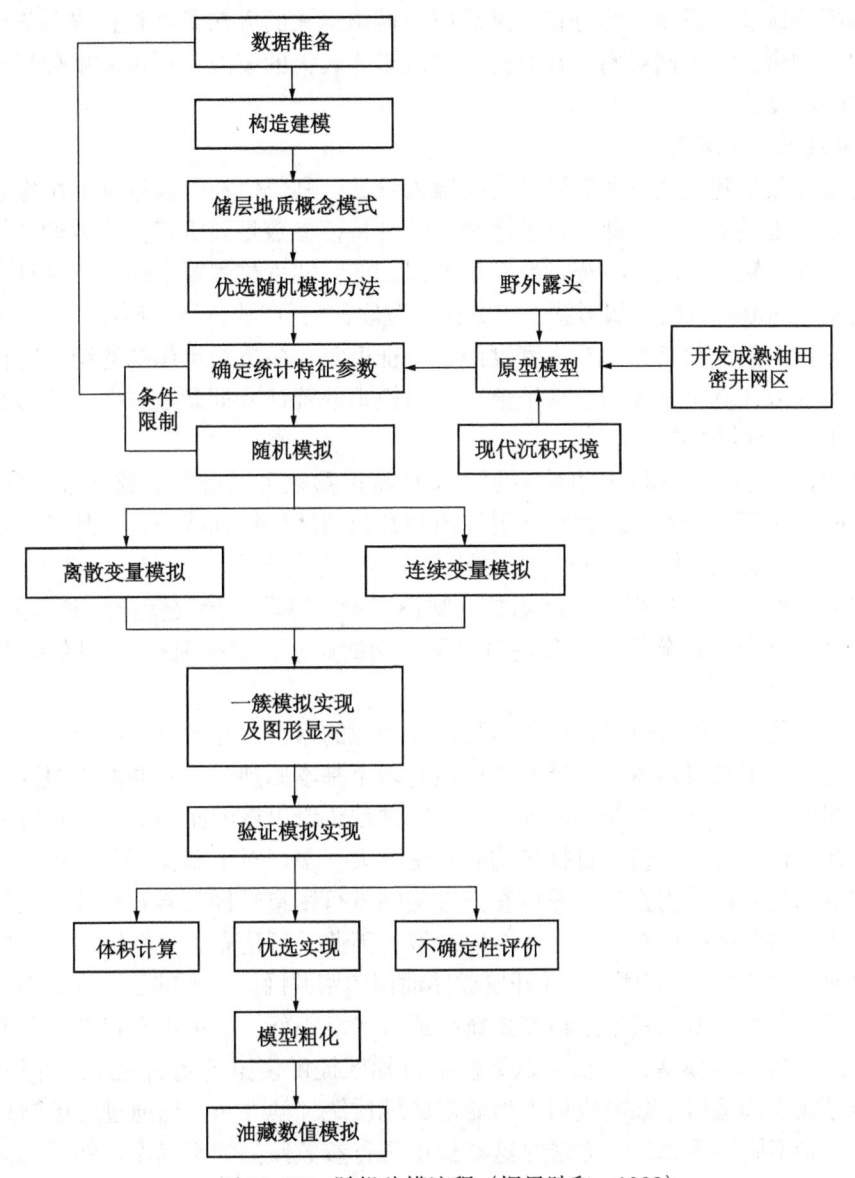

图 10-22　随机建模流程（据吴胜和，1998）

1. 选择随机模拟方法

随机模拟方法很多，但没有一种万能的方法能解决所有沉积类型的建模问题。不同的随机模型有其地质适用性及应用范畴。如对于相模拟来说，如果预知相的几何构型（几何形态和组合方式），则示性点过程为首选方法；对于具有排序分布的相组合来说，截断高斯模拟方法最为适合；如果既不知几何构型，相组合又无排序现象，则应选用序贯指示模拟。对于参数模拟来说，基于高斯分布的方法很难控制极值分布的连续性，而指示模拟方法很适合解决这类问题。因此，应该根据研究区的地质特征（地质概念模式）对随机模拟方法进行选择。

为了产生能够反映不同特征的数值模型，在储层建模中，应考虑采用混合方法（多种方法）。不同的方法给出每个实现忠实于不同方面的统计参数和空间分布特征。例如，首先利用示性点过程或其他离散模型得到不同岩相的分布，接着针对不同岩相应用连续模型如高斯方法模拟连续的岩石物性的分布,然后应用模拟退火的方法局部校正岩石物性,以便与试井数据相吻合。如果储层内存在对流体渗流影响较大的裂缝,还可应用分形模拟方法或示性点过程对裂缝分布进行模拟。

2. 确定统计特征参数

统计特征参数是随机模拟所需要的重要输入参数,其数值在很大程度上决定着模拟实现是否符合客观地质实际,因此,正确地确定统计特征参数是随机模拟成败的关键。不同的随机模拟方法,输入的统计特征参数有所不同。如示性点过程要求的统计特征参数主要为砂体(或相)的形态特征(如形状、长宽比、宽厚比)、产状特征、砂泥比等;高斯域的统计特征参数主要为变差函数和概率密度函数特征值等;序贯指示模拟的统计特征参数主要为指示变差函数和概率密度函数特征值;分形模拟的统计特征参数主要为分形维数(或间断指数)和不同规模的方差。

一般来说,当模拟目标区井点较多时,统计特征参数可通过井点数据来求取。然而,在井点较少的情况下,一般很难把握储层性质和参数的地质统计特征,尤其是平面变差函数(包括平面分形变差函数)。实际上,当模拟目标区内实际的变程(h)小于最小井距时,则单纯应用井点数据计算的平面变差函数反映不了最小井距内储层特征或参数的变异性。因此,必须通过地质类比分析,即通过对原型模型的解剖,把握模拟目标区储层(性质)参数的地质统计特征。

所谓原型模型,是指与模拟目标区储层特征相似的露头、开发成熟油田的密井网区或现代沉积环境的精细储层模型。选择原型模型有两个基本原则:一是原型模型区与地下储层沉积特征相似,最为理想的是油田地下储层在盆地边缘出露的露头;二是具有密集采样的条件,采样点密度必须比模拟目标区的井点密度大得多。对于露头区和现代沉积区,可以进行三维空间的砂体结构测量,并可在三维空间进行密集采样和岩石物性(孔隙度、渗透率等)测定,取样网格可密至米级甚至厘米级,因此,可建立十分精细的三维储层地质模型(结构模型和参数分布模型)。在开发成熟油田的密井网区,尤其是具有成对井的密井网区,也可建立原型模型,只不过精度比露头或现代沉积低,但可用于相对稀井网区的随机建模研究。应用原型模型,不仅可以为模拟目标区提供模拟需要的地质统计特征参数,而且可以推导或优选适用于某类成因类型储层的地质统计学方法,即通过对模型采样点的抽稀分析,检验不同地质统计学方法对这类储层进行参数预测的精确度,然后选择(或通过修改提炼)一种精确度最高的方法对同类地下储层进行地质建模。

3. 验证和优选模拟实现

对于产生的模拟实现,为了油藏数值模拟和油藏开发管理的应用,应对其进行验证,判别它们是否符合地质实际。如果不满意,则应检验模拟方法、特征参数,并重新模拟;如果满意,则对随机实现进行优选,选出一些被认为最符合地质实际或生产数据的模拟实现,通过粗化之后进入模拟器进行油藏数值模拟,或直接用于生产应用(油藏评价或油藏开发管理)。若只是为了储层不确定性评价,则只需对模拟实现进行检验,不必对其进行优选。

验证和优选模拟实现的标准主要有:

(1)随机图像是否符合地质概念模型;

(2)随机实现的统计参数与输入参数的接近程度;

(3)模拟实现是否忠实于真实的数据,主要判别它与未参与模拟的硬数据是否吻合,如抽稀的井数据、试井反映的砂体连通性数据等；

（4）模拟实现是否符合生产动态，可通过简单的二维油藏数值模拟或局部的三维数模的"历史拟合"情况来进行判别。

第四节 储层建模的程序与具体步骤

一、储层建模的基本程序

建立储层地质模型的总体思路是采用点→面→体的基本过程或程序，因此，一般必须经过三个步骤：第一步，建立井模型（点）；第二步，建立层模型（线到面）；第三步，建立体（参数）模型（体）。

（一）井模型

井模型包含建立静态模型所使用的全部井资料，它是通过对井数据从顶界到底界依次按一定步长连续抽值得到的数据串，该步长等于三维网块垂向上的厚度。

（1）把井筒中得到的各种信息转换为开发地质特征参数，建立每口井显示各种开发地质特征的一维柱状剖面。

（2）井筒一维剖面中最基本的九个参数是：渗透（砂岩）层、有效层、隔层、含油层、含气层、含水层、孔隙度、渗透率、饱和度。

（3）关键点是建立把各种储层信息转换成开发地质特征参数的解释模型。

（4）现阶段测井是普遍获得储层信息的主要手段。

（二）层模型

层模型是储层的构造模型，取决于储层的对比关系。层序地层学和地震横向追踪是大井距下建立层模型的重要依据。建立层模型的基础工作是层面网格化，网格插值主要采用三角网法、距离反比加权法、径向基函数法、双二次曲面距离加权法、克里金法和泛克里金法等。可把几种不同的方法组合起来，以提高模型的质量。

（1）把每口井中的每个地质单元通过井间等时对比连接起来，即把井筒的一维柱状剖面变成三维的地质体，建成储集体的空间格架——骨架模型。

（2）沉积层总是由大到小可以逐级划分为大沉积旋回→小沉积旋回→单层→层内韵律段。层序地层学可划分出多级层，层序→准层序组→准层序→层组→层→层系→纹层。高分辨层序地层学可划分出长期基准面旋回→中期旋回→短期旋回。

（3）关键点是正确地进行小单元的等时对比，尤其是井间小层或砂体的对比。对比单元越小，建立储集体格架越细。

井间小层对比的一般原则是：界面划分、分级控制、相序指导、等时对比。在小层对比的基础上再进行砂体的对比，其方法是：成因单元识别、遵循成因单元的几何形态特征不变、相同成因单元可对比、不同成因单元相变。

（三）参数模型

（1）把储集体内空间各点的各种储层属性参数定量地给出。

（2）关键点是根据上述层模型，按用已知井点（控制点）的参数值内插（外推）井间未钻井区域储层的各种属性参数；内插误差越小，地质模型精度就越高，但精度与细度是相互制约的。

（3）攻关重点是渗透率，其原因是渗透率空间变化大、非均质程度最高、预测难度最大。

（4）通用的方法是先建立孔隙度模型，然后利用岩心分析测得的孔隙度与渗透率，建立两者相关关系，再由孔隙度模型通过协同建模的思路转换成渗透率模型。

二、具体建模步骤

三维储层建模的具体步骤正是在建模程序的三步思路下进行的，即首先建立各井点的一维垂向模型，其次建立储层的框架（由一系列叠置的二维层面模型构成），然后在储层框架基础上建立储层各种属性的三维分布模型。

一般来说，广义的三维储层建模（即三维油藏建模）过程包括四个主要环节，即数据准备、构造建模、储层属性建模、图形显示。根据三维地质模型，可进行各种体积计算。如果要将储层模型用于油藏数值模拟，则应对其进行网格的粗化（图10-23）。

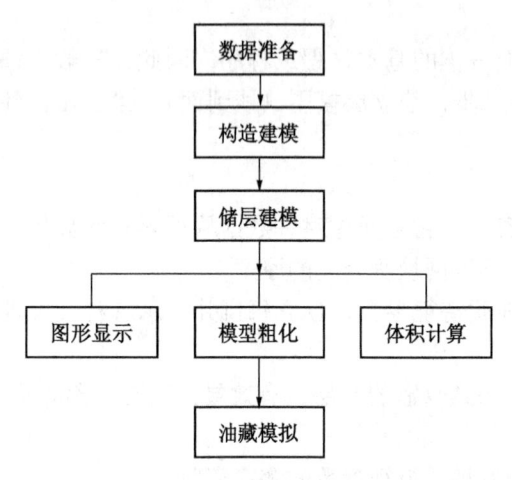

图10-23 储层建模流程图

（一）数据准备

储层建模是以数据库为基础，数据的掌握（拥有）程度及其准确性在很大程度上决定着所建模型的精度。

1. 数据类型

从数据来源来看，建模数据包括岩心、测井、地震、试井、开发动态等方面的数据。

从建模内容来看，基本数据类型包括以下四类。

（1）坐标数据：包括井位坐标、地震测网坐标等。

（2）分层数据：各井的油组、砂组、小层、砂体的划分对比数据，地震资料解释的层面数据等。

（3）断层数据：断层位置、断点、断距等。

（4）储层数据：是储层建模中最重要的数据，包括单井储层数据、地震储层数据及试井储层数据。

单井储层数据为岩心和测井解释数据，包括单井沉积（微）相、砂体、隔夹层、孔隙度、渗透率、含油饱和度等数据（即井模型），这是储层建模的硬数据，即最可靠的数据；地震储层数据，主要为速度、波阻抗、频率等，为储层建模的软数据，即可靠程度相对较低的数据。试井（包括地层测试）储层数据包括两个方面：其一为储层连通性信息，可作为储层建模的硬数据；其二为储层参数数据，因其为井筒周围一定范围内的渗透率平均值，精度相对较低，一般作为储层建模的软数据。

2. 数据集成及质量检查

数据集成是多学科综合一体化储层表征和建模的重要前提。集成各种不同比例尺、不同来源的数据（井数据、地震数据、试井数据、二维图形数据等），形成统一的储层建模数据库，以便于综合利用各种资料对储层进行一体化分析和建模。

对不同来源的数据进行质量检查也是储层建模中一个十分重要的环节。为了提高储层建模精度，必须尽量保证用于建模的原始数据特别是硬数据的准确可靠性，而应用错误的原始数据进行建模不可能得到符合地质实际的储层模型。因此，必须对各类数据进行全面的质量检查，如岩心分析的孔、渗参数奇异值是否符合地质实际，测井解释的孔、渗、饱参数是否准确，岩心、测井、地震、试井解释结果是否吻合等。可以通过不同的统计分析，如直方图、散点图等方法，对数据进行检查，还可以在三维视窗中直观地观察各种来源数据的匹配关系并对其进行质量检查和编辑。

（二）构造建模

构造模型反映储层现今的空间格架特征，因此，在建立储层属性的空间分布之前，应进行构造建模。构造模型由断层模型和层面模型组成。

断层模型实际为三维空间上的断层面（图10-24），主要根据地震解释和井资料校正的断层文件，建立断层在三维空间的分布。

层面模型为地层界面的三维分布（图10-25），叠合的层面模型即为地层格架模型。建立层面模型的基础资料主要是分层数据（即各井的层组划分对比数据）及地震资料解释的层面数据等，一般是通过插值法（也可应用随机模拟方法），应用分层数据，生成各个等时层的顶、底层面模型（即层面构造模型），然后再将各个层面模型进行空间叠合，建立储层的三维空间格架。

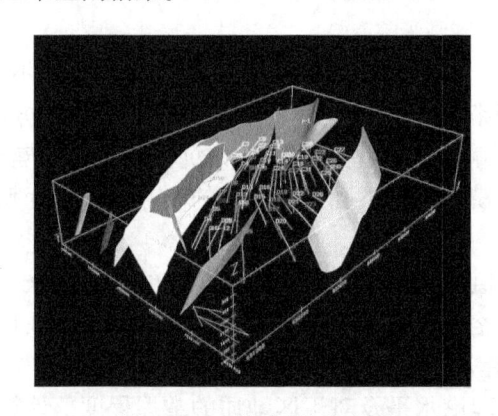

图10-24 某油藏断层模型　　图10-25 某油藏层面模型

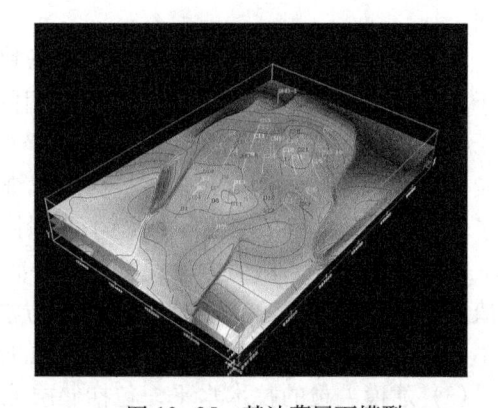

断层模型与层面模型组合就构成了完整的构造模型，对它们以此为基础进行三维网格化，即将三维地质体分成若干个网格（一般为几百万至几千万个网格）（图10-26）。网格大小一般以井间内插4～8个网格为宜，如对于200m井网，平面网格大小一般为25m、25～50m，垂向网格大小可从0.1m到0.5m，视研究目的而定。网格尺寸越小，标志着模型越细。

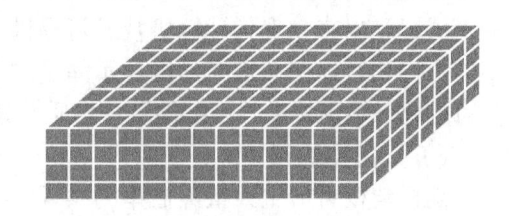

图10-26 储层的三维网格化

（三）储层属性建模

储层属性建模是在构造模型基础上，建立储层属性的三维分布。储层属性建模的方法是应用井数据和/或地震数据，按照一定的建模方法对每个三维网块进行赋值，建立储层属性（离散和连续属性）的三维数据体，即数字化储层模型。一个模型即为一个三维数据体。离散储层模型即储层的骨架模型，包括沉积相、储集砂体、隔夹层、储层构型、流动单元、裂缝等；而连续的储层属性即参数模型，包括储层孔隙度、渗透率及含油饱和度等。

1. 构建骨架模型

在构造模型和地层坐标变换的基础上，首先建立能够表征储层较大规模非均质性的骨架模型，如沉积（微）相、砂体、流动单元及裂缝等模型。这种非均质性主要是不同地质体或不同沉积相的空间分布引起的。根据地质概念模型、研究目的及现有的技术条件选择合适的随机模拟方法。骨架模型为数字化模型，如一个三维河流相模型，以 1 代表河道砂体，2 代表溢岸砂体，3 代表泛滥平原泥岩，每个网格赋予一个数字（1、2 或 3），则该模型为一个由 1、2、3 组成的三维数据体。

2. 构建参数模型

在骨架（微相）模型的基础上，采用相控建模技术对不同沉积微相的各种物性参数（孔、渗、饱）分别建模。这些模型主要用来表征储层各地质体或沉积微相内部岩石性质小范围的变化特征。对于连续性参数分布模型，如孔隙度模型，则每个网格赋予一个孔隙度值，整个模型则为一个孔隙度数据体。每个网格上参数值与实际误差越小，标志着模型的精度越高。

3. 影响模型精度的因素

三维储层建模的关键在于赋值精度。影响模型精度的因素很多，但主要为以下三个方面：

（1）资料丰富程度及解释精度。不难理解，资料丰富程度不同，所建模型精度也不同。对于给定的工区及给定的赋值方法，可用的资料越丰富，所建模型精度越高。另一方面，对于已有的原始资料，其解释的精度也严重影响储层模型的精度。如沉积相类型的确定，涉及应用何种地质概念模式来建立储层三维相模型。储层孔、渗、饱的测井解释精度则决定了储层参数建模所依赖的硬数据的可靠性。

（2）赋值方法。赋值方法很多，就井间插值（或模拟）而言，有传统的插值方法（如中值法、反距离平方法等）、各种克里金方法、各种随机模拟方法等。不同的赋值方法将产生不同精度的储层模型。因而，建模方法的选择是储层建模的关键。

（3）建模人员的技术水平，包括储层地质理论水平及对工区地质的掌握程度、计算机应用水平及对建模软件的掌握程度。

（四）图形显示

三维空间赋值所建立的是数值模型，即三维数据体，可进行数据—图形变换，以图形的形式显示出来。现代计算机技术可提供十分完美的三维图形显示功能，通过任意旋转和不同方向切片以便从不同角度显示储层的外部形态及其内部特点。地质人员和油藏管理人员可据此三维图件进行三维储层非均质性分析和进行油藏开发管理。

（五）模型优选

随机建模可产生大量等概率的实现，各实现之间的差别可以用来对储层的不确定性进行评价。模型优选是一个十分复杂的过程。模型优选的基本原则是：

（1）各实现与定性地质概念模型的符合率，如将前期沉积微相研究的相序分析及有利储层空间展布规律与每个实现进行分析比较。

（2）随机实现的统计参数与输入参数的吻合率，即忠实现有数据的空间分布规律与特征,如各微相概率分布的一致性及拟合程度的高低。

(3) 能够反映储层的非均质性特征,如渗透率奇异值的分布和沉积微相平面展布的几何特点。

(4) 抽稀检验,根据模拟实现是否忠实于未输入模型的真实数据和特征进行判断,即能够预测模型中预测值的不确定性。

(5) 通过套合方法优选出各小层可靠的并较好反映地质微相研究结果的沉积微相模型。

(六) 体积计算

储层建模的重要目的之一是进行油气储量计算。根据三维储层模型,可计算地层总体积、储层总体积以及不同相(或流动单元)的体积、储层孔隙体积及含烃孔隙体积、油气体积及油气储量、连通体积(连通的储层岩石体积、孔隙体积及油气储量)、可采储量。

(七) 模型粗化

三维储层地质模型可输入到模拟器进行油藏数值模拟,但一般要先对储层模型进行粗化。由于目前计算机内存和速度的限制,动态的数值模拟不可能处理太多的节点,常规的黑油模拟的模型网格节点数一般不超过 80 万个,而精细地质模型的节点数可达到数百万甚至数千万个,因此,需要对地质模型进行粗化。

模型(网格)粗化是使细网格的精细地质模型"转化"为粗网格模型的过程。在这一过程中,用一系列等效的粗网格去"替代"精细模型中的细网格,并使该等效粗网格模型能反映原模型的地质特征及流动响应。粗化模型的网格可以是均匀的,也可以是不均匀的。模型粗化后,即可直接进入模拟器进行油藏数值模拟。

模型粗化的基本原则是:

(1) 在细网格与粗网格中使流体渗流满足质量流量连续。

(2) 对于精细地质模型,粗化网格平均渗透率为细网格渗透率的平均,粗网格的平均渗透率与所设定的流入与流出端的压差大小无关,只与细网格的渗透率和几何尺寸有关。

(3) 某一方向上渗透率的粗化结果同时与另外两个方向上的渗透率分布有关。

第五节 储层建模的策略

如前所述,就储层建模的数学方法而言,主要有两种基本途径,即确定性建模和随机建模,而从地质约束方法而言,主要有等时控制储层建模(时控建模)、成因控制储层建模(成控建模)和沉积相控制储层建模(相控建模)等。在实际的建模过程中,为了储层模型逼近地质真实情况,就应切实考虑这些建模策略。

一、确定性建模与随机建模的结合

值得注意的是,随机建模不是确定性建模的替代,其主旨是对储层的不确定性进行分析与评价。在实际的随机建模过程中,为了尽量降低模型中的不确定性,应尽量应用确定性信息来限定随机建模过程,这就是随机建模与确定性建模相结合的建模思路。通过多学科资料,可以提取井间储层的一些确定性信息,如通过层序地层学研究确定层序格架、等时界面及洪(湖)泛泥岩的分布,应用生产动态资料确定井间砂体的连通性信息等。另外,为降低模型的不确定性,应尽量应用多种资料(地质、测井、地震、试井等)进行协同建模。

二、等时建模

等时建模又称时控建模。沉积地质体是在不同的时间段形成的。一般各时间段的砂体沉积规律有所差别（由于物源供应及沉积作用的差别）。在建模过程中，若将不同时间段的沉积体作为一个层单元来模拟，则不能反映各层的实际地质规律，导致所建模型不能客观地反映地质实际，也会出现明显的穿时现象。另外，储层建模过程中的三维网块化一般是在层内进行的，即在层内按等厚或等比例进行三维网块划分，显然，将不同时间段的沉积体按等厚或等比例地进行网块划分在地质上是不合理的，也就不能反映不同地质时期沉积体的空间展布格局。

因此，为了提高建模精度，在建模过程中应进行等时地质约束，即应用高分辨率层序地层学原理确定等时界面，并利用等时界面将沉积体划分为若干等时层。在建模时，按层建模，然后再将其组合为统一的三维沉积模型。这样，针对不同的等时层进行三维网格化，可减小等厚或等比例三维网格化对井间赋值带来的误差；同时，针对不同的等时层输入不同的反映各自地质特征的建模参数，可使所建模型能更客观地反映地质实际。这就是等时约束建模的基本思路与主要目的。

三、成因控制建模

在沉积相（微相）建模过程中，应遵循成因控制建模原则。沉积储层的沉积相分布是有内在规律的。相的空间分布与层序地层之间、相与相之间、相内部的沉积层之间均有一定的成因关系，因此，在相建模时，为了建立尽量符合地质实际的储层相模型，应充分利用这些成因关系，而不仅仅是井点数据的数学统计关系。

相的成因关系主要体现于层序地层格架内相序的变化或不同成因在空间上的相互关系及沉积模式方面。人们在该领域已取得了丰硕的成果，如依据砂体粒度在垂向上的韵律变化规律、向上变细的正韵律、向上变粗的反韵律，以及复合韵律等，不同的沉积相或微相可以具有相同的韵律。尤其是在缺乏取井资料时，依据电性和岩屑录井关系所确定的成因砂体类型，建立各成因砂体的垂向叠置型式与平面分布规律，得出各类砂体的宽厚比、不同方向的延伸范围，即建立其定量储层地质知识库。

因此，在成因控制建模时，无论是确定性建模还是随机建模，均应充分利用定量储层地质知识库资料来约束建模过程，即建立各种相在不同方向上的变差函数，比较其变程与其定量地质知识库的异同，在它们具有一致性的条件下，并在由等时界面限制的模拟单元层内，依据一定的成因模式（相序规律、砂体叠加规律、微相组合方式及各相几何学特征）选取建模参数，进行成因砂体或相的三维建模研究。

四、相控建模

相控建模是指在相模型的控制下，根据不同相的储层参数定量分布规律，分相进行井间插值或随机模拟，建立储层参数分布模型。

就储层参数（孔隙度、渗透率、含油饱和度）建模而言，传统的建模途径主要为"一步建模"，即直接根据各井储层参数进行井间插值或模拟，建立储层参数三维分布模型。这种方法比较简便，但值得注意的是，它主要适合于具有单一微相分布或具千层饼状结构的储层参数建模，因为在这种情况下，目标区的储层参数具有同一的统计分布。但对于具有多相分布或复杂储层结构（如拼合板状和迷宫状结构）的储层来说，应用一步建模的途径将影响甚至严重影响所建模型的精度。其原因主要有：(1) 有效储层参数主要分布于储层砂体中，而泥岩中不存在有效储层参数；(2) 不同相具有不同的储层参数统计特征（如直方图），如河道砂体的参数分布与决口扇有较大的差别。因此，不宜采用笼统地一步建模思路。

在这种情况下，应采用"相控建模"或"二步建模"方法，即在沉积相、储层结构或流动单元建模的基础上，根据不同沉积相（砂体类型或流动单元）的储层参数定量分布规律，分相（砂体类型或流动单元）进行井间插值或随机模拟，建立储层参数分布模型。需要注意的是，相控属性建模时，需注意对沉积相单元的物性分布进行合理分析，去除异常值。如在使用序贯高斯方法进行碎屑流水道物性建模时，通过数据分析，截断异常值，使其达到正态分布特征（图10-27），才能得到较佳的模拟结果。这种多步随机模拟方法不仅与所研究的地质现象吻合，而且能避免大多数连续变量模型对于平稳性/均质性的严格要求。实践证明，这是符合地质规律的、行之有效的储层参数建模思路。

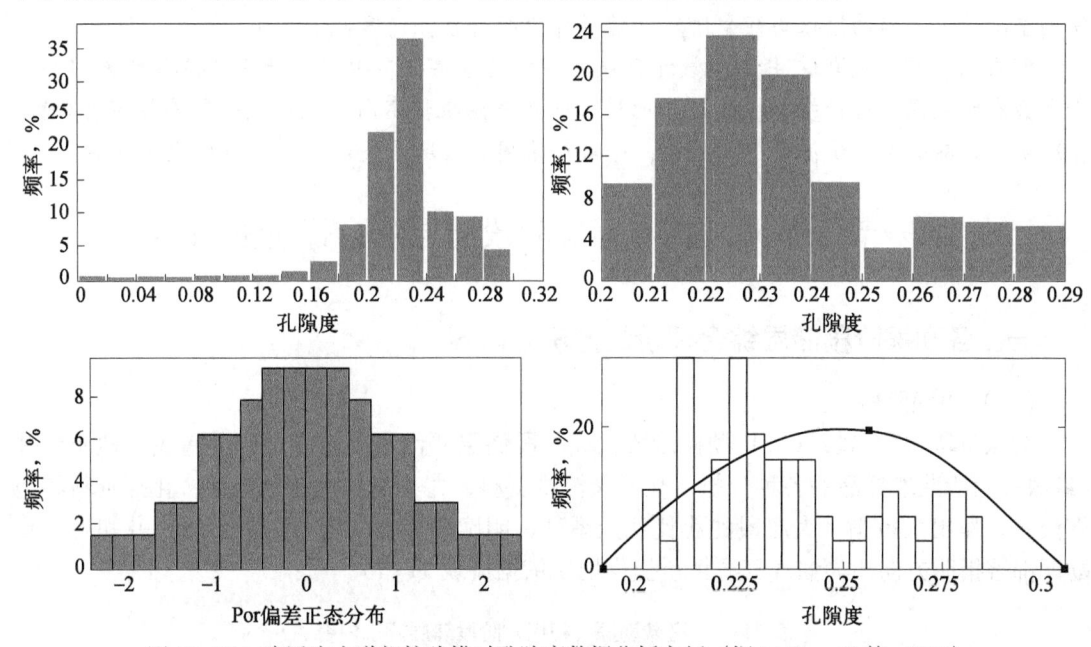

图10-27 碎屑流水道相控建模时孔隙度数据分析实例（据 Li Shengli 等，2016）

思 考 题

1. 什么是储层地质模型？为什么要建立三维储层地质模型？
2. 如何理解储层概念模型、静态模型和预测模型？它们有何异同？
3. 储层确定性建模与随机建模的概念是什么？其内涵有何差别？
4. 基于目标与基于像元的随机模拟方法有何差别？
5. 常用的随机建模方法有哪些？其适用条件和优缺点是什么？
6. 储层地质建模的基本步骤有哪些？
7. 什么是模型粗化？为什么要进行模型粗化？如何进行模型粗化？
8. 如何建立逼近地质实际的储层地质模型？如何理解等时建模、成因控制建模、相控建模？

第十一章　储层综合评价

储层综合评价是油气勘探、开发各阶段的重要工作，通常按勘探与开发两个阶段进行划分。勘探阶段储层评价贯穿于含油气盆地的勘探全过程，主要应用区域地质和地震资料，并结合少量钻井和测井资料，对盆地内可能的油气储层进行评价，以发现和探明油气田（藏）为目的。勘探阶段储层评价可分为三个亚阶段，即初探、预探及详探阶段的储层评价。勘探阶段最核心问题是搞清勘探区的储量状况与规模。开发阶段储层评价是指从油田发现开始直至油田废弃整个过程中进行的所有储层评价，此时主要是应用大量的地震、钻井、测井及生产测试资料，对有效储层进行评价和预测，以最大限度地提高油田（藏）的采收率为目的。开发阶段储层评价通常也可分为三个亚阶段，即方案设计、开发实施及管理调整阶段。不同的勘探与开发阶段，储层评价的对象、内容也不尽相同。

储层综合评价一般采用多参数综合权衡评价的方法，在勘探与开发各阶段所采用的评价参数有所不同；进行综合权衡评价的核心问题是要根据不同研究区块合理选择评价参数、合理确定各参数在评价体系中的权重，一般可采用的方法是灰色关联法与层次分析法。

第一节　不同勘探与开发阶段储层综合评价的内容

一、各勘探阶段储层综合评价的方法与内容

（一）初探阶段

初探阶段也称区域（带）勘探阶段，该阶段储层评价主要是应用野外露头、地质钻井（参数井）所获取样品的各种分析、化验及测试资料，尤其是非地震的物探、化探资料和地震资料，作出大范围、大层段的小比例尺图件，明确勘探目的层位，为区域探井和下一步勘探部署指明方向，为油气资源评价提供地质依据（表 11-1）。

表 11-1　区域勘探（初探）阶段储层评价内容

资料基础	任务与目的	主要评价内容	具体研究内容	主要提交成果
野外剖面与少量钻井，重力、磁法、电法及物探、化探资料	建立区域地层层序格架	地层划分与横向对比	(1) 建立地层层序；(2) 合理选择标志层；(3) 确立标准地层剖面；(4) 进行地层横向对比	(1) 区域地质地球物理综合解释剖面图；(2) 地层综合柱状剖面图；(3) 区域地层对比剖面图
	确定地层分布及生储盖组合	沉积相或岩相综合研究	(1) 地质相分析（包括岩心相、测井相、露头相）；(2) 建立地震层序与划分地震相；(3) 地震相转换成沉积相	(1) 单井相和连井剖面相图；(2) 地震相平面图、剖面图；(3) 沉积相平面图与相模式
	确定储层类型与发育区带，确定远景储量	储盖组合分析与有利储集带预测	(1) 确定生、储、盖的层位与组合关系；(2) 初步确定主要储层；(3) 进行有利储集相带预测；(4) 总体勘探方向确定	(1) 各岩类生储盖组合图；(2) 各岩类小比例尺储层综合评价与预测图；(3) 储层地质模式；(4) 远景储量计算结果

1．所需基础资料

初探阶段所需基础资料包括重力、磁法、电法等物探、化探资料，盆地基底性质分析和起伏状况，研究区域构造面貌、大地构造背景、盆地类型、古地形及主要断裂系统。

2．主要工作任务

初探阶段的主要任务是对一个沉积盆地或全区地质情况进行大范围的地质调查、物探、化探，并钻少量参数井，研究储层总体特征及其在地层剖面和平面上的分布状况、储层物性、含油气显示等；确定构造是否对沉积岩相、火山岩相、变质岩相起重要的控制作用；初步明确生、储条件，评选油气聚集的有利区带，预测可能存在的油气圈闭类型，提出油气远景资源量。

3．主要评价内容

1）地层划分与横向对比

建立地层层序时要结合区域地质资料，尤其是地质露头资料；建立研究区相应的年代与岩性地层层序，包括界、系、统、群、组、段等。选择划分与对比标准时，应以特征明显、分布稳定、厚度变化较小的时间地层单元或岩性地层单元作为标志层，常见的区域性标志层有油页岩、稳定湖（海）侵泥岩、碳酸盐岩、区域性化石层、区域古土壤层、沉积构造与构造特殊岩层等，进而确定标志层的一般特征，如岩石类型、相带类型、岩石密度、反射特征、波形、连续性和相位等。确立标准地层剖面的基本原则是选择地层齐全，能反映盆地内不同构造部位、不同物源区的岩性、岩相或沉积相、生储盖组合类型等特征及空间变化情况的典型剖面（或钻井）。进行地层横向对比时，要在多条骨干地震剖面上进行综合地层解释，标明标志层位置，明确地层接触关系，计算层组厚度与埋藏深度，从而建立区域性的层组地层格架。需要说明的是，地层对比时应建立交叉闭合解释剖面，以避免地层解释的不闭合性问题。

2）沉积相或岩相综合研究

此阶段的沉积相研究应在区域性地层格架（通常是在Ⅲ级或Ⅱ级层序地层格架）下进行。在此阶段可能只有一些地质露头资料、地质浅钻孔（如采煤、采矿浅井）、极少数参数井或相邻地区探井资料，因而在对这些露头或单井沉积相研究的基础上，重点进行地震相解释，进而推断沉积相的展布。对于火山岩或变质岩储层，应研究不同岩相带的垂向与平面分布及规模，并结合构造特征与构造区带，进而分析有利的储集区带。

3）储盖组合分析与有利储集相带预测

结合地震相与区域地层格架，分析地层的岩性组合，弄清不同岩石类型中有利的生、储、盖的层位与组合关系，从而确定主要储层的发育层位与储盖组合。通过各种地质与地球物理方法（如储层反演）来预测储层的分布层位与范围，进行综合有利储集相带预测，为确定总体勘探方向提供地质依据。

（二）预探阶段

预探阶段的核心在于对含油构造的评价，故也称远景勘探或圈闭评价阶段。这一阶段储层评价是以区带范围内的全部储层为目标，立足于已有的物探、钻井地质、测井、测试等资料，在单井储层评价的基础上，应用地震勘探技术和处理手段开展储层横向预测及含油气性研究，以圈闭评价为目的，为预探井部署和圈闭资源量计算提供地质依据（表11–2）。

表11-2 圈闭评价（预探）阶段储层评价内容

资料基础	任务与目的	主要评价内容		具体研究内容	主要提交成果
二维、三维地震资料，少量探井的地质与分析化验资料以及初探成果	确定有利圈闭井，进行储集体预测	基础地质研究	岩石学研究	(1) 岩石的颜色（区分原生色与次生色）；(2) 岩石成分定性、定量描述及岩石定名；(3) 岩石结构特征描述；(4) 沉积构造描述与分析	(1) 岩心描述图版；(2) 岩心综合描述柱状图
			沉积相或岩相	(1) 碎屑岩和碳酸盐岩沉积相（平面与剖面沉积相带分布）；(2) 岩浆岩或变质岩相（岩性、岩相）	(1) 单井相、测井相及沉积相分析图；(2) 沉积相剖面对比图；(3) 沉积相平面分布图
			储层成岩作用	(1) 碎屑岩储层成岩作用；(2) 火山岩储层成岩作用；(3) 岩浆岩成岩作用；(4) 变质岩储层成岩作用	(1) 成岩—孔隙演化模式图；(2) 成岩相及成岩相组合图
		有利储集体预测		(1) 地震异常地质体识别；(2) 地震异常体刻画；(3) 储层横向综合预测	(1) 地震异常体地震地质解释剖面；(2) 特殊地质体地震平面反射图；(3) 主要储集体平面分布预测图
	含油气储层类型与储层性能综合研究	储层储集性能		(1) 储层储集空间类型；(2) 孔、洞、缝的统计与描述；(3) 孔隙组合类型	(1) 显微照片图版；(2) 裂缝和孔洞统计表；(3) 物性和压汞分析数据表；(4) 孔隙结构特征参数统计表；(5) 储层物性标准表
		储层类型划分		(1) 碎屑岩与碳酸盐岩储层类型划分；(2) 火山岩与变质岩储层类型划分	(1) 不同岩类储层综合评价图；(2) 不同岩类单井储层评价图
	查明油气层位，探明圈闭含油性，提出油气控制储量	储层含油气性		(1) 含油气层位；(2) 含油气层平面分布；(3) 油气水类型及物理化学性质；(4) 流体饱和度平（剖）面分析；(5) 油气产能与油气特征参数；(6) 原始含油气饱和度及其与岩性、物性的关系	(1) 主要储集体顶面构造图；(2) 不同岩类储层等厚图；(3) 断层与主要目的层组合关系图；(4) 孔、渗、饱平面分布图；(5) 砂岩百分比图；(6) 暗色泥岩百分比图；(7) 圈闭控制储量计算；(8) 油气水显示资料统计表

1. 所需基础资料

预探阶段基础资料主要为二维、三维地震资料，少数探井的钻井地质（岩心与岩屑及其分析化验资料）、系列测井、井筒测试，区域勘探阶段的成果图件等资料。

2. 主要工作任务

预探阶段的主要任务是在选定的有利勘探区带上进行圈闭识别，进行以发现油气田为目的的钻探工作，以探明构造的含油气性，研究储层类型与储层性能，查明油气层位及工业价值，提出油气控制储量。

3. 主要评价内容

油气预探阶段的圈闭评价按圈闭识别、圈闭含油气性评价、圈闭经济评价、圈闭综合评价、圈闭钻探效果分析的程序循序渐进地进行。然而，预探阶段储层评价的主要工作为针对有利圈闭而开展的储层描述（表征）。

1）基础地质研究

就沉积储层而言，预探阶段就是要开展储层沉积学研究，主要包括岩石学、沉积相与岩相、成岩作用研究。岩石学研究以单井岩心和岩屑为基础，按相关石油行业标准，将所取得样品按照储层评价的不同目的选择分析化验和测试项目，并以岩石颜色、成分、结构及构造分析为主。沉积相与岩相研究主要解决储层的沉积相类型、规模、厚度，进而对沉积相带的平面、剖面分布作出合理预测。成岩作用研究应注意区分不同岩石类型，碎屑岩与碳酸盐岩储层成岩作用研究主要应注重研究成岩序列，划分成岩相和成岩阶段。建立研究区成岩演化模式，评价各种成岩作用对不同类型孔隙形成、发育和消亡的影响，建立研究区的孔隙演化模式、确定成岩次序与孔隙演化的关系。火山岩成岩作用研究应针对火山岩储集条件，将火山岩的形成演化划分出成岩作用、次生作用和破裂作用三个阶段，这样就需确定成岩作用类型，包括重力分异作用、气体膨胀作用、同化作用；确定次生作用类型，包括热液交代作用、风化淋滤作用；确定破裂作用类型，包括构造应力作用、外力破碎作用。变质岩储集体成岩作用研究主要确定古潜山储集体构造作用和成岩孔隙演化，包括研究古表生物理风化作用、化学淋滤作用、矿物充填作用、埋藏成岩作用等。

2）有利储集体预测

对所识别的有利圈闭进行储集体的识别与预测，主要是在地震剖面上对特殊（异常）的地质体进行平面、剖面的识别与预测；通常采用的方法是储层反演与三维可视化技术，主要用于刻画其形态及边界，以便在三维空间进行储集体的分布预测。

3）储集性能研究

储层储集性能的研究包括储集空间类型的划分、储层空间的统计与描述（孔、洞、缝）及储集空间组合类型等。其中储集空间孔、洞、缝的划分采用的方案是孔隙长宽之比1～10的为孔洞，大于10的称裂缝；孔洞直径小于2mm的称孔，大于2mm的称洞。不同岩类储集空间类型有所不同：碎屑岩主要研究原生孔隙、次生孔隙及孔喉组合情况；碳酸盐岩储层性能主要研究各种缝、洞的储集空间，其中裂缝包括构造缝、溶蚀缝和层间缝，以构造缝为主，孔洞主要指不规则的溶蚀孔、洞，如溶孔与生物铸模孔等；火山岩主要研究构造缝、节理缝、各种溶蚀孔洞及气孔；变质岩主要研究构造缝、风化裂缝、角砾砾间孔缝和再溶蚀孔缝。

孔、洞、缝的统计与描述包括孔和洞、裂缝及裂缝网络的统计与描述，其中孔洞统计与描述的核心是：(1) 孔洞大小、形状以及相互连通情况；(2) 孔洞的充填情况，即充填物成分、顺序、数量以及结晶程度；(3) 孔洞的发育和分布，以及洞与围岩的关系；(4) 统计孔洞在岩心中的面积百分比和在岩石薄片中的面孔率。

裂缝统计与描述包括：(1) 统计裂缝条数和密度（线密度、面密度和体积密度）；(2) 统计裂缝长度与宽度以及裂缝贯穿孔隙与溶洞的情况；(3) 裂缝产状（形态、倾角和走向）和缝壁特征；(4) 裂缝性质；(5) 裂缝充填情况，如充填物成分、数量、结晶程度和充填程度；(6) 裂缝开启程度，以实测的裂缝宽度值的平均数来表示；(7) 统计裂缝组系，绘制裂缝玫瑰花图。

裂缝网络统计与描述包括：(1) 裂缝发育期次及含油性；(2) 裂缝网络结构；(3) 按裂缝作用强度、破裂形式，建立角砾状裂缝网络结构、网状裂缝网络结构、平行裂缝网络结构、不连续裂缝网络结构等不同裂缝网络结构的模型。

储集空间组合类型有孔隙型、似孔隙型、孔洞孔隙型、裂缝—孔隙型、裂缝孔洞型、裂缝型、孔隙—洞穴型、孔隙—裂缝型。

4) 储层类型划分

碎屑岩与碳酸盐岩储层类型划分主要是根据储层岩石类型及储层确定的含油或含气储层性能评价标准及其下限值,一般采用毛细管压力曲线法求孔隙度的有效下限值与产能系数法求孔隙度的有效下限值。含油与含气储层评价标准(下限)有所不同(表11-3、表11-4)。

表11-3 碎屑岩与碳酸盐岩含油储层评价分类标准

分类标准		分 类 结 果				
厚度 H, m		≥10	5~10	2~5	1~2	<1
		特厚层	厚层	中厚层	薄层	特薄层
孔隙度 ϕ, %	碎屑岩	≥30	25~30	15~25	10~15	5~10	<5
		特高孔	高孔	中孔	低孔	特低孔	超低孔
	碳酸盐岩	≥20	12~20		4~12		<4
		高孔	中孔		低孔		特低孔
渗透率 K mD	碎屑岩	≥2000	500~2000	50~500	10~50	1~10	0.1~1
		特高渗	高渗	中渗	低渗	特低渗	超低渗
	碳酸盐岩	≥100	10~100		1~10		<1
		高渗	中渗		低渗		特低渗
砂体连续性 L m		≥2000	1200~2000	600~1200	300~600	<300
		连续性特好	连续性好	连续性中等	连续性差	连续性极差
面孔隙半径中值 R_{50} μm		≥25	15~25	5~15	3~5	<3
		特大孔道	大孔道	中孔道	小孔道	特小孔道
平均喉道半径 R μm		≥50	10~50	5~10	1~5	<1
		粗喉	中喉	较细喉	细喉	微细喉

火山岩与变质岩储层类型划分要根据直接观察岩心的含油气性结果、分析测试结果综合编制出各种岩类储层的有关标准,作出油、气、水层解释,划分储层和非储层,确定油、气、水系统,统计各井段有效厚度,建立储层有效厚度表;依据测井资料,结合岩心分析数据,确定物性相关关系及有关回归方程,求取孔隙度、渗透率、含水饱和度、可动油和可动水饱和度等物理参数,描述含油气储集体岩性、矿物成分和物性变化。火山岩储层分类一般根据岩性与孔隙度、渗透率大小进行划分(表11-5)。

5) 储层含油气性研究

储层含油气性研究主要包括以下内容:(1)垂向上含油气储层的层位与其主要岩性;(2)平面上含油气层的分布范围;(3)储层内所含油、气、水的类型及其物理化学性质;(4)流体饱和度及其在垂横向上的分布和变化;(5)油气产能及油气层特征参数;(6)原始含油气饱和度与岩性和岩石物性的关系。

表 11-4　碎屑岩与碳酸盐岩含气储层评价分类标准

分类标准		分 类 结 果			
孔洞直径及喉缝宽度，mm	孔隙	0.1～2	0.01～0.1	<0.01	
		粗孔	细孔	微孔	
	洞径	≥100	10～100	5～10	2～5
		巨洞	大洞	中洞	小洞
	喉道	≥0.001	0.0002～0.001	0.0003～0.0002	<0.0003
		大喉	中喉	小喉	微喉
	裂缝	≥100	5～100	1～5	0.1～1	<0.1
		巨缝	大缝	中缝	小缝	微缝
孔隙度 ϕ，%		≥25	15～25	10～15	<10
		高孔	中孔	低孔	特低孔
渗透率 K，mD		≥500	10～500	0.1～10	<0.1
		高渗	中渗	低渗	特低渗

表 11-5　火山岩与变质岩储层类型划分标准

岩石大类	岩石亚类	孔隙度，%	渗透率，mD	储层分类
火山岩	自碎中—基性熔岩、高气孔熔岩	≥15	≥10	Ⅰ
	碎裂次火山岩和脉岩、中气孔熔岩	10～15	5～10	Ⅱ
	溶蚀熔岩、中—粗火山碎屑岩	5～10	1～5	Ⅲ
	含气孔熔岩、凝灰岩、高气孔熔岩	3～5	0.1～1	Ⅳ
	致密熔岩	<3	<0.1	Ⅴ
变质岩	强碎裂混合岩、区域变质岩	5～10	10～50	Ⅰ
	中等碎裂—风化淋滤混合岩、区域变质岩	1～5	1～10	Ⅱ
	轻微碎裂—风化淋滤混合岩、区域变质岩	<1	<1	Ⅲ

（三）详探阶段

当一个圈闭发现工业油气流之后，即进入此阶段，故也称油藏评价阶段或滚动勘探开发阶段，因而油藏评价阶段是指从圈闭预探获得工业性油气流后到提交探明储量的油气勘探评价的全过程。

该阶段储层评价主要针对油气田的产层，在不同岩类储集体基本搞清楚的前提下，进一步开展单层和多层含油气层系的微观孔隙结构、黏土基质、储层物性、非均质性、敏感性和含油气性等项研究，开展勘探后期储层综合评价，为油气藏总体开发方案中的储层分析提供定量依据，为探明或可采储量计算提供参数。

1. 所需基础资料

油藏评价阶段的资料来自少数探井、评价井和地震详查或细测，因此要充分利用每口井录井、测试（钻柱测试和电缆测试）、测井、试油及垂直地震剖面（VSP）等资料，多方面获得地质信息。

2. 主要工作任务

油气藏评价阶段（详探）的主要任务是在基本探明油气田构造圈闭形态、油气层特性及含油气边界的基础上，圈定含油气面积，提出油气探明储量；在以最少的探井控制的前提下，为勘探部署及编制油田开发方案提供必需的地质依据，即开发可行性研究。油藏评价阶段的储层评价有六项具体任务（表11-6）。需要指出的是，当要评价的油气藏很大时，通常要进行开发先导试验，以便为后续的实质性开发设计提供更为具体的资料、经验与模型。

表11-6 油藏评价阶段储层评价内容

资料基础	任务与目的	主要评价内容	具体研究内容	主要提交成果
探井、评价井和地震详查或细测资料	(1) 计算评价区内探明地质储量；(2) 提出规划性的开发部署；(3) 对开发方式和采油工程措施提出建议；(4) 估算可能生产规模，作出经济效益评价；(5) 布好评价井并取好开发设计参数；(6) 进行开发先导试验	储层沉积学的宏观特征研究	层组划分，确定主力储层	(1) 高分辨率层序地层或旋回对比；(2) 井震地层格架	(1) 储层对比成果图；(2) 开发层系划分图
			确定沉积亚相，预测有利储集相带的分布	(1) 沉积亚相的平面、剖面分布；(2) 确定有利储集相带	(1) 沉积亚相剖面对比图；(2) 沉积亚相平面分布图；(3) 储层横向预测地震剖面图和平面图
			有利成岩储集相与储层敏感性分析	(1) 储层成岩作用研究；(2) 分析成岩主控因素；(3) 确定有利的成岩储集相带；(4) 分析储层敏感性特征	(1) 储层岩石成岩阶段划分图；(2) 岩石各种微观特征图版；(3) 储层敏感性分析图件
			储层物性与非均质性	(1) 储层孔渗性能研究；(2) 储层孔喉结构研究；(3) 储层非均质性描述	(1) 孔渗性垂直演化图；(2) 孔喉结构表；(3) 各种参数交会图；(4) 开发储层孔渗特征统计表
		储层渗流特征研究		(1) 储集岩表面润湿性；(2) 毛细管压力；(3) 渗吸作用；(4) 相对渗透率；(5) 水驱油效率	(1) 储层毛细管压力与相渗曲线图；(2) 储层润湿性分析图件与统计表；(3) 水驱油试验曲线
		建立储层概念地质模型，估计各种可能性		(1) 储层几何形态与地质知识库研究；(2) 储层连续性与连通性研究；(3) 建立概念地质模型	(1) 孔隙度概率直方图和累积概率曲线图；(2) 渗透率概率直方图和累积概率曲线图；(3) 储层概念地质模型
		储层综合分类评价		(1) 确定主要评价参数；(2) 建立分类评价方法与步骤；(3) 落实探明储量；(4) 经济效益估算	(1) 储层分类及有利储层分布预测图；(2) 储层综合评价图；(3) 储层分类表；(4) 探明储量计算结果；(5) 经济效益粗算

3. 主要评价内容

此阶段储层评价重点为：(1) 确定沉积亚相，预测有利相带；(2) 明确储层分类，分类取好参数；(3) 建立概念模型，估计各种可能性；(4) 提供可行性研究中敏感性分析。

油藏评价阶段要建立储层的概念地质模型，其核心是开展储层沉积学的宏观特征研究。模型的建立主要依靠沉积相分析，利用少数井孔一维剖面上的地质信息，结合地震解释和砂组连续性追踪，对储层三维空间分布和储层参数变化作出基本预测，保证开发可行性研究的正确。主要评价内容如下（表11-6）。

1) 层组划分，确定主力储层

利用旋回地层划分对比原理进行井—井地层对比（目前多采用高分辨率层序地层对比结合岩性地层对比的方法），并在井震合成记录的约束下，结合地震地层格架建立研究区的井—震一体化地层格架。

2) 确定沉积亚相，预测有利储集相带的分布

结合岩（心）相、测井相及地震相，进行沉积相带研究，并确定沉积亚相的平面、剖面分布，预测并圈定有利的储集相（区）带。

3) 有利成岩储集相与储层敏感性分析

充分利用地震信息、已有探井的岩心描述、测井及测试分析资料，进行储层成岩作用研究，明确成岩阶段，分析成岩主控因素，最终确定有利的成岩储集相带。与此同时，还应分析储层黏土基质的成分并分析其敏感性特征，具体内容有：储层中黏土矿物总量测定与分析，使用X射线衍射方法确定黏土矿物种类、产状，混层矿物要进行混层比计算，注意区分同质多象、类质同象矿物，进行不同岩类储层敏感性评价。

4) 储层物性与非均质性

储层物性主要包括：(1) 系统观察描述和定量统计岩心的孔缝宏观特征，特殊岩性进行全岩物性测定，判断孔洞缝发育的有效性；(2) 储层物性（孔隙度、渗透率）的实测分析；(3) 用测井资料系统求取孔隙度、渗透率；(4) 用压力恢复曲线类型确定储集类型，计算有效渗透率；(5) 用地质统计法确定孔隙度和渗透率的关系，计算储层非均质性；(6) 用录井资料、钻具放空长度、钻井液漏失数量和速度，判断缝洞的发育情况。

储层孔喉结构研究主要包括：(1) 用扫描电镜确定微孔隙类型、面孔率、微孔隙连通情况、孔隙喉道及孔隙配位数；(2) 用压汞资料确定岩石孔隙结构、孔隙分布的峰态、峰位，并测定储层润湿性，其中喉道大小划分主要用均质系数、喉道分布偏态、喉道分布峰态；(3) 孔喉连通情况描述主要用孔喉配位数、孔喉比、退汞效率；(4) 用薄片法进一步确定岩石面孔率、配位数，计算孔隙参数，测量孔喉连通系数；(5) 精确描述孔隙及裂缝充填物的成分及充填程度；(6) 根据压力恢复曲线形态准确地判别储层的孔隙结构类型。

储层非均质性研究主要包括宏观（层间、层内、平面）与微观（孔隙、颗粒、填隙物）非均质性。宏观非均质性要研究储集体的几何形状、规模、连续性、孔隙度、渗透率，隔层与夹层的类型、厚度、平面分布等；而微观非均质性主要研究不同岩类储集空间类型及其岩石物性的变化。

5) 储层渗流特征研究

储层渗流特征研究主要包括储集岩表面润湿性、毛细管压力、渗吸作用、相对渗透率、水驱油效率等研究。其中，储集岩表面润湿性研究应依据不同岩类岩样润湿性试验资料，包括吸油及吸水百分比、排水比、排油比、润湿指数、润湿接触角等，确定表面润湿性质。毛细管压力研究依据不同岩类岩样的压汞曲线，分析不同类型毛细管压力曲线，并求出代表性毛细管压力曲线，判断储层毛细管压力特征及变化。渗吸作用研究通过不同岩类储层岩样的渗吸试验资料，求出渗吸常数及主衰期。相对渗透率研究通过不同岩类储层岩样的

相对渗透率试验求取储层的束缚水饱和度、残余油饱和度、无水采收率、最终采收率、油水共流区等参数。水驱油效率研究要依据水驱油模拟试验资料，确定水驱油效率及采收率，计算不同岩类储层的水驱油速度、水驱油效率、采收率，描述其变化特点。

6）建立储层概念地质模型，估计各种可能性

预测主力储层的砂体几何形态和侧向连续性，建立反映平面物性变化的平面模型。油藏评价阶段由于资料不足，对如砂体的连续性及连通性等地质因素难以给出确定性的预测，因此，应当给出其变化范围，供决策者参考。

7）储层综合分类评价

明确储层分类方法，分类取好参数，建立分类评价方案，计算评分结果。主要评价参数包括储层有效厚度、物性、孔隙结构、产能、非均质性、储层层位、相带及横向稳定性等。具体内容如下：

(1) 选择储层分类参数：利用地质统计法从反映储层特征的大量参数中选定参与储层分类评价的主要参数和辅助参数。

(2) 确定储层分类界限：从储层的产能出发，确定反应产能的主要参数的分类标准，建立分类的主要参数与辅助参数间的相关方程，由主要参数的分类标准定出辅助参数的分类标准。

(3) 根据储层的分类标准对储层进行分类。

(4) 对各类储层进行综合性描述与评价。

(5) 视隔层发育情况分层段乃至分油组开展储层评价与分类。

(6) 建立含油气地质体（储层）概念模型，开展分区块、分层段的综合评价，指明油气富集高产区块的层位及分布状况。

(7) 描述和预测有利储层分布区带。

二、各开发阶段储层综合评价的方法与内容

油气田开发不同阶段，储层评价的侧重点也不相同。裘怿楠等（1994）根据实际工作的步骤和经验，将开发阶段划分为油藏评价、开发设计、方案实施、管理调整等四个阶段，但由于油藏评价阶段储层评价的基本内容与勘探的详探阶段基本相同，这样本书把油藏评价阶段归为勘探阶段，对开发阶段进行三分，即开发设计、方案实施、管理调整三个阶段。

开发各阶段的储层评价阶段之间以及与勘探阶段的储层评价也不是截然分开的，往往勘探阶段早期与评价阶段相交叉，评价阶段的先导开发试验区与开发早期相交接，而开发早期与中后期的描述也是各有特殊性又有共性，许多研究内容是相似的，只是精度不同而已。

（一）方案设计阶段

油气圈闭构造上第一口探井见到工业油流后，油田开发人员就应参与早期油藏评价，统筹各项开发准备工作，着手编制油田开发概念设计。油田开发设计阶段是在开发可行性论证后，认为油田具有开采价值的前提下进行的，实质上是开发前期工程准备阶段，此阶段主要是补充必要的资料，开展室内试验以及试采或现场先导区试验。

1. 所需基础资料

该阶段基础资料有评价井（详探井）、先导试验区资料、地震细测或三维地震、探明储量资料。此阶段只有少量稀井网的评价井，但一般已增补部分开发资料井；大型油田一般

有一个相对密井网的开发先导试验区,供储层典型解剖使用;在地震方面,已完成地震细测,部分油田已完成了三维地震测量工作,供各种特殊处理,以辅助评价储层。主要考虑应用七类资料,详见表 11-7。

表 11-7　方案设计阶段储层评价内容

资料基础	任务与目的	主要评价内容		具体研究内容	主要提交成果
(1)基本地质资料;(2)钻井、录井资料;(3)地震及其解释;(4)岩心及其实验分析;(5)测井及其参数解释;(6)试油、试井、试采资料;(7)流体性质分析资料	编制开发设计、确定开发方式及布置开发井网	储层沉积学的微观特征研究	砂组或小层对比	(1)划分层组、确定标志层与辅助标志层;(2)进行砂组与小层对比(柱状对比图与油层平面图)	(1)油气层顶面及标志层顶面构造图;(2)油层对比剖面;(3)砂岩厚度平面分布图
			储层沉积微相研究	(1)储层沉积微相类型确定;(2)测井相标准建立与划分;(3)储层沉积微相平、剖面对比	(1)砂组或小层沉积微相对比图;(2)沉积微相平面分布图
			储层物性与非均质性研究	(1)储层孔隙度、渗透率解释;(2)利用储层"四性关系"分析成岩主控因素;(3)储层微观孔隙结构分析;(4)储层物性界限确定;(5)储层伤害与保护	(1)储层非均质性与"四性"关系评价图;(2)储层有效厚度分布图;(3)储层保护措施;(4)储层孔隙度、渗透率平面分布图
			储层规模与分布	(1)储层平面、剖面分布规律;(2)确定主力层、非主力层及其他类型储层,确定相应开发策略;(3)储层成因单元几何形态与规模研究;(4)储层连通性与流动单元研究;(5)含水区连续性与水体能量	(1)各套油气水系统的平面油、气、水边界图;(2)多个方向的油藏剖面图(含栅状图);(3)成因单元储层与油、气、水连通图
		储层渗流特征研究		(1)油层岩石物理性质研究;(2)油层流体化学组分与物理性质研究;(3)流体高压物性、黏温关系及流变特征;(4)流体饱和度分布与油水过渡带厚度、产状;(5)水驱油效率研究;(6)控制油水分布及开发效果的地质因素	(1)油、气、水参数的平面和剖面分布图;(2)水驱油效率综合分析结果
		油藏性质与可采储量计算等		(1)油藏温压系统;(2)油藏驱动类型与驱动能量;(3)油藏类型与储量估算;(4)以层组或单层为单元落实储层丰度,进行储层评价;(5)储层地质建模(一维、二维及三维模型);(6)开发方案经济评价	(1)油藏和储层地质模型;(2)开发实施建议与开发方案设计(含经济评价)

2.主要工作任务

这一阶段的主要工作任务为编制开发设计、确定开发方式及布置开发井网。油田开发设计的任务是编制油田开发方案,进行油藏、钻井、采油、地面建设四项工程的总体设计;对开发方式、开发层系、井网和注采系统、合理采油速度、稳产年限等重大开发战略进行决策;所优选的总体设计要达到最好的经济技术指标。因此,储层评价应保证这些开发战略决策的正确性。在保证油气田开发经济效益的前提下,常见的天然能量开发方式包括弹性驱、溶解气水区、边底水驱、气顶驱、重力驱及顶底复合驱等。

3．主要评价内容

此阶段储层评价的主要内容有六个方面，详见表11-7，但核心还是储层沉积学的研究，只是精度更细、要求更高，因此可称为微观特征研究。

由于受资料限制，除对各种地质参数作出预测外，还应对可能的最大值、最小值分别估计，以便进行敏感性分析或利用概率统计法进行研究，认识其风险性。储层描述重点在于：(1)确定微相类型，划分主力、非主力储层；(2)预测砂体、流动单元的连续性，保证井网水体估算的正确性；(3)建立各类砂体概念模型，包括微观结构模型，供开发决策及设计计算；(4)储层保护与提供可行性研究中敏感性分析。

(二) 开发实施阶段

油田钻完第一期开发井网之后，进入开发实施阶段。该阶段的任务是确定完井、射孔、投产原则，要划分开发层系，注采井别选择作出实施决策，根据实施方案，进一步预测开发动态，修正开发指标，并编制初期配产配注方案。

1．所需基础资料

该阶段储层评价的资料基础是开发井网的相关资料，因而此阶段是以取心井为基础，利用开发井的测井信息进行四性关系的转换、储层及油藏参数的准确确定。另外，这一阶段还需利用各种测试资料、生产测井（开发测井）资料、生产动态资料所提供的信息进行油藏动态描述，即描述油气藏基本动态参数的变化规律，建立动态模型，为调整方案提供依据。

2．主要工作任务

这一阶段的主要工作任务是为搞清油藏中油气富集规律，指明高产区、段，模拟油藏中流体流动规律，预测可能发生的暴性水淹及储层敏感性，以便进行合理的现代油藏管理，为提高无水采收率及可采储量动用程度服务。因而这一阶段的核心任务与目的是：实施方案、完井、射孔、确定注采井别、初期配产配注、预测开发动态。

3．主要评价内容

此阶段储层评价中的关键井研究及多井评价是主要方法，研究的基本单元是油层组中的小层，研究内容是影响流体运动的开发地质特征、流体性质变化及分布规律、流体与储层间的相互作用。此阶段储层评价主要内容同样有六个方面，详见表11-8，其核心是在前期的基础上开展储层沉积学的精细研究。

(三) 管理调整阶段

严格意义上讲，油气藏的管理是从进行实质性开发到其废弃，而大多情况下是指开发的中后期，即开发已全面实施到进行提高采收率的三次采油措施之前的阶段。

开发中后期油藏各方面的非均质性更加突出，特别是储层非均质性，它是控制剩余油分布及进一步调整方案和储层合理管理的主控因素。因而，这一阶段的油藏描述将以储层非均质性变化特征为基础，以剩余油分布规律为核心，以储层或油藏的定量评价为目的，注重非均质性成因机制综合效应的研究与剩余油分布规律综合控制因素的分析。描述与表征的内容有下列六个方面：(1)井间非均质性参数的随机模拟；(2)储层属性参数的变化及表征；(3)储层在水驱或注水开发后的变化及非均质性特征；(4)剩余油饱和度、分布特征及储量复算；(5)目前油藏中流体性质的变化及其与储层相互作用等油藏地球化学特征；(6)油藏目前温度、压力场分布特征，边水与底水的水体体积变化特征。

通过以上各方面研究，建立储层预测模型、不同级别储层的非均质模型、岩石物理模型及剩余油分布模型。管理调整阶段的任务包括经常地进行开发分析，掌握油水界面变化情况与油水运动状况（图11-1）、储量动用及剩余油分布状况；实施各种增产、增注措施，调整好注采关系，包括日常的局部调整和阶段性的系统调整，直至加密井网。油藏工程师用数值模拟定期进行开采动态历史拟合，了解剩余油分布，预测开发趋势，拟定采取的开发措施，开展各种先导试验，直至三次采油方法先导试验（表11-8）。

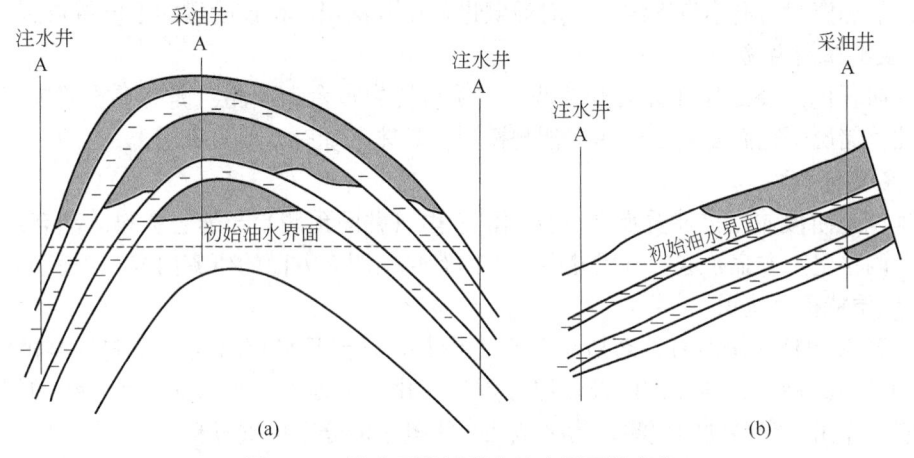

图 11-1 注水开发过程中油水界面的变化

表 11-8 开发实施阶段储层评价内容

资料基础	任务与目的	主要评价内容	具体研究内容	主要提交成果
开发井网的相关资料，包括储层与油藏参数资料、各种测试资料、生产测井（开发测井）资料、生产动态资料	实施方案、完井、射孔、确定注采井别、初期配产配注、预测开发动态	详细小层对比	完成开发区详细的油层对比，对每口井进行开发层组或小层划分	(1) 开发层组与小层对比方案；(2) 储层对比的剖面图、栅状图；(3) 小层对比数据表
		小层沉积微相	(1) 编制分层组（或重点单层）的微相图或岩相图；(2) 在微相图或岩相图控制下编制分层组、分单层的各种参数平面图；(3) 进行储层砂体的剖面与近三维的栅状对比	(1) 小层沉积微相对比剖面图；(2) 小层沉积微相平面分布图
		小层储层参数分布	(1) 建立分井分层的储层参数数据库；(2) 储层渗流场分析	(1) 小层孔隙度、渗透率平面分布；(2) 小层储层厚度分布；(3) 储层渗流场分析图件
		孔隙结构与岩石物理	(1) 对储层的成岩特征、裂缝特征及岩石物理特征进行分析；(2) 流体与流场相互作用特征—渗流地质特征研究	(1) 成岩储集相；(2) 裂缝相；(3) 岩石物理相
		储层非均质性精细表征	不同层次的储层非均质性研究，核心是层内与平面非均质性	(1) 储层非均质性参数表；(2) 储层非均质性特征表征图件
		建立分级油藏模型	(1) 建立分级的油藏地质静态模型；(2) 计算可采储量（Ⅰ级）；(3) 修改设计阶段认识	(1) 储层静态模型，尤其是建立孔隙度、渗透率、饱和度参数场；(2) 可采储量落实结果

1. 所需基础资料

管理调整阶段储层评价的基础资料包括动态生产资料、分层测试、检查井、各种检测资料（包括地震）。最主要的资料基础有四种，见表11-9，此阶段每口加密井都是当时的一口阶段检查井，因此，一定要对每口新钻井取好水淹层测井信息和投产时产出流体和压力数据。静态资料与动态资料结合，对油藏进行反复认识，是该阶段的主要特点。

2. 主要工作任务

这一阶段的主要工作任务为开发调整、阶段历史拟合和预测、提高采收率进行先导试验，因此就储层研究而言就是要建立预测模型，具体来说有五项，见表11-9。

3. 主要评价内容

管理调整阶段储层描述重点是建立预测模型（井间预测）与静态资料、动态结合再认识储层及调整生产方案，这一阶段储层评价内容包括四大方面的研究内容，见表11-9。

1) 地质特征再认识

综合开发调整区块所有静态资料与动态资料，逐步把储层静态模型向预测模型发展。各类微相砂体的展布、连续性以及储层参数的变化，精细到数十米甚至数米级的规模，对无井控制区作出一定精度的预测，为模拟和分析剩余油分布提供资料。

表11-9 管理调整阶段储层评价内容

资料基础	任务与目的	主要评价内容	具体研究内容	主要提交成果
分层测试和试井资料、开发测井资料、检查井取心资料、加密钻井资料	(1) 搞好油田动态监测，进行开发分析；(2) 实行各种增产增注措施，调整好注采关系；(3) 进行开采动态历史拟合；(4) 开展各种先导试验，为下一阶段油田调整做好准备；(5) 编制调整方案	地质特征再认识	(1) 建立储层预测（动态）模型；(2) 井间储层精细预测	(1) 调整区位置分布图；(2) 调整区构造井位图；(3) 储层综合柱状图；(4) 储量复算情况
		开发效果评价	(1) 总结各类砂体水驱油的运动规律；(2) 研究各类砂体储层层间干扰特点；(3) 进行开发动态分析；(4) 监测储层变化	(1) 不同沉积类型油层小层平面图；(2) 油层剖面图；(3) 油层压力分布图
		剩余油分布研究	(1) 确定剩余油分布；(2) 总结各油层平面、垂向剩余油分布；(3) 分析地层温度的变化对剩余油分布的影响；(4) 分析剩余油类型，提出相应挖潜措施	(1) 密闭取心井水淹状况柱状图；(2) 剩余油分布图；(3) 隔层分布图
		开发调整原则和方法选择	(1) 综合开发经济效益评价；(2) 提高采收率、提高运用程度研究；(3) 提高开发效果与管理水平研究；(4) 调整部署新开发井、协调新老井网关系	(1) 井况分布图；(2) 调整井位部署图；(3) 原井网综合开采曲线；(4) 各开发层系采出程度与含水关系曲线；(5) 驱替特征曲线；(6) 含水与采液指数、采油指数、含水上升率、井底流压的关系图

2) 开发效果评价

总结各类砂体水驱油的运动规律，包括平面注入水运动规律、层内水淹厚度以及驱油效率演变过程研究各类砂体储层层间干扰特点；通过开采动态分析，完善各类砂体的概念模型，并与数值模拟机理研究相结合来实现。密切监测储层在开采过程中可能发生的变化，如矿物的溶蚀和沉淀、岩石结构的变化、物性变化及润湿性等渗流特征的变化。

3) 剩余油分布研究

剩余油分布研究主要包括下面四部分内容。

（1）应用油田动态监测资料、密闭取心井岩心分析资料，结合油层沉积特征，确定剩余油分布。应用常规测井系列，建立岩性、物性、含油性以及电性的"四性"关系图版和公式，解释新钻井的水淹层情况，从而确定出油层原始含油饱和度、剩余油饱和度、残余油饱和度的数值。通过原始含油饱和度、剩余油饱和度、残余油饱和度（或单储系数）曲线重叠法确定剩余油分布。应用数值模拟方法确定各类油层剩余油的分布。在精细地质研究的基础上，应用动、静综合分析方法确定各类油层剩余油的分布。

（2）总结各油层平面、垂向剩余油分布情况，编绘出单层及叠加剩余油分布图。

（3）对于稠油油藏，要分析地层温度的变化对剩余油分布的影响。

（4）对造成剩余油的原因进行分类和总结，并提出相应的剩余油挖潜措施。

4) 开发调整原则和方法选择

（1）开发调整原则：以尽可能少的投入获得最佳的经济效益；要提高储量动用程度，增加可采储量，提高最终采收率；有利于改善油田开发效果和提高开发管理水平；调整部署要协调好新老井网的关系。

（2）调整方法选择：①若非均质性多油层合采，应进行层系细分调整；②当注采井距大时，应进行加密调整；③若注采系统不完善，则进行注采系统调整；④对于套管损坏区块，应进行油水井更新调整；⑤不能构成注采系统的小断块，可利用天然能量开发等方法进行接替稳产；⑥开采后期也可利用同井间注间采、重力分异作用提高采收率；⑦对于断层及构造形态不落实的断块油藏，应按照滚动勘探开发原则进行开发调整；⑧稠油油藏要通过油藏物理模拟、数值模拟、油藏工程等方法优选开发调整方式，并合理确定转换开发方式的时机。

第二节 储层综合评价的资料基础与方法

一、储层综合评价的资料基础

储层评价所需资料一般有五类，即野外露头资料、岩心及其实验分析资料、测井及其解释资料、测试及其处理分析资料、地震及其处理成果，这五类资料用途各有不同（表11-10），但必须综合应用才能正确地评价储层。

表11-10 储层评价所需资料及其主要用途分类表

基础资料	分析要点或静态参数	储层评价中的主要用途
野外露头资料	(1) 露头基本情况；(2) 露头综合描述；(3) 样品点分布及测试资料等；(4) 各种微相砂体的长宽比	(1) 分析沉积相带；(2) 分析储层特征；(3) 建立地质知识库；(4) 建立地下对比标志与模型等
岩心及其实验分析资料	(1) 取心基本情况（井段、层段、心长、收获率等）；(2) 岩心精细描述；(3) 常规岩心分析；(4) 特殊岩心分析	(1) 进行沉积相分析；(2) 研究沉积史、成岩史、孔隙演化史；(3) 测得各项储层参数；(4) 评价微观孔隙结构；(5) 建立对比标志及层组划分；(6) 储层渗流特征；(7) 判断油水关系

续表

基础资料	分析要点或静态参数	储层评价中的主要用途
测井及其解释资料	（1）孔隙度、渗透率、原始含油（水）饱和度的定量解释；（2）渗透性砂岩、有效厚度及隔层的定性判别；（3）产油、产气、产水层的定性判别	（1）判别岩性；（2）建立测井相模式；（3）进行古流向分析；（4）建立对比标志层；（5）进行定性、定量解释；（6）研究"四性"关系
测试及其处理分析资料	（1）钻柱测试（DST）；（2）地层重复测试（RFT）；（3）完井试油（特别是分层试油）；（4）试生产资料；（5）生产井的生产数据和测试资料（包括注入剖面、产出剖面、干扰测试和示踪剂测试）	（1）确定储层类型与孔隙结构；（2）揭示储层静态参数、动态参数之间的内在关系；（3）判断储层连续性和井间参数分布
地震及其处理成果	（1）三维地震；（2）垂直地震剖面（VSP）；（3）高分辨率地震；（4）多波地震；（5）井间地震	（1）地震地层学研究；（2）识别沉积相；（3）进行储层横向追踪；（4）圈定孔隙发育带；（5）提高储层参数解释精度；（6）判断流体性质与变化

（一）野外露头资料

对于地下储层评价，若有与之相对应的地质层位（最好为沉积环境与沉积相带相同或类似），则可以充分利用野外露头的直观性特点，对其进行详细露头研究评价，并通过合理的对比来进行地下储层评价的某些研究工作。

（二）岩心及其实验分析资料

岩心及其实验分析资料是认识储层最基础的资料，因此，进行系统取心，取得所研究储层层系完整岩心剖面，是储层评价的关键。

当储层平面上和横向上相变剧烈时，系统取心井便能覆盖各类微相和岩石相，以利于建立测井相、各种微相的岩石相和物性关系。

取心后的岩心观察描述内容前面章节已有详细论述，而常规岩心分析的取样应有一定密度要求，以满足储层评价和测井岩石物性解释的需要。层内非均质性越严重，要求取样密度越大，一般以每米 5~10 块均匀采样。储层综合评价一般需要岩石物性、孔隙喉道、黏土矿物、渗流特征等方面的分析测试数据及一些特殊分析数据。

常规分析应有一定数量的代表性岩心样品，在同一块岩样上测定几项关键参数，以求得各项参数间的相关关系，包括水平渗透率和垂直渗透率以及沿层理面不同方向的渗透率，同时测定孔隙度、压汞毛细管压力曲线、束缚水饱和度等。

在一定常规分析的基础上，选择一定量的特殊岩心进行特殊分析，测得各项流体渗流特征参数，同时保留一部分全直径岩心以备用。应取得一部分水层岩心并进行分析，以观察油水层的不同之处。特殊技术取心是直接取得某些重要储层参数的专门手段，如压力取心、油基钻井液取心、密闭取心和定向取心等，视实际需要决定取心的多少。

（三）测井及其解释资料

测井及其解释成果是开发储层评价中最重要的间接资料，它的垂向分辨率较高，一般可以通过岩心刻度建立解释模型与图版，尤其是在开发阶段的测井资料还必须满足三方面共九项储层静态参数，同时应起到六个方面的基本作用。

（四）油井测试及处理分析资料

油井测试技术是取得储层动态信息的重要手段，它可以验证储层静态信息，有时可以提供更加精确的静态参数。

测试资料应包括各类储层，即各种微相类型储层，各种物性级别储层，各种岩石类型、孔隙结构的储层，同时应包括含油（气）、含水带，以揭示储层静态参数、动态参数之间的内在关系，如各类储层产能与岩石物性的关系、天然能量与储层物性和连续性的关系等，要能满足建立储层原始压力场和温度场。

测试资料，特别是各类试井资料，是判断储层连续性和井间参数的重要依据。重点（主力）储层和油藏关键部位应取好试井资料。RFT能多次分层测试储层，并能取得地层压力资料和流体样品，应充分利用以判断储层连续（或连通）性。

（五）地震及其处理成果资料

开发阶段地震资料是以三维地震为基础，辅以部分VSP测量，通过各种特殊处理才能用于储层评价，但其先行于钻井，采集成本低于钻井，是早期储层评价的重要手段。通过地震地层学研究与识别沉积相，利用合成地震或地震测井等技术进行储层横向追踪，利用各种声波信息圈定孔隙发育带对储层进行评价。目前应用的开发地震方法除三维地震与垂直地震剖面（VSP）外，还有高分辨率地震、多波地震（同时采集纵横波）、井间地震等，这些开发地震方法对提高储层参数解释精度、判断流体性质与变化等方面都有作用。

二、储层综合分类定量评价方法

储层综合分类评价一般在进入油藏评价阶段后即可进行，这一工作通常在对勘探地区或油田的储层进行系统、详细的研究和描述之后进行，其目的是确定不同地区（或区块）、不同层段（或层组、小层）的相对差异，以指导进一步的勘探方向或为开发决策提供依据。

影响储层质量的因素很多，综合评价一个储层必须采用多项参数从多个方面进行综合评价的方法，因而储层综合分类评价的关键在于两个方面：一是根据不同地区（油田）不同油层的实际情况，合理选择评价参数；二是合理选择评价方法及确定各参数对储层的影响程度，从而进行定量评价。同时，在油气勘探和开发的不同阶段，由于勘探开发的任务和研究目的不同，应选择的评价参数或指标也有所不同，而且各项参数对评价储层的权重也不尽相同。

（一）不同阶段储层评价参数

1. 勘探阶段储层评价参数

勘探阶段储层评价通常以在盆地或凹陷内寻找和探明油气田（藏）为目的，以较大范围储层评价工作为主。因此，勘探阶段储层综合分类评价应对研究区按勘探有利与不利程度进行分区和分层段评价，为油气勘探提供依据。勘探阶段参与储层综合分类的评价参数应主要包括四大类，见表11-11。

表11-11 勘探阶段储层评价参数表

主要参数	具体内容	主要作用
储集体成因	不同碎屑岩沉积相带的砂体类型、碳酸盐岩沉积类型以及火山岩或特殊岩性储层	分析储层形成过程、储集体规模、储集性能及生储组合特征
储集体规模	储集体的厚度及分布面积	确定潜在油藏的储量大小
成岩储集相	不同的埋藏深度、岩性组合、构造演化及古温度演化史	分析储层特征、孔隙结构、储层非均质性
储集体物性	储层孔隙度和渗透率	确定油气储能（储量）和产能大小

2. 开发阶段储层评价参数

开发阶段储层综合评价是在储层非均质性研究的基础上，对各油田内一套含油层系中各油层组、砂层组、单油层或油砂体之间的差异进行综合评价，以利于在开发中区别对待。

储层综合评价的单元可以是小层、流动单元、砂层组或一定开发层系，依据综合评价指标，按不同目的进行储层分类评价。

根据储层精细描述的各项参数进行综合对比，建立储层综合评价分类参数指标。一般评价参数有 11 项，见表 11-12。针对不同油田（藏），具体评价时可根据研究区储层评价的目的与研究精度不同而选取不同的参数。

表 11-12　开发阶段储层评价参数表

主要参数	具体内容	主要作用
砂岩厚度	给出砂岩解释的测井标准及每口井的岩性解释	确定储集体的规模
有效厚度	给出每个层组中含油（气）层（砂体）的厚度	确定储量的丰度和储量大小
有效厚度钻遇率	油田内钻遇有效层井数占总井数的百分数	反映储层砂体规模的相对大小，间接反映储层砂体连续（通）性
净毛比	有效储层（含油气层厚度）/总储层（砂岩总厚度）	反映储层规模、计算储量的必要参数
有效孔隙度	具有工业价值的孔隙度，即大于孔隙度下限值	反映储量丰度（储能）与储量大小，分析储层非均质性
有效渗透率	具有工业价值的渗透率，即大于孔隙度下限值	反映储层岩石渗流能力与储层产能，分析储层非均质性
储集（砂）体面积或延伸长度	某一层组或单层的不同级别有效层的范围	判断储层连续性与连通性
黏土含量及其矿物类型	样品或测井解释的 V_{sh}、各种类型的含量	反映储层非均质性，分析储层保护与改造措施
孔隙结构参数	平均喉道半径或中值以及相对分选系数	间接体现储层渗流条件与非均质性
层内非均质性参数	变异系数、突进系数、级差及垂向渗透率的韵律性	分析储层非均质性
储层质量系数	$RQI = (K/\phi)^{1/2}$	衡量储集砂体油气储量与产能优劣

注：也可以采取砂地比作为净毛比，但应依据泥质百分含量模型和给出一定的孔隙度下限值辅助计算，扣除泥质含量和无效孔隙的影响。

（二）计算权系数常用的方法

计算权系数常用的方法有灰色关联分析法和层次分析法两种，下面分别进行介绍。

1. 灰色关联分析法

灰色理论是指既含已知又含未知的分析方法或系统。这一理论在众多领域（包括地质学）中有较广泛的应用。而灰色关联分析法是灰色理论中的重要内容，它是根据系统各因素间或各系统行为间发展态势的相似或相异程度，来衡量关联程度的方法，它是灰色系统分析、预测、决策的基础。灰色关联分析法包括母序列与子系列的选定以及关联系数、关联度、关联序和关联矩阵的计算等。灰色关联度分析法在储层研究的许多方面都有应用，包括对储层物性、储层产能、储层中的小层对比技术等，有些学者甚至用这种方法进行油藏中的来水方向分析。

1）单项参数评价得分计算

各单项参数的定量评价得分可采用标准化法，即以本项参数在评价单元中最大值与最小值之差为1，使其他单元本项参数评价值在0～1之间，如有效厚度、钻遇率、渗透率、有效孔隙度等值越大，反映储层参数越好，直接除以本项参数最大值。标准化公式为：

$$E_i=(X_i-X_{\min})/(X_{\max}-X_{\min}) \tag{11-1}$$

也可采用

$$E_i=X_i/X_{\max} \tag{11-2}$$

两者区别在于标准化后的最小值是否总为0。

对于参数值越小反映储层性质越好的值，可用式（11-3）计算：

$$E_i=(X_{\max}-X)/(X_{\max}-X_{\min}) \tag{11-3}$$

也可采用：

$$E_i=(X_{\max}-X)/X_{\max} \tag{11-4}$$

式中 E_i——第i单元的本项参数评价得分；

X_i——第i单元本项参数实际值；

$X_{\max}$——所有单元中本项参数的最大值；

$X_{\min}$——所有单元中本项参数的最小值。

两者区别在于标准化后的最大值是否总为1。

2）确定各项参数的权系数

计算某单元的各项参数得分之后，根据评价目的，对各项参数给予不同的"权"系数，体现各参数的重要程度。在油藏评价阶段，各层组占有的储量丰度是评价储层的重要指标，这时可以将有效厚度作为第一权重；在方案设计阶段，划分开发层系和对不同层系采用不同井网成为主要矛盾时，可以将渗透率和其他影响储层渗流特征的参数作为第一权重；当所需井网密度处于经济边际条件时，反映储层连续性的参数就应加大权系数。

权系数的确定是综合评价事物客观特征过程中的一个重要难题，通常情况下，多采用专家打分的方法，但这种方法人为因素影响较大。为了减少人为因素对评价结果的影响，采用灰色关联分析法确定评价指标权系数是一种有益的方法。各子因素对母因素之间的关联度，可以由式（11-5）得出：

$$r_{i,0}=\frac{1}{n}\sum_{t=1}^{n}L_t(i,0) \tag{11-5}$$

式中 $r_{i,0}$——关联度；

$L(i,0)$——母序列与子序列的关联系数。

可见，关联度是一个取值范围为0.1～1之间的数。子因素与母因素之间的关联度越接近1，它们之间的关系越紧密，或者说该子因素对母因素的影响越大；反之，关系越松散，对母因素的影响越小。

各因子权系数由式（11-5）得到，实际上为各项关联度与其总和之比：

$$\alpha_i = r_{i,0} \Big/ \sum_{t=0}^{m} r_{i,0} \tag{11-6}$$

式中 α_i——权系数。

3）改进的权系数计算方法

由常规的灰色理论权系数确定过程可以看出，它是由一个主因子为基础进行权系数分配，这就必须要求主因子与其他因子相关性相对较好，否则，评价效果不好。因为首要主因子可能与其余因子关系不紧密，正如一个公司的总经理与下属低级别职员工作关系不紧密一样，同样，第二个主因子也可能存在这样的影响，为此，李胜利（2003）提出了一种改进的多主因子逐级选择权系数确定方法。这种权系数确定方法的计算公式为：

$$\begin{cases} \alpha_i = r_{i,0} \Big/ \sum_{i=0}^{m} r_{i,0} & k=0 \\ \alpha_i = \dfrac{\left(1-\sum\limits_{j=1}^{k} r_{j,0}\right) r_{i,0}}{\sum\limits_{i=k+1}^{m} r_{i,0}} & k>0 \end{cases} \tag{11-7}$$

理论上讲，这种方法可以对各个参数逐级排序，但实际上这种做法事倍功半。因此，应有效地依各储层具体情况确定主要因子，并对这几个主要因子，逐级采用灰色关联分析法确定其权系数。以最后一个主因子与其他非主因子的关联度来计算非主因子的权系数。每计算完一个主因子权重后，就去掉这个主因子，用其他因子再计算剩余因子中主因子的权重，以此类推。这样一种算法是基于一种人性化的管理方法，隐含存在一种假定，即认为最后一个主因子与非主因子的相关性最好，正如公司中普通职员与最低级别的管理者工作关系最紧密一样。

这种方法可以突出几个主因子的影响，尤其是当能够定性地认知某些参数对特定储层或油藏影响时，这种方法就更为有效，因为有时确实不能只认为某一主因子对储层起决定性作用。

4）综合得分计算与储层分类

把各项参数得分以给定的权系数权衡后即得出综合评价分，以一定的分值分类，即得最后的综合评价分类。比如以单井为评价变量，先以每口井的各类评价参数自身评分与各参数的权系数相乘可得各参数单项得分，然后把各参数单项得分累积后以百分制可得最终的单井综合得分：

$$W_i = \sum_{j=1}^{m} \left(\alpha_j X_{标准j}\right) \tag{11-8}$$

以我国渤海绥中某油田为例，储层评价的参数包括储层岩性、物性及非均质性等多项参数（表11-13），通过综合权衡评价对Ⅱ、Ⅰ下、Ⅰ上油组进行储层分类，评价结果反映Ⅰ下油组中各套小层储层较佳（表11-14）。进行储层综合评价时应根据不同地区选择对储层影响较大的参数，典型如裘怿楠（1994）对辽河曙光油田二区杜家台油层的储层综合评价（表11-15）中考虑了储层孔隙结构参数与碳酸盐含量参数，使评价的结果更符合油田实际。

表 11-13　渤海绥中某油田储层标准化评价参数选择

油组	小层	孔隙度	渗透率	井间渗透率级差	井间渗透率变异系数	井间渗透率突进系数	层内渗透率变异系数	砂层厚度	砂岩密度	泥质含量	储层质量系数	砂体钻遇率
I上	1	0.90	0.76	0.75	0.93	0.64	0.00	0.12	0.33	0.63	0.91	0.81
I上	2	0.77	0.36	0.36	1.00	0.99	0.53	0.04	0.61	0.45	0.55	0.02
I上	3	0.57	0.53	0.31	0.65	0.40	0.06	0.84	0.84	0.65	0.68	0.55
I下	4	0.95	1.00	0.97	0.52	0.37	0.53	0.93	0.97	0.62	1.00	0.85
I下	5	0.59	0.28	0.98	1.00	0.92	0.65	0.37	0.98	0.49	0.50	0.43
I下	6	0.71	0.59	0.96	0.93	0.79	0.76	0.55	1.00	0.63	0.78	1.00
I下	7	1.00	0.83	0.77	0.94	0.88	1.00	0.44	0.93	1.00	0.94	0.51
I下	8	0.00	0.00	0.33	0.00	0.19	0.71	0.00	0.17	0.00	0.00	0.00
II	9	0.48	0.39	0.85	0.77	0.73	0.68	0.31	0.12	0.33	0.56	0.69
II	10	0.17	0.09	1.00	0.80	0.92	0.79	0.20	0.02	0.21	0.23	0.56
II	11	0.57	0.57	0.34	0.11	0.00	0.74	1.00	0.66	0.66	0.65	0.90
II	12	0.09	0.29	0.00	0.49	0.80	0.68	0.31	0.38	0.39	0.37	0.03
II	13	0.44	0.33	0.90	0.57	0.73	0.74	0.70	0.44	0.48	0.45	0.24
II	14	0.18	0.18	0.00	0.79	0.00	0.82	0.43	0.00	0.27	0.33	0.26

2．层次分析法

美国运筹学家、匹兹堡大学 T.L.Saaty 教授于 20 世纪 70 年代初期提出了层次分析法（The Analytic Hierarchy Process，简称 AHP），把研究对象作为一个系统，按照分解、比较判断、综合的思维方式进行决策，定量与定性相结合，将人的主观判断用数量形式予以表达和处理。该法把复杂问题分解成各个组成因素，又将这些因素按支配关系分组形成递阶层次结构，通过两两比较的方式，确定各个因素的相对重要性，然后综合决策者的判断，确定决策方案相对重要性的总排序，从而大大提高了决策的科学性、有效性和可行性，已广泛应用于计划制订、政策分析、资源分配、方案排序、冲突求解和决策预报等领域。层次分析法最适宜于解决那些难以完全用定量方法进行分析的决策问题，因此也是一种简洁而实用的评价方法。

1）原理步骤

运用层次分析法建模可分为以下步骤：

（1）建立层次结构模型。在深入分析实际问题的基础上，将有关的各个因素按照不同属性自上而下地分解成若干层次，同一层的诸因素从属于上一层的因素或对上层因素有影响，同时又支配下一层的因素或受到下层因素的作用。最上层为目标层，通常只有 1 个因素，最下层通常为方案或对象层，中间可以有一个或几个层次，通常为准则或指标层。当准则过多时（如多于 9 个），应进一步分解出子准则层。

（2）构造出各层次中的所有判断矩阵。

从层次结构模型的第二层开始，对于从属于（或影响）上一层每个因素的同一层诸因素，用成对比较法和 1～9 比较尺度构成对比较阵，直到最下层。通常按 1～9 比例标度对重要性程度赋值（表 11-16）。

表 11-14 渤海绥中某油田储层综合评价与储层分类表

油组	小层	孔隙度评分	渗透率评分	井间渗透率级差评分	井间渗透率变异系数评分	井间渗透率突进系数评分	层内渗透率变异系数评分	砂层厚度评分	砂岩密度评分	含泥量评分	储层质量系数评分	砂体钻遇率评分	综合权衡评价得分	类别
I_上	1	0.13	0.11	0.04	0.05	0.03	0.00	0.02	0.03	0.03	0.09	0.08	0.62	II
	2	0.12	0.05	0.02	0.05	0.05	0.03	0.01	0.06	0.02	0.06	0.00	0.46	IV
	3	0.09	0.08	0.02	0.03	0.02	0.00	0.13	0.08	0.03	0.07	0.05	0.60	II
	4	0.14	0.15	0.05	0.03	0.02	0.03	0.14	0.10	0.03	0.10	0.08	0.86	I
I_下	5	0.09	0.04	0.05	0.05	0.05	0.03	0.05	0.10	0.02	0.05	0.04	0.58	III
	6	0.11	0.09	0.05	0.05	0.04	0.04	0.08	0.10	0.03	0.08	0.10	0.76	I
	7	0.15	0.12	0.04	0.05	0.04	0.05	0.07	0.09	0.05	0.09	0.05	0.81	I
	8	0.00	0.00	0.02	0.00	0.01	0.04	0.00	0.02	0.00	0.00	0.00	0.08	V
II	9	0.07	0.06	0.04	0.04	0.04	0.03	0.05	0.01	0.02	0.06	0.07	0.48	IV
	10	0.03	0.01	0.05	0.05	0.05	0.04	0.03	0.00	0.01	0.02	0.06	0.34	IV
	11	0.09	0.09	0.02	0.01	0.00	0.03	0.15	0.07	0.03	0.06	0.09	0.63	II
	12	0.01	0.04	0.00	0.02	0.04	0.04	0.05	0.04	0.02	0.04	0.00	0.30	V
	13	0.07	0.05	0.04	0.03	0.04	0.04	0.11	0.04	0.02	0.05	0.02	0.50	III
	14	0.03	0.03	0.05	0.04	0.05	0.04	0.06	0.00	0.01	0.03	0.03	0.37	IV
权系数		0.15	0.15	0.05	0.05	0.05	0.05	0.15	0.1	0.05	0.1	0.1		

表 11-15 曙光油田二区杜家台含油层单层综合权衡评价分类表（据裴怿楠，1994）

油组	亚组	单层																						
			杜一组													杜二组								
			I_{1-2}			I_{3-5}			I_{6-9}				II_{1-4}				II_{5-7}			II_{8-11}			
			1	2	3	4	5	6	7	8	9	1	2	3	4	5	6	7	8	9	10	11
H_o 单项参数评分 ×0.2			0.05	0.07	0.18	0.15	0.11	0.02	0.08	0.06	0.06	0.03	0.20	0.10	0.15	0.04	0.13	0.14	0.18	0.17	0.18	0.11
H_o 钻遇率单项参数评分 ×0.2			0.11	0.11	0.19	0.20	0.16	0.06	0.17	0.13	0.08	0.08	0.16	0.13	0.15	0.05	0.18	0.17	0.17	0.17	0.12	0.09
K_a 单项参数评分 ×0.2			0.01	0.001	0.02	0.19	0.09	0.02	0.02	0.2	0.2	0.02	0.08	0.08	0.06	0.02	0.19	0.11	0.13	0.11	0.04	0.03
ϕ 单项参数评分 ×0.1			0.07	0.09	0.06	0.09	0.09	0.08	0.08	0.10	0.10	0.08	0.08	0.09	0.08	0.10	0.09	0.09	0.09	0.09	0.09	0.08
R_m 单项参数评分 ×0.075			0.001	0.01	0.02	0.05	0.03	0.02	0.02	0.08	0.08	0.03	0.04	0.05	0.04	0.02	0.07	0.06	0.06	0.05	0.03	0.03
泥质含量单项参数评分 ×0.075			0	0	0.003	0.04	0.03	0.04	0.004	0.04	0.04	0.03	0.01	0.04	0.03	0.05	0.03	0.03	0.03	0.04	0.03	0.04
碳酸盐单项参数评分 ×0.075			0.03	0.01	0.01	0.05	0.04	0.06	0.06	0.04	0.03	0.05	0.03	0.06	0.06	0.06	0.06	0.06	0.07	0.07	0.06	0.04
层内变异系数单项参数评分 ×0.075			0.03	0.03	0.03	0.03	0.03	0	0.05	0.05	0.03	0.03	0.03	0.02	0.03	0.05	0.06	0.04	0.02	0.02	0.04	0.02
单层综合平衡评分数			0.31	0.30	0.51	0.79	0.56	0.31	0.47	0.69	0.6	0.34	0.63	0.56	0.60	0.38	0.82	0.70	0.74	0.72	0.59	0.22
单层类型			III	III	II	I	II	III	II	II	II	III	II	II	II	II	I	I	I	I	II	II

— 373 —

表 11-16 参数两两比较相对重要程度比例标度

标度	含义
1	表示两个指标因素相比具有同等重要性
3	表示两个指标因素相比，一个指示因素比另一个指标因素稍微重要
5	表示两个指标因素相比，一个指示因素比另一个指标因素明显重要
7	表示两个指标因素相比，一个指示因素比另一个指标因素非常重要
9	表示两个指标因素相比，一个指示因素比另一个指标因素极端重要
2，4 6，8	表示上述两相邻判断的中值
倒数	因素 i 与 j 比较的判断为 a_{ij}，则因素 j 与 i 比较的判断为 $a_{ji}=1/a_{ij}$

（3）计算权重及一致性检验。对于每一个"成对比较阵"，计算最大特征值及对应特征向量，利用一致性指标、随机一致性指标和一致性比率进行一致性检验。若检验通过，特征向量（归一化后）即为权向量；若不通过，需要重新构成"成对比较阵"。当结构超过两层时，需进行层次总排序及一致性检验，即计算最下层对目标的组合权向量，并根据公式进行组合一致性检验，若检验通过，则可按照组合权向量表示的结果进行决策；否则，需要重新考虑模型或重新构造那些一致性比率较大的成对比较阵。

（4）计算总评价得分。以各参数对剩余油的影响进行自身评分，每个参数都要标准化。针对不同参数，标准化方法各有不同，主要分三种情况：一是定性参数，这种参数按对储层的影响以 0～1 进行均一分配；二是值越大越有利的因子，标准化的方法见式（11-1）或式（11-2）；三是值越小越有利的因子，标准化的方法见式（11-3）或式（11-4）。

2）实例分析

以某油田为例，选择孔隙度、泥质含量、砂岩厚度、沉积微相、自然伽马测井曲线（GR）和渗透率等 6 个因子建立评价体系，进行有利区带预测。

（1）建立层次结构模型。以油组有利区带为目标，孔隙度、泥质含量、砂岩厚度、沉积微相、自然伽马测井曲线（GR）和渗透率等 6 个因子为准则，研究区内的各口井为具体的方案建立层次分析结构模型（图 11-2）。

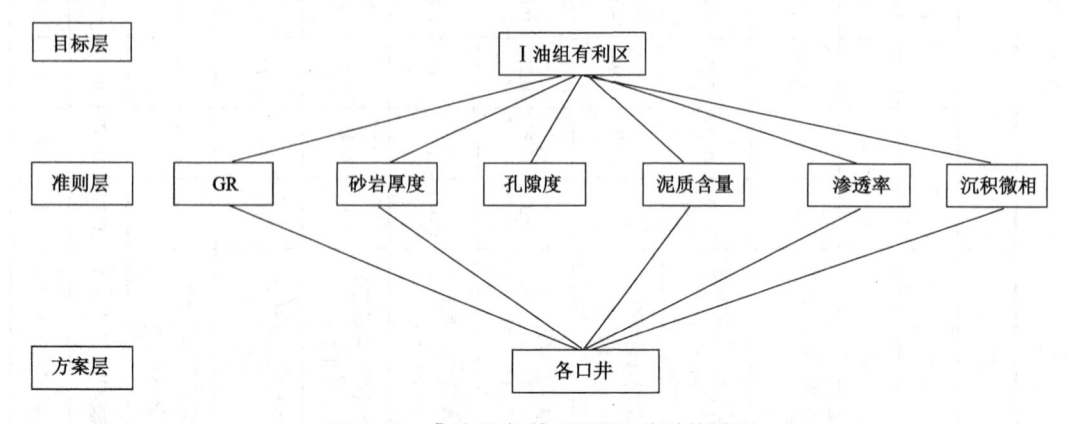

图 11-2　I 油组有利区预测层次结构模型

（2）构造出判断矩阵。通过研究，认为孔隙度、渗透率、砂体厚度和沉积微相类型对储层储集性有较大影响，所以在构造判断矩阵时孔隙度、渗透率、砂体厚度和沉积微相类型占有较大权重，而泥质含量和GR所占权重较小，根据建立的判断矩阵计算各个因子的权重（表11-17）。

表11-17 判断矩阵及权重表

有利区	孔隙度	泥质含量	砂厚	沉积相	GR	渗透率	W_i
孔隙度	1.0000	2.0000	1.0000	1.0000	2.0000	1.0000	0.2009
泥质含量	0.5000	1.0000	0.5000	1.0000	1.0000	0.5000	0.1128
砂厚	1.0000	2.0000	1.0000	2.0000	2.0000	1.0000	0.2255
沉积相	1.0000	1.0000	0.5000	1.0000	2.0000	1.0000	0.1595
GR	0.5000	1.0000	0.5000	0.5000	1.0000	0.5000	0.1005
渗透率	1.0000	2.0000	1.0000	1.0000	2.0000	1.0000	0.2009

注：W_i为权重。

（3）评价结果。根据已确定的标准化方法和权重计算每口井的综合得分（表11-18），进而根据储层评价标准（表11-19）对储层有利区带进行综合预测。层次分析法不仅可以识别本区的储层"甜点"，还可以看出各井间综合得分差别较大，说明本区储层宏观非均质性很强。

表11-18 I油层组各口井综合得分表

井名	泥质含量,%	渗透率,mD	GR,API	沉积相	砂厚,m	孔隙度,%	综合得分
WZ11-2-2	91.8	1.24	180.00	1.00	0.00	5.60	19.66
WZ11-2-3	90.1	0.09	185.00	1.00	0.50	6.50	20.43
WZ11-2-4	62.2	0.08	159.00	2.00	3.36	8.44	41.70
WZ11-2-5d	69.9	0.07	194.00	2.00	2.21	2.95	20.98
WZ11-4N-1	99	0.42	163.00	3.00	5.77	10.94	56.29
WZ11-4N-2	82	0.11	163.00	1.00	0.00	5.50	20.82
WZ11-4N-3	79.7	4.04	102.00	3.00	6.30	12.22	67.57
WZ11-4N-5	57.3	2.24	102.00	3.00	6.72	10.20	64.90
WZ11-4N-6	100	18.12	151.00	3.00	4.58	14.47	59.45
WZ11-7-1	80.5	0.41	115.00	3.00	4.02	12.00	59.78
WZ11-7-2	99.1	6.58	162.00	2.00	1.63	17.10	45.02
WZ11-7-2Sa	97	3.04	127.00	2.00	2.18	16.40	48.50
WZ11-7-3	67.1	21.28	118.00	3.00	8.41	16.08	71.35
WZ11-7-4	88.7	26.25	119.00	5.00	18.10	18.23	90.50

续表

井名	泥质含量，%	渗透率，mD	GR，API	沉积相	砂厚，m	孔隙度，%	综合得分
WZ11-7E-1	27.3	3.27	124.00	2.00	1.32	12.56	47.89
WZ11-7N-1	75.9	25.06	169.00	2.00	2.32	15.04	46.93
WZ11-7N-2	75.3	0.15	169.00	3.00	10.74	4.61	59.73
WZ11-7N-3	88.7	1.22	132.00	5.00	17.19	12.67	83.85
WZ11-7N-4	97.1	0.16	170.00	5.00	13.70	5.06	71.52
WZ11-7N-5	63.1	0.17	152.00	2.00	1.87	6.38	36.75
WZ11-8-2	96.1	3.12	160.00	2.00	2.27	12.50	31.11
WZ11-8-1	41.4	2.65	118.00	3.00	4.12	12.30	61.93
WZ11-2-7	86.3	1.34	105.00	4.00	16.56	10.20	72.44

表 11-19 综合得分评价表

分类	综合评价得分	评价
Ⅰ类（甜点）	＞60	好
Ⅱ类	50～60	好
Ⅲ类	40～50	中
Ⅳ类	30～40	中
Ⅴ类	＜30	差

思 考 题

1．简述油气勘探阶段储层评价的主要工作任务与研究内容。
2．简述油气开发阶段储层评价的主要工作任务与研究内容。
3．开发阶段储层评价的主要基础资料有哪些？
4．勘探与开发阶段储层综合分类评价的基本参数有哪些？
5．试述灰色理论在储层综合评价中的作用。
6．写出储层综合评价中单参数标准化公式。
7．试述剩余油分布研究的基本方法与评价内容。
8．油藏开发调整的原则与调整方案部署的内容有哪些？
9．试述国内外油气储量分级的差异。
10．试述层次分析法如何进行储层综合评价。

参 考 文 献

Coe A L，2020．野外地质考察实用手册．李胜利，黄文松，李顺利，等译．北京：石油工业出版社．

蔡勇胜，范荣菊，2003．渤南油田储层压力敏感性分析．油气地质与采收率，10（8）．

曹嘉猷，2002．测井资料综合解释．北京：石油工业出版社．

陈碧珏，1987．油矿地质学．北京：石油工业出版社．

陈恭洋，2000．碎屑岩油气储层随机建模．北京：地质出版社．

陈建文，2002．一门新兴的边缘科学：火山岩储层地质学．海洋地质前沿，18（4）：19-22．

陈立官，1983．油气田地下地质学．北京：地质出版社．

陈丽华，姜在兴，1993．储层实验测试技术．北京：石油工业出版社．

陈亮，吴胜和，刘宇红，1999．胡状集油田胡十二块注水开发过程中储层动态变化研究．石油实验地质，21（2）：141-145．

陈世悦，2002．矿物岩石学．东营：中国石油大学出版社．

陈永生，1993．油田非均质对策论．北京：石油工业出版社．

陈昭年，2005．石油与天然气地质学．北京：地质出版社．

陈忠，罗蛰潭，沈明道，等，1996a．论砂岩储层次生孔隙的形成机制．成都理工学院学报．23（增刊）：35-41．

陈忠，沈明道，1996b．粘土矿物在油田保护中的潜在危害．成都理工学院学报，23（2）．

陈作全，1987．石油地质学简明教程．北京：地质出版社

戴厚柱，洪秀娥，杜燕，2001．注水开发对储层影响的模拟试验研究．江汉石油学院学报，12（23）:56-59．

戴启德，纪友亮，1996．油气储层地质学．东营：中国石油大学出版社．

戴启德，黄玉杰，2006．油田开发地质学．东营：中国石油大学出版社．

邸世祥，1991．中国碎屑岩储集层的孔隙结构．西安：西北大学出版社．

邓宏文，王宏亮，等，2002，高分辨率层序地层学：原理及应用．北京：地质出版社．

樊世忠，陈元千，1983．油气层保护与评价．北京：石油工业出版社．

樊世忠，1998．低渗特低渗储集层损害机理探讨．低渗透油气田，3（1）．

范旭，董仲林，1999．松辽盆地宁芳屯油田葡萄花油层潜在的损害因素．大庆石油学院学报，23（3）．

方少仙，侯方浩，1998．石油天然气储层地质学．北京：石油工业出版社．

冯晓宏，1998．现代流体流动单元概念及识别方法．滇黔桂油气，11（2）：54-61．

冯增昭，1993．沉积岩石学．北京：石油工业出版社．

冯增昭，1994．中国沉积学．北京：石油工业出版社．

傅强，2002．裂缝性基岩油藏的石油地质动力学．北京：地质出版社．

高博禹，2002．碳酸盐岩应力敏感性研究．成都：成都理工大学出版社．

郭莉，等，2001．港东开发区注水后储层结构变化规律研究．江汉石油学院学报，23: 10-12．

贺承祖，华明琪，1997. 用分形几何描述粘土及砂岩的粒度分布特征. 钻井液与完井液，14（6）.

何更生，1994. 油层物理. 北京：石油工业出版社.

何镜宇，孟祥化，1987. 沉积岩和沉积相模式及建造. 北京：地质出版社.

胡克珍，吴菊仙，张超漠，1996. 灰色关联度在小层对比中的应用. 江汉石油学院学报，17（3）.

黄思静，等，2000. 注水开发对砂岩储层孔隙结构的影响. 中国海上油气（地质），4（2）：122-128.

黄述旺，等，1994. 储层微观孔隙结构特征空间展布研究方法. 石油学报，15（专刊）：76-80.

黄文松，王家华，陈和平，等，2017. 基于水平井资料进行地质建模的大数据误区分析与应对策略. 石油勘探与开发，44（6）：939-947.

贾振远，李之琪，1989. 碳酸盐岩沉积相和沉积环境. 武汉：中国地质大学出版社.

姜向强，田纳新，殷进垠，等，2018. 全球油气资源分布与勘探发现趋势. 当代石油石化，26（6）：29-35.

姜在兴，2003. 沉积学. 北京：石油工业出版社.

焦养泉，李祯，1995. 河道储层砂体中隔挡层的成因及分析规律. 石油勘探与开发，22（4）：78-81.

焦养泉，等，1998. 碎屑岩储集层物性非均质性的层次结构. 石油与天然气地质，19（2）.

康毅力，罗平亚，2000. 粘土矿物对砂岩储层损害的影响：回顾与展望. 钻井液与完井液，17（5）.

康永尚，王捷，1999. 流体动力系统与油气成藏作用. 石油学报，20（1）：30-33.

康永尚，吴文旷，1999. 含油气盆地流体分析方法体系及今后应加强研究问题. 地质评论，45（4）：151-157.

匡建超，徐国盛，王玉兰，2000. 灰色关联度分析在油藏动态描述中的应用. 矿物岩石，20（2）：69-73.

兰林，康毅力，等，2005. 储层应力敏感性评价实验方法与评价指标探讨. 钻井液与完井液，22（3）.

黎文清，李世安，1993. 油气田开发地质基础. 北京：石油工业出版社.

黎文清，1999. 油气田开发地质基础. 3版. 北京：石油工业出版社.

李德生，1965. 石油勘探地下地质学. 北京：石油工业出版社.

李国欣，雷征东，董伟宏，等，2022. 中国石油非常规油气开发进展、挑战与展望. 中国石油勘探，27（1）：1-11.

李克向，1993. 保护油气层钻井完井技术. 北京：石油工业出版社.

李克向，2002. 实用完井工程. 北京：石油工业出版社.

李琦，等，2000. 泥岩裂缝油气藏地质模型与成因机制：以河口地区沙三段泥岩裂缝油气藏为例. 武汉：中国地质大学出版社.

李庆昌，等，1997. 砾岩油田开发. 北京：石油工业出版社.

李胜利，等，2003. 剩余油分布研究新方法：灰色关联法. 石油与天然气地质，24（2）：175-179.

李胜利，高兴军，2015. 坳陷湖盆三角洲分流河道沉积构型与流动单元建模. 北京：地质出版社.

李胜利，刘文岭，周新茂，2020. 断陷湖盆水下扇沉积构型与储层建模. 北京：地质出版社.

李淑白，张银华，1998. 低渗储层损害预测及保护的专家系统. 小型油气藏，3（3）.

李阳，2001. 河道砂储层非均质模型. 北京：科学出版社.

刘爱，1998. M 油田 Z2 断块储层损害因素分析. 小型油气藏，3（1）.

刘宝珺，张锦泉，等，1992. 沉积成岩作用. 北京：科学出版社.

刘承祚，等，1980. 数学地质专辑（一）. 北京：地质出版社.

刘德良，等，2006. 鄂尔多斯盆地奥陶系白云岩碳氧同位素分析. 石油实验地质，28（2）：155-161.

刘丁曾，等，1994. 大庆多层砂岩油田开发. 北京：石油工业出版社.

刘吉余，黎文清，等，2006. 油气田开发地质基础. 4版. 北京：石油工业出版社.

刘清志，2002. 石油技术经济学. 东营：石油大学出版社.

刘岫峰，等，1991. 沉积岩实验室研究方法. 北京：地质出版社.

刘朝全，姜学峰，戴家权，等，2021. 疫情促变局 转型谋发展：2020年国内外油气行业发展概述及2021年展望. 国际石油经济，29（1）：28-37.

刘泽荣，信荃麟，等，1993. 油藏描述原理与方法技术. 北京：石油工业出版社.

龙雨丰，等，2001. 低渗油藏注水开发中储层参数变化研究与应用. 江汉石油学院学报，9（23）：86-87.

卢西亚，等，2011. 碳酸盐岩储层表征. 2版. 夏义平，等译. 北京：石油工业出版社.

陆大卫，2001. 石油测井新技术适用性典型图集. 北京：石油工业出版社.

罗杰 M 斯莱特，2013. 油气储层表征. 李胜利，张志杰，刘玉梅，等译. 北京：石油工业出版社.

罗明高，1998. 定量储层地质学. 北京：地质出版社.

罗蛰潭，王允诚，1986. 油气储集层的孔隙结构. 北京：科学出版社.

马永生，梅冥相，1997. 碳酸盐沉积学导论. 北京：地震出版社.

马永生，等，1999. 碳酸盐岩储层沉积学. 北京：地质出版社.

马永生，梅冥相，陈小兵（美），等，1999. 碳酸盐岩储层沉积学. 北京：地质出版社.

马正，1982. 应用自然电位测井曲线解释沉积环境. 石油与天然气地质，3（1）.

马正，1994. 油气测井地质学. 武汉：中国地质大学出版社.

孟祥化，等，1993. 沉积盆地与建造层序. 北京：地质出版社.

苗和平，赵国瑜，1998. 明六块物性资料分析与应用. 油气采收率技术，5（4）.

欧阳健，1995. 石油测井解释与储层描述. 北京：石油工业出版社.

欧阳健，等，1999. 测井地质分析与油气层定量评价. 北京：石油工业出版社.

潘钟祥，1986. 石油地质学. 北京：地质出版社.

秦积舜，李爱芬，2001. 油层物理学. 东营：石油大学出版社.

强子同，1998. 碳酸盐岩储层地质学. 东营：石油大学出版社.

邱隆伟，等，2001. 泌阳凹陷碱性成岩作用及其对储层的影响. 中国科学 D 辑，31
 （10）：752-758.

邱隆伟，姜在兴，陈文学，等，2002. 一种新的储层孔隙成因类型：石英溶解型次生孔
 隙. 沉积学报，20（4）：621-627.

邱隆伟，姜在兴，2006. 陆源碎屑岩的碱性成岩作用. 北京：地质出版社.

邱振，邹才能，2020. 非常规油气沉积学：内涵与展望. 沉积学报，38（1）：1-29.

裘怿楠，1990. 储层沉积学研究工作流程. 石油勘探与开发，17（1）.

裘怿楠，1991. 储层地质模型. 石油学报，12（4）：55-62.

裘怿楠，陈子琪，1996. 油藏描述. 北京：石油工业出版社.

裘怿楠，等，1997. 油气储层评价技术. 北京：石油工业出版社.

裘怿楠，贾爱林，2000. 储层地质模型 10 年. 石油学报，21（4）：101-104.

任占春，董学让，1999. 胜利油田油层保护技术现状及发展趋势. 钻井液与完井液，
 16（1）.

沈明道，1996. 矿物岩石学及沉积相简明教程. 东营：石油大学出版社.

石玉江，孙小平，2001. 长庆致密碎屑岩储集层应力敏感性分析. 石油勘探与开发，
 28（5）.

寿建峰，等，2005. 砂岩动力成岩作用. 北京：石油工业出版社.

斯伦贝谢公司，1984a. 东南亚测井评价. 程守礼，等译. 北京：石油工业出版社.

斯伦贝谢公司，1984b. 生产测井解释及其流体参数换算. 陆风贵，马贵福，译. 北京：石
 油工业出版社.

斯伦贝谢公司，1991. 测井解释原理与应用. 李舟波，藩葆芝，等译. 北京：石油工业出
 版社.

宋春青，等，2005. 地质学基础. 4 版. 北京：高等教育出版社.

宋子齐，谭成仟，1995. 灰色理论油气储层评价. 北京：石油工业出版社.

宋子齐，等，2003. 利用常规测井方法识别划分水淹层. 测井技术，18（6）：50-53.

孙广同，1997. 秘鲁 TALARA 油田油层保护调研. 钻井液与完井液，14（3）.

孙洪泉，1990. 地质统计学及其应用. 徐州：中国矿业大学出版社.

孙焕泉，2002. 油藏动态模型和剩余油分布模式. 北京：石油工业出版社.

孙建孟，2004. 油田开发测井. 东营：中国石油大学出版社.

孙良田，1992. 油层物理实验. 北京：石油工业出版社.

单玉铭，崔秉荃，1993. 碎屑岩油气储层的地层损害分析及研究实例. 成都地质学院学
 报，20（2）.

谭成仟，吴少波，2001. 利用灰色关联分析法综合评价油气储层产能. 河南石油，15
 （P）：20-23.

陶洪兴，等，1994. 碳酸盐岩—中国油气储层研究图集. 卷 2. 北京：石油工业出版社.

童晓光，张光亚，王兆明，等，2018. 全球油气资源潜力与分布. 石油勘探与开发，45

(4): 727-736.

涂富华, 等, 1983. 砂岩孔隙结构对水驱油效率影响的研究. 石油学报, 15 (2).

万仁溥, 2000. 现代完井工程. 北京: 石油工业出版社.

汪伟英, 唐周怀, 2001. 储层岩石水敏性影响因素研究. 江汉石油学院学报, 23 (2).

王宝清, 等, 1995. 古岩溶与储层研究. 北京: 石油工业出版社.

王宝清, 等, 2000. 龙虎泡地区高台子油层成岩作用及对储集岩孔隙演化的影响. 沉积学报, 18 (3):414-418.

王宝清, 等, 2001. 三肇地区扶余和杨大城子油层储集层的成岩作用. 石油与天然气地质, 22 (1):82-87.

王宝清, 等, 2006a. 鄂尔多斯盆地东部太原组古岩溶特征. 地质学报, 80 (5): 700-704.

王宝清, 章贵松, 2006b. 鄂尔多斯盆地苏里格地区奥陶系古岩溶储层成岩作用. 石油实验地质, 28 (6).

王东明, 1998. 对二连地区保护油气层工作的看法. 钻井液与完井液, 15 (6).

王贵文, 郭荣坤, 2000. 测井地质学. 北京: 石油工业出版社.

王家华, 张团峰, 2001. 油气储层随机建模. 北京: 石油工业出版社.

王建东, 刘吉余, 于润涛, 等, 2003. 层次分析法在储层评价中的应用. 大庆石油学院学报, 27 (3): 12-14.

王乃举, 1999. 中国油藏开发模式总论. 北京: 石油工业出版社.

王仁铎, 1986. 线形地质统计学. 北京: 地质出版社.

王欣, 杨贤友, 1998. 影响敏感性储层主要因素的确定. 钻井液与完井液, 15 (6).

王兴志, 张帆, 马青, 等, 2002. 四川盆地东部晚二叠世—早三叠世飞仙关期礁、滩特征与海平面变化. 沉积学报, 20 (2): 249-253.

王行信, 1991. 砂岩储集层的粘土矿物研究. 大庆石油地质与开发, 10 (3).

王秀娟, 等, 2003. 低渗透储层应力敏感性与产能物性下限. 石油与天然气地质, 24 (2).

王一刚, 2005. 四川盆地北部下三叠统飞仙关组碳酸盐蒸发台地. 古地理学院, 3 (3): 357-364.

王彧嫣, 景东升, 韩志强, 2018. 2017 年国内外油气资源形势分析. 中国矿业, 27 (4): 6-10.

王志刚, 蒋庆哲, 董秀成, 等, 2023. 中国油气产业发展分析与展望报告蓝皮书 (2022—2023). 北京: 中国石化出版社.

吴崇筠, 等, 1992. 含油气盆地沉积学. 北京: 石油工业出版社.

吴国平, 徐忠祥, 徐红燕, 2000. 用灰色关联法计算储层孔隙度. 石油大学学报: 自然科学版, 24 (1): 107-108.

吴胜和, 等, 1998a. 油气储层地质学. 北京: 石油工业出版社.

吴胜和, 熊琦华, 1998b. 储层地质学. 北京: 石油工业出版社.

吴胜和, 等, 1999a. 储层建模. 北京: 石油工业出版社.

吴胜和, 王仲林, 1999b. 陆相储层流动单元研究的新思路. 沉积学报, 17 (2).

吴胜和, 等, 2001. 提高储层随机建模精度的地质约束原则. 石油大学学报, 25 (1):

55-58.

吴胜和，李文克，2005. 多点地质统计学：理论、应用与展望. 古地理学报，7（1）：137-144.

吴锡令，1997. 生产测井原理. 北京：石油工业出版社.

吴新民，姜英泽，1999. 吉林大安北油田葡萄花储层岩石基本特征. 西安石油学院学报，14（1）.

吴元燕，徐龙，张昌明，1996a. 油气储层地质. 北京：石油工业出版社.

吴元燕，陈碧珏，1996b. 油矿地质学. 2版. 北京：石油工业出版社.

吴元燕，吴胜和，蔡正琪，2005. 油矿地质学. 3版. 北京：石油工业出版社.

吴志均，唐红君，1999. 影响水敏盐度评价实验结果的几个因素钻井液与完井液，16（1）.

伍友佳，2004. 油藏地质学. 2版. 北京：石油工业出版社.

西北大学地质系石油地质教研室，1979. 石油地质学. 北京：地质出版社.

夏位荣，张占峰，程时清，2006. 油气田开发地质学. 北京：石油工业出版社.

辛国强，周厚清，1992. 松辽盆地三肇地区低渗透油层损害研究. 大庆石油地质与开发，11（1）.

熊琦华，1987. 测井地质学基础. 下册. 北京：石油工业出版社.

徐怀大，王世凤，陈开远，1990. 地震地层学解释基础. 武汉：中国地质大学出版社.

许怀先，陈丽华，万玉金，2001. 石油地质试验测试技术与应用. 北京：石油工业出版社.

薛培华，1991. 河流相点坝相储层模式概论. 北京：石油工业出版社.

杨通佑，范尚炯，陈元迁，等，1998. 石油及天然气储量计算方法. 2版. 北京：石油工业出版社.

杨智，邹才能，2022. 论常规—非常规油气有序"共生富集"：兼论常规—非常规油气地质学理论技术. 地质学报，96（5）：1635-1653.

姚光庆，蔡忠贤，2005. 油气储层地质学原理与方法. 武汉：中国地质大学出版社.

应凤祥，等，1994. 碎屑岩——中国油气储层研究图集. 卷1. 北京：石油工业出版社.

应凤祥，等，2004. 中国含油气盆地碎屑岩储集层成岩作用与成岩数值模拟. 北京：石油工业出版社.

雍世和，张超谟，1996. 测井数据处理与综合解释. 东营：石油大学出版社.

于兴河，李剑峰，1996. 碎屑岩系储层地质建模与计算机模拟. 北京：地质出版社.

于兴河，王德发，1997a. 陆相断陷盆地三角洲相构形要素及其储层地质模型，地质评论，43（3）.

于兴河，等，1997b. 断陷盆地三角洲砂体的沉积作用与储层的层内非均质性特征. 地球科学，22（1）.

于兴河，等，1997c. 构造、沉积与成岩综合一体化模式的建立：以松南梨树地区后五家户气田为例. 沉积学报，5（3）.

于兴河，等，1999. 辽河油田东西部凹陷深层沙河街组沉积相模式. 古地理学报，1（3）.

于兴河，2002. 碎屑岩系油气储层沉积学. 北京：石油工业出版社.

于兴河，陈永峤，2004. 碎屑岩系的八大沉积作用与其油气储层表征方法. 石油实验地质，26

（6）：517-524.

于兴河，郑秀娟，2005a. 地质科技论文的撰写方法. 中国地质教育，14（2）.

于兴河，等，2005b. 油气储层相控随机建模技术的约束方法. 地学前缘，12（3）：237-244.

于兴河，等，2007. 中国东部中、新生代陆相断陷盆地沉积充填模式及控制因素：以济阳坳陷东营凹陷为例. 岩性油气藏，19（1）：39-45.

于兴河，2008. 油气储层表征与随机建模的发展历程及展望. 地学前缘，15（1）：1-15.

于兴河，等，2008. 准噶尔盆地腹部达巴松地区层序地层与沉积体系研究. 石油天然气学报，2：417-422.

于兴河，李胜利，2009. 碎屑岩系油气储层沉积学的发展历程与热点问题思考. 沉积学报，27（5）：880-895.

于志钧，赵旭东，1986. 石油数学地质. 北京：石油工业出版社.

云美厚，管志宁，2002. 油藏注水开发对储层岩石速度和密度的影响. 石油地球物理勘探，37（3）：280-286.

曾德铭，王兴志，康保平，2006. 川西北雷口坡组储层原生孔隙内胶结物研究. 天然气地球科学，17（4）.

曾鼎乾，等，1988. 中国各地质历史时期生物礁. 北京：石油工业出版社.

曾文冲，等，1979. 确定渗透率的测井解释技术. 测井技术，3：1-11.

曾允孚，夏文杰，1986. 沉积岩石学. 北京：地质出版社.

张殿强，李联伟，2001. 地质录井方法与技术. 北京：石油工业出版社.

张芳洲，安庆洲，1981. 孔隙结构在储层分类评价应用中的研究. 石油勘探与开发，17（3）.

张洪兴，等，1994. 水驱前后油层岩石物理参数变化研究. 大庆石油管理局勘探开发研究院学报，9：1-18.

张厚福，张万选，1989. 石油地质学. 2版. 北京：石油工业出版社.

张厚福，等，1999. 石油地质学. 3版. 北京：石油工业出版社.

张抗，张立勤，刘冬梅，2022. 近年中国油气勘探开发形势及发展建议. 石油学报，43（1）：15-28，111.

张民志，姜兴国，1997. 松辽盆地北部扶杨油层污染因素浅析. 成都理工学院学报，24（4）.

张绍槐，等，1993. 保护储集层技术. 北京：石油工业出版社.

张世奇，纪友亮，2005. 油气田地下地质学. 东营：中国石油大学出版社.

张兴金，吕延防，1997. 石油地质学. 哈尔滨：黑龙江科学技术出版社.

张亚范，等，1994. 岩浆岩、变质岩——中国油气储层研究图集. 卷3. 北京：石油工业出版社.

张研农，1982. 低渗透砂岩储油的孔隙几何及评价//石油地质文集（6）：油气. 北京：地质出版社.

赵澄林，刘孟慧，等，1992. 碎屑岩沉积体系与成岩作用. 北京：石油工业出版社.

赵澄林，等，1997. 特殊油气储层. 北京：石油工业出版社.

赵澄林，朱筱敏，2001. 沉积岩石学. 3版. 北京：石油工业出版社.

赵孟为，1996. 鄂尔多斯盆地志留—泥盆纪和侏罗纪热事件：伊利石 K—Ar 年龄证据. 地质学报，70（2）：186-194.

赵杏嫒，张有瑜，1990. 粘土矿物与粘土矿物分析. 北京：海洋出版社.

赵旭东，1992. 石油数学地质概论. 北京：石油工业出版社.

赵云胜，等，1997. 灰色系统理论在地学中的应用研究. 武汉：华中理工大学出版社.

赵政璋，等，2005. 储层地震预测与实践. 北京：科学出版社.

赵重远，1988. 石油地质学进展. 北京：地质出版社.

郑浚茂，庞明，1989. 碎屑储集岩的成岩作用. 武汉：中国地质大学出版社.

郑浚茂，等，1998. 碎屑岩储层的两种不同成岩序列. 地质论评，44（2）：207-212.

中国石油勘探开发研究院，2019. 全球油气勘探开发形势及油公司动态. 北京：石油工业出版社.

中国石油天然气集团公司测井重点实验室，2004. 测井新技术培训教材. 北京：石油工业出版社.

中国石油天然气总公司科技发展部，1994. 储层评价研究进展. 北京：石油工业出版社.

钟晓瑜，艾天敬，2000. 气藏保护与气井完井技术. 钻井工艺，23（6）.

周自立，朱国华，1992. 碎屑岩的成岩作用与储集层. 北京：石油工业出版社.

朱国华，1985. 陕甘宁盆地西南部上二叠统延长组低渗透砂体和次生孔隙体的形成. 沉积学报，3（2）.

朱国华，1992. 碎屑岩储集层孔隙的形成、演化和预测. 沉积学报，10（3）：114-132.

朱如凯，毛治国，郭宏莉，等，2010. 火山岩油气储层地质学：思考与建议. 岩性油气藏，22（2）：7-13.

邹才能，邱振，2021. 中国非常规油气沉积学新进展. 沉积学报，39（1）：1-9.

邹才能，杨智，张国生，等，2019. 非常规油气地质学建立及实践. 地质学报，93（1）：12-23.

Amaefule J O, et al, 1993. Enhanced reservoir description: using core and log data to identify hydraulic (flow) units and predict permeability in uncored interval/wells. SPE 26436: 205-220.

Alexander J, 1992. Nature and origin of a laterally extensive alluvial sandstone body in the Middel Jurassic Scalby Formation. Journal of the Geological Society, 149: 431-441.

Batta V K, Dullien F A L, 1973. Correlation between pore structure of sandstones and Tertiary Oil Recovery. SPZJ, 13 (5).

Berg O R, 1982. Seismic detection and evaluation of delta and turbidite sequences: their application to exploration for the subtle trap. AAPG Bulletin, 66: 1271-1288.

Bull W B, 1972. Recognition of alluvial fan deposits in the stratigraphic record // Hambin W K, Rigby J K. Society of Economic Paleontologists and Mineralogists, Special Publication 16: 63-83.

Canas J A, et al, 1994. Characterization of flow units in sandstone reservoirs: La Cira Field,

Colombia, South America. SPE 27732: 883-892.

Coleman J M, Wright L D, 1975. Modern river deltas: variability of processes and sand bodies. // Broussard M L. Deltas: models for exploration. Houston Geological Society: 99-149.

Cotton C A, 918. Conditions of deposition on the continental shelf and slope. Journal of Geology, 26: 135-160.

Coustau H, 1977. Formation waters and hydrodynamics. Journal of Geochemical Exploration, 7: 213-241.

Cross T A, et al, 1993. Applications of high-resolution sequence stratigraphy to reservoir anlysis // Eschard R, Doligez B. Subsurface Reservoir Characterization from Outcrop Observations. Proceedings of the 7th IFP Exploration and Production Research Conference. Paris: Technip, 11-33.

Cross T A, Lessenger M A, 1998. Sediment volume partitioning: rationale for stratigraphic model evaluation and high-resolution stratigraphic correlation // Gradstein F M, Sandvik K O, Milton N J. Sequence stratigraphy concepts and application. NPF Special Publication 8: 171-195.

Crossey L J, Frost B R, Surdam R C, 1984. Secondary porosity in laumontite bearing sandstones, clastic diagenesis. AAPG Memoir 37: 225-238.

Damslesh E, et al, 1992. A two-stage stochastic model applied to a North Sea Reservoir. JPT: 404-408.

Davies J P, Davies D K, 1999. Stress-dependent permeability: characterization and modeling. SPE 56813.

Deutsch C V, Journel A G, 1996. GSLIB, Geostatistical software library and User's Guide. Oxford: Oxford Press.

Deutsch C V, 2002. Geostastistical reservoir modeling. Oxford: Oxford University press.

Dunhum R J, 1962. Classification of carbonate rocks according to depositional texture // Ham W E. Classification of carbonate rocks: 108-121.

Ebanks W J Jr, 1987. Flow unit concept – integrated approach to reservoir description for engineering projects. AAPG Bulletin, 71 (5): 551-552.

Ehrenberg S N, 1989. Assessing the relative importance of compaction processes and cementation to reduction of porosity in sandstones: discussion. AAPG Bulletin, 73:1274-1276.

Einsele G, 2000. Sedimentary basins: evolution, facies, and sediment budget. 2nd ed. Berlin: Springer-Verlag.

Ethridge F G, 1985 .Modern alluvial fans and fan deltas// Flores R M, Ethridge F G, Miall A D, et al. Recognition of fluvial systems and their resource potential . Soc Econ Paleontol Mineralog Short Course 19: 101-126.

Falcon M, 1998. Essentials of physical geology, Houghton Mifflin Company, Boston // Fraser H J. Experimental study of the porosity and permeability of sediments clastic. J Geol, 43: 910-1010.

Galloway W E, 1976. Sediments and Stratigraphic framework of the Copper River Fan-delta, Alaska. Journal of Sedimenary Petrology, 46 (3).

Galloway W E, Hobday D K, 1983. Terrigenous clastic depositional systems. New York: Springer- Verlag.

Ginsburg R N, Hardie L A, 1975. Tidal and storm deposits, northen Andros Island, Bahamas // Ginsburg R N. Tidal deposits. New York: Springer.

Graton L C, Fraster H J, 1935. Systematic packing of spheres-with particular relation to porosity and permeability. Jour Geol, 43: 785-909.

Haldorsen H H, 1983. Reservoir characterization procedures for numerical simulation. Austin: University of Texas.

Haldorsen H H, et al, 1990. Stochastic modeling.JPT: 42: 404-412.

Hamlin H S, Dutton S P, Seggie R J, et al, 1996. Depositional controls on reservoir properties in a braid delta sandstone, Tirrawarra Oil Field, South Australia. AAPG Bulletin, 80 (2): 139-156.

Hearn C L, Ebanks W J, Tye R S, et al, 1984. Geological factors influencing reservoir performance of the Hartzog Draw Field. Journal of Petroleum Technology, 36 (7).

Hoffman J, Hower J, 1979. Clay mineral assemblages as low grade metamorphic indicators: Application to the trust-faulted disturbed belt of Montana U.S.A.SEPM Special Publication, 26: 55-80.

Houseknecht D W, 1987. Assessing the relative importance of compaction processes and cementation to reduction of porosity in sandstones. AAPG Bulletin, 71: 633-642.

James N P, Choquette P W, 1990. Limestone: introduction//Mcllreath I A, Morrow D W. Diagenesis. Geoscience Canada Reprint Series 4.

Li Shengli, Gao Xingjun, 2019. A new strategy of crosswell correlation for channel sandstone reservoirs:an example from Daqing oilfield, China. Interpretation, 7 (2): 409-421.

Li Shengli, Ma Y Z, Yu Xinghe, et al, 2017. Reservoir potential of deep-water lacustrine delta-front sandstones in the upper Triassic Yanchang Formation,western Ordos basin, China. Journal of Petroleum Geology, 40 (1), 105-118.

Li Shengli, Zhang Ye, Ma Y Zee, et al, 2018. A comparative study of reservoir modeling techniques and their impact on predicted performance of fluvial-dominated deltaic reservoirs: Discussion. AAPG Bulletin, 102 (8): 1659-1663.

Li Shengli, Yu Xinghe,Jin Jianli, 2016. Sedimentary microfacies and porosity modeling of deep-water sandy debris flows by combining sedimentary patterns with seismic data: an example from unit I of Gas Field A, South China Sea. ACTA GEOLOGICA SINICA (English Edition), 90 (1): 182-194.

Loucks R G, 1999. Paleocave carbonate reservoirs: burial-depth modifications, spatial complexity, and reservoir implications. AAPG Bulletin, 83 (11): 1795-1834.

Loucks R G, Mescher P K, McMechan G A, 2004. Three-dimensinal architecture of a coalesced, collapsed-paleocave system in the Lower Ordovician Ellenburger Group, centra Texas. AAPG Bulletin, 88 (5) : 545-564.

Lucia F J, 1995. Rock-fabric/petrophysical classification of carbonate pore space for reservoir characterization. AAPG Bulletin, 79: 1275-1300.

Machel H G, 1985. Cathodoluminescence in calcite and dolomite and its chemical interpretation. Geoscience Canada, 12: 139-147.

Miall A D, 1977. A review of the braided-river depositional environment. Earth Sci, Rev 13: 1-62.

Miall A D, 1984. Principles of Sedimentary Basin Analysis. New York: Springer-Verlag.

Miall A D, 1985a. Architectural element analysis: a new method of facies analysis applied to fluvial deposits.Earth Science Reviews, 22: 261-308.

Miall A D, 1985b. Architectural-element analysis: a new method of facies analysis applied to fluvial deposits // Flores recognition of fluvial depositional systems and their resource potential. RSPM short course 9.

Miall A D, 1988. Reservoir heterogeneities in fluvial sandstones : lesson from outcrop studies. AAPG Bulletin, 72 (6) : 682-697.

Neasham J W, 1977. The morphology of dispersed clay in sandstone reservoirs and its effect on sandstones shaliness, pore space and fluid flow properties. SPE paper 6858.

Orton G J, 1988. A spectrum of Middle Ordovician fan deltas and braid-plain deltas North Wales: a consequence of varying fluvial clastic input // Nemec W, Steel R J. Fan deltas: sedimentology and tectonic settings. London: Blackie.

Orton G J, Reading H G, 1993. Variability of deltaic processes in terms of sediment supply, with particular emphasis on grain size. Sedimentology, 40: 475-512.

Payton C E, 1977. Seismic stratigraphy application to hydrocarbon exploration. AAPG Memoir 26.

Pettijohn F J, Potter P E, Siever R, 1949. Sedimentary rocks. New York: Happer & Row.

Pettijohn F J, Potter P E, Siever R, 1973. Sand and sandstone. New York: Springer-Verlag.

Plummer C C, McGeary D, 1996. Physical geology with interactive plate tectonics. Dubuque: Wm C Brown Publishers.

Reading H G, 1978. Sedimentary environments and facies .Oxford: Blackwell.

Reading H G, 1986. Sedimentary environments and facies. 2nd ed. Oxford: Blackwell Scientific Publications.

Rodriguez A, 1988. Facies modeling and the flow unit concept as a sedimentological tool in reservoir description. SPE 18154.

Rust B R, Legun A S, 1983. Modern anastomosing-fluvial deposits in arid central Australia, and a Carboniferous analogue in New Brunswick, Canada. International Association of Sedimentologists, Special Publication, 6: 385-392.

Scherer M, 1987. Parameters influencing porosity in sandstones: a model for sandstone porosity prediction.AAPG, 71 (5) .

Schmidt V, et al, 1979. Secondary reservoir porosity in the course of sandstone diagenesis. AAPG, Continuing education course, Note Series 12.

Scholle P A, Spearing D, 1982. Sandstone. Depositional environments. Sedimentology of Submarine Fans. AAPG, 365-403.

Sellwood B W, 1986. Shallow marine carbonate environment // Reading H G. Sedimentary environment and facies. 2nd ed. Oxford: Blackwell, 283-342.

Shepherd M, 2009. Oil field production geology. AAPG Memoir 91.

Sheriff R E, 1980. Seismic stratigraphy. Boston, MA: International Human Resources Development Corporation.

Smith D G, 1983. Anastomosed fluvial deposits, modern examples from Western Canada // Collinson J D, Lewin J. Modern and ancient fluvial systems. Int Assoc Sedimental Spec Publ 6: 155-168.

Surdam R C, Boese S W, Crossey L J, 1984. The chemistry of secondary porosity (in clastic diagenesis). AAPG Memoir, 37: 127-149.

Surdam R C, Crossey L J, et al, 1989. Organic-inorganic and sandstone diagenesis. AAPG Bulletin, 73: 1-23.

Ti Guangming, Inteq B H, Ogbe D O, et al, 1995. Use of flow units as a tool for reservoir description: a case study. SPE Formation Evaluation, 10 (2): 122-128.

Tucker M E, 1981. Sedimentary petrology introduction. Oxford: Blackwell Scientific Publications.

Tye R S, Bhattacharya J P, Lorsong J A, et al, 1999. Geology and stratigraphy of fluvio-deltaic deposits in the Ivishak Formation: applications for development of Prudhoe Bay Field, Alaska. AAPG Bulletin, 83(10): 1588-1623.

Vail P R, Mitchum R M Jr, Todd R G, et al, 1977. Seismic stratigraphy and global changes of sea lever // Payton C E. Seismic stratigraphy application to hydrocarbon exploration. AAPG Memoir, 26: 49-212.

Walker R G, 1984. Facies models. 2nd ed. Toronto: Geological Ass of Canada Business and Economic Service Ltd.

Walker R G, 1978. Deep-water sandstone facies and ancient submarine fans: models for exploration for stratigraphic traps. AAPG Bulletin, 62: 932-966.

Walker R G, Cant D J, 1979. Facies models 3. Sandy fluvial systems // Walker, R G. Facies models. Geosci Can Reprint Series 1, 23-31.

Walther J, 1894. Einleitung in die geologie als historische Wissenschaft // Beobachtungen Uber Die Bildung Der Gesteine Und ihrer organischen Einschlusse. Jena: Gustav Fischer.

Wardlaw N C, Tayler R P, 1976. Mercury capillary pressure curves and the interpretation of pore structure and capillary behavior in reservoir rocks. BCPG, 24 (2): 225-262.

Weber K J, 1982. Influence of common sedimentary structures on fluid flow in reservoir models. SPE Journal of Petroleum Technology, 665-672.

Weber K J, 1986. How heterogeneity affects oil recovery // Lake L W, Carrol H B. Reservoir characterization. New York: Academic Press.

Weber K J, van Geuns L C, 1990. Framework for constructing clastic reservoir simulation models. JPT.

Wentworth C K, 1922. A scale of grade and class terms for clastic sediments. Journal Geology, 30: 377-392.

Wilson J G, 1975. Carbonate facies in geologic history. New York: Springer-Verlag.

Wright A E, Moseley F, 1975. Ice Ages: ancient and modern. Liverpool: Seal House Press.

Yu X, Ma X, Qing H, 2002. Sedimentology and reservoir characteristics of a Middle Jurassic fluvial system. Datong Basin, Northern China. Bulletin of Canadian Petroleum Geology, 50 (1): 105-117.